锦州康泰润滑油添加剂股份有限公司
JINZHOU KANGTAI LUBRICANT ADDITIVES CO.,LTD.

以客户价值为己任
生产有品质的润滑油添加剂

康泰股份专业从事多种润滑油添加剂及润滑材料的生产及研发,在行业内首创"润滑应用解决方案"技术服务模式,为全球 3000 多家客户提供产品利服务。公司下设 3个生产基地,拥有磺酸、磺酸盐清净剂、复合基质型盐类清净剂、聚异丁烯丁二酰亚胺及硼化聚异丁烯丁二酰亚胺无灰分散剂、ZDDP 抗氧抗腐剂和高档发动机油复合剂、齿轮油复合剂、液压油复合剂、金属加工油复合剂及特种工业油复合剂等多条产品线百余种产品。公司研发中心具有科学技术部批准的"精细化工技术研发公共服务平台"资质,同时也是省级高新技术企业和省级技术中心。

更多产品和技术信息请致电 0416-7983180,或登录 http://wwx.jzkangtai.com 查询。

U0388130

JPLUS 超美化工 JIMMY CHEMICAL

深圳市超美化工科技有限公司简称"超美化工"，成立于2003年4月，法定代表人陈瑞文女士，注册资金2800万元，在职员工150余人。公司总部位于深圳市福田区时代金融中心28楼，工业园位于深圳市盐田区东海道445号。拥有自主办公用地面积1500m²，园区占地面积20000m²，建筑面积35000m²。

超美化工是一家集研发、生产、销售、技术咨询、服务与培训为一体的、专业生产油品添加剂、汽车深化养护用品和尿素溶液的高新技术企业。公司在首届高交会买断加拿大技术的基础上，针对中国市场、油品的实际情况，进行了多种添加剂系列产品的研究开发工作，具有国际先进水平的高尖技术。旗下"JPLUS"、"JIMMY"、"OMRC"、"超美"、"共晶滚球"等品牌，已成长成为汽车后市场的一线品牌。

高效燃油宝　　　　　升级版燃油宝　　　　汽油宝、柴油宝　　　CM201 高效清洗剂

醇燃料高效添加剂 JF-11　高效抗磨节能润滑油添加剂　　产品全家福　　柴油车尾气处理液　汽油清净剂、柴油清净剂

超美化工先后通过 ISO 9001 质量体系认证、IATF 16949 国际认证、德国汽车工业联合会 AdBlue®认证，荣获中国驰名品牌、中国著名品牌、深圳知名品牌、深圳市高新技术企业、广东省环保产业骨干企业、广东省环保产业科技创新先进单位、深圳市盐田区纳税大户等奖项。

近些年，超美化工凭借技术优势与资金实力，联合中国石化华北销售公司，共同组建起一家高科技环保节能企业"深圳誉通石化科技有限公司。"专业研发、生产汽油、柴油多功能添加剂、醇燃料添加剂和汽车尾气处理液，在中石化系统中长期广泛使用，效果良好。

滴滴关怀，贴心服务，超美始终演绎着人与自然的和谐统一。

总部地址：深圳市福田区深南大道4001号时代金融中心28楼　前台总机：0755-25561888　传真：0755-82117882
工业园地址：深圳市盐田区东海道445号超美工业园　　　服务热线：4008305308　　网址：www.Jimmy-chem.com

长沙望城石油化工有限公司
Changsha Wangcheng Petrochemical Co.,Ltd.

小胜靠智，大胜靠德

德智创品牌　创新求发展
质量为基础　满意是目标

　　长沙望城石油化工有限公司前身是长沙望城石油化工厂，位于长沙市望城区铜官循环经济工业基地（化工园区）白杨路 123 号，是中南地区专业生产润滑油脂添加剂的知名企业。

　　公司从 1987 年引进生产第一个添加剂产品硫化烯烃棉籽油（T405、T405A）开始，就一直得到中国石化石油化工科学研究院的大力支持。

　　32 年来，公司走过了一条从技术引进到自主研究的发展之路，先后引进开发了油性添加剂、摩擦改进剂、极压抗磨剂、极压抗氧剂和金属减活剂。特别是近几年通过加大新产品技术开发的投入，在有机钼系列、合成酯方面取得了关键突破和可喜成绩。

　　我们始终把"小胜靠智，大胜靠德"作为公司的价值观，并坚持"好的销售从好服务开始，好的服务从好产品开始"作为公司的经营理念，定期拜访客户、不定期举办技术应用交流咨询活动等，为公司赢得客户的信任和好评，树立了行业好口碑，保持谦虚学习的态度，向追求技术进步、服务完善的新技术、新材料企业迈进。

极压抗磨剂

　　T323　硫代氨基甲酸酯：应用于汽轮机油、液压油、齿轮油、内燃机油等多种油品中，提高油品的抗氧化、抗磨损性能，在润滑脂中能大幅提高 TimKen OK 值。

　　T351/T352/T353　二烷基二硫代氨基甲酸钼／锑／铅：该系列添加剂在润滑脂中具有抗极压、抗磨和抗氧化等多种性能，是一类优良的多效添加剂。适用于航空润滑脂、复合锂基脂、复合铝基脂、极压膨润土脂等。

摩擦改进剂

　　T405/T405A　硫化烯烃棉籽油：T405 具有良好的油溶性、极压抗磨和降低摩擦等性能。可调配液压导轨油、工业齿轮油和蜗轮蜗杆油。T405A 主要应用于极压锂基润滑脂和极压复合铝基润滑脂。

　　TDZ4008/TDZ4012/TDZ4013　液体有机钼减摩剂：该系列产品具有良好的油溶性、抗磨损和减少摩擦等性能，适用于节能发动机油、润滑脂等。

　　T451/T451A　膦酸酯：具有良好的油溶性、抗磨和降低摩擦的性能。它们主要应用于锭子油、导轨油、主轴油、抱轴瓦油（铁路机车专用）、轧制液和润滑脂。

金属减活剂

　　T551/T552/T553/T571　杂环衍生物、该类产品油溶性好，具有良好的抑制铜腐蚀性，并可提高油品的抗氧化性。适用于工业润滑油，包括循环油、变压器油、汽轮机油、抗氧防锈油、液压油、齿轮油、润滑脂及金属加工用油。

　　T561/T561A/T561B　噻二唑衍生物：油溶性好，具有良好的抑制铜腐蚀性和抗氧化性。适用于调配抗磨液压油、工业齿轮油和汽轮机油等油品。

合成酯

　　双酯、三羟甲基丙烷酯、季戊四醇酯等多种合成酯；具有很好的材料适应性，低倾点、高闪点、高黏度指数、优良的高低温性能，优异的润滑性能和热氧化安定性等，适用于内燃机油、工业用油、特种油、金属加工油等。

地址：长沙市望城经济开发区铜官循环工业基地白杨路 123 号
邮编：410203
电话：0731-88491781
传真：0731-88491389
邮箱：changwsh88@sina.com

www.cwsh.cn

沈阳市飞达化工油品有限公司

公司成立于 1990 年,坐落于沈阳市经济技术开发区化学工业园细河东七北街 5 号,企业占地面积 2.1 万平方米,建筑面积 5000 平方米,注册资金 600 万元,自有固定资产 2500 万元,员工 56 人,中高级技术人员 5 人。

公司主要从事油品添加剂的生产经营,主要产品有:

（1）硫化异丁烯（T321）：本产品含硫量高,具有优良的极压性能,油溶性好,与含磷化合物有很好的配伍性,且对金属的腐蚀性相对较小,与其他硫磷氮剂复合,是硫磷型齿轮油的主剂,具有很好的抗冲击负荷能力。用于调制各类中、高档齿轮油调制抗磨液压油、调制切削油、调制润滑脂。硫化异丁烯（T321）极压添加剂"闭路无污染生产工艺"1996 年通过辽宁省科委科技成果鉴定;鉴定号 [1996] 第 323 号;并获得省级科学技术研究成果证书;登记号 960478;同年申请国家专利;申请号 97109899;通过省石化局技术鉴定,辽化字 [1998] 第 2 号。

项目	质量指标	试验方法
外观	橘黄琥珀色透明液体	目测
密度（20℃）(kg/m³)	1100 ～ 1200	GB/T13377
运动黏度（100℃）(mm²/s)	5.50 ～ 8.0	GB/T265
闪点（开口）/℃ ≥	100	GB/T3536
水分体积分数 /% ≤	痕迹	GB/T260
硫含量 /%	40.0 ～ 48.0	SH/T0303 ①
氯含量 /% ≤	0.3	SH/T0106
铜片腐蚀（121℃, 3h）级≤	2	GB/T5096 ②

① T321 硫含量除用 SH/T0303 测定外,也可用其他方法测定,本实测值是应用 RIPP（石油化工科学研究院）55-90 方法测得。

② 5%（质量分数）T321+95%（质量分数）基础油 [60%（质量分数）HV1500SN] 或 95%500SN。

（2）硫代磷酸三苯酯（T309,相对应国外 TPPT）：本产品具有优良的极压性能、抗磨性能和较高的热稳定性能和颜色安定性。

性能和应用：本品可作为各种润滑油的挤压抗磨剂,能够提高油品的抗磨性、抗氧性、热稳定性等。用作冷冻机油的添加剂,可抑制氟利昂分解和防止机件腐蚀。与其他添加剂复合,可调制抗磨液压油、齿轮油、油膜轴承油、航空润滑油脂、汽轮机油和液力传动油等油品,可调制格挡汽车齿轮油和工业齿轮油。

项目	质量指标	试验方法
外观	白色或微黄色粉末	目测
终熔点	51 ～ 54	GB617
磷含量 /% ≥	8.7	SH/T0296
硫含量 /% ≥	9.0	SH/T0303 ①
铜片腐蚀（100℃, 3h）级≤	1	GB/T5096 ②

①硫含量除用 SH/T0303 外,也可以用其它方法测定。

②试验用试样是以 3% 硫代磷酸三苯酯溶解于 500SN 中性油配制而成。

③三烷基硫代磷酸酯衍生物（T309A,相对应国外 232）：T309A 属于 T309 的升级产品,比 T309 无论是极压抗磨性还是热稳定性都更加优越。在常温下,T309A 为无色液体,这就使 T309A 的溶解性更好,整体性能更加优越。

项目	质量指标	试验方法
外观	无色至淡黄色透明液体	目测
磷含量 /% ≥	7.3	SH/T0296
硫含量 /% ≥	7.5	SH/T0303 ①
运动黏度（100℃）/ (mm²/s) ≤	5.0 ～ 8.0	GB/T5096

注：1) 硫含量除用 SH/T0303 外,也可以用其它方法测定。

公司油品添加剂主要供应中石化、中石油、北京空军油料研究所及大中型石油化工厂,并出口欧美等国家。

公司于 2001 年 8 月 7 日通过 ISO9001:2000 质量体系认证,注册号 0501Q10109ROM;于 2000 年被沈阳市人民政府授予连续五年重合同守信誉单位;2016 年 12 月获得沈阳市文明诚信私营企业称号。

主要产品

T321

T309

T309A

证书

沈阳市文明诚信私营企业

企业照片

地址：沈阳化学工业园细河东七北街 5 号　联系人：潘英涛　电话：13019305000　业务电话：024-25326258　传真：024-25326256

公司简介

　　淄博惠华石油添加剂有限公司成立于1998年，是在淄博化工厂基础上创立的股份制公司，是润滑油添加剂的专业生产厂家，是中石化石油化工科学研究院工业用油复合剂技术受让单位，是中石化、中石油添加剂一级供应商。公司创立二十年来，与中科院、石油化工科学研究院、润滑油研发中心等国内权威研发机构一直保持着密切的协作关系，中国科学院刘维民院士在惠华公司建立院士工作站，加速推进惠华产品的研发和技术工艺的革新，使产品品质不断提高。

　　公司生产设备先进、检验检测设备齐全，于二〇〇二年通过 ISO 9001:2000 质量管理体系认证，产品远销三十多个省市自治区，在石化系统得到广泛应用，新开发的润滑油复合剂出口到欧美及中东地区。惠华产品在润滑油界及添加剂界享有盛誉。

　　因为专业而精湛，崇尚诚信而通达。惠华公司以质量和信誉为企业发展的基石，坚持"优良的产品、优惠的价格、优质的服务"的经营方针，我们愿与润滑油界、化工界同仁真诚合作、互利互赢，共创宏业。

主要产品

H8018
低味通用齿轮油复合剂

H4212
通用齿轮油复合剂

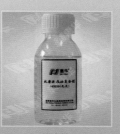

H5039
无灰抗磨液压油复合剂

H5036
低锌抗磨液压油复合剂

HLQC
热传导液复合剂

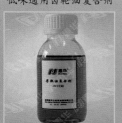

H5130
导轨油复合剂

H4306
蜗轮蜗杆油复合剂

H6011
汽轮机油复合剂

H6030
螺杆空压机油复合剂

H1060
汽车自动变速箱油（ATF）复合剂

淄博惠华石油添加剂有限公司　地址：山东省淄博市淄川区经济开发区奂山路5号　网址：www.huihuachem.com
电话：0533-5281018　　联系人：赵永 13605335055、王君 13853328444　微信公众号：HH3690966

锦州新兴石油添加剂有限责任公司
JINZHOU XINXING PETROLEUM ADDITIVE CO.,LTD.

■ **公司简介** *ABOUT US*

　　锦州新兴石油添加剂有限责任公司成立于2002年3月，是一家专业生产润滑油添加剂的厂家。生产厂位于锦州市太和区汤河子产业园区，工厂占地面积23500m²，建筑面积19890m²，注册资金1000万元，产能30000吨。本企业已通过ISO9001：2008国际质量管理体系认证。16年来经过新兴人的不断努力奋斗，创新发展，与时俱进，精心研制，不断开发推出新的产品，为国内润滑油、润滑脂客户提供各种复合添加剂、单剂产品及优质服务，已成为国内复合剂产品的重要供应商之一。"新兴"品牌赢得了广大用户的信赖。本公司以"精心打造品质，创造民族品牌"为宗旨，精心打造一流的产品品质，努力实现用国产复合剂替代进口添加剂产品。公司致力于国外市场的开发和影响力，努力将复合剂产品推向国外市场。以优质、高性价比的优势同国外同类产品竞争，产品已销往中东、欧美、俄罗斯、东南亚等国家和地区，市场销量不断上升。

■ **主要产品** *MAIN PRODUCTS*

复合剂系列：

内燃机油复合剂、齿轮油复合剂、液压油复合剂、工业用油复合剂、防冻液复合剂等。

单剂系列：

清净剂、分散剂、抗氧抗腐剂、极压抗磨剂、摩擦改进剂、抗氧防胶剂、黏度指数改进剂、防锈剂、降凝剂、光亮剂、金属钝化剂、有机钼、抗泡剂、破乳剂、乙丙胶等。

■ **联系我们** *CONTACT US*

销售部经理电话：13700069765

东北地区（辽、吉、黑）0416-7996127

华北区（京、津、冀）0416-7996130

山东区（鲁）：0416-7996126

西北区（陕、甘、宁、晋、蒙、疆、豫）0416-7996125

华东区（苏、沪、浙）：0416-7996129

华南区（皖、赣、闽、粤、琼、湘）：0416-7996139

西南区（鄂、桂、渝、川、滇、贵）：0416-7996128

国际贸易专线：0416-7996131

运输咨询热线：0416-7996133

网址：http://www.jzxxpa.com

邮箱：jzxxpa@163.com

通讯地址：辽宁省锦州市高新区瑞盛晶座13楼334号　　传真：+86-416-7996123

电话：+86-416-7996130　7996127　7996121　　E-mail：jzxxpa@163.com

工厂地址：锦州市太和区汤河子产业园区　　　　　　网址：http://www.jzxxpa.com

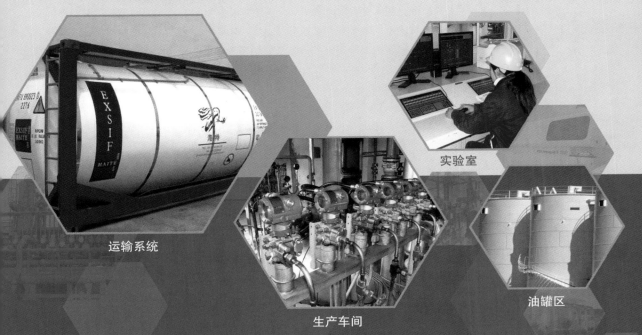

泰伦特生物工程股份有限公司

公司简介

泰伦特生物工程股份有限公司，作为全球绿色工业介质领域先行者，自创立以来一直致力于环保型金属加工工艺品及工业废液处理循环再生利用的研究、开发、和生产，是国内同行业首家通过 EN9100 航空航天和国防组织质量管理体系认证的国家级高新技术企业。

公司拥有高素质的研发团队，其中享受政府特殊津贴的专家、外籍技术人员、相关学科博士、硕士等行业精英近百名，先进的研发和顶级的技术交流实验室延及全球多个国家，拥有完善的科学管理制度及先进的研发设备，并凭借雄厚的科研实力和持久的创新能力，荣膺天津市认定企业技术中心。

金属加工润滑系列、表面处理系列、工艺清洁系列、防锈系列、水处理系列、废液处理设备系列等六大系列产品广泛应用于航空航天、智能制造、汽车船舶、机车车辆、钢铁电力等行业，已为万余家工业企业提供了系统解决方案，是美国波音公司、欧洲空中客车工业公司的优秀供应商，这标志着泰伦特产品应用在高端行业的领军地位已经形成。

我们的特色

一对一客户服务管理系统：泰伦特凭借服务于万余家企业的现场经验，推出"一对一客户服务管理系统"，为企业量身定制个性化产品及专业的解决方案，使其工艺流程持续改善。

全系列产品：在金属加工制造过程中，需要各种工业介质来满足各种不同的加工工艺要求，公司注重产品创新，不断引进新技术，将"新材料"研发作为技术转型升级的基本方向，与市场需求紧密对接，面对日益恶化的环境，泰伦特人早在十年前就把"还大地一片绿"的理念融入产品开发过程中，运用生物技术到每一款产品中，使产品品质不断提升。

泰伦特金属加工工艺的管理服务及解决方案

通过集成化的产品综合供应体系和系统化的综合成本控制方法，为企业提供可操作的各种解决方案。从现场维护与培训，质量控制与检测，工业溶液循环再生利用等各个方面，为企业最大限度提高生产效率，降低使用成本，实现经营和发展的共赢。

质量管理：对系列金属加工工艺进行全过程跟进管理，包括选型、检测、添加、维护、循环再生利用等。

超值服务：企业相关人员产品使用培训，技术资源与渠道资源共享，工艺持续优化。

服务领域：泰伦特技术服务网络覆盖全国，可第一时间为企业提供最优质的售前售后服务；海外市场运营已颇具规模，产品已远销欧美及东南亚地区。

泰伦特生物工程股份有限公司

地址：天津市北辰经济技术开发区高端装备制造产业园山河路 6 号
电话：4006-777-688

伏喜胜　主编

Oil Additives Handbook

油品添加剂

手册

化学工业出版社
·北京·

本书概述了油品添加剂行业的现状和发展趋势,在此基础上系统介绍了润滑油添加剂、燃料油添加剂、复合添加剂三大类 41 小类油品添加剂的作用原理、技术进展、发展趋势和产品信息,同时还介绍了各类油品添加剂实验室评定方法和台架试验方法。重点介绍了各类商品添加剂的产品信息,包括添加剂的牌号、中文名称、化学结构(复合剂为配方组成)、产品性能、质量标准、生产方法、主要用途、包装储运等信息。为方便读者查阅,书中设置了添加剂牌号索引和中文名称索引。附录收集了国外主要油品添加剂公司的添加剂专利名录,读者可扫描书末的二维码获取。

　　本书汇集了油品添加剂领域近年来的研究和应用成果,同时搜集了国内外知名油品添加剂企业最新的技术和产品信息,对油品添加剂的研发、生产、应用均能提供实用的帮助。本书可供炼油厂、科研机构、润滑油公司、各地方润滑油调和厂、精细化工厂中从事润滑油、燃料油及其添加剂生产和应用的管理人员、技术人员、销售人员参考;同时也可作为教学培训单位和大专院校师生以及车辆、冶金、水泥、造纸、风电、船舶、铁路、航空等行业润滑油使用人员的参考书。

图书在版编目(CIP)数据

油品添加剂手册 / 伏喜胜主编. —北京:化学工业
出版社,2016.1
ISBN 978-7-122-25694-2

Ⅰ.①油… Ⅱ.①伏… Ⅲ.①石油添加剂-手册
Ⅳ.①TE624.8-62

中国版本图书馆 CIP 数据核字(2015)第 282307 号

责任编辑:傅聪智		文字编辑:孙凤英
责任校对:刘　颖		装帧设计:刘丽华

出版发行:化学工业出版社(北京市东城区青年湖南街 13 号　邮政编码 100011)
印　　装:三河市航远印刷有限公司
787mm×1092mm　1/16　印张 29　字数 741 千字　2020 年 1 月北京第 1 版第 1 次印刷

购书咨询:010-64518888　　售后服务:010-64518899
网　　址:http://www.cip.com.cn
凡购买本书,如有缺损质量问题,本社销售中心负责调换。

定　　价:**198.00 元**　　　　　　　　　　　　　　　　版权所有　违者必究
京化广临字 2019——15 号

编写人员名单

主　　编：伏喜胜

编写人员（按编写章节顺序排列）：

伏喜胜	潘元青	薛卫国	周旭光	管　飞	刘玉峰
刘雨花	孙令国	安文杰	黄　卿	郭　鹏	张心玲
张　立	刘泉山	谢建海	董红霞	金理力	张　勤
李桂云	续　景	汪利平	王林春	赵正华	刘　岚
李　静	荆海东	梁依经	糜莉萍	张继平	梁云龙
华秀菱	于　海	姚元鹏	周　康	郎需进	鲁　倩
黄春晖	李　铭	陈志忠	张　杰	张大华	雷爱莲
王彦海	张红奎	颉敏杰	刘文俊	王力波	蔡继元
谭崒纾	聂　钢				

序

油品添加剂从 20 世纪 20～30 年代开始发展，伴随着终端用户工业技术（汽车发动机新型设计）、环保法规（低排放和燃料经济性）、市场（长换油周期和低维护成本）的变化，到今天已经有了很大的不同。添加剂一直在持续发展用于提高现代润滑油的性能，以满足 Ⅱ、Ⅲ 类基础油甚至是合成基础油的应用、再生和生物降解油品需求的增长，来应对不同应用领域油品配方要求的挑战。

润滑油质量的保证离不开添加剂产品，添加剂是提高润滑油质量、扩大润滑油品种的主要途径，也是改进润滑油性能、节能及减少环境污染的重要手段。20 世纪 30 年代以前，发动机润滑油中很少使用添加剂，一般用直馏的矿物油就能满足使用要求。直到 1935 年，美国 Caterpillar Tractor 公司研制的较大功率的中速柴油机在使用时发现活塞沉积物较多，导致黏环，发动机无法正常工作，通过加入当时由 Chevron 公司和 Lubrizol 公司研制的有机酸盐于柴油机油中，解决了这些问题，从此发动机油进入了使用添加剂的时代。从 20 世纪 30 年代起，国外各大石油公司相继研制开发了烷基萘降凝剂、聚异丁烯黏度指数改进剂、各种羧酸盐（皂）、烷基酚盐和硫化烷基酚盐、磺酸盐、水杨酸盐及膦酸盐金属清净剂产品，以及二烷基二硫代磷酸锌抗氧抗腐剂等多种润滑油添加剂产品。20 世纪 60 年代初，国外开发应用了丁二酰亚胺无灰分散剂产品，有效地解决了油品低温油泥分散的问题，并且通过丁二酰亚胺无灰分散剂与金属清净剂的复配使用，在提高油品使用性能的同时，降低了油品中添加剂总用量，是润滑油添加剂技术领域的一大突破。20 世纪 60 年代后期，形成了以金属清净剂、无灰分散剂、二烷基二硫代磷酸锌抗氧抗腐剂为主的内燃机油添加剂体系，随后润滑油添加剂的发展进入了平稳时期，主要是改进添加剂产品结构、添加剂产品系列化、提高添加剂产品性能，以及研究添加剂产品的复合效应。

20 世纪 80 年代以后，国际市场上润滑油添加剂主要以复合剂的形式出售，目前的中高档油品几乎全部采用复合添加剂调和。复合剂的使用简化了润滑油品的调和工艺，在考虑其与基础油适应性的同时，赋予了基础油本身没有的性质，如抗泡、破乳化等性能，还能改进基础油原有的性质，如抗磨、防锈等性能。复合剂的精髓是配方技术，是添加剂产业相对独立的技术，开发程序复杂、时间较长，通常需要大量的化验、检测和模拟评定工作，反复对配方进行修改，配方开发是耗时、耗财的一项工作。配方技术开发高昂的费用是世界添加剂兼并重组的推动力，是形成目前四大添加剂公司的重要原因。未来，低硫、低磷、低灰分是复合添加剂的发展方向。随着添加剂技术的提高、单剂质量的提升，复合剂加剂量也会随之降低。由于复合添加剂体系不同，不同厂家的复合添加剂的指标差别也较大。

燃料油添加剂伴随着燃料油质量的提高也得到了迅速的发展，特别是近年来，随着节能环保要求越来越高，相关的汽油清净剂、汽油抗爆剂、柴油清净剂、柴油润滑性添加剂、柴油降凝剂、柴油十六烷值改进剂等多种燃料油添加剂迅速发展。燃料油添加剂的研制开发和生产应用积极地推动了清洁燃料的产业化和商品化。

《油品添加剂手册》在详细论述润滑油添加剂单剂、燃料添加剂单剂、复合添加剂技术的发展历程和未来发展方向的基础上，系统归纳了主要添加剂公司添加剂产品的化学结构、产品性能、质量标准、生产方法、主要用途、包装储运、注意事项、实验室评定方法和台架试验等，是近年来难得出现的一部工具书，不仅可供科研、生产和教学培训人员随时查阅，甚至可作为现代添加剂技术知识的普及手册。

我要感谢所有作者，为油品添加剂工业奉献了这一宝贵资源。希望这本手册能为广大的添加剂工作者带来帮助和启迪，让我们共同努力，为提高我国润滑油和燃料油技术、生产和应用水平，推动我国润滑油和燃料油工业的可持续发展贡献力量！

赵崇智
2019 年 10 月

油品添加剂是指加入油品中能显著改善油品原有性能或赋予油品某些新的品质的化学物质，按应用场合可分为润滑油添加剂、燃料油添加剂、复合添加剂和其他添加剂四类。

20 世纪 30 年代以前，油品中很少使用添加剂。随着车辆发动机及传动系统设计的进步和机械设备的发展，对油品性能提出了越来越高的要求，促使油品添加剂技术在 20 世纪 50～60 年代得以迅速发展。到 20 世纪 60 年代后期至 70 年代，油品添加剂基本上处于平稳发展时期，其发展主要是改进各种类型添加剂的化学结构、品种系列化、提高单剂性能，同时进一步研究这些添加剂的复合效应，发展多功能添加剂，20 世纪 80 年代国际市场上油品添加剂主要以复合剂的形式出售。

20 世纪 90 年代以来，油品添加剂的重要变化都直接或间接地受到新法规变化的影响，美国环保局采用的毒性和废液处理条例要求取缔一些常用有毒添加剂，欧盟《化学品注册、评估、授权与限制法案》（即 REACH 法规）对化学品的管理约束了一些化合物在添加剂中的应用。法规的持续推动已使燃料和润滑油组成逐渐发生变化，油品添加剂的配方开发也受到一定制约。

可以说，随着节约能源和保护环境的需求，新的机械设备朝着缩小体积、减轻重量、增大功率、提高效率、增加可靠性和环境友好的方向发展，对油品及其添加剂提出更为苛刻的要求，在此驱动下，油品添加剂仍将持续发展，并在提高现代油品的性能中发挥越来越重要的作用。

本书从油品添加剂的技术发展趋势、市场需求和应用等领域出发，分五章对油品添加剂做了系统介绍。

第一章概述了油品添加剂市场及其影响因素、油品添加剂的技术进展和发展趋势、国内外油品添加剂的产业发展现状等。

第二章至第四章对润滑油添加剂、燃料油添加剂、复合添加剂按照石油化工行业石油添加剂的分类标准分节介绍。润滑油添加剂包括清净剂和分散剂、抗氧抗腐剂、极压抗磨剂、油性剂和摩擦改进剂、抗氧剂和金属减活剂、黏度指数改进剂、防锈剂、降凝剂、抗泡剂、乳化剂。燃料油添加剂包括抗爆剂、金属钝化剂、防冰剂、抗氧防胶剂、抗静电剂、流动改进剂、防腐剂、消烟剂、十六烷值改进剂、热安定剂、染色剂，同时根据燃料油的发展，去除了标准中的抗磨剂和抗烧蚀剂，增加了润滑性改进剂和助燃剂，将原标准的清净分散剂改名为燃油清净剂。复合添加剂包括汽油机油复合剂、柴油机油复合剂、通用汽车发动机油复合剂、铁路机车油复合剂、船用发动机油复合剂、工业齿轮油复合剂、车辆齿轮油复合剂、通用齿轮油复合剂、工业润滑油复合剂、防锈油复合剂，同时根据润滑油和燃料油的发展，将标准中二冲程汽油机油复合剂改为摩托车油复合剂（包含二冲程和四冲程摩托车油复合剂），增加了汽油/轻负荷柴油发动机油复合剂、代用燃料发动机油复合剂、多效齿轮油复合剂、液压油复合剂、金属加工液复合剂、自动传动液复合剂。这三章的每一类添加剂都描述了其作用原理、技术进展和发展趋势；同时系统介绍了国内外主要添加剂公司相关产品的牌号、化学名称、化学结构、产品性能、质量标准、生产方法、主要用途、包装储运、注意事项等内容（质量标准中的物质含量、主要用途中的加剂量无特殊说明的均指质量分数）。

第五章介绍了油品添加剂的实验室评定方法和台架试验，不仅包含理化指标、元素和结构组成等的实验室分析方法，还包含了润滑油和燃料油的主要模拟评定方法和台架试验。

本书由伏喜胜主编，中石油兰州润滑油研究开发中心的多位技术人员参与编写。本书的编写历经数年，几易其稿，终于完成，本书是所有作者在添加剂领域多年经验的总结、智慧的结晶，不仅可供油品添加剂领域从事科研、生产、教学、培训的人员随时查阅，甚至可作为现代添加剂技术知识的普及手册。希望本书能为广大的添加剂工作者带来帮助和启迪，为我国润滑油和燃料油添加剂工业的可持续发展做出贡献！

本书的编写得到了很多人的支持，要特别感谢赵崇智专家，在本书完成过程中给予了无私帮助和鼓励，提出了许多建设性的意见；同时衷心感谢本书的责任编辑，组织审稿，给出了十分宝贵的修改意见，为手册的完成倾注了大量精力。

本书虽经多次修改，但限于编者水平及时间，缺点和疏漏在所难免，真诚期待广大读者批评指正。

编者
2019 年 10 月

缩略语

AAMA	环保局和汽车制造商协会	LMOA	美国机车保养协会
ACEA	欧洲汽车制造商协会	LPG	液化石油气
ACEA	欧洲标准	Mack	美国马克
API	美国石油协会	MMT	甲基环戊二烯三羰基锰
ATF	自动变速箱油	MSDS	安全数据说明书
BRT	球锈蚀试验	MS 程序试验	发动机苛刻度程序试验
BRT	汽油机油防锈性试验	MT	手动变速器
CBT/HTCBT	柴油机油腐蚀性能试验	MTBE	甲基叔丁基醚
CCD	燃烧室沉积物	NMMA	美国船舶制造商协会
CCMC	欧洲共同体汽车制造商委员会	NMR	核磁共振波谱法
CMOT	内燃机油动态微氧化试验	PAG	聚乙二醇油
CNG	压缩天然气	PDK	双离合器
CSTCC	连续滑动液力变矩器离合器	PFI	电子孔式燃油喷嘴
Cummins	美国康明斯	PFID	喷嘴沉积物
DCT	双离合器式自动变速器	PIB	聚异丁烯
DCTF	双离合器变速箱油	PMA	聚甲基丙烯酸酯
DMC	碳酸二甲酯	RFWT	滚动随动件磨损试验
ECCC	电控变矩器离合器	ROBO	汽油机油抗氧化性能试验
EOAT	发动机油空气混入性试验	SDT	低温油泥分散性能测定法
ETBE	乙基叔丁基醚	SKF EMCOR	润滑油防锈性能试验
FLENDER	泡沫试验法	SRV	润滑油摩擦磨损性能试验
Ford	美国福特汽车公司	TAME	叔戊基甲基醚
FZG	工业齿轮油微点蚀试验	TAN	总酸值
GDI	汽油直喷	TBN	总碱值
GM	美国通用汽车公司	TEOST	发动机油热氧化模拟试验
HFRR	高频往复试验仪	TFOUT	薄层吸氧氧化安定性测定法
ILSAC	国际润滑油标准及认证委员会	TKC	取代酯
ISD	汽油机进气系统沉积物	VII	黏度指数改进剂
ISO	国际标准化组织	WWFC	世界燃油规范
IVD	进气阀沉积物	ZDDP	二烷基二硫代磷酸锌
JASO	日本汽车标准组织		

目录

第一章   绪论

第一节   油品添加剂市场

一、润滑油添加剂市场

油品添加剂主要由润滑油添加剂和燃料添加剂组成，并以润滑油添加剂为主导，其市场份额与燃料添加剂分别约占 70% 和 30%。根据全球工业分析公司（Global Industry Analysts，GIA）分析数据，2015 年全球油品添加剂市场总值约为 82 亿美元。近年来，受原油和原材料价格等因素影响，添加剂价格增长幅度较大。尽管 2008～2015 年世界经济低迷，但油品添加剂利润仍有小幅增长。

1. 市场需求

2000～2016 年期间，全球润滑油消费从 2000 年的 3640 万吨上升到 2007 年的 3701 万吨，而后由于金融危机下降到 2009 年的最低水平 3220 万吨，2017 年润滑油消费增长至 3930 万吨。在这期间，润滑油消费差异仅约为 100 万吨，并没有太大变化。预计润滑油行业的全面复苏仍需要几年时间，同时润滑油基础油的消费也不会有大幅增长。

表 1-1 列出了 2000～2017 年全球润滑油消费。按照 10% 的平均加剂量来估算，全球润滑油添加剂的消费总量约在 370 万～400 万吨。

表 1-1   2000～2016 年全球润滑油消费

年份	2000 年	2007 年	2008 年	2009 年	2010 年	2011 年
消费量	3640 万吨	3701 万吨	3600 万吨	3220 万吨	3460 万吨	3510 万吨
年份	2013 年	2014 年	2015 年	2016 年	2017 年	
消费量	3530 万吨	3540 万吨	3785 万吨	3630 万吨	3930 万吨	

数据来源：Fuchs。

（1）按油品种类分布   内燃机油添加剂消耗量约占添加剂总销售量的 70%，工业润滑油添加剂消耗量约占添加剂总销售量的 17%～20%。

图 1-1 为用于不同润滑油的添加剂分布。

PCMO（乘用车发动机油）和 HDMO（重负荷发动机油）约占全球润滑油消耗量的 46%，用于 PCMO 和 HDMO 的添加剂则占到全球润滑油添加剂需求的 60%，这是由于 HDMO 和 PCMO 油品需要添加更多的添加剂。

HDMO 用添加剂约占全球添加剂消耗量的 33%。其中，分散剂占 38%，黏度指数改进剂占 26%，清净剂占 23%，抗磨剂和抗氧剂分别占 8% 和 4%。

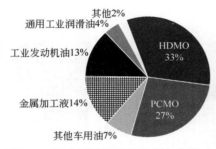

图 1-1 用于不同润滑油的添加剂分布
（2012 年：总消耗量 400 万吨）
（数据来源：Kline & Co）

PCMO 用添加剂约占全球添加剂消耗量的 27%。其中以黏度指数改进剂（41%）、分散剂（31%）、清净剂（11%）为主。

金属加工液约占全球润滑油消耗量的 6%，添加剂则占到了全球消耗量的 14%。其中防腐剂 25%，乳化剂 22%，润滑性添加剂 18%，极压抗磨剂 16%，其余为缓蚀剂、杀虫剂、金属减活剂等，占到 19%。

工业润滑油，包括液压油、齿轮油、汽轮机油、压缩机油、冷冻机油等，约占全球润滑油消耗量的 8%，添加剂消耗量仅占 4%，用量较低。

（2）按地区分布 润滑油添加剂增长最迅速地区在亚太，尤其是中国、印度和东盟各国；中东欧和前苏联地区增长也较快；南美地区以巴西为主要增长国家。在市场较为成熟的发达国家和地区，润滑油需求增速较为缓慢。

图 1-2 列出了世界各地区的润滑油添加剂分布。

（3）按功能分布 在各类润滑油添加剂中，分散剂、黏度指数改进剂、清净剂占绝对份额。图 1-3 列出了全球各类添加剂的消耗分布，分散剂、黏度指数改进剂、清净剂 3 大功能剂消耗占了 70%。

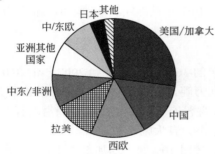

图 1-2 世界各地区润滑油添加剂分布
（资料来源：IHS Chemical）

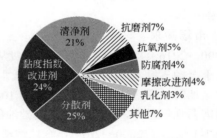

图 1-3 全球润滑油添加剂消耗按功能分布
（2012 年：总消耗量 400 万吨）
（数据来源：Kline & Co）

（4）2015～2017 年市场分析 2015～2017 年世界润滑油添加剂需求保持 2.2% 的年增长率（超过成品润滑油 1.7% 的年增长率），到 2017 年达到 450 万吨。

图 1-4 为 2015～2017 年世界添加剂需求的复合年增长率。

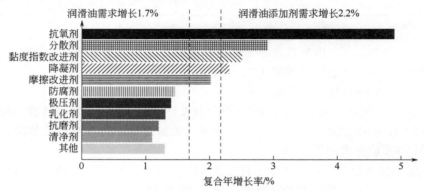

图 1-4 2015～2017 年世界添加剂需求的复合年增长率

从图 1-4 可以看出，添加剂需求增长要多于润滑油需求增长，但并非所有添加剂均增长。其中抗氧剂、分散剂和黏度指数改进剂和降凝剂高于平均增长率，年增长率分别为 4.9%、2.9%、2.5%、2.3%；摩擦改进剂年增长率达到 2%；防腐剂、极压剂、乳化剂、抗磨剂和清净剂年增长率则低于 1.7%。

2. 影响因素

（1）汽车发动机油　汽车发动机油添加剂不仅受润滑油消费影响，同时还受到以下因素推动：终端用户工业技术（汽车发动机新型设计）、环保法规（低排放和燃料经济性）、市场（长换油周期和低维护成本），其中尤其受燃料经济性和低排放法规的影响。

在重负荷发动机油领域，未来其配方中抗氧剂的年增长率将超过 6%，黏度指数改进剂和分散剂的年增长率将超过 3%，主要受以下因素驱动。

① 废气再循环（ERG）系统可降低 NO_x 排放，但带来烟炱含量增加和 TBN 碱值增长产生的过量酸问题，促使分散剂用量提高。

② 柴油颗粒捕集器（DPF）系统可降低颗粒物排放，但带来过滤器管线和油品中的灰分问题，促使清净剂用量减少。

③ 长换油期要求油品具有更好的氧化耐久性，促使抗氧剂和分散剂的用量提高。

④ 多级油应用的增多促使黏度指数改进剂、分散剂、抗氧剂的用量提高。

⑤ 耐氧化性差的生物柴油应用逐渐增多，对重负荷发动机油与生物柴油的相容性有了一定要求。配方中抗氧剂用量会提高，以解决油泥、酸性和油膜厚度问题。

在轿车发动机油领域，未来其配方中抗氧剂的年增长率将超过 6.5%，摩擦改进剂的年增长率将超过 6%。

① 为提高燃料经济性，配方中黏度指数改进剂和摩擦改进剂用量提高；

② 高性能润滑油要求油品具有耐久性和长换油期，抗氧剂和分散剂的用量提高；

③ 为控制排放，部分轿车发动机也配置了 DPF，清净剂的用量降低；

④ 随着乙醇燃料汽车应用的增长，配方中防锈剂、防腐剂和乳化剂的需求将增加。

（2）金属加工液　金属加工液添加剂的应用主要受健康、安全、环境等因素的影响。未来其配方中添加剂的年增长率将保持在 1.2%，添加剂种类会增多，但增长幅度都不大。

① 氯化石蜡在极压剂中的用量降低；

② 二乙醇胺、甲醛释放灭菌剂、环境内分泌干扰物的用量降低；

③ Ⅱ、Ⅲ 类基础油应用增多，整体添加剂用量提高；

④ 合成油和可溶性油品应用增多，防腐剂用量提高；

⑤ 植物油、合成酯应用增多，会对添加剂产生新的影响。

（3）工业润滑油　工业润滑油添加剂在满足 OEM 长换油周期要求的同时，其应用同样受到健康、安全、环境等因素的影响。未来其配方中添加剂增长缓慢，年增长率仅为 1.5%，但会有一些热点领域。

① 液压油的趋势是低锌和无灰，无灰产品需求会从 2012 年的 7% 达到 2017 年的 12%。含锌添加剂的用量会降低，而非锌液压油又会促使抗磨剂的用量降低。

难燃液压油的应用，促使防腐剂、黏度指数改进剂、乳化剂的用量提高。尤其对于酯类液压油，乳化剂的用量非常高，在工业油中的年增长率会超过 2.5%。

② 随着齿轮箱小型化、更高负荷和更长换油周期的要求，极压性能卓越的齿轮油需求会增长，低气味硫烯等极压剂的用量会提高。

③ 汽轮机油同样面对高压、高温和高负荷工况，用户特别关注油品的耐氧化性能，抗氧剂的用量会提高。

二、燃料添加剂市场

1. 市场需求

燃料添加剂受到燃料消费市场的影响，包括中国等发展中国家汽车工业的强劲增长和较高的添加剂加剂量促使燃料添加剂需求增长。预计亚太会超过北美成为最大的燃料油添加剂市场，其中印度和中国会呈现出较高的年增长率。

燃料添加剂以燃油清净剂市场份额最大，十六烷值改进剂、润滑性改进剂、流动改进剂和抗氧剂次之。燃料油添加剂随着燃料油质量的提高发展很快，特别是近年来节能环保要求越来越高，相关的汽油清净剂、柴油清净剂、柴油润滑性添加剂、汽油抗爆剂、柴油降凝剂、柴油十六烷值改进剂等燃料添加剂发展很快。

2. 影响因素

燃料添加剂不仅受燃料消费市场的影响，同时还受到终端用户工业技术（汽车发动机新型设计）和环保法规（更低排放和更高质量燃料）的推动。其中尤其受到排放法规的影响，各国政府相关部门通过制定严格的燃料排放法规，促使炼厂技术升级，生产更清洁和更高质量燃料，以减少燃料消耗和降低排放；同时推动生物燃料等替代燃料的发展，减少石油燃料的消耗。

燃料添加剂市场的特点介绍如下。

（1）含氧类化合物仍占主导地位。含氧类化合物市场需求超过 90%。甲基叔丁基醚（MTBE）和乙基叔丁基醚（ETBE）是含氧化合物中消耗最大的产品。2000 年以后，由于 MTBE 对地下水和人体健康的潜在不利影响，美国和加拿大等国已禁用。一方面，发展中国家的 MTBE 消耗量仍很高（由于其高加剂量）；另一方面，欧盟等地区已开始使用 ETBE（可来自生物乙醇），消耗量也因其高加剂量持续增长。

（2）沉积物抑制剂是盈利最高的燃料添加剂。

① 盈利性最高的燃料添加剂是沉积物抑制剂，如燃油清净剂。

② 随着生物柴油和低硫柴油（尤其是发展中国家）应用的逐渐增多，流动改进剂的盈利增长最快。

③ 受生物柴油和醇燃料应用增多的影响，抗氧剂和防腐剂的需求增长，抗氧剂同样会因更清洁燃料的应用需求增长。

④ 生物柴油的应用会在一定程度上抑制十六烷值改进剂和润滑性改进剂的需求，但影响有限。

（3）汽油燃料添加剂是增长最快的领域。燃料添加剂通常应用于三大领域，包括汽油、燃料油、航空和船用燃料。

① 汽油燃料添加剂预计增长最快，尤其是含氧类化合物。

② 柴油燃料添加剂市场最大，尤其是柴油车、低硫柴油和生物柴油应用较多的地区。

③ 在喷气燃料和船用燃料领域，燃料添加剂加量很低，需求量较小。

第二节　润滑油添加剂

图 1-5 为润滑油添加剂的发展历程。可以看出，20 世纪 30 年代以后润滑油添加剂迅速发展，主要品种有：降凝剂（20 世纪 30 年代）、ZDDP 抗氧/抗磨剂（20 世纪 40 年代）、磺酸盐和水杨酸盐清净剂（20 世纪 40 年代）、酚类清净剂（20 世纪 50 年代）、聚合物型黏度指数改进剂（20 世纪 50 年代）、无灰分散剂（20 世纪 60 年代）、防腐剂（20 世纪 70 年代）、摩擦改进剂（20 世纪 70 年代）、无灰抗磨剂（20 世纪 90 年代）。

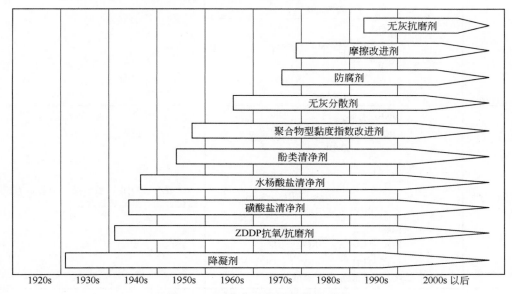

图 1-5　润滑油添加剂的发展历程

润滑油添加剂按功能大致分为以下两类。

① 保护金属表面：包括抗磨剂、防锈剂、防腐剂、摩擦改进剂、清净剂。

② 增强基础油性能：包括抗氧剂、分散剂、黏度指数改进剂、降凝剂。

表 1-2 列出了各类润滑油添加剂的主要结构组成及技术特点。

表 1-2　各类润滑油添加剂的主要结构组成及技术特点

名称	结构组成	技术特点
清净剂	磺酸盐　　酚盐　　$n=1\sim3$　$y=1\sim3$　水杨酸盐　中性清净剂	油溶性极性清净剂主要分为磺酸盐、酚盐和水杨酸盐 3 类 极性清净剂多为钙盐和镁盐，钡盐已很少使用

名称	结构组成	技术特点
分散剂	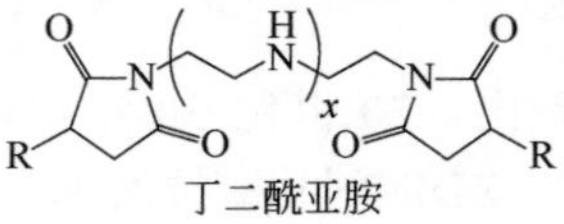 丁二酰亚胺 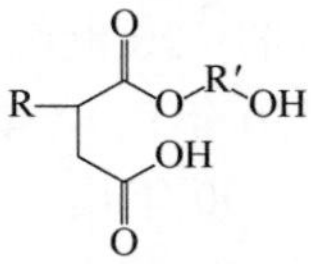 丁二酯多元醇 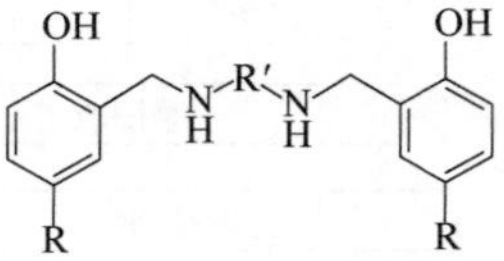 曼尼希碱	通常为无灰，有时也可含有少量硼用作覆盖剂
抗氧抗腐剂	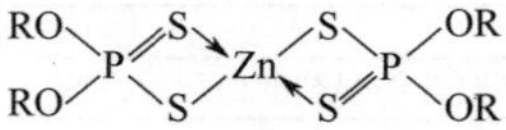 ZDDP 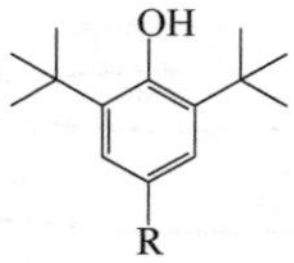 受阻酚 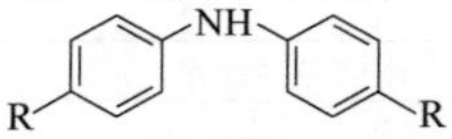　　二苯胺 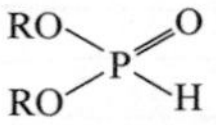 二烷基亚磷酸酯 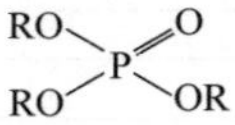　　磷酸三酯	主要有 ZDDP、受阻酚、芳胺、有机磷/硫化合物、聚硅氧烷等
抗磨剂	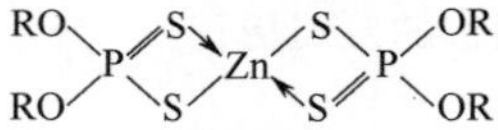 ZDDP	ZDDP 仍是最为有效的多功能抗磨剂
抗泡剂	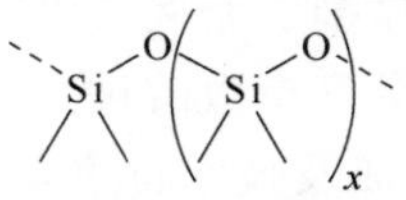 聚二甲硅氧烷	硅类化合物如聚二甲硅氧烷等仍是常用抗泡剂 聚丙烯酸酯是一类很有效的消泡剂
摩擦改进剂	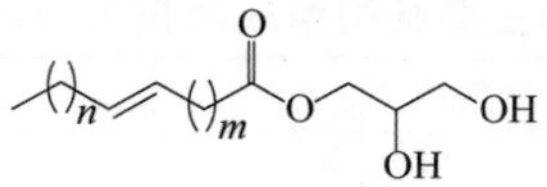 GMO 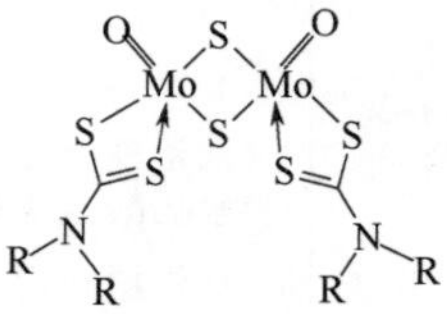 MoDTC	脂肪胺、脂肪多元醇酯(GMO)、钼类化合物(MoDTC)、硫、磷化合物(加剂量通常为 0.1%～1.5%)
降凝剂	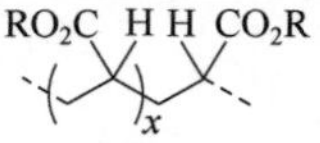 聚丙烯酸酯 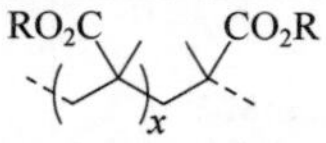　　聚甲基丙烯酸酯	常用聚丙烯酸酯和聚甲基丙烯酸酯(加剂量通常为 0.1%～0.5%)

名称	结构组成	技术特点
黏度指数改进剂	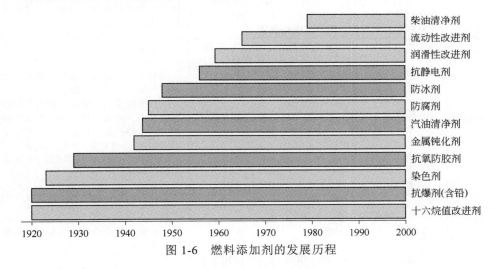乙烯-丙烯共聚物(OCP) 氢化苯乙烯-异戊二烯共聚物	大分子量(50000～500000)共聚物可用作黏度指数改进剂，包括：烯烃共聚物、氢化苯乙烯-二烯共聚物、聚甲基丙烯酸烷基酯等

第三节　燃料添加剂

图 1-6 为燃料添加剂的发展历程。可以看出，20 世纪 40 年代以后燃料添加剂迅速发展，主要品种有：十六烷值改进剂（20 世纪 20 年代）、抗爆剂（含铅）（20 世纪 20 年代）、染色剂（20 世纪 20 年代）、抗氧防胶剂（20 世纪 30 年代）、金属钝化剂（20 世纪 40 年代）、汽油清净剂（20 世纪 40 年代）、防腐剂（20 世纪 40 年代）、防冰剂（20 世纪 40 年代）、抗静电剂（20 世纪 50 年代）、润滑性改进剂（20 世纪 60 年代）、流动性改进剂（20 世纪 60 年代）、柴油清净剂（20 世纪 80 年代）。

图 1-6　燃料添加剂的发展历程

表 1-3 列出了各类燃料添加剂的结构组成及发展趋势。

表 1-3　各类燃料添加剂的结构组成及发展趋势

添加剂	结构组成	发展趋势
抗爆剂	金属有灰类：MMT（甲基环戊二烯三羰基锰）、碱性金属盐类、稀土金属类（2,2,6,6-四甲基-3,5-庚二酮的铈配合物、2,2,7-三甲基-3,5-辛二酮的铈/镧配合物、3,5-庚二酮的铈配合物、羧酸镧等）。 有机无灰类：MTBE（甲基叔丁基醚）、DMC（碳酸二甲酯，加量 3%～10%）、噁唑及噁唑啉（加量 0.5%～10%）、胺类（N-甲基苯胺等）	应用：常用于汽油。 金属有灰类中含铅、铁抗爆剂全球已禁用，欧洲和日本已禁用锰抗爆剂，未来发展方向是 MMT 替代物。 有机无灰类中 MTBE 2000 年在美国已被禁用，新型、有机、环保抗爆剂是发展趋势，如胺类化合物等

续表

添加剂	结构组成	发展趋势
金属钝化剂	N,N'-二亚水杨-1,2-丙二胺、双水杨二乙烯三胺、双水杨二丙烯三胺、复合有机胺的烷基酚盐等加量低，约 4mg/kg	应用：常用于航空汽油和煤油。 有效抑制金属污染的无毒钝化剂是发展方向
染色剂	偶氮化合物、蒽醌 加量 2～20mg/kg	应用：常用于汽油。 国内汽油中未加染色剂
润滑性改进剂	酸性化合物：环烷酸、二聚酸、水杨酸、类油酸等。 非酸性化合物：含氧类（羧酸酯、乙烯-醋酸乙烯酯共聚物、油酸类化合物的衍生物等）、含氮类（羧酸酰胺、氨基烷基吗啉类化合物、羧酸与烷链醇酰胺反应生成的酯等）和多环芳烃类（芳香酰胺、芳香酯、含氮多环芳烃等） 生物柴油：酯类化合物。 加量：50～200μg/g	应用：航空燃料、低硫柴油。 低用量、高效能、环保是发展方向。 非酸性混合产物是研发重点，如油酸、亚油酸和树脂酸与多元醇胺反应后的混合酰胺化合物
流动性改进剂（柴油降凝剂）	乙烯-醋酸乙烯酯、苯乙烯-马来酸酐、丙烯酸酯均聚物等二元共聚物。 再与第三种单体合成的三元共聚物，包括马来酸酐、（甲基）丙烯酸酯、苯乙烯、胺类化合物等	应用：柴油、生物柴油。 由两种复配已发展为三种或四种复配，对其改性（配骨、接枝、换枝、复配）进一步提高性能是发展方向
十六烷值改进剂	硝酸酯类、有机过氧化物、有机硫化物、二硝基化合物、醚类、脂肪酸衍生物、金属化合物等。 烷基硝酸酯类：烷基硝酸酯、环烷基硝酸酯、含官能团（如硝基、乙氧基等）的烷基硝酸酯、杂环化合物衍生物（如四氢呋喃醇）的硝酸酯等。 有机过氧化物类：丙酮过氧化物等	应用：柴油。 清洁高效型产品是发展趋势。虽仍以有机硝酸酯类和有机过氧化物类为主，随着环保法规推进和成本降低，已开始向过氧化物类转变
燃油清净剂	汽油清净剂：咪唑啉类、酰胺、胺、羧酸胺、聚异丁烯丁二酰亚胺、聚烯烃胺、聚醚胺、曼尼希碱等。 加量：聚异丁烯丁二酰亚胺 100mg/kg，聚烯烃胺 100mg/kg，聚醚胺 200mg/kg。 乙醇汽油清净剂：增加功能性组分及配方优化与调整，加强抗腐蚀性及在醇中溶解性，提高溶水性能。 柴油清净剂：聚异丁烯丁二酰亚胺、胺类、聚异丁烯胺和曼尼希碱； 加量：10～200mg/kg	应用：汽油、乙醇汽油、柴油。 两种主剂复配增强性能是趋势，如将聚醚胺与聚异丁烯胺复配； 环保节能是另一趋势，如清除燃烧室沉积物产品（将含大量氧的聚醚或聚醚胺等作为汽车养护品，行驶一定里程后集中大剂量添加1～2次）；节能型产品（将汽油清净剂与某些燃油减摩剂复配提高车辆燃油经济性）
抗静电剂	含铬、聚硫/氮、季铵盐等化合物。 加量低，2～20mg/kg	应用：航空煤油、低硫汽柴油。 铬类有灰抗静电剂已被禁用。高分子类、分散性良好的导电剂及浓缩母料是重要研究方向
抗氧防胶剂	受阻酚：2,6-二叔丁基-4-甲酚、2,4-二甲基-6-叔丁基酚、2,6-二叔丁基酚等。 芳香二胺：N,N'-二异丁基对苯二胺、N,N'-二仲丁基对苯二胺等。 芳香二胺和烷基酚的混合物。 加量：8～40mg/kg(2,6-二叔丁基甲酚通常0.002%～0.005%，胺型剂通常0.002%～0.004%)	应用：汽油、航空汽油和航空煤油。 油溶性好的胺类抗氧剂或酚胺型抗氧防胶剂是发展方向
防腐剂	常规燃料油：羧酸、羧酸胺和羧酸胺盐。 加量：汽油 5～30μg/g，喷气燃料 8～13mg/L，柴油 9～13mg/L。 醇燃料：苯三唑、二聚亚油酸、受阻酚等	应用：汽油、喷气燃料、柴油、醇类燃料。 含磷添加剂对排气系统催化剂不利，已不再使用
防冰剂	乙二醇甲醚、二乙二醇甲醚等有机醚	应用：喷气燃料。 无毒型新型产品是未来发展方向，同时要解决长期存储问题

第四节　复合添加剂

复合剂通常由5～15种单剂复配而成，是添加剂技术的难点。复合剂的开发要考虑各种单剂之间是否具有协同效应，能否达到各项性能的平衡，同时还要考虑与基础油的适应性。复合剂的精髓是配方技术，其开发过程复杂漫长。

首先，为了理清单剂结构、不同单剂相互混配比例对油品性能的影响，要根据设备工况，考察不同单剂叠加在一起是否有协同效应，能否相互补充各自的缺陷，使其达到各项性能平衡，发挥最佳实用效果。其次，在追寻单剂之间协同效应即1+1>2规律的过程中，还有可能发生一个或几个性能出现新的缺陷，这又需要探索增加新的单剂来补偿缺陷，更要厘清最优单剂的加入次序、可能发生的极端情况（如沉淀和胶冻等）及预防措施。

复合添加剂产品的推出往往要进行大量的分析、检测和模拟评定工作，还要按难易程度逐一通过规定的发动机台架评价，不会一次就完成。在这个过程中，需要对配方不断修正完善，最后再进行实车试验。可以看出，复合添加剂配方的开发是一项耗时、耗财的工作。其高昂的开发费用是世界添加剂兼并重组的推动力，是形成四大添加剂公司的重要原因。

目前，添加剂单剂技术已基本趋于成熟，复配技术是添加剂产业竞争的核心，掌握了复配技术就可以占据行业的主动权。随着油品规格的推进，对油品性能的要求不断提高，复合剂组成也发生了较大改变，配方技术更新换代很快。近30年来，一般4～6年就要换代一级，低硫、低磷、低灰分是复合添加剂的发展方向。同时，由于不同公司复合添加剂体系不同，复合添加剂指标差别也较大。

以PCMO和HDDO为例，典型的发动机油主要由基础油、黏度指数改进剂和复合剂构成。图1-7为其大致构成，图1-8为其添加剂包主要功能剂配方。

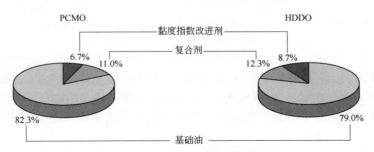

图1-7　PCMO和HDDO配方构成

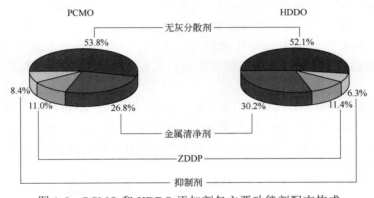

图1-8　PCMO和HDDO添加剂包主要功能剂配方构成

第五节　添加剂产业

一、国外添加剂产业

20 世纪 90 年代，为增强竞争能力，国外添加剂公司进行了又一轮的兼并和重组，其合资和合并前后情况见表 1-4。

表 1-4　国外主要润滑油添加剂合资和合并前后情况

公司收购或合并前		公司收购或合并后	
公司名称	商标符号	公司名称	商标符号
Lubrizol	Lubrizol、Anglamol	Lubrizol	Lubrizol、Anglamol
Paramins	Paraflow、Paranox	Infineum	Infineum C、D、P、S、M、T、V、SV、F
Shell	SAP、Shellvis		
ChevronOronite	OLOA、OFA、OGA	Chevron	OLOA、OFA、OGA、Paratone
Ethyl	Ethyl	Afton (Ethyl)	HiTEC
Edwin Cooper	HiTEC E		
Amoco	Amoco		
Texaco	TLA、TFA		
Röhm	Viscoplex	Evonik	Viscoplex Empicryl
Rohm & Haas	Acryloid、Plexol		
SKW Trostberg (Albricht&Wilson)	Empicryl		

经过这轮剧烈的兼并和重组，基本形成了以四大添加剂公司为主的格局。路博润（Lubrizol）、润英联（Infineum）、雪佛龙（Chevron）和雅富顿（Afton）占据世界润滑油添加剂85%的市场份额，产品多以复合剂为主，除黏度指数改进剂和降凝剂外一般不对外出售单剂产品。

除四大添加剂专业公司之外，还有几家规模较小、生产添加剂单剂的特色添加剂公司，如科聚亚（Chemtura）、巴斯夫（BASF）、范德比尔特（Vanderbilt）和赢创（Evonik）等。这些公司产量虽不大，但在各自领域具有全球领先的研发实力，以其独具特色的产品占据一定市场份额。其中，科聚亚公司在磺酸盐清净剂、巴斯夫公司在抗氧剂、赢创公司在PMA型黏度指数改进剂和降凝剂、范德比尔特公司在极压抗磨剂和摩擦改进剂等领域分别处于领先地位。

此外，路博润（Lubrizol）、英诺斯派（Innospe）、雅富顿（Afton）、润英联（Infineum）、巴斯夫（BASF）、雪佛龙（Chevron）、科聚亚（Chemtura）、道达尔（Total）、雅宝（Albemarle）、International Fuel Technology、Abhitech Energycon、Cerion Energy 等公司同时在燃料添加剂领域也具有一定特色。

表 1-5 为国外添加剂公司产品及优势领域。

表 1-5 国外添加剂公司产品及优势领域

公司名称	涵盖领域		优势领域
	单剂	复合剂	
Lubrizol	磺酸钙、丁二酰亚胺、ZDDP、硫磷型极压剂、酯类摩擦改进剂、PMA黏度指数改进剂、降凝剂、防锈剂、破乳剂、抗泡剂、黏附剂	发动机油、传动系统油、工业用油、液压油、压缩机油复合剂；燃料添加剂	产销量全球第一。优势在于清净剂、ZDDP、功能型单剂；发动机油、工业用油复合剂和液压油复合剂
Infineum	清净剂、分散剂、ZDDP、抗氧剂、防锈剂、防腐剂、极压抗磨剂、摩擦改进剂、黏度指数改进剂、降凝剂、金属减活剂、乳化剂	发动机油、液压油、二冲程汽油机油、自动传动液和船用油复合剂	产销量全球第二，优势在于发动机油和船用油复合剂
Chevron	磺酸钙、丁二酰亚胺、乙丙共聚物黏度指数改进剂、内燃机油补强剂	天然气发动机油、重负荷柴油机油、汽油机油、铁路机车油、抗磨液压油、船用油复合剂	优势在于天然气发动机油、重负荷柴油机油、铁路机车油和抗磨液压油复合剂
Afton	清净剂、分散剂、ZDDP、抗氧剂、PMA黏度指数改进剂、防锈剂、防腐剂、金属减活剂、极压抗磨剂、摩擦改进剂	传动系统油、发动机油、工业用油、液压油、ATF复合剂	优势在于齿轮油、ATF和发动机油复合剂
BASF (Ciba)	抗氧剂、极压抗磨剂、金属减活剂、防腐剂、摩擦改进剂、PMA黏度指数改进剂、防锈剂	抗磨液压油、汽轮机油、燃气轮机油、循环用油复合剂	优势在于原Ciba公司抗氧剂、极压抗磨剂、金属减活剂等
Evonik	PMA黏度指数改进剂、降凝剂		PMA黏度指数改进剂技术全球领先，产销量占全球一半以上
Vanderbilt	抗氧剂、极压剂、抗磨剂、金属钝化剂、摩擦改进剂、杂环化合物	润滑脂复合剂	优势在于极压抗磨剂、抗氧剂、有机钼减摩剂
Chemtura	磺酸钙、酚类、胺类抗氧剂、酯类化合物		抗氧剂技术趋于全球领先，磺酸钙产品种类齐全，质量水平高
Rhein Chemie	ZDDP、硫化酯极压剂、磷酸酯抗磨剂、磺酸钙、磺酸镁、磺酸钠、无灰酯类化合物、无灰抗氧剂、水溶性添加剂	液压油、润滑脂复合剂	极压抗磨剂技术领先，ZDDP产品、硫化酯种类齐全

二、国内添加剂产业

我国润滑油添加剂产业虽然起步较晚，但通过自主研发和引进国外技术，已形成一定生产规模。主要添加剂产品品种已与国外相当，产品质量还存在一定差距；复合剂配方也在持续开发中，暂时仍集中在中低端产品。

单剂生产主要集中在磺酸盐、水杨酸盐、硫化烷基酚盐、无灰分散剂、ZDDP等常规产品，用于生产内燃机油复合剂，竞争较为激烈。单剂生产厂家较多，主要的国有企业有中石油的兰州/太仓润滑油添加剂有限公司和锦州石化添加剂厂，民营企业有无锡南方石油添加剂有限公司（无锡南方）、锦州康泰润滑油添加剂有限公司（锦州康泰）、新乡市瑞丰新材料股份有限公司（新乡瑞丰）等。目前基本格局是中石油和民营企业各占半壁江山，未来单剂生产受环保压力影响，一些小厂面临关闭。复合剂生产企业主要有兰州/太仓中石油添加剂有限公司和中石化上海海润特种油品有限公司（上海海润），民营企业主要有锦州康泰、新乡瑞丰和无锡南方。

国内的主要添加剂生产企业中，无锡南方在水杨酸盐、锦州康泰在磺酸盐、新乡瑞丰在硫化烷基酚钙和无灰抗氧剂、兰州/太仓中石油润滑油添加剂有限公司在水杨酸盐领域具有一定优势。表 1-6 为国内添加剂公司的产品及优势领域。

表 1-6　国内添加剂公司产品及优势领域

公司名称	涵盖领域		优势领域
	单剂	复合剂	
兰州/太仓中石油添加剂有限公司	水杨酸钙、硫化烷基酚钙、单/双/多丁二酰亚胺、高分子量丁二酰亚胺、不同烷基 ZDDP、分散型 OCP、降凝剂	发动机油复合剂	三大类剂曾在国内处于领先地位(年产 10 万吨)
锦州石化添加剂厂	磺酸钙、硫化烷基酚钙、单/双/多丁二酰亚胺、高分子量丁二酰亚胺、T202/T203		传统技术(年产 1 万吨)
无锡南方	磺酸钙、硫化烷基酚钙、水杨酸钙、ZDDP、OCP 黏度指数改进剂、烷基萘、降凝剂	汽/柴油机油、车辆齿轮油复合剂	生产灵活、环保。优势在于水杨酸盐、部分复合剂包(年产销量 3 万~4 万吨)
新乡瑞丰	磺酸盐、硫化烷基酚盐、ZDDP、降凝剂、酚类/胺类抗氧剂	中档汽/柴油机油复合剂	生产装置自动化程度高，技术研发能力强。优势在于磺酸盐、硫化烷基酚盐、ZDDP、高温抗氧剂(年产 2 万吨)
锦州康泰	磺酸钙、磺酸镁、单/双/多丁二酰亚胺、高分子量丁二酰亚胺、硼化无灰分散剂、不同烷基 ZDDP	发动机油复合剂	装置较新。优势在于磺酸盐添加剂、无灰分散剂、ZDDP 等（年产销量 4 万吨）
上海海润		发动机油复合剂	主要面向长城润滑油、设备较新(年产销量近 2 万吨)

参考文献

[1] Tim Sullivan. Lube Industry Recovery Slows[R]. Lube Report, 2012-2-29.

[2] George Gill. Additives Demand to Outpace Lubes[J]. Lube & Grease, 2014, 20(4): 30-35.

[3] Louise Poirier. Efficiency, Emissions and an Evolving Sector[J]. Fuel, 2011 (9): 48-51.

[4] Strategic Analysis of the European Automotive Lubricant Additives Market/PDF Published, 2012.

[5] ATC LubricantAdditives and the Environment. ATC Document 49. 2007.

[6] ATC Fuel additives and the environment. ATC Document 49. 2007.

第二章　润滑油添加剂

第一节　概述

随着现代汽车工业的迅速发展以及排放法规的日益严格，发动机技术进步和油品清洁化的需求在不断增长，合理使用发动机油除了可以提供润滑保证外，还是减少排放、提高油品节能效率的有效措施之一。润滑油质量的保证离不开添加剂产品，添加剂是提高润滑油质量、扩大润滑油品种的主要途径，也是改进润滑油性能、节能及减少环境污染的重要手段。

20 世纪 30 年代以前，发动机润滑油中很少使用添加剂，一般用直馏的矿物油就能满足使用要求。直到 1935 年，美国 Caterpillar Tractor 公司研制的较大功率的中速柴油机，在使用时发现活塞沉积物较多，导致黏环，发动机无法正常工作，通过加入当时由 Chevron 公司和 Lubrizol 公司研制的有机酸盐于柴油机油中，解决了这些问题，从此发动机油进入了使用添加剂的时代。从 20 世纪 30 年代起，国外各大添加剂公司相继研制开发了烷基萘降凝剂、聚异丁烯黏度指数改进剂、各种羧酸盐（皂）、烷基酚盐和硫化烷基酚盐、磺酸盐、水杨酸盐及磷酸盐金属清净剂产品，以及二烷基二硫代磷酸锌抗氧抗腐剂等多种润滑油添加剂产品。20 世纪 60 年代初，国外开发应用了丁二酰亚胺无灰分散剂产品，有效地解决了油品低温油泥分散的问题，并且通过丁二酰亚胺无灰分散剂与金属清净剂的复配使用，在提高了油品使用性能的同时，降低了油品中添加剂总用量，是润滑油添加剂技术领域的一大突破。20 世纪 60 年代后期，形成了以金属清净剂、无灰分散剂、二烷基二硫代磷酸锌抗氧抗腐剂为主的内燃机油添加剂体系，随后润滑油添加剂的发展进入了平稳时期，添加剂发展主要是改进添加剂产品结构、使添加剂产品系列化、提高添加剂产品性能，以及研究添加剂产品的复合效应。20 世纪 80 年代以后，国际市场上润滑油添加剂主要以复合剂的形式出售。

润滑油添加剂的发展一直以提高润滑油的性能为先导，由此相继研制开发了金属清净剂、无灰分散剂、抗氧抗腐剂、极压抗磨剂、黏度指数改进剂、摩擦改进剂等多种添加剂产品。近年来为满足节能环保的要求，添加剂技术向着满足更高质量润滑油要求的方向发展，开发节能、环保、无灰等高性能、多功能添加剂必将成为未来的发展趋势。

第二节　清净剂和分散剂

清净剂和分散剂是现代内燃机油中主要的添加剂，以前把二者统称为清净分散剂，现在为了区别它们，把含金属的称为金属清净剂，把不含金属的称为无灰分散剂。

润滑油使用过程中，油品氧化和氧化产物的出现无法避免，为了解决此问题，通常的方法是加入清净分散剂。目前该类产品也是润滑油添加剂中用量最大的一类。由于它的出现和发展，带动了整个润滑油添加剂的发展，使之成为现代石油化学工业中的一个重要分支。

一、烷基酚盐

1. 作用原理

单纯烷基酚盐性能较差，难以合成高碱值产品。但在其分子中引入"—C—(S)$_x$—C—"的官能团结构，不仅使酚盐的极性加强，清净性能也有所改善，尤其使其抗氧化抗腐蚀性能以及抗磨性能显著改善。同时，由于分子链的增长进一步提高了产品的油溶性和分散性能，并使其成为当今世界上应用最广泛的一个品种，其用量仅次于磺酸盐。

2. 技术进展

烷基酚盐金属清净剂是20世纪30年代后期出现的润滑油添加剂。烷基酚盐清净剂中除了单纯的烷基酚盐之外，还有其各种各样的衍生物，例如：硫化烷基酚盐、亚甲基烷基酚盐、苄胺型烷基酚盐等。由于硫化烷基酚盐突出的使用性能加之其原料易得，已经成为该类添加剂中最重要的产品。迄今，关于硫化烷基酚盐的组成结构及其性能改进的专利一直不断出现，主要涉及通过改变硫的含量及其与烃基的连接方式、烃基结构特征、碱性组分的含量及其组成结构以及添加剂中的其他复合组分来改进其使用性能。

3. 发展趋势

经过几十年的工业化实践，各大添加剂生产企业的产品特征大同小异。该领域的研究主要集中在清净剂组合物和工艺的改进方面，以期达到一专多能和降本增效的目的。但是随着润滑油品低硫低灰分要求的提升，烷基酚盐金属清净剂也不可避免地正在向这个方向靠近。

二、烷基磺酸盐

1. 作用原理

烷基磺酸盐是清净剂中使用较早、应用最广泛和用量最多的一种。烷基磺酸盐用于发动机油中，能够中和发动机油和燃料油在使用过程形成的酸性氧化物，并在高温条件下抑制润滑油氧化变质或减少活塞环区表面高温沉积物的生成，使发动机内部保持清净。同时可使润滑油氧化及燃料不完全燃烧所生成的非油溶性胶质或氧化物单质增溶于油内。由于这种增溶，使胶质中的各种活性基团失去反应活性，或使胶质在保持增溶的条件下继续反应，从而抑制它们生成漆膜、积炭和油泥等沉积物。

2. 技术进展

按照原料的不同，烷基磺酸盐可分为石油磺酸盐和合成磺酸盐。石油磺酸盐主要以含有一定量（20%～30%）可磺化芳烃组分的基础油为原料，或者是用深度硫酸精制生产医药及食品工业所用的白油以及电绝缘用油时副产的油溶性磺酸为原料；而合成磺酸盐是以合成的烷基芳烃为原料。这两类产品的使用效果相近，但在价格方面存在一定差异。按照碱值的不同，磺酸盐可分为低碱值磺酸盐（或者中性磺酸盐）、中碱值磺酸盐和高碱值磺酸盐。按照产品中的金属种类可分为磺酸钙盐、磺酸镁盐、磺酸钠盐和磺酸钡盐。其中磺酸钙盐生产成本低，用量最多；磺酸镁盐价格较高，但其产生的硫酸盐灰分较少，因此特别适用于低灰分油品；磺酸钠盐极性较强，用于内燃机油时与其他添加剂会发生竞争吸附，影响油品整体性能，因此很少用作内燃机油清净剂；含有重金属的钡盐由于有毒性已经日趋淘汰。

3. 发展趋势

低碱值磺酸盐对烟炱、油泥等的分散作用很好，高碱值磺酸盐有良好的酸中和能力和高温清净性。与烷基水杨酸盐和硫化烷基酚盐相比，磺酸盐在增溶、分散作用方面效果显著，中和能力也很强，同时具有一定防锈性能，但在苛刻的高温条件下其抗氧化性能比水杨酸盐和酚盐差，因此在使用时通常与其他添加剂复配，或者在制备过程中加入适量氧化硼、磷酸、P_3S_4 等组分改善抗氧抗腐性。磺酸盐清净剂通过质量改进及品种系列化不断推出新型产品，其镁盐也因碱值高、灰分低适应了现代发动机油的低灰分要求。在较长一段时间内，磺酸盐仍将在清净剂中占重要地位。

三、烷基水杨酸盐

1. 作用原理

烷基水杨酸盐产品在烷基酚上引入羧基，并将金属由羟基位置转到羧基位置，因此从结构上来说，是含羟基的芳香羧酸盐。这种转变使得其分子极性增强，高温清净性大为提高，并超过硫化烷基酚钙等烷基酚盐的衍生物，但其抗氧抗腐性则不及硫化烷基酚盐。该产品具有良好的高温清净性，一定的低温分散、抗氧化抗腐蚀、极压抗磨及与其他添加剂具有良好的协同作用等特点，在国内外润滑油中得到了广泛的应用。

2. 技术进展

早在 1930 年就把水杨酸酯作为多效添加剂使用，随后发展了水杨酸盐。20 世纪 40 年代初期就有专利发表，50 年代开始工业生产及实际应用，起初多用正盐，后期逐渐向碱性方向发展，按碱值分有低碱值、中碱值、高碱值以及超高碱值产品。金属盐有钙盐、钡盐、锌盐和镁盐，钙盐用量最多。国内外对提高烷基水杨酸盐性能的工作一直没有停止，20 世纪 90 年代研究开发出硫化烷基水杨酸盐，它具有优异的耐热性、高温清净性、良好的极压抗磨性、抗氧化稳定性，并兼有一定的低温分散性，是一种性能全面的润滑油添加剂。

3. 发展趋势

烷基水杨酸盐高温清净性好，中和能力强，高温条件下稳定，并具有一定的抗氧化和抗腐蚀性能，它与无灰分散剂、ZDDP 复合可以调制各种内燃机油，在金属清净剂领域占有不可忽视的地位。目前烷基水杨酸盐产品的发展方向是高碱值化，此外近年来对硼化烷基水杨酸盐、混合基质产品的研制也取得了重大突破，这些新型烷基水杨酸盐添加剂，以其不同的优点，可广泛应用于不同档次的内燃机油中，有着很好的发展前景。

四、丁二酰亚胺无灰分散剂

1. 作用原理

丁二酰亚胺型无灰分散剂是目前使用较广泛和使用量最多的一种分散剂，其化学结构可以分为两个部分：亲油基和极性基。以单聚异丁烯丁二酰亚胺为例，亲油基部分为聚异丁烯，极性基部分为多烯多胺。多烯多胺一般使用三乙烯四胺或四乙烯五胺。一般情况下，亲油基团除聚异丁烯以外，也可以是其他具有足够侧链长度的聚合烯烃。

丁二酰亚胺型无灰分散剂在油品中其主要功能是分散和增溶。分散作用是指分散剂提供的油溶性基团能有效地屏蔽油泥和胶状物相互聚集，使得这些粒子有效地分散于油中。增溶作用是指分散剂能与油泥中的羧基、羟基等结合，并溶解这些极性基团。

　　丁二酰亚胺型无灰分散剂分子结构具有表面活性剂结构的特点，其极性基团（如多烯多胺基团）吸附在金属或离子表面，形成一层分子保护膜，防止粒子的聚集沉积或在金属表面黏附，起到保持清洁作用。非极性基团（如聚异丁烯基团）深入油中，将已形成的沉积物微小颗粒包围起来，形成油溶性胶束分散到油中，达到清洁的目的。

2. 技术进展

　　丁二酰亚胺型无灰分散剂是应用最为广泛的一种无灰分散剂。自 20 世纪 60 年代得到大规模应用以来，丁二酰亚胺无灰分散剂经过了单聚异丁烯丁二酰亚胺、双聚丁烯丁二酰亚胺、多聚丁烯丁二酰亚胺和高分子丁二酰亚胺等一系列结构调整，以满足润滑油更新进步的要求。

　　丁二酰亚胺型无灰分散剂的生产工艺经过近几十年来的发展，已日益成熟。其生产过程可大致分为以下工序。

　　① 烃化　用聚烯烃（聚异丁烯等）与马来酸酐反应。可以采取直接的热加合、间接的氯化加合、催化加合等反应工艺。在烃化过程中，为了使反应物混合均匀，可加入有机溶剂（二甲苯等）。一般的热加合过程多在 220～230℃ 下进行约 15h 反应。氯化加合则在 160～170℃ 以下进行约 6h 反应，该反应比较容易完成，反应生成的氯化氢可由水吸收，但采用该方案的反应容器需特别注意防腐蚀问题，且对最终产品的残余氯含量应加以控制。

　　② 胺化　聚异丁烯马来酸酐与多烯多胺的酰胺化反应。在此反应过程中可以通过控制加料比例来掌握欲得到产品结构的类型。胺化反应一般在 120～140℃ 下进行数小时，最后脱水至 150℃，并减压蒸出溶剂。

　　③ 分离精制　包括上述工艺过程中所加入溶剂的分离以及其他杂质的分离。为了保障产品的质量，上述两道工序之后均宜及时进行必要的分离精制。一般情况下，将胺化反应产物过滤，得到产品。

　　此外，由于无灰分散剂在高温稳定性能方面的不足，无灰分散剂多与金属清净剂复合使用。近些年的研究和应用实践表明，丁二酰亚胺与高碱度金属清净剂的恰当复合，可以互相弥补不足，还具有极佳的协同效应。由于高碱度金属清净剂较强的中和能力，可及时地中和那些作为油泥母体的酸性氧化产物，从而保护了丁二酰亚胺无灰分散剂不被这些产物较快地消耗，使丁二酰亚胺能更充分地保持、发挥其作为分散剂的作用；同时，分散剂较强的分散能力，又可以提高高碱度金属清净剂中大量碱性组分（$CaCO_3$ 等微粒）在油中的稳定性，而不易在使用过程中由于沉淀而加速耗竭。因而当代的大多数内燃机油，包括各种汽油机油、柴油机油等，其添加剂配方通常使用高碱度金属清净剂和丁二酰亚胺无灰分散剂适当复配。

3. 发展趋势

　　随着汽车工业的发展，对车用润滑油的质量要求也越来越严格，丁二酰亚胺型无灰分散剂的生产工艺和结构均有新的变化。

　　在生产工艺方面，早期，由于氯化法无灰分散剂生产工艺对聚异丁烯的活性要求低，反应过程中原料的转化率较高，该工艺普遍被采用。但是，在最终的无灰分散剂产品中，残留的氯往往难以除去。当含氯的分散剂产品用于润滑油和燃料时，容易对环境造成污染。因此，目前大多使用热加合法或催化加合法的合成工艺。

　　在结构方面，由于汽车对润滑油的性能要求越来越高，普通丁二酰亚胺由于自身结构方面的原因，很难满足这些要求。为了提高无灰分散剂的高温清净性能、抗氧化性能、烟炱分散性能、摩擦学性能等，通常在无灰分散剂的结构中引入极性功能基团或对烃基和氨基进行结构改进，以取得性能更为优异的产品。

五、硼化无灰分散剂

1. 作用原理

由于硼原子的引入，丁二酰亚胺无灰分散剂不仅具有良好的分散性，同时还具有较好的抗氧化性、高温清净性及抗磨性。丁二酰亚胺中的氨基与硼酸结合后，表现出与橡胶密封圈更好的相容性。

2. 技术进展

硼改性无灰分散剂是随着发动机性能的改进及环保要求的严格而产生的。目前硼改性无灰分散剂在高档内燃机油、二冲程油、传动系统用油中得到广泛应用，如埃克森公司的Paranox107、雅富顿公司的 HiTEC 648 等牌号的硼改性无灰分散剂。国内科研人员同样对硼改性无灰分散剂做了大量的研究，并已经得到相关的产品。兰州润滑油研发中心研制出了不同硼含量的硼化无灰分散剂，产品具有良好的抗氧化性能、清净分散性能、抗磨减摩性能和橡胶相容性能。硼化无灰分散剂主要用于调制高档润滑油复合剂。

3. 发展趋势

硼改性丁二酰亚胺因为具有良好的分散性、抗氧化性及热稳定性，因此有着广泛的应用前景，市场需求巨大，是一种潜在的多功能环保型润滑油添加剂。除此之外，硼改性分散剂的研制更应该注重对低温性能的改善，使其低温黏度小，同时应注重与其他添加剂相容性的研究。

六、酯类无灰分散剂

1. 作用原理

丁二酸酯是 20 世纪 70 年代发展起来的新型无灰分散剂，它是由聚异丁烯与马来酸酐反应得到的产物再与多元醇（如季戊四醇）反应制备得到的，主要应用于汽油机油和柴油机油中。

其作用原理与丁二酰亚胺型无灰分散剂相似，但由于其使用多元醇取代了丁二酰亚胺型无灰分散剂的多烯多胺，因此具有很好的抗氧和高温稳定性，在高强度发动机运转中可有效控制沉淀物的生成。研究表明，丁二酸酯类分散剂的热分散温度明显高于丁二酰亚胺类无灰分散剂，但从斑点分散数据来看，丁二酸酯类无灰分散剂要比丁二酰亚胺稍差。

2. 技术进展

聚异丁烯丁二酸酯是聚异丁烯与马来酸酐反应得到聚异丁烯丁二酸酐，然后再与多元醇，如季戊四醇（PE），反应得到的 PIB-SA-PE 型分散剂，可应用于汽油机油和柴油机油中，多数是与丁二酰亚胺复合同时使用，产生协同作用。国内 20 世纪 90 年代成功开发了丁二酸酯类无灰分散剂，在中国石油兰州润滑油研发中心研制的 API SF/CD10W-30 通用发动机油中，为解决油品高温清净性问题，使用了部分酯类无灰分散剂，并通过 L-38、MS 程序ⅢD、MS 程序ⅤD、Cat 1G2 等台架试验。

3. 发展趋势

酯类无灰分散剂具有良好的高温稳定性和高温分散性，主要用于调制 API SG 级别以上的高档汽油机油。在工业化生产酯类无灰分散剂时，通常需要使用催化剂促进酯化的进行，以减少酯化反应时间，促进反应完全。由于酯类无灰分散剂的低温油泥分散性能不好，通常需要与丁二酰亚胺型无灰分散剂进行复配。酯类无灰分散剂与硼酸具有较好的反应活性。使用酯类无灰分散剂制备硼化无灰分散剂的研究也较多。

七、产品牌号

（一）中石油兰州润滑油研究开发中心

1. RHY 109A 烷基水杨酸钙清净剂

【中文名称】烷基水杨酸盐清净剂
【化学名称】低碱值烷基水杨酸钙

【化学结构】

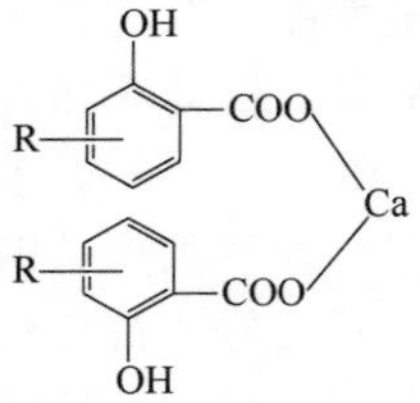

【产品性能】具有优异的高温清净性、良好的抗氧化和抗腐蚀性能，一定的酸中和能力，与其他高碱值清净剂和分散剂等复合，用于中、高档内燃机油中。

【质量标准】

项　　目	质量指标	实测值	试验方法
外观	褐色透亮液体	褐色透亮液体	目测
钙含量/%	2.2～2.8	2.79	SH/T 0297
碱值/(mgKOH/g)	60～80	77	SH/T 0251
浊度(20%)/JTU	≤80	15.0	SH/T 0028
闪点(开口)/℃	≥180	210	GB/T 3536
机械杂质含量/%	≤0.08	0.008	GB/T 511
水分含量/%	≤0.10	痕迹	GB/T 260

【生产方法】水杨酸与 α-烯烃反应转化为烷基水杨酸，烷基水杨酸经中和反应制得低碱值烷基水杨酸钙。

【主要用途】与其他高碱值清净剂和分散剂等复合使用，调制中高档发动机油。

【包装储运】200L 标准铁桶，产品净重 190kg/桶。本品在储存、装卸及调油时，参照 SH 0164 进行。最高温度不应超过 75℃；若长期储存，最高温度不应超过 45℃。

【注意事项】本品不易燃、不易爆、无腐蚀性，在安全、环保、使用等方面同一般石油产品，不用进行特殊防护。

2. RHY 109C 烷基水杨酸钙清净剂

【中文名称】烷基水杨酸盐清净剂
【化学名称】超高碱值烷基水杨酸钙

【化学结构】

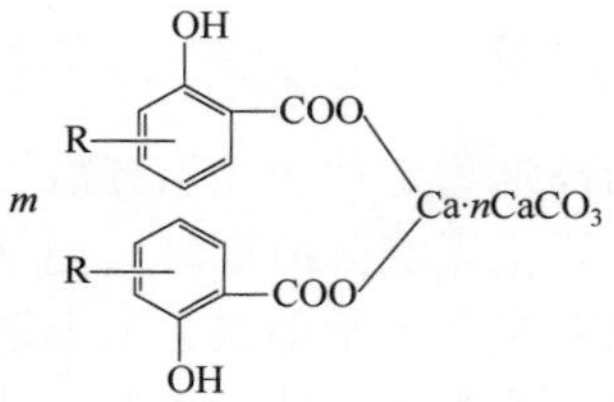

【产品性能】具有优异的高温清净性、良好的抗氧化和抗腐蚀性能，极强的酸中和能力，

与抗氧抗腐剂 ZDDP、丁二酰亚胺无灰分散剂等显示优异的协同效应。

【质量标准】

项 目	质量指标	实测值	试验方法
外观	褐色透亮液体	褐色透亮液体	目测
钙含量/%	11.5～13.0	12.87	SH/T 0297
碱值/(mgKOH/g)	320～360	350	SH/T 0251
浊度(20%浓度)/JTU	≤150	65.5	SH/T 0028
运动黏度(100℃)/(mm²/s)	≤120	90.32	GB/T 265
闪点(开口)/℃	≥180	200	GB/T 3536
机械杂质含量/%	≤0.05	0.015	GB/T 511
水分含量/%	≤0.10	0.03	GB/T 260
密度①(20℃)/(kg/m³)	实测	1148.0	GB/T 1884、SH/T 0604

① 有争议时以 SH/T 0604 为准。

【生产方法】水杨酸与 α-烯烃反应转化为烷基水杨酸，然后经中和、高碱度化反应而得。

【主要用途】与硫化烷基酚钙盐、ZDDP 及无灰分散剂等复合使用，调制中高档发动机油。

【包装储运】和【注意事项】参见该公司 RHY 109A 烷基水杨酸钙清净剂。

3. RHY 109D 混合基质型金属清净剂

【中文名称】混合基质清净剂

【化学名称】烷基水杨酸/烷基苯磺酸混合基质清净剂

【化学结构】混合物

【产品性能】具有优良的高温清净性、热稳定性、极压抗磨性，与磺酸盐具有优异的相容性，与抗氧抗腐剂 ZDDP、丁二酰亚胺无灰分散剂具有良好的配伍性。

【质量标准】

项目	质量指标	实测值	试验方法
外观	褐色透亮液体	褐色透亮液体	目测
钙含量/%	≥12.5	13.28	SH/T 0297
碱值/(mgKOH/g)	≥350	361	SH/T 0251
浊度(20%浓度)/JTU	≤300	105	SH/T 0028
闪点(开口)/℃	≥170	193	GB/T 3536
机械杂质含量/%	≤0.08	0.025	GB/T 511
水分含量/%	≤0.10	痕迹	GB/T 260

【主要用途】与硫化烷基酚钙盐、ZDDP 及无灰分散剂等复合使用，调制中高档发动机油。

【包装储运】和【注意事项】参见该公司 RHY 109A 烷基水杨酸钙清净剂。

4. RHY 109E 硫化烷基水杨酸钙清净剂

【中文名称】硫化烷基水杨酸盐清净剂

【化学名称】中碱值硫化烷基水杨酸钙

【产品性能】具有优异的耐热性、高温清净性、良好的极压抗磨性、抗氧化定性，并兼有一定的低温分散性，与磺酸盐、低碱值烷基水杨酸盐等具有良好的复合作用，可广泛应用于不同档次的内燃机油中。

【质量标准】

项　目	质量指标	实测值	试验方法
外观	褐色透亮液体	褐色透亮液体	目测
钙含量/%	≥6.0	7.2	SH/T 0297
碱值/(mgKOH/g)	≥160	198	SH/T 0251
硫含量/%	≥3.0	4.26	SH/T 0303
闪点(开口)/℃	≥170	220	GB/T 3536
机械杂质含量/%	≤0.08	0.006	GB/T 511
水分含量/%	≤0.10	痕迹	GB/T 260

【生产方法】以烷基水杨酸、硫黄、氢氧化钙等为原料，经熟化、硫化、高碱度化反应并经后处理而得。

【主要用途】与硫化烷基酚钙盐、ZDDP及无灰分散剂等复合使用，调制中高档发动机油。

【包装储运】和【注意事项】参见该公司 RHY 109A 烷基水杨酸钙清净剂。

5．RHY 109F 硫化烷基水杨酸钙清净剂

【中文名称】硫化水杨酸盐清净剂

【化学名称】高碱值硫化烷基水杨酸钙

【产品性能】具有优异的耐热性、高温清净性、良好的极压抗磨性、抗氧化性，很强的中和能力，兼有一定的低温分散性，与磺酸盐、低碱值烷基水杨酸盐等具有良好的复合作用，可广泛应用于不同档次的内燃机油中。

【质量标准】

项　目	质量指标	实测值	试验方法
外观	褐色透亮液体	褐色透亮液体	目测
钙含量/%	≥10.0	11.42	SH/T 0297
碱值/(mgKOH/g)	≥280	324	SH/T 0251
硫含量/%	≥2.0	2.33	SH/T 0303
闪点(开口)/℃	≥170	220	GB/T 3536
机械杂质含量/%	≤0.08	0.011	GB/T 511
水分含量/%	≤0.10	痕迹	GB/T 260

【生产方法】以烷基水杨酸、硫黄、氢氧化钙等为原料，经熟化、硫化、高碱度化反应所得。

【主要用途】与硫化烷基酚钙盐、ZDDP及无灰分散剂等复合使用，调制中高档发动机油。

【包装储运】和【注意事项】参见该公司 RHY 109A 烷基水杨酸钙清净剂。

6．RHY 109H 多金属烷基水杨酸盐清净剂

【中文名称】多金属烷基水杨酸盐清净剂

【化学名称】钙、镁、钠型烷基水杨酸盐

【产品性能】具有优异的高温清净性及相容性、良好的抗氧抗腐蚀等性能，且产品碱值高，碱性组分多元化（含钙、镁、钠三种金属元素）。

【质量标准】

项 目	质量指标	实测值	试验方法
外观	褐色透亮液体	褐色透亮液体	目测
镁含量/%	≥4.5	5.23	SH/T 0027
钙含量/%	≥4.0	4.53	SH/T 0297
钠含量/%	≥0.8	0.92	Q/SH 018.232
碱值/(mgKOH/g)	≥350	390	SH/T 0251
浊度(20%浓度)/JTU	≤100	46.8	SH/T 0028
闪点(开口)/℃	≥170	204	GB/T 3536
机械杂质含量/%	≤0.08	0.009	GB/T 511
水分含量/%	≤0.10	痕迹	GB/T 260

【生产方法】以烷基水杨酸、氢氧化钙、氧化镁、氢氧化钠等为原料，通过中和、金属化反应而得。

【主要用途】与硫化烷基酚钙盐、ZDDP及无灰分散剂等复合使用，调制中高档发动机油。

【包装储运】和【注意事项】参见该公司RHY 109A烷基水杨酸钙清净剂。

7. RHY 109N 低灰分金属清净剂

【中文名称】低灰分金属清净剂

【化学名称】低灰分烷基水杨酸盐

【产品性能】具有优异的高温清净性、良好的抗氧和抗腐性能，一定的酸中和能力，与抗氧抗腐剂ZDDP、丁二酰亚胺无灰分散剂显示优异的协同效应。

【质量标准】

项 目	质量指标	实测值	试验方法
外观	褐色透亮液体	褐色透亮液体	目测
钙含量/%	3.5～4.0	3.72	SH/T 0297
碱值/(mgKOH/g)	≥160	167	SH/T 0251
硫酸灰分含量/%	≤13	12.01	GB/T 2433
氮含量/%	2.0～3.5	3.05	GB/T 17674、SH/T 0224
浊度(20%)/JTU	≤100	51.2	SH/T 0028
闪点(开口)/℃	≥170	208	GB/T 3536
机械杂质含量/%	≤0.08	0.008	GB/T 511
水分含量/%	≤0.10	痕迹	GB/T 260

【生产方法】以烷基水杨酸、多烯多胺、氢氧化钙等为原料，经过胺化、中和、高碱度化反应而得。

【主要用途】与ZDDP及无灰分散剂等复合使用，调制低灰分发动机油。

【包装储运】和【注意事项】参见该公司RHY 109A烷基水杨酸钙清净剂。

8. RHY 110 烷基酚磺酸钙清净剂

【中文名称】烷基酚磺酸盐

【化学名称】烷基酚磺酸钙

【化学结构】

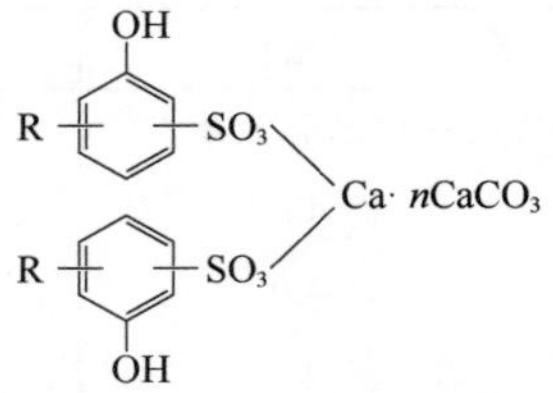

【产品性能】具有优异的高温清净性、良好的抗氧化性能，一定的极压抗磨性，与抗氧抗腐剂 ZDDP、丁二酰亚胺无灰分散剂等复合使用调制中高档发动机油。

【质量标准】

项　　目	质量指标	实测值	试验方法
外观	褐色透亮液体	褐色透亮液体	目测
钙含量/%	≥11.0	12.72	SH/T 0297
碱值/(mgKOH/g)	≥280	294	SH/T 0251
硫含量/%	≥1.5	2.82	SH/T 0303
浊度(20%)/JTU	≤180	104.5	SH/T 0028
运动黏度(100℃)/(mm²/s)	实测	344.4	GB/T 265
闪点(开口)/℃	≥170	214	GB/T 3536
机械杂质含量/%	≤0.08	0.027	GB/T 511
水分含量/%	≤0.15	痕迹	GB/T 260

【生产方法】以烷基酚、硫酸、氧化钙等为原料，通过磺化、中和、高碱度化反应而得。

【主要用途】与硫化烷基酚钙盐、ZDDP 及无灰分散剂等复合使用，调制中高档发动机油。

【包装储运】和【注意事项】参见该公司 RHY 109A 烷基水杨酸钙清净剂。

9. RHY 112 烷基水杨酸镁清净剂

【中文名称】烷基水杨酸盐清净剂

【化学名称】高碱值烷基水杨酸镁

【化学结构】

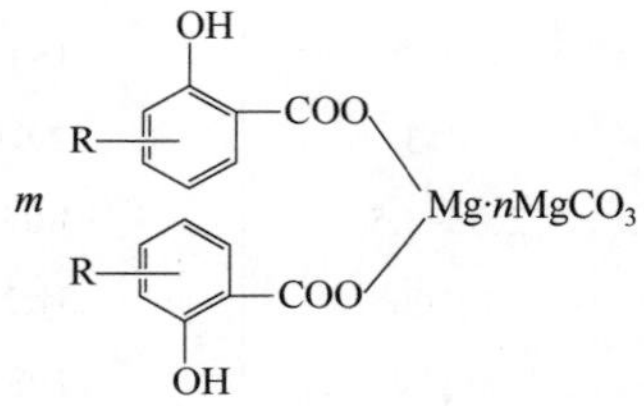

【产品性能】具有优良的高温清净性、抗氧和抗腐性能、高温稳定性及中和能力，与抗氧抗腐剂 ZDDP、丁二酰亚胺无灰分散剂等有复合作用，可以调制中高档发动机油。

【质量标准】

项　　目	质量指标	实测值	试验方法
外观	褐色透亮液体	褐色透亮液体	目测
镁含量/%	≥6.0	7.84	SH/T 0027
碱值/(mgKOH/g)	≥280	310	SH/T 0251
闪点(开口)/℃	≥180	208	GB/T 3536
机械杂质含量/%	≤0.08	0.01	GB/T 511
水分含量/%	≤0.10	痕迹	GB/T 260

【生产方法】以烷基水杨酸、氧化镁和二氧化碳为原料，经中和、高碱度化反应而得。

【主要用途】与硫化烷基酚钙盐、ZDDP 及无灰分散剂等复合使用，调制中高档发动机油。

【包装储运】和【注意事项】参见该公司 RHY 109A 烷基水杨酸钙清净剂。

10. RHY 112A 烷基水杨酸镁清净剂

【中文名称】烷基水杨酸盐清净剂

【化学名称】超高碱值烷基水杨酸镁

【化学结构】

【产品性能】具有优良的高温清净、抗氧和抗腐性能，很强的酸中和能力，与抗氧抗腐剂 ZDDP、丁二酰亚胺无灰分散剂等复合用于发动机油中。

【质量标准】

项 目	质量指标	实测值	试验方法
外观	褐色透亮液体	褐色透亮液体	目测
镁含量/%	≥8.5	9.95	SH/T 0027
碱值/(mgKOH/g)	≥400	429	SH/T 0251
闪点(开口)/℃	≥180	212	GB/T 3536
机械杂质含量/%	≤0.08	0.012	GB/T 511
水分含量/%	≤0.10	痕迹	GB/T 260

【生产方法】以烷基水杨酸、氧化镁和二氧化碳等为原料，经中和、高碱度化反应而得。

【主要用途】与硫化烷基酚钙盐、ZDDP 及无灰分散剂等复合使用，调制中高档发动机油。

【包装储运】和【注意事项】参见该公司 RHY 109A 烷基水杨酸钙清净剂。

11. 硼化中碱值烷基水杨酸钙清净剂

【中文名称】硼化水杨酸盐清净剂

【化学名称】硼化中碱值烷基水杨酸钙

【产品性能】具有优异的高温清净性、良好的抗氧和抗腐性能，一定的酸中和能力，与抗氧抗腐剂 ZDDP、丁二酰亚胺无灰分散剂复合用于发动机油中。

【质量标准】

项 目	质量指标	实测值	试验方法
外观	褐色透亮液体	褐色透亮液体	目测
钙含量/%	≥6.0	6.31	SH/T 0297
碱值/(mgKOH/g)	≥160	173	SH/T 0251
硼含量/%	≥2.3	2.36	RH 01 ZB 4098
闪点(开口)/℃	≥170	220	GB/T 3536
机械杂质含量/%	≤0.08	0.012	GB/T 511
水分含量/%	≤0.10	痕迹	GB/T 260

【生产方法】以烷基水杨酸、氢氧化钙，硼酸等为原料，通过金属化、硼化反应而得。

【主要用途】与硫化烷基酚钙盐、ZDDP 及无灰分散剂等复合使用，调制中高档发动机油。

【包装储运】和【注意事项】参见该公司 RHY 109A 烷基水杨酸钙清净剂。

12. 硼化高碱值烷基水杨酸镁清净剂

【中文名称】硼化水杨酸盐清净剂

【化学名称】硼化高碱值烷基水杨酸镁

【产品性能】具有优异的高温清净性、抗磨损性能，良好的热稳定性、氧化安定性，很强的酸中和能力，与抗氧抗腐剂 ZDDP、丁二酰亚胺无灰分散剂复合用于发动机油中。

【质量标准】

项　　目	质量指标	实测值	试验方法
外观	褐色透亮液体	褐色透亮液体	目测
镁含量/%	≥6.0	6.46	SH/T 0027
碱值/(mgKOH/g)	≥280	286	SH/T 0251
硼含量/%	≥2.0	2.32	RH 01 ZB 4098
闪点(开口)/℃	≥170	220	GB/T 3536
机械杂质含量/%	≤0.08	0.013	GB/T 511
水分含量/%	≤0.10	痕迹	GB/T 260

【生产方法】以烷基水杨酸、氧化镁，硼酸为原料，经高碱度化、硼化反应而得。

【主要用途】与硫化烷基酚钙盐、ZDDP 及无灰分散剂等复合使用，调制中高档发动机油。

【包装储运】和【注意事项】参见该公司 RHY 109A 烷基水杨酸钙清净剂。

13. RHY 154B 硼化聚异丁烯丁二酰亚胺

【中文名称】硼化聚异丁烯丁二酰亚胺

【产品性能】优良的低温分散性和高温清净性，并具有一定的抗磨性和橡胶相容性。

【质量标准】

项　　目	质量指标	实测值	试验方法
外观	黏稠透明液体	黏稠透明液体	目测
色度(稀释)/号	≤3.5	<2.0	GB/T 6540
密度(20℃)/(kg/m³)	890～935	908.7	GB/T 1884
运动黏度(100℃)/(mm²/s)	130～220	156.6	GB/T 265
闪点(开口)/℃	≥180	239	GB/T 3536
碱值/(mgKOH/g)	12～30	27.4	SH/T 0251
水分含量/%	≤0.08	0.03	GB/T 260
机械杂质含量/%	≤0.08	0.017	GB/T 511
氮含量/%	1.10～1.35	1.33	SH/T 0656
硼含量/%	≥0.35	0.43	NB/SH/T 0824

【生产方法】将高活性聚异丁烯与马来酸酐进行反应，制备出聚异丁烯马来酸酐，然后再与多烯多胺硼酸进行反应，过滤后得到。

【主要用途】主要用于调制内燃机油。

【包装储运】200L 标准新钢桶或根据用户需求采用其他形式（吨箱或散装）。标志、留样、交货验收按照 SH 0164 标准执行。推荐最高操作温度为 75℃，若长期储存，最高温度不应超过 45℃。

【注意事项】运输前应检查包装容器是否完整、密封，运输过程中要确保容器不泄漏、不损坏。严禁与氧化剂、食用化学品等混装混运。储存容器须专用，保持清洁、避光，尽量在户内或可控制的气候环境下储存。容器须防水、防潮、防机械杂质进入。

14. RHY 155B 硼化聚异丁烯丁二酰亚胺

【中文名称】硼化聚异丁烯丁二酰亚胺

【产品性能】优良的低温分散性和高温清净性，并具有一定的抗磨性和橡胶相容性。

【质量标准】

项　　目	质量指标	实测值	试验方法
外观	黏稠透明液体	黏稠透明液体	目测
色度(稀释)/号	≤3.5	<2.5	GB/T 6540
密度(20℃)/(kg/m³)	928~952	929.4	GB/T 1884
运动黏度(100℃)/(mm²/s)	335~465	362	GB/T 265
闪点(开口)/℃	≥170	238	GB/T 3536
碱值/(mgKOH/g)	15~40	33.4	SH/T 0251
水分含量/%	≤0.35	0.03	GB/T 260
氮含量/%	1.3~1.6	1.48	SH/T 0656
硼含量/%	1.07~1.53	1.28	NB/SH/T 0824

【生产方法】将高活性聚异丁烯与马来酸酐进行反应，制备出聚异丁烯马来酸酐，然后再与多烯多胺硼酸进行反应，过滤后得到。

【主要用途】主要用于调制内燃机油。

【包装储运】与【注意事项】参见该公司 RHY 154B 硼化异丁烯丁二酰亚胺。

15. RHY 165 烟炱分散型无灰分散剂

【中文名称】烟炱分散型无灰分散剂

【产品性能】具有优异的烟炱分散性和低温油泥分散性能。

【质量标准】

项　　目	质量指标	实测值	试验方法
外观	黏稠透明液体	黏稠透明液体	目测
密度(20℃)/(kg/m³)	报告	922.6	SH/T 0604
闪点(开口)/℃	≥180	195	GB/T 3536
水分含量/%	≤0.08	0.03	GB/T 260
机械杂质含量/%	≤0.08	0.04	GB/T 511
酸值/(mgKOH/g)	≤3	0.4	GB/T 4945
碱值/(mgKOH/g)	≥40	45	SH/T 0251
氮含量/%	≥2.0	2.2	SH/T 0656

【生产方法】将高活性聚异丁烯与马来酸酐进行反应，制备出聚异丁烯马来酸酐，然后再与混合胺进行反应，过滤后得到。

【主要用途】主要用于调制 CH-4、CI-4 及以上级别的柴油机油。

【包装储运】与【注意事项】参见该公司 RHY 154B 硼化异丁烯丁二酰亚胺。

16. RHY 151PB 抗磨型无灰分散剂

【中文名称】抗磨型无灰分散剂

【产品性能】具有优异的抗磨性、高温清净性和低温油泥分散性。

【质量标准】

项　　目	质量指标	实测值	试验方法
外观	黏稠透明液体	黏稠透明液体	目测
色度(稀释)/号	≤3.5	<2.5	GB/T 6540
密度(20℃)/(kg/m³)	900～970	929.7	GB/T 1884
运动黏度(100℃)/(mm²/s)	275～525	389.1	GB/T 265
闪点(开口)/℃	≥150	183	GB/T 3536
碱值/(mgKOH/g)	30～40	35.2	SH/T 0251
水分含量/%	≤0.3	0.06	GB/T 260
氮含量/%	1.54～1.92	1.70	SH/T 0656
硼含量/%	0.83～1.17	0.92	NB/SH/T 0824
磷含量/%	0.7～0.95	0.82	SH/T 0296

【生产方法】将高活性聚异丁烯与马来酸酐进行反应，制备出聚异丁烯马来酸酐，然后再与多烯多胺硼化物、磷化物进行反应，过滤后得到。

【主要用途】主要用于调制传动液、齿轮油和内燃机油。

【包装储运】与【注意事项】参见该公司 RHY 154B 硼化异丁烯丁二酰亚胺。

（二）兰州/太仓中石油润滑油添加剂有限公司

1. RHY 105 烷基苯磺酸钙清净剂

【中文名称】磺酸盐清净剂

【化学名称】RHY 105 合成磺酸钙

【化学结构】

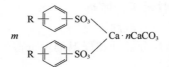

【产品性能】优异的高温清净性，一定的酸中和能力，高温性能稳定。

【质量标准】Q/SY RH6003—2016

项　　目	质量指标	实测值	试验方法
外观	褐色透亮液体	褐色透亮液体	目测
钙含量/%	4.65～4.90	4.88	SH/T 0297
碱值/(mgKOH/g)	80～95	90	SH/T 0251
硫含量/%	2.5～3.5	2.68	SH/T 0303
浊度(5%)/JTU	≤20	5.0	SH/T 0028
运动黏度(100℃)/(mm²/s)	20～60	47	GB/T 265
闪点(开口)/℃	≥170	223	GB/T 3536
机械杂质含量/%	≤0.08	0.008	GB/T 511
水分含量/%	≤0.3	痕迹	GB/T 260

【生产方法】以优质烷基苯磺酸和氢氧化钙、二氧化碳为原料，经中和、高碱度化反应而得。

【主要用途】主要用于调制高档内燃机润滑油、重负荷的柴油机油。

【包装储运】铁路槽车。200L 标准铁桶，产品净重 200kg/桶。本品在储存、装卸及调油时，参照 SH 0164 进行。最高温度不应超过 75℃；若长期储存，最高温度不应超过 45℃。

【注意事项】本品不易燃、不易爆、无腐蚀性，在安全、环保、使用等方面同一般石油产品，不用进行特殊防护。

2. RHY 106 烷基苯磺酸钙清净剂

【中文名称】磺酸盐清净剂

【化学名称】高碱值合成磺酸钙

【化学结构】

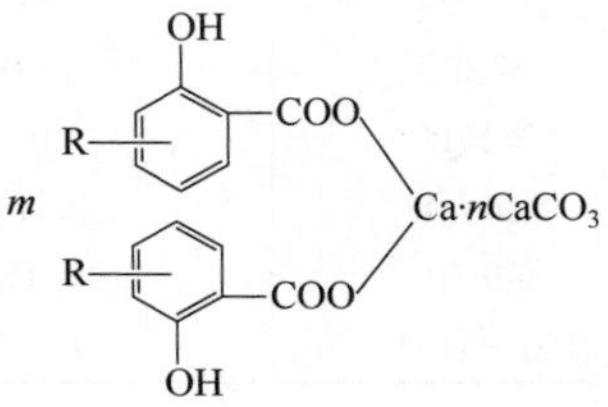

【产品性能】优异的高温清净性，良好的酸中和能力，高温性能稳定。

【质量标准】 Q/SY RH6003—2016

项 目	质量指标	实测值	试验方法
外观	褐色透亮液体	褐色透亮液体	目测
碱值/(mgKOH/g)	285～315	306	SH/T 0251
浊度(5%)/JTU	≤70	32	SH/T 0028
运动黏度(100℃)/(mm²/s)	50～130	73.6	GB/T 265
闪点(开口)/℃	≥170	222	GB/T 3536
钙含量/%	11.50～12.50	12.26	SH/T 0297
硫含量/%	1.45～2.10	1.96	SH/T 0303
水分含量/%	≤0.3	痕迹	GB/T 260
机械杂质含量/%	≤0.08	0.027	GB/T 511

【生产方法】以优质烷基苯磺酸和氢氧化钙、二氧化碳为原料，经中和、高碱度化反应而得。

【主要用途】主要用于调制高档内燃机油、重负荷的柴油机油。

【包装储运】铁路槽车。200L 标准铁桶，产品净重 200kg/桶。本品在储存、装卸及调油时，参照 SH 0164 进行。最高温度不应超过 75℃；若长期储存，最高温度不应超过 45℃。

【注意事项】本品不易燃、不易爆、无腐蚀性，在安全、环保、使用等方面同一般石油产品，不用进行特殊防护。

3. RHY 109 烷基水杨酸钙清净剂

【中文名称】烷基水杨酸盐清净剂

【化学名称】中碱值烷基水杨酸钙

【化学结构】

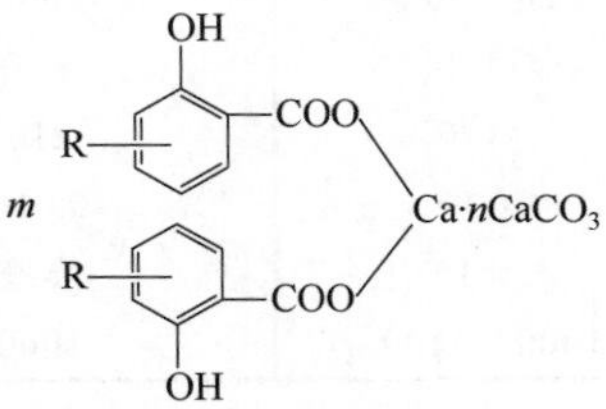

【产品性能】具有优良的高温清净性、抗氧和抗腐性能，一定的酸中和能力，与抗氧抗

腐剂 ZDDP、丁二酰亚胺无灰分散剂等显示优异的协同效应。

【质量标准】Q/SY RH6005—2016

项　　目	质量指标	实测值	试验方法
外观	褐色透亮液体	褐色透亮液体	目测
钙含量/%	5.8~6.4	6.01	SH/T 0297
碱值/(mgKOH/g)	160~175	167	SH/T 0251
运动黏度(100℃)/(mm²/s)	10~40	26	GB/T 265
浊度(20%)/JTU	≤80	35.0	SH/T 0028
闪点(开口)/℃	≥170	202	GB/T 3536
机械杂质含量/%	≤0.08	0.011	GB/T 511
水分含量/%	≤0.10	痕迹	GB/T 260
密度①(20℃)/(kg/m³)	950~1010	997.1	GB/T 1884、SH/T 0604

① 有争议时以 SH/T 0604 为准。

【生产方法】以烷基水杨酸、氢氧化钙、二氧化碳等为原料，经中和、高碱度化反应而得。

【主要用途】用于调制中高档发动机油。可单独使用，也可与硫化烷基酚钙盐、ZDDP 及无灰分散剂等复合使用。

【包装储运】与【注意事项】参见该公司 RHY 106 烷基苯磺酸钙清净剂。

4. RHY 109B 烷基水杨酸钙清净剂

【中文名称】烷基水杨酸盐清净剂

【化学名称】高碱值烷基水杨酸钙

【化学结构】

【产品性能】具有优良的高温清净性、抗氧和抗腐性能，较强的酸中和能力，与抗氧抗腐剂 ZDDP、丁二酰亚胺无灰分散剂等显示优异的协同效应。

【质量标准】Q/SY RH6005—2016

项　　目	质量指标	实测值	试验方法
外观	褐色透亮液体	褐色透亮液体	目测
钙含量/%	9.5~10.5	10.0	SH/T 0297
碱值/(mgKOH/g)	265~295	280	SH/T 0251
运动黏度(100℃)/(mm²/s)	20~50	34	GB/T 265
浊度(20%)/JTU	≤100	42.0	SH/T 0028
闪点(开口)/℃	≥170	216	GB/T 3536
机械杂质含量/%	≤0.08	0.016	GB/T 511
水分含量/%	≤0.15	痕迹	GB/T 260
密度①(20℃)/(kg/m³)	1000~1100	1060	GB/T 1884、SH/T 0604

① 有争议时以 SH/T 0604 为准。

【生产方法】以烷基水杨酸、氢氧化钙、二氧化碳等为原料，经中和、高碱度化反应而得。

【主要用途】与硫化烷基酚钙盐、ZDDP 及无灰分散剂等复合使用，调制中高档发动机油。

【包装储运】与【注意事项】参见该公司 RHY 106 烷基苯磺酸钙清净剂。

5. RHY 151L 低分子单挂聚异丁烯丁二酰亚胺

【中文名称】单丁二酰亚胺分散剂

【产品性能】具有优异的低温油泥分散性能。

【质量标准】

项 目	质量指标	实测值	试验方法
外观	黏稠透明液体	黏稠透明液体	目测
色度(稀释)/号	≤3.5	<2.5	GB/T 6540
密度(20℃)/(kg/m³)	890～935	914	GB/T 1884
运动黏度(100℃)/(mm²/s)	120～220	203.4	GB/T 265
闪点(开口)/℃	≥180	213	GB/T 3536
酸值/(mgKOH/g)	≤3	1.25	GB/T 4945
碱值/(mgKOH/g)	45～55	48	SH/T 0251
水分含量/%	≤0.08	0.03	GB/T 260
氯含量/%	≤0.3	0.25	SH/T 0161
氮含量/%	2.0～2.4	2.15	SH/T 0656
机械杂质含量/%	≤0.08	0.05	GB/T 511

【生产方法】用聚异丁烯、氯气、顺丁烯二酸酐、多元胺等为原料，经氯化、胺化等反应工艺制备。

【主要用途】调制柴油机油、汽油机油等产品。

【包装储运】200L 标准新钢桶或根据用户需求采用其他形式（吨箱或散装）。标志、留样、交货验收按照 SH 0164 标准执行。推荐最高操作温度为 75℃，若长期储存，最高温度不应超过 45℃。

【注意事项】运输前应检查包装容器是否完整、密封，运输过程中要确保容器不泄漏、不损坏。严禁与氧化剂、食用化学品等混装混运。储存容器须专用，保持清洁、避光，尽量在户内或可控制的气候环境下储存。容器须防水、防潮、防机械杂质进入。

6. RHY 152L 低分子双挂聚异丁烯丁二酰亚胺

【中文名称】双丁二酰亚胺分散剂

【产品性能】具有优异的低温油泥分散性能。

【质量标准】

项 目	质量指标	实测值	试验方法
外观	黏稠透明液体	黏稠透明液体	目测
色度(稀释)/号	≤3.5	<2.5	GB/T 6540
密度(20℃)/(kg/m³)	890～935	912.8	GB/T 1884
运动黏度(100℃)/(mm²/s)	140～270	156.2	GB/T 265
闪点(开口)/℃	≥180	228	GB/T 3536
酸值/(mgKOH/g)	≤3	2.48	GB/T 4945
碱值/(mgKOH/g)	20～30	20.2	SH/T 0251

项　　目	质量指标	实测值	试验方法
水分含量/%	≤0.08	痕迹	GB/T 260
氯含量/%	≤0.3	0.25	SH/T 0161
氮含量/%	1.2~1.35	1.27	SH/T 0656
机械杂质含量/%	≤0.08	0.01	GB/T 511

【生产方法】用聚异丁烯、氯气、顺丁烯二酸酐、多元胺等为原料，经氯化、胺化等反应工艺制备。

【主要用途】调制柴油机油、汽油机油等产品。

【包装储运】与【注意事项】参见该公司 RHY 151L 低分子单挂聚异丁烯丁二酰亚胺。

7. RHY 166L 高分子聚异丁烯丁二酰亚胺

【中文名称】高分子丁二酰亚胺分散剂

【产品性能】具有优异的低温油泥分散性和高温清净性。

【质量标准】

项　　目	质量指标	实测值	试验方法
外观	黏稠透明液体	黏稠透明液体	目测
色度(稀释)/号	≤3.5	<2.5	GB/T 6540
密度(20℃)/(kg/m³)	890~935	908.2	GB/T 1884
运动黏度(100℃)/(mm²/s)	180~220	180.4	GB/T 265
闪点(开口)/℃	≥170	195	GB/T 3536
酸值/(mgKOH/g)	≤3	1.3	GB/T 4945
碱值/(mgKOH/g)	10~30	26.3	SH/T 0251
氯含量/%	≤0.3	0.23	SH/T 0161
氮含量/%	1.06~1.26	1.15	SH/T 0656
水分含量/%	≤0.08	0.03	GB/T 260
机械杂质含量/%	≤0.08	0.05	GB/T 511

【生产方法】用聚异丁烯、氯气、顺丁烯二酸酐、多元胺等为原料，经氯化、胺化等反应工艺制备。

【主要用途】调制柴油机油、汽油机油等产品。

【包装储运】与【注意事项】参见该公司 RHY 151L 低分子单挂聚异丁烯丁二酰亚胺。

（三）无锡南方石油添加剂有限公司

1. T 109 中碱值烷基水杨酸钙

【中文名称】中碱值烷基水杨酸钙

【化学结构】

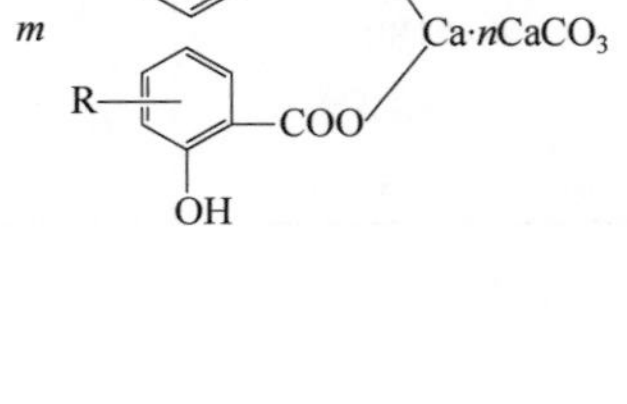

【产品性能】具有优异的高温清净性、良好的抗氧和抗腐性能，一定的酸中和能力，与抗氧抗腐剂 ZDDP、丁二酰亚胺无灰分散剂显示优异的协同效应。

【质量标准】

项　　目	质量指标	试验方法	项　　目	质量指标	试验方法
外观	红棕色透明黏稠液体	目测	密度(20℃)/(kg/m³)	900~1200	GB/T 13377
			闪点(开口)/℃	≥170	GB/T 3536
运动黏度(100℃)/(mm²/s)	实测	GB/T 265	浊度(20%)/JTU	≤150	SH/T 0028
钙含量/%	≥5.5	SH/T 0297	碱值/(mgKOH/g)	≥160	SH/T 0251

【生产方法】α-烯烃与水杨酸烷基化为烷基水杨酸，经中和反应、高碱度化反应并经后处理而得。

【主要用途】与硫化烷基酚钙盐、ZDDP 及无灰分散剂等复合使用，调制中高档发动机油。

【包装储运】200L 标准铁桶，产品净重 190kg/桶。本品在储存、装卸及调油时，参照 SH 0164 进行。最高温度不应超过 75℃；若长期储存，最高温度不应超过 45℃。

【注意事项】本品不易燃、不易爆、无腐蚀性，在安全、环保、使用等方面同一般石油产品，不用进行特殊防护。

2. T 109B 高碱值烷基水杨酸钙

【中文名称】高碱值烷基水杨酸钙

【化学结构】

【产品性能】具有优异的高温清净性能、抗氧和抗腐性能以及酸中和能力，与抗氧抗腐剂 ZDDP、丁二酰亚胺无灰分散剂显示优异的协同效应。

【质量标准】

项　　目	质量指标	试验方法	项　　目	质量指标	试验方法
外观	红棕色透明黏稠液体	目测	密度(20℃)/(kg/m³)	900~1200	GB/T 13377
			闪点(开口)/℃	≥170	GB/T 3536
运动黏度(100℃)/(mm²/s)	实测	GB/T 265	浊度(20%)/JTU	≤150	SH/T 0028
钙含量/%	≥9.0	SH/T 0297	碱值/(mgKOH/g)	≥265	SH/T 0251

【生产方法】水杨酸与 α-烯烃烷基化为烷基水杨酸，经中和反应、高碱度化反应并经后处理而得。

【主要用途】与硫化烷基酚钙盐、ZDDP 及无灰分散剂等复合使用，调制中高档发动机油。

【包装储运】和【注意事项】参见该公司 T 109 中碱值烷基水杨酸钙。

3. T 104 低碱值合成磺酸钙

【中文名称】低碱值合成烷基苯磺酸钙

【化学结构】

$$\underset{m}{} \text{R} \overset{SO_3}{\underset{SO_3}{\underset{R}{\boxed{}}}} \text{Ca}\cdot n\text{Ca(OH)}_2$$

【产品性能】在内燃机油中具有良好的清净分散性和防锈性。

【质量标准】

项目	质量指标	试验方法	项目	质量指标	试验方法
外观	红棕色透明黏稠液体	目测	密度(20℃)/(kg/m³)	950～1100	GB/T 13377
			闪点(开口)/℃	≥170	GB/T 3536
运动黏度(100℃)/(mm²/s)	≤150	GB/T 265	浊度(20%)/JTU	≤200	SH/T 0028
钙含量/%	≥2.0	SH/T 0297	碱值/(mgKOH/g)	20～30	SH/T 0251

【生产方法】以烷基苯磺酸为原料，经中和及后处理而得。

【主要用途】用于调制内燃机油。

【包装储运】用 200L 金属桶包装，储存于干燥、清洁、通风库房中。

【注意事项】本品不易燃、不易爆、无腐蚀性，在安全、环保、使用等方面同一般石油产品，不用进行特殊防护。

4. T 105 中碱值合成磺酸钙

【中文名称】中碱值合成磺酸钙

【化学结构】

$$\underset{m}{} \text{R} \overset{SO_3}{\underset{SO_3}{\underset{R}{\boxed{}}}} \text{Ca}\cdot n\text{CaCO}_3$$

【产品性能】具有良好清净分散能力，并具有防锈性。

【质量标准】

项目	质量指标	试验方法	项目	质量指标	试验方法
外观	红棕色透明黏稠液体	目测	密度(20℃)/(kg/m³)	1100～1200	GB/T 13377
			闪点(开口)/℃	≥170	GB/T 3536
运动黏度(100℃)/(mm²/s)	≤30	GB/T 265	浊度(20%)/JTU	≤250	SH/T 0028
钙含量/%	≥6.5	SH/T 0297	碱值/(mgKOH/g)	≥145	SH/T 0251

【生产方法】以烷基苯磺酸为原料，经中和、高碱度化等工序并经后处理而得。

【主要用途】用于调制中高档内燃机油和船用油。

【包装储运】用 200L 金属桶包装，储存于干燥、清洁、通风库房中。

【注意事项】本品不易燃、不易爆、无腐蚀性，在安全、环保、使用等方面同一般石油产品，不用进行特殊防护。

5. T 106B 高碱值合成磺酸钙

【中文名称】高碱值合成磺酸钙

【化学结构】

$$\underset{m}{} \text{R} \overset{SO_3}{\underset{SO_3}{\underset{R}{\boxed{}}}} \text{Ca}\cdot n\text{CaCO}_3$$

【产品性能】具有良好清净分散能力，并具有防锈性。

【质量标准】

项目	质量指标	试验方法	项目	质量指标	试验方法
外观	红棕色透明黏稠液体	目测	密度(20℃)/(kg/m³)	1100～1200	GB/T 13377
			闪点(开口)/℃	≥170	GB/T 3536
运动黏度(100℃)/(mm²/s)	≤200	GB/T 265	浊度(20%)/JTU	≤250	SH/T 0028
钙含量/%	≥11.5	SH/T 0297	碱值/(mgKOH/g)	≥300	SH/T 0251

【生产方法】以烷基苯磺酸为原料，经中和、高碱度化等工序并经后处理而得。

【主要用途】具有优异的酸中和能力和较好的高温清净性。主要用于调制中高档内燃机润滑油、重负荷的柴油机油，尤其适用于燃料中含硫量较高的发动机润滑油。

【包装储运】本品的包装、标志、储存、运输及交货验收规则按 SH 0164 进行，取样按 GB/T 4756 进行。

【注意事项】本品不易燃、不爆炸、不腐蚀。如接触了皮肤，可用洗涤剂、肥皂和水彻底洗净。

6. T 121 中碱值硫化烷基酚钙清净剂

【中文名称】中碱值硫化烷基酚钙

【化学结构】

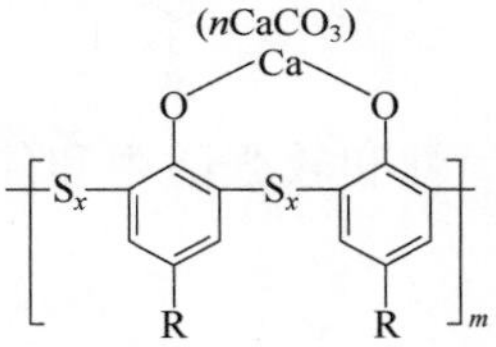

【产品性能】具有很好的高温清净性和较好的抗氧化性能，对抑制柴油机油活塞顶环的积炭生成有显著效果。

【质量标准】

项　　目	质量指标	试验方法	项　　目	质量指标	试验方法
外观	红棕色透明黏稠液体	目测	机械杂质含量/%	≤0.1	GB/T 511
			闪点(开口)/℃	≥170	GB/T 3536
运动黏度(100℃)/(mm²/s)	≤200	GB/T 265	硫含量/%	2.3～2.8	SH/T 0303
钙含量/%	≥5.0	SH/T 0297	碱值/(mgKOH/g)	≥145	SH/T 0251

【生产方法】以烷基酚为原料，经硫化、中和等工序并经后处理而得。

【主要用途】用于调制高档内燃机油及船舶用油。

【包装储运】和【注意事项】参见该公司 T 106B 高碱值合成磺酸钙。

7. S-206 高碱值硫化烷基酚钙

【中文名称】高碱值硫化烷基酚钙

【化学结构】

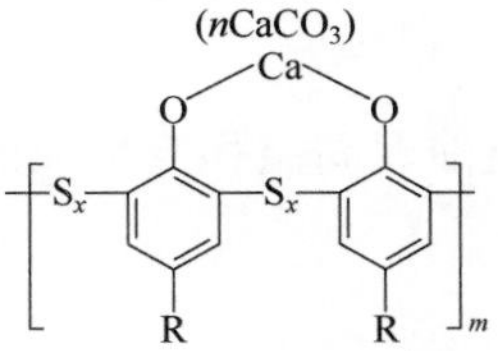

【产品性能】具有良好的高温清净性和较强酸中和能力，并具有一定抗氧化及抗腐蚀性能。

【质量标准】

项　　目	质量指标	试验方法	项　　目	质量指标	试验方法
外观	红棕色透明黏稠液体	目测	机械杂质含量/%	≤0.1	GB/T 511
			闪点(开口)/℃	≥170	GB/T 3536
运动黏度(100℃)/(mm²/s)	≤300	GB/T 265	硫含量/%	2.9～3.8	SH/T 0303
钙含量/%	≥9.0	SH/T 0297	碱值/(mgKOH/g)	≥245	SH/T 0251

【生产方法】以烷基酚为原料，经硫化、中和、高碱度化等工序并经后处理而得。

【主要用途】用于调制高档内燃机油及船舶用油。

【包装储运】和【注意事项】参见该公司 T 106B 高碱值合成磺酸钙。

8. S-206C 高碱值硫化烷基酚钙

【中文名称】高碱值硫化烷基酚钙

【化学结构】

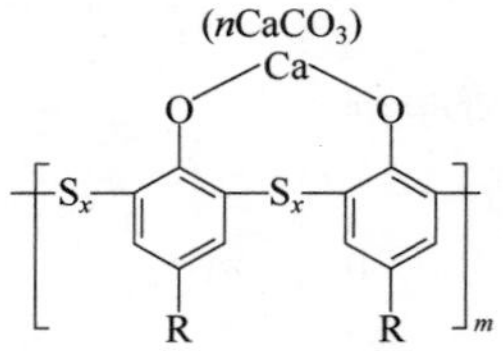

【产品性能】具有良好的高温清净性和较强酸中和能力，并具有一定抗氧化及抗腐蚀性能。

【质量标准】

项　　目	质量指标	试验方法	项　　目	质量指标	试验方法
外观	红棕色透明黏稠液体	目测	机械杂质含量/%	≤0.1	GB/T 511
			闪点(开口)/℃	≥170	GB/T 3536
运动黏度(100℃)/(mm²/s)	≤300	GB/T 265	硫含量/%	2.5～3.5	SH/T 0303
钙含量/%	≥10.0	SH/T 0297	碱值/(mgKOH/g)	≥295	SH/T 0251

【生产方法】以烷基酚为原料，经硫化、中和、高碱度化等工序并经后处理而得。

【主要用途】用于调制高档内燃机油及船舶用油。

【包装储运】和【注意事项】参见该公司 T 106B 高碱值合成磺酸钙。

9. T 151

【中文名称】单聚异丁烯基丁二酰亚胺

【化学结构】

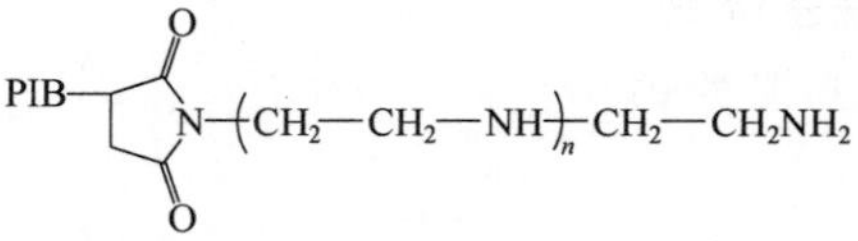

【产品性能】具有优良的控制低温油泥高温积炭生成的能力，同时具有优良的低温分散性，对高温烟炱有好的增溶作用。

【质量标准】

项　目	质量指标	试验方法	项　目	质量指标	试验方法
外观	棕红色黏稠液体	目测	水分含量/%	≤0.08	SH/T 260
密度(20℃)/(kg/m³)	实测	GB/T 1884	机械杂质含量/%	≤0.08	GB/T 511
运动黏度(100℃)/(mm²/s)	≥220	GB/T 265	闪点(开口)/℃	≥180	SH/T 3536
色度(稀释)/号	≤3.0	GB/T 6540	碱值/(mgKOH/g)	40～60	SH/T 0251
氮含量/%	≥2.0	SH/T 0244			

【生产方法】采用热加合工艺生产。

【主要用途】与清净剂、抗氧抗腐剂调制高档的汽油机油，也是燃料油添加剂的主要原料之一。

【包装储运】200L 铁桶包装，净重 170kg。

【注意事项】在储存、装卸及调油时，最高温度不应超过 65℃，若长期储存，建议不超过 50℃，切勿带水。

10. T 154A

【中文名称】双聚异丁烯基丁二酰亚胺

【化学结构】

【质量标准】

项　目	质量指标	试验方法	项　目	质量指标	试验方法
外观	棕红色黏稠液体	目测	氮含量/%	1.1～1.3	SH/T 0244
色度(稀释)/号	≤4	GB/T 6540	水分含量/%	≤0.08	SH/T 260
密度(20℃)/(kg/m³)	报告	GB/T 1884	机械杂质含量/%	≤0.08	GB/T 511
运动黏度(100℃)/(mm²/s)	报告	GB/T 265	碱值/(mgKOH/g)	15～30	SH/T 0251
闪点(开口)/℃	≥180	GB/T 267	分散性 SDT/%	≥55	附录

【生产方法】采用热加合工艺生产。

【主要用途】与清净剂、抗氧抗腐剂等有良好的配互性，能调制各种中高档润滑油。

【包装储运】和【注意事项】参见该公司 T 151。

11. T 154B

【中文名称】硼化聚异丁烯基丁二酰亚胺

【产品性能】具有优良的清净分散性，可抑制发动机活塞上积炭和漆膜的生成，还具有抗氧化和抗磨性，并可改进油品与氟橡胶密封件的相容性，降低铜铅轴瓦的高温腐蚀。

【实测值】氮含量 1.1%～1.3%，硼含量 0.3%～0.4%。

【生产方法】以高活性聚异丁烯（M_n=1000）为原料，采用热加合工艺制备。

【主要用途】与清净剂复合使用能很好地解决发动机的低温油泥，减少发动机高温部件漆膜和积炭的沉积。

【包装储运】包装、储运、交货验收按 SH 0164 进行。本品在储存、装卸及调油时，最高温度不应超过 85℃；若长期储存，最高温度不应超过 45℃。

【注意事项】本品不易燃，不爆炸，不腐蚀。注意防水，适用本系列产品没必要进行专门预防，但应遵守处理浓化学品和向基础油调入添加剂的一般预防方法。如接触了皮肤，可用洗涤剂，肥皂和水彻底洗净，并要防止吞服。

12. T 161

【中文名称】高分子量聚异丁烯基丁二酰亚胺

【质量标准】SH/T 0623—95。

项　目	质量指标	试验方法	项　目	质量指标	试验方法
外观	棕红色黏稠液体	目测	氮含量/%	1.0～1.1	SH/T 0244
色度(稀释)/号	≤3.5	GB/T 6540	水分含量/%	≤0.08	SH/T 260
密度(20℃)/(kg/m³)	报告	GB/T 1884	机械杂质含量/%	≤0.08	GB/T 511
运动黏度(100℃)/(mm²/s)	300～500	GB/T 265	碱值/(mgKOH/g)	15～30	SH/T 0251
闪点(开口)/℃	≥180	GB/T 267			

【生产方法】采用热加合工艺生产。

【主要用途】广泛用于中、高档汽、柴油机油。

【包装储运】和【注意事项】参见该公司 T 151。

13. T 162

【中文名称】高效无灰分散剂

【产品性能】与一般无灰分散剂相比具有更优异的烟炱分散能力。

【实测值】碱值 40～50mgKOH/g，氮含量 1.7%～2.0%。

【生产方法】以高活性聚异丁烯为原料，采用热加合工艺生产。

【主要用途】广泛用于中、高档汽、柴油机油。

【包装储运】本品在储存、装卸及调油时，最高温度不应超过 85℃；若长期储存，最高温度不应超过 45℃。

【注意事项】本品不易燃、不易爆、不易腐蚀，使用过程中没有必要进行专门预防，但应遵守处理浓化学品和向基础油调入添加剂的一般预防措施。如不慎吞服将有一定毒性，但不比一般石油产品更毒；如接触皮肤，可用洗涤剂、肥皂和清水彻底洗净。

（四）锦州康泰润滑油添加剂有限公司

1. BD C010 烷基苯磺酸钙清净剂

【中文名称】磺酸盐清净剂

【化学名称】中性合成磺酸钙

【化学结构】

$$\left[R\!-\!\underset{R}{\overset{}{\bigcirc}}\!-\!SO_3 \right]_2 Ca$$

【产品性能】具有良好的清净性、防锈性、抗泡性和油溶性，以及一定的破乳化性。

【质量标准】

项　目	质量指标	实测值	试验方法
外观	褐色透亮液体	褐色透亮液体	目测
钙含量/%	≥2.0	2.6	SH/T 0297
碱值/(mgKOH/g)	≤10	9.0	SH/T 0251
硫含量/%	≥2.4	2.6	SH/T 0303
浊度(5%)/JTU	≤30	20	SH/T 0028
运动黏度(100℃)/(mm²/s)	实测	20	GB/T 265
闪点(开口)/℃	≥180	190	GB/T 3536
水分含量/%	≤0.3	痕迹	GB/T 260

【生产方法】以优质的合成磺酸与氢氧化钙直接中和生产。

【主要用途】主要用于调制动力传送油、齿轮油、汽轮机油、金属加工油、防锈油和润滑脂等。参考用量 0.1%～3%。

【包装储运】铁路槽车。200L 标准铁桶，产品净重 180kg/桶。本品在储存、装卸及调油时，参照 SH 0164 标准进行。最高温度不应超过 75℃；若长期储存，最高温度不应超过 45℃。

【注意事项】本品不易燃、不易爆、无腐蚀性，在安全、环保、使用等方面同一般石油产品，不用进行特殊防护。具体注意事项请参见该产品的安全数据说明书。

2. BD C020 烷基苯磺酸钙清净剂

【中文名称】磺酸盐清净剂

【化学名称】低碱值合成磺酸钙

【化学结构】

$$m\left[R-\underset{R}{\bigcirc}-SO_3 \right]_2 Ca \cdot nCa(OH)_2$$

【产品性能】具有良好的清净性、防锈性、抗泡性和油溶性，

【质量标准】

项　　目	质量指标	实测值	试验方法
外观	褐色透亮液体	褐色透亮液体	目测
密度(20℃)/(kg/m^3)	920～1000	940	GB/T 1884
钙含量/%	≥2.1	2.4	SH/T 0297
碱值/(mgKOH/g)	≤30	29	SH/T 0251
硫含量/%	≥2.1	2.4	SH/T 0303
浊度(5%)/JTU	≤30	10	SH/T 0028
运动黏度(100℃)/(mm^2/s)	实测	20	GB/T 265
闪点(开口)/℃	≥180	190	GB/T 3536
水分含量/%	≤0.3	痕迹	GB/T 260
色度(稀释)/号	≤5.0	4.0	GB/T 6540

【生产方法】以优质烷基苯磺酸和氢氧化钙、二氧化碳为原料，经中和反应而得。

【主要用途】主要用于调制防锈油，同时也适用于发动机油、动力传送油、齿轮油、金属加工油、防锈油和润滑脂等。参考用量 0.1%～10%。

【包装储运】与【注意事项】参见该公司 BD C010 烷基苯磺酸钙清净剂。

3. BD C030 烷基苯磺酸钙清净剂

【中文名称】磺酸盐清净剂

【化学名称】低碱值合成磺酸钙

【化学结构】

$$m\left[R-\underset{R}{\bigcirc}-SO_3 \right]_2 Ca \cdot nCa(OH)_2$$

【产品性能】具有良好的清净性、防锈性、抗泡性和油溶性

【质量标准】Q/SH 007TJ023—2000

项　　目	质量指标	实测值	试验方法
外观	褐色透亮液体	褐色透亮液体	目测
密度(20℃)/(kg/m³)	920～1000	940	GB/T 1884
钙含量/%	≥2.1	2.4	SH/T 0297
碱值/(mgKOH/g)	≤30	29	SH/T 0251
硫含量/%	≥2.1	2.4	SH/T 0303
浊度(5%)/JTU	≤30	10	SH/T 0028
运动黏度(100℃)/(mm²/s)	实测	20	GB/T 265
闪点(开口)/℃	≥180	190	GB/T 3536
水分含量/%	≤0.3	痕迹	GB/T 260
色度(稀释)/号	≤5.0	4	GB/T 6540

【生产方法】以优质烷基苯磺酸和氢氧化钙、二氧化碳为原料，经中和反应而得。

【主要用途】主要用于调制高档发动机油，同时也适用于动力传送油、齿轮油、金属加工油、防锈油和润滑脂等。参考用量 0.1%～10%。

【包装储运】与【注意事项】参见该公司 BD C010 烷基苯磺酸钙清净剂。

4. BD C100 烷基苯磺酸钙清净剂

【中文名称】磺酸盐清净剂

【化学名称】中碱值合成磺酸钙

【化学结构】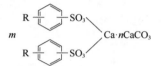

【产品性能】具有良好的清净性、防锈性、抗泡性和油溶性。

【质量标准】

项　　目	质量指标	实测值	试验方法
外观	褐色透亮液体	褐色透亮液体	目测
密度(20℃)/(kg/m³)	920～1000	980	GB/T 1884
钙含量/%	≥4.0	5	SH/T 0297
碱值/(mgKOH/g)	70～100	90	SH/T 0251
硫含量/%	≥2.1	2.4	SH/T 0303
浊度(5%)/JTU	≤30	20	SH/T 0028
运动黏度(100℃)/(mm²/s)	实测	30	GB/T 265
闪点(开口)/℃	≥180	190	GB/T 3536
水分含量/%	≤0.3	痕迹	GB/T 260
色度(稀释)/号	≤5.0	4.0	GB/T 6540

【生产方法】以优质烷基苯磺酸和氢氧化钙、二氧化碳为原料，经中和、过碱度化反应而得。

【主要用途】主要用于高档发动机油，发动机清洗油和防锈油等。参考用量 0.1%～5%。

【包装储运】与【注意事项】参见该公司 BD C010 烷基苯磺酸钙清净剂。

5. BD C150 烷基苯磺酸钙清净剂

【中文名称】磺酸盐清净剂

【化学名称】中碱值合成磺酸钙

【化学结构】同 BD C100 烷基苯磺酸钙清净剂。

【产品性能】具有极好的清净性、防锈性、油溶性和较好的酸中和性能。

【质量标准】Q/SH 007TJ0016—1996

项　　目	质量指标	实测值	试验方法
外观	褐色透亮液体	褐色透亮液体	目测
密度(20℃)/(kg/m³)	920~1000	980	GB/T 1884
钙含量/%	≥6.85	7.0	SH/T 0297
碱值/(mgKOH/g)	≥150	155	SH/T 0251
硫含量/%	≥1.80	2.0	SH/T 0303
浊度(5%)/JTU	≤30	10	SH/T 0028
运动黏度(100℃)/(mm²/s)	≤30	22	GB/T 265
闪点(开口)/℃	≥180	190	GB/T 3536
水分含量/%	≤0.3	痕迹	GB/T 260

【生产方法】以优质烷基苯磺酸和氢氧化钙、二氧化碳为原料，经中和、过碱度化反应而得。

【主要用途】主要用于调制高档发动机油，同时也适用于调制防锈油品。参考用量：0.5%~3%。

【包装储运】与【注意事项】参见该公司 BD C010 烷基苯磺酸钙清净剂。

6. BD C300 烷基苯磺酸钙清净剂

【中文名称】磺酸盐清净剂

【化学名称】高碱值合成磺酸钙

【化学结构】同 BD C100 烷基苯磺酸钙清净剂。

【产品性能】具有较强的酸中和性，极好的清净性、防锈性和油溶性。

【质量标准】Q/SH 007TJ0017—1996

项　　目	质量指标	实测值	试验方法
外观	褐色透亮液体	褐色透亮液体	目测
密度(20℃)/(kg/m³)	980~1150	1150	GB/T 1884
钙含量/%	≥11.5	12	SH/T 0297
碱值/(mgKOH/g)	≥300	305	SH/T 0251
硫含量/%	≥1.2	1.35	SH/T 0303
浊度(5%)/JTU	≤30	20	SH/T 0028
运动黏度(100℃)/(mm²/s)	≤60	35	GB/T 265
闪点(开口)/℃	≥180	190	GB/T 3536
水分含量/%	≤0.3	痕迹	GB/T 260
色度(稀释)/号	≤5.0	4	GB/T 6540

【生产方法】以优质烷基苯磺酸和氢氧化钙、二氧化碳为原料，经中和、过碱度化反应而得。

【主要用途】主要用于调制发动机油、船用油，同时也适用于调制防锈油品。参考用量 1.5%~3.0%，船用油中加剂量可达 3.0%~25%。

【包装储运】铁路槽车。200L 标准铁桶，产品净重 200kg/桶。本品在储存、装卸及调油时，参照 SH 0164 标准进行。最高温度不应超过 75℃；若长期储存，最高温度不应超过 45℃。

【注意事项】本品不易燃、不易爆、无腐蚀性，在安全、环保、使用等方面同一般石油产品，不用进行特殊防护。具体注意事项请参见该产品的安全数据说明书。

7. BD C400 烷基苯磺酸钙清净剂

【中文名称】磺酸盐清净剂

【化学名称】超碱值合成磺酸钙

【化学结构】同 BD C100 烷基苯磺酸钙清净剂。

【产品性能】具有较强的酸中和性，极好的清净性、防锈性和油溶性，较高的碱储备。

【质量标准】Q/JKT J012—2013

项　　目	质量指标	实测值	试验方法
外观	褐色透亮液体	褐色透亮液体	目测
密度(20℃)/(kg/m³)	1050~1200	1180	GB/T 1884
钙含量/%	≥15	15.3	SH/T 0297
碱值/(mgKOH/g)	≥400	402	SH/T 0251
硫含量/%	≥1.2	1.4	SH/T 0303
浊度(5%)/JTU	≤70	30	SH/T 0028
运动黏度(100℃)/(mm²/s)	≤120	80	GB/T 265
闪点(开口)/℃	≥180	190	GB/T 3536
机械杂质含量/%	≤0.18	0.03	GB/T 511
水分含量/%	≤0.3	痕迹	GB/T 260
色度(稀释)/号	≤5.0	4.0	GB/T 6540

【生产方法】以优质烷基苯磺酸和氢氧化钙、二氧化碳为原料，经中和、过碱度化反应而得。

【主要用途】主要用于调制船用汽缸油，也可用于中低档发动机油。参与用量：1.5%~20%。

【包装储运】与【注意事项】参见该公司 BD C300 烷基苯磺酸钙清净剂。

8. BD 400G 烷基苯磺酸钙清净剂

【中文名称】磺酸盐清净剂

【化学名称】超碱值合成磺酸钙

【化学结构】同 BD C100 烷基苯磺酸钙清净剂。

【产品性能】具有良好的脂转化性、防锈性和极压性、高温性能好。

【质量标准】

项　　目	质量指标	实测值	试验方法
外观	褐色透亮液体	褐色透亮液体	目测
密度(20℃)/(kg/m³)	1050~1200	1180	GB/T 1884
钙含量/%	≥15	15.5	SH/T 0297
碱值/(mgKOH/g)	≥400	403	SH/T 0251
硫含量/%	≥1.2	1.5	SH/T 0303
浊度(%)/JTU	≤70	30	SH/T 0028
运动黏度(100℃)/(mm²/s)	≤200	150	GB/T 265
闪点(开口)/℃	≥180	190	GB/T 3536
水分含量/%	≤0.5	0.3	GB/T 260
色度(释)号	≤5.0	4.0	GB/T 6540

【生产方法】以优质烷基苯磺酸和氢氧化钙、二氧化碳为原料，经中和、过碱度化反应而得。

【主要用途】主要用于生产复合磺酸钙基润滑脂。参考用量30%～50%。

【包装储运】与【注意事项】参见该公司BD C300烷基苯磺酸钙清净剂。

9. BD C401 烷基苯磺酸钙清净剂

【中文名称】磺酸盐清净剂

【化学名称】超碱值合成磺酸钙

【化学结构】同BD C100烷基苯磺酸钙清净剂。

【产品性能】具有良极压性、防锈性和油溶性。

【质量标准】

项　目	质量指标	实测值	试验方法
外观	褐色透亮液体	褐色透亮液体	目测
密度(20℃)/(kg/m³)	1050～1200	1180	GB/T 1884
钙含量/%	≥15	15.5	SH/T 0297
碱值/(mgKOH/g)	≥395	403	SH/T 0251
硫含量/%	≥1.2	1.5	SH/T 0303
浊度(5%)/JTU	≤70	30	SH/T 0028
运动黏度(100℃)/(mm²/s)	≤120	80	GB/T 265
闪点(开口)/℃	≥180	200	GB/T 3536
色度(稀释)/号	≤5.0	4.0	GB/T 6540

【生产方法】以优质烷基苯磺酸和氢氧化钙、二氧化碳为原料，经中和、过碱度化反应而得。

【主要用途】主要用于金属加工油，也适用于防锈油品。参考用量1%～20%。

【包装储运】与【注意事项】参见该公司BD C300烷基苯磺酸钙清净剂。

10. BD C402 烷基苯磺酸钙清净剂

【中文名称】磺酸盐清净剂

【化学名称】超碱值合成磺酸钙

【化学结构】同BD C100烷基苯磺酸钙清净剂。

【产品性能】具有良极压性、防锈性和油溶性；极低的游离碱含量，反应活性小。

【质量标准】

项　目	质量指标	实测值	试验方法
外观	褐色透亮液体	褐色透亮液体	目测
密度(20℃)/(kg/m³)	1050～1200	1180	GB/T 1884
钙含量/%	≥15	15.5	SH/T 0297
碱值/(mgKOH/g)	≥395	403	SH/T 0251
硫含量/%	≥1.2	1.5	SH/T 0303
浊度(5%)/JTU	≤70	30	SH/T 0028
运动黏度(100℃)/(mm²/s)	≤120	80	GB/T 265
闪点(开口)/℃	≥180	200	GB/T 3536
色度(稀释)/号	≤5.0	4.0	GB/T 6540

【生产方法】以优质烷基苯磺酸和氢氧化钙、二氧化碳为原料，经中和、过碱度化反应而得。

【主要用途】主要用于金属加工油（液），也适用于防锈油品。参考用量1%～20%。

【包装储运】与【注意事项】参见该公司BD C300烷基苯磺酸钙清净剂。

11. BD M400 烷基苯磺酸镁清净剂

【中文名称】磺酸盐清净剂

【化学名称】超碱值合成磺酸镁

【化学结构】

【产品性能】具有优异的酸中和能力、良好的清净性和防锈性，灰分低。

【质量标准】Q/JKT J012—2013

项　　目	质量指标	实测值	试验方法
外观	褐色透亮液体	褐色透亮液体	目测
密度(20℃)/(kg/m³)	1050～1200	1120	GB/T 1884
镁含量/%	≥8.5	9.0	SH/T 0027
碱值/(mgKOH/g)	≥395	405	SH/T 0251
硫含量/%	≥1.2	1.8	SH/T 0303
运动黏度(100℃)/(mm²/s)	实测	70	GB/T 265
闪点(开口)/℃	≥180	195	GB/T 3536
色度(稀释)/号	≤5.0	3.0	GB/T 6540

【生产方法】以优质烷基苯磺酸和氢氧化镁、二氧化碳为原料，经中和、过碱度化反应而得。

【主要用途】主要用于调制高档发动机油，特别是调制低灰分油品。参考用量 0.5%～3.0%。

【包装储运】与【注意事项】参见该公司 BD C300 烷基苯磺酸钙清净剂。

12. BD P150 硫化烷基酚钙清净剂

【中文名称】硫化烷基酚盐清净剂

【化学名称】硫化烷基酚钙

【化学结构】

【产品性能】具有一定的酸中和能力、良好的高温清净性、抗氧化性、抗磨作用和良好的水解安定性。

【质量标准】Q/SH 018.6021—94

项　　目	质量指标	实测值	试验方法
外观	褐色透亮液体	褐色透亮液体	目测
密度(20℃)/(kg/m³)	950-1150	1020	GB/T 1884
钙含量/%	4.7～5.1	5.0	SH/T 0297
碱值/(mgKOH/g)	≥130	158	SH/T 0251
硫含量/%	2.3～2.7	2.6	SH/T 0303
运动黏度(100℃)/(mm²/s)	实测	65	GB/T 265
闪点(开口)/℃	≥170	190	GB/T 3536
水分含量/%	≤0.3	痕迹	GB/T 260

【生产方法】以四聚丙烯和苯酚反应，再与硫黄粉、碱土金属化合物和促进剂一起反应

而得。

【主要用途】主要用于调制高档发动机油。参考用量 0.5%～3.0%。

【包装储运】铁路槽车。200L 标准铁桶，产品净重 190kg/桶。本品在储存、装卸及调油时，参照 SH 0164 标准进行。最高温度不应超过 75℃；若长期储存，最高温度不应超过 45℃。

【注意事项】本品不易燃、不易爆、无腐蚀性，在安全、环保、使用等方面同一般石油产品，不用进行特殊防护。具体注意事项请参见该产品的安全数据说明书。

13. BD P250 硫化烷基酚钙清净剂

【中文名称】硫化烷基酚盐清净剂

【化学名称】硫化烷基酚钙

【化学结构】同 BD P250 硫化烷基酚钙清净剂。

【产品性能】具有一定的酸中和能力、良好的高温清净性和抗氧化性、抗磨作用和良好的水解安定性。

【质量标准】Q/SH 018.6021—94

项 目	质量指标	实测值	试验方法
外观	褐色透亮液体	褐色透亮液体	目测
密度(20℃)/(kg/m³)	980～1150	1080	GB/T 1884
钙含量/%	≥8.9	9.5	SH/T 0297
碱值/(mgKOH/g)	≥250	265	SH/T 0251
硫含量/%	2.9～3.8	3.1	SH/T 0303
运动黏度(100℃)/(mm²/s)	实测	220	GB/T 265
闪点(开口)/℃	≥170	195	GB/T 3536
水分含量/%	≤0.3	痕迹	GB/T 260

【生产方法】以四聚丙烯和苯酚反应，再与硫黄粉、碱土金属化合物和促进剂一起反应而得。

【主要用途】主要用于调制高档发动机油，特别适用于生产船用汽缸油。参考用量 0.5%～4.0%。

【包装储运】铁路槽车。200L 标准铁桶，产品净重 200kg/桶。本品在储存、装卸及调油时，参照 SH 0164 标准进行。最高温度不应超过 75℃；若长期储存，最高温度不应超过 45℃。

【注意事项】本品不易燃、不易爆、无腐蚀性，在安全、环保、使用等方面同一般石油产品，不用进行特殊防护。具体注意事项请参见该产品的安全数据说明书。

14. KT 1051 单烯基丁二酰亚胺分散剂

【中文名称】丁二酰亚胺分散剂

【化学名称】单烯基丁二酰亚胺

【化学结构】

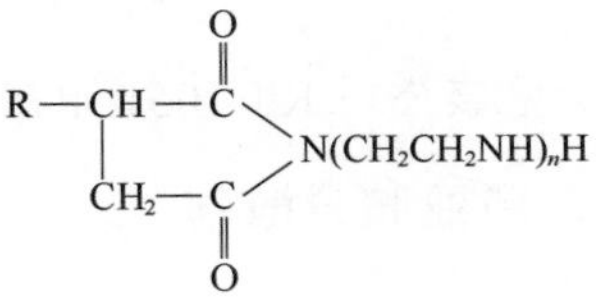

【产品性能】具有良好的清净性、低温油泥分散性和碱储备性，不含氯。

【质量标准】

项　　目	质量指标	实测值	试验方法
外观	黏稠透明液体	黏稠透明液体	目测
密度(20℃)/(kg/m³)	890～935	910	GB/T 1884
色度(稀释)/号	≤3.5	3	GB/T 6540
闪点(开口)/℃	≥180	190	GB/T 3536
运动黏度(100℃)/(mm²/s)	≤150	120	GB/T 265
碱值/(mgKOH/g)	≥40	60	SH/T 0251
酸值/(mgKOH/g)	≤2.0	1.2	GB/T4945
氮含量/%	2.00～2.30	2.10	SH/T 0224
水分含量/%	≤0.08	痕迹	GB/T 260
浊度(20%)/NTU	≤30	10	SH/T 0028

【生产方法】采用高活性低分子量的聚异丁烯，与马来酸酐经热加合工艺，后续与不同比例的多烯多胺反应制得单烯基丁二酰亚胺。

【主要用途】主要用于发动机油，特别适合调制二冲程发动机油，也适合生产化工助剂。参考用量0.5%～4.0%。

【包装储运】与【注意事项】参见该公司KT 1051单烯基丁二酰亚胺分散剂。

15. KT 1351 单烯基丁二酰亚胺分散剂

【中文名称】丁二酰亚胺分散剂

【化学名称】单烯基丁二酰亚胺

【化学结构】

$$R-CH-CO \diagdown N(CH_2CH_2NH)_nH$$
$$CH_2-CO \diagup$$

【产品性能】具有良好的清净性和低温油泥分散性，不含氯。

【质量标准】Q/SH 018.608—92

项　　目	质量指标	实测值	试验方法
密度(20℃)/(kg/m³)	890～935	920	GB/T 1884
闪点(开口)/℃	≥170	190	GB/T 3536
运动黏度(100℃)/(mm²/s)	≤300	200	GB/T 265
碱值/(mgKOH/g)	≥30	50	SH/T 0251
氮含量/%	2.00～2.50	2.10	SH/T 0224
水分含量/%	≤0.09	痕迹	GB/T 260
浊度(20%)/NTU	≤30	10	SH/T 0028

【生产方法】采用高活性低分子量的聚异丁烯，与马来酸酐经热加合工艺，后续与不同比例的多烯多胺反应制得单烯基丁二酰亚胺。

【主要用途】主要用于发动机油，特别适合调制二冲程发动机油，也适合生产化工助剂。参考用量0.5%～4.0%。

【包装储运】与【注意事项】参见该公司KT 1051单烯基丁二酰亚胺分散剂。

16. KT 1354 聚异丁烯双丁二酰亚胺分散剂

【中文名称】丁二酰亚胺分散剂

【化学名称】聚异丁烯双丁二酰亚胺

【化学结构】

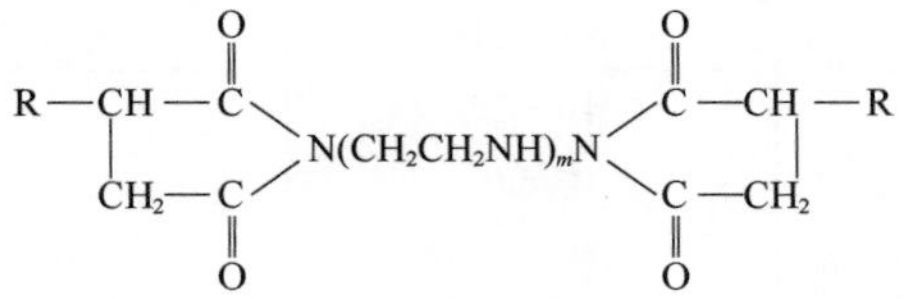

【产品性能】具有良好的清净性和低温油泥分散性、较好的碱储备性，不含氯。

【质量标准】Q/JKT 012—2013

项　目	质量指标	实测值	试验方法
外观	黏稠透明液体	黏稠透明液体	目测
密度(20℃)/(kg/m³)	890~935	920	GB/T 1884
色度(稀释)/号	≤3.5	3	GB/T 6540
闪点(开口)/℃	≥180	190	GB/T 3536
运动黏度(100℃)/(mm²/s)	100~220	150	GB/T 265
碱值/(mgKOH/g)	20~30	26	SH/T 0251
酸值/(mgKOH/g)	≤3.0	2	GB/T 4945
氮含量/%	1.10~1.25	1.20	SH/T 0224
水分含量/%	≤0.08	痕迹	GB/T 260
浊度(20%)/NTU	≤30	10	SH/T 0028

【生产方法】采用高活性低分子量的聚异丁烯，与马来酸酐经热加合工艺，后续与不同比例的多烯多胺反应制得的聚异丁烯双丁二酰亚胺。

【主要用途】主要用于中低档发动机油，还可用于石油化工助剂、燃料油清净剂的生产。参考用量0.1%~10%。

【包装储运】与【注意事项】参见该公司 KT 1051 单烯基丁二酰亚胺分散剂。

17. KT 1355 聚异丁烯多丁二酰亚胺分散剂

【中文名称】丁二酰亚胺分散剂

【化学名称】聚异丁烯多丁二酰亚胺

【化学结构】

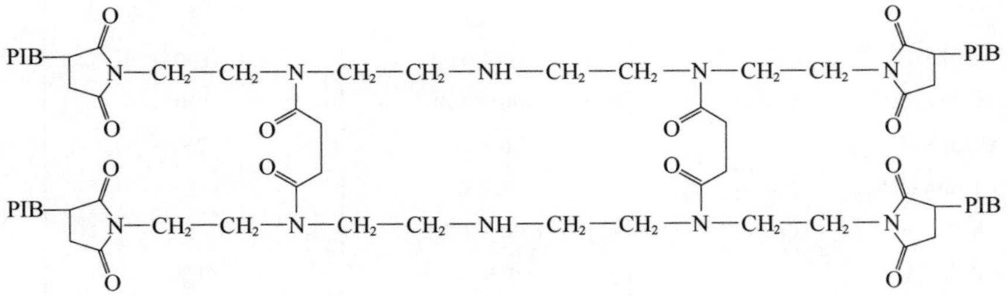

【产品性能】具有优异的热稳定性，良好的清净性和低温油泥分散性，优异的乳化性能和良好的油溶性，不含氯。

【质量标准】Q/SH 007TJ018—1996

项　目	质量指标	实测值	试验方法
外观	黏稠透明液体	黏稠透明液体	目测
密度(20℃)/(kg/m³)	890~935	920	GB/T 1884
色度(稀释)/号	≤3.5	3	GB/T 6540
闪点(开口)/℃	≥180	190	GB/T 3536
运动黏度(100℃)/(mm²/s)	300~400	330	GB/T 265

续表

项　　目	质量指标	实测值	试验方法
碱值/(mgKOH/g)	10~25	18	SH/T 0251
酸值/(mgKOH/g)	≤6.0	4.5	GB/T 4945
氮含量/%	0.80~1.10	0.99	SH/T 0224
水分含量/%	≤0.08	痕迹	GB/T 260
浊度(20%)/NTU	≤30	10	SH/T 0028

【生产方法】采用高活性的聚异丁烯，与马来酸酐经热加合工艺，后续与不同比例的多烯多胺反应制得聚异丁烯多丁二酰亚胺。

【主要用途】主要用于中低档柴油发动机油，还可用于石油化工助剂、燃料油清净剂的生产，也可用于民爆炸药乳化剂的生产。参考用量 0.5%~5%。

【包装储运】与【注意事项】参见该公司 KT 1051 单烯基丁二酰亚胺分散剂。

18. KT 1961 高分子量丁二酰亚胺分散剂

【中文名称】丁二酰亚胺分散剂

【化学名称】高分子量丁二酰亚胺

【化学结构】

$$R-CH-C \overset{O}{\underset{O}{\diagdown}} N(CH_2CH_2NH)_m N \overset{O}{\underset{O}{\diagup}} C-CH-R$$

【产品性能】具有优异的稳定性，良好的高温清净性和低温油泥分散性，良好的增溶作用和油溶性，具有一定的碱储备，不含氯。

【质量标准】Q/JKT 012—2013

项　　目	质量指标	实测值	试验方法
外观	黏稠透明液体	黏稠透明液体	目测
密度(20℃)/(kg/m³)	890~935	920	GB/T 1884
色度(稀释)/号	≤3.0	3	GB/T 6540
闪点(开口)/℃	≥180	190	GB/T 3536
运动黏度(100℃)/(mm²/s)	300~400	330	GB/T 265
碱值/(mgKOH/g)	20~30	25	SH/T 0251
酸值/(mgKOH/g)	≤3.0	2	GB/T 4945
氮含量/%	1.00~1.20	1.10	SH/T 0224
水分含量/%	≤0.08	痕迹	GB/T 260
浊度(20%)/NTU	≤30	10	SH/T 0028

【生产方法】采用高活性高分子量的聚异丁烯，与马来酸酐经热加合工艺，后续与不同比例的多烯多胺反应制得高分子量聚异丁烯丁二酰亚胺。

【主要用途】主要用于调制高档发动机油。参考用量 1.0%~10%。

【包装储运】与【注意事项】参见该公司 KT 1051 单烯基丁二酰亚胺分散剂。

19. KT 1051B 硼化聚异丁烯单丁基丁二酰亚胺分散剂

【中文名称】丁二酰亚胺分散剂

【化学名称】硼化聚异丁烯单丁基丁二酰亚胺

【化学结构】

【产品性能】具有良好的清净性和低温油泥分散性，极好的耐高温性，抗氧化性和抗磨性，不含氯。

【质量标准】

项　　目	质量指标	实测值	试验方法
密度(20℃)/(kg/m³)	910～980	930	GB/T 1884
色度(稀释)/号	≤3.5	3	GB/T 6540
闪点(开口)/℃	≥180	190	GB/T 3536
运动黏度(100℃)/(mm²/s)	实测	150	GB/T 265
碱值/(mgKOH/g)	40～60	50	SH/T 0251
氮含量/%	2.00～2.50	2.05	SH/T 0224
硼含量/%	1.80～2.10	2	SH/T 0227
水分含量/%	≤0.2	0.1	GB/T 260
浊度(20%)/NTU	≤30	10	SH/T 0028

【生产方法】采用高活性低分子量的聚异丁烯，与马来酸酐经热加合工艺，后续与不同比例的多烯多胺反应，再经硼化制得硼化聚异丁烯双丁二酰亚胺。

【主要用途】主要用于调制高档发动机油、汽车自动传动液、二冲程油、变速箱油等，还可用于调制节能型及环保型工业油品。参考用量 0.1%～10%。

【包装储运】与【注意事项】参见该公司 KT 1051 单烯基丁二酰亚胺分散剂。

20. KT 1054B 硼化聚异丁烯丁二酰亚胺分散剂

【中文名称】丁二酰亚胺分散剂

【化学名称】硼化聚异丁烯丁二酰亚胺

【化学结构】

【产品性能】具有良好的清净性和低温油泥分散性，极好的耐高温性，抗氧化性和抗磨性，不含氯。

【质量标准】

项　　目	质量指标	实测值	试验方法
外观	黏稠透明液体	黏稠透明液体	目测
密度(20℃)/(kg/m³)	910～970	930	GB/T 1884
色度(稀释)/号	≤3.5	3.0	GB/T 6540
闪点(开口)/℃	≥180	190	GB/T 3536
运动黏度(100℃)/(mm²/s)	≤300	230	GB/T 265
碱值/(mgKOH/g)	实测	28	SH/T 0251
氮含量/%	1.10～1.30	1.2	SH/T 0224
硼含量/%	1.10～1.30	1.18	SH/T 0227
水分含量/%	≤0.20	0.12	GB/T 260
浊度(20%)/NTU	≤30	10	SH/T 0028

【生产方法】采用高活性低分子量的聚异丁烯，与马来酸酐经热加合工艺，后续与不同比例的多烯多胺反应，再经硼化制得硼化聚异丁烯丁二酰亚胺。

【主要用途】主要用于调制高档发动机油、汽车自动传动液、二冲程油、变速箱油等，还可用于调制节能型及环保型工业油品。参考用量 0.1%～10%。

【包装储运】与【注意事项】参见该公司 KT 1051 单烯基丁二酰亚胺分散剂。

21.　KT 1354B　硼化聚异丁烯丁二酰亚胺分散剂

【中文名称】丁二酰亚胺分散剂

【化学名称】硼化聚异丁烯丁二酰亚胺

【化学结构】

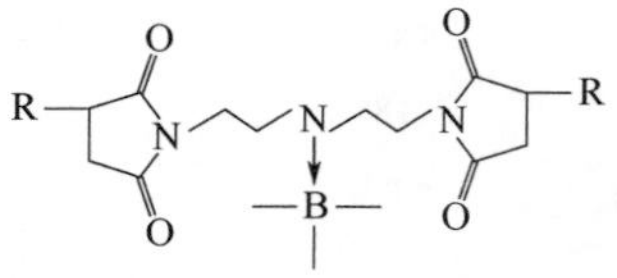

【产品性能】具有良好的清净性和低温油泥分散性，极好的耐高温性，抗氧化性和抗磨性，不含氯。

【质量标准】Q/JKT 012—2013

项　　目	质量指标	实测值	试验方法
外观	黏稠透明液体	黏稠透明液体	目测
密度(20℃)/(kg/m³)	890～935	920	GB/T 1884
色度(稀释)/号	≤3.5	2.5	GB/T 6540
闪点(开口)/℃	≥180	190	GB/T 3536
运动黏度(100℃)/(mm²/s)	130～220	170	GB/T 265
碱值/(mgKOH/g)	实测	25	SH/T 0251
氮含量/%	1.10～1.35	1.25	SH/T 0224
硼含量/%	≥0.50	0.54	SH/T 0227
水分含量/%	≤0.08	痕迹	GB/T 260
浊度(20%)/NTU	≤30	10	SH/T 0028

【生产方法】采用高活性低分子量的聚异丁烯，与马来酸酐经热加合工艺，后续与不同比例的多烯多胺反应，再经硼化制得硼化聚异丁烯丁二酰亚胺。

【主要用途】主要用于调制高档发动机油、汽车自动传动液、二冲程油、变速箱油等，还可用于调制节能型及环保型工业油品。参考用量 0.1%～10%。

【包装储运】与【注意事项】参见该公司 KT 1051 单烯基丁二酰亚胺分散剂。

22.　KT 1961B　硼化高分子量丁二酰亚胺分散剂

【中文名称】丁二酰亚胺分散剂

【化学名称】硼化高分子量丁二酰亚胺

【化学结构】

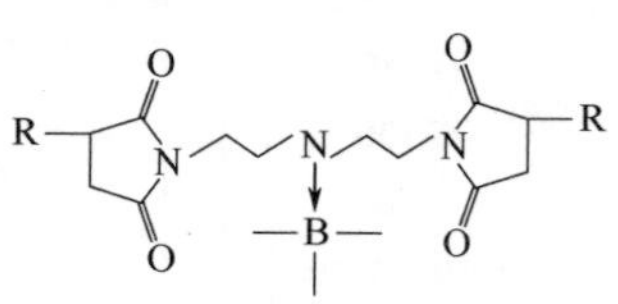

【产品性能】具有优异的热稳定性，良好的高温清净性和低温油泥分散性，极好的耐高温性，抗氧化性和抗磨性，不含氯。

【质量标准】Q/SH TJ026—1997

项 目	质量指标	实测值	试验方法
密度(20℃)/(kg/m³)	890～935	915	GB/T 1884
色度(稀释)/号	≤3.5	3	GB/T 6540
闪点(开口)/℃	≥170	190	GB/T 3536
运动黏度(100℃)/(mm²/s)	实测	360	GB/T 265
碱值/(mgKOH/g)	15～30	24	SH/T 0251
氮含量/%	1.00～1.20	1.05	SH/T 0224
硼含量/%	≥0.45	0.46	SH/T 0227
水分含量/%	≤0.1	痕迹	GB/T 260
浊度(20%)/NTU	≤30	10	SH/T 0028

【生产方法】采用高活性高分子量的聚异丁烯，与马来酸酐经热加合工艺，后续与不同比例的多烯多胺反应，再经硼化制得硼化高分子量聚异丁烯丁二酰亚胺。

【主要用途】主要用于调制高档发动机油，于调制节能型及长寿命发动机油。参考用量0.1%～10%。

【包装储运】与【注意事项】参见该公司 KT 1051 单烯基丁二酰亚胺分散剂。

23. KT 1962B 硼化高分子量丁二酰亚胺分散剂

【中文名称】丁二酰亚胺分散剂

【化学名称】硼化高分子量丁二酰亚胺

【化学结构】

【产品性能】具有良好的清净性和低温油泥分散性，良好的耐高温性，抗氧化性和抗磨性，不含氯。

【质量标准】

项 目	质量指标	实测值	试验方法
外观	黏稠透明液体	黏稠透明液体	目测
密度(20℃)/(kg/m³)	910～970	940	GB/T 1884
色度(稀释)/号	≤3.5	3.0	GB/T 6540
闪点(开口)/℃	≥180	190	GB/T 3536
运动黏度(100℃)/(mm²/s)	300～450	370	GB/T 265
碱值/(mgKOH/g)	实测	24	SH/T 0251
氮含量/%	1.00～1.25	1.10	SH/T 0224
硼含量/%	0.90～1.10	1.05	SH/T 0227
水分含量/%	≤0.2	0.12	GB/T 260
浊度(20%)/NTU	≤30	10	SH/T 0028

【生产方法】采用高活性高分子量的聚异丁烯，与马来酸酐经热加合工艺，后续与不同比例的多烯多胺反应，再经硼化制得硼化高分子量聚异丁烯丁二酰亚胺。

【主要用途】主要用于调制高档发动机油，可用于调制节能型及长寿命发动机油。参考用量 0.1%～10%。

【包装储运】与【注意事项】参见该公司 KT 1051 单烯基丁二酰亚胺分散剂。

24．KT BPN 抗磨型无灰分散剂

【中文名称】丁二酰亚胺分散剂

【化学名称】硼磷化聚异丁烯丁二酰亚胺

【化学结构】

$$\left(\begin{array}{c} R^1-NH^3 \\ | \\ R^4-B-R^2 \\ | \\ R^3 \end{array}\right)^{+} \left(\begin{array}{c} R \\ \| \\ R^7-P-R^5 \\ | \\ R^6 \end{array}\right)^{-}$$

【产品性能】良好的清净性和低温油泥分散性、极好的耐高温性、抗氧化性和抗磨性、不含氯。

【质量标准】

项　　目	质量指标	实测值	试验方法
密度(20℃)/(kg/m³)	920～980	940	GB/T 1884
色度(稀释)/号	≤3.5	3	GB/T 6540
闪点(开口)/℃	≥180	200	GB/T 3536
运动黏度(100℃)/(mm²/s)	实测	360	GB/T 265
碱值/(mgKOH/g)	40～60	30	SH/T 0251
氮含量/%	1.55～1.90	1.65	SH/T 0224
硼含量/%	0.85～1.30	1.1	SH/T 0227
磷含量/%	0.6～0.8	0.7	SH/T 0296
水分含量/%	≤0.2	0.1	GB/T 260

【生产方法】采用高活性的聚异丁烯，与马来酸酐经热加合工艺，后续与不同比例的多烯多胺反应，再经硼化、磷化制得硼磷化聚异丁烯丁二酰亚胺。

【主要用途】主要用于调制高档发动机油，可用于调制节能型及长寿命发动机油。特别适用于汽车自动传动液、变速箱油。参考用量 0.1%～10%。

【包装储运】与【注意事项】参见该公司 KT 1051 单烯基丁二酰亚胺分散剂。

25．KT 1354E 聚异丁烯双丁二酰亚胺分散剂

【中文名称】丁二酰亚胺分散剂

【化学名称】聚异丁烯双丁二酰亚胺

【化学结构】

$$\begin{array}{c} R-CH-C(=O) \\ | \\ CH_2-C(=O) \end{array} N(CH_2CH_2NH)_m N \begin{array}{c} (O=)C-CH-R \\ | \\ (O=)C-CH_2 \end{array}$$

【产品性能】具有极好的乳化性和极好的抗水性，不含氯。

【质量标准】Q/JKT 012—2013

项　　目	质量指标	实测值	试验方法
外观	黏稠透明液体	黏稠透明液体	目测
密度(20℃)/(kg/m³)	890～935	920	GB/T 1884
色度(稀释)/号	≤3.5	3	GB/T 6540
闪点(开口)/℃	≥180	190	GB/T 3536
运动黏度(100℃)/(mm²/s)	300～400	330	GB/T 265
碱值/(mgKOH/g)	20～30	22	SH/T 0251
酸值/(mgKOH/g)	≤5.0	3	GB/T 4945
氮含量/%	1.10～1.30	1.25	SH/T 0224
水分含量/%	≤0.08	痕迹	GB/T 260
浊度(20%)/NTU	≤30	10	SH/T 0028

【生产方法】采用高活性的聚异丁烯，与马来酸酐经热加合工艺，后续与不同比例的多烯多胺反应化制得聚异丁烯双丁二酰亚胺。

【主要用途】主要用于民爆炸药乳化剂，也可用于中低档发动机油，还可用于石油化工助剂、燃料油清净剂的生产。参考用量 1.5%～3%。

【包装储运】与【注意事项】参见该公司 KT 1051 单烯基丁二酰亚胺分散剂。

（五）新乡市瑞丰新材料股份有限公司

1. RF 1106D 烷基苯磺酸钙清净剂

【中文名称】磺酸盐清净剂

【化学名称】超高碱值合成磺酸钙

【化学结构】

$$\left. \begin{array}{c} R + \hspace{-4pt}\bigcirc\hspace{-4pt} SO_3 \\[6pt] R + \hspace{-4pt}\bigcirc\hspace{-4pt} SO_3 \end{array} \right\}_m \hspace{-8pt} Ca \cdot n CaCO_3$$

【产品性能】具有良好的油溶性和极强的酸中和能力，优良的高温清净性和热稳定性。

【质量标准】Q/XRF 002—2015

项　　目	质量指标	实测值	试验方法
外观	红棕色黏稠液体	合格	
密度(20℃)/(kg/m³)	1150～1250	1212	GB/T13377
运动黏度(100℃)/(mm²/s)	≤180	101	GB/T 265
闪点(开口)/℃	≥180	230	GB/T 3536
碱值/(mgKOH/g)	≥395	420	SH/T 0251
钙含量/%	≥14.5	16.0	SH/T 0297
硫含量/%	≥1.2	1.4	GB/T17476
水分含量/%	≤0.2	0.01	GB/T 260
机械杂质含量/%	≤0.1	0.02	GB/T 511

【生产方法】以长链线性烷基苯磺酸为主要原料，通过中和及高碱化反应制成。

【主要用途】主要用于调制中、高档内燃机油。

【包装储运】200L 铁桶包装或按用户要求包装。运输方式采用集装箱或汽运。储存最高温度不应超过 45℃。

【注意事项】本品不易燃、不易爆、无腐蚀性，在安全、环保、使用等方面同一般石油产品，不用进行特殊防护。

2. RF 1106 烷基苯磺酸钙清净剂

【中文名称】磺酸盐清净剂

【化学名称】高碱值合成磺酸钙

【化学结构】同 RF 1106D 烷基苯磺酸钙清净剂。

【产品性能】具有良好的油溶性和优异的酸中和能力、良好的防锈性和高温清净性。

【质量标准】Q/XRF 002—2015

项　　目	质量指标	实测值	试验方法
外观	红棕色黏稠液体	合格	
密度(20℃)/(kg/m³)	1100～1150	1120	GB/T 13377
运动黏度(100℃)/(mm²/s)	25～60	37	GB/T 265

续表

项　目	质量指标	实测值	试验方法
闪点(开口)/℃	≥180	235	GB/T 3536
碱值/(mgKOH/g)	≥295	320	SH/T 0251
钙含量/%	≥11.5	12.5	SH/T 0297
硫含量/%	≥1.25	1.53	GB/T17476
水分含量/%	≤0.2	0.01	GB/T 260
机械杂质含量/%	≤0.1	0.03	GB/T 511

【生产方法】以长链线性烷基苯磺酸为主要原料，通过中和及高碱化反应制成。

【主要用途】主要用于调制中、高档内燃机油。

【包装储运】与【注意事项】参见该公司 RF 1106D 烷基苯磺酸钙清净剂。

3. RF 1104 烷基苯磺酸钙清净剂

【中文名称】磺酸盐清净剂

【化学名称】低碱值合成磺酸钙

【化学结构】同 RF 1106D 烷基苯磺酸钙清净剂。

【产品性能】具有良好的分散性、防锈性和高温清净性。

【质量标准】Q/XRF 002—2015

项　目	质量指标	实测值	试验方法
外观	红棕色黏稠液体	合格	
密度(20℃)/(kg/m³)	900～1000	930	GB/T 13377
运动黏度(100℃)/(mm²/s)	≤30	22	GB/T 265
闪点(开口)/℃	≥180	227	GB/T 3536
碱值/(mgKOH/g)	20～35	27	SH/T 0251
钙含量/%	≥2.0	2.5	SH/T 0297
硫含量/%	≥2.0	2.3	GB/T17476
水分含量/%	≤0.2	0.01	GB/T 260
机械杂质含量/%	≤0.1	0.03	GB/T 511

【生产方法】以长链线性烷基苯磺酸为主要原料，通过中和反应制成。

【主要用途】广泛用于各种内燃机油。

【包装储运】与【注意事项】参见该公司 RF 1106D 烷基苯磺酸钙清净剂。

4. RF 1107 烷基苯磺酸镁清净剂

【中文名称】磺酸盐清净剂

【化学名称】超高碱值合成磺酸镁

【化学结构】

【产品性能】具有良好的油溶性和极强的酸中和能力，优良的高温清净性和防锈性。

【质量标准】Q/XRF 002—2015

项　目	质量指标	实测值	试验方法
外观	红棕色黏稠液体	合格	
密度(20℃)/(kg/m³)	1050～1150	1120	GB/T 13377
运动黏度(100℃)/(mm²/s)	≤250	135	GB/T 265
闪点(开口)/℃	≥170	220	GB/T 3536
碱值/(mgKOH/g)	≥395	408	SH/T 0251
镁含量/%	≥8.5	9.46	GB/T17476
水分含量/%	≤0.2	0.01	GB/T 260
机械杂质含量/%	≤0.1	0.02	GB/T 511

【生产方法】以长链线性烷基苯磺酸为主要原料，通过中和及高碱化反应制成。

【主要用途】广泛应用于各种内燃机油。

【包装储运】与【注意事项】参见该公司 RF 1106D 烷基苯磺酸钙清净剂。

5. RF 1121 硫化烷基酚钙清净剂

【中文名称】酚盐清净剂

【化学名称】中碱值硫化烷基酚钙

【化学结构】

【产品性能】具有优良的高温清净性，良好的抗氧化、抗腐蚀性。

【质量标准】Q/XRF 002—2015

项　目	质量指标	实测值	试验方法
密度(20℃)/(kg/m³)	980～1050	1000	GB/T 13377
运动黏度(100℃)/(mm²/s)	30～40	35	GB/T 265
闪点(开口)/℃	≥170	200	GB/T 3536
碱值/(mgKOH/g)	150～170	160	SH/T 0251
钙含量/%	5.2～6.0	5.7	SH/T 0297
硫含量/%	2.3～2.8	2.4	GB/T17476
水分含量/%	≤0.05	痕迹	GB/T 260
机械杂质含量/%	≤0.1	0.02	GB/T 511

【生产方法】以十二烷基酚为主要原料，经过中和、硫化、高碱化和精制等工艺制得。

【主要用途】主要用于调制中、高档内燃机油润滑油。

【包装储运】与【注意事项】参见该公司 RF 1106D 烷基苯磺酸钙清净剂。

6. RF 1122 硫化烷基酚钙清净剂

【中文名称】酚盐清净剂

【化学名称】高碱值硫化烷基酚钙

【化学结构】同 RF 1121 硫化烷基酚钙清净剂。

【产品性能】具有优良的酸中和能力和高温清净性，良好的抗氧化、抗腐蚀性。

【质量标准】Q/XRF 002—2015

项　　目	质量指标	实测值	试验方法
密度(20℃)/(kg/m³)	1050～1120	1086	GB/T 13377
运动黏度(100℃)/(mm²/s)	≤320	295	GB/T 265
闪点(开口)/℃	≥180	220	GB/T 3536
碱值/(mgKOH/g)	240～285	273	SH/T 0251
钙含量/%	8.9～10.5	10.1	SH/T 0297
硫含量/%	2.8～3.8	3.0	GB/T17476
水分含量/%	≤0.05	痕迹	GB/T 260
机械杂质含量/%	≤0.1	0.025	GB/T 511

【生产方法】以十二烷基酚为主要原料，经过中和、硫化、高碱化和精制等工艺制得。

【主要用途】主要用于调制中、高档内燃机油润滑油。

【包装储运】与【注意事项】参见该公司 RF 1106D 烷基苯磺酸钙清净剂。

7. RF 1123 硫化烷基酚钙清净剂

【中文名称】酚盐清净剂

【化学名称】超高碱值硫化烷基酚钙

【化学结构】同 RF 1121 硫化烷基酚钙清净剂。

【产品性能】具有优良的高温清净性和较强的酸中和能力，良好的抗氧化、抗腐蚀性，且具有很好的分散性及水稳定性。

【质量标准】Q/XRF 002—2015

项　　目	质量指标	实测值	试验方法
密度(20℃)/(kg/m³)	1080～1150	1108	GB/T 13377
运动黏度(100℃)/(mm²/s)	≤480	415	GB/T 265
闪点(开口)/℃	≥180	230	GB/T 3536
碱值/(mgKOH/g)	295～315	304	SH/T 0251
钙含量/%	10.5～12.0	11.0	SH/T 0297
硫含量/%	2.8～3.5	3.0	GB/T17476
水分含量/%	≤0.05	痕迹	GB/T 260
机械杂质含量/%	≤0.1	0.025	GB/T 511

【生产方法】以十二烷基酚为主要原料，经过中和、硫化、高碱化和精制等工艺制得。

【主要用途】主要用于调制中、高档内燃机油润滑油。

【包装储运】与【注意事项】参见该公司 RF 1106D 烷基苯磺酸钙清净剂。

8. RF 1151 单丁二酰亚胺无灰分散剂

【中文名称】单丁二酰亚胺无灰分散剂

【化学名称】单聚异丁烯丁二酰亚胺

【化学结构】

【产品性能】具有优良的低温分散性，能有效控制低温油泥和高温积炭的生成，对高温烟炱有较好的增溶作用。

【质量标准】Q/XRF 007—2015

项　　目	质量指标	实测值	试验方法
外观	黏稠透明液体	褐色透亮液体	目测
运动黏度(100℃)/(mm²/s)	130～250	185	GB/T 265
碱值/(mgKOH/g)	45～60	51	SH/T 0251
氮含量/%	2.0～2.5	2.1	SH/T 0224
闪点(开口)/℃	≥180	220	GB/T 3536
机械杂质含量/%	≤0.08	0.021	GB/T 511
水分含量/%	≤0.08	痕迹	GB/T 260

【生产方法】以数均分子量约 1300 的优质高活性聚异丁烯、顺丁烯二酸酐、多亚乙基多胺为原料，经烃化、胺化反应而得。

【主要用途】主要用于调制各类高档汽油机油和柴油机油。

【包装储运】200L 标准铁桶，产品净重 170kg/桶。本品在储存、装卸及调油时，参照 SH 0164 标准进行。最高温度不应超过 75℃；若长期储存，最高温度不应超过 45℃。

【注意事项】本品不易燃、不易爆、无腐蚀性，在安全、环保、使用等方面同一般石油产品，不用进行特殊防护。

9. RF 1154 双丁二酰亚胺无灰分散剂

【中文名称】双丁二酰亚胺无灰分散剂

【化学名称】双聚异丁烯丁二酰亚胺

【化学结构】

$$PIB-C-C \begin{array}{c} O \\ \| \\ \end{array} N-[CH_2CH_2NH_2]_{2-4}-CH_2CH_2N \begin{array}{c} C-C-PIB \\ \end{array}$$

【产品性能】具有良好的清净分散性，防止烟炱聚集，可抑制发动机活塞上积炭和漆膜的生成。

【质量标准】Q/XRF 007—2015

项　　目	质量指标	实测值	试验方法
外观	黏稠透明液体	褐色透亮液体	目测
运动黏度(100℃)/(mm²/s)	130～230	155	GB/T 265
碱值/(mgKOH/g)	15～30	21	SH/T 0251
氮含量/%	1.1～1.5	1.2	SH/T 0224
闪点(开口)/℃	≥180	220	GB/T 3536
机械杂质含量/%	≤0.08	0.021	GB/T 511
水分含量/%	≤0.08	痕迹	GB/T 260

【生产方法】以数均分子量约 1000 的优质高活性聚异丁烯、顺丁烯二酸酐、多亚乙基多胺为原料，经烃化、胺化反应而得。

【主要用途】主要用于调制各类内燃机油润滑油。

【包装储运】与【注意事项】参见该公司 RF 1151 单丁二酰亚胺无灰分散剂。

10. RF 1161 高分子量丁二酰亚胺无灰分散剂

【中文名称】高分子量丁二酰亚胺无灰分散剂

【化学名称】高分子量聚异丁烯丁二酰亚胺

【化学结构】

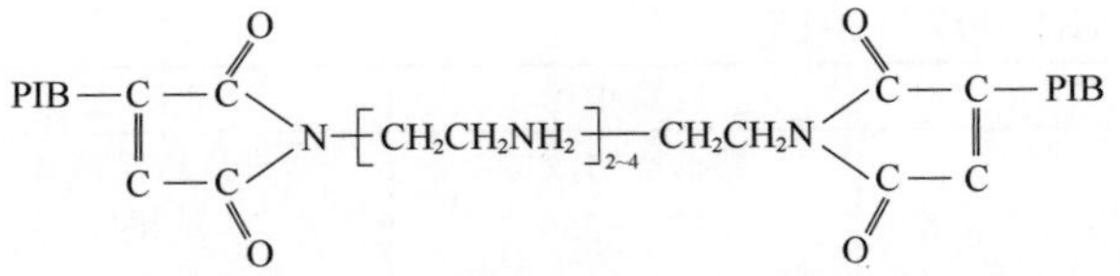

【产品性能】具有比低分子量无灰分散剂更加优异的分散性和高温稳定性，可抑制发动机活塞上积炭和漆膜的生成。

【质量标准】Q/XRF 007—2015

项　　目	质量指标	实测值	试验方法
外观	黏稠透明液体	褐色透亮液体	目测
运动黏度(100℃)/(mm²/s)	300～500	370	GB/T 265
碱值/(mgKOH/g)	20～30	24	SH/T 0251
氮含量/%	1.0～1.30	1.1	SH/T 0224
闪点(开口)/℃	≥180	220	GB/T 3536
机械杂质含量/%	≤0.08	0.014	GB/T 511
水分含量/%	≤0.08	痕迹	GB/T 260

【生产方法】以数均分子量约 2300 的优质高活性聚异丁烯、顺丁烯二酸酐、多亚乙基多胺为原料，经烃化、胺化反应而得。

【主要用途】主要用于调制各类高档内燃机油润滑油。

【包装储运】与【注意事项】参见该公司 RF 1151 单丁二酰亚胺无灰分散剂。

（六）雅富顿公司（Afton）

1. HiTEC 614 低碱值烷基苯磺酸钙

【中文名称】低碱值烷基苯磺酸钙

【化学结构】

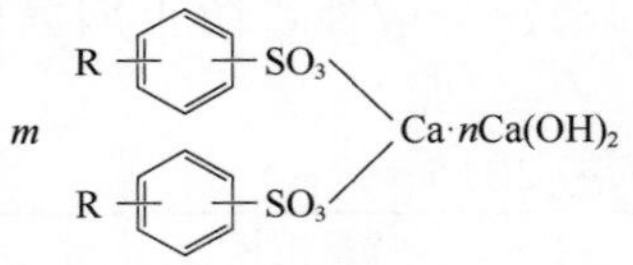

【产品性能】具有良好的清净分散性和防锈性。

【质量标准】

项　　目	实测值	试验方法	项　　目	实测值	试验方法
钙含量/%	2.6	ASTM D 2613	闪点(开口)/℃	170	ASTM D 92
碱值/(mgKOH/g)	27.5	ASTM D 2896	密度(15℃)/(kg/cm³)	940	ASTM D 4052
运动黏度(100℃)/(mm²/s)	16	ASTM D 445			

【生产方法】烷基苯采用三氧化硫或发烟硫酸进行磺化得到烷基苯磺酸，烷基苯磺酸与氧化钙或氢氧化钙进行中和反应而成。

【主要用途】用于调制内燃机油。

【包装储运】保持容器密闭，储存于阴凉、通风的场所。

【注意事项】避免皮肤或衣物接触，操作后彻底清洗。

2. HiTEC 611 高碱值烷基苯磺酸钙

【中文名称】高碱值烷基苯磺酸钙

【化学结构】

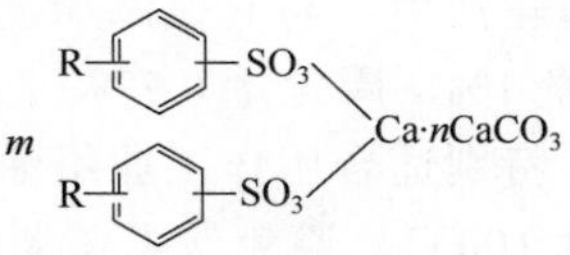

【产品性能】具有良好的酸中和能力和高温清净分散性。

【质量标准】

项　目	实测值	试验方法	项　目	实测值	试验方法
钙含量/%	11.9	ASTM D 2613	闪点(开口)/℃	170	ASTM D 92
碱值/(mgKOH/g)	302	ASTM D 2896	密度(15℃)/(kg/cm³)	1127	ASTM D 4052
运动黏度(100℃)/(mm²/s)	30	ASTM D 445			

【生产方法】烷基苯采用三氧化硫或发烟硫酸进行磺化得到烷基苯磺酸，烷基苯磺酸与氧化钙或氢氧化钙进行中和反应，再通入 CO_2 进行碳酸化反应而成。

【主要用途】用于调制内燃机油。

【包装储运】和【注意事项】参见 HiTEC 614 低碱值烷基苯磺酸钙。

3. HiTEC 644

【中文名称】无灰分散剂

【化学成分】聚异丁烯基丁二酰亚胺

【产品性能】在多缸柴油发动机中表现优秀的烟泵分散性。

【实测值】氮含量 2.1%。

【主要用途】用于控制汽油和柴油曲轴箱润滑油中的低温油泥，并被广泛运用在高性能柴油机油中分散高温油泥。

4. HiTEC 646

【中文名称】无灰分散剂

【化学成分】聚异丁烯基丁二酰亚胺

【产品性能】使高性能的润滑油可以满足最苛刻的内燃机油规格，在停停开开的条件下体现出优秀的发动机沉积物控制能力。

【实测值】碱值 42mgKOH/g，氮含量 1.8%。

【主要用途】用于配制高性能汽油、车用柴油、船用柴油及二冲程发动机润滑油；工业和特种润滑油中的乳化剂；在炼油厂、石化工厂、天然气工厂以及焦化厂保证流程中设备清洁。

【注意事项】推荐最大调和温度 125℃。

5. HiTEC 648

【中文名称】硼化无灰分散剂

【化学成分】硼化聚异丁烯基丁二酰亚胺

【产品性能】改善发动机的磨损。

【实测值】氮含量 1.45%，硼含量 1.3%。

【主要用途】应用于需要对低温操作中的油泥进行高度分散的汽油机油和柴油机油中。

6. HiTEC 637

【中文名称】抗磨型无灰分散剂

【产品性能】主要应用于工业齿轮油中，与其他添加剂联合使用可以改善抗磨性能。

【实测值】氮含量 1.7%，硼含量 1%，磷含量 0.7%。

【主要用途】含有磷和硫元素，特别适合用作工业用油添加剂。

【注意事项】推荐最大调和温度 100℃，避免暴露在潮湿的环境中。

（七）科聚亚公司（Chemtura）

1. Hybase C 系列超高碱值磺酸钙

【中文名称】超高碱值磺酸钙

【化学结构】

【产品性能】具有优异的高温清净性，良好的酸中和能力。

【质量标准】

项目	实测值					
	HYBASE C-231①	HYBASE C-311	HYBASE C-313	HYBASE C-401	HYBASE C-402	HYBASE C-500
钙含量/%	10.5	12.0	12.0	15.7	15.2	18.5
磺酸钙含量/%	18.5	28.0	28.3	19.3	18.5	20.0
碱值/(mgKOH/g)	285	305	305	418	405	495
水分含量/%	0.2	0.3	0.3	0.2	0.3	0.3
运动黏度(100℃)/(mm²/s)	100	75	75	70	75	200
闪点(开口)/℃	220	220	220	220	220	220
密度(15℃)/(g/cm³)	1.100	1.100	1.130	1.210	1.200	1.285
色度（稀释）	5.0	5.0	5.0	5.0	5.0	5.0

① HYBASE C-231 为超高碱值磺酸钙晶体。

【生产方法】烷基苯采用三氧化硫或发烟硫酸进行磺化得到烷基苯磺酸，烷基苯磺酸与氧化钙或氢氧化钙进行中和反应，再通入 CO_2 进行碳酸化反应而成。

【主要用途】在曲轴箱润滑剂中作为清净剂和腐蚀抑制剂使用，可广泛用作汽车行业柴油发动机、船用发动机、铁路机车等发动机的润滑剂。

【包装储运】油罐车运输。55gal(1gal=3.78541dm³)铁桶包装。储存温度 60～80℃。

【注意事项】保持容器密闭，储存于阴凉、通风的场所。

2. Hybase C 系列中性磺酸钙

【中文名称】中性磺酸钙

【化学结构】

【产品性能】具有一定的清净分散性。

【质量标准】

项目	实测值			
	HYBASE C-4501J	HYBASE C-4502	HYBASE C-4503	HYBASE C-4506
钙含量/%	2.35	2.35	2.70	2.00
磺酸钙含量/%	45.0	42.0	44.5	44.0
碱值/(mgKOH/g)	20	20	30	8
水分含量/%	0.2	0.2	0.2	0.2
运动黏度(100℃)/(mm²/s)	55	45	55	70
闪点(开口)/℃	220	220	220	220
密度(15℃)/(g/cm³)	0.955	0.950	0.960	0.960
色度（稀释）	6.5	6.0	5.0	5.0
钡含量/(μg/g)	—	—	—	25

【生产方法】烷基苯采用三氧化硫或发烟硫酸进行磺化得到烷基苯磺酸，烷基苯磺酸与氧化钙或氢氧化钙进行中和反应合成产品。

【主要用途】在曲轴箱润滑剂中作为清净剂和腐蚀抑制剂使用，可广泛用作汽车行业柴油发动机、船用发动机、铁路机车等发动机的润滑剂。

【包装储运】油罐车运输。55gal 铁桶包装。储存温度 60～80℃。

【注意事项】保持容器密闭，储存于阴凉、通风的场所。

第三节　抗氧抗腐剂

润滑油在使用过程中，由于高温及与氧气接触时不可避免地发生氧化，使油品变质，缩短使用寿命，氧化后产生的酸、油泥和沉淀腐蚀磨损机件，造成故障。在油品中加入抗氧抗腐剂的作用在于抑制油品氧化，钝化金属催化作用，延缓氧化速度，延长油品的使用寿命。常用的抗氧抗腐剂是各种金属（如 Cu、Zn、Mo、Sb 等）的烷基硫代磷酸类化合物和氨基甲酸类化合物，还有一些有机磷、有机硫化合物也是较好的抗氧抗腐剂。抗氧化添加剂是应用范围极其广泛的一类添加剂，几乎每一种润滑油都有含量不等的抗氧剂。

一、烷基硫代磷酸盐

1. 作用原理

烷基硫代磷酸金属盐（如 Cu、Zn、Mo、Sb 等）类物质多用于内燃机油中。应用最为广泛的是二烷基二硫代磷酸锌（ZDDP）产品，该类物质具有优良的抗氧、抗磨、抗腐蚀性能，可广泛地应用于发动机油和工业用油中。有关 ZDDP 的热分解过程及作用机理研究的文献有很多，但由于其作用机理比较复杂，目前还没有一个统一的看法。有研究认为 ZDDP 起抗氧化作用的是它本身和它的热转化产物，它们都能与烃类的氧化产物相互作用，生成具有抗氧化性能和能减慢氧化过程的新物质。例如：先与过氧化基团相互作用，生成的硫醇、硫化物和二硫化物能再分解过氧化物，从而起抗氧化作用。也有人指出 ZDDP 具有双重作用：一方面是捕捉自由基，另一方面是分解氢过氧化物。氢过氧化物分解观点认为：开始时进行游离基分解生成二硫化物，然后进一步转化成硫酸，硫酸对氢过氧化物进行离子解离。

2. 技术进展

各种金属（如 Cu、Zn、Mo、Sb 等）的烷基硫代磷酸类化合物都具有一定的抗氧化能力，多用于内燃机油中，主要起抗磨、减摩、抗氧和极压作用。ZDDP 是一种多效石油添加剂，具有良好的抗氧抗腐性能及一定的抗磨性和抗极压性能。自从问世以来，一直是发动机油和工业用油不可缺少的重要组分，能有效防止发动机轴承腐蚀，抑制因高温氧化而引起的油品黏度增长，因而在润滑油添加剂中占有重要地位。目前及以后发展的高档内燃机油中，ZDDP 系列抗氧抗腐剂通常是和无灰型辅助抗氧剂配合使用，而且是目前最有效的抗氧化作用体系，且近期和不远的将来，仍不可能为其他体系取代。其他如二烷基二硫代磷酸铜、二烷基二硫代磷酸铅也有相关的文献报道，但其应用研究方面报道较少。

3. 发展趋势

经过几十年工业化实践的发展，ZDDP 系列抗氧抗腐剂还处于无法替代的地位，但由于其较高的灰分和磷含量所带来的负面影响，在今后的开发中，加入高温抗氧化性能好的辅助抗氧剂，是提高减少 ZDDP 用量的低磷发动机油抗氧化性能的主要手段。同时对于 ZDDP 系列产品的开发也有几个方向：首先是长链 ZDDP 产品的研究，因为碳链越长，ZDDP 越稳定，挥发性就越低；其次是开发具有分支碳链的 ZDDP 产品，含有支链的产品在热分解后生成短碳链的含磷化合物，可满足抗磨的需要；再次是在碳链中引入比碳原子大的原子，可增大 ZDDP 分解后含磷有机化合物的分子量，改善其性能。

二、烷基硫代氨基甲酸盐（酯）

1. 作用原理

烷基硫代氨基甲酸盐（酯）类物质多用于内燃机油中。应用最为广泛的是二烷基二硫代氨基甲酸锌和二烷基二硫代氨基甲酸钼产品，该类物质具有优良的抗氧、抗磨、抗腐蚀性能。有关该类抗氧抗腐剂作用机理的研究较少，而且其作用机理比较复杂，目前没有一个统一的结论。氨基甲酸盐（酯）类物质的抗氧化作用主要在于它能分解油品氧化产生的过氧化物，这一作用同 ZDDP 类物质一致；还具有自由基捕获的功效，这方面的作用要强于 ZDDP，而且烷基硫代氨基甲酸盐（酯）化合物与胺类、酚类无灰抗氧剂的协同效应很突出。

2. 技术进展

烷基硫代氨基甲酸类化合物用作润滑油抗氧剂的主要有二烷基二硫代氨基甲酸锌、二烷基二硫代氨基甲酸钼、二烷基二硫代氨基甲酸铅、二烷基二硫代氨基甲酸锑、二烷基二硫代氨基甲酸镉、二烷基二硫代氨基甲酸铜等。如二烷基二硫代氨基甲酸锌是一种多效添加剂，在高温条件下抗氧化效果尤其突出；二烷基二硫代氨基甲酸铜具有很好的高温抗氧化性能，兼具有良好的减摩性能和抗腐蚀特性；二烷基二硫代氨基甲酸钼具有良好的减摩和抗氧性能，已广泛应用于发动机润滑油；二烷基二硫代氨基甲酸锑具有良好的抗氧、极压和抗磨性能，也广泛应用于工业齿轮油和润滑脂中。

此外，不含金属的二烷基二硫代氨基甲酸酯也是一种重要的无灰过氧化物分解型抗氧剂，与自由基清除剂如屏蔽酚型和胺型抗氧剂有很好的复配效果，能有效抑制油品由于高温氧化引起的黏度增长，也能控制油泥的形成。它与许多添加剂共同使用时有较强的协同效应，能够提高其他添加剂的效率，在高温条件下不易失去活性，同时在较高浓度下具有良好的极压效果，可以部分替代 ZDDP，作为抗氧剂使用时加入量为 0.1%～1.0%，作为极压剂使用时加入量为 2.0%～4.0%。主要应用于汽轮机油、液压油、齿轮油、内燃机油等多种油品中，以提高油品的抗氧化、抗磨损性能，而且在润滑脂中能提高 TimKen OK 负荷。

3. 发展趋势

由于油品发展的高档化，API 规格中已经对高档润滑油中的磷含量做了限制，目标是向低磷甚至无磷化方向发展，这样就限制了 ZDDP 产品在高档润滑油中的使用。硫代氨基甲酸衍生物用作润滑油添加剂，除具有良好的摩擦学性能之外，还具有良好的热稳定性和抗氧抗腐蚀性能，是一类多效添加剂。在如今环保法规日趋严格和大力发展推广低硫酸盐灰分、低磷、低硫润滑油的新形势下，硫代氨基甲酸衍生物作为 ZDDP 的替代物研究势必会受到广泛的关注，其研究应用前景广阔。

三、产品牌号

（一）中石油兰州润滑油研究开发中心

1. 兰-202A（T 202）

【中文名称】丁辛基二硫代磷酸锌

【化学结构】 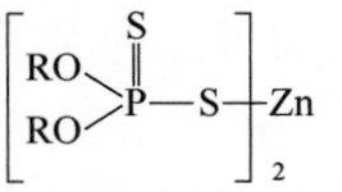
$$\left[\begin{matrix} RO \\ RO \end{matrix} P \begin{matrix} S \\ \\ \end{matrix} S \right]_2 Zn \quad R: n\text{-}C_4H_9, n\text{-}C_8H_{17}$$

【产品性能】具有良好的抗氧抗腐性能及一定的抗磨性和抗极压性能，提供曲轴箱油的氧化抑制、轴承腐蚀抑制和抗磨性能，主要用于调制中档内燃机油及工业用油，还可用于调制普通液压油、齿轮油。

【质量标准】Q/SY RH 6009—2016

项目	质量指标	实测值	试验方法
外观	淡黄色液体	淡黄色液体	目测
硫含量/%	14.0～18.0	15.03	SH/T 0303
磷含量/%	7.2～8.5	7.55	SH/T 0296
锌含量/%	8.5～10.0	8.92	SH/T 0309
酸值/(mgKOH/g)	—	139	GB/T 4945
闪点(开口)/℃	≥180	183	GB/T 267
热分解温度/℃	≥220	225	TGA 内推法

【生产方法】先由正辛醇、正丁醇与五硫化二磷反应制得丁基辛基硫磷酸，再用氧化锌中和合成制得。

【主要用途】与金属清净剂、无灰分散剂等复合使用，主要用于调制中高档发动机油。

【包装储运】200L 标准铁桶，产品净重 190kg/桶。本品在储存、装卸及调油时，参照 SH 0164 进行。最高温度不应超过 75℃；若长期储存，最高温度不应超过 45℃。不易燃、不易爆、无腐蚀性，在安全、环保、使用等方面同一般石油产品，不用进行特殊防护。

【注意事项】本品遇水易乳化，须密闭储存和运输。使用时应避免与皮肤直接接触，以免产生局部皮肤过敏现象。

2. 兰-202B（T 204）

【中文名称】碱式双辛基二硫代磷酸锌

【化学结构】

$$\left[\begin{array}{c} RO \\ RO \end{array}\!\!>\!\!P\!\!\begin{array}{c}S\\ \| \end{array}\!\!-S\right]_6\!\!-Zn_4O \qquad R: i\text{-}C_8H_{17}$$

【产品性能】具有良好的抗氧抗腐性能及一定的抗磨性和抗极压性能，主要用于调制中档内燃机油及工业用油，还可用于调制普通液压油、齿轮油。

【质量标准】Q/SY RH 6009—2016

项目	质量指标	实测值	试验方法
外观	淡黄色液体	淡黄色液体	目测
硫含量/%	13.5～16.0	14.77	SH/T 0303
磷含量/%	6.5～8.0	7.86	SH/T 0296
锌含量/%	8.5～10.5	9.41	SH/T 0309
酸值/(mgKOH/g)	—	130	GB/T 4945
闪点(开口)/℃	≥180	211	GB/T 267
热分解温度/℃	≥220	228	TGA 内推法

【生产方法】先由异辛醇与五硫化二磷反应制得二异辛基硫磷酸，再用部分过量的氧化锌中和合成制得。

【主要用途】与金属清净剂、无灰分散剂等复合使用，主要用于调制中高档发动机油、普通液压油和齿轮油等产品。

【包装储运】参见该公司兰-202A（T 202）。

【注意事项】本品遇水易乳化，须密闭储存和运输。如不慎遇水乳化时，可在短时期内升温至 95℃左右，减压脱水待其透明无异味即可使用。储存温度在 50℃以下，以防分解，影响使用性能。使用时应避免与皮肤直接接触，以免产生局部皮肤过敏现象。

3. 兰-202C（T 203）

【中文名称】二辛基二硫代磷酸锌

【化学结构】

$$\left[\begin{array}{c} RO \\ RO \end{array}\!\!>\!\!P\!\!\begin{array}{c}S\\ \| \end{array}\!\!-S\right]_2\!\!-Zn \qquad R: i\text{-}C_8H_{17}$$

【产品性能】具有良好的抗氧抗腐性能及一定的抗磨性和抗极压性能，热稳定性比 T202 更好，主要用于调制中档内燃机油及工业用油，特别适用于调制中、高档柴油机油。

【质量标准】Q/SY RH 6009—2016

项　目	质量指标	实测值	试验方法
外观	淡黄色液体	淡黄色液体	目测
硫含量/%	12.0～18.0	15.89	SH/T 0303
磷含量/%	6.5～8.8	7.41	SH/T 0296
锌含量/%	8.0～10.5	9.05	SH/T 0309
酸值/(mgKOH/g)	—	125	GB/T 4945
闪点(开口)/℃	≥180	213	GB/T 267
热分解温度/℃	≥225	228	TGA 内推法

【生产方法】先由辛醇与五硫化二磷反应制得二辛基硫磷酸，再用氧化锌中和合成制得。

【主要用途】与金属清净剂、无灰分散剂等复合使用，调制中高档发动机油。

【包装储运】和【注意事项】参见该公司兰-202A（T 202）。

4. 兰-202D（T 205）

【中文名称】异丙基/异辛基二硫代磷酸锌

【化学结构】

$$\left[\begin{matrix} RO \\ RO \end{matrix} \underset{\underset{S}{\parallel}}{P} - S \right]_2 Zn \qquad R: i\text{-}C_3H_7, \ i\text{-}C_8H_{17}$$

【产品性能】具有良好的抗氧抗腐性能和极压抗磨性能，可有效地解决机械的磨损和氧化引起的腐蚀，主要用于调制中档发动机油及工业用油，特别适用于调制中、高档汽油机油。

【质量标准】Q/SY RH 6009—2016

项 目	质量指标	实测值	试验方法
外观	淡黄色液体	淡黄色液体	目测
硫含量/%	16.0～18.5	18.21	SH/T 0303
磷含量/%	8.5～9.5	9.02	SH/T 0296
锌含量/%	9.5～10.8	10.63	SH/T 0309
酸值/(mgKOH/g)	—	156	GB/T 4945
闪点(开口)/℃	≥180	185	GB/T 267
热分解温度/℃	实测	213	TGA 内推法

【生产方法】先由异丙醇、异辛醇与五硫化二磷反应制得丙基辛基硫磷酸，再用氧化锌中和合成制得。

【主要用途】与金属清净剂、无灰分散剂等复合使用，调制中高档发动机油。

【包装储运】和【注意事项】参见该公司兰-202A（T 202）。

5. RHY 512

【中文名称】二烷基二硫代氨基甲酸酯

【化学结构】

$$\begin{matrix} R \\ R \end{matrix} NC \underset{\underset{S}{\parallel}}{} - S - CH_2 - S - \underset{\underset{S}{\parallel}}{C} N \begin{matrix} R \\ R \end{matrix} \qquad R: C_4烷基$$

【产品性能】属于氧化物分解型抗氧化添加剂，能够有效地抑制油品的高温氧化引起的黏度增长和控制油泥的形成。与大多数金属盐类添加剂相比，不容易形成油泥和沉积物，与许多添加剂共同使用时有较强的协同效应，能够提高其他添加剂的使用率，在高温条件下不易失去活性，同时在较高浓度下具有良好的极压效果。

【质量标准】RH 99 YB 6504—2015

项目	质量指标	实测值	试验方法
外观	透明液体	淡黄色透明液体	目测
硫含量/%	27.0～30.5	29.26	SH/T 0303
密度(20℃)/(kg/m³)	报告	1061.2	SH/T 0604
运动黏度(100℃)/(mm²/s)	13.5～16.5	15.11	GB/T 265
闪点(开口)/℃	≥170	230	GB/T 3536
水分含量/%	≤0.05	痕迹	GB/T 260
机械杂质含量/%	≤0.07	0.006	GB/T 511
纯度/%	≥90	97.68	高效液相色谱
旋转氧弹值/min	≥200	230	SH/T 0193

【主要用途】与金属清净剂、无灰分散剂等复合使用，调制中高档发动机油，也可应用

于工业润滑油、润滑脂等产品中。

【包装储运】参见该公司兰-202A（T 202）。

【注意事项】本品在低温储存时，可能会有部分结晶和固化现象发生，加热至 40～50℃时并搅拌，可重新变成液体。

（二）锦州石化分公司添加剂厂

1．T 202（丁辛基 ZDDP）

【中文名称】丁辛基二硫代磷酸锌

【化学结构】 $\left[\begin{array}{c}RO \\ RO\end{array}P\overset{S}{\parallel}-S\right]_2Zn$ 　R：—C₄H₉，—C₈H₁₇

【产品性能】具有良好的抗氧抗腐性能及一定的抗磨性和抗极压性能。

【质量标准】SH/T 0394—1996

项目		质量指标		试验方法
		合格品	一级品	
密度(20℃)/(kg/m³)		1080～1130	1080～1130	GB/T 13377
闪点(开口)/℃	≥	180	180	GB/T 3536
硫含量/%		12.0～18.0	14.0～18.0	SH/T 0303
磷含量/%		6.0～8.5	7.2～8.5	SH/T 0296
锌含量/%		8.0～10.0	8.5～10.0	SH/T 0226
pH 值	≥	5.0	5.5	SH/T 0394
热分解温度/℃	≥	220	220	SH/T 0561
机械杂质含量/%	≤	0.07	0.07	GB/T 511
色度/号	≤	2.5	2.0	GB/T 6540
水分含量/%	≤	0.09	0.03	GB/T 260

【生产方法】先由正丁醇和正辛醇与五硫化二磷反应制得丁辛基硫磷酸，再用氧化锌中和制得。

【主要用途】与金属清净剂、无灰分散剂等复合使用，主要用于调制中档内燃机油及工业用油，还可用于调制普通液压油、齿轮油。

【包装储运】200L 标准铁桶，产品净重 200kg/桶。本品在储存、装卸及调油时，参照 SH 0164 进行。最高温度不应超过 75℃；若长期储存，最高温度不应超过 45℃。不易燃、不易爆、无腐蚀性，在安全、环保、使用等方面同一般石油产品，不用进行特殊防护。

【注意事项】本品遇水易乳化，须密闭储存和运输。如不慎遇水乳化时，可在短时期内升温至 95℃左右，减压脱水待其透明无异味即可使用。储存温度在 50℃以下，以防分解，影响使用性能。使用时应避免与皮肤直接接触，以免产生局部皮肤过敏现象。

2．T 203（二辛基 ZDDP）

【中文名称】二辛基二硫代磷酸锌

【化学结构】 $\left[\begin{array}{c}RO \\ RO\end{array}P\overset{S}{\parallel}-S\right]_2Zn$ 　R：—C₈H₁₇

【产品性能】具有良好的抗氧抗腐性能及一定的抗磨性和抗极压性能，热稳定性比 T 202 更好，主要用于调制中档内燃机油及工业用油，特别适用于调制中、高档柴油机油。

【质量标准】SH/T 0394—1996

项目	质量指标	试验方法	项目	质量指标	试验方法
密度(20℃)/(kg/m³)	1060～1150	GB/T 13377	pH 值	≥5.3	SH/T 0394
闪点(开口)/℃	≥180	GB/T 3536	热分解温度/℃	≥225	SH/T 0561
硫含量/%	12.0～18.0	SH/T 0303	机械杂质含量/%	≤0.07	GB/T 511
磷含量/%	6.5～8.8	SH/T 0296	色度/号	≤2.5	GB/T 6540
锌含量/%	8.0～10.5	SH/T 0226	水分含量/%	≤0.09	GB/T 260

【生产方法】先由辛醇与五硫化二磷反应制得二辛基硫磷酸，再用氧化锌中和制得。

【主要用途】与金属清净剂、无灰分散剂等复合使用，调制中高档发动机油。

【包装储运】参见该公司 T 202（丁辛基 ZDDP）。

【注意事项】本品遇水易乳化，须密闭储存和运输。使用时应避免与皮肤直接接触，以免产生局部皮肤过敏现象。

（三）无锡南方石油添加剂有限公司

1. T 202（丁辛基 ZDDP）

【中文名称】丁辛基二硫代磷酸锌

【化学结构】
$$\left[\begin{matrix} RO \\ RO \end{matrix} P \overset{S}{\underset{\|}{\parallel}} S \right]_2 Zn \qquad R: -C_4H_9, -C_8H_{17}$$

【产品性能】具有良好的抗氧抗腐性能及一定的抗磨性和抗极压性能，能有效地防止发动机轴承腐蚀，主要用于调制中档内燃机油和工业用油，还可用于调制普通液压油、齿轮油。

【质量标准】SH/T 0394—1996

项目	质量指标	试验方法	项目	质量指标	试验方法
外观	琥珀色透明液体	目测	闪点(开口)/℃	≥180	GB/T 3536
			色度(稀释)/号	≤2.0	GB/T 6540
密度 (20℃)/(kg/cm³)	1.08～1.13	GB/T 13377	机械杂质含量/%	≤0.07	GB/T 511
运动黏度(100℃)/(mm²/s)	报告	GB/T 265	水分含量/%	≤0.03	GB/T 260
硫含量/%	14.0～18	SH/T 0303	热分解温度/℃	≥220	SH/T 0561
磷含量/%	7.2～8.5	SH/T 0296	轴瓦腐蚀试验：轴瓦失重/mg	≤25	SH/T 0264
锌含量/%	8.5～10	SH/T 0226			

【生产方法】先由正丁醇和正辛醇与五硫化二磷反应制得丁辛基硫磷酸，再用氧化锌中和制得。

【主要用途】与金属清净剂、无灰分散剂等复合使用，调制中高档发动机油。

【包装储运】在储存、装卸及调油时，最高温度不应超过 65℃；若长期储存，建议不超过 50℃，切勿带水。200L 铁桶包装，净重 200kg/桶。

【注意事项】本品遇水易乳化，须密闭储存和运输。如不慎遇水乳化时，可在短时期内升温至 95℃左右，减压脱水待其透明无异味即可使用。储存温度在 50℃以下，以防分解，影响使用性能。使用时应避免与皮肤直接接触，以免产生局部皮肤过敏现象。

2. T 203（二异辛基 ZDDP）

【中文名称】二异辛基二硫代磷酸锌

【化学结构】
$$\left[\begin{array}{c}RO \\ RO\end{array} P \overset{S}{\underset{}{\parallel}} S\right]_2 Zn \qquad R: i\text{-}C_8H_{17}$$

【产品性能】具有良好的抗氧抗腐性能及一定的抗磨性和抗极压性能，热稳定性比 T 202 更好，主要用于调制中档内燃机油及工业用油，特别适用于调制中、高档柴油机油。

【质量标准】SH/T 0394—1996

项目	质量指标	试验方法	项目	质量指标	试验方法
外观	琥珀色透明液体	目测	闪点(开口)/℃ 色度(稀释)/号	≥180 ≤2.0	GB/T 3536 GB/T 6540
密度(20℃)/(kg/cm³)	1.06～1.15	GB/T 13377	机械杂质含量/%	≤0.07	GB/T 511
运动黏度(100℃)/(mm²/s)	报告	GB/T 265	水分含量/%	≤0.03	GB/T 260
硫含量/%	14.0～18	SH/T 0303	热分解温度/℃	≥230	SH/T 0561
磷含量/%	7.5～8.8	SH/T 0296	轴瓦腐蚀试验：轴瓦失重/mg	≤25	SH/T 0264
锌含量/%	9.0～10.5	SH/T 0226			

【生产方法】先由异辛醇与五硫化二磷反应制得二异辛基硫磷酸，再用氧化锌中和制得。

【主要用途】与金属清净剂、无灰分散剂等复合使用，调制中高档发动机油。

【包装储运】和【注意事项】参见该公司 T 202（丁辛基 ZDDP）。

3. T 205（仲烷基 ZDDP）

【中文名称】仲烷基二硫代磷酸锌

【产品性能】具有良好的抗氧抗腐性能及极压抗磨性能。

【质量标准】SH/T 0394—1996

项目	质量指标	试验方法	项目	质量指标	试验方法
外观	琥珀色透明液体	目测	闪点(开口)/℃ 色度(稀释)/号	≥180 ≤4.0	GB/T 3536 GB/T 6540
密度(20℃)/(kg/cm³)	1100～1180	GB/T 13377	机械杂质含量/%	≤0.07	GB/T 511
运动黏度(100℃)/(mm²/s)	报告	GB/T 265	水分含量/%	≤0.06	GB/T 260
硫含量/%	16.0～18.5	SH/T 0303	热分解温度/℃	≥230	SH/T 0561
磷含量/%	8.5～9.5	SH/T 0296	pH 值	≥5.0	SH/T 0264
锌含量/%	9.5～10.8	SH/T 0226			

【生产方法】先由仲烷醇与五硫化二磷反应制得仲烷基硫磷酸，再用氧化锌中和制得。

【主要用途】与金属清净剂、无灰分散剂等复合使用，适合调制中高档发动机油和工业润滑油。

【包装储运】和【注意事项】参见该公司 T 202（丁辛基 ZDDP）。

（四）锦州康泰润滑油添加剂股份有限公司

1. KT 2048 硫磷丁辛伯烷基锌盐抗氧抗腐剂

【中文名称】二烷基二硫代磷酸盐抗氧抗腐剂

【化学名称】硫磷丁辛伯烷基锌盐

【化学结构】

$$OR-P(=S)(OR)-S-Zn-S-P(=S)(OR)-OR$$

【产品性能】具有良好的抗氧性、抗腐性和抗磨性能、热稳定性好。

【质量标准】Q/SH 0394—1996

项　目	质量指标	实测值	试验方法
外观	琥珀色透明液体	琥珀色透明液体	目测
密度(20℃)/(kg/m³)	1080～1150	1115	GB/T 1884
闪点(开口)/℃	≥180	196	GB/T 3536
运动黏度(100℃)/(mm²/s)	实测	12	GB/T 265
硫含量/%	12.0～18.0	16.5	SH/T 0303
磷含量/%	6.0～8.5	7.6	SH/T 0296
锌含量/%	8.0～10.0	8.8	GB/T 0226
pH 值	≥5.0	5.7	SH/T 0394 附录 A
水分含量/%	≤0.09	痕迹	GB/T 260
热分解温度/℃	≥220	225	SH/T 561

【生产方法】以优质丁醇和辛醇、五硫为原料反应制得硫磷酸，再经氧化锌中和合成制得硫磷丁辛伯烷基锌盐。

【主要用途】主要用于发动机油、齿轮油、液压油、轴承油、导轨油及金属加工油。但不能应用于含银金属部件的油品中。参考用量 0.5%～3.0%。

【包装储运】铁路槽车。200L 标准铁桶，产品净重 200kg/桶。本产品在储存、装卸及调油时，参照 SH 0164 标准进行。最高温度不应超过 75℃；若长期储存，最高温度不应超过 45℃。

【注意事项】本产品不易燃、不易爆、无腐蚀性，在安全、环保、使用等方面同一般石油产品，不用进行特殊防护。具体注意事项请参见该产品的安全数据说明书。

2. KT 2080 硫磷双辛伯烷基锌盐抗氧抗腐剂

【中文名称】二烷基二硫代磷酸盐抗氧抗腐剂

【化学名称】硫磷双辛伯烷基锌盐

【化学结构】

$$OR-P(=S)(OR)-S-Zn-S-P(=S)(OR)-OR$$

【产品性能】具有良好的抗氧性、抗腐性和抗磨性、热稳定性和水解安定性。

【质量标准】　Q/SH 0394—1996

项　目	质量指标	实测值	试验方法
外观	琥珀色透明液体	琥珀色透明液体	目测
密度(20℃)/(kg/m³)	1060～1150	1130	GB/T 1884
闪点(开口)/℃	≥180	190	GB/T 3536
运动黏度(100℃)/(mm²/s)	实测	20	GB/T 265
硫含量/%	12.0～18.0	15.5	SH/T 0303
磷含量/%	7.0～8.8	7.8	SH/T 0296
锌含量/%	8.0～10.5	9.2	GB/T 0226
pH 值	≥5.3	5.7	SH/T 0394 附录 A
水分含量/%	≤0.09	0.05	GB/T 260
热分解温度/℃	≥225	228	SH/T 561

【生产方法】以优质辛醇、五硫为原料反应制得硫磷酸，再经氧化锌中和合成制得硫磷双辛伯烷基锌盐。

【主要用途】主要用于高档发动机油、船用油和抗磨液压油中。参考用量0.3%～3.0%。

【包装储运】与【注意事项】参见该公司 KT 2048 硫磷丁辛伯烷基锌盐抗氧抗腐剂。

3. KT 2081 硫磷双辛伯仲烷基锌盐抗氧抗腐剂

【中文名称】二烷基二硫代磷酸盐抗氧抗腐剂

【化学名称】硫磷双辛伯仲烷基锌盐

【化学结构】

【产品性能】具有良好的抗氧性、抗腐性和突出的抗磨性和水解安定性。

【质量标准】Q/SH 0394—1996

项　　目	质量指标	实测值	试验方法
外观	琥珀色透明液体	琥珀色透明液体	目测
密度(20℃)/(kg/m³)	1080～1150	1110	GB/T 1884
闪点(开口)/℃	≥180	>200	GB/T 3536
运动黏度(100℃)/(mm²/s)	实测	24	GB/T 265
硫含量/%	13.0～16.0	15.5	SH/T 0303
磷含量/%	7.5～8.0	7.8	SH/T 0296
锌含量/%	8.5～10.5	9.5	GB/T 0226
pH 值	≥6	6.1	SH/T 0394 附录 A
水分含量/%	≤0.09	0.05	GB/T 260
热分解温度/℃	≥225	230	SH/T 561

【生产方法】以优质辛醇、五硫为原料反应制得硫磷酸，再经氧化锌中和合成制得硫磷双辛伯仲烷基锌盐。

【主要用途】主要用于抗磨液压油，也可调制高档发动机油、船用油。参考用量 0.3%～3.0%。

【包装储运】与【注意事项】参见该公司 KT 2048 硫磷丁辛伯烷基锌盐抗氧抗腐剂。

4. KT 2038 硫磷丙辛仲伯烷基锌盐抗氧抗腐剂

【中文名称】二烷基二硫代磷酸盐抗氧抗腐剂

【化学名称】硫磷丙辛仲伯烷基锌盐

【化学结构】

【产品性能】具有良好的抗氧性、抗腐性、抗磨性和较好的热稳定性。

【质量标准】Q/SH 007TJ025—1998

项　　目	质量指标	实测值	试验方法
外观	琥珀色透明液体	琥珀色透明液体	目测
密度(20℃)/(kg/m³)	实测	1100	GB/T 1884
闪点(开口)/℃	≥170	180	GB/T 3536

续表

项　目	质量指标	实测值	试验方法
运动黏度(100℃)/(mm²/s)	实测	15	GB/T 265
硫含量/%	15.0～19.0	17	SH/T 0303
磷含量/%	≥7.5	8.5	SH/T 0296
锌含量/%	≥9.0	9.5	GB/T 0226
pH 值	≥5.5	5.6	SH/T0394 附录 A
水分含量/ %	≤0.07	痕迹	GB/T 260
热分解温度/℃	≥190	216	SH/T 561

【生产方法】以优质丙、辛仲伯混合醇、五硫为原料反应制得硫磷酸，再经氧化锌中和合成制得硫磷丙辛伯仲烷基锌盐。

【主要用途】主要用于高档汽油机油。参考用量 0.5%～2.5%。

【包装储运】与【注意事项】参见该公司 KT 2048 硫磷丁辛伯烷基锌盐抗氧抗腐剂。

5．KT 2036 硫磷仲伯烷基锌盐抗氧抗腐剂

【中文名称】二烷基二硫代磷酸盐抗氧抗腐剂

【化学名称】硫磷仲伯烷基锌盐

【化学结构】

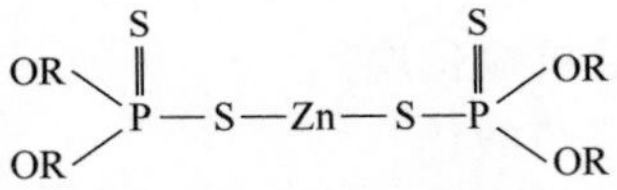

【产品性能】具有良好的抗氧性、抗腐性、抗磨性和较好的热稳定性。

【质量标准】

项　目	质量指标	实测值	试验方法
外观	琥珀色透明液体	琥珀色透明液体	目测
密度(20℃)/(kg/m³)	1050～1150	1211	GB/T 1884
闪点(开口)/℃	≥180	185	GB/T 3536
运动黏度(100℃)/(mm²/s)	实测	18	GB/T 265
硫含量/%	≥20.0	20.5	SH/T 0303
磷含量/%	≥9.8	10.2	SH/T 0296
锌含量/%	≥10.5	10.80	GB/T 0226

【生产方法】以优质伯仲醇、五硫为原料反应制得硫磷酸，再经氧化锌中和合成制得硫磷仲伯烷基锌盐。

【主要用途】主要用于高档发动机油。参考用量 0.5%～3.0%。

【包装储运】与【注意事项】参见该公司 KT 2048 硫磷丁辛伯烷基锌盐抗氧抗腐剂。

6．KT 2045 硫磷仲伯烷基锌盐抗氧抗腐剂

【中文名称】二烷基二硫代磷酸盐抗氧抗腐剂

【化学名称】硫磷仲伯烷基锌盐

【化学结构】

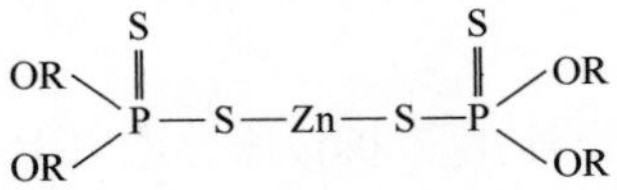

【产品性能】具有良好的抗氧性、抗腐性、抗磨性和较好的热稳定性。

【质量标准】

项　　　目	质量指标	实测值	试验方法
外观	琥珀色透明液体	琥珀色透明液体	目测
密度(20℃)/(kg/m³)	实测	1100	GB/T 1884
闪点(开口)/℃	≥170	180	GB/T 3536
运动黏度(100℃)/(mm²/s)	实测	12	GB/T 265
硫含量/%	≥16.5	17.5	SH/T 0303
磷含量/%	≥8.5	8.7	SH/T 0296
锌含量/%	≥9.5	9.7	GB/T 0226

【生产方法】以优质伯仲醇、五硫为原料反应制得硫磷酸，再经氧化锌中和合成制得硫磷仲伯烷基锌盐。

【主要用途】主要用于生产润滑脂、金属加工油（液）。参考用量 0.5%～3.0%。

【包装储运】与【注意事项】参见该公司 KT 2048 硫磷丁辛伯烷基锌盐抗氧抗腐剂。

（五）新乡市瑞丰新材料股份有限公司

1. RF 2202 抗氧抗腐剂

【中文名称】烷基硫代磷酸锌盐抗氧抗腐剂

【化学名称】丁辛伯烷基二硫代磷酸锌

【化学结构】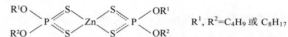　R¹, R²=C₄H₉ 或 C₈H₁₇

【产品性能】具有良好的抗氧化抗腐蚀性能及极压抗磨性能，能够有效地防止发动机轴承腐蚀和因高温氧化而使油品黏度增长，产品油溶性好，与添加剂配伍性良好。

【质量标准】Q/XRF 011—2015

项　　　目	质量指标	实测值	试验方法
外观	琥珀色透明液体	淡黄色透明液体	目测
色度/号	≤2.0	0.5	GB/T 6540
闪点(开口)/℃	≥180	208	GB/T 3536
运动黏度(100℃)/(mm²/s)	实测	12.3	GB/T 265
密度(20℃)/(kg/m³)	1080～1130	1105	GB/T 13377
硫含量/%	14.5～18.0	16.2	SH/T 0303
磷含量/m%	7.2～8.5	7.9	SH/T 0296
锌含量/%	8.5～10.0	9.0	SH/T 0226
pH 值	≥5.5	5.8	SH/T 0394 附录 A
水分含量/%	≤0.03	0.01	GB/T 260
机械杂质含量/%	≤0.07	0.01	GB/T 511

【生产方法】以五硫化二磷、正丁醇、异辛醇、氧化锌为原料，经硫磷化、皂化反应而得。

【主要用途】主要用于调制各种档次内燃机油以及液压油、齿轮油等工业润滑油。参考用量 0.5%～3.0%。

【包装储运】本品由铁桶包装，净重 200kg/桶。适用于各种运输方式。本品储存、运输温度短期最高时不应超过 75℃；若长期储存，最高温度不应超过 45℃。

【注意事项】本品不易燃、不易爆、无腐蚀性，不用进行特殊防护。本品如不慎接触皮肤，可用洗涤剂和水彻底洗净。

2. RF 2203 抗氧抗腐剂

【中文名称】烷基硫代磷酸锌盐抗氧抗腐剂

【化学名称】双辛伯烷基二硫代磷酸锌

【化学结构】$\begin{array}{c}R^1O\\R^2O\end{array}P\begin{array}{c}S\\S\end{array}Zn\begin{array}{c}S\\S\end{array}P\begin{array}{c}OR^1\\OR^2\end{array}$　　$R^1, R^2 = C_4H_9$ 或 C_8H_{17}

【产品性能】具有良好的抗氧化抗腐蚀性能及极压抗磨性能，其热稳定性和水解安定性均非常优秀，油溶性、与添加剂配伍性以及抗乳化性能良好。

【质量标准】Q/XRF 011—2015

项　目	质量指标	实测值	试验方法
外观	琥珀色透明液体	淡黄色透明液体	目测
色度/号	≤2.0	＜0.5	GB/T 6540
闪点(开口)/℃	≥180	210	GB/T 3536
运动黏度(100℃)/(mm²/s)	实测	22.3	GB/T 265
密度(20℃)/(kg/m³)	1060～1150	1108	GB/T 13377
硫含量/%	14.0～18.0	16.3	SH/T 0303
磷含量/%	7.5～8.8	7.9	SH/T 0296
锌含量/%	8.5～10.5	9.1	SH/T 0226
pH 值	≥5.8	6.0	SH/T 0394 附录 A
水分含量/%	≤0.03	0.01	GB/T 260
机械杂质含量/%	≤0.07	0.01	GB/T 511

【生产方法】以五硫化二磷、异辛醇、氧化锌为原料，经硫磷化、皂化反应而得。

【主要用途】主要用于调制各种档次内燃机油，尤其是高档柴油机油，也可用于调制抗磨液压油等工业润滑油。参考用量 0.5%～3.0%。

【包装储运】与【注意事项】参见该公司 RF 2202 抗氧抗腐剂。

3. RF 2204B 抗氧抗腐剂

【中文名称】烷基硫代磷酸锌盐抗氧抗腐剂

【化学名称】伯仲混合烷基二硫代磷酸锌

【化学结构】$\begin{array}{c}R^1O\\R^2O\end{array}P\begin{array}{c}S\\S\end{array}Zn\begin{array}{c}S\\S\end{array}P\begin{array}{c}OR^1\\OR^2\end{array}$　　$R^1, R^2 = C_4H_9$ 或 C_8H_{17}

【产品性能】具有突出的抗氧抗磨性能，加入油品中可以有效地控制油品的氧化，抑制轴瓦腐蚀以及减少凸轮挺杆磨损。是一种较为全面的抗氧抗腐剂。

【质量标准】Q/XRF 011—2015

项　目	质量指标	实测值	试验方法
外观	淡黄至琥珀色透明液体	琥珀色透明液体	目测
色度/号	≤2.0	1.2	GB/T 6540
闪点(开口)/℃	≥160	197	GB/T 3536
运动黏度(100℃)/(mm²/s)	6.0～14.0	9.6	GB/T 265
密度(20℃)/(kg/m³)	1070～1150	1106	GB/T 13377
硫含量/%	14.5～18.0	16.4	SH/T 0303
磷含量/%	7.7～8.3	8.0	SH/T 0296

续表

项 目	质量指标	实测值	试验方法
锌含量/%	8.4～9.2	8.9	SH/T 0226
pH 值	≥5.5	6.0	SH/T 0394 附录 A
水分含量/%	≤0.03	0.02	GB/T 260
机械杂质含量/%	≤0.07	0.01	GB/T 511

【生产方法】以五硫化二磷、伯仲混合醇、氧化锌为原料，经硫磷化、皂化反应而得。

【主要用途】主要用于各种内燃机油中，也可以用于齿轮油、液压油等工业油中。

【包装储运】与【注意事项】参见该公司 RF 2202 抗氧抗腐剂。

4. RF 3323 无灰抗氧剂

【中文名称】烷基硫代氨基甲酸酯抗氧抗腐剂

【化学名称】二丁基二硫代氨基甲酸酯

【化学结构】

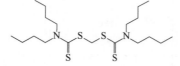

【产品性能】除了具有突出的抗氧性外，还具有很好的极压性能，与其他添加剂配伍性也非常优异。

【质量标准】Q/XRF 010—2015

项 目	质量指标	实测值	试验方法
外观	浅黄色至浅棕色透明液体	黄色透明液体	目测
色度/号	≤2.5	1.2	GB/T 6540
密度(20℃)/(kg/m³)	1050～1100	1058	GB/T 13377
运动黏度(100℃)/(mm²/s)	14.0～17.0	15.6	GB/T 265
闪点(开口)/℃	≥170	204	GB/T 3536
氮含量/%	6.3～7.0	6.5	SH/T 0656
硫含量/%	26.5～32.5	29.9	SH/T 0303
水分含量/%	≤0.10	0.01	GB/T 260
机械杂质含量/%	≤0.10	0.01	GB/T 511

【生产方法】以二正丁胺、二硫化碳、液碱和二氯甲烷为原料，经加成、酯化反应而得。

【主要用途】用于汽轮机油、液压油、齿轮油、内燃机油等多种油品中，在润滑脂中也是一种很有效的极压剂。

【包装储运】与【注意事项】参见该公司 RF 2202 抗氧抗腐剂。

（六）路博润公司（Lubrizol）

1. LZ 1060、LZ 1082、LZ 1360、LZ 1360b、LZ 1371（丁辛基 ZDDP）

【中文名称】丁辛基二硫代磷酸锌

【产品性能】具有良好的抗氧抗腐性能及一定的抗磨性和抗极压性能，提供曲轴箱油的氧化抑制、轴承腐蚀抑制和抗磨性能，主要用于调制中档内燃机油及工业用油，还可用于调制普通液压油、齿轮油。

【实测值】硫含量 16.8%，磷含量 8.0%，锌含量 8.84%（LZ 1060 实测值）。

【主要用途】与其他添加剂复合使用，调制中高档发动机油。

【包装储运】200L 标准铁桶，产品净重 200kg/桶。最高处置温度不应超过 75℃；若长期储存，最高温度不应超过 45℃。

【注意事项】本品遇水易乳化，须密闭储存和运输。

2. LZ 1097（双辛基 ZDDP）

【中文名称】双辛基二硫代磷酸锌

【产品性能】具有良好的抗氧抗腐性能及一定的抗磨性和抗极压性能，热稳定性好，适用于调制中、高档柴油机油。

【实测值】硫含量 14.8%，磷含量 7.0%，锌含量 7.8%。

【主要用途】与其他添加剂复合使用，调制中高档发动机油。

【包装储运】200L 标准铁桶。长期储存，最高温度不应超过 45℃。

【注意事项】本品遇水易乳化，须密闭储存和运输。

3. LZ 1095（仲烷基 ZDDP）

【中文名称】仲烷基二硫代磷酸锌

【产品性能】具有良好的抗氧抗腐性能和优良的抗磨性能。

【实测值】硫含量 20.0%，磷含量 9.5%，锌含量 11.5%。

【主要用途】与其他添加剂复合使用，调制中高档发动机油。

【包装储运】200L 标准铁桶包装。最高处置温度不应超过 75℃；若长期储存，最高温度不应超过 45℃。

【注意事项】本品遇水易乳化，须密闭储存和运输。

4. ADX 308L（芳基 ZDDP）

【中文名称】二芳基二硫代磷酸锌

【产品性能】具有良好的抗氧抗腐性能和优良的抗磨性能。

【实测值】硫含量 19.5%，磷含量 9.0%，锌含量 10.1%。

【主要用途】与其他添加剂复合使用，调制高档发动机油。

【包装储运】200L 标准铁桶包装。最高处置温度不应超过 75℃；若长期储存，最高温度不应超过 45℃。

【注意事项】本品遇水易乳化，须密闭储存和运输。

（七）润英联公司（Infineum）

1. Infineum C9425

【中文名称】丁辛基二硫代磷酸锌

【产品性能】具有良好的抗氧抗腐性能和热稳定性，主要用于调制内燃机油。

【实测值】锌含量 8.8%。

【主要用途】与其他添加剂复合使用，调制高档发动机油。

【包装储运】200L 标准铁桶，产品净重 190kg/桶。最高处置温度不应超过 75℃；若长期储存，最高温度不应超过 45℃。

【注意事项】本品遇水易乳化，须密闭储存和运输。

2. Infineum C9426

【中文名称】双辛基二硫代磷酸锌

【产品性能】具有良好的抗氧抗腐性能及一定的抗磨性和抗极压性能，热稳定性好，适用于调制中、高档柴油机油。

【实测值】硫含量 14.8%，磷含量 7.0%，锌含量 7.8%。

【主要用途】与其他添加剂复合使用，调制中高档发动机油。

【包装储运】200L 标准铁桶，产品净重 190kg/桶。最高处置温度不应超过 75℃；若长期储存，最高温度不应超过 45℃。本产品不易燃、不易爆、无腐蚀性，在安全、环保、使用等方面同一般石油产品，不用进行特殊防护。

【注意事项】本品遇水易乳化，须密闭储存和运输。

（八）雅富顿公司（Afton）

1. HiTEC 7169（仲烷基 ZDDP）

【中文名称】仲烷基二硫代磷酸锌

【产品性能】优异的磨损和轴承腐蚀控制能力，为发动机提供最大的保护；良好的抗氧化性能，帮助延长润滑油寿命；优良的热稳定性，能满足高性能发动机油的配方要求。

【实测值】硫含量 17.1%，磷含量 8.2%，锌含量 9.0%。

【主要用途】与其他添加剂复合使用，调制发动机油。

【包装储运】产品净重 180kg/桶，务必防止水进入储存器内。

【注意事项】推荐最高处置温度：55℃。推荐最高调配温度：70℃。

2. HiTEC 1656（伯仲烷基 ZDDP）

【中文名称】伯仲烷基二硫代磷酸锌

【产品性能】优异的磨损和轴承腐蚀控制能力，为发动机提供最大的保护，良好的抗氧化性能（在程序Ⅲ实验油品增稠测试上表现出优异性能），帮助延长润滑油寿命，优良的热稳定性，能满足高性能发动机油的配方要求。

【实测值】磷含量 8.35%，锌含量 9.2%。

【主要用途】与金属清净剂、无灰分散剂等复合使用，调制中高档发动机油，也可用于工业润滑油如液压油。

【包装储运】产品净重 180kg/桶，务必防止水进入储存器内。

【注意事项】推荐最高处置温度：55℃。推荐最高调配温度：70℃。

第四节　极压抗磨剂

在高负荷或高温条件下，作为润滑油、润滑脂添加剂的极压抗磨剂可用来保护齿轮和轴承的金属表面，阻止运动部件磨损和烧结。按照作用机理的不同，大致可以分为两大类：活性添加剂和非活性添加剂。活性添加剂主要是指分子结构中含有硫、磷、氮等活性元素，可以与金属表面发生化学反应形成保护膜的化合物；非活性添加剂主要是指通过自身或其分解产物在摩擦表面形成保护膜的添加剂，如硼化合物、硅化合物、铝化合物等。

一、氯系极压抗磨剂

1. 作用原理

含氯添加剂通过在金属表面进行化学吸附或与金属表面反应，或分解释放的元素氯或氯化氢与金属表面反应，生成 $FeCl_2$ 或 $FeCl_3$ 的保护膜，显示出抗磨和极压作用。20 世纪 40～50 年代时认为有机氯极压抗磨剂与铁反应生成氯化铁膜，防止金属与金属接触，氯化铁膜容易被剪断，从而降低了摩擦和磨损。后来用俄歇电子能谱（AES）和 X 射线光电子能谱（XPS）测试摩擦表面，证实了 $FeCl_2$ 或 $FeCl_3$ 的存在和在防护膜里吸附了有机氯化合物。这个有机氯添加剂的抗磨和极压机理现在已被广泛接受。生成氯化铁的机理还不清楚，但已提出生成氯化铁的两个不同的机理：一是生成的氯原子与铁反应；二是添加剂在高温或水解时产生 HCl 再与铁反应，两个反应机理共存，其反应式如下：

$$RCl_x + Fe \longrightarrow FeCl_{x-2} + FeCl_2$$
$$RCl_x \longrightarrow FeCl_{x-2} + 2HCl$$

氯化铁膜有层状结构，临界剪切强度低，摩擦系数小，但是其耐热强度低，在 300～400℃ 时破裂，遇水产生水解反应，生成盐酸和氢氧化铁，失去润滑作用，并引起化学磨损和锈蚀。常在含氯极压抗磨剂配方中加入腐蚀抑制剂，如胺或碱性磺酸盐添加剂。因此，含氯添加剂应在无水及 350℃ 以下使用较为有效。氯极压抗磨剂的作用效果取决于其结构、氯化程度和氯原子的活性。氯在脂肪烃碳链末端时最为活泼，载荷性能最高；氯在碳链中间时，活性次之；最不活泼的是氯在环上的化合物。

2. 技术进展

常用的含氯极压抗磨剂有脂肪族氯化物和芳香族氯化物，脂肪族氯化物稳定性差，活性强，极压性好，但易引起腐蚀，如氯化石蜡；芳香族氯化物稳定性好，活性低，极压抗磨性差，腐蚀性小，如五氯联苯。使用最多的是氯化石蜡，原料易得，价格便宜，与其他添加剂复合主要用于配制金属加工液和车辆齿轮油。

3. 发展趋势

近年来，由于氯化物最严重的缺点是环境污染与毒性问题，含氯极压抗磨剂在车辆齿轮油中应用显著减少，如美国和西欧等国，已不再使用含有氯化物的车辆齿轮油了。

二、硫系极压抗磨剂

1. 作用原理

普遍认为含硫极压抗磨剂的极压抗磨性能与硫化物的 C—S 键能有关，较弱的 C—S 的键能较容易生成防护膜，产生较好的抗磨效果。有机硫化物的作用机理首先是在金属表面吸附，减少金属面之间的摩擦；随着负荷的增加，金属面之间接触点的温度瞬时升高，有机硫化物首先与金属反应形成硫醇铁覆盖膜（S—S 键断裂），从而起抗磨作用；随着负荷的进一步提高，C—S 开始断裂，生成硫化铁固体膜，起极压作用。所以，二硫化物随着负荷增加，可以起抗磨和极压作用，其反应示意式如下：

在铁表面吸附：

$$Fe + R\!-\!S\!-\!S\!-\!R \longrightarrow Fe\begin{matrix} |\ S\!-\!R \\ |\ S\!-\!R \end{matrix}$$

形成硫醇铁膜：在边界润滑条件下起抗磨作用。

$$Fe\begin{matrix} |\ S\!-\!R \\ |\ S\!-\!R \end{matrix} \longrightarrow Fe\begin{matrix} \diagup S\!-\!R \\ \diagdown S\!-\!R \end{matrix}$$

形成硫化铁膜：在边界润滑条件下起极压作用。

$$Fe\begin{matrix} \diagup S\!-\!R \\ \diagdown S\!-\!R \end{matrix} \longrightarrow FeS + R\!-\!S\!-\!R$$

从 1960 年以来，用电子探针显微分析器（EPMA）、俄歇电子能谱仪（AES）和 X 射线光子能谱（XPS）等现代分析仪器来测定摩擦物表面，发现防护膜是由化学吸附的有机硫添加剂和硫化铁膜组成，由吸附膜和硫化铁膜分别提供抗磨和极压性能。XPS 分析还发现防护膜不仅含有 FeS_3，而且含有 $FeSO_4$ 和氧化铁，甚至还含有摩擦聚合物。硫化铁膜没有氯化铁膜那样的层状结构，摩擦系数比氯化铁膜大，但熔点高（FeS 的熔点为 1193℃，Fe_2S_3 的熔点为 1171℃）。因硫化铁膜的耐热性好，因此含硫极压抗磨剂抗烧结负荷高，但硫化膜较脆，所以含硫极压抗磨剂的抗磨性差。

2. 技术进展

1970 年底禁止捕鲸以前，国内外大量使用硫化鲸鱼油作为油性剂。鲸鱼油经过磺化、氧化、硫化、硫氯化而制成各种工业用途的润滑剂、极压剂和油性剂，具有优异的润滑性能，曾被广泛地用于自动传动液、金属加工液、工业齿轮油和各种液压油等油品中。禁止捕鲸后，各国大力发展硫化鲸鱼油的代替品。国内研制了硫化异丁烯（T 321），也生产了硫化棉籽油（T 404）。国外也发展了各种硫化酯、硫化动植物油用于齿轮油、液压油、导轨油、金属加工液、润滑脂等。普通硫化异丁烯由于其生产工艺复杂，在生产过程中产生大量的有害物质，而且气味较大，生产和使用受到一定限制。取而代之的是高压硫化异丁烯，由于高压硫烯在生产过程中不使用氯，对环境的危害相对而言有所减低，并且也能降低普通硫化异丁烯的气味，因此高压硫烯的应用越来越广泛。

3. 发展趋势

使用最多的含硫极压抗磨剂是硫化异丁烯，硫化异丁烯在高速冲击载荷下能有效防止齿面擦伤。但是硫化异丁烯气味重，对环境危害严重，虽然高压硫烯可以降低这些危害，但是并不能从根本上解决问题，因此硫化异丁烯替代品的研究是今后含硫极压抗磨剂的发展方向。

三、磷系极压抗磨剂

1. 作用原理

含磷化合物的作用机理说法不一，较早的观点认为：含磷化合物在摩擦表面凸起点处瞬时高温的作用下分解，与铁生成磷化铁，它再与铁生成低熔点的共熔合金流向凹部，使摩擦表面光滑，防止了磨损，称这种作用为化学抛光。最近有人提出在边界润滑条件下，磷化物与铁不生成磷化铁，而是亚磷酸铁的混合物。磷化物首先在铁表面吸附，然后在边界条件下发生 C—O 键断裂，生成亚磷酸铁或磷酸铁有机膜，起抗磨作用；在极压条件下，有机磷酸铁膜进一步反应，生成无机磷酸铁反应膜，使金属之间不发生直接接触，从而保护了金属，起极压作用。图 2-1 是二烷基亚磷酸酯作用示意图。

2. 技术进展

国外从 20 世纪 30 年代就开始研究含磷系极压抗磨剂，积累了大量的数据。磷系极压抗磨剂中用得最广泛的是烷基亚磷酸酯、磷酸酯、酸性磷酸酯、酸性磷酸酯胺盐（磷-氮剂）和硫代磷酸酯胺盐（硫-磷-氮剂）。

3. 发展趋势

含磷极压抗磨剂基本上可以满足高档润滑油对极压抗磨剂的需求。含磷极压抗磨剂的发展方向是，在不降低其极压抗磨性能的前提下，提高其热氧化稳定性，降低磷消耗，以延长其使用寿命。

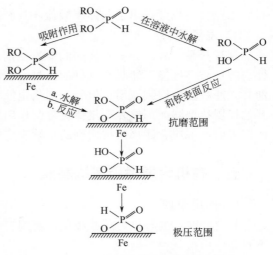

图 2-1　二烷基亚磷酸酯作用示意图

四、含硼极压抗磨剂

1. 作用原理

硼系添加剂是一类新颖的润滑油极压抗磨添加剂，根据化学结构一般可以分为两大类，硼酸酯类和硼酸盐类。其中硼酸酯类润滑油添加剂具有良好的极压抗磨性，不腐蚀金属，无毒无臭，但其热氧化安定性明显不如无机硼酸盐，且单独使用硼酸酯时极压抗磨性很难表现出来，原因是硼酸酯易水解，不太容易吸附在金属表面发生摩擦化学反应。

对硼酸盐极压抗磨添加剂的极压抗磨作用机理很多学者提出了不同的观点，可归纳为两类：沉积成膜观点和渗硼观点。沉积成膜观点认为：在摩擦过程中，摩擦副表面产生电荷，使胶体的带电微粒向摩擦表面移动，并沉积于表面，形成沉积膜。渗硼观点认为：硼酸盐添加剂具有化学惰性，它在摩擦表面既不是硼酸盐，也不是硼酸和硼的氧化物，而是硼的间隙化合物 Fe_xB_y。这种间隙化合物能溶解游离态的硼，形成固溶体，从而在摩擦表面形成复杂的渗透层。

有机硼酸酯的抗磨极压作用机理有两种观点，一种认为在摩擦磨损过程中，硼酸酯分子发生聚合反应，生成了摩擦聚合物膜而改善了摩擦特性；另一种看法是硼酸酯能在摩擦金属表面形成几百纳米厚的非均相极压膜，膜的无机成分为 B_2O_3 和 FeO，无机膜的高强度起极压润滑作用。而后勤工程学院董浚修等则认为，硼酸酯的抗磨作用机理是在摩擦金属表面上形成了由吸附膜、聚合物膜以及金属局部高温高压而生成的 FeB、Fe_2B 扩散渗硼、渗碳层三者组成的复合保护膜，这一复合膜起润滑作用。

2. 技术进展

20 世纪 50 年代末，硼酸酯才开始作为热氧化稳定剂在润滑油中使用。进入 20 世纪 60 年代，有文献对硼酸酯的减摩抗磨作用进行了研究。为了达到更高的性能和更多的用途，大都将硫、磷等活性元素引入硼酸酯分子中，这在一定程度上提高了润滑性能。同时，国外专利报道了大量含氮的有机硼酸酯，如含氨基、丁二酰亚胺、咪唑等基团的硼酸酯，其中一些改善了其抗水解、抗腐蚀、抗磨等性能。目前，国外已形成了比较成熟的无机硼酸盐生产工艺，如美国雪佛龙（Chevron）公司已生产出 OLOA-9750 胶体硼酸盐极压抗磨剂。我国茂名石油工业公司也开发出了胶体硼酸盐，其产品性能达到了 OLOA-9750 的水平。

3. 发展趋势

硼酸盐是一种高效多功能的润滑添加剂，具有特殊的极压抗磨减摩性、很好的氧化安定性与防锈防腐性能，还具有良好的密封性能，比磷、硫系添加剂性能更优越，已在工业齿轮油、二冲程油中得到应用。但其存储稳定性和抗乳化能力还需不断改善，亦有待深入探索与其他极压抗磨添加剂的复配规律及复配作用机理。含硼添加剂是今后极压抗磨添加剂的一个研究方向，解决含硼极压抗磨剂的水解安定性是含硼极压抗磨添加剂研究的关键。

五、有机金属类极压抗磨剂

1. 作用原理

具有代表性的有机金属盐极压抗磨剂有 ZDDP、MoDDP、MoDTC 和环烷酸铅。化合物不同其作用机理也不同。

商品 ZDDP 可能有几个组分：中性锌盐$[(RO)_2PS_2]_2Zn$、碱性双锌盐 $O[(RO)_2PS_2]_3Zn_2$、碱性锌盐 $(RO)_2PS_2$—Zn—OH 和一个螯合物$[(RO)_2PS_2]_2Zn_2O$。ZDDP 的热分解产物非常复杂，得不到固定的结果。有报道 ZDDP 的热分解产物含有烯烃、硫醇、其他硫化物和交联聚合物，如偏磷酸盐、S,S,S-三烷基四硫代磷酸盐、$SP(SR)_3$、O,S,S-三烷基三硫代磷酸盐、$SP(SR)_2(OR)$、O,O,S-三烷基二硫代磷酸盐、$SP(SR)(OR)_2$。二芳基二硫代磷酸盐比二烷基二硫代磷酸盐有更高的热稳定性，其主要的热分解产物是酚。

有机钼添加剂：具有良好抗磨和极压性能的摩擦改进剂，加入润滑油中比 MoS_2 在油中分散性好，降低摩擦和磨损的效果好。正如 ZDDP、MoDDP 和 MoDTC 的抗磨和极压机理，S-P 添加剂和有机钼复合物的机理也是生成非常复杂的防护膜，其防护膜含有 MoS_2、MoS_3、FeS、$FeSO_4$，甚至还有摩擦聚合物。据称，含有 $FeSO_4$、MoS_2、MoS_3、FeS 的防护膜能较大地增强其抗磨性和负荷承载能力。

环烷酸铅：环烷酸铅作为极压剂在铁表面与铁发生置换，生成铅的薄膜。铅皂与硫共存时，在铁表面生成 $PbSO_4$、PbS、FeS、Pb 等低熔点共融物。这种极压剂与硫、磷、氯系极压剂的作用机理不一样，以不牺牲摩擦面金属为优点，被称为无损失润滑。环烷酸铅单独用效果不显著，必须与含硫化合物复合使用，这是因为铅皂在极压条件下要和硫反应生成极压膜才能起到润滑作用。但铅皂的热稳定性差，而且由于铅的环保问题，逐渐被淘汰。

2. 技术进展

二烷基二硫代磷酸锌（ZDDP）兼有抗氧、抗腐、极压、抗磨等多种功能，加上其生产成本低廉，自 20 世纪中期以来一直是内燃机油等油品中不可缺少的添加组分，并在齿轮油、液压油等工业用油中得到广泛应用。

3. 发展趋势

近年来，为了减少汽车尾气中氮氧化物（NO_x）等有害气体的排放，各大 OEM（原设备制造商）开始在汽油机上使用三元催化转化器。由于发现磷酸锌会使三元催化剂中毒，随之出台的内燃机油品规格开始对磷含量进行越来越严格的限制，ZDDP 的使用开始受到限制。虽然近些年来，人们对 ZDDP 替代物的研究开发做了大量的工作，也取得一些成果，但综合起来，在已有的研究成果中，也并没有发现一种添加剂能够真正全面地取代 ZDDP，从这个角度来说，ZDDP 的替代研究开发工作任重而道远。

六、纳米极压抗磨剂

1. 作用原理

纳米材料由于颗粒或晶粒尺寸至少在一维上小于 100nm，表现出与常规材料截然不同的光、电、热、化学或力学性能的特点，处于原子簇和宏观物体交界的过渡区域。纳米材料的表面原子数与总原子数的比值随尺寸的变小而增大。表面原子晶场环境与结合能和内部原子不同，表面原子周围缺少电子，因此具有很多空键，使其具有不饱和性，产生"表面效应"；当材料的尺寸与电子传导波长接近或更小时，周期性的边界条件被破坏，材料的磁性、光吸附性、热阻等性质发生巨大变化，以及产生所谓的"体积效应"；材料的尺寸小到一定值时，会产生"量子尺寸效应"。纳米材料具有上述独特的结构特点，使其具有了高扩散性、熔点低、硬度高、易烧结、催化反应活性高等特性，因而得到广泛应用，将纳米材料用作润滑材料添加剂时，不仅可以在摩擦表面形成降低摩擦系数的薄膜，而且可以修复受损的摩擦表面以及渗透进入表层，产生强化作用，其摩擦学作用机理如下：

（1）纳米材料粉末近似为球形，它们起类似"微型球轴承"的作用，从而提高了摩擦副表面的润滑性能。在较高负荷下，由于纳米粒子晶核很小且发育不完全，晶粒结构存在错位畸变现象，导致在一定剪切力作用下，容易造成晶格的滑移；再加上纳米粒子的硬度远大于常规材料，使其在接触面可起到类似"轴承"的作用[图 2-2(a)]。

（2）在重载和高温条件下，两摩擦表面间的颗粒被压平，形成滑动系，降低了摩擦和磨损。

（3）摩擦过程中纳米粒子能填平摩擦表面凹处甚至陷入基体中，并可及时填补损伤部位，具有自修复功能，使摩擦表面始终处于较为平整的状态[图 2-2(b)]。

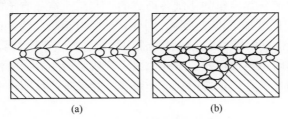

图 2-2　纳米材料润滑作用模型

（4）纳米材料粉末通过摩擦过程中的摩擦化学作用在磨斑表面形成沉积膜，或者通过元素扩散作用渗透入表面层形成强化层提高了表面的耐磨性。像纳米硼酸盐粒子由于带电荷而向表面移动并沉积于摩擦表面成膜，这些膜是非晶体或无定型的膜，在空气中仍能保持稳定。

利用纳米材料粉末作为润滑油添加剂的抗磨减摩机理可能是以上几种机理的联合作用，确切的机理以及相关的影响因素还有待进一步的深入研究。

2. 技术进展

早在 20 世纪 50 年代，纳米粒子就作为润滑油添加剂用于生产内燃机润滑油，不过它不是作为润滑材料，主要作用是中和润滑油氧化和燃料燃烧后产生的酸性物质。随着纳米材料和纳米摩擦学的不断发展，近年来国内外学者在开发优异的抗磨减摩和抗极压性能添加剂的过程中，注意到了纳米材料作为碱性提供物以外的其他摩擦学性能，纳米微粒在摩擦学领域中的应用受到越来越多的重视，人们对其进行了一系列的研究。

3. 发展趋势

尽管纳米材料作为极压抗磨添加剂显示出了独特的性能，但由于纳米材料成本和在油品中的分散性、稳定性等问题，导致纳米材料还没有在润滑油领域中得到大规模的应用。因此，在进行纳米材料基础性研究的基础上，持续开展纳米材料在润滑油中的应用研究仍是纳米极压抗磨添加剂的研究重点。

七、水溶性磷酸酯及其盐类

1. 作用原理

有机磷化合物的抗磨机理最早认为是"化学抛光"作用过程，1974 年，有文献提出了二烷基亚磷酸酯生成无机亚磷酸铁膜的抗磨原理。水溶性含磷极压抗磨剂主要有水性磷酸酯和水性磷酸酯盐两大类。其中磷酸酯大多为聚氧乙烯醚结构，磷酸酯盐主要是油溶性含磷极压抗磨剂与各种有机胺类的中和产物。水溶性含磷极压抗磨剂作用机理与油溶性含磷极压抗磨剂相似，首先在金属表面被吸附，然后在边界条件下发生 C—O 键断裂生成亚磷酸铁或磷酸铁有机膜，起抗磨作用。在极压条件下，有机磷酸铁膜进一步反应，生成无机磷酸铁膜，使金属之间不发生直接接触，从而保护了金属。与此同时，分子中的聚氧乙烯片段与水分子形成氢键，从而使添加剂能在水中溶解或稳定分散。而磷酸酯盐中的强极性基团—NH 会赋予添加剂在水中溶解的能力。

2. 技术进展

全合成型配方目前应用最广泛的是磷酸酯极压抗磨剂。磷酸酯实际上属于阴离子型表面活性剂，近十几年我国才逐步应用于金属加工和化纤印染前处理方面，它是由脂肪醇、烷基酚或是它们的聚氧乙烯醚化物经磷酸化制备而成的，其工业产品有单酯、双酯、三酯及其混合物。根据烷基 R 长短磷酸酯可以是液体、固体、结晶以至蜡状物。磷酸酯可与阴离子、非离子、两性表面活性剂很好地配伍，在酸碱溶液中稳定性好，在较大温度范围内均比较稳定，耐电解质、耐硬水性和耐电离性较好。工业上用于合成磷酸酯表面活性剂最常用的磷酸化剂是五氧化二磷，此法简单易行，条件温和，不需要特殊设备，反应得率高，成本低。

3. 发展趋势

水溶性含磷极压抗磨剂的研究是顺应全合成型和半合成型水基加工液的广泛应用而衍生的，并且在铸铁加工、镁铝加工过程中都会用到水溶性磷酸酯极压抗磨剂。一些著名的添加剂公司都有相应的产品出售。但是磷酸盐的积累会使河流、湖泊富营养化而出现赤潮，因此含磷润滑添加剂今后的发展方向应该是以水性磷酸多功能酯为主流。

八、产品牌号

（一）中石油兰州润滑油研究开发中心

1. T 308

【中文名称】烷基磷酸酯胺盐

【产品性能】除具有良好的抗磨性能外，还具有良好的抗腐蚀性和抗乳化性。

【质量标准】Q/LSY 16—1987

【实测值】硫含量 14.88%，磷含量 5.22%，氮含量 2.62%，酸值 61.5mgKOH/g。

【主要用途】适用于调制高档车辆齿轮油、工业齿轮油及其他工业用油。

【包装储运】200L 标准铁桶，产品净重 190kg/桶。本品在储存、装卸及调油时，参照 SH 0164 进行。

2. RHY 310A 极压抗磨剂

【中文名称】硫代磷酸酯胺盐

【产品性能】化学活性适中，在极压条件下能与金属表面发生摩擦化学反应，在金属表面形成均匀的润滑膜，对金属表面起到了较好的保护作用，是提高润滑油抗磨性能的理想含磷抗磨添加剂。

【质量标准】RH99 YB 6303—2015

项　目	质量指标	实测值	试验方法
外观	透明液体	淡红色透明液体	目测
酸值/(mgKOH/g)	实测	61.5	GB/T 4945
闪点(开口)/℃	≥100	130	GB/T 3536
腐蚀试验(铜片 121℃、3h)/级	≤3 级	2b	GB/T 5096
密度(20℃)/(kg/m³)	实测	970.1	SH/T 0604
运动黏度(40℃)/(mm²/s)	实测	23.95	GB/T 265
机械杂质含量/%	≤0.05	0.002	GB/T 511
水分含量/%	≤0.1	痕迹	GB/T 260
磨斑直径(四球机法：392N、60min、75℃、1200r/min)/mm	≤0.5	0.34	SH/T 0189

【主要用途】适用于调制高档车辆齿轮油、工业齿轮油及其他工业用油。

【包装储运】参见该公司 T 308。

3. RHY 311 无灰抗磨剂

【中文名称】硫代磷酸酯胺盐

【产品性能】具有良好的极压抗磨性能、热氧化稳定性及磷保持能力，是一种适用于高性能车辆齿轮油的多功能添加剂。

【质量标准】

项　目	质量指标	实测值	试验方法
外观	棕红色透明液体	棕红色透明液体	目测
硫含量/%	≥26.0	28.24	SH/T 0303、GB/T 387
磷含量/%	≥2.0	2.31	SH/T 0296
水分含量/%	≤0.20	痕迹	GB/T 260
机械杂质含量/%	≤0.08	0.003	GB/T 511
闪点(开口)/℃	≥100	188	GB/T 3536

【主要用途】适用于调制高档车辆齿轮油、卡车及公共汽车手动变速箱齿轮油等油品。

【包装储运】参见该公司 T 308。

4. RHY 312 无灰抗磨剂

【中文名称】硫磷氮极压抗磨添加剂

【产品性能】具有良好的抗磨减摩性能和抗腐蚀性，可有效改善油品的极压抗磨性能，提高防腐能力，适用于高性能车辆齿轮油。

【质量标准】

项　　目	质量指标	实测值	试验方法
外观	棕红色透明液体	棕红色透明液体	目测
酸值/(mgKOH/g)	≤75	57.2	GB/T 4945
闪点(开口)/℃	≥90	94	GB/T 3536
铜片腐蚀试验(121℃、3h)/级	≤2	2b	GB/T 5096
机械杂质含量/%	≤0.08	0.008	GB/T 511
水分含量/%	≤0.1	痕迹	GB/T 260
硫含量/%	≥14.5	15.01	SH/T 0303
磷含量/%	≥5.3	5.50	SH/T 0296
氮含量/%	≥4.9	5.28	GB/T 0656

【主要用途】适用于调制高档车辆齿轮油、卡车及公共汽车手动变速箱齿轮油等油品中。

【包装储运】参见该公司 T 308。

5. RHY 313 无灰抗磨剂

【中文名称】有机磷酸酯极压抗磨添加剂

【产品性能】具有良好的极压抗磨性及水解安定性，以较低的加剂量可以有效提高油品的极压抗磨性能及 FZG 失效级，降低复合剂加剂量。

【质量标准】

项　　目	质量指标	实测值	试验方法
外观	橙红色透明液体	橙红色透明液体	目测
硫含量/%	≥18.5	19.89	SH/T 0303
磷含量/%	≥9.0	9.62	SH/T 0296
酸值/(mgKOH/g)	≤175	153	GB/T 4945
闪点(开口)/℃	≥130	150	GB/T 3536
铜片腐蚀(121℃，3h)/级	报告	4b	GB/T 5096
密度(20℃)/(kg/m³)	报告	1105.4	SH/T 0604
运动黏度(40℃)/(mm²/s)	报告	66.80	GB/T 265
机械杂质含量/%	≤0.02	0.008	GB/T 511
水分含量/%	≤0.05	痕迹	GB/T 260
磨斑直径(392N、60min、75℃、1200r/min)/mm	≤0.75	0.75	SH/T 0189

【主要用途】适用于调制无灰液压油、汽轮机油以及内燃机油。

【包装储运】参见该公司 T 308。

6. RHY 314 无灰抗磨剂

【中文名称】酸性磷酸酯胺盐

【产品性能】具有良好的抗磨作用及水解安定性，可以有效提高油品的极压抗磨性能和 FZG 失效级。

【质量标准】

项　　目	质量指标	实测值	试验方法
外观	淡黄色液体	淡黄色液体	目测
氮含量/%	4.0～5.0	4.50	GB/T 17674
磷含量/%	6.0～8.0	7.17	SH/T 0296
酸值/(mgKOH/g)	180～210	197	GB/T 4945
闪点(开口)/℃	≥100	116	GB/T 3536

项　目	质量指标	实测值	试验方法
铜片腐蚀(121℃，3h)/级	≤2	2e	GB/T 5096
密度(20℃)/(kg/m³)	实测	965	SH/T 0604
运动黏度(40℃)/(mm²/s)	实测	1027	GB/T 265
机械杂质含量/%	≤0.05	0.02	GB/T 511
水分含量/%	≤0.10	0.03	GB/T 260
P_B 值/N	≥1176	1765.2	GB/T 3142
磨斑直径(392N、60min、75℃、1200r/min)/mm	≤0.45	0.35	SH/T 0189

【主要用途】适用于调制风力发电机齿轮油、汽车减震器油等油品。

【包装储运】参见该公司 T 308。

7. RHY 315 极压抗磨剂

【中文名称】酸性亚磷酸酯胺盐

【产品性能】具有较好的极压抗磨性能，而且具有低污渍的特点，对油品的退火清净性、乳化、铜片腐蚀等性能无明显的不良影响，综合性能较好。以 RHY 315 为极压抗磨添加剂调制的轻金属无渍液压油具有突出的抗磨损、抗氧化、防腐防锈以及抗起泡性能，与普通的传动系统用油相比，具有极低的污渍特性，用于轧机液压系统时，渗漏到轧制油中时不会在金属表面产生污渍，专用于铝或铜等金属的四辊、六辊、可逆式和不可逆式轧机设备液压控制系统的润滑。

【质量标准】Q/SY RH3102—2015

项　目	质量指标	实测值	试验方法
外观	无色到浅黄色	无色	目测
磷含量/%	≥6.0	6.15	SH/T 0296
酸值/(mgKOH/g)	≤40	30.7	GB/T 4945
开口闪点/℃	≥100	130	GB/T 3536
铜片腐蚀[1](100℃，3h)/级	报告	1b	GB/T 5096
密度/(kg/m³)	报告	893.7	SH/T 0604
水分含量/%	报告	<0.03	GB/T 260
机械杂质含量/%	报告	0.003	GB/T 511
D_{60min}^{392N} [2] /mm	≤0.60	0.51	SH/T 0189
P_B 值[2]/N	≥833	980.7	GB/T 3142
退火清净性[3]/级	≤2	0	自建

① 添加剂以 0.3%(质量分数)的加剂量调制到 3#白油基础油中进行铜片腐蚀试验。

② 添加剂以 0.3%(质量分数)的加剂量调制到 3#白油基础油中进行摩擦学试验。

③ 添加剂以 0.3%(质量分数)的加剂量调制到 3#白油基础油中进行退火清净性试验。

【主要用途】用于无渍液压油或不锈钢轧制液等金属加工液。

【包装储运】参见该公司 T 308。

8. RHY 316 极压抗磨剂

【中文名称】水溶性极压抗磨剂

【产品性能】具有良好的极压性、水溶性以及清洗性，以 5%的量添加在自来水中，能使

自来水的 P_D 值达到 3089.1N。

【质量标准】

项　　目		质量指标	实测值	试验方法
外观		橙红色液体	橙红色液体	目测
酸值/(mgKOH/g)		≤12.0	10.1	GB/T 4945
机械杂质含量/%		≤0.05	0.02	GB/T 511
闪点(开口)/℃		≥250	258	GB/T 3536
硫含量/%		2.0～3.0	2.49	SH/T 0303
磷含量/%		4.5～5.5	5.02	SH/T 0296
HLB		≥13.0	14.5	附录 A
WSD(294N，30min，室温 1200r/min) ①/mm		≤0.90	0.82	SH/T 0189
四球试验①	P_B/N	≥800	1029.7	GB/T 3142
	P_D/N	≥2500	3089.1	

① 将添加剂以 5%的量添加在自来水中进行极压抗磨性能评价。

【主要用途】用于高极压性水基切削液等金属加工液中。

【包装储运】参见该公司 T 308。

9. RHY 317 极压抗磨剂

【中文名称】氮杂环极压抗磨剂

【产品性能】具有较好的抗磨性能和优异的极压性能，应用于润滑脂配方中，对产品的钢网分油、锥入度、氧化安定性、铜片腐蚀等性能无明显的不良影响。

【质量标准】Q/SY RH 3103—2015

项　　目	质量指标	实测值	试验方法
外观	浅黄色到黄色固体	黄色固体	目测
硫含量/%	50～65	55.50	SH/T 0303
氮含量/%	16～18	17.23	SH/T 0656
熔点/℃	≥170	182	GB/T 3536
腐蚀①（T_2 铜片，100℃，24h）	通过	通过	GB/T 5096
钢网分油量①/%	≤2.0	0.75	SH/T 0324
D_{60min}^{392N} ①/mm	≤0.65	0.58	SH/T 0189
P_D 值①/N	≥6000	6080	GB/T 3142

① 添加剂以 2.0%的加剂量调制到 2# 复合锂基脂基础脂中进行试验。

【主要用途】适用于调制各类润滑脂。

【包装储运】参见该公司 T 308。

（二）兰州/太仓中石油润滑油添加剂有限公司

1. RHY 318 硫代磷酸三苯酯极压抗磨剂

【中文名称】硫代磷酸三苯酯极压抗磨剂

【化学名称】硫代磷酸三苯酯

【产品性能】具有优良的极压抗磨性能、较高的热稳定性能和颜色安定性。

【质量标准】Q/SY RH3104—2015

项　　目	质量指标	实测值	试验方法
外观(20℃)①	白色晶体状固体	白色晶体状固体	目测
酸值/(mgKOH/g)	≤0.05	0.03	GB/T 4945
硫代磷酸三苯酯含量/%	≥99.9	99.96	气相色谱法
硫含量/%	8.8～9.6	9.07	SH/T 0303
磷含量/%	8.8～9.4	9.35	SH/T 0296
熔点/℃	≥54	54.6	GB/T 617
游离酚含量(质量分数)/(μg/g)	≤10	7.6	气相色谱法
铜片腐蚀(100℃)②/级	≤1	1b	GB/ T5096
磨斑直径(196N)②/mm	≤0.5	0.42	GB/T 0189
烧结负荷(p_D值)②/N	≥800	1235.6	GB/T 3142

① 室温下(20℃±5℃)观测。

② RHY318 以 0.3%质量分数加入 N56 基础油中进行评价。

【主要用途】与其他添加剂复合，可调制抗磨液压油、齿轮油、油膜轴承油、航空润滑油脂、汽轮机油和液力传动油等油品，可调制各档汽车齿轮油和工业齿轮油。

【包装储运】200L 标准铁桶，产品净重 190kg/桶。本品在储存、装卸及调油时，参照 SH 0164 进行。

（三）路博润公司（Lubrizol）

1. LZ 6505

【中文名称】有机硫化物

【产品性能】与清净剂、分散剂、腐蚀抑制剂和抗磨剂复合可调制各种水平的曲轴箱润滑油。

【实测值】硫含量 5.5%。

【主要用途】调制各种水平的曲轴箱润滑油。

2. Anglamol 33

【中文名称】硫化异丁烯

【产品性能】活性硫较少。

【实测值】硫含量 43%；活性硫含量 0.5%。

【主要用途】用于齿轮油、液压油和切削油中。

（四）长沙望城石油化工有限公司

1. T 323 抗氧极压添加剂

【中文名称】硫代氨基甲酸酯

【产品性能】淡黄色透明液体。是一种无灰型多效添加剂，其结构中不含金属原子，硫含量高达 30%。不仅具有突出的抗磨极压性能，而且表现出良好的抗氧效果。

【主要用途】主要应用于汽轮机油、液压油、齿轮油、内燃机油等油品中，可提高油品的抗氧化、抗磨损性能，而且在润滑脂中能提高 Timken OK 负荷，被广泛使用。推荐用量 0.2%～3%。

【质量标准】

项 目	质量指标	试验方法	项 目	质量指标	试验方法
外观	淡黄色透明液体	目测	密度(20℃)/(kg/m³)	950～1150	GB/T 13377
			闪点(开口)/℃	≥130	GB/T 267
运动黏度(100℃)/(mm²/s)	13.0～17.0	GB/T 265	硫含量/%	29～32	GB/T 4497.1

【包装储运】40kg 小桶和 170kg 大桶包装，本品无毒、无腐蚀，按一般难燃油品类储运。

2. T 351、T 352 和 T 353 极压抗磨添加剂

【中文名称】T 351 二烷基二硫代氨基甲酸硫化氧钼；T 352 二烷基二硫代氨基甲酸锑盐；T 353 二烷基二硫代氨基甲酸铅盐

【产品性能】T 351 为黄色粉末，T 352 为黄色或浅黄色粉末，T 353 为白色或浅灰色粉末。该系列极压抗磨添加剂系二烷基二硫代氨基甲酸盐类型的高效添加剂，包括 T 351、T 352、T 353 等产品。现场应用试验结果表明：该系列添加剂在润滑脂中具有抗极压、抗磨和抗氧化等多种性能，对润滑脂结构无破坏作用，是优良的多效添加剂。

【主要用途】适于作为航空润滑脂、极压锂基脂、复合锂基脂、复合铝基脂、极压膨润土脂等各种润滑脂的极压抗磨添加剂。推荐用量 1%～4%。

【质量标准】

项目	质量指标			试验方法
	T351	T352	T353	
类型	二烷基二硫代氨基甲酸硫化氧钼	二烷基二硫代氨基甲酸锑	二烷基二硫代氨基甲酸铅	目测
外观	黄色粉末	黄色或浅黄色粉末	白色或浅灰色粉末	
熔点/℃	255～260	60～65	60～65	GB/T 617
机械杂质含量/%	≤0.1①	0.1	0.1	GB/T 511
硫含量/%	20～27	22～29	15～23	GB/T 4497
加热减量②(100℃)/%	≤0.2	0.2	0.3	企业方法
颗粒度③(140 目筛余物)/%	≤1.0	—	—	筛分法

① 称 2g 产品，放入 20mL 二甲基甲酰胺溶剂中溶解后观察。
② 称 100g 产品，在 100℃烘箱内烘 60min，减量不超过 0.2g、0.3g。
③ 用水分散，在 140 目筛网上存余物不大于 1%检验规则。

【包装储运】40kg 小桶和 170kg 大桶包装，本品无毒、无腐蚀，按一般难燃油品类储运。

3. T 354（BZ）抗磨抗氧化添加剂

【中文名称】二丁基二硫化氨基甲酸锌

【产品性能】灰白色粉末。是二烷基二硫化氨基甲酸盐系列产品之一。具有优良的抗氧化性能，而且具有良好的抗磨性能，其抗氧性能和苯基-α-萘胺相当，是一种抗氧化、抗磨多功能添加剂。

【主要用途】加入润滑脂中，脂不变色，对日光稳定。此外它与 ZDDP 抗氧抗腐剂配合，能使用于内燃机油，推荐用量 1%～4%。

【质量标准】

项目	质量指标	试验方法	项目	质量指标	试验方法
外观	灰白色粉末	目测	机械杂质含量/%	≤0.1	GB/T 511
熔点/℃	105~108	GB/T 617	加热减量①(100℃)/%	0.3	企业方法

① 称100g产品，在100℃烘箱内烘60min，减量不超过0.3g。

【包装储运】40kg 小桶和 170kg 大桶包装，本品无毒、无腐蚀，按一般难燃油品类储运。

4. T 355 抗氧极压剂

【中文名称】硫代氨基甲酸锌

【产品性能】为浅棕色透明液体，油溶性很好。它类同于 Vanderbilt 公司的 AZ。而 T354（固体）在润滑油中仅能溶解 0.5%，故将 T355 称之为液体锌，可以与 ZDDP 添加剂复合使用。特别是低锌，不含磷，对催化转化器中的催化剂不造成不利的影响。热分解温度（TG法）一般在 330℃以上。

【主要用途】可应用于内燃机油、船用润滑油，在极压润滑脂中使用可提高 Timken OK 负荷。推荐用量 0.3%~0.5%。

【质量标准】

项　目	质量指标	试验方法	项　目	质量指标	试验方法
外观	浅棕色透明液体	目测	锌含量①/% 氮含量①/%	5.5~6.5 2.4~2.8	等离子发射光谱法 元素分析法
运动黏度(100℃)/(mm²/s)	15~24	GB/T 265	热分解温度①/℃	≥330	TG 法
闪点(开口)/℃	≥150	GB/T 3536			

① 为保证项目。

【包装储运】40kg 小桶和 170kg 大桶包装，本品无毒、无腐蚀，按一般难燃油品类储运。

（五）杭州得润宝油脂股份有限公司

1. T 361A 硼酸盐抗磨极压添加剂

【中文名称】胶体硼酸盐抗磨极压添加剂

【产品性能】是一种多硼酸盐的油剂分散体，具有抗磨性好、无毒、无气味、不腐蚀金属，耐高温性好等特点。在金属表面形成又厚又黏的硼酸盐微粒吸附膜。具有渗硼作用，硼元素渗入金属，形成硬度更高的硼钢合金，增加了抗磨性。所以它是一种适用范围广的惰性极压抗磨剂。与含硫、磷、氯活性添加剂配伍性具有良好的配伍性。与 ZDDP 具有协同作用。

【质量标准】

项　目	质量指标	试验方法	项　目	质量指标	试验方法
外观	红棕色透明黏稠液体	目测	腐蚀(T₂铜，100℃，24h)	铜片无黑色或绿色变化	GB/T 7326（乙）
硼酸盐含量/%	≥50	企业方法	承载能力（四球法，室温，1450r/min）		GB/T 3142
滴点/℃	≥180	GB/T 3498	最大无咬咬负荷 P_B/N	≥2205	
水分含量/%	≤0.1	GB/T 260	烧结负荷 P_D/N	≥7840	

【主要用途】可广泛应用于各种润滑脂中，如皂基润滑脂（锂基润滑脂、复合理基润滑脂、复合锂钙基润滑脂、复合铝基润滑脂、磺酸钙基润滑脂等）和非皂基润滑脂（如聚脲润滑脂、膨润土润滑脂等）。也可用于其他半流体润滑材料中。

【包装储运】20kg、200kg 铁桶包装或根据客户要求。

（六）巴斯夫公司（BASF）

1. Irgalube TPPT

【中文名称】三苯基硫代磷酸酯

【产品性能】优异的热稳定性；具有较低的摩擦系数；在泵测试中，具有良好的抗磨性能，并对黄色金属无损害；美国药品与食品管理局（FDA）认证，可用于偶尔与食品接触的润滑剂中。

【主要用途】参考用量 0.2%～1.0%。其中：发动机油，0.3%～1.0%；抗磨液压油、脂、偶尔与食品接触的润滑油和合成润滑油等工业润滑油，0.2%～1.0%。

【包装储运】本品净重 40kg/桶。仅在原容器中储存；与动物饲料分开放置。

2. Irgalube 232

【中文名称】液态无灰丁基三苯基硫代磷酸酯

【产品性能】是具有优异的热稳定性和油溶性的无灰添加剂；在泵测试中，具有明显的抗磨性能，并对黄色金属无损害；在工业润滑油中可替代 ZnDTP；具有良好的水解稳定性；与 ZnDTP 及钙基清净剂分散剂有良好的相容性；美国药品与食品管理局（FDA）认证，可用于偶尔与食品接触的润滑剂中。

【主要用途】参考用量 0.2%～1.0%。其中：发动机油，0.3%～1.0%；抗磨液压油、脂、偶尔与食品接触的润滑油和合成润滑油等工业润滑油，0.2%～1.0%。

【包装储运】本品净重 200kg/桶。保持容器严格密封、干燥，存于阴凉处。

3. Irgalube 211

【中文名称】液态无灰壬基三苯基硫代磷酸酯

【产品性能】在矿物油、PAO 及酯类油中具有优异的溶解性；相对于 ZnDTP 具有更好的水解稳定性；对铜和黑色金属无腐蚀；液体，易于操作；美国药品与食品管理局（FDA）认证，可用于偶尔与食品接触的润滑剂中。

【主要用途】使用参考用量 0.5%～20.0%。其中：金属加工液，2%～20.0%；重载柴油机油，0.5%～2.0%；船用机油，0.5%～2.0%；乘用车油，0.5%～2.0%。

【包装储运】本品净重 50kg/桶。仅在原容器中储存。

4. Irgalube 63

【中文名称】液态无灰二硫代磷酸盐

【产品性能】较低浓度下依然可提供减磨性能；相对于 ZnDTP 具有更低的摩擦系数；可用于低磷发动机油；液体，易于操作，不含稀释剂。

【主要用途】参考用量 0.2%～0.8%。其中：工业润滑油和脂，0.2%～0.8%；发动机油，0.5%。

【包装储运】本品净重 50kg/桶。仅在原容器中储存。

5. Irgalube 353

【中文名称】液态无灰二硫代磷酸盐

【产品性能】作为 FZG 提高剂，可用于工业齿轮油、含 ZnDTP 的抗磨液压油、脂和金属加工液等多种润滑剂中；极好的热氧化安定性；含有本剂的润滑油具有良好的齿轮防护性、相容性以及防锈性能；液体，易于操作。

【主要用途】参考用量 0.01%～2.0%。其中：汽轮机油，0.01%～0.1%；液压油，0.01%～1.0%；齿轮油，1.0%～2.0%；金属加工液，0.1%～2.0%。

【包装储运】本品净重 50kg/桶。保持容器干燥、密封，存于阴凉处。

6. Irgafos OPH

【中文名称】液态无灰二正辛基亚磷酸盐

【产品性能】对黄色金属无腐蚀，并对防锈剂无负面影响；使用中不会释放游离苯酚；液体，易于擦作，不含稀释剂；美国药品与食品管理局（FDA）认证，可用于偶尔与食品接触的润滑剂中。

【主要用途】参考用量 0.01%～2.0%。其中：汽轮机油，0.01%～0.1%；液压油，0.01%～1.0%；齿轮油，1.0%～2.0%；金属加工液，0.1%～2.0%。

【包装储运】本品净重 50kg/桶。仅在原容器中储存；保持容器干燥、密封，存于阴凉处。

7. Irgafos 168

【中文名称】三（二叔丁基苯基）亚磷酸酯

【产品性能】是Ⅱ类抗氧剂，分解氧化过程中形成的过氧化氢物；与 Irganox L 系列抗氧化剂具有良好的相容性；美国药品与食品管理局（FDA）认证，可用于偶尔与食品接触的润滑剂中。

【主要用途】用于工业润滑油，参考用量 0.1%～0.3%。

【包装储运】本品净重 50kg/桶。保持容器干燥、密封，存于阴凉处。

8. Irgalube 349

【中文名称】液态磷酸胺混合物

【产品性能】多功能润滑剂，可用作极压/抗磨剂和防锈剂；可提升润滑油 FZG 性能；与 Irgalube TPPT 具有极压、抗磨协同作用；可提升润滑油和润滑脂的摩擦性能；液体，易于处理，不含稀释剂；美国药品与食品管理局(FDA)认证，可用于与食品接触的润滑剂中。

【主要用途】参考用量 0.1%～1.0%。其中：工业润滑油，0.1%～0.5%；润滑脂，0.5%～1.0%；金属加工液特别是辊轧油，0.3%～0.5%；发动机油和动力传动液，0.2%～0.5%；合成和半合成润滑油，0.5%～1.0%；可能与食品接触的润滑油，0.1%～0.5%。

【包装储运】本品净重 50kg/桶。仅在原容器中储存；避免受凉；保持容器密封，存于阴凉处。

【注意事项】如要求与钙基添加剂相容时，不推荐使用；可能会影响复合皂基润滑脂的结构；须检查在 PAG 液体中的溶解性，在某些 PAG 中可能会形成凝胶；正确的添加量可获得良好的水解安定性。

（七）范德比尔特公司（Vanderbilt）

1. Vanlube SB

【中文名称】硫化异丁烯

【产品性能】含硫极压抗磨剂，是一种经济的含硫添加剂，具有优良的极压抗磨性能，对铜腐蚀性小。

【质量标准】

项　目	质量指标	试验方法	项　目	质量指标	试验方法
色度/号	≤3.0	ASTM D 1500	密度(15℃)/(kg/cm³)	1130	
硫含量/%	≥45	EA-1	100℃运动黏度/(mm²/s)	≥8.0	

【主要用途】用于工业齿轮油、发动机油、润滑脂、金属加工液和一些无腐蚀性硫的配方当中。

2. Vanlube 672

【中文名称】有机磷酸胺

【产品性能】具有优良的极压抗磨性能放用途，抗磨性能优于传统的极压剂，诸如硫化烯烃、氯化石蜡、二硫代氨基甲酸盐和二硫代磷酸盐。在合成油中使用较低的加入量，也具有有效的抗磨性能。

【质量标准】

项　目	质量指标	试验方法	项　目	质量指标	试验方法
色度/号	≤3.0	ASTM D 1500	密度(15.6℃)/(kg/cm³)	1020	
氮含量/%	4.5~5.5	EA-1	磷含量/%	9.5	
总酸值/(mgKOH/g)	245~275	T-1047	100℃运动黏度/(mm²/s)	250	

【主要用途】用于压延、冲压、成型等金属加工液、润滑脂和合成油中。

3. Vanlube 692

【中文名称】磷酸芳胺

【产品性能】具有优良的极压抗磨性能和高承载能力，可增强硫化烯烃、氯化石蜡、二硫代氨基甲酸盐及二硫代磷酸盐的极压性。

【质量标准】

项　目	质量指标	试验方法	项　目	质量指标	试验方法
色度(15%的煤油溶液)/号	≤5.0	ASTM D 1500	密度(15.6℃)/(kg/cm³)	990	
氮含量/%	2.2~4.2	EA-1	磷含量/%	5.8	
酸值/(mgKOH/g)	150~180	T-1047	100℃运动黏度/(mm²/s)	53	

【主要用途】用于无灰工业齿轮油和润滑脂中。

4. Vanlube 719

【中文名称】有机磷、硫化合物混合物

【产品性能】具有优良的极压抗磨性能、高温稳定性和破乳性能。

【质量标准】

项　目	质量指标	试验方法	项　目	质量指标	试验方法
色度(稀释后)/号	≤7.5	ASTM D 1500	磷含量/%	4.6	
氮含量/%	2.4~3.4	EA-1	100℃运动黏度/(mm²/s)	48	
密度(15.6℃)/(kg/cm³)	1013				

【主要用途】主要用于轧钢齿轮油（加量2%~3%），也可用于二冲程发动机油。

5. Vanlube 727

【中文名称】有机磷、硫化合物

【产品性能】具有优良的抗磨性能和抗氧性能。台架试验表明 VANLUBE 727 的性能优于常用的二硫代磷酸锌。齿轮油中加入1%就可通过 FZG 实验的12级。

【质量标准】

项 目	规格	试验方法	项 目	规格	试验方法
色度/号	≤3.0	ASTM D 1500	密度(15.6℃)/(kg/cm³)	1013	
硫含量/%	9.5～11.5	EA-1	100℃运动黏度/(mm²/s)	2.6	
总酸值/(mgKOH/g)	2.0～8.0	T-976	磷含量/%	4.5	

【主要用途】用于汽车发动机油、铁路机车柴油机油、压缩机油、燃气发动机油、抗磨液压油、汽轮机油等各类工业油中。

6. Vanlube 7611M

【中文名称】二硫代磷酸酯

【产品性能】是含磷、硫的有机液体添加剂。具有优良的抗磨性能，四球机磨损试验表明，在 20kg 载荷下，相当于 ZDDP；在 40kg 载荷下，则优于 ZDDP。能强化含硫极压剂的抗磨性能，是一种有用的复合成分，用于配制无灰及低灰油品。

【质量标准】

项 目	质量指标	试验方法	项 目	质量指标	试验方法
色度/号	≤2.5	ASTM D 1500	密度(15.6℃)/(kg/cm³)	1080	
磷含量/%	5.75～8.0	XRF	100℃运动黏度/(mm²/s)	2.54	
硫含量/%	11.0～13.75	XRF			

【主要用途】用于润滑脂和多种工业润滑油中。

7. Vanlube 71

【中文名称】二烷基二硫代氨基甲酸铅

【产品性能】具有极压、抗氧和抗腐性能，在润滑脂和工业润滑油中使用该添加剂，可提高极压和抗氧性能。

【实测值】密度 110kg/cm³；闪点大于 165℃。

【主要用途】用于工业齿轮油和润滑脂。

8. Vanlube 73

【中文名称】二烷基二硫代氨基甲酸锑

【产品性能】具有优良的抗磨、极压和抗氧性能，在摩托车油、内燃机油和压缩机油中用作抗磨剂和防腐剂。它作为抗氧化剂、抗磨和极压添加剂适用于各种类型的润滑脂。

【质量标准】

项 目	质量指标	试验方法	项 目	质量指标	试验方法
色度/号	≤7.0	ASTM D 1500	密度(15.6℃)/(kg/cm³)	1030	
锑含量/%	6.5～7.2	AA-4	100℃运动黏度/(mm²/s)	11	
硫含量/%	10.0～12.5	EA-1			

【主要用途】用于工业齿轮油、内燃机油和润滑脂。

9. Vanlube 73 super plus

【中文名称】二烷基二硫代氨基甲酸锑

【产品性能】是二烷基二硫代氨基甲酸金属盐的混合物。基于相同的锑含量，其承载能力优于 SDDC。可以与 SDDC 和硫化烯烃的组合相媲美。作为抗氧剂，其抗氧性能优于 SDDC 或 SDDC/硫化烯烃。与硫化烯烃不同的是，它既不会降低复合锂基脂的滴点，又没有刺激性臭味。

【质量标准】

项　目	质量指标	试验方法	项　目	质量指标	试验方法
色度/号	≤7.0	ASTM D 1500	锌含量/%	4.0～6.0	T-365
锑含量/%	4.0～6.0	AA-4	密度(25℃)/(kg/cm³)	1050	
硫含量/%	17.5～19.5	EA-1	100℃运动黏度/(mm²/s)	33.34	

【主要用途】用于工业齿轮油、内燃机油和润滑脂。

10.　Vanlube 622

【中文名称】二烷基二硫代磷酸锑

【产品性能】既具有好的抗磨性，又具有好的极压性。含有锑、磷、硫等元素，在各类基础油中均具有好的溶解性。

【实测值】密度 1020kg/cm³；闪点大于 177℃。

【主要用途】用于轧钢及其他工业齿轮油。

11.　Vanlube 829

【中文名称】1,3,4-噻二唑取代衍生物

【产品性能】应用于各类润滑脂中，具有良好的极压性能。也具有抗磨剂、抗氧化剂的功能。

【质量标准】

项　目	质量指标	试验方法	项　目	质量指标	试验方法
细度(通过 100 目的筛)/%	≥99.0	T-14	密度(25℃)/(kg/cm³)	2090	
氮含量/%	17.4～19.4	EA-3	热损失(2h，60～65℃)/%	0.15	
硫含量/%	62.0～67.0	EA-3	初熔点/℃	160	
灰分/%	0.1		溶解性	不溶于矿物油和水	

【主要用途】应用于各类润滑脂中。适用于钢厂和重型设备等极端压力下的润滑。

12.　Vanlube 622

【中文名称】O,O-二烷基二硫代磷酸锑

【产品性能】具有优良的极压抗磨性能，用于车辆齿轮油中，加入量 1%～3%，就能显著地提高蒂姆肯、法莱克斯和四球极压试验值。在曲轴箱油的放射性元素活塞环磨损实验中显示优于二硫代磷酸锌。作为摩擦改进剂可用于发动机油和齿轮油中。

【质量标准】

项　目	质量指标	试验方法	项　目	质量指标	试验方法
锑含量/%	10.5～12.5	AA-9	密度(15.6℃)/(kg/cm³)	1200	
色度/号	≤4.0	ASTM D 1500	磷含量/%	9.5	
硫含量/%	16.5～22.0	EA-1	100℃运动黏度/(mm²/s)	5	

【主要用途】用于发动机油和齿轮油中。推荐加剂量 0.5%～3.0%。

13.　Vanlube 9413

【中文名称】含铋化合物

【产品性能】是一种含铋的液体极压剂。实验室测试表明在复合锂基润滑脂加入 3.5%的本剂，蒂姆肯 OK 值可以达到 80lb(1lb=1 磅=0.4536kg)。

【质量标准】

项　　目	质量指标	试验方法	项　　目	质量指标	试验方法
铋含量/%	1.8～4.8	AA-179	40℃运动黏度/(mm²/s)	350	
硫含量/%	24.0～27.2	EA-1	100℃运动黏度/(mm²/s)	15	

【主要用途】用于各类润滑脂和润滑油中。

14. Vanlube 8610

【中文名称】硫基添加剂和含锑化合物

【产品性能】作为极压剂、抗氧剂，可用于各类润滑油和润滑脂中。加量 2%，蒂姆肯 OK 值可以达到 90lb 或 100lb 以上。与其他 VANLUBE 的防锈剂、抗氧剂及金属减活剂有很好的配伍性。

【质量标准】

项　　目	质量指标	试验方法	项　　目	质量指标	试验方法
色度/号	≤6.0	ASTM D 1500	密度(15.6℃)/(kg/cm³)	1160	
锑含量/%	6.8～7.8	AA-147	100℃运动黏度/(mm²/s)	28.5	
硫含量/%	33.0～37.0	EA-1			

【主要用途】可用于各类润滑油和润滑脂中。

15. Vanlube 869

【中文名称】二戊基二硫代氨基甲酸锌与硫化异丁烯的混合物

【产品性能】具有优良的极压抗磨和抗氧性能与其他 VANLUBE 的防锈剂、抗氧剂及金属减活剂有很好的配伍性。

【质量标准】

项　　目	质量指标	试验方法	项　　目	质量指标	试验方法
色度/号	≤5.0	ASTM D 1500	密度(15.6℃)/(kg/cm³)	1140	
硫含量/%	30.5～35.5	EA-1	100℃运动黏度/(mm²/s)	28	
锌含量/%	6.5～7.2	T-365, AA-16			

【主要用途】用于各类润滑油和润滑脂中。

16. Vanlube EZ

【中文名称】二戊基二硫代氨基甲酸锌浓缩液

【产品性能】具有优良的极压抗磨、抗腐和抗氧性能。

【质量标准】

项　　目	质量指标	试验方法	项　　目	质量指标	试验方法
色度/号	≤4.0	ASTM D 1500	锌含量/%	≥10.5	T-365, AA-16
硫含量/%	≥21.0	EA-1	100℃运动黏度/(mm²/s)	55	

【主要用途】适用于工业润滑油和润滑脂中。

17. Vanlube 871

【中文名称】2,5-二巯基-1,3,4-噻二唑单体衍生物

【产品性能】是一种液体的无灰抗磨剂、抗氧化剂。

【质量标准】

项　目	质量指标	试验方法	项　目	质量指标	试验方法
色度/号	≤3.0	ASTM D 1500	100℃运动黏度/(mm²/s)	19.6	
氮含量/%	5.0～6.5	EA-3	溶解性	溶于矿物油和合成油,不溶于水	
硫含量/%	17.0～22.5	EA-3			
密度(15.6℃)/(kg/m³)	1116.4				

【主要用途】用于汽油和柴油发动机油配方。

18.　Vanlube 972M

【中文名称】2,5-二巯基-1,3,4-噻二唑多聚体复合物

【产品性能】是一种无灰极压添加剂,没有传统含硫极压剂的强烈刺激性臭味,性价比高,具有良好的生物降解特性。

【质量标准】

项　目	质量指标	试验方法	项　目	质量指标	试验方法
色度(15%的丁氧基三乙二醇溶液)/号	≤6.5	ASTM D 1500	溶解性	不溶于矿物油	
			密度(15.6℃)/(kg/cm³)	1230	
氮含量/%	6.0～10.0	EA-1	100℃运动黏度/(mm²/s)	6.0	
硫含量/%	20～28	EA-1			

【主要用途】用于润滑脂和一些以乙二醇为基体原材料的润滑剂中。

19.　Vanlube 289

【中文名称】含氮有机硼酸酯

【产品性能】是一种油溶性含氮硼酸酯类抗磨添加剂,与其他极压抗磨添加剂(例如二硫代磷酸酯,二硫代氨基甲酸酯和烷基噻二唑)具有非常好的抗磨协同作用,不含磷、硫或金属元素,是环境友好润滑油脂添加剂。

【质量标准】

项　目	质量指标	试验方法	项　目	质量指标	试验方法
色度/号	≤5.0	ASTM D 1500	溶解性	溶于矿物油和合成油,不溶于水	
硼含量/%	2.3～3.2	AA-183			
氮含量/%	2.3～3.2	EA-1	密度(15.6℃)/(kg/cm³)	988.3	ASTM D 70

【主要用途】用于工业用油和润滑脂中。

(八)Arkema Inc. ❶

1.　TPS 20

【中文名称】二烃基三硫化物

【产品性能】淡黄色透明液体,气味很淡,不含任何含氯的杂质或不饱和碳氢化合物。

【质量标准】

项　目	质量指标	试验方法	项　目	质量指标	试验方法
外观	透明	目视	动力黏度(20℃)/mPa·s	208	
硫含量/%	20～23	X射线荧光法	动力黏度(40℃)/mPa·s	53	
色度/号	≤5.0	ASTM D 1544	倾点/℃	≤-20	
铜片腐蚀(5%稀释到油中)	≤1b	ASTM D 130	折射率	1.514	
闪点(闭口杯法)/℃	≥121	ASTM D 93	蒸气压(20℃)/Pa	3	
密度(20℃)/(kg/cm³)	950		比热容(20℃)/[kcal/(kg·℃)]①	0.46	

① 1cal=4.18J。

【主要用途】用于切削油、冷轧油、齿轮油和极压润滑脂。

2. TPS 32

【中文名称】二烃基五硫化物

【产品性能】作为极压剂对金属铜产生腐蚀，用于不含铜及铜合金的切削油。

【质量标准】

项　　目	质量指标	试验方法	项　　目	质量指标	试验方法
外观	透明	目视	动力黏度(20℃)/mPa·s	4	
硫含量/%	2~3	X射线荧光法	倾点/℃	≤10	
色度/号	≤10	ASTM D 1544	熔点/℃	≤3	
闪点(闭口杯法)/℃	≥121	ASTM D 93	沸点/℃	178	
密度(20℃)/(kg/cm³)	1010		蒸气压(20℃)/Pa	10	

【主要用途】用于可溶性切削油、齿轮油。

3. TPS 44

【中文名称】二烃基三硫化物

【产品性能】是一种黄色液体物质。具有较低的黏度和很淡的气味，不含任何含氯的杂质或不饱和碳氢化合物。

【质量标准】

项　　目	质量指标	试验方法	项　　目	质量指标	试验方法
外观	透明	目视	动力黏度(50℃)/mPa·s	64	
硫含量/%	42~46	X射线荧光法	倾点/℃	≤-20	
铜片腐蚀	≤1b	ASTM D 130	折射率	1.547	
闪点(闭口杯法)/℃	≥70	ASTM D 93	蒸气压(20℃)/Pa	3	
密度(20℃)/(kg/cm³)	1010		比热容(20℃)/[kcal/(kg·℃)]	0.42	
动力黏度(20℃)/mPa·s	603				

【主要用途】用于金属加工液、齿轮油。

（九）香港思敏油品化工有限公司

【产品名称】Smart phos W5880、Smart phos W5882

【产品性能】水溶性磷酸酯，该添加剂能提供润滑和极压性能。用于乳化油、半合成及全合成配方，能有效保护刀具及增强工件表面光洁度。无色无臭，易溶于水。适合冲压及拉伸工艺。

【质量标准】Smart phos W5880 质量标准：外观清澈琥珀色；密度 1100kg/cm³；黏度（40℃）200~400mPa·s，5%稀释液 7.5~8.5mPa·s。Smart phos W5882 质量标准：外观清澈琥珀色；密度 1100kg/cm³；动力黏度（40℃）100~150mPa·s，5%稀释液 6mPa·s。

【主要用途】在半合成或全合成产品中，提供润滑及抗磨性能。具润湿性能，可提高工件表面的光洁度，与合适的胺配合能提高产品对黑色和有色金属的防锈性能。

（十）德国科莱恩金属加工液添加剂公司

【产品名称】Hostaphat MDB

【产品性能】水性磷酸酯，该添加剂属于无乳化性的极压剂，低泡。由于磷含量高，建议在配方中提高杀菌剂的加入量。

【主要用途】用于全合成型的磨削液，提供抗磨作用。

（十一）莱茵化学公司

1. RC 2918

【中文名称】硫化植物脂肪酸酯

【产品性能】深色透明液体，用于配制切削用金属加工液，尤其是有特定黏度限制的金属加工液。用于深孔钻削油不影响油品的黏度，用于拉削油性能优异。

【质量标准】硫含量18%。

【主要用途】用于深孔钻削油、拉削油、研磨油。

【包装储运】200L标准铁桶，产品净重190kg/桶。本产品在储存、装卸及调油时，参照SH 0164进行。

2. RC 2411

【中文名称】硫化植物脂肪酸酯

【产品性能】色浅，硫活性低，具有优秀的极压和润滑性能，可用于有色金属和铝合金的加工，可以改变摩擦表面的摩擦力和黏滑性能。

【质量标准】硫含量9.5%；色度3.0。

【主要用途】用于金属加工液、润滑脂、纺织机械油、导轨油。

3. RC 2540

【中文名称】二烃基五硫化物

【产品性能】可取代元素硫对基础油硫化而得到的硫化油，可溶于矿物油和合成基础油，但必须确认在所用基础油中的溶解性以及与其他添加剂的配伍性。产品的活性硫含量随温度上升稳步增加（可达38%），温度略有上升（50～60℃），有显著的极压作用。为进一步提高极压性能，可与其他含硫添加剂有效地复合使用。如与二硫代磷酸锌盐、磷酸偏酯或无灰硫-磷添加剂复合使用，可进一步改善抗磨性能。

【质量标准】硫含量38%～42%；色度≤4.0。

【主要用途】适用于水溶性金属加工液、金属加工油等。

4. RC 2526

【中文名称】硫化植物脂肪酸酯和碳氢化合物

【产品性能】硫和活性硫含量高，可配制操作条件苛刻的水溶性和非水溶性金属切削液。可溶于矿物油和合成基础油，但必须确认在所用基础油中的溶解性以及和其他添加剂的配伍性。实际使用经验表明，与ZDDP或无灰磷型添加剂复合能较好地取代含氯极压添加剂。在有色金属存在的条件下，需加入有色金属减活剂。

【质量标准】硫含量24%～28%；色度≤6.0；活性硫含量13%～17%。

【主要用途】适用于自动加工油、拉削油、深孔钻油、齿轮切压油、磨削油、弯曲油、膨胀成型油、深拉拔油、冲压油、线成型油、线管拉拔油等油品。

5. RC 2515

【中文名称】硫化脂肪酸酯和碳氢化合物

【产品性能】本产品是近似无味的浅色含非活性硫添加剂，可溶于矿物油和合成基础油，但必须确认在所用基础油中的溶解性以及和其他添加剂的配伍性。对非铁金属具有良好的极压性和低活性。

【质量标准】硫含量 13%～16%；色度≤5.0；活性硫含量 3.0%～5.0%。

【主要用途】适用于研磨油、导轨油、工业齿轮油、拉拔油、切削用金属加工液、轧制油等，可用于配制不含重金属的极压润滑脂和具有良好的抗黏滑性的导轨油。

6. RC 2317

【中文名称】硫化植物脂肪酸酯

【产品性能】浅色近似无味的浅色含硫添加剂，具有优良的极压抗磨性能，可溶于矿物油和合成基础油，但必须确认在所用基础油中的溶解性以及和其他添加剂的配伍性。产品黏度低，洗涤效果好。

【质量标准】硫含量 16.5%～18.5%；色度≤6.0；活性硫含量 7.5%～8.5%。

【主要用途】适用于配制金属加工液，如：深孔钻油、研磨油、拉削油、齿轮切压油、磨削油、锯切油、线切割油、深拉拔油、冲压油等。

第五节　油性剂和摩擦改进剂

油性剂通常是动植物油或在烃链末端有极性基团的化合物，这些化合物对金属有很强的亲和力，其作用是通过极性基团吸附在摩擦面上，形成分子定向吸附膜，阻止金属互相间的接触，从而减少摩擦和磨损。它是早期用来改善油品润滑性的多用途动植物油脂，故称油性剂。近年来发现不仅动植物油脂有这种性质，其他某些化合物也有同样性质，如有机硼化合物、有机钼化合物等，目前把能改变摩擦面的摩擦系数的物质称为摩擦改进剂，因此摩擦改进剂的范围比油性剂更为广泛。有人根据在摩擦面上形成膜的摩擦系数值来区分摩擦改进剂与抗磨剂和极压剂的差别，形成膜的摩擦系数为 0.01 的添加剂称摩擦改进剂，摩擦系数为 0.1 的添加剂定义为抗磨剂和极压剂。

一、作用原理

油性剂或摩擦改进剂都含有极性基，含有极性基团的物质对金属表面有很强的亲和力，极性基团强有力地吸附在金属表面，形成一种类似缓冲垫的保护膜把金属分开，防止金属直接接触，从而减少了摩擦及磨损。吸附有物理吸附和化学吸附。物理吸附是靠分子间力的吸附，它是可逆的，当温度升高到一定程度时吸附膜会脱附，脱附温度与分子结构有关。脂肪胺和脂肪酰胺解吸温度较高，因而常常用作车辆齿轮油的摩擦改进剂。化学吸附是吸附表面和被吸附分子间发生化学反应的吸附，其吸附能不仅仅是分子间的力，还有化学结合能，它比物理吸附能大得多。实际上化学吸附是一种表面化学反应，与物理吸附不同，一般温度升高时，化学吸附就相应地剧烈进行。

摩擦改进剂的效果受吸附力的强度与分子间的附着能的大小支配。通常摩擦改进剂具有—COOH、—NH$_2$等吸附力大的极性基，摩擦改进剂的碳链为直链较好。

摩擦改进剂的减摩效果与极性基在烷基上的位置有关。极性基最适合的位置是在长链的最末端，这样长链状的 FM 分子的极性基端就会垂直地吸附在金属表面，碳氢部分笔直地立于油中。如果极性基向内侧移动，分子就不是垂直地吸附，极端的场合下就成平行吸附于表面，阻碍了密集吸附。除了极性基在烷基上的位置外，烷基链的长度也关系到 FM 膜的厚度。庚酸在某测定条件下膜的厚度为 80nm，而硬脂酸为 110nm。烷基链长之所以有利于摩擦改进剂膜的厚度，其原因是烷基链长的分子间的引力增大。最初是形成单分子膜，然后向多分子层吸附。摩擦改进剂分子通过氢键与德拜（Debye）感应力将极性基连接起来形成二聚物。单分子膜的吸附层在其本身的甲基端上引导二聚物堆积的位置，这样在金属表面上进行垂直林立地吸附二聚物，如此反复进行就形成了摩擦改进剂膜的层状结构。

二、技术进展

最早使用的油性剂是动植物油脂、油酸、硬脂酸、脂肪醇、长链脂肪胺、酰胺和一些含磷化合物，到 1939 年硫化鲸鱼油开始用于齿轮油等油品中作极压抗磨剂后，产量迅速增加，鲸鱼油的需求量猛增，使鲸鱼面临绝种的危险，有的国家已禁止捕杀，因此进行了硫化鲸鱼油代用品的研究。

从 1973 年第一次石油危机以后，在润滑油领域开始重视节能问题，首先通过发动机油的低黏度化来改善燃料经济性的研究，同时也研究了通过添加摩擦改进剂来降低边界润滑区域的摩擦。现在工业界节能方向已定，已经对所有的制品实行了节能的对策。以汽车发动机油为中心，积极推行润滑油的节能政策，采用低黏度化、多级化及添加摩擦改进剂的办法来提高能效。有的油品已经规定了节能的要求，如 ILSAC GF 系列汽油机油，因此摩擦改进剂得到了广泛的应用。

摩擦改进剂可大致分为以下 7 种类型。

（1）脂肪酸、脂肪醇及其盐类　常用的脂肪酸有油酸和硬脂酸，它们对降低静摩擦系数效果显著，因此润滑性好，可以防止导轨在高负荷及低速下出现黏滑，但油溶性差，长期储存产生沉淀，对金属有一定的腐蚀作用，使用时要注意。硬脂酸铝用来调制导轨油，防爬行性能比较好，长期储存易出现沉淀。脂肪醇、脂肪酸酯在铝箔轧制油中有较好的减摩性能，如辛醇、癸醇、月桂醇、油醇等均有较好的减摩性能。对相同系列的油性剂，随碳链的增长，摩擦系数减小，如硬脂酸丁酯、棉甲酯、椰甲酯、棕乙酯、油酸乙二醇酯等。

（2）二聚酸类及衍生物　二聚酸由油酸或亚油酸在白土催化剂存在下加压热聚而制得，二聚酸不但有油性，而且有防锈性；二聚酸与乙二醇反应可生成二聚酸乙二醇酯，不但有很好的油性，还具有一定的抗乳化性。二聚酸和二聚酸乙二醇酯可用于冷轧制油。

（3）硫化鲸鱼油及硫化鲸鱼油代用品　自 1939 年发表硫化鲸鱼油的专利以来，硫化鲸鱼油作为油性剂和极压剂在齿轮油、导轨油、蒸汽汽缸油、汽油机磨合油和润滑脂中得到了广泛应用，产量迅速增加。硫化鲸鱼油之所以得到迅速发展，是因为它在高黏度的石蜡基础油中有好的热稳定性、极压抗磨性、减摩性，与其他添加剂的相溶性好。硫化鲸鱼油这些性能是它的化学结构决定的，与大多数天然动植物油是由长链不饱和脂肪酸的三甘油酯组成不同，它主要由长链不饱和脂肪酸和长链不饱和脂肪醇的单酯构成。鲸鱼油含有约 74% 的单酯，以及 26% 的三甘油酯（组成鲸鱼油单酯的 C_{16}、C_{18} 醇约有 60% 不饱和，C_{14}、C_{16}、C_{18}、C_{20} 脂肪酸约有 75% 不饱和）。由于对鲸鱼油需求增加，1970 年达 7500t，世界捕鲸量快速增长，使鲸鱼面临绝种的危险。1970 年 6 月美国政府通过法令，禁止捕鲸，禁止使用鲸鱼油及鲸鱼副产品，于是引起需要鲸鱼油的各公司争先寻找鲸鱼油代用品的热潮。经过几年的研究工作，已经提出很多不同的硫化鲸鱼油代用品的商品牌号。

硫化鲸鱼油代用品大致有三条路线：一是从动植物油制得的混合脂肪酸（饱和脂肪酸和

不饱和脂肪酸）与脂肪醇反应生成脂肪酸酯，然后再硫化；二是将动植物油与 α-烯烃按一定的比例混合后，然后再硫化；三是将动植物油与脂肪酸酯以一定比例混合后，然后再硫化。

国内有两类硫化鲸鱼油代用品：一是植物油直接硫化，如硫化棉籽油；二是植物油与 α-烯烃按一定的比例混合后，再硫化，如硫化烯烃棉籽油。可用于切削油、液压导轨油、导轨油、工业齿轮油和润滑脂，其特点是油溶性好，对铜片腐蚀性小，并具有油性和极压性。

（4）脂肪胺及其衍生物　脂肪胺吸热量大，磨损量小，而且解析温度高，常用于车辆齿轮油。早期满足 MIL-L-2105 规格是用高脂肪含量的润滑剂实现的，而 S-P-Cl-Zn 型的齿轮油通过加入十八胺、二甲基十八胺、二硫代磷酸有机胺衍生物来解决限滑差速器的吱叫声。特别是脂肪胺的衍生物苯三唑脂肪胺盐是一个具有油性、防锈和抗氧等多效性能的添加剂，它不但可降低摩擦和磨损，而且还有一个突出的优点，那就是与含硫极压剂复合有很好的协同效应，可有效提高工业齿轮油 Timken OK 负荷。

国内开发了苯三唑十八胺盐（T 406），其分子结构如下：

$$H \cdot NH_4^+ — CH_2(CH_2)_{16}CH_3$$

（5）有机钼化合物　有机钼化合物有很好的减摩性，能降低运动部件之间的摩擦系数，是很好的摩擦改进剂。有机钼化合物与其他的摩擦改进剂相比，其节能效果较好。添加多少有机钼化合物才能发挥出效果呢？有人用往复摩擦试验机进行评价，结果表明 MoDTC 的 Mo 含量添加到 $200\sim250mg/L$ 时开始发挥其效果。检测分析市场出售的有机钼化合物的发动机油，其 Mo 含量也集中于 $200\sim4000mg/L$。常用的化合物有硫化二烷基二硫代磷酸氧钼、二烷基二硫代磷酸钼、硫化二烷基二硫代氨基甲酸氧钼等。这类化合物除减摩性外还有抗氧性和极压抗磨性，用于内燃机油和润滑脂中，减小阻力，节省燃料。MoDTC 一般比锌、铁、铅的热分解温度高。MoDDP 大致与作为抗氧抗腐剂使用的二烷基二硫代磷酸锌的热分解温度相同。

硫化二烷基二硫代磷酸氧钼是润滑油、润滑脂的摩擦改进剂和极压抗磨剂。加 $0.5\%\sim2.0\%$ 于内燃机油中作摩擦改进剂，添加 2% 时，可改善燃料经济性 $5\%\sim6\%$。在润滑油、润滑脂中加 $0.5\%\sim1.0\%$ 时作抗氧剂；添加 $1.0\%\sim3.0\%$ 作极压抗磨剂。为了克服对铜的腐蚀性，还必须与金属减活剂复合使用。

有机钼化合物的作用机理有很多报道，测得的膜组成也不完全一样。村木正芳等研究了 MoDTC/MoDDP 与 ZDDP 的复合效果，其作用机理为首先是 ZDDP 形成反应膜，然后吸附分解钼化合物，生成 MoS_2 与 MoO_3 的混合膜。有人通过往复运动摩擦机进行研究，其结果观察到 MoS_2 只在润滑面生成，在非润滑面只有 MoO_3。有文献报道 MoDTC 和 MoDDP 化合物在摩擦表面分解生成物（MoS_2、MoO_3）形成 FM 润滑膜。要完了解有机钼化合物的作用机理，有待今后的进一步研究。

（6）有机硼酸酯和硼酸盐　有机硼酸酯早期是作为抗氧剂加到润滑油中的，用作润滑油减摩抗磨添加剂始于 20 世纪 60 年代。近十多年来，美国专利陆续报道了大量硼酸酯减摩抗磨添加剂。烷基只含碳和氢的硼酸酯具有一定的减摩抗磨效果，硼酸酯与有机胺反应产物的抗磨性和极压性能在四球机上其承载能力将比硼酸酯高 6 倍以上。含咪唑啉、唑啉及酰胺的硼酸酯比含 S-十二烷基、巯基乙酸丙三醇硼化物及二甘醇单二-（2-乙基己基）磷酸酯硼化物在四球机上具有更好的减摩抗磨效果。因此，硼酸盐和硼酸酯也是很好的摩擦改进剂。

（7）含磷摩擦改进剂　动力传递是通过摩擦片的啮合来完成的，为了得到更大的传输能力，要求传动系统摩擦片的动摩擦系数在不增加磨损的前提下尽可能提高，而良好的摩擦耐久性也是很关键的，它可以保证自动变速器在使用过程中，不因为油品的氧化衰变而影响动力的传递。

从国外各大油品公司的专利来看，自动变速箱油、牵引液、无级变速箱油、双离合自动变速箱油、农用拖拉机油及限滑差速器油中都用到提高油品动摩擦系数的摩擦改进剂，其中含磷化合物作为摩擦改进剂可以有效提高油品的动摩擦系数，预防因摩擦力减小而引起的黏滑振动和噪声。含磷摩擦改进剂的主要类型有长链膦酸酯、磷酸酯、亚磷酸酯等。

美国专利 US 7759294 公开了一种风力发电齿轮箱油组合物，其中用到长链膦酸酯型摩擦改进剂 HiTEC-059，该添加剂由 Afton 公司提供，此添加剂在中国不销售单剂。US 7790659 涉及内燃机油组合物，其中用到的无灰摩擦改进剂结构如下：

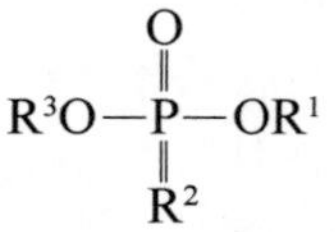

$$R^3O-\overset{\overset{\displaystyle O}{\|}}{\underset{\underset{\displaystyle R^2}{\|}}{P}}-OR^1$$

专利 US 7381691 涉及了一种磷酸酯型摩擦改进剂，该添加剂适用于自动变速箱油、牵引液、无级变速箱油、双离合自动变速箱油、农用拖拉机油及内燃机油，可提高油品的抗抖动性能和静摩擦性能。

三、发展趋势

近年来，随着世界范围内石油短缺和燃料价格的上涨，燃料经济性已经成为国际性的热点话题之一。为了满足苛刻的燃油经济性指标，除了改善发动机设计和提高燃料质量外，开发性能优良的摩擦改进剂势在必行。

四、产品牌号

（一）中石油兰州润滑油研究开发中心

1. RHY 401 有机钼减摩剂

【中文名称】钼胺型有机钼减摩剂

【产品性能】具有优良的抗磨性、抗氧性和优异的减摩性能，是一种性能优良的减摩润滑油添加剂。

【质量标准】

项　目	质量标准	实测值	试验方法
外观	褐色液体	褐色液体	目测
钼含量(质量分数)/%	≥5.0	5.8	SH/T 0605
氮含量(质量分数)/%	≥2.0	2.3	GB/T 17674
闪点(开口)/℃	≥200	239	GB/T 3536
机械杂质(质量分数)/%	≤0.08	0.004	GB/T 511
运动黏度(100℃)/(mm²/s)	实测	92.2	GB/T 265
水分(质量分数)/%	≤0.10	痕迹	GB/T 260
密度(20℃)/(kg/m³)	实测	1061	SH/T 0604

【生产方法】以植物油、有机醇胺、有机钼化合物等为原料，经过胺化反应、钼化反应制得不含硫、磷的有机钼减摩剂。

【主要用途】可用于调制各种中、高档润滑油，广泛应用于内燃机油、汽轮机油、齿轮油和各种机械的润滑油，可明显降低润滑油的摩擦系数，提高发动机燃油的经济性，延长发动机的寿命。

【包装储运】200L 标准铁桶，产品净重 190kg/桶。本品在储存、装卸及调油时，参照 SH 0164 进行。最高温度不应超过 75℃；若长期储存，最高温度不应超过 45℃。

【注意事项】本品不易燃、不易爆、无腐蚀性，在安全、环保、使用等方面同一般石油产品，不用进行特殊防护。

2. RHY 402 硼氮型摩擦改进剂

【中文名称】含氮有机硼酸酯

【产品性能】具有良好的减摩、抗磨性能，与胺类抗氧剂具有良好的抗氧协同效应，并具有较好的防锈能力。主要用于调制高档内燃机油及工业用油。

【质量标准】

项　　目	质量标准	实测值	试验方法
外观①	红棕色液体	红棕色液体	目测
硼含量(质量分数)/ %	1.0～1.5	1.27	见附录 A
氮含量②(质量分数)/%	2.2～3.2	2.88	GB/T 17674
运动黏度(40℃)/(mm²/s)	报告	489.8	GB/T 265
密度(20℃)/(kg/m³)	报告	964.2	SH/T 0604
闪点(开口)/℃	≥160	182	GB/T 3536
水分(体积分数)/%	≤0.10	0.03	GB/T 260
机械杂质(质量分数)/%	≤0.08	0.014	GB/T 511

① 将样品注入 100mL 量筒中，室温观察为均匀透明。
② 样品用 HVIW H150 基础油稀释 5 倍后进行测量。

【生产方法】首先进行酰胺化反应，然后进行硼化反应得到产品。

【主要用途】抗磨减摩性能优异，与芳胺类抗氧剂有协同抗氧化作用，并具有较好的防锈能力，用于调制高档内燃机油及工业用油。参考用量 0.5%～3.0%。

【包装储运】参见该公司 RHY 401 有机钼减摩剂。

【注意事项】本品遇水易分解，须密闭储存和运输。储存温度在 50℃ 以下，以防分解，影响使用性能。使用时应避免与皮肤直接接触，以免产生局部皮肤过敏现象。

3. RHY 403 水溶性酯类润滑剂

【中文名称】油酸聚乙二醇酯

【化学结构】

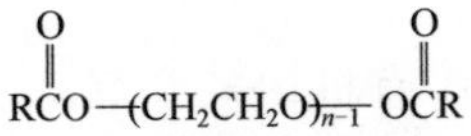

$$RCO \!-\! (CH_2CH_2O)_{\overline{n}} \!-\! OCR$$
（两端为 C=O）

【产品性能】能够有效地提高水基产品的润滑性能，同时具有一定的乳化以及清洗等功能。是一类综合性能良好的水溶性酯类润滑添加剂。

【质量标准】

项目	质量指标	实测值	试验方法
外观(30℃)	琥珀色蜡状液体	琥珀色蜡状液体	目测
酸值/(mgKOH/g)	≤0.8	0.76	GB/T 4945
机械杂质含量/%	≤0.080	0.015	GB/T 511
皂化值/(mgKOH/g)	55~65	59	GB/T 8021
开口闪点/ ℃	≥250	258	GB/T 3536
密度(20℃)/(kg/m³)	报告	1003.9	SH/T 0604
运动黏度(40℃)/(mm²/s)	60.00~64.00	63.11	GB/T 265
HLB 值	≥13.0	13.7	自建
P_B 值[①]/N	≥400.0	443.1	GB/T 3142

① 添加剂以 5%的剂量在蒸馏水中进行润滑性能测试。

【主要用途】可适用于化纤油剂、全合成型液压液、磨削液以及清洗液等水基润滑、防锈液配方中。同时，在皮革、油墨制造以及农药方面亦有广泛应用。参考用量 5%~15%。

【包装储运】参见该公司 RHY 401 有机钼减摩剂。

【注意事项】本品无毒，不易燃，按一般化学品储存和运输。储存于干燥通风处。

4. RHY 405（MoDTC）摩擦改进剂

【中文名称】二烷基二硫代氨基甲酸钼

【产品性能】具有良好的减摩、抗磨以及抗氧化性能。与 ZDDP 具有协同抗磨作用；与芳胺类抗氧剂具有协同抗氧化作用。

【质量标准】RH99 YB6401—2015

项目	质量标准	实测值	试验方法
外观[①]	红褐色液体	红褐色液体	目测
机械杂质(质量分数)/%	≤0.07	0.02	GB/T 511
(开口闪点)/℃	≥140	148	GB/T 3536
水分(质量分数)/%	≤0.08	0.02	GB/T 260
酸值/(mgKOH/g)	≤40	13.2	GB/T 7304
运动黏度(100℃)/(mm²/s)	实测	17.46	GB/T 265
密度(20℃)/(kg/m³)	实测	1071	SH/T 0604
硫含量(质量分数)%	9.0~11.0	11.88	SH/T 0303
钼含量(质量分数)/%	7.0~9.0	8.31	SH/T 0605

① 将样品注入 100mL 洁净量筒中，油温控制在(25±5)℃，样品应均匀，无肉眼可见悬浮物、沉淀物。

【生产方法】先由烷基胺与二硫化碳反应制得二烷基二硫代氨基甲酸，再与钼源进行配位反应制得。

【主要用途】主要用于调制高档内燃机油及工业用油，还可用于调制润滑脂。参考用量 0.5%~1.0%。

【包装储运】参见该公司 RHY 401 有机钼减摩剂。

【注意事项】本品遇水易乳化，须密闭储存和运输。如不慎遇水乳化时，可在短时期内升温至 95℃左右，减压脱水待其透明无异味即可使用。储存温度在 50℃以下，以防分解，影响使用性能。使用时应避免与皮肤直接接触，以免产生局部皮肤过敏现象。

（二）牡丹江市天意化工有限责任公司

1. T 402

【中文名称】二聚酸

【产品性能】具有防锈、润滑、抗磨等功能，能起到油性剂、稳定剂、抗乳化剂、腐蚀抑制剂的作用。作为轧制油添加剂，其稳定性和防锈效果明显优于其他油料生产的二聚酸。

【质量标准】酸值≥180mgKOH/g。

【实测值】运动黏度 80～120mm²/s；酸值 180mgKOH/g；皂化值 185～195 mgKOH/g。

【生产方法】以玉米油为主要原料精制而成。

【主要用途】用于航空煤油、冷轧制油和防锈油品中。

（三）中石油兰州石化三叶公司

1. T 403

【中文名称】油酸乙二醇酯

【产品性能】具有较好的抗磨和减摩性能，具有抗氧化、抗乳化和防锈性能，按酸值不同分为 T 403A、T 403B 和 T 403C 三个产品，统一代号是 T 403。

【实测值】酸值≤8mgKOH/g；闪点≥160℃。

【主要用途】与其他添加剂复合，适用于导轨油、车辆齿轮油、液压传动油和蜗轮蜗杆油。

【包装储运】按 SH 0164 进行。200L 铁桶包装。

【注意事项】储运中严防水分和杂质混入。

（四）长沙望城石油化工有限公司

1. T 405 和 T 405A 油性添加剂

【中文名称】硫化烯烃棉籽油

【产品性能】深红棕色透明黏稠液体。为极性化合物。能在金属表面吸附形成较强的油膜，具有极压抗磨并降低摩擦系数作用。T 405 具有良好的油溶性、极压抗磨和降低摩擦等性能。T 405A 极压性高，可以满足极压润滑脂的使用要求，同时保证润滑脂能通过100℃、24h 的铜片腐蚀试验。

【主要用途】T 405 与其他添加剂复合，可调配导轨油、液压导轨油、中负荷极压工业齿轮油、重负荷极压工业齿轮油和蜗轮蜗杆油。T405A 主要应用于极压锂基润滑脂和极压复合铝基润滑脂。推荐用量 1%～4%。

【质量标准】

项 目		质量指标		试验方法
		T405	T405A	
外观①		深红棕色透明黏稠液体		目测
运动黏度(100℃)/(mm²/s)		20～28	40～90	GB/T 265
闪点(开口)/℃	≥	140		GB/T 267
水分含量/%	≤	0.05		GB/T 260
机械杂质含量/%	≤	0.07		GB/T 511
酸值/(mgKOH/g)	≤	5		GB/T 264
硫含量/%		7.5～8.5	9.0～10.5	SH/T 0303

续表

项目		质量指标		试验方法
		T405	T405A	
铜片腐蚀[②](100℃，3h)/级	≤	1	2a	GB/T 5096
四球机试验[③] P_B/N	≥	697	588	GB/T 3142
四球机试验[③] D_{20}^{60}/mm	≤	0.4		GB/T 3142
抗擦伤性能 OK 值[④]/N	≥	111	134	SH/T 0532
动静摩擦系数差值[⑤]	≤	0.08		SH 0361 的附录 A

① 把试样注入 100mL 量筒中，在室温下观察应均匀透明。
② 加 10%T405(或 T405A)于 150SN(或相当于 150SN)中性油中进行测试。
③ 加 10%T405 或 5%T405A 于 150SN 中性油或相当于 150SN 中性油中进行测试。
④ 保证项目：试样用 10%T405 或 5%T405A 于 150SN 中性油进行测试。
⑤ 保证项目：每年测试一次，试验是在 150SN 中性油中添加 4%T405 进行测试。

【包装储运】40kg 小桶和 170kg 大桶包装，本品无毒、无腐蚀，按一般难燃油品类储运。

2. T 451 和 T 451A

【中文名称】含磷的酯类化合物

【产品性能】具有良好的油溶性、抗磨和减摩性能。

【质量标准】Q/ABHR 004—2011。

项目		质量指标		试验方法
		T 451	T 451A	
外观		无色或微红色透明液体	橘红色透明液体	目测
酸值/(mgKOH/g)	≤	45	30	GB/T 264
水溶性酸及碱[②]		—	无	GB/T 259
密度(20℃)/(kg/m³)		900～1000		GB/T 13377
磷含量/%	≥	7		GB/T 11893
铜片腐蚀[①](100℃，3h)/级		1a～1b		GB/T 5096
抗乳化性[③]		合格		GB/T 7305
四球机试验[①] P_B/N		686		GB/T 3142
四球机试验[①] D_{40}^{60}/mm	≤	0.5		GB/T 3142

① 在 150SN 油中添加 2%的产品后进行试验。
② 在 150SN 油中添加 3%的产品后进行试验。
③ 抗乳化性(40-37-3)54℃小于 30min，在 150SN 油中添加 3%。

【主要用途】主要应用于锭子油、导轨油、主轴油、抱轴瓦油（铁路机车专用）、轧制液和润滑脂。同时在水基冷锻润滑剂中作添加剂。一般加入量 0.5%～3%。

【包装储运】本品无毒、无腐蚀，按一般难燃油品类储运。

（五）高桥石化上海炼油厂

1. T 452

【中文名称】T 452 摩擦改进剂

【产品性能】外观为深红色液体，组成为含磷氮的化合物，具有较好的抗磨性能和油性。

【质量标准】闪点≥200℃；运动黏度（100℃）5～8mm²/s；硫含量≥10.0%；磷含量≥0.1%。

【生产方法】以磷酸三甲酚酯为主体原料制成。

【主要用途】适用于齿轮油和压缩机油。

【包装储运】储运中严防水分和杂质混入。按 SH 0164 进行。

（六）辽宁朝阳滴王精细化工有限公司

1．T 462

【中文名称】T 462 系列摩擦改进剂

【化学成分】二烷基二硫代磷酸氧钼

【产品性能】外观为蓝绿色、绿色、棕色或黑色的液体或固体。具有良好抗氧化和减摩性能，根据形态和调配而得三个产品，其代号分别为 T 462、T 462A、T 462B。

【质量标准】T 462：闪点≥100℃；钼含量≥13%；硫含量≥24%；磷含量≥8.5%。T 462A：闪点≥130℃；钼含量≥6%；硫含量≥12%；磷含量≥5%。T 462B：闪点≥130℃；钼含量≥3.5%；硫含量≥7%；磷含量≥2.5%。

【生产方法】醇与五硫化二磷进行硫磷化反应，然后与钼化合物在催化剂作用下反应后，分层，调配而制得成品。

【主要用途】T 462 主要用于润滑脂，T 462A 主要用于内燃机油，T 462B 主要用于齿轮油。

【包装储运】用 20kg 或 180kg 桶装。储运中严防水分和杂质混入。

（七）吉林市美达科技开发有限公司

1．T 463

【中文名称】烷基硫代磷酸钼

【产品性能】具有良好抗氧性和减摩性能。

【质量标准】钼含量 5%；硫含量 9%；磷含量 3%。

【主要用途】主要用于润滑脂。

2．T 463A

【中文名称】烷基硫代磷酸钼

【产品性能】具有良好的抗氧性和减摩性能。

【质量标准】钼含量 12%；硫含量 18%；磷含量 7%。

【主要用途】主要用于齿轮油、内燃机油、液压油、润滑脂等。

3．T 464

【中文名称】烷基硫代磷酸钼

【产品性能】具有良好的抗氧性和减摩性能。

【质量标准】钼含量 3%；硫含量 4%；磷含量 2%。

【主要用途】主要用于齿轮油、内燃机油、液压油、润滑脂等。

（八）淄博惠华石油添加剂有限公司

1. T 406

【中文名称】苯三唑脂肪酸铵盐

【产品性能】微黄色粉末，在 90～100℃下能完全溶解。具有油性、抗磨、抗氧、防腐、防锈等多种性能，具有添加剂量小效果显著等特点，是优良的润滑油多效添加剂。

【质量标准】SH/T 0555—1993

项　　目	质量指标 一级品	试验方法	项　　目	质量指标 一级品	试验方法
外观	黄色固体	目测	水分含量/%	≤0.35	附录 A
熔程/℃	55～63	GB/T 617	磨斑直径(147N，60min，	≤0.38	SH/T 0189①
铜片腐蚀(100℃，3h)/级	≤1	GB/T 5096①	1200r/min，75℃)/min		
油溶性	合格	目测②			

① 将 0.3% T406 加入 40℃时的运动黏度等级为 220 的基础油中进行评定。

② 将 0.3% T406 加入 40℃时的运动黏度等级为 220 的基础油中，边搅拌边升温至 70～80℃直至完全溶解，冷却到室温再放置 72h 后，目测透明为合格。

【主要用途】广泛用于极压工业齿轮油、双曲线齿轮油、抗磨液压油、油膜轴承油等润滑油脂中，还可以作为防锈剂和气相缓蚀剂添加到防锈油脂中。

【包装储运】20kg 纸板桶，密闭储于阴凉干燥处，禁受热受潮。

（九）Ferro 公司

1. SUL-PERM 10S

【中文名称】硫化鲸鱼油代用品

【产品性能】具有减摩性能及对铜有减活作用。

【实测值】闪点 221℃；硫含量 9.5%。

【主要用途】用于齿轮油、液压油和导轨油中。

2. SUL-PERM 307

【中文名称】硫化三甘油酯

【产品性能】具有减摩性能。

【实测值】闪点 177℃；硫含量 6%；酸值 9mgKOH/g。

【主要用途】用于内燃机油和齿轮油中。

3. SUL-PERM 60-93

【中文名称】硫化鲸鱼油代用品

【产品性能】具有减摩和抗磨性能。

【实测值】闪点 149℃；硫含量 6%；氮含量 1.2%；酸值 6mgKOH/g。

【主要用途】用于要求燃料经济性的曲轴箱油中。

4. SUL-PERM 110

【中文名称】硫化鲸鱼油代用品

【产品性能】具有减摩性能。

【实测值】闪点 218℃；硫含量 9.5%；酸值 8mgKOH/g。

【主要用途】用于导轨油和工业齿轮油中

5. BASE 10L

【中文名称】溶解性硫化猪油

【产品性能】具有低成本及好的极压性能。

【实测值】闪点 218℃；硫含量 11.0%。

【主要用途】用于拉拔、可溶性切削油和切削油中。

6. BASE 14L

【中文名称】溶解性硫化猪油

【产品性能】具有低成本及好的极压性能。

【实测值】闪点 218℃；硫含量 13.4%。

【主要用途】用于拉拔、可溶性切削油和切削油中。

7. SUL-PERM 10S

【中文名称】硫化鲸鱼油代用品

【产品性能】具有减摩性能。

【实测值】闪点 221℃；硫含量 9.5%。

【主要用途】用于齿轮油、液压油和导轨油中。

8. SUL-PERM 18

【中文名称】硫化鲸鱼油代用品

【产品性能】具有减摩性能。

【实测值】闪点 216℃；硫含量 16.5%。

【主要用途】用于重负荷切削油。

9. SUL-PERM 110

【中文名称】硫化鲸鱼油代用品

【产品性能】具有减摩性能。

【实测值】闪点 218℃；硫含量 9.5%。

【主要用途】用于导轨油和工业齿轮油。

10. BASE 2240

【中文名称】硫化添加剂

【产品性能】具有减摩性能。

【实测值】闪点 213℃；硫含量 13.5%。

【主要用途】用于切削油、可溶性切削油和润滑脂。

11. EM 706

【中文名称】磷酸酯

【产品性能】具有抗烧结、润滑性和抗磨性能。

【实测值】闪点 177℃；磷含量 6%；酸值 160mgKOH/g。

【主要用途】它是水可分散性的，可复合于半合成油冷却剂中。

12. EM 711

【中文名称】磷酸酯

【产品性能】具有抗烧结、润滑性和抗磨性能。

【实测值】闪点 143℃；磷含量 11%；酸值 320mgKOH/g。

【主要用途】它是油溶性的，用于切削油和可溶性切削油中。

（十）范德比尔特公司（Vanderbilt）

1. Molyvan 807

【中文名称】含钼-硫化合物

【产品性能】独特的钼-硫复合体系，在润滑油中易于调和。降低发动机油磷含量时能保持优良的减摩性能。与 Vanlube 7723（为无灰二硫代氨基甲酸酯类化合物，具有抗氧和极压性能）复配使用，可以获得更显著的极压、抗磨性能。

【质量标准】

项　　目	质量指标	试验方法	项　　目	质量指标	试验方法
钼含量/%	4.5～5.3	T-1082,AA-176	密度(15.6℃)/(kg/m³)	970	
氮含量/%	1.0～2.0	EA-2	100℃运动黏度/(mm²/s)	13	
硫含量/%	5.0～7.0	EA-2	闪点(PMCC)/℃	135	
溶解性	溶于矿物油和合成油，不溶于水				

【主要用途】用于发动机油、齿轮油。

2. Molyvan 822

【中文名称】有机二硫代氨基甲酸钼

【产品性能】在降低磷含量时能保持或提高发动机油的减摩性能。比其他的有机钼化合物具有更低的铜腐蚀性。

【质量标准】

项　　目	质量指标	试验方法	项　　目	质量指标	试验方法
色度(1%煤油溶液)	≤2.0	ASTM D-1500	溶解性	溶于矿物油和合成油，不溶于水	
钼含量/%	4.5～5.3	T-1082,AA-176			
氮含量/%	1.0～2.0	EA-2	密度(15.6℃)/(kg/m³)	970	
硫含量/%	5.0～7.0	EA-2	100℃运动黏度/(mm²/s)	13	
			闪点(PMCC)/℃	135	

【主要用途】用于发动机油、齿轮油。

3. Molyvan 855

【中文名称】有机钼化合物

【产品性能】是一种油溶性液体有机钼摩擦改进剂，特别适用于曲轴箱油。能显著降低发动机油的摩擦系数。

【质量标准】

项　　目	质量指标	试验方法	项　　目	质量指标	试验方法
色度(1%油溶液)	≤5.0	ASTM D-1500	密度(15.6℃)/(kg/m³)	1080	
钼含量/%	7.8～8.5	T-1082	100℃运动黏度/(mm²/s)	55	
氮含量/%	2.3～3.3	EA-2	闪点(PMCC)/℃	193	
溶解性	溶于矿物油和合成油，不溶于水				

【主要用途】适用于汽油机油。

4. Molyvan 856-B

【中文名称】有机钼化合物

【产品性能】特别适用于曲轴箱油，能显著降低油品的摩擦系数。

【质量标准】

项　　目	质量指标	试验方法	项　　目	质量指标	试验方法
钼含量/%	0.8～1.4	AA-118	密度(15.6℃)/(kg/m³)	980	
氮含量/%	2.4～3.4	EA-2	100℃运动黏度/(mm²/s)	15	
溶解性	溶于矿物油和合成油，不溶于水		闪点(PMCC)/℃	174	

【主要用途】适用于汽油机油。

5. Molyvan A

【中文名称】二正丁基二硫代氨基甲酸钼

【产品性能】是有机钼极压抗磨添加剂，具有极佳的高温稳定性。其抗氧、抗磨性能均远优于无机钼添加剂。可保证润滑脂在高温、长寿命条件下有优秀的抗氧和抗磨性能。显弱碱性，但不产生锈蚀。该产品密度低，非常易于分散。

【质量标准】

项　　目	质量指标	试验方法	项　　目	质量指标	试验方法
细度(通过 100 目筛网)/%	≥99.9	T-14	(25℃密度)/(kg/cm³)	1590	
钼含量/%	27～29	AA-3	初熔点/℃	258	
氮含量/%	23.5～25.5	EA-2	水分含量(80～85℃，2h)/%	0.2	
溶解性	微溶于双酯和磷酸酯，不溶于水和矿物油				

【主要用途】用于长效底盘润滑脂，以满足球形接头、转向连杆等的润滑要求，还可应用于非石油基的阀门润滑剂中。

6. Molyvan L

【中文名称】二（2-乙基己基）二硫代磷酸钼

【产品性能】是一种含硫和磷的油溶性有机钼添加剂，具有减摩、抗氧、抗磨、极压性能。

【质量标准】

项　　目	质量指标	试验方法	项　　目	质量指标	试验方法
钼含量/%	7.7～8.8	AA-1	密度(15.6℃)(kg/cm³)	1080	
硫含量/%	11.0～13.8	EA-2	磷含量/%	6.3	
溶解性	溶于矿物油、合成油以及脂肪族、芳香族溶剂，不溶于水		总酸值(mgKOH/g)	113	
			100℃运动黏度/(mm²/s)	8.6	

【主要用途】可用于发动机油、金属加工液和其他工业用油及汽车润滑脂。Molyvan L 具有极佳的抗磨性能，广泛应用于汽车和工业重荷状况下的齿轮油和润滑脂。不推荐使用于柴油发动机油。

7. Molyvan 2000

【中文名称】二烷基二硫代氨基甲酸钼

【产品性能】是最新二硫代氨基甲酸钼。具有合理的钼硫比，提供优良的减摩性能，可保持或改善发动机油的抗磨性能，同时减少磷的含量。

【质量标准】

项　目	质量指标	试验方法	项　目	质量指标	试验方法
钼含量/%	6.6~7.2	T-1082	100℃运动黏度/(mm²/s)	13~28	ASTM D-445
硫含量/%	5.8~7.2	EA-2A	闪点(闭口)/℃	153	
硫钼摩尔比	2.4~3.0	T-1035	氮含量/%	6.3	
密度(25℃)/(kg/m³)	990~1020	T-9A			

【主要用途】可用于发动机油。

（十一）路博润公司（Lubrizol）

1. SYN-ES-TER WS-915

【中文名称】硫化丁二酸酯

【产品性能】水溶性添加剂。

【实测值】密度 1020kg/m³；硫含量 15%。

【主要用途】用于可溶性切削油、半合成和合成金属加工液中。

2. LZ 8621

【产品性能】改进油品的磨损性能。

【实测值】密度 950kg/m³。

【主要用途】应用于工业润滑油，推荐加剂量 0.2%~1.0%。

3. LZ 8572

【中文名称】有机硫化物

【产品性能】用于内燃机油中，可节省燃料消耗。

【实测值】密度 950kg/m³。

【主要用途】用于内燃机油中。

4. SYN-ESTER GY-10

【中文名称】高黏度聚合酯

【产品性能】用于金属加工液中减少摩擦和磨损，与含磷添加剂和含硫添加剂具有良好的协同增效作用，可减少配方中含氯添加剂的用量。

【实测值】密度 1000kg/m³；运动黏度（100℃）272mm²/s；酸值 26mgKOH/g；黏度指数 272；分子量约 70000。

【主要用途】用于乳化液和半合成金属加工液中。

5. SYN-ESTER GY-25

【中文名称】高黏度聚合酯

【产品性能】用于金属加工液中减少摩擦和磨损，与含磷添加剂和含硫添加剂具有良好的协同增效作用，可减少配方中含氯添加剂的用量。

【质量标准】密度 1000kg/m³；运动黏度（100℃）244mm²/s；酸值 20mgKOH/g；碘值 <2g/100g；黏度指数 244；分子量约 42000。

【主要用途】用于纯油型、乳化液、半合成金属加工液中。

6. SYN-ESTER GY-56

【中文名称】高黏度聚合酯

【产品性能】用于金属加工液中减少摩擦和磨损，与含磷添加剂和含硫添加剂具有良好的协同增效作用，可减少配方中含氯添加剂的用量。

【质量标准】密度 970kg/m³；运动黏度（100℃）325mm²/s；酸值<5mgKOH/g；碘值<2g/100g；黏度指数 210；分子量约 27000。

【主要用途】用于纯油型、乳化液、半合成金属加工液中。

7. SYN-ESTER GY-59

【中文名称】高黏度聚合酯

【产品性能】用于金属加工液中减少摩擦和磨损，与含磷添加剂和含硫添加剂具有良好的协同增效作用，可减少配方中含氯添加剂的用量。

【质量标准】密度 970kg/m³；运动黏度（100℃）950mm²/s；酸值<5mgKOH/g；碘值<2g/100g；黏度指数 248；分子量约 59000。

【主要用途】用于纯油型和乳化液型金属加工液中。

8. SYN-ESTER GY-500

【中文名称】高黏度聚合酯

【产品性能】用于金属加工液中减少摩擦和磨损，可有效地提高边界润滑能力，与含磷添加剂和含硫添加剂具有良好的协同增效作用，可减少配方中含氯添加剂的用量。

【质量标准】密度 1001kg/m³；运动黏度（100℃）883mm²/s；酸值<5mgKOH/g；碘值<5g/100g；黏度指数 267；分子量约 160000。

【主要用途】用于纯油型金属加工液中。

9. SYN-ESTER GY-HTO

【中文名称】高黏度聚合酯

【产品性能】用于金属加工液中减少摩擦和磨损，与含磷添加剂和含硫添加剂具有良好的协同增效作用，可减少配方中含氯添加剂的用量。

【质量标准】密度 910kg/m³；运动黏度（100℃）259mm²/s；酸值 20mgKOH/g；碘值<2g/100g；黏度指数 203；分子量约 49000。

【主要用途】用于纯油型金属加工液和防锈油中。

10. SYN-ESTER GY-201

【中文名称】自乳化酯

【产品性能】用于水基金属加工液中减少摩擦和磨损，同时提高配方的乳液稳定性。

【实测值】密度 1007kg/m³；运动黏度（40℃）1100mm²/s；酸值 59mgKOH/g；1%稀释液 pH 8.3。

【主要用途】用于乳化液、半合成和全合成金属加工液中。

11. SYN-ESTER GY-301

【中文名称】自乳化酯

【产品性能】用于水基金属加工液中减少摩擦和磨损，同时提高配方的乳液稳定性。

【实测值】密度 990kg/m³；运动黏度（40℃）950mm²/s；酸值 79mgKOH/g；1%稀释液 pH 8.0。

【主要用途】用于乳化液、半合成和全合成金属加工液中。

12. VEG-ESTER GY-250

【中文名称】自乳化酯

【产品性能】用于水基金属加工液中减少摩擦和磨损，同时提高配方的乳液稳定性。

【实测值】密度 1030kg/m³；运动黏度（40℃）411mm²/s；酸值 12mgKOH/g；1%稀释液 pH4.7。

【主要用途】用于乳化液、半合成和全合成金属加工液中。

（十二）科莱恩公司（Clariant）

1. Hostagliss L4

【中文名称】自乳化聚合酯

【产品性能】用于水基金属加工液中减少摩擦和磨损，同时提高配方的乳液稳定性，特别适合铝材加工的轧制油、乳化和半合成切削液，只需少量碱即可自乳化。

【实测值】密度 932kg/m³；运动黏度（40℃）大约 400mm²/s；酸值大约 52mgKOH/g；黏度指数 169。

【主要用途】用于乳化液、半合成和全合成金属加工液中。

（十三）巴斯夫公司（BASF）

1. Irganox F10A

【中文名称】液态高分子量多功能复合剂

【产品性能】用于低摩擦性能润滑剂中；所嫁接的受阻酚结构极大增强了润滑剂的氧化安定性；低毒性和生物毒性；清凉液体，易于操作。

【主要用途】参考用量 0.5%～1.5%。其中，发动机油，0.2%～1.0%；合成工业润滑油，1.0%。

【包装储运】产品净重 180kg/桶。仅在原容器中储存；储存温度 10℃以上；防霜冻。

【注意事项】如储存于 10℃以下环境中，应在 40℃左右重新液化；检查在润滑油中的溶解性；如果配方中酯类含量较高（如 5%或更高），作为摩擦改进剂的活性会受到负面影响。

2. Irganox F20

【中文名称】液态高分子量多功能复合剂

【产品性能】用于低摩擦性能润滑剂中；所嫁接的受阻酚结构极大增强了润滑剂的氧化安定性；低毒性和生物毒性；清凉液体，易于操作。

【主要用途】参考用量 0.5%～1.5%。其中，发动机油，0.2%～1.0%；合成工业润滑油，1.0%。

【包装储运】与【注意事项】参见该公司 Irganox® F 10A。

3. Irgalube FE1

【中文名称】液态高分子量多功能添加剂

【产品性能】能和 ZDDP 发生协同作用，促进燃油经济性的提高，效果是传统减摩剂 GMO 单油酸甘油酯的两倍多；低毒性和生物毒性；清凉液体，易于操作。

【主要用途】参考用量 0.5%～1.5%。主要用于发动机油，0.2%～1.0%。

【包装储运】与【注意事项】参见该公司 Irganox® F 10A。

第六节　抗氧剂和金属减活剂

氧化是润滑油质量变坏、消耗增大和使用寿命缩短的重要原因之一。随着润滑条件的苛刻化，要求润滑油具备良好的高温抗氧性能。油品在氧化过程中生成过氧化物、醇、醛、酸、酯、羟基酸等物质，这些化合物可以进一步缩合生成大分子的化合物，从而引起油品黏度的加快增长；同时生成的一些不溶于油的大分子化合物，附着在摩擦副上成为漆膜，以致促成积炭的生成；生成的有机酸类产物还会造成金属的腐蚀，从而使磨损增大。因此在润滑油调和过程中，需要加入一定量的抗氧化添加剂，用来减缓油品的氧化，延长使用寿命。抗氧化添加剂是应用范围极其广泛的一类添加剂，每一类润滑油中都有含量不等的抗氧剂。近年来，随着高档润滑油在控制黏度增长、沉积物降低、减少磨损等方面的苛刻要求，对抗氧剂的性能也提出了更高的要求。随着机械行业和高端装备制造业的快速发展，仅仅使用 ZDDP 系列及其他的抗氧抗腐剂已经无法满足高档润滑油的抗氧化性能要求，各种性能优异的屏蔽酚型、胺型等新型无灰抗氧化添加剂的研制工作和产品应用发展迅速。

油品在使用过程中，由于有氧存在，受热、光的作用，使油品氧化变质，若润滑油中含有金属，如铜、铁等，这些金属特别是金属离子会加速油品的氧化速率，生成酸、油泥和沉淀。酸使金属部件产生腐蚀、磨损；油泥和沉淀使油变稠，引起活塞环的黏结以及油路的堵塞，从而降低了油品的使用性能。1933 年就已经证实了汽油中含少量的铜就能引起氧化的结论。即使汽油中添加了抗氧剂，汽油的氧化诱导期也会随汽油中铜含量的增加而降低，当抗氧化剂逐渐被消耗掉以后，铜引起的氧化就会迅速进行。例如，要想使含铜 $1\mu g/g$ 的汽油诱导期达到不含铜汽油的诱导期的水平，需添加 7.5 倍通常使用量的对苄基苯酚抗氧剂，3.1 倍的邻苯二酚，或 3.5 倍的 α-萘酚。这种采用增加抗氧剂添加量的办法来提高汽油的氧化安定性是非常不经济的。为了避免金属离子对润滑油的自动氧化的催化加速作用，直接作用手段是借助于抗催化添加剂（anti-catalysts additives）。这类添加剂对金属产生作用，阻碍金属的催化效应。其方式有两种：一是用膜把金属离子包起来使之钝化，人们称这种添加剂为金属钝化剂；二是使它变成非催化物质使之减活，人们称这种添加剂为金属减活剂。国内把用于润滑油的称为金属减活剂，用于燃料油的称为金属钝化剂。

一、酚类抗氧剂

1. 作用原理

自由基清除型的酚类抗氧剂的作用机理在于它能与过氧基团相互作用，从而中断链式反应，相互作用的初产物是苯氧基团，由—O—H 键断裂而形成，具体过程如下式所示：

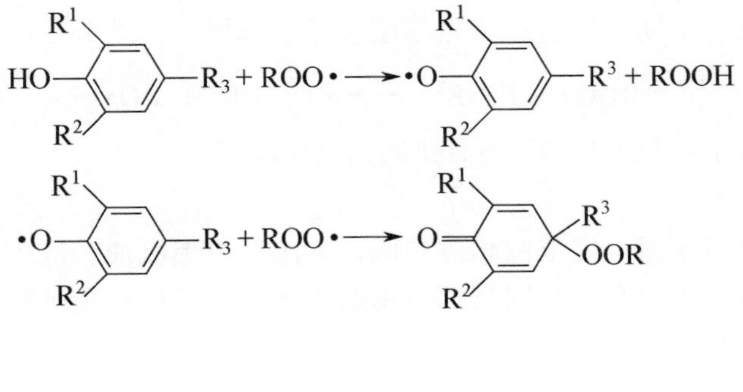

苯氧基团的生成已被电子顺磁共振法所证实。酚类抗氧剂分子中取代基的结构和位置对它的抗氧化活性影响很大。酚的分子中引入的烷基和给电子基越多，其抗氧化效果越好。其中在邻对位上引入给电子基的酚类物质表现出最佳的抗氧化效果。

2. 技术进展

酚类抗氧剂是最先使用于润滑油中的组分之一。酚类抗氧剂与 ZDDP 复合具有很好的协同效应，因为酚类化合物为自由基清除剂，ZDDP 为过氧化物分解剂，酚类化合物能大大延长 ZDDP 氧化诱导期，从而提高润滑油的抗氧性能。

国内外研制的酚类抗氧剂很多，已应用于润滑油且具有较好热稳定性的产品有不同烷基的受阻酚酯型抗氧剂、含硫醚结构的受阻酚型抗氧剂、多环受阻酚型抗氧剂、烷基硫代受阻酚型抗氧剂等。如屏蔽酚类无灰抗氧剂[3-(3,5-二叔丁基-4-羟基苯基）丙烯酸异辛酯]是一种油溶性好、高温抗氧化性能优异的无灰抗氧剂，不但有较好的抗氧化性能，而且具有优良的控制油泥形成能力，与其他润滑油添加剂具有良好的相容性和配伍性。与胺类无灰抗氧剂复合使用，可调制高档内燃机油，特别适合用于高档柴油机油中。含有硫醚结构的受阻酚型抗氧剂用在 API Ⅱ、Ⅲ 类基础油中，抗氧化效果很好。如含硫醚单酚的抗氧剂可以有效地解决高档油品的高温抗氧化性能，从而使高档油品通过相关的发动机台架试验，这类产品具有较高的热分解温度，可用于润滑脂、齿轮油和内燃机油中。此外，也有一些多环受阻酚结构抗氧剂的研究和报道，这类化合物分子量较大，挥发性低，有较高的热分解温度，在使用温度较高的内燃机油、工业用油中的抗氧化性能突出，和其他抗氧剂（如 ZDDP、烷基化二苯胺）共同作用时协同效应明显，在润滑油的沉积物控制方面的效果也很优秀。

3. 发展趋势

抗氧剂种类繁多，作用机理各异，通过复配使用，能最大限度地发挥各抗氧剂的优势而将其劣势减小到最低程度，这是今后抗氧剂发展的大趋势。随着近年来我国机械工业的迅速发展，必将提高对抗氧剂使用性能的要求，而在润滑油添加剂中居重要地位的受阻酚类抗氧剂将趋向于多用途化、复合化、环保化。因此，必须认识和了解抗氧剂之间的相互作用，重视抗氧剂之间的协同效应。只有利用好抗氧剂之间的协同效应，才能做到事半功倍，并获得性能优良的高效酚型抗氧剂。

二、胺类抗氧剂

1. 作用原理

自由基清除型的胺类抗氧剂对于伯胺和仲胺，在氨基上有活性氢原子，其作用机理是生成亚胺基团造成链式反应中断：

$$ROO \cdot + R^1NHR^2 \longrightarrow R^1NR^2 + ROOH$$

亚胺基团由于过氧基团作用生成烷氧基团和氮氧基团：

$$ROO \cdot + R^1NR^2 \longrightarrow \cdot ONR^1R^2 + RO \cdot$$

由于阻止和分解了过氧基团 ROO• 而使油品氧化减缓。

2. 技术进展

通常酚型抗氧剂的使用温度范围相对较低，多用于内燃机油、液压油、变压器油中。胺型抗氧剂的使用温度比酚型高，特别是烷基化二苯胺型抗氧剂高温抗氧化性能好，可用于酯类合成油中，也可作为喷气涡轮发动机润滑油的主要抗氧化组分，还可用于矿物基的基础油中，调制各级别的通用内燃机油。国内外的胺型化合物用作润滑油抗氧剂主要有苯二胺类抗氧剂、二苯胺类抗氧剂、苯基-α-萘胺类抗氧剂、吩噻嗪类抗氧剂等几类。

对苯二胺的反应主要在氨基上进行，并可得到一系列的衍生物，有关反应有 N-烷基化和 N-芳基化、缩合、重氮化、氧化等。芳胺类抗氧剂主要有二烷基二苯胺、二氨基甲苯衍生物、1,8-二氨基萘衍生物。芳胺抗氧剂中应用范围最广的是二烷基二苯胺，该类物质作为主要的润滑油抗氧剂已使用了近 30 年，单烷基或双烷基化的二苯胺均可使用。烷基化二苯胺的氮含量一般为 2%～6%，氮含量太低，会弱化烷基化二苯胺的效果，氮含量太高会对烷基化二苯胺在润滑油中的相溶性及产品的挥发性产生不利影响。N-苯基-α-萘胺类化合物的高温抗氧化效果很好。在航空润滑油中，N-苯基-α-萘胺是复合抗氧剂中必不可少的组分之一，与二苯胺类抗氧剂复合使用时，可显示出极佳的抗氧化性能。吩噻嗪又称硫化二苯胺，属于二苯胺类的抗氧剂，其抗氧化效果比二苯胺更好，因为它兼具自由基清除剂和过氧化物分解剂的作用。

目前研究和应用较多的还是烷基化的二苯胺类抗氧剂，国内外各大添加剂公司开发的产品有双辛基二苯胺、丁辛基二苯胺、二壬基二苯胺等产品，这类产品适合用于温度升高很快的工作条件，在合成酯类油中能阻止油泥的形成。在汽车发动机油含磷量的控制和抗氧化性能的提高方面，二苯胺类抗氧剂是一类重要的无灰抗氧剂组分。随着油品规格的高档化，对发动机油的高温抗氧化能力提出更高的要求，也使胺类抗氧剂在发动机油中的用量得到快速增加。

3. 发展趋势

为了满足新环境法规的排放要求，添加剂公司正进一步开发配方技术，以降低 SAPS（sulphated ash，phosphorus and sulphur，硫酸盐灰分、硫、磷）含量，在这方面对抗氧剂的选择也会有合适的模拟方法来满足其苛刻的抗氧化要求。胺类抗氧剂由于具有很好的热稳定性，在高温条件下性能突出，在未来的开发中，会有更多的烷基化芳胺以及芳胺的低聚体产品得到应用。

三、苯三唑及其衍生物

1. 作用原理

苯三唑是有色金属铜和银的抑制剂，它能与铜生成螯合物，是有效的金属减活剂。

2. 技术进展

苯三唑是水溶性的，要用助溶剂才能加入矿物油中。由于它油溶性差，为了改善其油溶性，发展了苯三唑的衍生物。

苯三唑-醛-胺缩合物就是苯三唑衍生物的一种，如 N,N-二烷基氨基亚甲基苯三唑。国内开发了 N,N-二正丁基氨基亚甲基苯三唑。其合成工艺以苯三唑、正丁胺为原料，在甲醛存在下进行曼尼希反应和缩合反应后，然后用溶剂汽油抽提、水洗、蒸馏后得成品。其分子结构式如下：

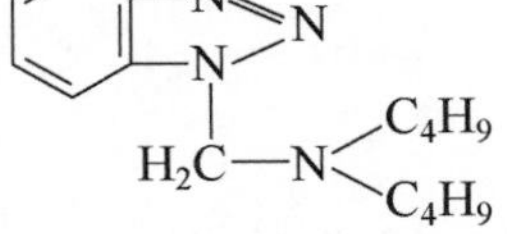

苯三唑衍生物既改善了苯三唑的油溶性，又具有优良的抗氧化、抑制铜腐蚀及金属减活性能。用量少（0.01%～0.05%），效果好，与酚型抗氧剂（2,6-二叔丁基对甲酚）复合使用有突出的增效作用，能显著减少抗氧剂的用量，明显提高油品的抗氧化性能。适用于汽轮机油、压缩机油、变压器油、通用机床用油等油品。

3. 发展趋势

苯三唑型金属减活剂具有优良的铜腐蚀抑制性和抗氧性。但是由于大多使用长链二烷基胺作为合成原料导致这几种金属减活剂价格昂贵。因此开发具有优良性能且成本较低的金属减活剂是近年来润滑油用金属减活剂领域的研究重点之一。

四、噻二唑及其衍生物

1. 作用原理

噻二唑及其衍生物的作用机理大致归为以下四种：在金属表面形成了含有噻二唑的有机膜，并且有机膜在一定程度上参与了氧化；衍生物中的 S—S 键氧化后生成磺酸等硫氧化物，此类物质具有分解过氧化物的作用；通过成盐掩蔽铜离子的催化氧化作用；质谱分析结果证实了噻二唑衍生物具有捕集活性硫的作用。

2. 技术进展

噻二唑及其衍生物是铜的腐蚀抑制剂，为非铁金属减活剂。噻二唑衍生物有噻二唑多硫化物、2,5-二巯基-1,3,4-噻二唑衍生物、2-巯基苯并噻二唑、2-巯基苯并噻二唑钠等化合物。国内开发了噻二唑多硫化物，其合成工艺以水合肼、二硫化碳和氢氧化钠为原料合成 2,5-二巯基噻二唑（DMTD）钠盐，酸化后再加硫醇和过氧化氢氧化偶联，再抽提、水洗、蒸馏得产品。其分子结构如下：

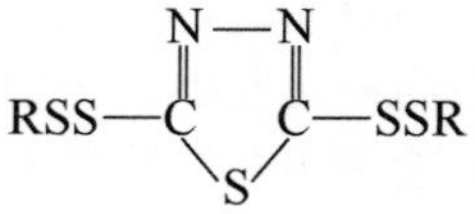

$$RSS-C\overset{N-N}{\underset{S}{\diagdown\diagup}}C-SSR$$

噻二唑衍生物具有优良的油溶性、铜腐蚀抑制性和抗氧化性能，用于液压油能显著降低ZDDP 对铜的腐蚀和解决水解安定性问题，用于内燃机油中可大大提高大庆石蜡基油的抗氧化性能，有助于通过ⅢD 的台架试验。

2-巯基苯并噻唑、2,5-二巯基噻二唑钠盐、2-巯基苯并噻二唑钠等金属减活剂，都是铜金属的腐蚀抑制剂。2-巯基苯并噻唑用于含硫燃料、重负荷切削油、金属加工液、液压油及润滑脂等的铜腐蚀抑制剂或减活剂，2,5-二巯基噻二唑钠盐和 2-巯基苯并噻二唑钠，是用于含水系统中非铁金属的腐蚀抑制剂和金属减活剂。除苯三唑衍生物和噻二唑衍生物外，还有杂环硫氮化合物和有机胺化合物等。

3. 发展趋势

噻二唑型金属减活剂与苯三唑型金属减活剂类似，噻二唑型金属减活剂同样价格昂贵。因此开发具有油溶性好、性能优良且成本较低的噻二唑型金属减活剂是以后的发展方向。

五、产品牌号

（一）中石油兰州润滑油研究开发中心

1. 二壬基二苯胺

【中文名称】二壬基二苯胺

【化学结构】

R: C₉H₁₉

【产品性能】是一种油溶性好、配伍性强的辅助抗氧化添加剂。能够改善其他石油添加剂（清净剂、分散剂和抗氧剂）的油溶性、相溶性和配伍性，增强各剂间的协同效应，提高添加剂的使用率，从而达到提高油品档次和减少添加剂用量的目的。

【质量标准】Q/L LSY15—1997

项　目	质量标准	实测值	试验方法
外观	棕红色透明液体	棕红色透明液体	目测
闪点(开口)℃	≥180	198	GB/T267
运动黏度(100℃)/(mm²/s)	实测	16.1	GB/T265
密度(20℃)/(kg/m³)	≤实测	954.2	GB/T1884
水分含量/%	0.03	痕迹	GB/T260
机械杂质含量/%	≤0.07	0.02	GB/T511
氮含量/%	3.0～3.5	3.45	GB/T0244
酸值/(mgKOH/g)	≤0.5	0.2	GB/T264
氧化安定性[①]/min	≥200	220	GB/T0193

① 二壬基二苯胺 1%调入 99%200SN 中评定，为保证项目。

【主要用途】发动机油用量 0.3%～1.0%；齿轮油、液压油、导热油、透平油及自动传动液等用量 0.1%～0.5%；合成工业润滑油和润滑脂用量 0.3%～1.0%。

【包装储运】产品净重 180kg/桶。本品的包装、标志、运输、储存及交货验收执行 SH 0164 标准，储存温度以 0～50℃为宜。

【注意事项】本品及配方中含有本品的润滑油长期储存过程中或在光照下颜色会变深，但对使用性能没有影响。

2. RHY 505 抗氧剂

【中文名称】RHY 505 酚酯型抗氧剂

【化学结构】

CH₂CH₂COOR

【产品性能】是一种油溶性好、配伍性强的辅助抗氧剂。能够有效抑制油品的高温氧化和控制油泥的形成，可有效地取代亚甲基双酚，抗乳化性能好。能够改善其他石油添加剂（清净剂、分散剂和抗氧剂）的相溶性、油溶性和配伍性，增强各剂间的协同效应，提高添加剂的使用率。

【质量标准】RH99 YB6501—2015

项　目	质量标准	实测值	试验方法
外观	浅黄色透明液体	浅黄色透明液体	目测
密度(20℃)/(kg/m³)	报告	973.2	SH/T0604
水分含量/%	≤0.05	痕迹	GB260
机械杂质含量/%	≤0.07	0.013	GB511
运动黏度(40℃)/(mm²/s)	报告	80.69	GB265
闪点(开口)℃	≥148	162	GB/T3536
酸值/(mgKOH/g)	≤5.0	0.7	GB4945
氧化诱导期/min[①]	≥160	182	SH/T0193

① RHY 505 按 1%调入 99%200SN 基础油中评定，为保证项目，半年测一次。

【主要用途】用于工业润滑油（用量 0.1%～0.5%）、发动机油（用量 0.2%～0.8%）。

【包装储运】本品净重 180kg/桶。保持容器密封、干燥，存于阴凉处。

3. RHY 508 抗氧剂

【中文名称】RHY 508 酚胺型抗氧剂

【化学结构】

【产品性能】含受阻酚的二烷基二硫代氨基甲酸酯类抗氧剂具有优良的抗氧化性能，尤其在加氢润滑油中，其抗氧化性能表现得特别突出。是一种加剂量低、抗氧化性能好的新型油品添加剂。能有效地控制因氧化而引起的油品黏度的增长与酸值的增加，与高温清净剂及无灰分散剂具有良好的配伍性，是调制高档内燃机油的辅助添加剂之一。

【质量标准】

项　　目	质量标准	实测值	试验方法
外观	白或浅黄色固体粉末	浅黄色固体粉末	目测
硫含量/%	≥14.0	14.97	SH/T0303
氮含量/%	≥3.0	3.36	SH/T0296
熔点/℃	72～74	73	GB/T264
热分解度/℃	报告	224	SH/T0561
氧化安定性能/min①	≥300	370	SH/T0193

① 产品以 0.25%(质量分数)调入 125N 加氢基础油中评定。

【主要用途】用于工业润滑油（用量 0.1%～0.5%）、发动机油（用量 0.2%～0.6%）。

【包装储运】本品净重 180kg/桶。保持容器密封、干燥，存于阴凉处。

4. RHY 510 抗氧剂

【中文名称】含硫醚基单酚类抗氧剂

【产品性能】可作为Ⅰ类抗氧剂和过氧化物分解剂（Ⅱ类抗氧剂），具有多功能活性。在加氢基础油中具有高效抗氧化性能。将其应用于高档润滑油中，既可以作为主抗氧剂使用，又可以作为辅助抗氧剂与其他抗氧剂复合使用，适合调制以加氢基础油为主的高档内燃机油。

【质量标准】

项　　目	质量标准	实测值	试验方法
外观	红棕色透明液体	红棕色透明液体	目测
硫含量/%	≥7.0	7.36	SH/T 0303
运动黏度(40℃)/(mm²/s)	报告	163.6	GB/T 265
密度(20℃)/(kg/m³)	报告	1002.8	SH/T 0604
闪点(开口)/℃	≥170	218	GB/T 3536
水分含量/%	≤0.05	痕迹	GB/T 260
机械杂质含量/%	≤0.08	0.006	GB/T 511
旋转氧弹值/min①	≥260	289	SH/T 0193

① 指该剂以 0.25%(质量分数)的剂量添加于大庆 HVIW H150 中的旋转氧弹值。

【主要用途】用于工业润滑油（用量 0.2%～0.6%）、内燃机油（用量 0.1%～0.5%）。

【包装储运】本品净重 180kg/桶。保持容器密封、干燥，存于阴凉处。

（二）中石油锦州石化分公司添加剂厂

1．T 501（BHT）

【中文名称】2,6-二叔丁基对甲基苯酚

【化学结构】

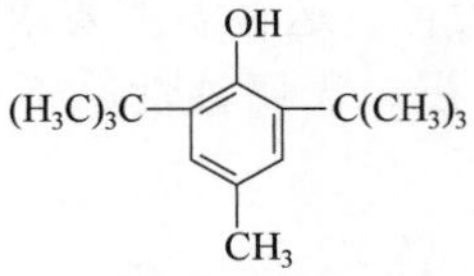

【产品性能】具有良好的抗氧化性能，在低温情况下使用效果更佳，主要用于工业齿轮油、抗磨液压油、汽轮机油、变压器油及燃料油中。

【质量标准】SH/T 0015—1990。

项　目	质量指标	试验方法	项　目	质量指标	试验方法
外观	白色结晶	目测	水分含量/%	≤0.08	GB/T 606
初熔点/℃	≥68.5	GB/T 617	灰分含量/%	≤0.03	GB/T 508
游离甲酚含量/%	≤0.03	附录			

【生产方法】将对甲酚、叔丁醇在催化剂磷酸作用下反应；用乙醇重结晶即得成品。

【主要用途】用于有机合成，用作橡胶、塑料防老剂，用于汽油、变压器油、透平油、动植物油、食品等的抗氧化剂。

【包装储运】200L 标准铁桶，净重 186kg/桶。本品在储存、装卸及调油时，参照 SH 0164 进行。最高温度不应超过 75℃；若长期储存，最高温度不应超过 45℃。本品不易燃、不易爆、无腐蚀性，在安全、环保、使用等方面同一般石油产品，不用进行特殊防护。

【注意事项】本品应储存在干燥、避光的室内仓库，并需下垫垫层，防止受潮、污染。安全注意事项参见相关的化学品安全技术说明书。

（三）新乡市瑞丰新材料股份有限公司

1．RF 5057 胺型抗氧剂

【中文名称】胺型抗氧剂
【化学名称】丁辛基二苯胺

【化学结构】

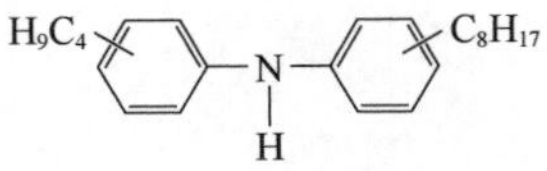

【产品性能】具有热安定性好、在高温条件下的抗氧化性能突出、油溶性好、与其他添加剂的配伍性好等特点。

【质量标准】Q/XRF 008—2015

项　目	质量指标	实测值	试验方法
外观	黄色或棕红清澈液体	黄色或棕红清澈液体	目测
密度(20℃)/(kg/m³)	900～1000	966	GB/T 2540
运动黏度(100℃)/(mm²/s)	9.0～12.0	10.5	GB/T265
氮含量/%	4.3～5.0	4.5	GB/T17476
闪点(开口)/℃	≥180	190	GB/T3536
机械杂质含量/%	≤0.05	0.02	GB/T511

【生产方法】以二苯胺和二异丁烯为原料在催化剂的作用下经过反应而得。

【主要用途】可广泛用于各种高档内燃机润滑油、导热油、高温链条油、液压油、压缩机油、汽轮机油等工业润滑油及各种润滑脂和燃料油中。

【包装储运】本品由铁桶包装，180kg/桶或与客户协商采用其他包装方式。适用于汽车运输、铁路运输以及海洋运输。产品贮存、运输温度要求不超过45℃。产品保质期二年。

【注意事项】本品不易燃、不易爆、无腐蚀性，不用进行特殊防护。本品如不慎接触皮肤，可用洗涤剂和水彻底洗净。

2. RF 5067 胺型抗氧剂

【中文名称】胺型抗氧剂

【化学名称】壬基二苯胺

【化学结构】

R：H或C_9

【产品性能】高温抗氧性优异，尤其具有优异的抗氧化耐久性，对抑制油品的后期氧化有显著效果；高温热稳定性优良，不同烷基取代物的优化比例和控制，较低的游离胺含量；配伍性好，与其他抗氧剂复合使用有增效作用，尤其与酚酯型抗氧剂复合使用效果更加显著。

【质量标准】　Q/XRF 008—2015

项　　目	质量指标	实测值	试验方法
外观	黄色至棕红清澈液体	黄色至棕红清澈液体	目测
密度(20℃)/(kg/m³)	920～970	945	ASTM D4052
氮含量/%	3.2～3.8	3.5	ASTM D3228
水分含量/%	≤0.05	0.03	ASTM D95
运动黏度(40℃)/(mm²/s)	400～900	455	ASTM D445
闪点(闭口)/℃	≥135	155	ASTM D93

【生产方法】以二苯胺和壬烯为原料在催化剂的作用下经过反应而得。

【主要用途】可广泛用于各种高档内燃机润滑油、导热油、高温链条油、液压油、压缩机油、汽轮机油等工业润滑油及各种润滑脂和燃料油中。

【包装储运】与【注意事项】参见该公司 RF 5057 胺型抗氧剂。

3. RF 1135 酚酯型抗氧剂

【中文名称】酚酯型抗氧剂

【化学名称】3,5-二叔丁基-4-羟基苯丙酸异辛酯

【化学结构】

【产品性能】具有热安定性好、在高温条件下的抗氧化性能突出、油溶性好、与其他添加剂的配伍性好等特点，与胺型抗氧剂复合使用效果更加显著，有效成分含量高。

【质量标准】　Q/XRF009—2015

项　　目	质量指标	实测值	试验方法
外观	浅黄色透明液体	浅黄色透明液体	目测
色度/号	≤2.0	0.6	GB/T 6540

续表

项　目	质量指标	实测值	试验方法
运动黏度(100℃)/(mm²/s)	6.0～8.5	7.0	GB/T 265
闪点(开口)/℃	不低于 170	197	GB/T 3536
密度(20℃)/(kg/m³)	900～1000	960	GB/T 13377
酸值/(mgKOH/g)	≤1.0	0.3	SH/T 0163
水分含量/%	≤0.15	0.01	GB/T 260
机械杂质含量/%	≤0.05	0.02	GB/T 511
灰分含量/%	≤0.10	0.05	GB/T 508
有效含量/%	≥95.0	98.8	气相色谱法

【生产方法】以 3,5-甲酯和异辛醇为原料在催化剂的作用下经过酯交换反应而得。

【主要用途】可广泛用于各种高档内燃机润滑油、导热油、高温链条油、液压油、齿轮油、汽轮机油等工业润滑油及各种润滑脂和燃料油中。

【包装储运】本品由铁桶包装，每桶净重 180kg。适用于各种运输方式。本品储存、运输温度短期最高时不应超过 75℃；若长期储存，最高温度不应超过 45℃。

【注意事项】本品不易燃、不易爆、无腐蚀性，在安全、环保、使用等方面同一般石油产品，不用进行特殊防护。

4. RF 1035 硫醚型抗氧剂

【中文名称】硫醚型抗氧剂

【化学名称】硫代二亚乙基双[3-(3,5-二叔丁基-4-羟基苯基)丙酸酯]

【化学结构】

【产品性能】属硫醚型位阻酚类抗氧剂，毒性低，可用于易热氧化降解的聚合物及其他有机基料，起稳定作用。在润滑油领域，与其他添加剂配伍性好，尤其是与胺类抗氧剂复合使用抗氧化效果更加突出，可有效控制油品黏度增长和减少沉积物生成量，在高档内燃机油中得到推广应用。

【质量标准】Q/XRF012—2015

项　目	质量指标	实测值	试验方法
外观	白色或微黄色结晶粉末	白色结晶	目测
熔点/℃	≥63.0	68.1	GB/T 617
灰分含量/%	≤0.3	0.1	GB/T 508
硫含量/%	4.5～5.5	4.9	SH/T 0303

【生产方法】3,5-甲酯和硫代二甘醇为原料经酯交换反应、结晶过滤所制得。

【主要用途】广泛用于聚烯烃、弹性体（三元乙丙橡胶）、石油制品等方面。也用于高档内燃机油和部分工业油中。

【包装储运】本品由纸桶包装，每桶 25kg 或与客户协商采用其他包装方式。适用于汽车运输、铁路运输以及海洋运输。产品储存、运输温度要求不超过 45℃。

【注意事项】本品不易燃、不易爆、无腐蚀性，在安全、环保、使用等方面同一般石油产品，不用进行特殊防护。

（四）无锡南方石油添加剂有限公司

1. WX 8135

【中文名称】全液态受阻酚类抗氧剂

【化学结构】

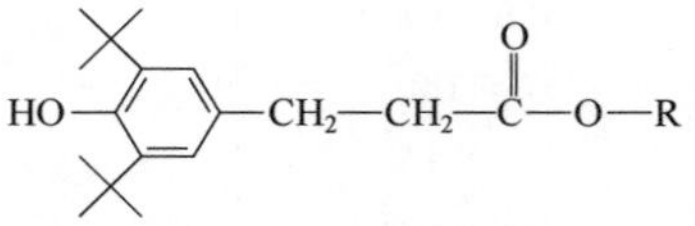

【产品性能】具有良好的抗氧化性能，在低温情况下使用效果更佳，广泛用于汽油发动机油和工业润滑油中。

【实测值】闪点 174℃。

【主要用途】添加量随着应用领域的不同而有所不同。常用的加剂量为工业油中 0.1%～0.5%，汽油机油中 0.3%～1.0%。在低磷和低硫机油中推荐使用较高的加剂量。

【包装储运】在储存、装卸及调油时，最高混合温度 70℃；最高储存温度 50℃；若长期储存，建议储存温度 25～40℃，切勿带水。200L 铁桶包装，保质期 24 个月。

【注意事项】产品应储存在干燥、避光的室内仓库，并需下垫垫层，防止受潮、污染。安全注意事项参见相关的化学品安全技术说明书。

2. WX 8057

【中文名称】烷基化二苯胺抗氧剂

【化学结构】

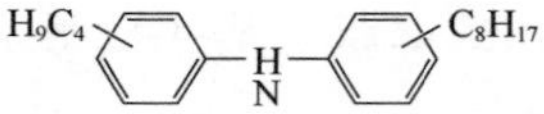

【产品性能】高温抗氧化性能优良，配伍性好，与其他芳胺类及屏蔽酚类抗氧剂复合使用有增效作用，是一种优良的液体抗氧化添加剂。在高档内燃机油中使用时可有效控制油品的黏度增长，也适用于工业用油、变压器油、传动液、导轨油、冷却油、润滑脂。

【实测值】氮含量 4.6%。

【主要用途】在润滑油和变压器油中的一般使用量为 0.1%～1.0%。

【包装储运】及【注意事项】参见该公司 WX 8135。

3. WX 8628

【中文名称】高效极压抗氧剂

【产品性能】在具有优良抗磨性能的同时，又具有很好的高温抗氧性能。适用于较高极压性能的内燃机油，在液压油、齿轮油中效果显著，并对有色金属没有腐蚀倾向。

【质量标准】硫含量≥18.0%。

【主要用途】在多种油品中可以使用，柴油机油推荐用量为 0.4%～0.8%，在 API SJ、SL 汽油机油中推荐用量为 0.4%～0.8%，在液压油中推荐用量为 0.2%～0.5%，在齿轮油中推荐用量为 0.4%～0.8%。

【包装储运】及【注意事项】参见该公司 WX 8135。

（五）长沙望城石油化工有限公司

1. T 551 金属减活剂

【中文名称】*N,N*-二烷基氨基亚甲基苯三唑

【产品性能】具有优良的铜腐蚀抑制性、金属减活性。

【质量标准】SH/T 0563—1993

项　目	质量指标	试验方法	项　目	质量指标	试验方法
外观	黄色透明液体	目测	热分解温度/℃	报告	附录
密度(20℃)/(kg/m³)	910~1040	GB/T 1884	色度/号	实测	GB/T 6540
运动黏度(100℃)/(mm²/s)	10~14	GB/T 265	碱值/(mgKOH/g)	210~230	SH/T 0251
闪点(开口)/℃	≥130	GB/T 3536	旋转氧化试验(增值)/min	≥90	SH/T 0193
溶解度/%	合格	实测			

【生产方法】以苯三唑有机胺为原料进行反应，经精制处理而得。

【主要用途】T 551 在改善油品氧化及抑制铜腐蚀等性能方面有一定的成效，但是在使用时要注意，由于 T 551 碱性很大，在调油过程中应避免与酸性添加剂直接接触，同时还要避免与 ZDDP 等添加剂接触，防止发生反应。因为它的分子链较短，氮含量较高，与抗氧剂的协同效应很好，广泛应用于 HL 通用机床油、汽轮机油等油品中。添加量通常为 0.03%~0.1%。

【包装储运】40kg 小桶和 170kg 大桶包装。本品在储存、装卸及调油时，参照 SH 0164 进行。最高温度不应超过 75℃；若长期储存，最高温度不应超过 45℃。

【注意事项】本品不易燃、不易爆、无腐蚀性，在安全、环保、使用等方面同一般石油产品，不用进行特殊防护。

2. T 552 金属减活剂

【中文名称】杂环衍生物

【产品性能】具有优良的铜腐蚀抑制性、金属减活性。

【质量标准】Q/ABHR 001—2011

项　目	质量指标	试验方法	项　目	质量指标	试验方法
外观	黄色透明液体	目测	碱值/(mgKOH/g)	145~165	SH/T 0251
运动黏度(40℃)/(mm²/s)	55~65	GB/T 265	氧化试验(增值)/min	≥95	SH/T 0193
密度(20℃)/(kg/m³)	900~1100	GB/T 13377	溶解度①	透明	目测
闪点(开口)/℃	≥130	GB/T 3536	铜片腐蚀②(100℃，3h)/级	1a~1b	GB/T 5096

① 10%T552 溶解于 150SN 油中三个月以上透明。

② 3%硫烯加 0.05% T 552，余量为 150SN 油，要求铜片 1a~1b 级。

【主要用途】T 552 金属减活剂，改进了 T 551 的某些性能，如提高了油溶性，改善了抗乳化性，并有更好的热稳定性。由于它的碱值比 T 551 低，因此与酸性添加剂的作用小。T 552 除了具备优异的改善油品氧化性及抑制铜腐蚀之外，与各种抗氧剂，如 2,6-二叔丁基对甲酚（T 501）、烷基二苯胺（T 534）和 T 323，有很好的抗氧化协同效应。其全面性能更优于 T 551。因此，可以替代 T 551，广泛应用于合成油、HL 通用机床油、汽轮机油和润滑脂，还能作为燃料稳定剂中的抗氧化成分。添加量通常为 0.03%~0.1%。

【包装储运】和【注意事项】参见该公司 T551 金属减活剂。

3. T 553 金属减活剂

【中文名称】T 553 金属减活剂

【产品性能】具有优良的铜腐蚀抑制性、金属减活性。

【质量标准】Q/ABHR 002—2011

项　目	质量指标	试验方法	项　目	质量指标	试验方法
外观	黄色透明液体	目测	碱值/(mgKOH/g)	300～330	SH/T 0251
运动黏度(40℃)/(mm²/s)	28～36	GB/T 265	氧化试验(增值)/min	≥100	SH/T 0193
密度(20℃)/(kg/m³)	900～1100	GB/T 13377	溶解度①	透明	目测
闪点(开口)/℃	≥130	GB/T 3536	铜片腐蚀②(100℃,3h)/级	1a～1b	GB/T 5096

① 10%T553 溶解于 150SN 油中三个月以上透明。

② 3%硫烯加 0.05% T 553，余量为 150SN 油，要求铜片 1a～1b 级。

【主要用途】T 553 金属减活剂添加 0.005%或者 0.01%，就可以改善油品抗氧化的性能，尤其在变压器油中能替代一定量的 T501 或苯基-α-萘胺，降低油品成本，经济效益十分明显。T 553 金属减活剂可以与常用的抗氧剂、防锈剂、增黏剂、抗磨剂、清净分散剂等复合，最大的优点是与 ZDDP 一起使用时，不形成不溶的盐。油溶性相当好，主要应用于变压器油、抗磨液压油、合成油、HL 通用机床油以及汽轮机油等产品，对于水包油和油包水乳化液也有效果。添加量通常为 0.005%～0.05%。

【包装储运】和【注意事项】参见该公司 T 551 金属减活剂。

4．T 561

【中文名称】噻二唑衍生物

【产品性能】具有良好的油溶性、铜腐蚀抑制性和抗氧性。有独特的化学活性，用量较少即可显著改善油品性能。含有二硫键，可在金属表面形成硫化膜，抑制金属对油品的氧化催化作用，大幅度提高氧化寿命，改善水解安定性。

【质量标准】Q/ABHR 006—2011

项　目	质量指标	试验方法	项　目	质量指标	试验方法
外观	浅棕色透明液体	目测	铜片腐蚀(100℃,3h)/级	1a～1b	SH/T 5096
密度(20℃)/(kg/m³)	900～1100	GB/T 1884	硫含量/%	26～30	SH/T 0303
运动黏度(100℃)/(mm²/s)	10～20	GB/T 265	水分含量/%	≤0.05	GB/T 260
闪点(开口)/℃	≥130	GB/T 3536	机械杂质含量/%	≤0.08	GB/T 511
酸值①/(mgKOH/g)	≤12	GB/T 264			

① 将 0.1% T 561 调入 150SN 油中进行评定。

【主要用途】产品油溶性好，主要由噻二唑衍生物组成，具有良好的抑制铜腐蚀性和抗氧化性。它能降低 ZDDP 添加剂对铜的腐蚀和解决水解安定性问题，对于抑制有机钼添加剂对铜的腐蚀有优良的作用，并可提高内燃机油的抗氧性。它与其他添加剂复合，适用于调配抗磨液压油、工业齿轮油和优质汽轮机油等油品。添加量通常为 0.03%～0.1%。

【包装储运】和【注意事项】参见该公司 T 551 金属减活剂。

5．T 571

【中文名称】杂环衍生物

【产品性能】油溶性好，具有良好的抗腐蚀性，能提高油品的抗氧化性能。

【质量标准】Q/ABHR007—2011

项　目	质量指标	试验方法	项　目	质量指标	试验方法
外观	黄色透明液体	目测	闪点(开口)/℃	≥150	GB/T 3536
密度(20℃)/(kg/m³)	900～1050	GB/T 13377	铜片腐蚀①/级	1a～1b	SH/T 5096
运动黏度(100℃)/(mm²/s)	63～73	GB/T 265			

① 将 0.05% T 571 调入 150SN 油中进行评定。

【主要用途】与其他添加剂复合，适用于调配抗磨液压油、工业齿轮油、循环油、变压器油、抗氧防锈油、汽轮机油等工业润滑油品。添加量通常为 0.03%～0.1%。

【包装储运】和【注意事项】参见该公司 T 551 金属减活剂。

（六）丹阳天宇石油添加剂厂

1. T 501（BHT）

【中文名称】2,6-二叔丁基对甲基苯酚

【化学结构】

【产品性能】具有良好的抗氧化性能，在低温情况下使用效果更佳。

【质量标准】SH/T 0015—1990

项　　目	质量指标	试验方法	项　　目	质量指标	试验方法
熔点/℃	69.0～70.0	GB/T 617	水分含量/%	≤0.05	GB/T 606
游离甲酚含量%	≤0.015	SH/T 0015	灰分含量/%	≤0.01	GB/T 508

【实测值】初熔点 68.5℃。

【生产方法】将对甲酚、叔丁醇在催化剂磷酸作用下反应；用乙醇重结晶即得成品。

【主要用途】主要用于工业齿轮油、抗磨液压油、汽轮机油、变压器油及燃料油中。

【包装储运】200L 标准铁桶，产品净重 186kg/桶。本产品在储存、装卸及调油时，参照 SH 0164 进行。最高温度不应超过 75℃；若长期储存，最高温度不应超过 45℃。本品不易燃、不易爆、无腐蚀性，在安全、环保、使用等方面同一般石油产品防护。

【注意事项】本品应储存在干燥、避光的室内仓库，并需下垫垫层，防止受潮、污染。安全注意事项参见相关的化学品安全技术说明书。

2. T 502A

【中文名称】2,6-二叔丁基混合酚

【化学结构】

混合物

【产品性能】具有良好的抗氧化性能，在油中起抗氧化作用。为浅黄色液体，油溶性好。抗氧化性能与 T 501 相当。

【质量标准】

项　　目	质量指标	试验方法	项　　目	质量指标	试验方法
外观	浅黄色液体	目测	2,6-二叔丁基对甲酚含量/%	≥25.0	色谱法
游离甲酚含量/%	≤0.40	色谱法	闪点(闭口)/℃	≥96	GB/T 261
2,6-二叔丁基苯酚含量/%	≥55.0	色谱法			

【主要用途】用于调制燃料油；也可用于调制工业润滑油，如汽轮机油、变压器油、液压油、机床用油等。参考用量 0.1%～1.0%。

【包装储运】和【注意事项】参见该公司 T 501（BHT）。

3. T 531

【中文名称】*N*-苯基-*α*-萘胺

【化学结构】

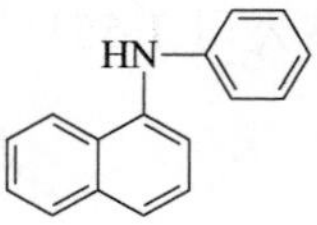

【产品性能】高温抗氧化性能优异。

【实测值】熔点范围 59.5～62℃。

【主要用途】主要用于各种航空润滑油和工业用油中，与酚类抗氧剂复合用于汽轮机油和工业齿轮油中。参考用量 0.5%～3.0%。

【包装储运】和【注意事项】参见该公司 T 501（BHT）。

（七）中石油兰州石化三叶公司

1. DNA 胺型抗氧剂

【中文名称】二壬基二苯胺

【化学结构】　　　　　R：C_9H_{19}

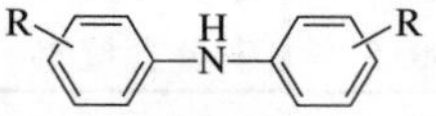

【产品性能】高温抗氧化性能优异，尤其具有优异的抗氧化耐久性，对抑制油品的后期氧化有显著效果，配伍性好，与苯胺类、苯基-*α*-萘胺类及屏蔽酚类抗氧剂复合使用有增效作用，高温热稳定性优良。

【质量标准】Q/LSY 15—1997

项　　　目	质量指标	试验方法	项　　　目	质量指标	试验方法
外观	棕红色透明液体	目测	水分含量/%	≤0.05	GB/T 260
闪点(开口)/℃	≥160	GB/T 267	机械杂质含量/%	≤0.07	GB/T 511
运动黏度(100℃)/(mm²/s)	实测	GB/T 265	氮含量/%	3.0～3.8	GB/T 0244
密度(20℃)/(kg/m³)	实测	GB/T 1884			

【实测值】氮含量 3.3%。

【生产方法】以二苯胺为原料制得。

【主要用途】用于调制高档内燃机油，参考用量 0.3%～1.0%；调制齿轮油、液压油、导热油、透平油及自动传动液，参考用量 0.1%～0.5%；调制润滑脂，参考用量 0.1%～1.0%。

（八）巴斯夫公司（BASF）

抗氧剂

1. Irganox L06

【中文名称】高纯度烷基苯-*α*-萘胺

【产品性能】无灰、低挥发性的高纯产品；具有较低生成油泥的趋势；极佳的矿物油溶解性。

【主要用途】用于合成润滑油、工业润滑油及发动机油。参考用量 0.1%～1.0%。

【包装储运】本品净重 50kg/包。本产品在储存时，保持容器密封、干燥，存于阴凉处。

【注意事项】在光照下，用 Irganox L06 调和的润滑油可能会变成微红褐色，但这对油品性能并无负面影响。

2.　Irganox L57

【中文名称】液态辛基/丁基二苯胺

【产品性能】美国食品药品监督管理局（FDA）许可其用在食物偶然接触的润滑剂中；高氮含量；好的密封相容性；极佳稳定性；有效控制由于氧化引起的黏度增长；不含溶剂。

【主要用途】使用时，参考用量 0.4%～1.0%。其中，矿物油基工业润滑油，0.1%～0.5%；合成工业润滑油和润滑脂，0.3%～1.0%；发动机油（0.3%～1%）。

【包装储运】本品净重 190kg/桶。与动物饲料分开放置；仅在原容器中保存；如果在低温下结晶，加热至 30℃直至形成澄清的溶液。

【注意事项】Irganox L57 及配方中含有 Irganox L57 的润滑油长期储存过程中暴露在光下会变黑。但对使用性能没有影响。

3.　Irganox L101

【中文名称】高分子量酚类抗氧剂

【产品性能】相对于传统的酚类抗氧剂可提供更高的热稳定性；在高温操作条件下，抗氧剂自身挥发损失小；美国食品药品监督管理局（FDA）许可其用在与食物偶然接触的润滑剂中；无灰、低挥发性的高纯产品。

【主要用途】参考用量 0.2%～1.0%。其中：合成润滑油，0.5%～1.0%；蜡，0.2%。

【包装储运】本品净重 40kg/包。与动物饲料分开放置；仅在原容器中保存；保持容器密封。

【注意事项】在某些矿物油中溶解度低于 0.3%，需在成品油中检查其溶解性。

4.　Irganox L107

【中文名称】高分子量酚类抗氧剂

【产品性能】可生物降解（CEC）；符合德国"蓝天使"环保标准；相对 BHT 和 2,6-二叔丁基酚等传统酚类抗氧剂可提供更高的热稳定性；在高温操作条件下，抗氧剂自身挥发损失小；无灰、低挥发性的高纯产品。

【主要用途】用于合成润滑油（0.5%～1.0%）、蜡（0.5%）。参考用量 0.2%～1.0%。

【包装储运】本品净重 40kg/包。保持容器密封、干燥，存于阴凉处。

5.　Irganox L109

【中文名称】高分子量酚类抗氧剂

【产品性能】相对 BHT 和 2,6-二叔丁基酚等传统酚类抗氧剂可提供更高的热稳定性；在高温操作条件下，抗氧剂自身挥发损失小；美国食品药品监督管理局（FDA）许可其用在可食物偶然接触的润滑剂中。

【主要用途】参考用量 0.2%～0.6%。其中：合成润滑油，0.5%～1.0%；蜡，0.2%。

【包装储运】本品净重 40kg/包。保持容器密封、干燥，存于阴凉处。

【注意事项】在某些液体中溶解度有限，须在成品油中检查其溶解性；在某些配方中有缓慢结晶的趋势，必要时，请检查配方的长期物理稳定性。

6.　Irganox L115

【中文名称】含硫醚基的高分子量酚类抗氧剂

【产品性能】可作为Ⅰ类抗氧剂和过氧化物分解剂（Ⅱ类抗氧剂），具有多功能活性。这在环烷基基础油和合成油中是有利的，例如 PAO 和羧酸酯类油。相对于传统酚类抗氧剂具有优异的热稳定性；经美国药品与食品管理局（FDA）认证，用于可能与食品接触的润滑剂中；

在高温操作条件下，允许有少量损失；在 CIGRE 实验中具有优异的性能。

【主要用途】参考用量 0.1%～0.8%。其中：合成润滑油 PAO，0.2%～0.3%；PAG，0.1%～0.5%。

【包装储运】本品净重 50kg/包。仅在原容器中保存。保持容器密封、干燥。在通风良好处储存。

【注意事项】在某些矿物油中溶解度小于 0.5%，须检查其在成品润滑剂中的溶解情况以及所调和润滑剂的使用寿命。

7．Irganox L135

【中文名称】液态高分子量酚类抗氧剂

【产品性能】在汽、柴发动机油中，会大大提高活塞清净性；可有效取代固态亚甲基双酚；水萃取性较低；在矿物油和非常规基础油中的溶解度极佳；易于与其他产品掺配使用；即使在低温下也不易结晶。

【主要用途】参考用量 0.2%～1.0%。其中：工业润滑油，0.1%～0.5%；发动机油，0.2%～0.8%。

【包装储运】本品净重 180kg/桶。保持容器密封、干燥，存于阴凉处。

8．Irgafos 168

【中文名称】三（二叔丁基苯基）亚磷酸酯

【产品性能】经美国药品与食品管理局（FDA）认证，用于可能与食品接触的润滑剂中；在矿物油、合成油特别是 PAO 中，与 Irganox L 系列抗氧剂有良好的协同作用；作为热稳定性和水解稳定性的 II 类抗氧剂，可以分解在氧化过程中形成的过氧化氢物和游离基。

【主要用途】用于工业润滑油，参考用量 0.1%～0.3%。

【包装储运】本品净重 20kg/包。保持容器密封、干燥，存于阴凉处。

9．Irganox L55

【中文名称】液态胺类抗氧剂混合物

【产品性能】可防止高温下发动机油的高温氧化和硝基氧化；减少润滑油硝基氧化中形成的油泥；不含稀释剂。

【主要用途】参考用量 0.2%～1.0%。其中：发动机油、自动传输液，0.2%～1.0%；防锈油、压缩机液体，0.2%～1.0%；无灰抗磨液压油、汽轮机油和润滑脂，0.2%～1.0%；偶尔与食品接触的工业润滑油 H1，最大 0.6%。

【包装储运】本品净重 200kg/桶。保持容器密封、干燥，存于阴凉处。

10．Irganox L64

【中文名称】液态胺类抗氧剂混合物及高分子量酚类抗氧剂混合物

【产品性能】防止高温下发动机油的高温氧化和硝基氧化；减少润滑油硝基氧化中形成的油泥；不含稀释剂；经美国药品与食品管理局（FDA）认证，用于可能与食品接触的润滑剂中。

【主要用途】参考用量 0.2%～1.0%。其中：发动机油，尤其是天然气发动机油，0.2%～0.8%；金属加工液，特别是轧制油，0.1%～0.3%；偶然与食品接触的工业润滑油，0.2%～0.5%。

【包装储运】本品净重 180kg/桶。长期储存或至凝固，加热至 50℃至形成澄清的溶液；过长的储存或暴露在光照下颜色会变深。

【注意事项】须在成品油中检查其溶解性。

11. Irganox L74

【中文名称】液态无灰抗氧剂及抗磨剂混合物

【产品性能】具有优异的抗磨性能；溶于所有类型压缩机油，包括 PAO、矿物油和酯类油等；良好的热稳定性；控制炭的残留；不含稀释剂；液体，易操作。

【主要用途】参考用量 0.2%～1.0%。其中：压缩机油，0.5%～1.0%。

【包装储运】本品净重 180kg/桶。仅在原容器中储存；10℃以上，通风保存。如果低温下结晶，加热至 30℃左右直至形成澄清的溶液。

【注意事项】不能用于与水接触的润滑油中；过长的储存或暴露在光照下颜色会变深。

12. Irganox L150

【中文名称】液态胺类抗氧剂混合物及高分子量酚类抗氧剂混合物

【产品性能】可防止高温下发动机油的高温氧化和硝基氧化；不含稀释剂；经美国药品与食品管理局（FDA）认证，用于可能与食品接触的润滑剂中。

【主要用途】参考用量 0.1%～0.8%。其中：工业润滑油，特别是汽轮机油，0.5%～0.7%；金属加工液，特别是轧制油与导热油，0.1%～0.5%；发动机油，尤其是天然气发动机油，0.2%～0.8%。

【包装储运】本品净重 180kg/桶。与动物饲料分开放置；仅在原容器中保存；保持容器密封。

【注意事项】须在成品油中检查其溶解性；长期储存或至凝固，加热至 60℃至形成澄清的溶液；过长的储存或暴露在光照下颜色会变深。

13. Irganox L620

【中文名称】液态胺类抗氧剂混合物及高分子量酚类抗氧剂混合物

【产品性能】可保持散装油的稳定性，保持汽油发动机与柴油发动机活塞的清洁；在矿物油等基础油中有优异的溶解性；不含稀释剂；液体，易操作；低温下，不易结晶。

【主要用途】参考用量 0.2%～1.0%。其中：工业润滑油，0.1%～0.5%；发动机油，0.2%～1.5%。

【包装储运】本品净重 180kg/桶。只能保存在原装容器中；远离食物与饮料。

油溶性金属减活剂

14. Irgamet 30

【中文名称】液态三氮唑衍生物

【产品性能】保护黄色金属免受腐蚀；在溶剂精制基础油中性能优异；在低浓度下表现出极佳性能；与 Irganox L 抗氧剂有极好的协同作用，可提供优异的氧化安定性；不影响变压器油的电介质性质；不含溶剂；在矿物油中有极佳溶解性，液体易于操作。

【主要用途】参考用量 0.05%～0.1%。其中：工业润滑油，0.02%～0.1%；燃气汽轮机油和 R&O 油，0.001%～0.005%。

【包装储运】本品净重 50kg/桶。远离食品及饮品；仅在原容器中储存；对静电需采取预防措施；保持容器密封；远离热源与引热源。

【注意事项】因其较低的生物降解性及对水中有机体潜在的毒性，不应用于金属加工液或其他可能会排放到环境中的液体里；可能与含金属的添加剂反应。

15. Irgamet 39

【中文名称】液态甲基苯并三氮唑衍生物

【产品性能】低浓度下具有高活性；经美国食品药品监督管理局(FDA)认证，可用于与食品接触的润滑剂中；加氢处理油中性能优异；与 Irganox L 抗氧剂极好的协同作用，可提供优异的氧化安定性；低挥发性；不含溶剂；在矿物油中有极佳溶解性，液体易于操作。

【主要用途】参考用量 0.02%～0.1%。其中：工业润滑油，尤其燃气汽轮机油和 R&O 油，0.02%～0.05%。

【包装储运】本品净重 50kg/桶。保持容器密封，干燥，存于阴凉处。

【注意事项】可能与含金属的添加剂反应。

水溶性金属减活剂

16. Irgamet 42

【中文名称】液态水溶性甲基苯并三氮唑衍生物

【产品性能】是苯三唑和甲基苯三唑的合适取代物；保护黄色金属和钴合金免受腐蚀；液体易于操作。

【主要用途】参考用量 0.1%～0.3%。其中：pH>7 的各种水基体系，0.1%～0.3%；发动机冷却液、高水基液压液、水/乙二醇液压液、金属加工液（乳化液与合成液）。

【包装储运】本品净重 50kg/桶。保持容器密封，干燥，存于阴凉处。储存温度 25～50℃，防止温度低于 0℃。

【注意事项】不推荐与亚硝酸盐一起使用，因可会形成亚硝酸胺；储藏在低于 5℃ 的环境中会形成结晶；在水及乙二醇中的溶解度可能会有差异。

17. Irgamet BTZ

【中文名称】苯并三氮唑

【产品性能】低浓度下具有高活性；保护黄色金属和钴合金免受腐蚀；经美国食品药品监督管理局(FDA)认证，可用于与食品接触润滑剂中。

【主要用途】参考用量 0.01%~1.0%。其中：工业润滑剂，0.01%～0.05%；水基浓缩液，0.2%～1.0%。

【包装储运】本品净重 50kg/包。保持容器密封，干燥，存于阴凉处。

【注意事项】矿物油中溶解度低于 0.1%。

18. Irgamet TTZ

【中文名称】甲基苯并三氮唑

【产品性能】低浓度下具有高活性；保护黄色金属和钴合金免受腐蚀。

【主要用途】参考用量 0.01%～1.0%。其中：工业润滑剂，0.01%～0.03%；水基浓缩液，0.2%～1.0%。

【包装储运】本品净重 50kg/包。保持容器密封，干燥，存于阴凉处。

【注意事项】矿物油中的溶解度低于 0.1%。

19. Irgamet TT50

【中文名称】50%甲基苯并三氮唑钠盐水溶液

【产品性能】低浓度下具有高活性；保护黄色金属和钴合金免受腐蚀；对铜和铜合金具有防护作用 。

【主要用途】参考用量 0.01%～1.0%。其中：水基浓缩液，0.5%～2.0%。

【包装储运】本品净重 50kg/桶。保持容器密封，干燥，存于阴凉处。

【注意事项】含有 Irgamet TT 50 的液体会有一定气味。

（九）雅宝公司（Albemarle）

1. Ethanox 4701

【中文名称】2,6-二叔丁基苯酚

【化学结构】

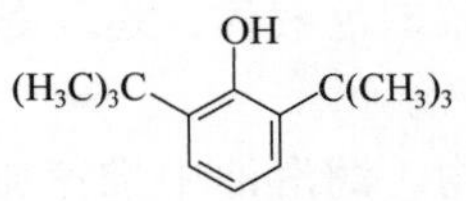

【产品性能】具有良好的抗氧化性能，用于各类润滑油产品，包括工业用油、变压器油、传动液、导轨油、淬火油等。

【实测值】开口闪点 94℃；熔点 36℃。

【主要用途】在润滑油和变压器油中，添加量一般为 0.15%～0.75%。

【包装储运】180kg 桶装。在密闭环境下储存，温度为 4.5～26.5℃。

2. Ethanox 4702

【中文名称】4,4-亚甲基二-(2,6-二叔丁基苯酚)

【化学结构】

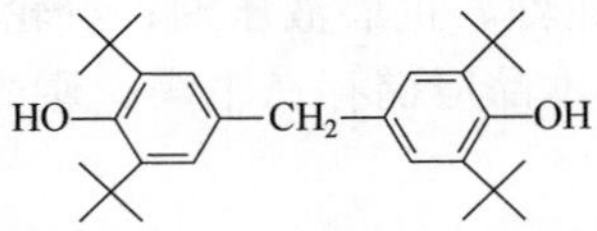

【产品性能】是一类高效的双酚类抗氧剂，用于内燃机油和工业用油，可以抑制酸性或不溶氧化物的形成。

【实测值】熔点 154℃。

【主要用途】用于内燃机油（包括客车电机油、柴油机油、航空用油、船用机油）、工业用油（包括涡轮机油、压缩机油、液压油、导轨油、淬火油、齿轮油等）。

【包装储运】25kg 袋装。在密闭环境下储存，无特别运输规定。

3. Ethanox 4716

【中文名称】受阻酚酯抗氧剂

【化学结构】

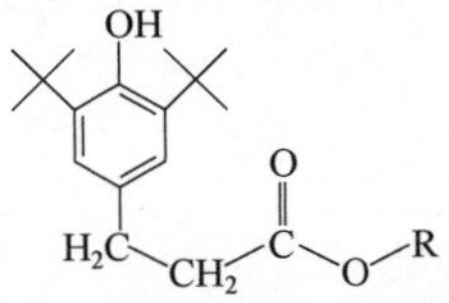

【产品性能】高温下挥发性低，适用于 API Ⅱ、Ⅲ 和 PAO 基础油，与烷基二苯胺共同使用有协同效应，与低硫、低灰、低磷内燃机油有很好的兼容性。

【实测值】闪点 174℃。

【主要用途】其使用量随应用要求的高低而变化。一般情况下，工业用油中的添加量为 0.1%～0.5%；内燃机油中的添加量为 0.3%～1.0%，当用于低硫、低磷内燃机油中时，建议提高添加量。

【包装储运】180kg 桶装。最高调和温度 70℃，建议储存温度 25～40℃。

4．Ethanox 5057

【中文名称】高活性、低挥发性液态二苯胺

【化学结构】

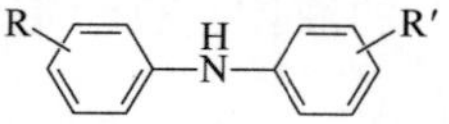

【产品性能】是一种液态烷基化二苯胺类抗氧剂。可抑制油品的氧化降解，控制氧化引起的黏度变化；与密封材料有良好的相容性；美国食品药品监督管理局（FDA）许可用于食品级润滑油的调配。

【实测值】外观为淡琥珀色至深琥珀色液体，运动黏度（40℃）421mm²/s，密度（20℃）976kg/cm³，氮含量 4.6%。

【主要用途】用于润滑油和聚合物。润滑油中推荐加剂量 0.1%～1.0%。

【包装储运】180kg 桶装。本品应储存在干燥、避光的室内仓库，并需下垫垫层，防止受潮、污染。

（十）范德比尔特公司（Vanderbilt）

1．Vanlube PCX（BHT）

【中文名称】2,6-二叔丁基对甲基苯酚

【产品性能】具有良好的抗氧化性能，在低温情况下使用效果更佳。

【主要用途】主要用于工业齿轮油、抗磨液压油、汽轮机油、变压器油及燃料油中。

【包装储运】净重 180kg/桶。本品应储存在干燥、避光的室内仓库，并需下垫垫层，防止受潮、污染。

2．Vanlube DND/Vanlube NA/Vanlube SL/Vanlube SS/Vanlube 81/Vanlube 848/Vanlube 961/Vanlube 849

【中文名称】烷基化二苯胺类抗氧剂

【化学结构】

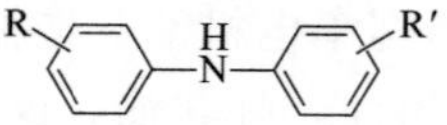

【产品性能】适合用于温度升高很快的工作条件，在合成酯类油中阻止油泥的形成。在汽车发动机油含磷量的控制和抗氧化性能的提高方面，是一类重要的无灰抗氧剂组分。

【实测值】氮含量由烷基链的长短而变化。

【主要用途】调制中高档润滑剂。该抗氧剂广泛应用于内燃机油、工业用油、航空发动机油、润滑脂中。

3．Vanlube RD

【中文名称】三甲基二氢喹啉低聚物

【产品性能】是润滑脂通用抗氧剂，在 1.0%的加入量下，其动态氧化试验表现出色。

【实测值】软化点 75℃。

【主要用途】调制各级润滑脂。

4．Vanlube 887/887E

【中文名称】抗氧协同剂

【化学成分】甲基苯并三氮唑化合物

【化学结构】是受阻酚类抗氧剂、无灰型二硫代氨基甲酸酯的混合物，Vanlube 887 与 887E

的区别在于所用稀释油不同。

【产品性能】是合成润滑油和润滑脂的有效抗氧剂组分。

【质量标准】琥珀色液体，氮含量 4.6%～5.7%。

【主要用途】调制合成油、润滑脂等产品。

5. Vanlube BHC

【中文名称】液态高分子量酚类抗氧剂

【化学结构】 $HO-\text{(苯环)}-CH_2-CH_2-C(=O)-O-i\text{-}C_8H_{17}$

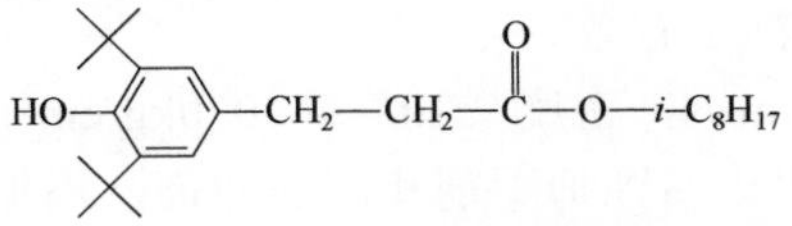

【产品性能】在汽、柴发动机油中，会大大提高活塞清净性；在矿物油和非常规基础油中有极佳的溶解度。

【主要用途】用于工业润滑油（0.1%～0.5%）、发动机油（0.2%～0.8%）。

6. Vanlube 996E

【中文名称】无灰硫代氨基甲酸酯与甲基苯三唑衍生物

【产品性能】建议在润滑油中使用的无灰抗氧化剂。这是一个通用工业润滑油的抗氧化剂，包括压缩机油、液压油、涡轮、天然气发动机油和循环油。

【质量标准】闪点 191℃；氮含量 1.84%～1.94%。

【主要用途】溶于矿物油和合成油，不溶于水；作为抗氧剂使用时，添加量 0.1%～1.0%；作为极压剂使用时，添加量 1.0%～4.0%。

【包装储运】190kg 桶装。

7. Vanlube 9317

【中文名称】专有高温胺类抗氧剂

【化学结构】胺类物质低聚物。

【产品性能】是合成聚酯类润滑剂优秀的抗氧化组分，在高温条件下，能显著降低润滑油中沉积物和油泥的形成。

【质量标准】闪点＞245℃；氮含量 1.84%～1.94%。

【主要用途】用作航空涡轮发动机油抗氧化组分。添加量为 1.5%～3.0%。

【包装储运】25kg 桶装。

8. Cuvan 484

【中文名称】2,5-二巯基-1,3,4-噻二唑衍生物

【产品性能】是无灰油溶性非金属的腐蚀抑制剂和金属减活剂，对抑制铜腐蚀特别有效。

【实测值】运动黏度 11mm²/s，密度（20℃）1070kg/m³，闪点 135℃。

【主要用途】用于工业润滑油、汽车发动机油、润滑脂和金属加工液，添加量为 0.10%～0.5%。

9. Cuvan 826

【中文名称】2,5-二巯基-1,3,4-噻二唑衍生物

【产品性能】具有独特的组成，能抑制硫化氢的腐蚀作用，是无灰油溶性非金属的腐蚀抑制剂和金属减活剂，对铜特别有效。

【实测值】运动黏度 3.85mm²/s，密度（20℃）1020kg/m³，闪点 149℃。

【主要用途】用于工业润滑油、汽车发动机油、润滑脂和金属加工液，添加量为 0.10%～0.5%。

10. NACAP

【中文名称】2-巯基苯并噻二唑钠

【产品性能】在铝、铜和铜合金系统中对铝具有优良的腐蚀抑制作用。水溶性，不溶于石油烃，对抑制铜和黄铜的腐蚀更有效。

【实测值】运动黏度 3.85mm²/s，密度（20℃）1070kg/cm³，闪点 149℃。

【主要用途】在防冻液中用作腐蚀抑制剂和碱缓冲剂，添加量为 0.1%～0.6%。

11. ROKON

【中文名称】2-巯基苯并噻唑

【产品性能】铜腐蚀抑制剂或减活剂。

【实测值】密度（20℃）1500kg/m³。

【主要用途】加量 0.0002%～0.25%，用于重负荷切削油、金属加工液、液压油及润滑脂等的铜腐蚀抑制剂或减活剂。也用作汽车用化学品、工业清洗剂和各种化学专用品的铜腐蚀抑制剂。

12. Vanchem NATA

【中文名称】2,5-二巯基唑钠盐

【产品性能】是含水系统中非铁金属的腐蚀抑制剂和金属减活剂。

【实测值】密度（20℃）1220kg/m³。

【主要用途】特别适用于防止焊料、铝、铜和铜合金的腐蚀，也是一种化学中间体，添加量为 0.1%～0.25%。

13. Vanlube 601E

【中文名称】杂环硫氮化合物

【产品性能】成膜型钝化剂，腐蚀和锈蚀抑制剂。与极压抗磨剂复合有协同作用。

【实测值】运动黏度 6.3mm²/s，密度（20℃）960kg/m³，闪点 157℃。

【主要用途】在矿物油、润滑脂和合成油脂中作防锈和铜钝化剂，添加量为 0.02%～1.0%。

第七节　黏度指数改进剂

在研制多级油时，为了满足油品的高、低温性能，需要在所使用的较低黏度的基础油中加入油溶性链状高分子聚合物，即黏度指数改进剂。黏度指数改进剂又称增黏剂，主要用于内燃机油、液压油、自动传动液和齿轮油中。黏度指数改进剂不仅能稠化基础油，改善油品的黏温性能，使油品具有良好的高温润滑性和低温流动性，而且可降低燃料和润滑油的消耗，实现油品通用化。

为了改善润滑油的黏温性能，人们通常在其中添加黏度指数改进剂（VII），以获得低温启动性能好、在高温下又能保持适当黏度的多级发动机油。早在 20 世纪 30 年代就在液压油和大炮齿轮油中加入高分子化合物，这种高分子化合物后来称之为黏度指数改进剂。20 世纪 30 年代末，人们首先将聚甲基丙烯酸酯（PMA）应用于航空液压油，以后又开发出聚异丁烯（PIB）。20 世纪 60 年代末至 70 年代初出现了乙丙共聚物（OCP）和氢化苯乙烯双烯共聚物（HSD），其中包括氢化苯乙烯丁二烯共聚物（SD）及氢化苯乙烯异戊二烯共聚物（HSP）等高分子化合物。

一、乙烯-丙烯共聚物

1. 作用原理

黏度指数改进剂是一种油溶性高分子化合物，在室温下呈橡胶状或固体。为便于使用，通常用 150SN 或 100SN 的中性油稀释为 5%～10%的浓缩物。添加了黏度指数改进剂的多级油与相同黏度的单级油比较，具有较高的黏度指数和平滑的黏温曲线。这类高分子化合物之所以能起到这样的作用，一般观点认为：黏度指数改进剂的高分子线圈在高温下伸展，在低温下收缩。这种线圈形态的变化，使其在高温下增黏能力强，在低温下又不会导致黏度的急剧增加，从而改善了润滑油的黏温性能。也就是说在较高温度下由于多级油中高分子线团的流体力学体积增大，导致内摩擦和黏度增加；而在较低温度下相反。

乙烯-丙烯共聚物的化学结构为：

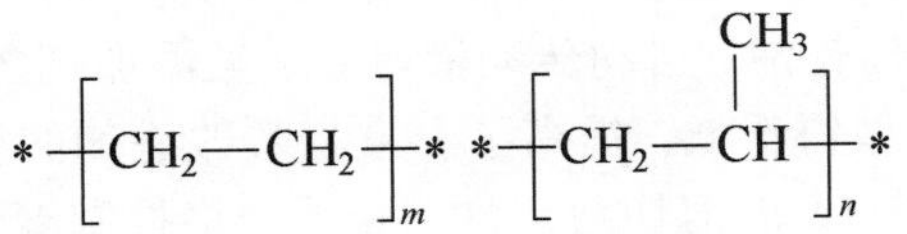

$$* {+\!\!\left[CH_2\!-\!CH_2 \right]\!}_m\!* \quad * {+\!\!\left[CH_2\!-\!\underset{\underset{CH_3}{|}}{CH} \right]\!}_n\!*$$

大量的研究表明，黏度指数改进剂的增黏能力主要决定于分子量的大小，对乙烯-丙烯共聚物而言，主要是主链碳数起决定作用。由于分子量越大，黏度指数改进剂越易剪切断裂，影响其总体的使用性能，所以不能靠一味地增加分子量来提高黏度指数改进剂的增黏能力。乙烯-丙烯共聚物（OCP）具有增黏能力和剪切稳定性较好、高温性能好及现场使用性能好等特点，价格也适中，是目前世界上用得较多的一个品种。OCP 在发动机油中得到广泛应用，特别是柴油机油，在内燃机油黏度指数改进剂的用量中，占到 80%以上。但其低温性能差一些，若用其配制低黏度的多级油，最好与酯型降凝剂复合来改善其低温性能。

2. 技术进展

1970 年由埃克森公司生产的 OCP 型黏度指数改进剂，剪切稳定指数为 50 左右，基本上是无定形的高聚物，乙烯含量为 40%～50%。在 20 世纪 80 年代生产出半结晶型的 OCP，其工艺是将乙丙共聚物中的乙烯含量提高至 70%以上，这样就使 OCP 有了结晶部分。因而使其在改善剪切稳定性的同时，又改进了增稠能力。这类添加剂由于其中乙烯有结晶，因而对含蜡高的基础油如大庆基础油的倾点及低温性能均有干扰，也和某些降凝剂如 T803 有干扰，因此很难用于含蜡高的基础油。随后又发展了结晶型的 OCP，它不是单纯提高乙烯含量，而是使乙烯集中在分子的中间，丙烯在分子的两端。比起半结晶型的 OCP，结晶型的 OCP 增稠能力与低温性能都得到很大的改善，但是由于其结晶性太强，因此在含蜡基础油中与降凝剂的配伍性成为问题。

二、聚甲基丙烯酸酯

1. 作用原理

聚甲基丙烯酸酯（PMA）的化学结构为：

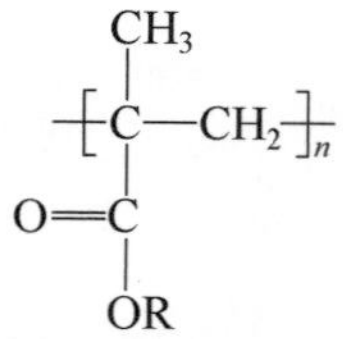

$$
\begin{array}{c}
CH_3 \\
| \\
-\!\!\left[\!\!\begin{array}{c} C \\ | \\ O\!=\!C \\ | \\ OR \end{array}\!-\!CH_2\right]_{\!n}\!\!-
\end{array}
$$

采用不同碳数的甲基丙烯酸烷基酯单体，在引发剂和相对分子质量调节剂存在下，通过溶液聚合制备。如烷基碳链足够长，可增加降凝作用，与含氮极性单体共聚则兼有一定的分散作用。PMA 是用得较早和较为广泛的品种之一，PMA 的低温性能特别好，改进油品黏度指数的效果好，氧化安定性好，但增稠能力、热稳定性和低温机械剪切性能差。作为内燃机油的黏度指数改进剂，可以较好地满足低温性能要求，但由于其增稠能力差，加入量大，因此影响到内燃机油的清净性。PMA 最适于配制高级汽车机油数控液压油和自动传动液等。

2. 技术进展

聚甲基丙烯酸酯是极性高分子化合物。分子量为 2 万～3 万的聚甲基丙烯酸酯可配制低温性能较好的液压油、多级齿轮油、自动传动液等。这类添加剂之所以广泛应用于齿轮油中，主要是因为它的分子量可以做得很低，提高了黏度指数改进剂的剪切稳定性，SSI 低于 15%，甚至在 5% 以下。若要提高 PMA 的剪切稳定性，必须严格控制聚合物分子量，当 Z 均分子量（M_z）小于 1 万时，黏度指数低；而大于 100 万时，剪切稳定性差。用于齿轮油的黏度指数改进剂的 M_z 应在 2 万～5 万之间；另外还需降低聚合物分散度，将其控制在 1.2～1.6 之间。

三、聚异丁烯

1. 作用原理

聚异丁烯（PIB）的油溶性、热稳定性、抗机械剪切稳定性好，但低温性能和增黏能力较差，不能配制黏度级别较低和跨度较大的多级内燃机油。这是由于 PIB 聚合物分子链有许多甲基侧链，所以比较刚硬，在低温状态下，它的黏度增长很快，因此低温性能不好。用于多级发动机油的聚异丁烯，分子量为 50000 左右，而低分子量（10000 左右）的聚异丁烯具有优良的剪切稳定性，可用于液压油和多级齿轮油。

2. 技术进展

聚异丁烯最初是由埃克森公司于 1934 年引入内燃机油中的，作为黏度指数改进剂使用，但是随着油品的发展，聚异丁烯的增稠能力差，低温性能也不好，因而现在已经被淘汰，几乎不作为黏度指数改进剂应用在润滑油中。

四、氢化苯乙烯-双烯共聚物

1. 作用原理

此类化合物是苯乙烯与异戊二烯或丁二烯的共聚物，加氢使双烯单体中的剩余双键饱和，以提高其热氧化安定性。氢化苯乙烯-双烯共聚物（HSD）分子量一般为 50 万左右，其稠化能力和剪切稳定性都较好，能满足多级内燃机油的要求，特别是配制大跨度的多级内燃机油。由于 HSD 良好的增稠能力和剪切稳定性，其使用量越来越大。

2. 技术进展

共聚物的剪切稳定指数均可低于 25%。星形共聚物的剪切稳定性比嵌段的更好，可以达到 5%左右。嵌段共聚物 SSI 为 10%，不仅如此，它们的增稠能力比相同剪切稳定性的 OCP 高得多。

五、产品牌号

（一）兰州/太仓中石油润滑油添加剂有限公司

1. RHY 615 乙丙共聚物黏度指数改进剂

【中文名称】RHY 615 乙丙共聚物黏度指数改进剂

【化学结构】
$$*\left[CH_2-CH_2\right]_m**\left[CH_2-\underset{\underset{CH_3}{|}}{CH}\right]_n*$$

【产品性能】具有好的稠化能力和极佳的剪切稳定性。

【质量标准】Q/SY RH3111—2016

项　　目	质量标准	实测值	试验方法
外观	透明黏稠液体	透明黏稠液体	目测
色度/号	≤2.0	1.5	GB/T 6540
密度(20℃)/ (kg/m³)	报告	848.5	GB/T 1884、SH/T 0604
运动黏度(100℃)/(mm²/s)	报告	1900	GB/T 265
闪点(开口)/℃	≥185	226	GB/T 3536
水分含量/ %	≤0.03	痕迹	GB/T 260
机械杂质含量/%	≤0.05	0.01	GB/T 511
稠化能力/(mm²/s)	6.5～7.5	7.1	SH/T 0622 附录 A
剪切稳定性，柴油喷嘴法（100℃）剪切稳定指数 SSI	≤20	17.3	SH/T 0622 附录 C

【生产方法】调油时，最高温度不应超过 75℃。

【主要用途】可调制多级内燃机油。

（二）无锡南方石油添加剂有限公司

1. T 612 乙丙共聚物黏度指数改进剂

【中文名称】T 612 乙丙共聚物黏度指数改进剂

【产品性能】具有好的稠化能力和剪切稳定性。

【质量标准】SH/T 0622—2007

项　　目	质量指标	试验方法	项　　目	质量指标	试验方法
外观	黄色透明黏稠液体	目测	水分含量/%	≤0.05	GB/T 260
			机械杂质含量/%	≤0.08	GB/T 511
色度/号	≤2.5	GB/T 6540	干剂含量/%	≥6.5	SH/T 0034
密度(20℃)/(kg/m³)	860～880	GB/T 1884、GB/T 1845	稠化能力/(mm²/s)	≥6.5	SH/T 0622 附录 A
运动黏度(100℃)/(mm²/s)	≥600	GB/T 265	剪切稳定指数(100℃)/%	≤40.0	SH/T 0622 附录 C
闪点(开口)/℃	≥170	GB/T 3536			

【生产方法】调油时，最高温度不应超过 65℃。

【主要用途】可调制多级汽油机油和工业润滑油。

【包装储运】长期储存，建议不超过 50℃，切勿带水。

2. T 613 乙丙共聚物黏度指数改进剂

【中文名称】T 613 乙丙共聚物黏度指数改进剂

【产品性能】较 T 612 具有更好的稠化能力和剪切稳定性。

【质量标准】SH/T 0622—2007

项　目	质量指标	试验方法	项　目	质量指标	试验方法
外观	黄色透明黏稠液体	目测	水分含量/%	≤0.05	GB/T 260
			机械杂质含量/%	≤0.08	GB/T 511
色度/号	≤3.0	GB/T6540	干剂含量/%	≥11.5	SH/T 0034
密度(20℃)/(kg/m³)	860～880	GB/T 1884、GB/T 1845	稠化能力/(mm²/s)	≥4.2	SH/T 0622 附录 A
运动黏度(100℃)/(mm²/s)	≥800	GB/T 265	剪切稳定指数(100℃)/%	≤25	SH/T 0622 附录 C
闪点(开口)/℃	≥170	GB/T 3536			

【生产方法】调油时，最高温度不应超过 65℃。

【主要用途】可调制多级内燃机油、自动传动液和工业润滑油。

【包装储运】长期储存，建议不超过 50℃，切勿带水。

3. T 614 乙丙共聚物黏度指数改进剂

【中文名称】T 614 乙丙共聚物黏度指数改进剂

【产品性能】较 T 612、T 613 具有更好的稠化能力和剪切稳定性，低温性能优越。

【质量标准】SH/T 0622—2007

项　目	质量指标	试验方法	项　目	质量指标	试验方法
外观	黄色透明黏稠液体	目测	水分含量/%	≤0.05	GB/T 260
			机械杂质含量/%	≤0.08	GB/T 511
色度/号	≤3.0	GB/T6540	干剂含量/%	≥13.5	SH/T 0034
密度(20℃)/(kg/m³)	860～880	GB/T 1884、GB/T 1845	稠化能力/(mm²/s)	≥3.4	SH/T 0566
运动黏(100℃)/(mm²/s)	≥700	GB/T 265	剪切稳定指数(100℃)/%	≤25	
闪点(开口)/℃	≥170	GB/T 3536			

【生产方法】调油时，最高温度不应超过 65℃。

【主要用途】可调制多级内燃机油、自动传动液和工业润滑油。

【包装储运】长期储存，建议不超过 50℃，切勿带水。

（三）中石油吉林石化分公司

1. J-0010 乙丙共聚物

【中文名称】J-0010 乙丙共聚物

【产品性能】具有优良的增稠能力，良好的氧化安定性和剪切稳定性，其综合性能优异。

【质量标准】

项目	质量指标	试验方法	项目	质量指标	试验方法
外观	白色块状固体	目测	乙烯含量/%	48.1～53.1	Q/SY JH F 104001
			钒含量/(mg/kg)	≤10	Q/SY JH F 104004
挥发分含量/%	≤1.2	GB/T 6737(烘箱法)	门尼黏度 $ML_{1+4}^{100℃}$	8～13	GB/T 1232.1
灰分含量/%	≤0.10	GB/T 4498(方法 A)	分子量分布(M_w/M_n)	<2.3	凝胶色谱

【生产方法】调油时，最高温度不应超过 65℃。

【主要用途】可用于调制高、中、低档润滑油及润滑脂，也可用于其他油品的增稠剂，具有较好的增稠效果、较好的抗剪切稳定性及耐低温和抗氧化性能，是制备多级发动机齿轮油的主要添加剂之一。

【包装储运】长期储存，建议不超过 50℃，切勿带水。

（四）上海纳克润滑技术有限公司

1. NacoFlow 超高黏度茂金属聚 α-烯烃

【中文名称】超高黏度茂金属聚 α-烯烃

【化学名称】聚 α-烯烃

【化学结构】

【产品性能】具有超高黏度、规整的梳状侧支链结构和窄的分子量分布；具有优异的剪切稳定性、低温性能和黏温性能、良好的润滑性，极高的油膜强度；既可以替代传统的黏度指数改进剂，也可以替代高黏度基础油，用于高性能发动机油、齿轮油、液压油以及润滑脂中。

【质量标准】

项　　目	质量指标		试 验 方 法
	NacoFlow®600	NacoFlow®1000	
外观	清澈透明液体	清澈透明液体	目测
密度(20℃)/(g/cm³)	0.8495	0.8490	ASTM D1298
运动黏度(100℃)/(mm²/s)	615	1010	ASTM D445
运动黏度(40℃)/(mm²/s)	7700	11700	ASTM D445
黏度指数	270	310	ASTM D92
闪点(开口)/℃	300	>300	ASTM D92
倾点/℃	−21	−21	ASTM D97
酸值/(mgKOH/g)	0.01	0.01	ASTM D974
水分/(μg/g)	30	—	ASTM D6304
诺亚克蒸发损失/%	0.8	<0.1	ASTM D5800
KRL 剪切试验 100℃运动黏度变化(20h)/%	3.3	10.6	CECL-45-A-99

【生产方法】以 α-烯烃为原料，采用茂金属催化体系及自主合成技术制备的超高黏度聚 α-烯烃。

【主要用途】既可以替代传统的黏度指数改进剂，也可以替代高黏度基础油，用于高性能发动机油、齿轮油、液压油以及润滑脂中。推荐以 5%~15% 的加入量用于高性能发动机油中，可以更高的加入量用于高黏度工业润滑油中。

【包装储运】208L 标准铁桶，产品净重 170kg/桶。本品储藏时保持容器密闭，并置于干燥和通风良好的地方，远离热源、火花、火焰和其他火源。

【注意事项】本品不易燃、不易爆、无腐蚀性，在安全、环保、使用等方面同一般石油产品，不用进行特殊防护。

（五）雅富顿公司（Afton）

1. HiTEC 5708 聚甲基丙烯酸酯黏度指数改进剂

【中文名称】聚甲基丙烯酸酯黏度指数改进剂

【产品性能】非分散型的聚甲基丙烯酸酯黏度指数改进剂。

【生产方法】最高操作温度105℃。

【主要用途】适用于高黏度指数的液压油。

【包装储运】最高储存温度93℃。

2. HiTEC 5754 乙烯共聚物黏度指数改进剂

【中文名称】乙烯共聚物黏度指数改进剂

【产品性能】在汽油和柴油发动机润滑油中提供分散性能；优秀的剪切稳定性能符合欧洲标准需求。

【生产方法】最高操作温度120℃。

【主要用途】适用于曲轴箱油以及工业油。

【包装储运】卸载温度85℃；空气中最高储存温度70℃；氮气中最高储存稳定100℃。

3. HiTEC 5777 分散型黏度指数改进剂

【中文名称】分散型黏度指数改进剂

【化学成分】乙丙共聚物

【产品性能】具有优秀的剪切稳定性能和分散性能。

【生产方法】最高操作温度120℃。

【主要用途】适用于内燃机油和工业润滑油中。

4. HiTEC 5825H 乙烯共聚物黏度指数改进剂

【中文名称】HiTEC5825H 乙丙共聚物黏度指数改进剂

【化学结构】

$$* - \left[CH_2 - CH_2 \right]_m - * - \left[CH_2 - \underset{\underset{CH_3}{|}}{CH} \right]_n - *$$

【产品性能】具有优异的剪切稳定性和低温性能，在各类基础油中具有通用性。

【质量标准】

项　　目	实测值	试验方法	项　　目	实测值	试验方法
外观	青灰色固体	目测	稠化能力/(mm²/s)	0.65	SH/T 0622 附录 A
色度/号	0.7	GB/T 6540	剪切稳定性，柴油喷嘴法（100℃）剪切稳定指数 SSI	21.6	SH/T 0622 附录 C
密度(20℃)/(kg/m³)	875	GB/T 1884、SH/T 0604			
运动黏度(100℃)/(mm²/s)	1149	GB/T 265			
闪点(开口)/℃	210	GB/T 3536			

【主要用途】可调制多级内燃机油。推荐加剂量 8%～12%。其中：10W-40 级别油品，10.5%～11.5%、15W-40 级别油品，8.5%～9.5%、20W-40 级别油品，8.0%～9.0%。

【包装储运】溶解时最高温度不应超过150℃且需要氮气保护。

5. HiTEC 5835H 乙烯共聚物黏度指数改进剂

【中文名称】HiTEC5835H 乙丙共聚物黏度指数改进剂

【产品性能】剪切稳定性和稠化能力具有很好的平衡性，具有优异的低温性能，在各类基础油中具有通用性。

【质量标准】

项　　目	实测值	试验方法	项　　目	实测值	试验方法
外观	浅白色到琥珀色固体	目测	稠化能力/(mm²/s)	0.62	SH/T 0622 附录 A
色度/号	0.7	GB/T 6540	剪切稳定性，柴油喷嘴法（100℃）剪切稳定指数 SSI	35	SH/T 0622 附录 C
运动黏度(100℃)/(mm²/s)	1000	GB/T 265			

【主要用途】可调制多级内燃机油。推荐加剂量 0.5%～9.5%。

【包装储运】溶解时最高温度不应超过 150℃且需要氮气保护。

（六）赢创公司（Evonik）

1. 传动系黏度指数改进剂-0 系列、12 系列（表 2-1，表 2-2）

表 2-1　Viscoplex 0 系列黏度指数改进剂

牌　号	Viscoplex 0-022	Viscoplex 0-030	Viscoplex 0-050	Viscoplex 0-051	Viscoplex 0-101	Viscoplex 0-108
化学名称	聚甲基丙烯酸酯（PAMA）					
产品性能	剪切稳定型黏度指数改进剂。从矿物油、加氢基础油到合成油均可适用。调制油品可满足欧洲 OEM 规格严苛要求	剪切稳定型黏度指数改进剂。从矿物油到合成油均可适用，低温下具有降凝剂功效。调制油品可满足欧洲 OEM 规格严苛要求	剪切稳定型黏度指数改进剂。从矿物油、加氢基础油到合成油均可适用，低温下具有降凝剂功效，可满足严格的剪切稳定性要求	高性价比剪切稳定型黏度指数改进剂。从矿物油、加氢基础油到合成油均可适用，可满足严格的剪切稳定性要求，具有良好低温性能	从矿物油到合成油均可适用，低温下具有降凝剂功效	从矿物油到合成油均可适用，可提高黏度指数并改善低温性能
组成	聚甲基丙烯酸酯在溶剂精制矿物油中溶液					
典型值 外观	清亮	清亮	清亮	清亮	清亮	清亮
色度/号	1	1	1	0.5	1	1
100℃运动黏度/(mm²/s)	160	190	450	440	740	900
密度(15℃)/(kg/m³)	920	930	930	940	940	950
闪点/℃	130	130	140	140	150	>120
剪切安定性(PSSI,KRL,20h)	8	8	20	20	32	25
用途	用于调制多级齿轮油	用于调制多级齿轮油	用于调制多级齿轮油，如 SAE 75W-90/80W-140/75W-85/75W-80	用于调制多级齿轮油，如 SAE 75W-90 及同类齿轮油	用于调制多级齿轮油，如 SAE 75W-90/75W-85/75W-80/80W-140	用于调制多级齿轮油
包装储运	储存于阴凉干燥清洁的库房中					

续表

牌 号	Viscoplex 0-120	Viscoplex 0-192	Viscoplex 0-220	Viscoplex 0-232	Viscoplex 0-300
化学名称	聚甲基丙烯酸酯在溶剂精制矿物油中溶液				
产品性能	从矿物油、加氢基础油到合成油均可适用，低温下具有降凝剂功效，可提高黏度指数并改善低温性能	剪切稳定非分散型黏度指数改进剂，从矿物油到合成油均可适用，具有优异的增稠、高黏度指数提升能力，特别适用于传动效率改善和燃油经济性需要	从矿物油到合成油配方均可适用，低温下有效控制蜡晶晶，可提高黏度指数并改善低温性能	剪切稳定型黏度指数改进剂。从矿物油到合成油均可适用，可提高黏度指数并改善低温性能	高性价比剪切稳定型黏度指数改进剂。从矿物油、加氢基础油到合成油均可适用，蜡结晶控制性能高，具有良好低温性能
组成	聚甲基丙烯酸酯在深精制矿物油中溶液		聚甲基丙烯酸酯在溶剂精制矿物油中溶液		
典型值	外观	清亮	浑浊	清亮	清亮	清亮
	色度/号	2	1	2	2	2
	100℃运动黏度/(mm²/s)	375	350	600	775	1250
	密度(15℃)/(kg/m³)	930	870	930	930	940
	闪点/℃	140	>110	>120	180	>120
	剪切安定性(PSSI,KRL,20h)	35	26	45	40	47
用途	用于调制多级齿轮油。如 SAE 75W-90/75W-85/75W-80/80W-140	用于调制传动系统油	用于调制多级齿轮油，如 SAE 75W-80/80W-140	用于调制低黏度多级齿轮油，如 SAE 75W-80/80W-140	用于调制多级齿轮油
包装储运	储存于阴凉干燥清洁的库房中				

表 2-2　Viscoplex 12 系列黏度指数改进剂

牌 号	Viscoplex 12-075	Viscoplex 12-095	Viscoplex 12-115	Viscoplex 12-150	Viscoplex 12-199	Viscoplex 12-212	Viscoplex 12-292
化学名称	聚甲基丙烯酸酯						
产品性能	高剪切稳定非分散型黏度指数改进剂。适用于非常规（加氢）和常规基础油，可提供卓越布氏黏度性能	高剪切稳定分散型黏度指数改进剂。适用于非常规（加氢）和常规基础油，可提供卓越布氏黏度性能	高剪切稳定分散型黏度指数改进剂。适用于非常规（加氢）和常规基础油，可提供卓越布氏黏度性能	良好剪切稳定型黏度指数改进剂。适用于非常规（加氢）和常规基础油，可提供卓越布氏黏度性能	剪切稳定非分散型黏度指数改进剂。适用于各类基础油（包括矿物油和合成油），具有优异增稠和黏指提升能力，可有效增强传动效率并改善燃油经济性	剪切稳定分散型黏度指数改进剂。适用于各类基础油（包括矿物油和合成油），具有优异增稠和黏指提升能力，可有效增强传动效率和改善燃油经济性	良好剪切稳定分散型黏度指数改进剂。适用于非常规（加氢）和常规基础油，可提供卓越布氏黏度性能
组成	聚甲基丙烯酸酯在深精制矿物油中溶液						
典型值	外观	清亮至微浑浊	清亮至微浑浊	清亮至轻微浑浊，黏稠	清亮	浑浊	清亮至微浑浊	清亮
	颜色	0.5	1	0.5	1	1	1	0.5
	100℃运动黏度/(mm²/s)	575	1630	400	850	2200	1760	478
	密度(15℃)/(kg/m³)	960	960	930	960	890	890	930
	闪点/℃	>95	>120	>100	>95	>110	>110	>110
	增稠效率(RMF 5 中 10%,100℃)/(mm²/s)	8.1	13.30	8.7	10			9.25

续表

牌　号	Viscoplex 12-075	Viscoplex 12-095	Viscoplex 12-115	Viscoplex 12-150	Viscoplex 12-199	Viscoplex 12-212	Viscoplex 12-292
典型值 黏度损失 (KRL, 20h)/%	3	16.1	14	17			16
剪切安定性 (PSSI)(KRL,20h)	9	26.9	38	40	26	25	38
用途	用于自动传动液	用于自动变速箱油、CVTF 和 DCTF	用于自动/手动传动液、CVTF 等黏温性要求严苛油品	用于自动变速箱油	用于传动液	用于传动系统油	用于自动和手动变速箱油、CVTF
包装储运	储存于阴凉干燥清洁的库房中						

牌　号	Viscoplex 12-320	Viscoplex 12-413	Viscoplex 12-419	Viscoplex 12-501	Viscoplex 12-709
化学名称	聚甲基丙烯酸酯				
产品性能	剪切稳定分散型黏度指数改进剂。适用于各类基础油（包括矿物油、加氢油和合成油）	分散型黏度指数改进剂。适用于各类基础油（包括矿物油和合成油）	剪切稳定非分散型黏度指数改进剂。适用于非常规（加氢）和常规基础油	分散型黏度指数改进剂。适用于矿物型基础油，具有良好增稠能力	分散型黏度指数改进剂。适用于矿物型基础油，具有优异增稠能力
组成	聚甲基丙烯酸酯在深精制矿物油中溶液				
典型值 外观	清亮	清亮	清亮，无沉积物	清亮	清亮至轻微浑浊
颜色	0.5	0.5	0.5	0.5	1
100℃运动黏度/(mm²/s)	750	750	1670	760	2000
密度(15℃)/(kg/m³)	940	920	930	910	910
闪点/℃	140	150	140	150	190
增稠效率 (RMF 5 中 10%, 100℃)/(mm²/s)	9.9	12.26	13.8	13.5	19.8
黏度损失 (KRL, 20h)/%	19	38	39	44	
剪切安定性 (PSSI)(KRL, 20h)	42	68	66	75	90
用途	用于自动传动液（典型加剂量 10%~15%）和手动变速箱油	用于自动传动液，典型加剂量 5%~7%	用于自动变速箱油	用于自动传动液，典型加剂量 5%~7%	用于自动传动液，典型加剂量为 3%
包装储运	储存于阴凉干燥清洁的库房中				

2. 发动机油黏度指数改进剂——2系列、3系列、6系列（表2-3）

表2-3 Viscoplex 2系列、3系列、6系列黏度指数改进剂

牌 号	Viscoplex 2-540	Viscoplex 2-602	Viscoplex 3-510	Viscoplex 3-810	Viscoplex 3-160	Viscoplex 3-162	Viscoplex 3-201
化学名称	聚甲基丙烯酸酯						
产品性能	剪切稳定分散型黏度指数改进剂。具有增稠和黏度指数改进能力，有很高剪切稳定性和分散特性。可有效控制蜡结晶，表现出良好的低温改善特性，具有降凝剂效果	分散型黏度指数改进剂。能以经济方式增稠并改进黏度指数，对配方分散性有一定贡献。可有效控制蜡结晶，具有降凝剂效果	剪切稳定型黏度指数改进剂。具有高效增稠和黏度指数改进能力，并保持良好剪切稳定性，具有降凝剂功效	非分散型黏度指数改进剂。中等剪切水平下具有良好增稠和黏度指数提升能力，表现出优异高温和低温黏度性能，具有降凝剂功效	COMB类型黏度指数改进剂。具有良好增稠、优异黏指数提升和剪切稳定性能		
组成	聚甲基丙烯酸酯（PAMA）在深精制矿物油中溶液				聚合物溶解于Ⅲ类基础油		
典型值 外观	黏稠，浑油	黏稠，浑油	清亮，无沉积物	清亮，无沉积物	清亮，无沉积物	清亮，无沉积物	清亮，无沉积物
典型值 颜色或色度/号	棕色	棕色	1	0.5	0.5	0.5	1
典型值 100℃运动黏度/(mm²/s)	2300	2100	1250	1100	600	480	900
典型值 密度(15℃)/(kg/m³)	890	890	920	900	880	870	880
典型值 闪点/℃	180	>120	>120	150	>120	114	120
典型值 剪切安定性(PSSI,柴油喷嘴)	25	32	23	45	<1.5	<1	4.1
用途	用于高性能汽油机油和柴油机油	用于高性能汽油机油和柴油机油	用于多级发动机油	用于多级发动机油	用于有燃油经济性要求的多级发动机油，如低黏且满足节能要求SAE 0W-16和0W-20油品	用于有燃油经济性要求的多级发动机油，如低黏且满足节能要求SAE 0W-16和0W-20油品	用于有燃油经济性要求的多级发动机油，如有节能性要求SAE 0W-20和SAE 5W-30油品
包装储运	储存于阴凉干燥清洁的库房中						

牌 号	Viscoplex 3-220	Viscoplex 6-054	Viscoplex 6-565	Viscoplex 6-850
化学名称	聚甲基丙烯酸酯			
产品性能	COMB类型黏度指数改进剂。具有优异黏温性能	多功能分散型黏度指数改进剂。结合黏度指数改进剂、降凝剂及低温烟炱分散剂功能，可提供很好高温和低温黏度及油泥分散性能，对油品烟炱控制与黏度增加有重要贡献，特别是长换油期高负荷柴油机油	氟橡胶友好剪切稳定分散型高效多功能黏度指数改进剂。可有效控制苛刻条件下汽机油油泥和清漆沉积物形成，大大降低烟炱沉积导致黏度增长；优异降凝功效；有效降低氟橡胶密封件弹性影响	多功能分散型黏度指数改进剂。在燃油经济性配方中提供优异高温和低温性能平衡；很好分散性，有效控制机油清漆和淤泥形成，在苛刻使用环境如经常起停、出租车或警用车型中表现突出

续表

牌　号	Viscoplex 3-220	Viscoplex 6-054	Viscoplex 6-565	Viscoplex 6-850
组成	聚合物溶解于合成酯	聚合物在高精炼矿物油中溶液		
典型值 外观	清亮，无沉积物	黏稠，清亮至轻微混浊	黏稠，浑浊	清亮至轻微浑浊
颜色或色度/号	2	1	3	淡黄色至琥珀色，<4.5
100℃运动黏度/(mm²/s)	2450	500	2000	1200
密度(15℃)/(kg/m³)	940	910	920	910
闪点/℃	120	>120	180	150
剪切安定性(PSSI,柴油喷嘴)	6	5	30	45
用途	用于有燃油经济性要求的高性能汽油机油和柴油机油	用于汽油机油和柴油机油，尤其是多级柴油机油	用于多级汽油机油	用于汽油机油和柴油机油。特别是有燃油经济性要求，发动机油，与高黏度指数基础油调配 SAE 0W-20 油品
包装储运	储存于阴凉干燥清洁的库房中			

3. 液压油黏度指数改进剂——7系列、8系列（表2-4，表2-5）

表2-4　Viscoplex 7系列黏度指数改进剂

牌　号	Viscoplex 7-200	Viscoplex 7-302	Viscoplex 7-305	Viscoplex 7-310	Viscoplex 7-510
化学名称	聚甲基丙烯酸酯				
产品性能	可改进配方黏度指数并有很高剪切安定性。与适宜低黏度基础油相调配，可满足极低温下黏度要求，具有最佳过滤性、破乳化性和酸值	具有高黏度指数和剪切稳定性。与合适低黏度基础油调配，可满足航空液压油超低温黏度性能要求，如 MIL-H-5606F、NATO codes H-515、DEF STAN 91-48、Air 3520 及类似功能液压油。具有最佳过滤性、破乳化性和酸值	高剪切安定型黏度指数改进剂。适用于环烷基、石蜡基和合成基础油，满足高过滤性、破乳化要求	具有高黏度指数和剪切稳定性。与合适低黏度基础油调配，可满足极低温下黏度要求，具有最佳过滤性、破乳化性和酸值
组成	聚合物在深精制矿物油中溶液				
典型值 外观	清亮，无沉积物	清亮，无沉积物	清亮至轻微浑浊	清亮，无沉积物	清亮，无沉积物
颜色或色度/号	0.5	0.5	淡黄色至琥珀色黏稠液体，2	0.5	0.5
100℃运动黏度/(mm²/s)	1250	900	850	825	1200
密度(15℃)/(kg/m³)	940	920	930	920	920
闪点/℃	81℃	95℃	>100℃	>100℃	>85℃
剪切安定性(PSSI)					
30循环	0	4	4	4	14
250循环	4	10	10	10	
超声波实验(PSSI)/%	29/6.5	36/5.6	33/6.1	36/5.6	42/10.0
KRL,20h(PSSI)/%	37/6.5	51/5.6	61/5.8	50/5.6	66/10.0

牌　号	Viscoplex 7-200	Viscoplex 7-302	Viscoplex 7-305	Viscoplex 7-310	Viscoplex 7-510
用途	用于高速液压油（含减震器油）	用于航空液压油和特种液压油，MIL-H-5606F 典型加剂量15.5%		用于特种液压油，专门为严寒气候所要求的高黏指数流体和车用流体设计；也适用于各种工业液压油	用于特种液压油（含减震器油）
包装储运	储存于阴凉干燥清洁的库房中				

表 2-5　Viscoplex 8 系列黏度指数改进剂

	牌　号	Viscoplex 8-200	Viscoplex 8-219	Viscoplex 8-251	Viscoplex 8-310	Viscoplex 8-360	Viscoplex 8-400	Viscoplex 8-407
	化学名称	聚甲基丙烯酸酯						
	产品性能	具有高剪切安定性和高黏度指数改进能力，适用于石蜡基、环烷基或PAO基础油。能有效控制蜡结晶，使液压油具有优异低温黏度和倾点，满足过滤性和抗乳化性要求	具有很高剪切安定性和高黏度指数改进能力，适用于石蜡基、环烷基或PAO 基础油。与适宜降凝剂共同作用，能有效控制蜡结晶，使液压油具有优异倾点和低温黏度，满足过滤性和抗乳化性要求	具有剪切安定性和高黏度指数提升能力，适用于石蜡基或石蜡基/环烷基混合基础油。与适宜降凝剂共同作用，能有效控制蜡结晶，使液压油具有优异倾点和低温黏度，满足过滤性和抗乳化性要求	具有很高剪切安定性和高黏度指数提升能力，适用于石蜡基或石蜡基/环烷基混合基础油。与适宜降凝剂共同作用，能有效控制蜡结晶，使液压油具有优异倾点和低温黏度，满足过滤性和抗乳化性要求	具有剪切稳定性和高黏度指数提升能力，适用于石蜡基或石蜡基/环烷基混合基础油。能有效控制蜡结晶，使液压油具有优异倾点和低温黏度，满足过滤性和抗乳化性要求		
	组成	聚合物在深精制矿物油中溶液						
典型值	外观	清亮，无沉积物	清亮轻微浑浊，黏稠	清亮，黏稠	清亮，无沉积物	清亮，无沉积物	清亮，无沉积物	清亮，无沉积物
	颜色或色度/号	0.5	浅黄色或琥珀色，1.5	1.5	0.5	0.5	0.5	1.0
	100℃运动黏度/(mm²/s)	675	800	1100	1250	1350	1100	1600
	密度(15℃)/(kg/m³)	940	940	940	940	920	930	930
	闪点/℃	>120	>120	140	>120	>110	140	120
	剪切安定性(PSSI)							
	30 循环				4		8	
	250 循环				8		15	15
	超声波实验/%				32/6.1	49/10	43/5.7	43/10
	KRL,20h/%				47/5.2		63/5.7	
	用途	兼具降凝剂功效的高效液压油黏度指数改进剂	高效液压油黏度指数改进剂		具有降凝效果的液压油黏度指数改进剂	经济型液压油黏度指数改进剂	具降凝效果的液压油黏度指数改进剂	具降凝效果的经济型液压油黏度指数改进剂
	包装储运	储存于阴凉干燥清洁的库房中						

$100℃$ 运动黏度/(mm²/s)；密度(15℃)/(kg/m³)

续表

牌　号	Viscoplex 8-450	Viscoplex 8-610	Viscoplex 8-944	Viscoplex 8-954
化学名称	聚甲基丙烯酸酯			
产品性能	具有剪切稳定性和高黏度指数提升能力，适用于石蜡基或石蜡基/环烷基混合基础油。能有效控制蜡结晶，使液压油具有优异倾点和低温黏度，满足过滤性和抗乳化性要求	较低加剂量下具有高效黏度指数提升能力，专为石蜡基或石蜡基/环烷基混合基础油配方设计。能有效控制蜡结晶，使液压油具有非常低的低温黏度和倾点，满足过滤性及抗乳化性要求	分散型黏度指数改进剂，具有高黏度指数提升、降低倾点和改善复合剂相容性特点。适用于各种基础油，能有效控制蜡结晶，使拖拉机液压油具有优异倾点和低温黏度。John Deere 批准用于调配 JD 20C 和 JD 20D，具有优异过滤性	具有高黏度指数提升能力，适用于石蜡基或石蜡基/环烷基混合基础油。能有效控制蜡结晶，使液压油具有优异倾点和低温黏度，满足过滤性和抗乳化性要求
组成	聚合物在深精制矿物油中溶液			
典型值	外观	清亮，无沉积物	清亮，无沉积物	清亮至轻微浑浊	清亮至轻微浑浊
	颜色或色度/号	0.5	1.0	浅黄色至琥珀色，3	浅黄色至琥珀色，3
	100℃运动黏度/(mm²/s)	1520	1450	1170	1250
	密度(15℃)/(kg/m³)	930	920	910	900
	闪点/℃	>120	>120℃	170℃	>120℃
	剪切安定性(PSSI)				
	30 循环	14	23	45	45
	250 循环	21	28	56	56
	超声波实验/%	51/4.9	56/4.2		75/3.2
	KRL,20h/%	62/4.9	75/4.2		89/3.2
用途	兼具降凝剂功效的液压油黏度指数改进剂。典型添加量：ISO VG 46（VI 175）5.8%	兼具降凝剂功效经济型液压油黏度指数改进剂	高性能拖拉机液压油黏度指数改进剂。典型加剂量 2.5%～5.0%（剪切稳定性满足 JD 102Q: 20%黏度损失）	兼具降凝剂功效的高性能液压油黏度指数改进剂。典型加剂量 ISO VG 46（VI 175）7.1%
包装储运	储存于阴凉干燥清洁的库房中			

4. 环境友好液压油黏度指数改进剂——10 系列（表 2-6）

表 2-6　Viscoplex 10 系列黏度指数改进剂

牌　号	Viscoplex 10-250	Viscoplex 10-950
化学名称	聚甲基丙烯酸酯	
产品性能	环境友好黏度指数改进剂，具有高黏度指数提升能力和良好剪切稳定性。用于合成酯基础油调制高剪切安定性润滑油，并将对低温性能影响降至最低(即使加剂量很高)	经济型环境友好黏度指数改进剂，具有高度黏数指提升能力，能有效降低菜籽油等植物油倾点并能稳定于-25℃
组成	聚合物在可生物降解合成酯中溶液	聚甲基丙烯酸酯在可生物降解基础油（包括植物油和合成酯）中溶液

续表

牌　号	Viscoplex 10-250	Viscoplex 10-950
外观	清亮，无沉积物	清亮，无沉积物
颜色	0.5	1.0
100℃运动黏度/(mm²/s)	1250	1730
密度(15℃)/(kg/m³)	960	940
闪点/℃	150	180
剪切安定性(PSSI)		
30 循环	3	48
250 循环	7	62
超声波实验(PSSI%/)	33/5.1	
KRL, 20h(PSSI%/)	44/5.1	
用途	用于环境友好液压油	用于环境友好液压油，兼具降凝剂功效。典型加剂量6.0%(可增黏 KV 100℃至 15mm²/s)
包装储运	储存于阴凉干燥清洁的库房中	

（表左侧纵向标注：典型值）

5. 合成基础油（也可用作黏度指数改进剂）——5 系列、11 系列（表2-7）

表 2-7　Viscoplex 5 系列、11 系列黏度指数改进剂

牌号	Viscoplex 5-220	Viscoplex 11-522	Viscoplex 11-524	Viscoplex 11-574
化学名称	聚甲基丙烯酸酯			
产品性能	是润滑油组分和基础油，与复合剂有良好的相容性。适用于调配经济性配方，尤其是与Ⅲ类基础油混合	是润滑油组分和基础油，与复合剂有良好相容性	是润滑油组分和基础油，与复合剂具有良好相容性	是润滑油组分和基础油，与复合剂具有良好相容性
组成	高黏度合成基础油			
外观	澄清	清亮	清亮	清亮
颜色/号	1.5	1.5	1.5	0.5
运动黏度(100℃)/(mm²/s)	480	480	580	450
密度(15℃)/(kg/m³)	940	940	940	930
闪点/℃	220	220	220	220
倾点/℃	−6	−6	−6	
酸度/(mgKOH/g)	0.07			
水分含量/(μg/g)	150			
用途	用于调配半合成或合成型工业齿轮油	用于调配半合成或全合成车辆齿轮油	用于调配半合成或全合成车辆和工业齿轮油	用于调配半合成或全合成车辆齿轮油
包装储运	储存于阴凉干燥清洁的库房中			

（表左侧纵向标注：典型值）

（七）巴斯夫公司（BASF）

1. Irgaflo 1100 V

【中文名称】甲基丙烯酸酯聚合物

【产品性能】适用于各类溶剂精制和加氢基础油；在超声波和 1000h KRL 剪切安定性良好的抗剪切性；具有优异的破乳性和过滤性；低黏度液体，易于操作。

【主要用途】参考用量 3%～15%。其中：工业和车用齿轮油、液压油、汽轮机油、纸机循环油（5%～15%）。

【包装储运】本品净重 180kg/桶。只能保持在原容器中；保持容器密封，置于干燥、阴凉阴凉处；远离食物与饮料。

2. Irgaflo 6000 V

【中文名称】甲基丙烯酸酯聚合物

【产品性能】适用于溶剂精制和加氢基础油；稠化效率高，加剂量低；可用于注重增稠效果，抗剪切要求相对一般的场合。

【主要用途】参考用量 3%～10%。其中：液压油，5%～10%。

【包装储运】本品净重 180kg/桶。只能保持在原容器中；远离食物和饮料；保持容器密闭；避免蒸汽形成，远离点火源；保持良好的排气通风；切勿在作业场所饮食或吸烟。

3. Irgaflo 6100 V

【中文名称】甲基丙烯酸酯聚合物

【产品性能】适用于溶剂精制油和加氢基础油；优化的增稠效率，最大限度减少剪切应用的添加量；100℃时运动黏度低于 1000mm²/s，易于操作。

【主要用途】参考用量 3%～15%。其中：曲柄轴箱油（包括 0W 级别）、减震器泵油、液压油、防锈油，5%～15%。

【包装储运】本品净重 180kg/桶。保持容器密封，置于干燥、阴凉处；防止温度低于 0℃。

4. Irgaflo 6300 V

【中文名称】甲基丙烯酸酯聚合物

【产品性能】适用于溶剂精制和加氢基础油；具有增稠效果和剪切稳定性的良好平衡性能；100℃时运动黏度低于 1300mm²/s，易于操作。

【主要用途】参考用量 3%～15%。其中：曲柄轴箱油（包括 0W 级别）、减震器泵油、液压油，5%～15%。

【包装储运】本品净重 180kg/桶。远离食物和饮料；只能保持在原容器中；保持容器密闭；避免蒸汽形成，远离点火源；保持良好的排气通风；切勿在作业场所饮食或吸烟。

（八）雪佛龙奥伦耐公司（ChevronOronite）

1. Paratone 8065E 黏度指数改进剂

【中文名称】Paratone 8065E 黏度指数改进剂

【化学名称】乙丙共聚物

【化学结构】
$$*\left[CH_2-CH_2\right]_m * * \left[CH_2-\underset{CH_3}{CH}\right]_n *$$

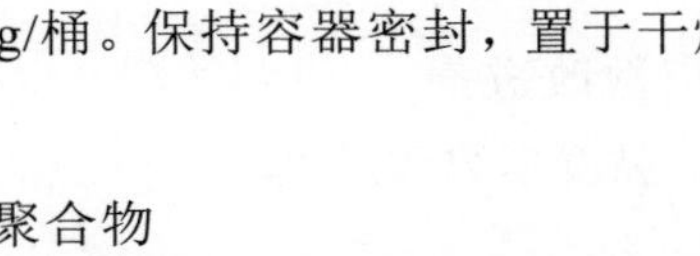

【产品性能】具有良好的剪切稳定性和优异的低温性能，不含降凝剂。

【质量标准】

项　目	实测值	试验方法	项　目	实测值	试验方法
色度/号	0.5	ASTM D 6045	闪点(开口)/℃	204	ASTM D 93
密度(15℃)/(kg/m³)	854	ASTM D 4052	剪切稳定性，柴油喷嘴法（100℃）		ASTM D 6278
运动黏度/(mm²/s)		ASTM D 445			
40℃	9000		剪切稳定指数 SSI	24	
100℃	750				

【主要用途】用于调制各类多级发动机油，在各种发动机油中的加剂量如下：

黏度级别	加剂量/%	黏度级别	加剂量/%	黏度级别	加剂量/%	黏度级别	加剂量/%
5W-30	7.5～9.5	10W-30	5.5～7.5	10W-40	11.5～13.5	15W-40	6.5～8.5
15W-50	12.0～14.0	20W-40	1.5～3.5	20W-50	5.5～8.5		

注：以上加剂量仅以典型数据范围作为举例。

【包装储运】装卸和使用请参照相应的安全技术说明书。注意最高操作温度。

2. Paratone 8475 黏度指数改进剂

【中文名称】Paratone 8475 黏度指数改进剂

【化学名称】乙丙共聚物

【化学结构】同 Paratone 8065E 黏度指数改进剂。

【产品性能】是一种可用于调制多级内燃机油、传动油和工业油的 50SSI 黏度指数改进剂，该剂不含降凝剂。

【主要用途】用于调制多级内燃机油、传动油和工业油。

【包装储运】装卸和使用请参照相应的安全技术说明书。注意最高操作温度。

3. Paratone 8900E 黏度指数改进剂

【中文名称】Paratone 8900E 黏度指数改进剂

【化学名称】乙丙共聚物

【化学结构】同 Paratone 8065E 黏度指数改进剂。

【产品性能】能显著提升黏度指数，同时兼具卓越的剪切稳定性和强劲的低温性能。

【质量标准】

项　目	实测值	试验方法
密度(15℃)/(kg/m³)	860	ASTM D 4052
剪切稳定性，柴油喷嘴法（100℃）剪切稳定指数 SSI	24	ASTM D 6278

注：1.5%的 PARATONE 8900E 溶解于 100℃ 黏度为 6.1mm²/s 参比油中，以 ASTM D 6278 或其等效试验获得。

【主要用途】用于调制多级发动机油、液力传动液和工业润滑油，在各种油中的加剂量如下：

黏度级别	加剂量/%	黏度级别	加剂量/%	黏度级别	加剂量/%	黏度级别	加剂量/%
5W-30	0.7～1.0	10W-30	0.5～0.8	10W-40	1.2～1.5	15W-40	0.7～1.0
15W-50	1.3～1.6	20W-40	0.2～0.5	20W-50	0.6～1.0		

注：① 以上数据总结于一系列雪佛龙典型发动机油配方。采用雪佛龙典型添加剂，加剂量 12%，基础油为溶剂精制基础油，一些特殊级别可能加入其他基础油。聚合物的具体加剂量会随着基础油性能的不同而有所变化。
② 以上加剂量仅以典型数据范围作为举例。

【包装储运】装卸和使用请参照相应的安全技术说明书。注意最高操作温度。

第八节　防锈剂

据统计，世界上冶炼得到的金属中约有三分之一由于生锈在工业中报废，许多精密仪器、设备因腐蚀运转不正常或停止运转。早在第一次世界大战中，就有库存的飞机发动机内部生锈发生故障，火力发电机的蒸汽透平和配管中因混入水而生锈，在第二次世界大战中也有武器在运输及储存中发生锈蚀的问题。因此各国都非常重视设备和武器的锈蚀问题，国外最早使用牛油、羊毛脂、石油脂类进行金属防锈。直到 1927 年才出现油溶性磺酸盐作为防锈剂的专利，20 世纪 30 年代出现了酸性磷酸酯、烯基/烷基丁二酸、亚油酸二聚物的防锈剂。20 世纪四五十年代武器防锈问题突出，各国进行了大量研究工作，防锈剂品种发展迅速，又发展了多元醇、有机金属盐、胺盐、有机胺衍生物、氧化石油脂、氧化石蜡及其金属盐、苯并三氮唑等杂环化合物。到 20 世纪 60 年代国外报道的防锈剂品种达百种以上。

一、油溶性防锈剂

1. 作用原理

防锈剂多是一些极性物质，其分子结构的特点是：一端是极性很强的基团，具有亲水性质；另一端是非极性的烷基，具有疏水性质。当含有防锈剂的油品与金属接触时，防锈剂分子中的极性基团与金属表面有很强的吸附力，在金属表面形成紧密的单分子或多分子保护层，阻止腐蚀介质与金属接触，见图 2-3。

防锈剂还对水及一些腐蚀性物质有增溶作用，将其增溶于胶束中，起到分散或减活作用，从而消除腐蚀性物质对金属的侵蚀。当然，碱性防锈剂对酸性物质还有中和作用，使金属不受酸

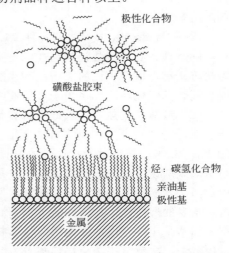

图 2-3　磺酸盐的溶解状态与极性化合物的增溶溶解（防锈油膜的结构）

的侵蚀。防锈剂在金属表面的吸附有物理吸附和化学吸附两种，有的情况是二者均有。磺酸盐在金属表面的吸附，目前认为是一种比较强的物理吸附，但也有人认为是化学吸附；有机胺由于胺中的氮原子有多余的配价电子，能够同吸附在金属表面的水分子借助氢键结合，使水脱离表面，其余胺分子在金属表面产生物理吸附。化学吸附最典型代表是羧酸型防锈剂，如长链脂肪酸、烯基丁二酸能与金属生成盐而牢固地吸附在金属表面。

综合以上吸附类型可看出：防锈剂在金属表面由于极性分子的偶极与金属表面发生静电吸引而形成物理吸附，如果吸附的分子能够与金属起化学作用，则形成化学吸附，还有一些情况是借助于配价键结合，可认为是介于物理和化学之间的吸附。

2. 技术进展

我国常用的防锈添加剂有石油磺酸钡、石油磺酸钠、2-氨乙基十七烯基咪唑啉烯基丁二酸盐、环烷酸锌、二壬基萘磺酸钡、苯并三氮唑、烷基磷酸咪唑啉盐、N-油酰肌氨酸及其十八胺盐、氧化石油脂钡皂、硬脂酸铝、羊毛脂及其皂类、司盘-80、Z 型防锈添加剂及防锈复合剂等。我国目前生产的防锈油脂的品种多达 100 余种，主要为民用。国外防锈剂常用复配物或使用多功能无灰防锈添加剂。

油溶性防锈剂品种可大致分为以下 6 类。

（1）磺酸盐 磺酸盐是防锈剂中的代表性品种，几乎可应用于所有的防锈油中。按原料来源分有石油磺酸盐或合成磺酸盐。按金属类型来分有钡盐、钙盐、镁盐、钠盐、锌盐，作为清净剂的磺酸盐用得最多的是钙盐，其次是镁盐；而作为防锈剂的磺酸盐用得最多的是钡盐，其次是钠盐和钙盐；除金属磺酸盐外，还有胺盐。按碱值来分有中性磺酸盐和碱性磺酸盐。

磺酸盐作为防锈剂的作用原理是通过吸附与增溶作用来实现的。磺酸盐对钢表面通常进行不可逆的较强的单分子吸附，并在油中形成胶束，溶解。在油中磺酸盐极性基向内侧、烷基向外侧排列，形成胶束而溶解。胶束的缔合数因磺酸盐的烃分子量与形状不同而异，二壬基萘磺酸盐为 10 左右，烷基苯系与石油系磺酸盐为 20～50。由于胶束缔合，增加了对水及有机酸等极性物质的溶解性。磺酸盐的增溶作用使侵入到油膜中的水及酸性物质失去活性，具有防锈性能。磺酸盐与其他防锈添加剂复合可产生协同效应，同时也有助于增加难溶添加剂的溶解性。

国外 Vanderbilt 公司生产各种金属的二壬基萘磺酸盐；国内 20 世纪 60 年代就开始生产石油磺酸钡、石油磺酸钠和碱性二壬基萘磺酸钡，20 世纪 90 年代又生产合成磺酸钡、磺酸钠盐防锈剂，以及中性的二壬基萘磺酸钡和二壬基萘磺酸锌等产品，中性盐不仅有防锈性，而且还有抗乳化性能，多用于液压油中。

（2）羧酸及其盐类 长链脂肪酸具有一定的防锈性，羧酸防锈剂用得较多的是烯基或烷基丁二酸，主要是十二烯基丁二酸。十二烯基丁二酸是汽轮机油的主要防锈剂，一般加量 0.03%～0.5%就能通过液相锈蚀的 B 法。它还广泛用于液压油、导轨油中。以 0.5%～3%用量与石油磺酸钡（或二壬基萘磺酸钡）复合调制各种防锈油。烯基丁二酸与磺酸钡的质量比一般在 1∶（3～5）为好。它的抗潮湿性能和百叶箱暴露试验效果好，对铅和铸铁的防腐性能差。本身的酸值高，加入油品中影响润滑油的酸值，使应用受到一定的限制。烯基丁二酸的制取通常是用叠合汽油或丙烯四聚体制取的十二烯与马来酐进行加合反应，再沉降、水洗、常压蒸馏、水解、干燥后得烯基丁二酸产品。羧酸盐防锈剂中比较重要的有环烷酸锌和羊毛脂镁皂。环烷酸锌的油溶性好，对黑色金属和有色金属均有防锈效果，通常以 2%～3%与石油磺酸钡复合使用，用于封存防锈油中。

（3）有机胺 有机胺有单胺、二胺和多胺化合物，直链脂肪胺要比支链脂肪胺的防锈效果好，这类化合物主要用于冶金、化工和石油企业作抗酸缓蚀剂。一般直链脂肪胺不溶于矿物油，因此，脂肪胺与油溶性的 N-油酸肌氨酸、壬基苯氧乙酸、烷基磷酸或石油磺酸等有机酸中和成盐后，可大大提高其油溶性，如 N-油酸肌氨酸十八胺盐。国外的脂肪胺产品有硬脂酸胺、油胺、大豆油胺。如羧酸做成胺盐时，羧酸与胺的链长度的平衡问题很重要，一般是一方链长，另一方链短，防锈效果好。这是因为对全体来说未失去极性。油溶性防锈剂一般不使用碳数小的酸，这是由于酸的作用强，容易引起金属腐蚀。

羟基苯硬脂酸胺盐的盐水喷雾试验和湿热试验结果表明，羟基苯硬脂酸的 C_{14} 以上的胺盐具有良好的防锈性能，而硬脂酸 C_{14} 胺盐的防锈效果不良。这是由于在分子中引入较大侧链，增加吸附膜产生的屏蔽效果所致的。有机胺防锈剂有较好的抗潮湿、水置换、酸中和性能，但百叶箱试验较差，对铅腐蚀性较大，对铜和锌也有一定的腐蚀性，应用时要慎重。

（4）酯类 己二酸和安息酸在水中具有防锈效果，如果把它们酯化，就可得到油溶性的防锈剂。用得最多的是山梨糖醇单油酸酯（又名司盘-80）、季戊四醇单油酸酯、十二烯基丁二酸半酯和羊毛脂等。脂肪酸不同，其酯的防锈效果也不同，例如油酸＞硬脂酸＞月桂酸，而单酯、二酯、三酯无差别。司盘-80 是一种既有防锈性又有乳化性的表面活性剂,具有防潮、水置换性能,用于各种封存油和切削油中。酯一般吸附力强,由于亲油基间的凝集力,形成疏水性很高的吸附膜,防锈性优异,但是多半脱脂性差。酯类由于含有制备时未反应的脂肪酸及加水水解产生的游离脂肪酸,因此抗油渍性差,对有色金属,特别是对铅的腐蚀性强。多半是山梨糖醇酐单油酸酯与磺酸盐复合,可产生优异的防锈性能。

十二烯基丁二酸半酯是在十二烯基丁二酸的基础上发展起来的。由于十二烯基丁二酸本身的酸值很高,加入油品中影响润滑油的酸值,使其应用受到限制,从而发展了半酯型的防锈剂。半酯的酸值只有十二烯基丁二酸的一半,约 180mgKOH/g,其防锈效果与之相当,可取代十二烯基丁二酸而用于各种油品中。羊毛脂是一种天然的酯,虽然是古老的防锈剂,但至今仍在广泛使用。羊毛脂既是防锈剂,也是溶剂稀释型软膜防锈油的成膜材料。羊毛脂系及其衍生物防锈剂的低温特性及附着性优异,这是因为它结构上含酯键与羟基,是非结晶性的化合物。羊毛脂系及其衍生物对空气具有抗氧能力,涂膜的稳定性好,也具有乳化力和水分保持性的特点。由于吸湿性强,对溶剂溶解性差的缺点,在不降低防锈性的范围内,可以降低羟值。羊毛脂系防锈剂一般显示出良好的防锈性,特别是在海水和盐水中的抗腐蚀性优异,但对金属富有亲和性,脱脂性差。与磺酸盐复合使用,由于协同效应,可得到优异的防锈性和脱脂性。把羊毛脂制成金属皂,可以提高水置换性,用它来生产置换型防锈油。

羊毛脂是羊身上分泌出附在羊毛上的一种复杂酯状物。在毛纺前必须经过脱脂、洗去羊毛脂、从清洗液中回收、脱嗅、脱色、干燥等程序才可得到黄褐色脂状物。羊毛脂主要成分是高级脂肪酸、脂肪醇,构成羊毛脂的脂肪酸的 95%是饱和脂肪酸,90%以上具有支链,含有约 30%的羟基酸。

(5)有机磷酸及其盐类 有机磷酸盐主要是正磷酸盐、亚磷酸盐和磷酸盐。磷酸盐通常用高级醇和五氧化二磷进行反应,生成烷基磷酸,再用十二胺或烷基取代咪唑啉中和成盐,这种防锈剂具有防锈、抗磨性能。磷酸盐型防锈剂有:单或双十三烷基磷酸十二烷氧基丙基异丙醇胺盐,具有抗氧、防锈和抗磨性能;烷基磷酸咪唑啉盐,具有防锈和抗磨性能。磷酸酯也可作为极压抗磨剂使用,经常用在润滑油和金属加工液中。与石油磺酸盐、山梨糖醇酐单酯复合使用,可产生优良防锈效果。

(6)杂环化合物 杂环化合物防锈剂中要数苯并三氮唑用得最多,它是有色金属铜的出色缓蚀剂、防变色剂,对钢也有一定的防锈效果。但苯三唑难溶于矿物油中,溶于水,一般加入矿物油中要加助溶剂,可先溶于乙醇、丙醇或丁醇后,再加入矿物油中,也有溶于邻苯二甲酸丁酯、二辛酯、磷酸三丁酯或磷酸三甲酚酯等助溶剂中,再加入矿物油中的。为了改善其油溶性,发展了苯并三氮唑十二胺盐及十八胺盐,它们除了具有防锈性能外,还有抗磨性能。杂环化合物防锈剂中还有烃基取代咪唑啉,如十七烯基咪唑啉烯基丁二酸盐,是一个很好的防锈剂,对黑色金属和有色金属均适用。

3. 发展趋势

随着润滑油规格的发展变化,防锈剂多功能化、无灰化成为国内外关注的焦点。在润滑油中,单独使用一种防锈剂很难满足油品对于防锈的要求,国外很多公司推出的防锈剂均为两种以上的防锈剂复合而成。因此除了研制性能优异的多功能无灰防锈剂以外,对不同结构防锈剂协同作用的研究也越来越受到人们的重视。

二、水溶性防锈剂

1. 作用原理

水溶性防锈剂的品种很多，主要分无机防锈剂和有机防锈剂两大类。无机防锈剂大部分是使金属表面生成不溶性钝化膜层或反应膜层，起防锈作用。由于大多数无机防锈剂价格低廉，在水基切削液中曾得到广泛应用。常用的无机防锈剂有亚硝酸钠、重铬酸钾、硼酸盐、钼酸盐、钨酸盐、碳酸盐、磷酸盐以及硅酸盐等。常用的水溶性有机防锈剂有羧酸盐（酯）、有机胺、含氮硼酸酯等。一元羧酸防锈能力差；二元羧酸防锈性虽好，但一般为短链分子，润滑性差，且非饱和的羧酸盐在水中性能不稳定。有机胺类为黑色金属有效的缓蚀剂，但是其臭味影响了广泛使用，且防锈寿命很短。在这里着重介绍一下金属加工液中必不可少的有机防锈剂，按照在金属表面的成膜情况以及有机防锈剂的作用机理。水溶性有机防锈剂剂在腐蚀介质中对金属表面有良好的吸附性，这种吸附改变了金属表面的性质，抑制了金属的腐蚀。这类防锈剂的分子往往是由极性基团和非极性基团组成的，分子结构对吸附的影响首先在于极性基团和非极性基团的性质。极性基团中含有电负性高的氧、氮、磷、硫等元素。非极性基团的主要组成是碳、氢元素。其中极性基团是亲水性的，可以吸附于金属表面活性点或整个表面。而非极性基团是疏水或亲油的，通过憎水基起隔离作用，把金属表面和腐蚀介质隔开。吸附膜型缓蚀剂加入腐蚀介质中以后，通过吸附一方面改变了金属表面的电荷状态和界面性质，增加腐蚀反应的活化能，减缓腐蚀速度；另一方面被吸附的缓蚀剂分子上的非极性基团能在金属表面形成一层疏水性保护膜，阻碍与腐蚀反应有关的电荷或物质的转移，也使腐蚀速度减小。

2. 技术进展

近年来，国内外有关新型水溶性有机防锈剂的报道和应用很多，例如，1-羟基苯三唑及其碱土金属的氢氧化物、羊毛脂肪酸二乙酰胺和氨基酸、甲基肉桂酸的碱金属盐或胺盐、饱和脂肪二羧酸和聚酰胺等。一些不含亚硝酸盐的商品防锈剂也开始进入市场。氨基酸作为无毒的环保型缓蚀剂具有广泛的适用性，除了对碳钢具有良好的缓蚀性能外，亦可抑制有色金属中Al、Co、Ni、Cu 等的腐蚀，同时对防止金属的局部腐蚀也有较好的效果。就目前市售的产品来看，水溶性有机羧酸及其盐类、脂肪酸烷醇酰胺作为水溶性有机防锈剂的应用范围较广。

3. 发展趋势

近年来，随着人们对环境和自身保护意识的增强，对防锈剂的开发和应用也提出了新的要求：围绕性能和经济目标开发对环境不构成破坏作用的防锈剂是未来的发展趋势。具体的要求是：提供对生态环境不构成破坏的新型防锈剂；开发多功能防锈剂。所谓环保化是指降低亚硝酸钠的用量，或禁止其使用，使用无毒、易生物降解的有机防锈剂；多功能化是指研究开发集防锈、润滑、碱保持能力、抗硬水性、抗菌性等功能于一身的复合防锈剂。

三、产品牌号

（一）中石油兰州润滑油研究开发中心

1. RHY 701

【中文名称】无灰脂肪酸酰胺防锈剂

【产品性能】不含金属，具有优良的防锈性能，对油品的抗乳化性、水解安定性和热稳定性等性能无不良影响。

【实测值】酸值 5.07mgKOH/g；碱值 66.0mgKOH/g；氮含量 4.05%；水分含量 0.27%；熔点 45℃。

【主要用途】适用于无灰液压油、造纸机油等油品中。

【包装储运】200L 标准铁桶，产品净重 190kg/桶。本品在储存、装卸及调油时，参照 SH 0164 进行。最高温度不应超过 75℃；若长期储存，最高温度不应超过 45℃。

【注意事项】本品不易燃、不易爆、无腐蚀性，在安全、环保、使用等方面同一般石油产品，不用进行特殊防护。

2．RHY 702

【中文名称】无灰脂肪酸氨基酯防锈剂

【产品性能】产品不含金属，具有较好的防锈性能，对油品的乳化、铜片腐蚀等性能无不良影响，是一种综合性能好的防锈剂。

【质量标准】

项　目	质量指标	实测值	试验方法
外观[①]	红棕色透明液体	红棕色透明液体	目测
氮含量/%	3.0～4.0	3.9	GB/T 17674
酸值/(mgKOH/g)	≤10	2.3	GB/T 4945
碱值/(mgKOH/g)	≥70	72.3	SH/T 0251
密度(20℃)/(kg/cm³)	900～1000	0.9543	GB/T 13377—2010
机械杂质含量/%	≤0.07	0.015	GB/T 511
液相锈蚀(合成海水)[②]	无锈	无锈	GB/T 11143

① 将试样注入 100mL 玻璃量筒中，在室温(20℃±5℃)下观察，应当透明，无浑浊、无分离、无悬浮和沉降水分及机械杂质。

② 添加剂以 0.2%的加剂量调制到大庆 HVIW H60 基础油中进行锈蚀试验。

【主要用途】适用于齿轮油、无灰液压油、润滑脂等润滑产品中。

【包装储运】200L 标准铁桶，产品净重 190kg/桶。本品在储存、装卸及调油时，参照 SH 0164 进行。

3．水溶性含硼防锈剂

【中文名称】水溶性含氮硼酸酯防锈剂

【产品性能】不含金属，具有较好的防锈性能，对油品的乳化、铜片腐蚀等性能无不良影响，是一种综合性能好的防锈剂。

【质量标准与实测值】

项　目	质量指标	实测值	试验方法
外观	无色或淡黄色透明液体	淡黄色透明液体	目测[①]
开口闪点/℃	≥120	131	GB/T 3536
密度(20℃)/(kg/m³)	报告	1176.2	SH/T 0604
运动黏度(40℃)/(mm²/s)	300～400	374.9	GB/T 265
机械杂质含量/%	≤0.08	0.015	GB/T 511
硼含量/%	4.00～5.50	4.89	RH01ZB4098
氮含量/%	17.50～19.00	18.31	附录 A

续表

项　目		质量指标	实测值	试验方法
防锈性[2][(35±2)℃]	单片，24h	A 级	A 级	见 GB/T 6144 中 5.7
	叠片，4h	合格	合格	
铸铁屑(25～35℃)		0 级	0 级	JB/T 9189
防腐性[2][(55±2)℃]				见 GB/T 6144 中 5.6
一级灰口铸铁 A 级/h		≥24	>24	

　　① 将试样注入 100mL 玻璃量筒中，在(30±5)℃下观察，应当为无色或淡黄色透明液体，无分离及机械杂质。
　　② 将添加剂以 2.5%的剂量添加在 10 号硬水中进行防锈、防腐性能评价。

　　【主要用途】用于铸铁加工过程中的防锈、防腐，与烷醇酰胺类防锈剂搭配具有优异的防锈、防腐性能，能替代亚硝酸钠使用。

　　【包装储运】200L 标准铁桶，产品净重190kg/桶。本品在储存、装卸及调油时，参照 SH 0164 进行。最高温度不应超过 75℃；若长期储存，最高温度不应超过 45℃。

　　【注意事项】本产品不易燃、不易爆，但具有腐蚀性，在使用过程中应注意防护。

（二）成都市新都石油添加剂厂

1. T 701

　　【中文名称】石油磺酸钡

　　【产品性能】具有优良的抗潮湿、抗盐雾、抗盐水和水置换性能，对多种金属具有优良的防锈性能。

　　【质量标准】SH/T 0391—1995

项　目		质量指标				试验方法
		1 号		2 号		
		一等品	合格品	一等品	合格品	
外观		棕褐色、半透明、半固体				目测
磺酸钡含量/%	≥	55	52	45	45	附录 A
平均分子量	≥	1000				附录 A
挥发物含量/%	≤	5				附录 B
氯根含量/%		无				附录 G
硫酸根含量/%		无				附录 G
水分含量[1]/%	≤	0.15	0.30	0.15	0.30	GB/T 260
机械杂质含量/%	≤	0.10	0.20	0.10	0.20	GB/T 511
钡含量[2]/%	≥	7.5	7.0	6.0	6.0	SH/T 0225
pH 值		7～8				广泛试纸
油溶性		合格				附录 E
湿热试验[(49±1)℃，湿度 95%以上][3]/级		72h	24h	72h	24h	GB/T 2361
10# 钢片	≤	A	A	A	A	
62# 黄铜片	≤	1	1	1	1	
海水浸渍[(25±1)℃, 24h]/级						附录 D
10# 钢片	≤	A				
62# 黄铜片	≤	1				

　　① 以出厂检验数据为准。
　　② 作为保证项目，每季抽查一次。
　　③ 湿热、海水浸渍试验在测定时以符合 GB 443 的 46 号全损耗系统用油为基础油，加入 3%(质量分数)的 701 防锈剂(磺酸钡含量按 100%计算)配成涂油。

【主要用途】适用于在防锈油脂中作防锈剂，如配制置换型防锈油、工序间防锈油、封存用油和润滑防锈两用油及防锈脂等。

2. T 702

【中文名称】石油磺酸钠

【产品性能】具有较强的亲水性和较好的防锈及乳化性能。

【实测值】石油磺酸钠含量有 35%、40%、45%和 50%四种。

【主要用途】适用于配制切削乳化油及防锈油脂。

（三）苏州特种油品厂

1. T 702A

【中文名称】合成磺酸钠

【产品性能】具有较强的亲水性和较好的防锈及乳化性能。

【实测值】磺酸钠含量 50%；pH 值 7～9。

【主要用途】与石油磺酸钠性质相似，适用于切削乳化油和润滑油脂等油品。

2. T 705

【中文名称】碱性二壬基萘磺酸钡

【产品性能】具有良好的防锈和酸中和性能，特别对黑色金属防锈性能更好。

【质量标准】密度 1000kg/m³；金属含量≥11.5%；碱值 35～55mgKOH/g。

【主要用途】适用于防锈油和润滑脂中，也可用于发动机燃料油中作防锈剂。

3. T 704

【中文名称】环烷酸锌

【产品性能】有良好的油溶性，对钢、铜、铝有良好的防锈性。

【质量标准】SH/T 0390—1998

项　　目	质量指标	试验方法	项　　目	质量指标	试验方法
外观	棕色黏稠状物	目测	硫酸根	无	附录 B
锌含量/%	≥8	附录 A	氯根	无	附录 B
机械杂质含量/%	≤0.15	GB/T 511	腐蚀(T3 铜片，100℃，3h)	合格	SH/T 0195
水分含量/%	≤0.05	GB/T 260	防锈性能		
水萃取试验 酸碱反应	中性	附录 B	潮湿箱试验(铜片、钢片)	报告	GB/T 2361

【主要用途】用于调制各种防锈油、润滑脂及切削油。单独使用对铸铁的防锈较差，需与 T701 复合使用，参考用量 3%～10%。

4. T 705A

【中文名称】中性二壬基萘磺酸钡

【产品性能】具有优良的防锈和破乳化性能。

【实测值】密度 1000kg/m³；金属含量≥7.0%；碱值 5mgKOH/g。

【主要用途】适用于防锈油和润滑脂中，也可用于抗磨液压油及液压透平油中作防锈剂和破乳剂。

（四）南京宁江化工厂

1. T 706

【中文名称】苯并三氮唑

【产品性能】对铜、铝及其合金等有色金属具有优良防锈性能和缓蚀性能。

【质量标准】SH/T 0397—2005

项目		质量指标			试验方法
		优等品	一等品	合格品	
外观		白色结晶	微黄色结晶	微黄色结晶	目测
色度/号	≤	120	160	180	GB/T 605①
水分含量⑦/%	≤	0.15	0.15	0.15	附录 A
终熔点②/℃	≥	96	95	94	GB/T 6170
醇中溶解性		合格	合格	合格	目测③
pH 值		5.3～6.3	5.3～6.3	5.3～6.3	GB/T 9724④
灰分含量⑤/%	≤	0.10	0.15	0.20	GB/T 9741
纯度⑦/%	≥	98	98	98	附录 B
湿热试验(H62 号铜)/d	≥	7	5	3	GB/T 2361⑧

① 为保证项目，每半年测定一次。

② 试样预先在浓硫酸干燥器中干燥 24h，按 GB/T 6170 测定。

③ 称取 3.00g 的 T 706 样品于已恒重约 50mL 瓷坩埚中，在电炉或电热板上慢慢蒸发至干，再在(600±50)℃煅烧测定。

④ 称取 5.00g 的 T 706 样品加无水乙醇(分析纯)溶解并稀释至 50mL 评定。

⑤ 称取 1.00g 的 T 706 样品于 50mL 烧杯中，加入 20L 无水乙醇(分析纯)溶解，溶液应透明、无丝状物、无沉淀为合格。

⑥ 称取 0.50g 的 T 706 样品溶解于 100mL pH 为 7.0 的蒸馏水中进行测定。

⑦ 称取 0.10g 的 T 706 样品溶于 3.00g 邻苯二甲酸二丁酯中，再用 HVI 100 基础油稀释至 100.0g 进行试验，按 SH/T 0080 判断一级为合格。

【主要用途】适用于调制防锈润滑油和润滑脂，亦可作为乳化油、气相防锈剂和工业循环水中的主要缓蚀剂。

（五）营口石油化工厂

1. T 743

【中文名称】氧化石油脂钡皂

【产品性能】具有良好的油溶性、防锈性和成膜性，对黑色金属和有色金属有较好的防锈性。

【实测值】金属含量 8%。

【主要用途】用于军工器械、枪支、炮弹及各种机床、配件、工卡量具等的防锈，并可作稀释型防锈油的成膜剂。

（六）无锡南方石油添加剂有限公司

1. T 746

【中文名称】十二烯基丁二酸

【产品性能】能在金属表面形成牢固的油膜，保护金属不被锈蚀和腐蚀，抗潮湿性能和百叶箱暴露试验效果好。

【质量标准】SH/T 0043—1991

项 目		质量指标		试验方法
		一级品	合格品	
外观		透明黏稠液体		目测
密度/(kg/m³)		报告		GB/T 13377
100℃运动黏度/(mm²/s)		报告		GB/T 265
闪点(开口)/℃	≥	100	90	GB/T 3536
酸值/(mgKOH/g)		300～395	235～395	GB/T 7304
pH 值	≥	4.3	4.2	SH/T 0298
碘值/(gI₂/100g)		50～90	50～90	SH/T 0243
铜片腐蚀(100℃，3h)/级	≤	1	1	GB/T 5096
液相锈蚀试验		无锈	无锈	GB/T 11143

【质量标准】闪点≥100℃；酸值 300～395mgKOH/g。

【主要用途】适用于汽轮机油、液压油和齿轮油等。

【包装储运】在储存、装卸及调油时，最高温度不应超过 65℃；若长期储存，建议不超过 50℃，切勿带水；20L 铁桶包装，净重 20kg/桶。

2. T 747

【中文名称】烯基丁二酸单酯

【产品性能】防锈性与 T 746 相当，但酸值较低，流动性好。

【质量标准】闪点≥100℃；酸值 130～210mgKOH/g。

【主要用途】用于调制防锈汽轮机油、机床用油、液压油、防锈油脂及燃料油清净剂的防锈剂。尤其适用于调制酸值要求更低的各种防锈油。

【包装储运】在储存、装卸及调油时，最高温度不应超过 65℃；若长期储存，建议不超过 50℃，切勿带水；20L 铁桶包装，净重 20kg/桶。

（七）辽宁旅顺化工厂

1. T 747A

【中文名称】十二烯基丁二酸单酯

【产品性能】性能与十二烯基丁二酸相当，但酸值低，加入后对油品的酸值影响小。

【实测值】酸值 150～200mgKOH/g。

【主要用途】用于汽轮机油、液压油和齿轮油等。

（八）诺泰生物科技（合肥）有限公司

1. NEUF 316

【中文名称】硼酸单乙醇胺酯

【产品性能】具有低毒、高黏度、水溶性好、pH 值缓冲性能佳、防锈性能优异等特点，同时具有对细菌、真菌的抑菌能力，不易起泡。

【实测值】外观为无色至黄色透明液体；有轻微胺味；IP287 腐蚀性（1.5%）0 级。

【主要用途】适合于合成型水性切削液、半合成水性切削液、水基的抗磨液压液、表面处理液等，可以抑制铁金属的生锈以及微生物的繁殖。本品与羧酸类防锈剂复配使用效果更佳。

2. NEUF 285

【中文名称】磺酰氨基酸胺盐

【产品性能】具有对铸铁和其他黑色金属很好的防腐性，另外，不会引起铝的变色，可用于不含和含矿物油的浓缩液和全合成透明溶液。同时具有剪切稳定性和抗硬水能力，是理想的适用于水基液压系统、水基金属加工液以及水基冷却液的腐蚀抑制剂。

【质量标准】外观为白色固体；熔点104～106℃；活性组分94%。

【主要用途】适合于水性抗燃液压油、平整液；用于金属加工液、乳化型防锈液等。

3. NEUF 726

【中文名称】氨基酸酯防锈剂

【化学结构】

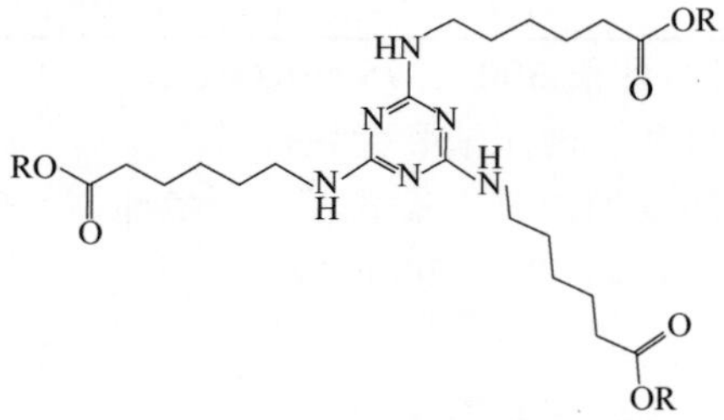

【产品性能】是基于三嗪母环化合物的氨基酸酯防锈剂，含有部分的羧酸醇胺盐，不含氯、硫、磷元素。具有优异的防锈性、抗硬水性，同时与其他杀真菌剂起协同效应，可以减少杀菌剂的使用。

【实测值】外观为透明黏稠液体；pH值(1%水溶液)10.1，防锈性（1.0%铸铁屑）0级。

【主要用途】推荐用于水溶性防锈剂，由于特殊的分子结构，同时具有杀灭水乳液中细菌、真菌和霉菌的作用。抗硬水性好，可用于高盐水剂配方中，使用浓度一般为3.0%～15%。

（九）巴斯夫公司（BASF）

防锈剂—油溶性

1. Amine O

【中文名称】液态咪唑啉衍生物

【产品性能】可保护金属免受强酸腐蚀；与高分子量酸（Sarkosyl O）具有协同作用；在乳化油金属加工液中可作为乳化剂；可提高与湿沙砾或沙子的黏合力（沥青）；液体，易于操作，不含稀释剂。

【主要用途】参考用量0.05%～2.0%。其中：工业润滑剂、润滑脂及防锈液体，0.05%～2.0%；水基体系金属加工液（用胺盐），0.05%～1.0%；沥青，0.05%～2.0%；燃油，0.0012%～0.005%。

【包装储运】产品净重50kg/桶。保持容器密封，干燥，存于阴凉处。

【注意事项】避免长时间暴露在潮湿空气与CO_2中，因可与Amine O产生不溶性产物。在低于0℃时可能结晶。

2. Irgacor L12

【中文名称】液态烯烃基丁二酸单酯

【产品性能】低浓度下具有高活性；不影响润滑油的空气释放性和破乳性；与 Irganox L 抗氧剂和 Irgamet 金属钝化剂一起可提供更高的性能。

【主要用途】参考用量 0.02%～0.1%。其中：工业润滑油，0.02%～0.1%。

【包装储运】产品净重 181kg/桶。只能保持在原容器中。

【注意事项】如要求与钙基添加剂相容时，不推荐使用。

3. Irgacor NPA

【中文名称】液态异壬基苯氧基乙酸

【化学名称】液态异壬基苯氧基乙酸

【产品性能】低浓度下即有效；在含二硫化钼的润滑剂中性能活跃；在溶剂精制和加氢基础油中均有高活性；液体，易于操作，不含稀释剂。

【主要用途】使用参考用量 0.02%～0.1%。其中，工业润滑剂，0.05%～0.1%；润滑脂，1%～2%；金属保护剂，1%～2%；燃油（0.0012%～0.005%）。

【包装储运】产品净重 190kg/桶。只能保持在原容器中；与动物饲料分开放置；保持容器密封。

4. Irgalube 349

【中文名称】液态磷酸胺混合物

【产品性能】多功能润滑剂，可用于极压/抗磨剂和防锈剂；可提升润滑油 FZG 性能；与 Irgalube TPPT 具有极压、抗磨协同作用；可提升润滑油和润滑脂的摩擦性能；液体，易于处理，不含稀释剂；获得美国食品药品监督管理局(FDA)认证，可用于与食品接触的润滑剂中。

【主要用途】参考用量 0.1%～1.0%。其中：工业润滑油，0.1%～0.5%；润滑脂，0.5%～1.0%；金属加工液特别是辊轧油，0.3%～0.5%；发动机油和动力传动液，0.2%～0.5%；合成和半合成润滑油，0.5%～1.0%；可能与食品接触的润滑剂，0.1%～0.5%。

【包装储运】产品净重 50kg/桶。仅在原容器中储存；避免受凉；保持容器密封，存于阴凉处。

【注意事项】如要求与钙基添加剂相容时，不推荐使用；可能会影响复合皂基润滑脂的结构；须检查在 PAG 液体中的溶解性，在某些 PAG 中可能会形成凝胶；正确的添加量可获得良好的水解安定性。

5. Sarkosyl O

【中文名称】液态 N-油酰基肌氨酸

【产品性能】是效能卓越的腐蚀抑制剂，特别是与 Amine O 一起使用；不使金属铜生锈褪色；液体，易于操作，不含稀释剂；获得美国食品药品监督管理局(FDA)认证，可用于与食品接触的润滑剂中。

【主要用途】参考用量 0.03%～1.0%。其中：工业润滑油，0.03%～0.1%；润滑脂，0.1%～0.5%；防锈油，0.5%～1.0%；汽油和柴油，0.0012%～0.005%。

【包装储运】产品净重 200kg/桶。只能保持在原容器中；远离食物与饮料。

防锈剂—水溶性

6. Irgacor DSSG

【中文名称】癸二酸钠

【产品性能】易于研磨入脂，同时不破坏润滑脂结构；具有良好的水溶解性；获得美国食品药品监督管理局(FDA)认证，可用于与食品接触的润滑剂中。

【主要用途】参考用量 0.02%～0.1%。其中，润滑脂特别是膨润土脂，2%～3%；水基冷却体系，0.3%～4%。

【包装储运】产品净重 25kg/包。只能保持在原容器中；与动物饲料分开放置；保持容器密封。

【注意事项】在矿物油中的溶解度小于 0.1%。

7. Irgacor L184

【中文名称】Irgacor L190 的 TEA 水溶液

【产品性能】在金属表面并不形成树脂膜或树胶；具有极低的起泡趋势和优异的空气释放性；对硬水稳定；可用于多金属体系的腐蚀抑制剂；如与 Irgamet 42 共同使用，可进一步提高腐蚀抑制效果；无产生亚硝酸胺的趋势。

【主要用途】参考用量 0.55%～2.2%。用于各种水基体系，金属加工液（合成液和半合成液）、高水基液压液，0.55%～2.2%。

【包装储运】产品净重 200kg/桶。只能保持在原容器中；远离食物与饮料；保持容器密封。

8. Irgacor L190

【中文名称】湿饼状三元聚羧酸

【产品性能】在金属表面并不形成树脂膜或树胶；具有极低的起泡趋势和优异的空气释放性；对硬水稳定；可用于多金属体系的腐蚀抑制剂；如与 Irgamet 42 共同使用，可进一步提高腐蚀抑制效果；无产生亚硝酸胺的趋势。

【主要用途】参考用量 0.2%～1.1%。其中：各种水基体系，金属加工液（合成液和半合成液）、高水基液压液，0.2%～1.1%；发动机冷却液。

【包装储运】产品净重 20kg/包。远离食物与饮料；保持容器密封；避免受冷；保证作业场所良好的排气通风。

9. Irgacor L190 Plus

【中文名称】湿饼状三元聚羧酸

【产品性能】在金属表面并不形成树脂膜或树胶；具有极低的起泡趋势和优异的空气释放性；对硬水稳定；可用于多金属体系的腐蚀抑制剂；如与 Irgamet 42 共同使用，可进一步提高腐蚀抑制效果；无产生亚硝酸胺的趋势

【主要用途】参考用量 0.2%～1.5%。其中：各种水基体系，金属加工液（合成液和半合成液）、高水基液压液、发动机冷却液，0.2%～1.1%。

【包装储运】产品净重 25kg/包。远离食物与饮料；保持容器密封；避免受冷；保证作业场所良好的排气通风。

（十）范德比尔特公司（Vanderbilt）

1. NA-SUL BSB

【中文名称】碱性二壬基萘磺酸钡

【产品性能】黑色金属防锈剂。

【实测值】闪点 163℃；金属含量 12.4%。

【主要用途】用于矿物油、合成油和润滑脂中。

2. NA-SUL BSN

【中文名称】中性二壬基萘磺酸钡

【产品性能】中性二壬基萘磺酸钡防锈剂。除了具有特殊的防锈性能外，还在很宽浓度范围内提供优良的抗乳化性能，可满足高水平防锈处理的需求。本品广泛用于需要防锈和抗水的应用场合。如用于工业润滑油、润滑脂和金属加工过程的防锈液。

【质量标准】

项　目	质量指标	项　目	质量指标
密度(20℃)/(kg/m³)	1010	硫含量/%	50
100℃运动黏度/(mm²/s)	65	钡含量/%	6.6
闪点(开口杯)/℃	>165	油不溶物/%	<0.1

【主要用途】用于石油和合成油润滑油、润滑脂、防锈液和金属加工液中。对大多数工业润滑油（液压油、循环油、压缩机油和工业齿轮油）典型的加入量为 0.10%～1.0%。对于润滑脂典型的加入量为 0.5%～2.0%。对于防锈液典型的加入量为 0.5%～20%，其他特定场合可根据需要决定添加量。

3. Vanlube RI-BA

【中文名称】磺酸钡

【产品性能】油溶性磺酸钡，具有优良的防锈性能和抗水性能，广泛应用于工业和车用润滑油中。在涡轮油、液压油和导轨油配方中，与其他添加剂，如极压剂、抗磨剂、腐蚀抑制剂等具有很好的相溶性。也常用于软膜和硬膜防锈涂层。

【质量标准】

项　目	质量指标	试验方法	项　目	质量指标	试验方法
钡含量/%	≥6.4	AA-37	运动黏度(100℃)/(mm²/s)	80～140	ASTM D-445
密度(15℃)/(kg/m³)	950～1050	T-9A	碱值/(mgKOH/g)	4	
闪点(开口)/℃	≥175	ASTM D-92			

【主要用途】用于汽车润滑剂、汽轮机油、液压油和循环油中，也常作软膜和硬膜涂层。

4. Vanlube RI-A

【中文名称】烷基丁二酸衍生物

【产品性能】油溶性防锈剂，用于汽轮机油、循环油、液压油和极压工业齿轮油中。在极压工业齿轮油中的推荐用量为 0.25%。在润滑脂中与磺酸盐防锈剂例如 Vanlube RI-BA 以 50∶50 比例加入，具有高效防锈作用。

【质量标准】

项　目	质量指标	试验方法	项　目	质量指标	试验方法
色度	≤3.0	ASTM D-1500	密度(15℃)/(kg/m³)	980	
总酸值/(mgKOH/g)	105～145	T-977	运动黏度(100℃)/(mm²/s)	16	

【主要用途】用于汽轮机油、液压油、循环油和极压工业齿轮油。

5. Vanlube 8816

【中文名称】有机盐混合物

【产品性能】水溶性防锈剂。

【实测值】密度 1090 kg/m³。

【主要用途】用于金属加工液和润滑脂。

6. Vanlube RI-G

【中文名称】脂肪酸与咪唑啉的反应物

【产品性能】具有优良的防锈性，特别用于润滑脂，能够很好地与其他 Vanlube EP/AO/AW 添加剂配伍。

【质量标准】

项　目	质量指标	试验方法	项　目	质量指标	试验方法
色度	≤7.0	ASTM D-1500	密度(15.6℃)/(kg/m³)	950	
氮含量/%	2.4～4.0	Kjedahl	运动黏度(100℃)/(mm²/s)	118	

【实测值】密度 940 kg/m³；闪点大于 200℃。

【主要用途】用于润滑脂。

7. Vanlube 739

【中文名称】无灰防锈协同剂

【产品性能】具有防锈和破乳性能，用于改进润滑油和润滑脂的防锈性能。

【质量标准】

项　目	质量指标	试验方法	项　目	质量指标	试验方法
灰分含量/%	≤0.1	T-4	密度(15.6℃)/(kg/m³)	910	
色度	≤3.5	ASTM D-1500	运动黏度(100℃)/(mm²/s)	5.0	
总酸值/(mgKOH/g)	36～46	T-977			

【主要用途】用于合成油和润滑脂。

8. Vanlube 9123

【中文名称】磷酸胺化合物

【产品性能】是一个极好的抗磨剂和防锈剂，广泛用于工业润滑油和润滑脂。推荐用量 0.5%用于生产食品级产品，符合美国食品药品管理局(FDA)规定的条款 21 CFR 第 178.3570 "与食品直接接触的润滑剂"。

【质量标准】

项　目	质量指标	试验方法	项　目	质量指标	试验方法
色度	≤2.0	ASTM D-1500	磷含量/%	5.6	
氮含量/%	3.5～4.0	EA-1	运动黏度(100℃)/(mm²/s)	21	
密度(15.6℃)/(kg/m³)	0.93				

【主要用途】用于工业润滑油和润滑脂。

（十一）科莱恩化工

1. Hostacor DT

【中文名称】脂肪酸二乙醇酰胺

【产品性能】油溶性防锈剂，能在水中分散，同时具有一定的乳化性能。

【主要用途】应用于乳化油、半合成油，推荐用量（相对于浓缩液）5%～10%，可以明显提高产品的防锈性能。在配方中同其他添加剂的配伍性强，容易使用。浓度15%可以作为防锈油添加剂使用。

2. Hostacor 692
【中文名称】水溶性硼酸单乙醇胺酯

【化学结构】

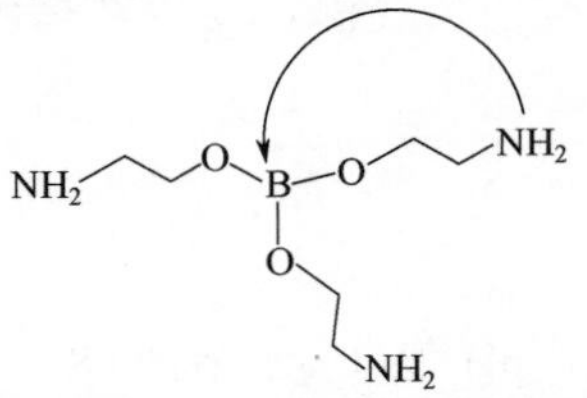

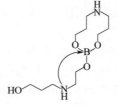

【产品性能】用于全合成油、半合成油、乳化油、清洗剂。推荐用量（相对于浓缩液）5%～15%，可以与水以任意比例混溶，具有优良的抗硬水性，低泡，无毒，有很好的抑菌性，具有良好的生物稳定性。

【质量标准】pH 值(1%水溶液)9.5；游离胺含量 62%～70%；外观（20℃）为浅黄色透明液体；在水中溶解，不溶于矿物油。

【主要用途】主要用于铸铁的加工防锈，与烷醇酰胺类防锈剂复配使用具有较好的防锈、防腐性能，在一些场合可以替代亚硝酸钠的使用。

3. Hostacor B
【中文名称】水溶性硼酸二乙醇胺酯

【化学结构】

【产品性能】主要用于黑色金属加工的水溶性防锈剂，具有良好的生物稳定性、低泡性。和水溶性防锈剂 Hostacor IT 一起使用可以改善生物稳定性。

【实测值】pH 值(1%水溶液)9.0；活性物质含量 80%；外观（20℃）为浅黄色透明液体；在水中溶解。

【主要用途】用于全合成油、半合成油、乳化油、清洗剂。推荐用量（相对于浓缩液）5%～15%。

4. Hostacor 8000
【中文名称】烷醇酰胺硼酸酯
【产品性能】可用作半合成金属加工液配方中的乳化防锈剂，具有良好的生物稳定性。
【质量标准】活性物含量约 90%；pH 值(1%水溶液) 9～10；在水中分散。
【主要用途】应用于乳黑色金属加工中的乳化油、半合成油配方中。推荐用量（相对于浓缩液）5%～20%。

5. Hostacor IT
【中文名称】酰胺己酸三乙醇胺盐
【产品性能】溶于水；黄色、透明、黏稠液体；离子类型为阴离子。
【实测值】活性物含量约 85%；pH 值(1%水溶液)8。

【主要用途】应用于乳化油、半合成油、全合成油、清洗剂，推荐用量（相对于浓缩液）1%～5%，具有低泡性、抗硬水能力强的特点。可以单独使用或和其他水溶性的防锈剂和润滑剂复合使用，用于切削液、研磨液、清洗剂和水性的液压液。

【包装储运】在储存过程中，颜色会变深，变成红棕色。但是这并不影响使用效果。

6. Hostacor 2732

【中文名称】酰胺己酸环己胺盐

【产品性能】低泡的水性防锈剂。

【实测值】活性物含量约 85%，pH 值(1%水溶液) 8。

【主要用途】应用于乳化油、半合成油、全合成油、清洗剂。推荐用量（相对于浓缩液）1%～5%。可用于黑色金属的机加工过程，也可用于水性切削液、磨削液和水性液压系统。

第九节　降凝剂

降凝剂又称为低温流动改进剂，是一类能够降低石油及油品凝固点，改善其低温流动性的物质。我国原油大部分属于高含蜡原油，蜡含量高达 15%～37%，个别原油蜡含量高达 40%以上。要想从含蜡原油制备低凝点润滑油有两条途径，一是对基础油进行深度脱蜡，可以得到低倾点的润滑油，但会降低油品收率，同时脱掉大量有用的正构烷烃，有损油品质量；二是进行适度脱蜡后，再添加降凝剂达到倾点的要求，这是一条比较经济可行的办法，也是目前普遍采用的方法。

降凝剂是一种高分子有机化合物，在其分子中具有与石蜡烃齿形结构相同的烷基链段，另外还可能含有极性基团或较易极化的芳香核。降凝剂主要通过共晶作用改变蜡的晶型，使其生成均匀松散的晶粒，从而延缓或防止导致油品凝固的三维网状结晶的形成。显然，降凝剂只有在含蜡油品中才显示降凝作用，但油品含蜡太多也无降凝效果。降凝剂的用量随油品烃族组成、黏度和蜡含量而异，一般加剂量为 0.1%～1.0%。

一、作用原理

降凝剂能改变蜡的晶型，使其形成均匀而松散的晶粒，因此在脱蜡过程中加入少量降凝剂能显著提高过滤速率，降低蜡膏的油含量，提高脱蜡油收率，起到所谓"助滤剂"的作用。目前降凝剂降凝可能的作用机理主要有以下三种。晶核作用：降凝剂在高于原油析蜡温度下析出蜡晶，它成为蜡晶发育的中心，增多原油中的小蜡晶，使原油不易产生大的蜡团。吸附作用：降凝剂在低于原油析蜡点的温度下析出结晶，就可以吸附在已析出的蜡晶晶核上，改变蜡晶的取向，减弱蜡晶间的黏附作用，增加蜡晶的分散度。共晶作用：在析蜡点下，降凝剂与蜡共同析出，改变了蜡的结晶行为和取向性，减弱了蜡晶继续发育的趋势，使蜡分子在降凝剂分子中的烷基链上结晶。

二、技术进展

20 世纪 20 年代末期，偶然发现了氯化石蜡与萘的缩合物具有降凝作用，并于 1931 年申请了第一个降凝剂专利，商品名为 Paraflow。20 世纪 30 年代出现了聚甲基丙烯酸酯，20 世纪 40 年代相继出现了聚丙烯酰胺、烷基苯乙烯等，20 世纪 50 年代出现了聚丙烯酸酯、马来酸酯-甲基丙烯酸酯的共聚物，20 世纪 60 年代出现了烯烃聚合物、醋酸乙酯-富马酸酯的共聚物，20 世纪 70 年代出现了聚 α-共聚物等。迄今为止，合成的降凝剂种类已经很多，但作为商品出售的却为数不多。常用的有烷基萘、聚酯和聚烯烃类。

国内外开发的降凝剂，从化学类型看主要以二元、三元和多元共聚物为主。从化学结构看，主要是具有一定分子量及分子量分布的梳状分子或鱼骨分子。虽然存在众多共性，但这些降凝剂均有对柴油组分依赖性强、感受性差等问题，特别是对高含蜡柴油几乎没有改进低温流动性能的效果，其应用还有很大的局限性。

三、发展趋势

降凝剂的发展趋势主要体现在以下两个方面：一是借助于现代先进的技术手段（如分子模拟技术）从热力学和动力学方面对降凝机制进行准确的描述，根据理论研究结果有针对性地进行降凝剂分子设计，从而更有效地指导开发通用性强、感受性好的降凝剂；二是利用复配的方法来提高降凝剂的感受性和高效性。通常，一种降凝剂对某种原油有良好的感受性，而对另一种原油的感受性可能很小或者没有效果。一般来说，烷基芳基型降凝剂适用于异构烷烃蜡，酯型聚合物对正构烷烃蜡改性效果较好。因此，可以通过对原油降凝剂筛选，然后根据蜡分子中碳原子数分布范围、原油蜡含量、原油类别进行选择。

四、产品牌号

（一）兰州/太仓中石油润滑油添加剂有限公司

1. T 803B
【中文名称】降凝剂
【化学成分】聚 α-烯烃
【化学结构】$\left[\begin{array}{c}CH-CH_2\\R\end{array}\right]_n$

【产品性能】聚 α-烯烃降凝剂对于石蜡基基础油有广泛的适应性，可有效降低油品凝固点，改善油品低温性能。
【质量标准】Q/SY RH3116—2016

项　目	质量指标	实测值	试验方法
外观	橙黄色	橙黄色	目测
运动黏度(100℃)/(mm²/s)	≤3000	768.1	GB/T 265
闪点(开口)/℃	≥120	152	GB/T 267
灰分含量/%	≤0.20	0.011	GB/T 508
水分含量/%	≤0.03	痕迹	GB/T 260
有效组分/%	≥30	34.2	SH/T 0034
降凝度/℃	≥16	19	GB/T 510

【实测值】降凝度≥16.0℃。
【生产方法】聚 α-烯烃的合成工艺一般为：采用蜡裂解的 α-烯烃为原料，经精制后，在 Ziegler-

Natta 催化剂存在下进行聚合，用氢气调节分子量，后处理用酯化水洗除去催化剂。

【主要用途】广泛应用于各类工业用油、内燃机油中。

【包装储运】200L 标准铁桶，净重 165kg/桶。储存、装卸及调油参照 SH 0164 进行。本品不易燃、不易爆、无腐蚀性，在安全、环保、使用等方面同一般石油产品，不用进行特殊防护。

【注意事项】储存、装卸及调油时，最高温度不应超过 75℃；若长期储存，最高温度不应超过 45℃。

2. T 803C

【中文名称】降凝剂

【化学成分】聚 α-烯烃

【产品性能】聚 α-烯烃降凝剂对于石蜡基基础油有广泛的适应性，可有效降低油品凝固点，改善油品低温性能，具有很好的流动性，便于储运和适用。

【质量标准】Q/SY RH3116—2016

项　　目	质量指标	实测值	试验方法	项　　目	质量指标	实测值	试验方法
外观	橙黄色	橙黄色	目测	灰分含量/%	≤0.15	0.012	GB/T 508
运动黏度(100℃)/(mm²/s)	≤800	517.9	GB/T 265	水分含量/%	≤0.03	痕迹	GB/T 260
闪点(开口)/℃	≥120	157	GB/T 267	降凝度/℃	≥15	18	GB/T 510

【生产方法】采用蜡裂解的 α-烯烃为原料，经精制后在 Ziegler-Natta 催化剂存在下进行聚合，用氢气调节分子量，后处理用酯化水洗除去催化剂。

【主要用途】广泛应用于各类工业用油、内燃机油。

【包装储运】和【注意事项】参见该公司 T 803B。

（二）无锡南方石油添加剂有限公司

1. T 801

【中文名称】降凝剂

【化学成分】烷基萘

【化学结构】 $\vdash R \!\!-\!\! \langle\!\!\langle \rangle\!\!\rangle \!\!-\!\! R \dashv_n$

【产品性能】在含蜡量高的油品中，温度降低时能阻碍石蜡网状结构的形成，从而提高低温下油品的流动性，降低凝固点。

【质量标准】SH/T 0097—1991

项　目	质量指标		试验方法	项　目	质量指标		试验方法
	一级品	合格品			一级品	合格品	
闪点(开口)/℃　≥	180	180	GB/T 3536	水分含量/%　≤	痕迹	0.2	GB/T 260
色度/号　≤	0.4	6	GB/T 6540	灰分含量/%　≤	0.1	0.2	GB/T 508
氯含量/%　≤	2	—	SH/T 0161	残炭/%　≤	4.0	4.0	GB/T 268
机械杂质含量/%　≤	0.1	0.2	GB/T 511	降凝度/℃　≥	13	12	GB/T 510

【生产方法】先将熔点为 52～55℃的石蜡进行氯化，得到氯含量为 12%～12.5%的氯化石蜡，然后用萘与氯化铝缩合，再加氯化石蜡进行缩合，经后处理得到产品。

【主要用途】广泛用于浅度脱蜡的润滑油中，也可作为脱蜡助剂使用。

【包装储运】在储存、装卸及调油时，最高温度不应超过 65℃；若长期储存，建议不超过 50℃，切勿带水。200L 铁桶包装，净重 170kg/桶。

【注意事项】①在调制油品使用多种添加剂时，应先加降凝剂，后加其他添加剂，这样效果好。降凝剂对各种油品的降凝效果不一，每种油品的最佳加入量应通过试验决定。②测定凝点必须用−1～0℃的大庆标准基础油。加入量为 0.5%。

2. T 803A

【中文名称】降凝剂

【化学成分】聚 α-烯烃

【化学结构】

$$\left[\begin{array}{c} CH-CH_2 \\ | \\ R \end{array} \right]_n$$

【产品性能】分子量较小，产品黏度较低，剪切稳定性较好。

【质量标准】SH/T 0046—1996

项　　目	质量指标		试验方法	项　　目	质量指标		试验方法
	一等品	合格品			一等品	合格品	
外观	橙黄色液体		目测	灰分含量/% ≤	0.10	0.15	GB/T 508
运动黏度(100℃)/(mm²/s) ≤	4000	5000	GB/T 265	水分含量/% ≤	0.03	0.05	GB/T 260
闪点(开口)/℃ ≥	135	120	GB/T 3536	有效组分含量/% ≥	35	30	SH/T 0036
机械杂质含量/% ≤	0.06	0.10	GB/T 511	降凝度[①]/℃ ≥	18	15	GB/T 510

① 降凝度：向 HIV 150 基础油中加入 1%的试样测定凝点，计加剂前和加剂后的凝点差。

【生产方法】采用蜡裂解的 α-烯烃为原料，经精制后在 Ziegler-Natta 催化剂存在下进行聚合，用氢气调节分子量，后处理用酯化水洗除去催化剂。

【主要用途】适用于不同脱蜡深度、不同黏度的基础油。以调制内燃机油、液压油、车辆齿轮油及其他润滑油品。

【包装储运】在储存、装卸及调油时，最高温度不应超过 65℃；若长期储存，建议不超过 50℃，切勿带水。200L 铁桶包装，净重 165kg/桶。

3. T 803B

【中文名称】降凝剂

【化学成分】聚 α-烯烃

【产品性能】分子量较小，产品黏度较低，剪切稳定性较好。

【质量标准】SH/T 0046—1996

项　　目	质量指标		试验方法	项　　目	质量指标		试验方法
	一等品	合格品			一等品	合格品	
外观	橙黄色液体		目测	灰分含量/% ≤	0.10	0.15	GB/T 508
运动黏度(100℃)/(mm²/s) ≤	1500	2300	GB/T 265	水分含量/% ≤	0.03	0.05	GB/T 260
闪点(开口)/℃ ≥	135	120	GB/T 3536	有效组分含量/% ≥	35	30	SH/T 0034
机械杂质含量/% ≤	0.06	0.10	GB/T 511	降凝度/℃ ≥	35	30	SH/T 0034

【生产方法】采用蜡裂解的 α-烯烃为原料，经精制后在 Ziegler-Natta 催化剂存在下进行

聚合，用氢气调节分子量，后处理用酯化水洗除去催化剂。

【主要用途】适用于不同脱蜡深度、不同黏度的基础油，以调制内燃机油、液压油、车辆齿轮油及其他润滑油品。

【包装储运】参见该公司 T 803A 降凝剂。

4．T 803C

【中文名称】降凝剂

【化学成分】聚 α-烯烃

【产品性能】分子量较小，产品黏度较低，剪切稳定性较好。

【质量标准】Q/320260 GPAT13—2009

项　　目	质量指标	试验方法	项　　目	质量指标	试验方法
外观	橙黄色液体	目测	灰分含量/%	≤0.10	GB/T 508
运动黏度(100℃)/(mm²/s)	≤800	GB/T 265	水分含量/%	≤0.03	GB/T 260
闪点(开口)/℃	≥120	GB/T 3536	降凝度/℃	≥15	GB/T 510
机械杂质含量/%	≤0.06	GB/T 511			

【主要用途】适用于不同脱蜡深度、不同黏度的基础油，以调制内燃机油、液压油、车辆齿轮油及其他润滑油品。

【包装储运】参见该公司 T 803A 降凝剂。

（三）雅富顿公司（Afton）

1．HiTEC 623

【中文名称】降凝剂

【化学成分】聚酯

【化学结构】

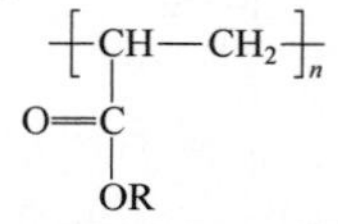

$$\left[\begin{array}{c} CH-CH_2 \\ | \\ O=C \\ | \\ OR \end{array}\right]_n$$

【产品性能】对很宽范围内的基础油都具有最大降凝效果。

【实测值】

加剂量/%	混合倾点/℃		加剂量/%	混合倾点/℃	
	轻质基础油	重质基础油		轻质基础油	重质基础油
0	−12	−11	0.2	−34	—
0.05	−16	−17	0.3	−36	−26
0.1	−29	−22	0.4		−28

【生产方法】以不同碳链长度的醇与甲基丙烯酸等进行酯化反应，产物经分离提纯后，在引发剂作用下生成聚酯。

【主要用途】适用于汽车和工业用油领域。

【包装储运】储存于干燥、清洁、通风库房中。

【注意事项】推荐最大混合温度为 70℃。

（四）赢创公司（Evonik）

1. 降凝剂-1系列（表2-8）

表2-8　Viscoplex 1系列降凝剂

牌号	Viscoplex 1-135	Viscoplex 1-147	Viscoplex 1-156	Viscoplex 1-180	Viscoplex 1-189	Viscoplex 1-248	Viscoplex 1-254
中文名称	剪切安定型降凝剂						
化学名称	聚甲基丙烯酸酯						
产品性能	在精制矿物基础油调制的H1食品级润滑油中降凝效果特别明显(典型加剂量 0.1%～0.3%)；某些特定配方可能需要更高加剂量(0.5%～1.0%)；用于偶尔与食品接触润滑油时加剂量不应超过1.75%	传统降凝剂，尤其适用于以溶剂精制基础油调制的各类润滑油(典型加剂量 0.1%～0.3%)；SAE 80W-90 齿轮油配方可能需要更高加剂量 (0.5%～1.0%)	传统降凝剂，尤其适用于以溶剂精制基础油调制的各类润滑油(典型加剂量0.1%～0.3%)；部分齿轮油配方可能需要更高加剂量(0.5%～1.0%)	多用途降凝剂，尤其适用于轻蜡质基础油调制的各类润滑油(典型加剂量 0.1%～0.3%)，部分齿轮油配方可能需要更高加剂量(0.5%～1.0%)	多功能型降凝剂，为各类润滑油提供低温解决方案，尤其适用于氢化基础油调制的润滑油(典型添加量 0.2%～0.5%)；部分齿轮油配方可能需要更高加剂量(0.7%～1.2%)	传统降凝剂，尤其适用于以溶剂精制基础油调制的各类润滑油(典型加剂量 0.1%～0.3%)；SAE 80W-90齿轮油配方可能需更高加剂量 （0.5%～1.0%)	传统降凝剂，尤其适用于以溶剂精制基础油调配各类润滑油(典型加剂量 0.1%～0.3%)，部分齿轮油配方可能需要更高加剂量
典型值 闪点(ASTM D 3278)/℃	＞120	＞180	＞120℃	＞120	＞110	＞100	160
典型值 黏度(100℃)(ASTM D 445)/(mm²/s)	50	190	380	310	85	390	90
典型值 密度(15℃)(ASTM D 4052)/(kg/m³)	880	900	910	910	900	920	900
用途	应用于与食品偶尔接触的食品加工用润滑油(HX-1)	适用于发动机油、液压油和齿轮油					
包装储运	储存于阴凉、干燥、清洁、通风库房中						

牌号	Viscoplex 1-300	Viscoplex 1-318	Viscoplex 1-325	Viscoplex 1-330	Viscoplex 1-368	Viscoplex 1-425	Viscoplex 1-851
中文名称	剪切安定型降凝剂						
化学名称	聚甲基丙烯酸酯						
产品性能	应用定制先进技术，为各类润滑油提供稳健低温解决方案，尤其适用于催化脱蜡基础油配方(典型加剂量0.1%～0.3%)；部分齿轮油配方可能需要更高加剂量(0.5%～1.0%)	应用定制先进技术，为各类润滑油提供稳健低温解决方案，尤其适用于催化脱蜡基础油和高乙烯含量OCP配方(典型加剂量 0.1%～0.3%)；部分齿轮油配方可能需要更高加剂量 (0.5%～1.0%)	应用定制先进技术，为各类润滑油提供稳健低温解决方案，尤其适用于催化脱蜡基础油和高乙烯含量OCP配方（典型加剂量 0.1%～0.3%)；部分齿轮油配方可能需要更高加剂量(0.5%～1.0%)	应用定制先进技术，为各类润滑油提供稳健低温解决方案，尤其适用于催化脱蜡基础油配方。(典型加剂量 0.1%～0.3%)；部分齿轮油配方可能需要更高加剂量 (0.5%～1.0%)	传统降凝剂，尤其适用于溶剂精制基础油配方(典型加剂量0.1%～0.3%)；SAE MRV TP-1 表观黏度、屈服应力及凝胶指数。尤其适用于催化增稠剂使用脱蜡基础油和高乙烯含量OCP配方(典型添加量 0.1%～0.5%)，特别是能使配方满足ILSAC GF-5苛刻低温性能要求	应用定制先进技术，为各类润滑油提供稳健低温解决方案，可改善油品SAE 80W-90 齿轮油配方可能需要更高加剂量(0.5%～1.0%)	高性价比降凝剂，提供良好低温性能同时提高黏度和黏度指数(典型加剂量 0.1%～0.3%)，作为催化增稠剂使用可能需要更高加剂量

续表

牌　号	Viscoplex 1-300	Viscoplex 1-318	Viscoplex 1-325	Viscoplex 1-330	Viscoplex 1-368	Viscoplex 1-425	Viscoplex 1-851
典型值 闪点(ASTM D 3278)/℃	140	160	>120	150	180	160	190
黏度(100℃)(ASTM D 445)/(mm²/s)	540	300	100	390	190;	135	640
密度(15℃)(ASTM D 4052)/(kg/m³)	920	910	890	920	900	890	900
用途	适用于发动机油、液压油和齿轮油						
包装储运	储存于阴凉、干燥、清洁、通风库房中						

2. 降凝剂-10 系列（表 2-9）

表 2-9　Viscoplex 10 系列降凝剂

牌　号	Viscoplex 10-171	Viscoplex 10-310
中文名称	降凝剂	
化学名称	聚甲基丙烯酸酯	
产品性能	可有效降低可生物降解润滑油倾点，提供优良低温存储性能。典型加剂量 0.25%～1.0%	可有效降低可生物降解润滑油倾点，提供优良低温存储性能，可将菜籽油倾点降至-25℃，典型加剂量 0.25%～1.0%
典型值 闪点(ASTM D 3278)/℃	>120	160
黏度(100℃)(ASTM D 445)/(mm²/s)	310	1800
密度(15℃)(ASTM D 4052)/(kg/m³)	910	950
用途	适用于可生物降解润滑油，包括植物油和合成油	
包装储运	储存于阴凉干燥清洁的库房中	

（五）巴斯夫公司（BASF）

1. Irgaflo 610 P

【中文名称】甲基丙烯酸酯聚合物

【产品性能】优异的倾点；对高品质润滑油颜色无影响；和大多数黏度指数剂可相容；可用于溶剂精制和加氢基础油中；优异的低温黏度，更易泵送。

【主要用途】适用于Ⅱ、Ⅲ类基础油、工业润滑剂、工业和车用齿轮油、动力传动油、发动机油。参考用量 0.1%～0.8%。

【包装储运】本品净重 180kg/桶。保持容器密封；置于干燥、阴凉、通风良好处；避免极端温度，特别是冰冻和霜冻情况。

2. Irgaflo 649 P

【中文名称】甲基丙烯酸酯聚合物

【产品性能】优异的倾点；对高品质润滑油颜色无影响；和大多数黏度指数剂可相容；可用于溶剂精制和加氢基础油中；优异的低温黏度，更易泵送。

【主要用途】适用于Ⅱ、Ⅲ类基础油、工业润滑剂、工业和车用齿轮油、动力传动油、发动机油。使用参考用量 0.1%～0.8%。

【包装储运】本品净重 180kg/桶。保持容器密封。置于干燥、阴凉、通风良好处。避免极端温度，特别是冰冻和霜冻情况。

3. Irgaflo 710 P

【中文名称】甲基丙烯酸酯聚合物

【化学名称】甲基丙烯酸酯聚合物

【产品性能】优异的倾点；对高品质润滑油颜色无影响；和大多数黏度指数剂可相容；可用于溶剂精制和加氢基础油中；优异的低温黏度，更易泵送。

【主要用途】适用于Ⅰ类基础油、工业润滑剂、工业和车用齿轮油、动力传动油、发动机油。参考用量 0.1%～0.8%。

【包装储运】本品净重 180kg/桶。保持容器密封；置于干燥、阴凉、通风良好处；避免极端温度，特别湿冰冻和霜冻情况。

4. Irgaflo 720 P

【中文名称】甲基丙烯酸酯聚合物

【产品性能】优异的倾点；对高品质润滑油颜色无影响；和大多数黏度指数剂可相容；可用于溶剂精制和加氢基础油中；优异的低温黏度，更易泵送。

【主要用途】适用于Ⅰ、Ⅱ、Ⅲ类基础油、工业润滑剂、工业和车用齿轮油、动力传动油、发动机油。参考用量 0.1%～0.8%。

【包装储运】本品净重 180kg/桶。保持容器密封；置于干燥、阴凉、通风良好处；避免极端温度，特别是冰冻和霜冻情况。

5. Irgaflo 942 P

【中文名称】甲基丙烯酸酯聚合物

【产品性能】优异的倾点；对高品质润滑油颜色无影响；和大多数黏度指数剂可相容；可用于溶剂精制和加氢基础油中，尤其对Ⅰ类高黏度基础油效果突出；优异的低温黏度，更易泵送。

【主要用途】适用于Ⅰ类基础油、工业润滑剂、工业和车用齿轮油、动力传动油、发动机油。参考用量 0.1%～0.8%。

【包装储运】本品净重 180kg/桶。保持容器密封；置于干燥、阴凉、通风良好处；避免极端温度，特别是冰冻和霜冻情况。

第十节　抗泡剂

润滑油在使用过程中，会由于多种因素产生泡沫。泡沫的产生及增多给机械及其润滑油带来许多危害，会造成机器部件干摩擦，还可能产生气阻使油泵中断供油，使机器的部件磨损增加直至损坏。随着全球工业的发展和各类机械对润滑性能要求的提高，在各级各类标准中都不同程度地对润滑油品的抗泡性能做出了规定和限制。为了消除机械系统工作时产生的泡沫，经过长期的观察和研究，研究人员找到了多种消泡的方法，如物理消泡法、机械消泡法、化学消泡法等，其中化学消泡法中的加入抗泡剂效果最好，方法简单，被国内外广泛采用。

一、作用原理

抗泡剂的抗泡机理比较复杂，到目前为止，说法不一，比较有代表性的有如下三种观点：①降低部分表面张力观点，认为抗泡剂的表面张力比发泡液小，当抗泡剂与泡沫接触后，使泡膜的表面张力局部降低，引起泡沫破裂；②扩张观点，认为抗泡剂小滴浸入泡膜内，成为膜的一部分，然后在膜上扩张，随着抗泡剂的扩张，抗泡剂进入部分最初开始变薄，最后破裂；③渗透观点，认为抗泡剂的作用是增加气泡壁对空气的渗透性，从而加速泡沫的合并，减小了泡膜壁的张度和弹性，达到破泡的目的。

二、技术进展

1943 年壳牌石油发展公司和海湾研究发展公司同时发现液态有机聚硅氧烷（硅油和硅酸酯）是非常有效的抗泡剂。但是后来发现，硅油抗泡剂在使用中存在局限，如对调和技术十分敏感，在酸性介质中不稳定等缺点。20 世纪 60 年代后，美国和日本专利先后介绍了用丙烯酸酯或甲基丙烯酸酯的均聚物或共聚物的非硅抗泡剂。目前市场上应用的抗泡剂主要是含硅、非硅和复合抗泡剂三大类。

三、发展趋势

国内外抗泡剂的研究以聚硅氧烷为基础，通过嵌段共聚或接枝共聚向聚硅氧烷链上引入聚醚链段，经过改性，降低其在油中的溶解性，或者增加其在水中的溶解性，使其消泡效力得到增强。随着新的高活性消泡组分的不断发现和复配组分协同效应研究的不断深入，那些组分结构单一，经济效益较差的低档抗泡剂将逐渐被多功能、高效率的复配型抗泡剂取代。适用性强、用量小、能提高产品质量和设备利用率的新型高效抗泡剂将是当前消泡剂的发展方向。

四、产品牌号

（一）上海高桥石化分公司炼油厂

1. T 911

【中文名称】抗泡剂

【化学成分】丙烯酸与醚共聚物

【化学结构】

$$\begin{array}{ccc} +CH_2-CH_{\overline{}m} & +CH_2-CH_{\overline{}n} & +CH_2-CH_{\overline{}x} \\ | & | & | \\ C=O & \cdot C=O & \cdot C=O \\ | & | & | \\ OC_4H_9 & OCH_2CH_2C_4H_9 & C_4H_6 \end{array}$$

【产品性能】抗泡稳定性好，但不能和 T 109、T 601、T 705 配伍使用。

【质量标准】

项　目	质量指标	试验方法	项　目	质量指标	试验方法
外观	淡黄色黏性液体	目测	未反应单体含量/%	≤5.0	
密度(20℃)/(kg/m³)	≤900	GB/T 1884、GB/T 1885	起泡性		
闪点(开口)/℃	≥15	GB/T 261	泡沫倾向/泡沫稳定性(24℃)/(mL/mL)		GB/T 12579
平均分子量	4000～10000	SH/T 0108	在 HVI 100 基础油中	≤20/0	
分子量分布	6.0	SH/T 0108	在 HVI 150 基础油中	≤20/0	

【生产方法】丙烯酸与醚无规共聚并经后处理而得。

【主要用途】用于高黏度润滑油。

【包装储运】参照 SH 0164 进行。

【注意事项】本品不易燃、不易爆、无腐蚀性，在安全、环保、使用等方面同一般石油产品，不用进行特殊防护。

2. T 912

【中文名称】抗泡剂

【化学成分】丙烯酸与醚共聚物

【化学结构】同 T 911。

【产品性能】抗泡稳定性好，但不能和 T 109、T 601、T 705 配伍使用。

【质量标准】

项　　目	质量指标	试验方法	项　　目	质量指标	试验方法
外观	淡黄色黏性液体	目测	未反应单体含量/%	≤3.0	
密度(20℃)/(kg/m³)	≥910	GB/T 1884、GB/T 1885	起泡性		
闪点(开口)/℃	≥5	GB/T 261	泡沫倾向/泡沫稳定性(24℃)/(mL/mL)		GB/T 12579
平均分子量	20000~40000	SH/T 0108	在 HVI 100 基础油中	≤30/0	
分子量分布	6.0	SH/T 0108	在 HVI 150 基础油中	≤30/0	

【生产方法】丙烯酸与醚无规共聚并经后处理而得。

【主要用途】用于低、中黏度润滑油。

【包装储运】和【注意事项】参见该公司 T 911。

3. T 921

【中文名称】抗泡剂

【化学成分】硅型和非硅型复合物

【化学结构】丙烯酸酯、硅油及多种助剂混合物。

【产品性能】与各种添加剂配伍性好，对加入方法不敏感。

【质量标准】

项　　目	质量指标	试验方法	项　　目	质量指标	试验方法
外观	透明液体	目测	起泡性		
密度(20℃)/(kg/m³)	≤780	GB/T 1884、GB/T 1885	泡沫倾向/泡沫稳定性(24℃)/(mL/mL)		GB/T 12579
闪点(闭口)/℃	≥30	GB/T 261	在 HVI 500 基础油中	≤100/0	
机械杂质含量/%	无		放气性(500SN 中)/min	≤12	SH/T 0308

【生产方法】硅型和非硅型抗泡剂复合而成。

【主要用途】高级抗磨液压油。

【包装储运】与【注意事项】参见该公司 T 911。

4. T 922

【中文名称】抗泡剂

【化学成分】硅型和非硅型复合物

【产品性能】与各种添加剂配伍性好，对加入方法不敏感。

【质量标准】

项　　目	质量指标	试验方法	项　　目	质量指标	试验方法
外观	透明液体	目测	起泡性		GB/T 12579
密度(20℃)/(kg/m³)	≤780	GB/T 1884、GB/T 1885	泡沫倾向/泡沫稳定性(24℃)/(mL/mL)		
闪点(闭口)/℃	≥30	GB/T 261	在 HVI 500 基础油中	≤25/0	
机械杂质含量/%	无		放气性(500SN 中)/min	—	SH/T 0308

【生产方法】硅型和非硅型抗泡剂复合而成。

【主要用途】用于各级内燃机油。

【包装储运】和【注意事项】参见该公司 T 911。

第十一节　乳化剂

乳化剂是能促使两种互不相溶的液体形成稳定乳浊液的物质,是乳浊液的稳定剂,是一类表面活性剂。

一、作用原理

乳化剂是分子结构中同时存在疏水性基团和亲水性基团,并通过这两种物化性质完全相反的基团能使水相和油相稳定存在的物质。为制备某一稳定程度的水基金属加工液,必须根据需要加入各种阳离子及阴离子或非离子型乳化剂。由此可见,乳化剂都是些表面活性剂,按其极性基团的结构可做如下分类:

阴离子表面活性剂	阳离子表面活性剂	两性表面活性剂	非离子表面活性剂
羧酸盐 磺酸盐 硫酸酯盐 磷酸酯盐	伯胺盐 季铵盐 吡啶盐	氨基酸型 甜菜碱型	脂肪醇聚氧乙烯醚 烷基酚聚氧乙烯醚 聚氧乙烯醚烷基胺 聚氧乙烯醚烷基酰胺 多元醇型

乳化剂的选用要考虑所要制备的金属加工液的类型是 O/W 还是 W/O 型、体系内各组分的性质和体系环境的状态,除了考虑亲水亲油基平衡外还要考虑酸碱平衡、氢键平衡等因素。对于一个已知的或给定的油相,用不同 HLB 值的乳化剂将其乳化时,必有一个 HLB 值为最合适于该体系的 HLB 值,此时形成的乳化液最稳定。

二、技术进展

由于表面活性剂的应用广泛,在食品、纺织、采油、化妆品以及金属加工液等众多领域都有所应用,近年来对表面活性剂的研究和生产进展非常迅速。对于表面活性剂制造商来说,由于品种发展已经趋于稳定,主要研究进展还是集中于生产工艺的改进。像德国舒高、科宁(现已被巴斯夫收购)这些大的生产商所生产的表面活性剂,同一品种可以分不同档次,分别满足食品、化妆品、金属加工液等各个领域。我国自主研究开发表面活性剂的化工企业江苏海安石油化工有限公司,能够为用户提供品种齐全的乳化剂。但是受到生产条件的限制,该公司旗下的产品大多用于调和金属加工用油和化纤油剂。

　　近年来，为了顺应低黏度微乳液产品的发展，各添加剂公司不断推出能辅佐乳化剂形成稳定体系的助乳剂。助乳剂又称偶合剂，能改善浓缩物及乳化液的稳定性，扩大乳化剂的乳化范围并增加油中皂的溶解度。它常与乳化剂一起使用。常用的助乳剂有甲基纤维素、乙二醇、二甘醇-乙醚、高碳醇等。使用低分子醇作助乳剂时，应特别注意，因为它同时又是破乳剂，如果用量过大会造成分层。

三、发展趋势

　　乳化剂的种类趋于稳定，今后的发展趋势是根据反应原材料的变化来改进生产工艺。另外，由于环保法规的日趋严格，在欧美等地区，一些难以生物降解的表面活性剂如壬基酚聚氧乙烯醚逐渐被减少使用或禁用。以动植物油为原料，研究开发取材容易、价格低廉、性能优异、绿色环保的金属加工液用表面活性剂是今后的发展主流。

四、产品牌号

（一）科宁公司

1. MOA 系列
【中文名称】脂肪醇聚氧乙烯醚
【化学结构】

$$R-O-(\!-\!O\!-\!)_n H$$

【产品性能】又名醇醚、醇乙氧基化物，俗称平平加（peregal）。非离子型表面活性剂的一大类。可广泛用于乳化、润湿、助染、扩散、洗涤等方面。有优良的生物降解性和低温性能，不受水硬度的影响，更适于洗涤合成纤维，即可用于粉状配方，又适用于液体洗涤剂配方。近年来发展极为迅速，已部分取代烷基苯磺酸钠，作为家用洗涤剂的主要活性物。是工业用表面活性剂的重要品种。

【质量标准】

规格	外观（25℃）	色泽（Pt-Co）	浊点（1%水溶液）/℃	羟值/(mgKOH/g)	水分/%	pH 值（1%水溶液）	HLB 值
MOA-3	无色透明液体	≤20		170～180	≤1.0	5.0～7.0	6～7
MOA-4	无色透明液体	≤20		150～160	≤1.0	5.0～7.0	9～10
MOA-5	无色透明液体	≤20		130～140	≤1.0	5.0～7.0	10～11
MOA-7	无色透明液体	≤20	50～70		≤1.0	5.0～7.0	12～13
MOA-9	乳白色膏状物	≤20	70～95		≤1.0	5.0～7.0	13～14
MOA-15	乳白色膏体	≤20	80～88		≤1.0	5.0～7.0	15～16
MOA-20	乳白色固体	≤20	89～93		≤1.0	5.0～7.0	16～17
MOA-23	乳白色固体	≤20	>100		≤1.0	5.0～7.0	17～18

　　【生产方法】聚氧乙烯醇由脂肪醇和环氧乙烷在甲醇钠、乙醇钠、氢氧化钠等碱性催化剂存在下，经氧乙烯化反应而制得。生产过程中多用间歇法，以利于控制反应、调换品种和安全操作。反应产品用醋酐、磷酸或二氧化碳进行脱水、脱催化剂、脱盐和脱色处理，以提高产品质量。可根据不同要求，接上 1～30mol 环氧乙烷。

$$ROH + n\,\triangle\!\!\!\!\!_{O} \longrightarrow R\text{-}O\!\!\left(\!\!\curvearrowright\!\!O\!\!\right)_{n}\!\!H$$

【主要用途】MOA-3、MOA-4、MOA-5 易溶于油中，水中呈扩散状，具有良好的乳化性能，作 W/O 型乳化剂，用于矿物油、脂肪族溶剂的乳化、聚氯乙烯塑料溶胶的降黏剂，在化纤油剂中广泛使用。MOA-3 是生产 AES 的主要原料，MOA-4 可作聚硅氧烷和烃类的乳化剂、干洗剂。

MOA-7、MOA-9 易溶于水，具有优良的乳化、净洗、润湿性能，在毛纺工业中作羊毛净洗剂及脱脂剂、织物的精炼剂及净洗剂；可作为液体洗涤剂的重要组成部分；在化妆品和软膏生产中作乳化剂；对矿物油和动、植物油脂均有极好的乳化、分散、润湿性能；还可作为玻璃纤维抽丝油剂的乳化剂。

MOA-15、MOA-20、MOA-23 用作羊毛脱脂剂、织物净洗剂、液体洗涤剂、烃类溶剂及一般工业乳化剂、香精油增溶剂、抗静电剂的润湿剂、电镀工业中的光亮剂。MOA-20 在印染工业中作为匀染剂，效果显著，且具有良好的煮炼性能，在染色工业中加该助剂不但能达到缓染、匀染的目的，同时还能增强染色坚牢度，着色鲜艳、美观。

【包装储运】200kg 铁桶、50kg 塑料桶包装。本系列产品无毒，不易燃，按一般化学品储存和运输。储存于干燥通风处。

2. 烷基酚聚氧乙烯醚系列

（1）壬基酚聚氧乙烯系列（OP）

【中文名称】壬基酚聚氧乙烯醚

【化学结构】

【质量标准】

规格	外观（25℃）	浊点（1%水溶液）/℃	羟值/(mgKOH/g)	水分/%	pH 值（1%水溶液）	HLB 值
OP-4	无色至淡黄色油状物		147±5	≤1.0	5.0～7.0	8～8.6
OP-7	无色至淡黄色油状物		110±5	≤1.0	5.0～7.0	11.5～12.5
OP-9	无色至淡黄色油状物	60～65	93±3	≤1.0	5.0～7.0	12.7～13.4
OP-10	无色至淡黄色油状物	68～78	87±5	≤1.0	5.0～7.0	13.3～14
OP-13	乳白至淡黄色膏状	87～92	72±3	≤1.0	5.0～7.0	～14
OP-15	乳白至淡黄色膏状	94～99	65±3	≤1.0	5.0～7.0	～15
OP-20	乳白至淡黄色膏状	＞100	52±3	≤1.0	5.0～7.0	～16
OP-30	乳白至淡黄色固体	＞100	37±3	≤1.0	5.0～7.0	～17
OP-40	乳白至淡黄色固体	＞100	31±3	≤1.0	5.0～7.0	～18

【生产方法】由苯酚与壬醇（或三聚丙烯）缩合制得壬基酚，将其加热至 130～135℃，搅拌下减压蒸去产生的水，通入环氧乙烷，保持在 180～200℃之间反应，通过控制环氧乙烷的量制得不同 EO 数的壬基酚聚氧乙烯醚。

【主要用途】

规格	性能与应用
OP-4 OP-7	① 易溶于油及其他有机溶剂，水中呈分散状，具有良好的乳化性能，一般工业中作 W/O 乳化剂。 ② 一般用作纺织、金属加工业清洗剂，聚丙烯腈皂煮剂，阳离子染料匀染剂，亦可作塑料制品传送带的抗静电剂

续表

规格	性能与应用
OP-9 OP-10	① 易溶于水，耐酸、碱、盐、硬水，具有良好的乳化、匀染、润湿、扩散、净洗性能，可与各类表面活性剂、染料初缩体混用。 ② 用作印染加工的匀染剂、扩散剂，皮革、羊毛脱脂剂，原油、燃料油乳化剂，采油酸化渗透剂，丁苯胶乳、乳液聚合乳化剂，玻纤纺织润滑剂、乳化剂，化妆品中作乳化、洗涤、渗透、润湿剂
OP-13 OP-15 OP-20 OP-30 OP-40 OP-50	① 易溶于水，耐酸、碱、盐、硬水，具有良好的乳化、润湿、扩散、增溶性能。 ② 用作油田乳化剂、增溶剂、防腐剂、破乳剂、合成乳胶稳定剂、高浓度电解质润湿剂、化妆品乳化剂

【包装储运】200kg 铁桶、50kg 塑料桶包装。本系列产品无毒，不易燃，按一般化学品储存和运输。储存于干燥通风处。

（2）辛基酚聚氧乙烯醚系列（TX）

【中文名称】辛基酚聚氧乙烯醚

【化学结构】

【质量标准】

规格	外观（25℃）	色泽 (Pt-Co)	浊点(1% 水溶液)/℃	羟值 /(mgKOH/g)	水分 /%	pH 值 （1%水溶液）	HLB 值
TX-4	无色透明液体	≤20		135～145	≤1.0	5.0～7.0	8～9
TX-5	无色透明液体	≤20		122～132	≤1.0	5.0～7.0	约 10
TX-7	无色透明液体	≤20		100～110	≤1.0	5.0～7.0	10～11
TX-9	无色透明液体	≤20	50～60		≤1.0	5.0～7.0	10～11
TX-10(NP-10)	无色透明液体	≤20	60～67		≤1.0	5.0～7.0	12～13
TX-12	乳白色膏状物	≤20	80～85		≤1.0	5.0～7.0	约 14.2
TX-13	乳白色膏状物	≤20	85～90	68～73	≤1.0	5.0～7.0	14～14.5
TX-15	乳白色膏状物	≤20	90～95	60～66	≤1.0	5.0～7.0	14.5～15
TX-18	乳白色膏状物	≤20	>95	53～58	≤1.0	5.0～7.0	15.5～16
TX-21	乳白色膏状物	≤20	>100	44～54	≤1.0	5.0～7.0	约 16
TX-30	白色固状物	≤20	>100	34～39	≤1.0	5.0～7.0	17～17.5
TX-40	白色固状物	≤20	>100	26～31	≤1.0	5.0～7.0	17.5～18
TX-50	白色固状物	≤20	>100	21～25	≤1.0	5.0～7.0	18～18.5

【生产方法】以辛烷基苯酚和环氧乙烷为原料，在氢氧化钠催化剂存在下，进行缩合反应而得。

【主要用途】

① TX-4 溶于油及其他有机溶剂，具有良好的乳化性能，作为亲油性乳化剂，用于制备W/O 型乳液；在一些有机合成反应中，为反应介质，可缩短反应时间，提高反应转化率，如在塑料聚氯乙烯聚合时，作为整料剂，不但能使聚氯乙烯成型颗料均匀，且可杜绝反应粘锅；亦可作干洗清洁剂。

② TX-5 溶于油类及一般有机溶剂，用作乳化剂、偶联剂、防冻液、防锈剂、分散剂及有机合成中间体。

③ TX-7 在水及矿物油中呈扩散状，具有优良的乳化净洗性能，一般在工业中作乳化剂。

TX-7 在毛纺、合纤工业及金属加工过程中作为净洗剂。如可作为聚丙烯腈染前染后洗涤及皂煮剂，并可做成阳离子染料的匀染剂。

④ TX-9、TX-10 易溶于水，具有优良的乳化净洗能力，是合成洗涤剂重要组分之一，能配制各种净洗剂，对动、植物油污、矿物油污清洗能力特强；是合成纤维工业油剂组分之一，除显示乳化性能外，且具有除静电效果；在合纤短纤维混纺纱浆料中作柔软剂，可提高浆膜的平滑性和弹性，该乳液对胶体有保护作用；一般工业作乳化剂，配制乳液稳定；用作防腐剂、润湿剂、电池缓蚀剂；印染工业中作匀染、扩散、润湿、洗涤等用途的助剂，均有良好效能；用作羊毛低温染色新工艺的匀染剂；在农药、医药、橡胶工业用作乳化剂，建筑行业可作为乳化沥青的乳化剂，又是金属水基清洗剂的重要组成之一；油田用润湿剂、起泡剂、泥浆活性处理剂。

⑤ TX-12 易溶于水，在宽 pH 范围内可作未加工羊毛的高效洗涤剂、重垢低泡洗涤剂。

⑥ TX-15 用作 O/W 型乳化剂，作金属、机械、纺织工业的净洗剂。

⑦ TX-13～TX-50 易溶于水，具有优良的乳化、分散、润湿、渗透性能，用作高温乳化剂、高电解质浓度净洗剂、润湿剂、合成胶乳的稳定剂、特种油品乳化剂、农药乳化剂。

【包装储运】200kg 铁桶、50kg 塑料桶包装；固体切片成型后用 20kg 编织袋包装。本系列产品无毒，不易燃，按一般化学品储存和运输。储存于干燥通风处。

3. LAE 系列

【中文名称】月桂酸聚氧乙烯酯

【化学结构】$C_{11}H_{23}COO(CH_2CH_2O)_9H$

【质量标准】

规格	外观（25℃）	色泽(Pt-Co)	皂化值/(mgKOH/g)	水分/%	pH 值(1%水溶液)	HLB 值
LAE-4	无色透明油状物	≤60	145～155	≤1.0	5.0～7.0	9～10
LAE-9	无色透明油状物至乳白色膏状物	≤60	30～45	≤1.0	5.0～7.0	13～14
LAE-24	乳白色膏状物	≤20	42～48	≤1.0	5.0～7.0	16～17

【主要用途】

规格	性能与应用
LAE-4	① 溶于醇类、油酸等，水中呈分散状，在中等酸液、碱液、多电解质中稳定，具有良好的乳化、润湿、增溶、分散、增塑性能。 ② 制药业中作乳化剂、增溶剂、分散剂，香料业中作芳香油的增溶剂、乳化剂，化妆品中作乳化剂、净洗剂，亦可作农药乳化剂、润湿剂
LAE-9	① 溶于水，具有良好的乳化、净洗性能。 ② 纺织业中，是纤维纺织油剂组分之一，具有良好的集束、抱合、柔软、平滑、抗静电性能。 ③ 一般工业中作乳化剂、净洗剂
LAE-24	溶于醇和水，主要用作香料增溶剂，亦可作乳化剂、分散剂、润湿剂

【包装储运】200kg 铁桶、50kg 塑料桶包装。本系列产品无毒，不易燃，按一般化学品储存和运输。储存于干燥通风处。

4. Span 系列

【中文名称】失水山梨糖醇脂肪酸酯

【化学结构】

【质量标准】

规格	外观（25℃）	羟值/(mgKOH/g)	皂化值/(mgKOH/g)	酸值/(mgKOH/g)	水分/%	HLB值	熔点/℃
S-20	琥珀色黏稠液体	330～360	160～175	≤8	≤1.5	8.6	液体(25℃)
S-40	微黄色蜡状固体	255～290	140～150	≤8	≤1.5	6.7	45～47
S-60	微黄色蜡状固体	240～270	135～155	≤8	≤1.5	4.7	52～54
S-80	琥珀色黏稠油状物	190～220	140～160	≤10	≤1.5	4.3	液体(25℃)
S-85	黄色油状液体	60～80	165～185	≤15	≤1.5	1.8	液体(25℃)

【生产方法】山梨糖醇首先脱水形成己糖醇酐与己糖二酐，然后再与脂肪酸酯化，它一般是脂肪酸与山梨糖醇酐或脱水山梨糖醇的混合酯。因失水位置不同而产生多种异构体，结合不同的脂肪酸形成多种不同系列产品。

【主要用途】

规格	性能与应用
S-20	① 溶于油及有机溶剂，分散于水中呈半乳状液体。 ② 在医药、化妆品生产中作 W/O 型乳化剂、稳定剂、增塑剂、润滑剂、干燥剂；纺织工业中作柔软剂、抗静电剂、整理剂；亦用作机械润滑剂；作为添加型防雾剂，具有良好的初期及低温防雾滴性，适用于 PVC(1%～1.5%)、聚烯烃薄膜(0.5%～0.7%)、EVA 薄膜
S-40	① 溶于油及有机溶剂，热水中呈分散状。 ② 食品、化妆品业中作乳化剂、分散剂；乳液聚合中作乳化稳定剂；印刷油墨中作分散剂；亦可用作纺织防水涂料添加剂、油品乳化分散剂；广泛用于聚合物防雾滴剂、PVC 农膜(1%～1.7%)、EVA(0.5%～0.7%)
S-60	① 不溶于水，热水中呈分散状，是良好的 W/O 型乳化剂，具有很强的乳化、分散、润滑性能，也是良好的稳定剂和消泡剂。 ② 在食品工业中用作乳化剂，用于饮料、奶糖、冰淇淋、面包、糕点、麦乳精、人造奶油、巧克力等生产中；在纺织工业中用作腈纶的抗静电剂、柔软上油剂的组分；在食品、农药、医药、化妆品、涂料、塑料工业中用作乳化剂、稳定剂；作为 PVC、EVA、PE 等薄膜的防雾滴剂使用，在 PVC 中用量为 1.5%～1.8%，在 EVA 中用量为 0.7%～1%
S-80	① 难溶于水，溶于热油及有机溶剂，是高级亲油性乳化剂。 ② 用于 W/O 型乳胶炸药、锦纶和粘胶帘子线油剂，对纤维具有良好的平滑作用。用于机械、涂料、化工、炸药的乳化。在石油钻井加重泥浆中作乳化剂；食品和化妆品生产中作乳化剂；油漆、涂料工业中作分散剂；钛白粉生产中作稳定剂；农药生产中作杀虫剂、润湿剂、乳化剂；石油制品中作助溶剂；亦可作防锈油的防锈剂；用于纺织和皮革的润滑剂和柔软剂。 ③ 作为薄膜防雾滴剂，具有良好初期和低温防雾滴性，在 PVC 中用量 1%～1.5%，聚烯烃中的用量为 0.5%～0.7%
S-85	① 微溶于异丙醇、四氯乙烯、棉籽油等。 ② 主要用于医药、化妆品、纺织、油漆以及石油行业等，用作乳化剂、增稠剂、防锈剂等

【包装储运】S-20、S-80、S-85 采用 50kg 塑料桶包装；S-40、S-60 采用 20kg 编织袋包装。按一般化学品储存和运输，储存于干燥通风处。

5. Tween 系列

【中文名称】聚氧乙烯失水山梨糖醇脂肪酸酯

【化学结构】

【质量标准】

规格	外观（25℃）	羟值/(mgKOH/g)	皂化值/(mgKOH/g)	酸值/(mgKOH/g)	水分/%	HLB值
T-20	琥珀色黏稠液体	90～110	40～50	≤2.0	≤3	16.5
T-40	微黄色蜡状固体	85～100	40～55	≤2.0	≤3	15.5
T-60	微黄色蜡状固体	80～105	40～55	≤2.0	≤3	14.5
T-80	琥珀色黏稠油状物	65～82	43～55	≤2.0	≤3	15

【主要用途】

规格	性能与应用
T-20	① 易溶于水、甲醇、乙醇、异丙醇等多种溶剂，不溶于动、矿物油，具有乳化、扩散、增溶、稳定等性能。 ② 对人体无害，没有刺激性，在食品工业中主要用于蛋糕、冰淇淋、起酥油等的制作。 ③ 可用作矿物油的乳化剂，染料的溶剂，化妆品的乳化剂，泡沫塑料的稳定剂，医药品的乳化剂、扩散剂和稳定剂，以及照片乳液的助剂
T-40	易溶于水、甲醇、乙醇、异丙醇等多种溶剂，不溶于动、矿物油，用作O/W型乳化剂、增溶剂、稳定剂、扩散剂、抗静电剂、润滑剂
T-60	① 易溶于水、甲醇、乙醇、异丙醇等多种溶剂，不溶于动、矿物油，具有优良的乳化性能，兼有润湿、起泡、扩散等作用。 ② 用作O/W型乳化剂、分散剂、稳定剂，用于食品、医药、化妆品、水性涂料的制造。 ③ 用于纺织业中作柔软剂、抗静电剂，是聚丙烯腈纺丝油剂组分和纤维后加工的柔软剂，可使纤维消除静电，提高其柔软性并赋予纤维良好的染色性能
T-80	① 易溶于水、甲醇、乙醇，不溶于矿物油，用作乳化剂、分散剂、润湿剂、增溶剂、稳定剂，用于医药、化妆品、食品等工业。 ② 在聚氨酯泡沫塑料生产中用作稳定剂、助发泡剂；在合成纤维中可作抗静电剂，是化纤油剂的中间体；在感光材料制电影胶片中用作润湿剂及分散剂；在织物防水过程中用以乳化硅油，有良好的效果，也用于锦纶和黏胶帘子线作为油剂及水溶性乳化剂，常与S-80混用。 ③ 用作油田乳化剂、防蜡剂、稠油润湿、降阻剂、近井地带处理剂；用作精密机床调制润滑冷却液等

【包装储运】200kg 铁桶、50kg 塑料桶包装。按一般化学品储存和运输。储存于干燥通风处。

第十二节　其他润滑剂添加剂

除了上述十类添加剂外，还有黏附剂、螯合剂、偶合剂、防霉剂、光稳定剂、着色剂、脱蜡助剂和复合剂的补充添加剂等。

1. 黏附剂

主要作用是改进润滑油在工作表面的滞留时间，减少润滑油的流失和飞溅，从而降低润滑油的损失。黏附剂主要是一些高分子化合物，如聚烯烃和聚异丁烯等。

2. 螯合剂

主要作用是与摩擦副表面金属生成螯合物，起到金属减活和防锈的作用。

3. 偶合剂

主要作用是加快对水的分散速率，使两种不相溶的物质能偶合在一起。主要是一些醇、醇醚类化合物，例如异丙醇、乙二醇、多元醇等。

4. 防霉剂

主要作用是抑制工业用乳状液中存在的细菌、霉、酵母等微生物引起的各种有害作用。

常用的防霉剂主要是酚类化合物。

5. 光稳定剂

主要作用是防止紫外线导致的光氧化降解，提高产品在户外的使用寿命。

6. 着色剂

主要用于油品着色，以示区别该油品。着色剂主要是偶氮化合物的衍生物。

7. 脱蜡助剂

主要作用是改变蜡晶的形状和大小，从而改进脱蜡过程中的过滤速度，既提高了装置的处理能力，降低了蜡中的含油量，也提高了脱蜡的效率。这类添加剂大多数是高分子聚合物。

8. 复合剂的补充添加剂

又称增强剂、补强剂。主要是为了改善油品的某些特定性能。

参考文献

[1] 黄文轩, 韩长宁. 润滑油与燃料添加剂手册[M]. 北京: 中国石化出版社, 1994.

[2] 黄文轩. 润滑油添加剂应用指南[M]. 北京: 中国石化出版社, 2002.

[3] 樱井俊男. 石油产品添加剂[M]. 北京: 石油工业出版社, 1978.

[4] 张景河. 现代润滑油与燃料添加剂[M]. 北京: 中国石化出版社, 1991.

[5] 付兴国. 润滑油及添加剂技术进展与市场分析[M]. 北京: 石油工业出版社, 2004.

[6] 付兴国, 匡奕九, 曹镭. 金属清净剂研制的最新进展[J]. 润滑油, 1994, 9(5): 43-45.

[7] Leslie R Rudnick. 润滑剂添加剂化学与应用[M]. 李华峰, 等译. 北京: 中国石化出版社, 2006.

[8] 韩秀山. 我国润滑油添加剂发展现状[J]. 化工中间体, 2002 (20): 19-22.

[9] 伏喜胜, 姚文钊, 张龙华, 等. 润滑油添加剂的现状及发展趋势[J]. 汽车工艺与材料, 2005 (5): 1-6.

[10] 姚文钊, 李建民, 刘雨花, 等. 内燃机油添加剂的研究现状及发展趋势[J], 润滑油, 2007, 22(3): 1-4.

[11] 刘瑞萍. 丁二酰亚胺无灰分散剂的绿色合成工艺研究[D]. 杭州: 浙江大学, 2007.

[12] 梁兵, 徐未, 魏克成, 等. 无灰分散剂研究现状及发展趋势[J]. 石油商技, 2009, (4): 20-25.

[13] Jezl J L, Stuart A P, Schneider A. Interrelated effects of oil components on oxidation stability[J]. Industrial & Engineering Chemistry, 1958, 50(6):947-950.

[14] 王丽娟, 刘维民. 润滑油抗氧剂的作用机理[J]. 润滑油, 1998, 13 (2): 55-58.

[15] 王刚, 王鉴, 王立娟, 等. 抗氧剂作用机理及研究进展[J]. 合成材料老化与应用, 2006, 35(2): 38-39.

[16] 张俊彦, 刘维民, 薛群基. 有机铜盐抗氧剂及其作用机理[J]. 润滑与密封, 2000 (2):5-7.

[17] Kevin J C. Novel molybdenum compound: JP, 57140791(A)[P]. 1982.

[18] Karol T J. Fuel compositions containing Orgamic molybdenum complexes: EP, 0744453[P]. 1996.

[19] Shigeki M. Lubricating oil composition: US, 7867957[P]. 2008.

[20] Gaurav B. Preparation of a molybdenum Amide additive composition: WO, 2009123908[P]. 2009.

[21] 夏延秋, 刘维民, 薛群基. 几种有机铜盐的抗磨减摩性能研究[J]. 润滑与密封, 2001 (6): 43-44.

[22] Zhang Ruiming. Multifunctional lubricant additives: US, 5885942[P]. 1997.

[23] Waynick J A. Cruise missile engine bearing grease: US, 5133888[P]. 1990.

[24] Waynick J A. Railroad grease: US, 5158694[P]. 1991.

[25] 伏喜胜, 续景, 华秀菱. 一种润滑油添加剂: CN, 1403547A[P]. 2003.

[26] 刘成祥. 汽轮机油乳化原因分析及对策[J]. 华东电力, 2008, 36(4): 116-118.

[27] Richardson R W. Oxidation inhibitor: US, 2259861[P]. 1941.

[28] Salomon M F. Antioxidant compositions: US, 4764299[P]. 1987.

[29] 徐敏, 等. 极压抗磨剂在酯类油中的抗磨作用[J]. 合成润滑材料, 1997 (2): 14-18.

[30] 温诗铸, 等. 摩擦学原理. 第 3 版[M]. 北京: 清华大学出版社, 2008 .

[31] 黄文轩, 等. 润滑剂添加剂应用指南[M]. 北京: 中国石化出版社, 2003.

[32] 梅焕谋, 等. 硫代磷酸酯羧酸衍生物的润滑性能[J]. 湖南大学学报, 1996 (3): 67-70.

[33] 锥建斌, 等. 薄膜润滑与润滑状态图[J]. 机械工程学报, 2000, 36 (7): 1-5.

[34] Adams P E. Friction modifiers for improved anti-shudder performance and high static friction in transmission fluids: US, 7381691[P]. 2008.

[35] 夏延秋, 乔玉林. 纳米粒子在摩擦学领域的应用发展现状[J]. 沈阳工业大学学报, 2002 (24): 279-282.

[36] Bahadur S, Gong Deli. The investigation of the action of fillers by XPS studies of the transfer films of PEEK and its composites containing CuS and CuF_2[J]. Wear, 1993, 160: 131-138.

[37] Wang Qihua, Xue Qunji, Liu Huiwen, et al. The effect of particle size of nanometer ZrO_2 on the tribological behaviour of PEEK[J]. Wear, 1996, 198: 216-219.

[38] Hsu S M. Review of laboratory bench tests in assessing the performance of automotive crankcase oil[J]. Lubrication Engineering, 1981, 37(12): 722.

[39] 何峰, 张正义, 肖耀福, 等. 新一代润滑剂——超细金属粉固体润滑剂[J]. 润滑与密封, 1997 (5): 65-66.

[40] 李长华. 俄罗斯的纳米级超微细粉末材料[J]. 材料导报, 1995 (2): 75-76.

[41] 孙昂, 严立, 等. 纳米级金属粉改善润滑油摩擦学性能[J]. 大连海事大学学报, 2003, 29(1): 99-101.

[42] 于立岩, 崔作林. 铜纳米粒子对润滑油摩擦磨损性能的影响[J]. 青岛化工学院学报, 2002, 23(3): 33-35.

[43] 刘维民, 薛群基, 等. 纳米颗粒的抗磨作用及作为磨损修复添加剂的应用研究[J]. 中国表面工程, 2001 (3): 21-24 .

[44] 夏延秋, 冯欣, 等. 纳米级镍粉改善润滑油摩擦磨损性能的研究[J]. 沈阳工业大学学报, 1999, 21(2): 101-103.

[45] 乌学东, 王大璞, 等. 表面修饰纳米粒子的摩擦学性能[J]. 上海交通大学学报, 1999, 33(2): 224-228.

[46] Hahn H, Logas J L, Averback R S. Sintering characteristics of nano-crystalline materials[J]. Journal of Material Research, 1990 (5): 609-614.

[47] Melendres C A, Narayansamy A. Study of nanophase titania grain boundaries by Raman spectroscopy[J]. Journal of Material Research, 1989 (4): 1246-1250.

[48] Dong J X, Chen G X, Luo X M, et al. A new concept—formation of permeating layer from nonactive antiwear additives[J]. Lubrication Engineering, 1994 (22): 124-128.

[49] 薛群基, 吕晋军. 高温固体润滑研究的现状及发展趋势[J]. 摩擦学学报, 1999, 19(1): 91-96.

[50] 陈爽, 刘维民. 温度对 PbS 纳米微粒摩擦学性能的影响[J]. 摩擦学学报, 1999, 19(2): 169-173.

[51] Tenne R, Margulis L, Genut M, et al. Polyhedral and cylindrical structures of WS_2[J]. Nature, 1992, 360: 444-446.

[52] Feldman Y, Wasserman E, Srolovitz D J, et al. High-rate gas-phase growth of MoS_2 nested inorganic fullerenes and nanotubes[J]. Science, 1995, 267: 222-225 .

[53] Xu T, Zhao J, et al. Study on the tribological properties of ultradispersed diamond containing soot as an oil additive[J]. Tribology Transaction, 1997, 40(1): 178-182.

[54] 李华峰, 等. 水溶性润滑添加剂的现状和发展趋势[J]. 合成润滑材料, 1998 (2): 15-18.

[55] 易伦, 等. 水溶性抗磨添加剂的研究[J]. 润滑与密封, 1994 (04): 6-10.

[56] Stapp P R. Olefin oxidation process: US 4237071[P]. 1980.

[57] Nassry A, Maxwell J F. Water-based hydraulic fluid: US 4138346[P]. 1979.

[58] 丘清华, 等. 水溶性 Cu-DTP 的合成及抗磨性能研究[J]. 中南矿冶学院学报, 1993 (2): 273-277.

[59] 李传武, 等. 合成材料马来油酸三异丙醇胺盐-在 k-1 切削液中的应用[J]. 合成润滑材料, 1994 (1): 9-11.

[60] 梅焕谋, 等. 2-甲基二十酸的合成及其润滑性[J]. 润滑与密封, 1989 (3): 19-21.

[61] 宋国华, 等. 水基润滑极压剂的合成应用[J]. 合成润滑材料, 1996 (2): 12-13.

[62] 易伦, 等. 水溶性抗磨剂的合成及抗磨性能[J]. 中南矿冶学院学报, 1994 (2): 261-265.

[63] 官文超. 新型高水基极压抗磨添加剂——有机硫化钼的研究[J]. 润滑与密封, 1988 (3): 36-39.

[64] 林峰, 等. 二壬基酚聚氧乙烯醚(硫)磷酸锌三元配合物在水中的摩擦学性能研究[J]. 润滑与密封, 1999 (5): 33-36.

[65] 黄伟九, 等. 水溶性含氮硼酸酯摩擦学性能研究[J]. 润滑与密封, 2001 (5): 29-32.

[66] 李茂生. 水溶性聚醚在金属加工液中的应用[J]. 合成润滑材料, 2003, 30(4): 8-11.

[67] 黄竹山, 等. 非亚硝酸盐型水基防锈剂的研制[J]. 汽车工艺与材料, 2002 (1): 28-32.

[68] 陈卓元, 等. 咪唑啉缓蚀剂缓蚀性能的研究[J]. 材料保护, 1999, 32(5): 37-39.

[69] 王大喜, 等. 取代基咪唑啉分子结构与缓蚀性能的实验研究[J]. 中国腐蚀与防护学, 2001, 21(2): 112-115.

[70] Daxi W, et al. Theoretical and experimental studies of structure and inhibition efficiency of imidazoline derivatives[J]. Corrosion Science, 1999 (41):1911.

[71] 王旭珍, 等. 水溶性油酸酰胺型防锈剂的合成及在切削液中的应用[J]. 材料保护, 2000 (8): 9-11.

[72] 张文杰, 等. 金属加工液中的微生物及其控制方法[J]. 合成润滑材料, 1999 (3): 1-3.

[73] 王汝霖. 润滑剂摩擦化学[M]. 北京: 中国石化出版社, 1994.

[74] 夏延秋, 等. 新型高效磷系极压剂的研制[J]. 润滑与密封, 2000 (3): 30-31.

[75] 王华清, 等. 有机硼酸酯摩擦化学反应的研究[J]. 石油学报:石油加工, 1999 (4): 47-52.

[76] 刘维民, 薛群基. 有机硼酸酯润滑油减摩抗磨添加剂[J]. 摩擦学学报, 1992, 193(3): 12.

[77] 李召良, 孙霞, 郑发正. 硼酸酯作为润滑添加剂的研究展望[C]. 中国化学会第八届全国应用化学年会,西安:2003.

[78] 刘维民, 等. 润滑油添加剂——偏硼酸钠抗磨性的研究[J]. 固体润滑, 1990, 10(3): 185-189.

[79] Adams J H. Synergistic combinations of hydrated potassium borate, antiwear agents, and organic sulfide antioxidants: US 4089790[P]. 1978.

[80] Adams J H. Synergistic combinations of hydrated potassium borate, antiwear agents, and organic sulfide antioxidants: US 4163729[P]. 1979.

[81] Liu Weimin, Xue Qunji , et al. Lubr Eng, 1991, 47: 344.

[82] Adams J H, et al. Lubr Eng, 1981, 37: 16.

[83] Feng I Ming, et al. solid deposition and nonsacrificial boundary lubrication[J]. ASLE Trans, 1963, 6 (1): 60-66.

[84] Kreutz K L, et al. EP film from borate lubricants[J]. ASLE Trans, 1967, 10(1): 67-76.

[85] 姚俊兵, 董浚修, 熊仁根. 硼酸酯与油溶性钼化合物的协同抗磨作用机理[J]. 润滑与密封, 1993 (5): 10-14.

[86] 王华清, 董浚修, 蒋松, 等. 有机硼酸酯摩擦化学反应的研究[J]. 石油学报:石油加工, 1999, 15(2): 46-52.

[87] 胡晓兰, 梁国正. 硼酸酯水解稳定性研究与应用[J]. 材料导报, 2002, 16(1): 58-60.

[88] 沈光球, 郑直, 等. 有机硼酸酯添加剂的水解稳定性及摩擦特性[J]. 清华大学学报:自然科学版, 1999, 39(10): 97-100.

[89] 韩宁, 等. 硫化异丁烯润滑机理的研究[J]. 摩擦学学报, 2002, 22(1): 49-52.

[90] 夏延秋, 等. 两种磷氮类添加剂的极压抗磨机理研究[J]. 摩擦学学报, 2000, (20)6: 443-446.

[91] 乔玉林, 徐滨士, 等. 车辆润滑油极压抗磨添加剂的性能及其复配效应[J]. 表面工程杂志, 1997, 34(1): 32-37.

[92] 曹月平, 等. 磷酸三甲酚酯和亚磷酸二正丁酯添加剂对菜籽油摩擦学性能的影响[J]. 摩擦学学报, 2000, 20(2): 119-122.

[93] 李韶辉, 孙东, 等. 一种含磷摩擦改进剂的合成及评价[J]. 石油炼制与化工, 2005, 3(36): 39-42.

[94] 黄文轩. 润滑剂添加剂应用指南[M]. 北京: 中国石化出版社, 2007.

[95] 刘维明, 薛群基. 有机硼酸酯润滑油减摩剂抗磨添加剂[J]. 摩擦学学报, 1992, 12(3): 195-202.

[96] Devlin M T, et al. Lubricant compositions: US, 7759294[P]. 2011.

[97] Yagishita K, et al. Lubricating oil compositions: US, 7790659[P]. 2010.

[98] Adams P E, et al. Friction modifiers for improved anti-shudder performance and high static friction in transmission fluids:US, 7381691[P]. 2008.

[99] 薛卫国, 胡晓黎, 周旭光. 几种酚类抗氧剂在润滑油中的应用[J]. 石化技术与应用, 2006, 24(7): 279-280.

[100] Jenkins V N. Diesel engine lubricanting oil:US, 2366191[P]. 1945.

[101] Wright W E . Antioxidant diamine: US, 4456541[P]. 1981.

[102] Muller R. *N,N'*Diphenyl-*p*-phenylenediamines, method for their production and their use as stabilizers for organic materials: EP, 072575A1[P]. 1983.

[103] Roberts J T. Imines of 2,4-diaminodiphenyl ethers as antioxidants: US, 4378298[P]. 1981.

[104] 胡连奇. 烷基化芳胺抗氧剂的研制及应用研究[J]. 润滑油, 1996, 11(2):16-21.

[105] Ruth. Process for preparing an anode catalyst for fuel cells and the anode catalyst prepared therewith: US, 6797667[P]. 2002.

[106] Stunkel. Antioxidant, antiwear/extreme pressure additive compositions and lubricating compositions containing the same: US, 6743759[P]. 2002.

[107] Lai. Lubricant composition: US, 6426324[P]. 2000.

[108] Lai. Synthetic lubricant antioxidant from monosubstituted diphenylamines: US, 5489711[P]. 1994.

[109] Nakazato. Low phosphorous engine oil composition and additive compositions: US, 6531428[P]. 1994.

[110] Leta D P, et al. Molybdenum-antioxidant lube oil compositions: US, 6358894[P]. 1997.

[111] 胡建强. 有机钼酸酯与芳胺抗氧剂在合成润滑油中的抗氧协同作用[J]. 精细石油化工, 2007, 24(1):61-63.

[112] 谢凤珍. 抗氧剂在航空润滑油中的应用[J]. 合成润滑材料, 2004, 31(3):22-25.

[113] 安彦杰. 芳胺类抗氧剂与 ZDDP 复合抗氧效果的研究[J]. 化学与黏合, 2001 (6):278.

[114] 张辉. 润滑油抗氧剂的现状与发展趋势[J]. 石油商技, 2008 (6):46-47.

[115] 杨道胜. 内燃机油的升级换代与黏度指数改进剂的发展趋势[J]. 润滑油, 2002, 17(1): 16-22.

[116] 姚亚平. 黏度指数改进剂的增稠能力与剪切稳定性[J]. 润滑油, 1999, 14(1): 32-39.

[117] 黄之杰. 国产黏度指数改进剂的使用性能与发展[J]. 润滑油, 2003, 18(5): 1-5.

[118] 由岐刚. 黏度指数改进剂以及润滑油组合物: CN 1891804A[P]. 2007.

[119] Mishra M K, et al. Process for the preparation of acrylate and methacrylate polymers: EP 0936225[P]. 1999.

[120] Liesen GREGORY P, et al. (Meth) acrylate copolymers having excellent low temperature properties: US 5955405[P]. 1999.

[121] 李春风. 基于功能化聚甲基丙烯酸酯开发多功能润滑油添加剂的现状及设想[J]. 润滑油, 2006, 21(1): 36-40.

[122] 黄文轩. 润滑剂添加剂应用指南[M]. 北京: 中国石化出版社, 2003: 141

[123] 张景河. 现代润滑与燃料添加剂[M]. 北京: 中国石化出版社, 1992: 116-135.

[124] 唐和清, 等. TY 防锈油的研制[J]. 材料保护, 1992, 12(25): 22-24.

[125] 罗永秀, 等. T8-MC 防锈润滑添加剂及其应用的研究[J]. 材料保护. 1991, 10(24): 12-16.

[126] 邓广勇, 刘红辉, 李纯录. 润滑油抗泡剂的类型和机理探讨[J]. 润滑油, 2010, 25(3): 41-42.

[127] 任天辉, 金芝珊, 刘维民, 等. 多功能润滑油添加剂: CN 1097461A[P]. 1995.

[128] 刘文, 刘承仁. 一种合成磺酸钡油溶性防锈剂的制备方法: CN 1114349A[P]. 1996.

[129] 韩锦, 等. 硼-氮-硫-磷型多功能润滑防锈添加剂与几种国内外润滑油及添加剂的性能对比实验 [J]. 润滑与密封, 1992 (4): 9.

[130] Donald D E, Shaker H. Boron compounds: US, 3080403[P]. 1963.

[131] Donald D E. Liquid hydrocarbons containing a boron additive: US, 3009791[P]. 1961

[132] Colombo E. Rust preventive and corrosion-combating additives lubricants and lubricant compositions containing the same: EP, 0393748[P]. 1990.

[133] Jahnke. Corrosion-inhibiting compositions, and oil compositions containing said corrosion-inhibiting compositions: US, 4618539[P]. 1986.

[134] Norman S, Conary S G. Gear oils and additives therefor: EP 0430624[P]. 1991.

[135] 焦学瞬, 贺明波. 乳化剂与破乳剂性质、制备与应用[M]. 北京: 化学工业出版社, 2008.

[136] Horodysky A G. Lubricant composition: US 4536307[P]. 1985.

[137] Russo. Rust and haze inhibiting lubricating oil additive-reaction product of *n*-alkyl-maliimide and 5-amino-triazole[P]: US, 5219482.

[138] 梁文平. 乳化液科学与技术基础[M]. 北京: 科学出版社, 2001.

[139] Russo J, et al. Rust and haze inhibiting lubricating oil additive-reaction product of n-alkyl-maliimide and 5-amino-triazole: US 5219482[P]. 1993.

[140] Anti-rust additive and process for obtaining the same: RO 91592[P]. 1987.

[141] Hardan J M, et al. RO 76746. 1981.

[142] Hsu S Y, et al. Arylamine/hindered phenol, acid anhydride and thioester-derived multifunctional antioxidant, antiwear and rust inhibiting additives: US, 5200101[P]. 1993.

[143] Yagi K. Method of determining distribution of refractive index of glass preform: JP 2009132562[P]. 2009.

[144] Ernhoffer R E, et al. Thiadiazole-aryl sulfonate reaction products as multifunctional additives and compositions containing same: US 5171861. 1992.

[145] Adams P E, et al. Metal free hydraulic fluid with amine salt: US 5531911[P]. 1996.

[146] Farng L O, et al. Phenylenediamine-derived phosphonates as multifunctional additives for lubricants: US 5171465[P]. 1992.

[147] 王永根. 乳化油和金属轧制用油[M]. 北京: 烃加工出版社, 1990.

[148] Meyer G R. Corrosion inhibitor for 2-cycle engine oils comprising dodecenyl succinic anhydride-propylene glycol esters: US 5080817[P]. 1992.

[149] Betney K H, et al. Substituted polyoxyalkylene compounds: EP 0664331[P]. 1995.

[150] 张景河, 等. 现代润滑油与燃料添加剂[M]. 北京: 中国石化出版社, 1991.

[151] 赵秉臣. 提高原油降凝剂降凝效果的途径[J]. 精细石油化工, 1995, (5): 10-12.

[152] 宋昭峥, 葛际江, 张贵才, 等. 高蜡原油降凝剂的发展概况[J]. 石油大学学报, 2001, 25(6): 117-122.

[153] 刘林林, 王宝辉, 张舜光. 原油降凝剂作用机理与影响因素[J]. 精细石油化工, 2006, 23(3): 55-58.

[154] 王景昌, 赵建涛, 杜中华, 等. 高效降凝剂的合成与改性[J]. 石油化工, 2012, 41(2): 181-184.

[155] 李亮, 龙小柱, 李妍, 等. 苯-马共聚物高碳醇酯（SMAA）降凝剂的制备及其性能研究[J]. 当代化工, 2011, 40(1): 25-29.

[156] 杜涛, 汪树军, 刘红研, 等. 三元共聚物柴油低温流动改进剂的酰胺化改性[J]. 石油学报, 2010, 26(2): 294-299.

[157] Misra S, Baruah S, Singh K. Paraffin problems in crude oil production and transportation[J]. SPE Prod Facil, 1995, 10(1): 50-54.

[158] 王开毓. 抗泡剂的复合应用研究[J]. 石油炼制与化工, 1994, 25(6): 15-19.

[159] 李春生, 朱九峰, 等. 润滑油硅型抗泡剂的选择[J]. 合成润滑材料, 1994 (1): 5-8.

[160] 朱九峰, 李春生, 等. 润滑油硅型抗泡剂及其溶剂的选择研究[J], 石油商技, 1995 (4): 22-27.

[161] 李卫东, 王丹, 刘宏业. 硅油在油品中的分散及消泡性能[J]. 润滑油, 1996, 11(2): 33-35.

[162] 王宁, 朱元琪. 润滑油泡沫性能的研究[J]. 石油炼制与化工, 2000, 31(3): 9-12.

第三章 燃料油添加剂

第一节 概述

全球汽车工业的发展极大地促进了国民经济的增长和人民生活水平的提高，但同时也带来了汽车尾气排放造成空气严重污染的问题，这对人类的健康、生存和发展构成了严重威胁。汽油、柴油等车用燃料的质量与汽车尾气排放和空气质量紧密相关，提高车用燃料质量对净化汽车排放的尾气具有十分重要的作用。近年来汽车尾气污染问题越来越受到世界各国政府的重视，美国是最早制定汽车排放法规的国家，随后各国政府也先后制定了相应的汽车尾气排放法规，并且越来越严格。排放标准的严格，促进了汽车排放控制技术的进步和燃料油质量的提高，燃料清洁化已经成为当今各国炼油业的发展主题。

目前生产清洁燃料的主要途径有两种：一是不断开发新的油品加工工艺技术，二是采用添加剂技术。从工艺技术上改进是提高燃料油质量最重要和最根本的途径，在清洁燃料生产中发挥了重要的作用。但是随着石油加工原料的劣质化加剧以及环保法规的日益严格，汽油、柴油在使用过程中暴露出的问题越来越多，仅靠石油加工工艺技术的进步已经不能使汽油、柴油质量满足相关的排放要求，必须添加合适的燃料油添加剂产品，才能有效提高燃料油的质量，解决汽油、柴油的使用问题，因此燃料油添加剂的研发、生产及应用，在清洁燃料的生产中具有非常重要的地位。

燃料油添加剂的品种繁多，并且随着燃料油质量的提高得到了迅速的发展，特别是近年来，随着节能环保要求越来越高，相关的汽油清净剂、柴油清净剂、柴油润滑性添加剂、汽油抗爆剂、柴油降凝剂、柴油十六烷值改进剂等多种燃料油添加剂的迅速发展，燃料油添加剂的研制开发以及生产应用工作积极地推动了清洁燃料的产业化和商品化。

第二节 抗爆剂

汽油发动机产生爆震很大程度上与燃料性质有关，如果汽油很易氧化，形成的过氧化物不易分解，自燃点低，就很容易发生爆震现象。所以汽油抗爆性是汽油质量最重要的指标之一，通常用辛烷值来衡量。由于汽油机中的爆震是一种链反应，可以在汽油中加入添加剂，使反应链中断，以提高汽油的辛烷值。抗爆剂在汽油中的应用已很广泛，现在世界各国所用的汽油中，除特殊要求的型号外，一般都添加了汽油抗爆剂。由于它用量少，操作简单灵活，效果明显，经济性好，是提高汽油辛烷值最有效、最经济的一种方法。

抗爆剂可分为金属有灰类抗爆剂和有机无灰类抗爆剂。

一、金属有灰类抗爆剂

金属有灰类汽油抗爆剂一般分为含铅金属抗爆剂和无铅金属抗爆剂。含铅金属抗爆剂基本上是四乙基铅，它在 1920 年以后的 30 年间居于汽油抗爆剂的主导地位，自发现其毒性、不符合环保要求时，含铅抗爆剂被禁用。而无铅金属抗爆剂主要分为含铁抗爆剂、锰基抗爆剂、碳酸钾等碱性金属盐。

1. 作用原理

金属抗爆剂在燃烧条件下分解为金属氧化物颗粒，使正构烷烃氧化生成的过氧化物进一步反应为醛、酮或其他环氧化合物，将火焰前链的分支反应破坏，使反应链中断，阻止汽油过度燃烧，使汽缸的爆震减小。

2. 技术进展

（1）含铁抗爆剂　　二茂铁是含铁抗爆剂的主要产品，二茂铁用作汽油抗爆剂具有较好的抗爆、消烟功能，可以促进燃料消烟燃烧，在汽油中添加 5～20μg/g 时，可提高 0.3～1.0 个单位的辛烷值。但它对汽油发动机腐蚀严重，而且产生沉积物，造成磨损，更严重的是，有可能使发动机的火花短路，造成点火故障，现在已经禁用。

（2）含锰抗爆剂　　可作为抗爆剂的锰基化合物有五羰基锰、环戊二烯三羰基锰、甲基环戊二烯三羰基锰（简称 MMT），其中只有甲基环戊二烯三羰基锰性能最好，应用广泛。目前国内外市场上占主体地位的含锰抗爆剂，是由乙基公司生产的 MMT，其抗爆性能和汽油感应性良好。按锰（Mn）的质量浓度为 9～18mg/L 添加 MMT，可使汽油的研究法辛烷值（RON）提高 1.7～2.3 个单位，且不影响汽油的挥发性和芳烃含量。

对汽车排气控制系统的影响和对环境的污染是 MMT 产生争议的重点。美国 1978 年禁用 MMT，1995 年 10 月重新启用 MMT 作汽油抗爆剂，环保局和汽车制造商协会（AAMA）对此颇有异议。欧洲汽车制造商协会、日本汽车制造商协会等制定的《全球燃料规范》规定严禁在车用汽油中人为加入锰（Mn）。

（3）碱性金属盐类汽油抗爆剂　　美国专利 US 4330304、US 4371377、US 5009670、US 5593464、US 4376636、US 4871375 等报道了含钾、钠等碱金属盐配制的油品燃料添加剂。据报道，法国在 2000 年时开始采用含钾抗爆添加剂替代四乙基铅。

（4）稀土金属类汽油抗爆剂　　国外有使用稀土化合物作为抗爆剂进行研究的实例。如美国的 2,2,6,6-四甲基-3,5-庚二酮的铈的配合物，其改进使 RON 提高 3.8 个单位，MON（马达法辛烷值）提高 3.2 个单位。法国的 2,2,7-三甲基-3,5-辛二酮的铈的配合物、镧的配合物都是很好的抗爆剂和消烟剂。日本的 3,5-庚二酮的铈配合物作为汽油抗爆剂也有很好的表现。国内也对羧酸镧进行了研究，其添加量一般为 3.0g/L。

3. 发展趋势

金属类抗爆剂产生的颗粒物和对三元催化转化器的损害，使得此类抗爆剂的研究处于相对冷落和没有发展前途的境地。据统计，MMT 目前仍然是国内车用汽油最重要的高效汽油抗爆剂，不过随着成品油市场对外逐步放开，汽油标准对锰的限制的日益严格，国内各炼油厂必须尽快考虑 MMT 的替代问题。

二、有机无灰类抗爆剂

有机无灰类抗爆剂能抑制反应的自动加速，把燃料燃烧的速度限制在正常燃烧范围内，确保加入的汽油抗爆剂不引起处理废气的催化剂中毒、不增加污染物排放并具有良好的抗爆性能。因此，目前对于此类抗爆剂的研究较多。常见的有机无灰类抗爆剂主要有醚类、醇类、酯类等。

1. 作用原理

有机类抗爆剂以过氧化物减少机理抗爆，在燃烧进入速燃期以前与汽油中的不饱和烃发生反应，生成环氧化合物，使整个燃烧过程中生成的过氧化物浓度减少，避免多火焰中心生成，使向未燃区传播活性燃烧核心的作用减弱。

2. 技术进展

（1）醚类添加剂　醚类是提高辛烷值最好的品种，具有高辛烷值、低蒸气压和高燃烧热等突出优点，同时具有优异的燃料相容性，并提高发动机性能，因而其用量不断增长。

醚类添加剂使用最广泛的就是 MTBE（甲基叔丁基醚），MTBE 与汽油调和时具有明显的正调和效应，并具有改善燃烧室清洁度和减少发动机磨损等特点，已经在全世界范围内普遍使用，当添加量为 2%～7%时可将汽油研究法辛烷值提高 2～3 个单位。然而因为 MTBE 是否对环境有污染、对人体有危害等问题产生的争议，使得美国政府从 2000 年开始禁止汽油中添加 MTBE。

ETBE（乙基叔丁基醚）同 MTBE 一样可以用作提高汽油辛烷值的添加剂。ETBE 在提高辛烷值的效果方面比 MTBE 好，且可以作共溶剂使用。添加 ETBE 汽油的经济性和安全性比添加 MTBE 的汽油要好。

TAME（叔戊基甲基醚）的沸点较高，也是一种提高汽油辛烷值的添加剂。

（2）醇类添加剂　甲醇、乙醇、丙醇和叔丁醇等低碳醇或其混合物都已用作汽油添加剂。其混合物用作汽油添加剂具有与 MTBE 相似的功能，且还有价格优势，因此用作汽油抗爆剂具有较大的市场潜力。

乙醇作为抗爆剂已经获得成功运用。成效最大的国家属美国和巴西。乙醇的辛烷值较高，而且也不需要其他较大分子醇作共溶剂，当体积分数为 10%时，可使成品油辛烷值提高 2～3 个单位。

丙醇/甲醇混合物作为汽油抗爆剂具有与 MTBE 相似的功能，还有一定的价格优势。

叔丁醇/甲醇混合物的原料费用也相对较低，也有一定的价格优势。

但是，醇类可以导致 NO_x 和挥发物增加、燃料系统腐蚀以及与水分离等问题，这些对汽车发动机的操作会带来不良影响。

（3）酸酯类添加剂　酸酯类添加剂主要有丙二酸二甲酯、碳酸二甲酯（DMC）和 TKC 取代酯，其中碳酸二甲酯最受关注。

碳酸二甲酯作为汽油添加剂不但可以提高汽油的辛烷值和含氧量，而且可以用作低毒溶剂。DMC 与 MTBE 相比对催化汽油的感受性基本相同，其调和辛烷值均为 109，但对直馏汽油来说，其敏感度比 MTBE 略差，加入 3%的 DMC 和 MTBE 在辛烷值为 51.0 的直馏汽油中，辛烷值提高分别为 52.5 和 53.1。但对基础辛烷值大于 80 的汽油，其感受性更好，所以更适用于催化汽油和重整汽油。碳酸酯类抗爆剂一般加入量为 3%～10%，效果十分明显。

TKC 取代酯主要由卤代烯烃、不饱和脂肪酸、羟基取代酯等有机物组成，它会对发动机造成磨损，且放置一段时间后会产生沉淀，加入 1.5‰时研究法辛烷值（RON）提高 0.8 个单位，抗爆指数提高 1.1 个单位，而且添加量超过 5‰时达不到 93 号汽油要求，再增加添加量后无明显效果。

（4）聚异丁烯添加剂　聚异丁烯添加剂是由美国一所大学与通用技术应用公司共同开发的一种高分子添加剂。现在正在美国各州以及中国、日本和爱尔兰等国进行试验。

（5）噁唑及噁唑啉抗爆剂　菲利普石油公司发现噁唑（1,3-氧氮杂茂）和噁唑啉之类化合物有显著的抗爆震性能，并且无灰，对汽油辛烷值的改进效果比 MTBE 好，加入量一般在 0.5%～10%之间。

（6）胺类抗爆剂　苯和酚类等芳香族化合物也可以作为提高辛烷值的组分。国外有用 2-羟基苄胺作为抗爆剂研究的报道。GULF 科学和技术公司发现 2-重氮基苯胺也具有提高汽油辛烷值的性能。苯胺也是一种提高汽油辛烷值的有效成分，但是使用苯胺会降低汽油燃烧速度，而在苯胺中加入 15%的苯可以克服这种缺陷，将这种混合物以 5%的添加量加入汽油中，可以提高辛烷值 3～5 个单位。N-甲基苯胺作为汽油抗爆剂已经在欧洲某些国家大量使用。

3. 发展趋势

国内在抗爆剂方面的研究起步较晚，高效新型的无污染汽油抗爆剂也亟需开发。从报道可知，一些新型、有机、环保的抗爆剂正在受到关注。

在无灰类抗爆组分方面，现在已经就一些油溶性好、稳定性强、腐蚀性小的类型进行了研究，在各种有机化合物中以胺类化合物的抗爆性能较好，脂肪胺比相应醇的抗爆性好，而呋喃衍生物、4 位取代酚以及曼尼希碱及其衍生物都具有比 MTBE 更好的抗爆性能，所以合成这些添加剂能够满足发动机对燃料抗爆性的要求。选择适当的原料和合适的生产工艺，降低产品的成本，是把此类抗爆剂推向市场的关键。

三、产品牌号

（一）西安嘉宏石化科技有限公司

1. T 1109 汽油辛烷值促进剂

【化学名称】异庚酯

【产品性能】不仅对低辛烷值汽油有良好的感受性，而且对催化、重整等中高辛烷值组分汽油都有良好的效果。

【质量标准】

项　　目	质量指标	项　　目	质量指标
外观	淡绿或淡黄色透明油状液体	烯烃含量/%	≤0.1
密度(20℃)/(kg/m³)	920～990	芳烃含量/%	≤0.1
凝点/℃	≤-35	溶解性	与汽油和醇类极易相溶
燃点/℃	≥72		

【主要用途】常用于 RON 88～90 汽油调制 93#、97#、98#汽油。

【包装储运】200kg 铁桶装。产品运输储存遵照工业化学品规程。

【注意事项】使用时参照产品使用说明书和技术应用方案。

（二）常州市宝隆化工有限公司

1. 高清洁环保节能汽油抗爆添加剂

【化学名称】N-甲基苯胺

【化学结构】$C_6H_5NHCH_3$

【产品性能】与汽油混合后能显著提高油品的辛烷值和清净性，不改变燃油的性能，各项指标均能达到各标号汽油的国家标准。

【主要用途】用于提高油品的辛烷值和清净性。

【包装储运】塑料桶或内涂膜铁桶（出口用镀锌铁桶）包装，每桶净重200kg。储存于阴凉、通风的库房。远离火种、热源。保持容器密封。应与氧化剂、酸类、食用化学品分开存放，切忌混储混运。运输途中应防暴晒、雨淋，防高温。

【注意事项】本品为易燃品，应按照汽油储运标准作业，与汽油添加调和时应按照有关安全操作规程作业，作业设备必须是防爆产品。

（三）宜兴市创新精细化工有限公司

1. GKJ-9908/9918 汽油辛烷值增效抗爆剂

【化学名称】甲基环戊二烯三羰基锰（MMT）

【化学结构】$CH_3C_5H_5Mn(CO)_3$

【产品性能】能有效改善汽油品质，提高汽油辛烷值，抗爆效率高而添加量小，按万分之一添加，锰含量不超过18mg/L，可提高汽油2～3个辛烷值。

【质量标准】

项目		质量指标	
		GKJ-9918	GKJ-9908
形态		橙色液体	橙色液体
锰/%		24.7±0.3	15.2±0.2
密度(20℃)/(kg/m³)		1380±50	1100±100
沸点/℃		231±3	
凝固点(初始)/℃		−1	−22
闪点/℃		82±1	51±2
蒸气压(20℃)/mmHg①		0.05±0.01	1.6±0.1
动力黏度(25℃)/mPa·s		4.50±0.20	1.60±0.15
溶解度/(μg/g)	汽油	可混溶	
	甲苯	可混溶	
	水(20℃)	10	
	甘油	5	
添加使用比例/(g/kg)		240±5	150±1
元素锰含量/(g/L)		335±5	168
成分/%	甲基环戊二烯三羰基锰	>98	60～63
	二甲苯/n-庚烷	<3	
	二甲苯		2～3
	芳烃溶剂油		37～38

① 1mmHg=133.322Pa。

【主要用途】用于改善汽油品质，提高汽油辛烷值。

【包装储运】用镀锌桶及储罐包装，铁桶每桶净重 250kg。

【注意事项】本品忌光，遇光易分解。在输送、储存、调和中必须避光，用棕色瓶采样，并进行必要的遮盖，避免阳光直接照射。本品应密封储存在阴凉、干燥、通风的库房内，严禁火源、日光的接近。

（四）雅富顿公司（Afton）

1. HiTEC 3000、HiTEC 3062

【化学名称】甲基环戊二烯三羰基锰（MMT）

【化学结构】$CH_3C_5H_5Mn(CO)_3$

【产品性能】增加无铅汽油辛烷值；有效降低车辆氮氧化物排放；能够使炼油厂降低炼油苛刻度；能够使炼油厂降低汽油中芳烃浓度；节约原油；与氧化物相兼容；低冰点；已在美国环保局注册。

【质量标准】

项　　目	HiTEC 3000	HiTEC 3062	项　　目	HiTEC 3000	HiTEC 3062
外观	琥珀色液体	琥珀色液体	闪点/℃	96	42
密度(15.6℃)/(kg/m³)	1380	1150	蒸气压(20℃)/mmHg	0.05	0.2
动力黏度(20℃)/mPa·s	5.2	2.155mm²/s（运动黏度）	冰点/℃	−1	−18
			含锰化合物含量/%	24.4	15.1

【主要用途】用作辛烷值促进剂和无铅汽油减排剂。

【包装储运】油罐车、运油拖车运输，最高储存温度 50℃。

【注意事项】MMT 极易见光分解，注意遮光保存。

第三节　金属钝化剂

　　汽油、煤油、柴油等燃料在泵送、储运及发动机燃料系统中接触多种金属，如铜、铁、铅等，这些金属会加快燃料的氧化速度，致使燃料中的烯烃氧化、聚合，最后生成胶质，沉积在汽车的歧管、汽化器上，从而降低了汽车的操作性能。金属钝化剂本身不起抗氧作用，但和抗氧剂一起使用可降低抗氧剂的用量，提高抗氧剂的抗氧化效果。

一、作用原理

　　金属钝化剂的分子中一般含有氮、氧、硫等单独存在的原子，或同时存在羟基、羧基、酰胺等官能团，因此具有多官能团的特点。

　　这类化合物能与金属形成热稳定性高的配合物，从而使金属离子失去活性。例如 N,N-双（邻羟基苯次甲基）乙二酰基二肼，分子中的羟基首先和铜盐结合形成一种可溶性的配合物，进而酰胺中氮原子又与铜离子配位形成一种类似聚合物的不溶性配合物。对于金属钝化的机理目前主要有以下两种看法。

　　（1）成膜理论　该理论认为金属表面有氧化物薄膜生成，使金属与溶液机械地隔开，阻止了金属的继续溶解，使金属钝化。因此，只要溶液中存在着会使金属生成氧化物薄膜的氧化剂时，金属很容易钝化。金属表面形成的氧化膜层具有较好的导电性能，所以金属钝化之后，在金属阳极上仍可进行其他阳极反应，如 OH^- 的放电，析出氧气。

（2）吸附理论　该理论认为金属的钝化是由于金属表面形成吸附层引起的，主要是在金属表面形成氧的吸附层。由于氧原子与金属表面的结合，影响了双电层的结构，改变了金属表面的化学性质，因而大大降低了电化学反应速率。不但氧的吸附会使金属钝化，其他物质的吸附也会使金属钝化。

从以上说明可见，两种理论之间有显著不同。成膜层是厚度为一个几十到几百分子厚度的独立相层，它和金属表面的性质已无多大关系；而吸附层是厚度仅为单分子的厚度，它的性质与金属表面密切相关。这两种理论都不能单独说明金属钝化的全部现象，很可能是两种作用同时存在的。

二、技术进展

金属钝化剂主要有 N,N'-二亚水杨-1,2-丙二胺、双水杨二亚乙基三胺、双水杨二亚丙基三胺、复合有机胺的烷基酚盐等。国外已有的商业化产品主要牌号是 Awgrade50、Regular grade、DMD、DMD-2、DMS、Keromet 1718、Keromet PTM、TFA-234、HiTEC 4708、HiTEC 4705、Mobilad C-604 等。国外主要生产商有 Du Pont、UOP、Texaco、Afton、Mobil 等公司。目前，我国使用的金属钝化剂有 N,N'-二亚水杨-1,2-丙二胺（T1201）。该金属钝化剂对铜的催化作用最有效，一般与抗氧剂复合，用于车用汽油中，一般加入量为 0.005%。

三、发展趋势

在有效抑制金属污染的同时，研究、生产无毒钝化剂是适应清洁生产发展方向的必然　选择。开发质量稳定、黏度低的产品，且该类物质不应产生二次污染，对生产操作和产品质量应无不良影响。

四、产品牌号

（一）锦州石油化工公司

1. T 1201

【中文名称】 N,N'-二亚水杨-1,2-丙二胺

【化学结构】

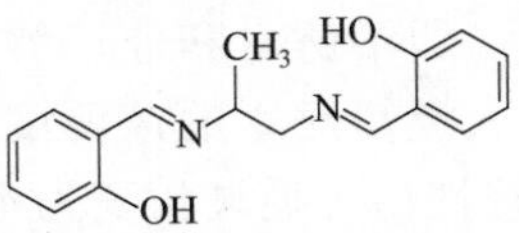

【产品性能】能与活泼金属离子（铜、铁、镍、锰）形成螯合物，降低金属离子活性，抑制金属离子对油品氧化的催化作用，增强油品的安定性，防止胶质产生，延长油品储存期。与 T 501 复合使用能提高抗氧效果。

【质量标准】熔点 49～50℃。

【生产方法】以水杨醛和丙二胺为原料，经缩合反应及精制后处理制得棕红色液体（含20%甲苯溶剂，纯品为晶体）。

【主要用途】用作汽油、喷气燃料、润滑油的金属钝化剂，参考用量为 1～5mg/L。

【包装储运】包装、标识、运输、储存及交货验收按 SH 0164 执行。用 25kg 金属桶包装。储存于干燥、清洁、通风库房中。

【注意事项】本品为易燃品，盛装容器要密封，严防渗漏。在储存使用中应严防溶剂挥发干涸，如出现晶体析出时，可加热至 50℃ 熔化后使用。有毒，如不慎与皮肤接触，立即用肥皂水擦洗干净，避免吸入其蒸气。

（二）雅富顿公司（Afton）

1. HiTEC 4705

【中文名称】N,N'-二亚水杨-1,2-丙二胺

【产品性能】可抑制金属离子对油品的催化氧化作用，增强油品的安定性，防止胶质产生，延长油品储存期。

【实测值】闪点 22℃，倾点 -68℃，活性组分含量 50%。

【主要用途】用作汽油、喷气燃料的金属钝化剂，与 HiTEC 4733 复合使用。

【包装储运】25kg/桶。

【注意事项】本品为易燃品，盛装容器要密封，严防渗漏。

（三）巴斯夫公司（BASF）

巴斯夫公司的金属钝化剂分为油溶性的和水溶性的，牌号有 Irgamet 30、Irgamet 39、Irgamet 42、Irgamet BTZ、Irgamet TTZ、Irgamet TT50。由于燃料油中所用金属钝化剂与润滑油中所用金属减活剂相同，上述牌号的详细情况请见本书第二章 129～131 页的产品介绍。

第四节　防冰剂

喷气燃料中的水分在低温下易形成冰晶，严重时会堵塞发动机的油滤系统，引发安全事故，防止冰晶形成的基本途径是加入防冰剂。防冰剂同时具有亲油性和亲水性，不仅可以抑制喷气燃料中的水分在低温下形成结晶，还可抑制喷气中微生物的繁殖。

一、作用原理

喷气燃料中的水分呈两种状态，即溶解水和非溶解水，二者可以相互转换。因此防冰剂的作用主要有以下两方面。①增大燃料对水的溶解度。燃料中加有防冰剂后，增大了燃料对水的溶解度，使燃料对水的溶解性由可逆过程变为不可逆过程，防止水分析出。这就是说，未加防冰剂时，当温度升高或空气中湿度加大，燃料中溶解的水分便增多，反之则减少；但加入防冰剂后，防冰剂可以增加对水的溶解度，当温度降低时水分不致因过饱和而析出，湿度减少时，燃料中的水分也不会向空气中蒸发。这是因为防冰剂的羟基具有良好的亲水性，它能与燃料中的微量水分子形成氢键缔合，而防冰添加剂的烃基则具有亲油性。防水剂存在时，由于在水分子和添加剂之间生成氢键的缘故，添加剂的每一个分子能够将至少由四个水分子组成的缔合物保持在溶液中，燃料中水的溶解度上升。②降低燃料中微量水的冰点。喷气燃料中加入防冰剂后，在温度骤变时，水分即使析出，也是呈比例不定的防冰剂与水

的混合液，并沉降于容器的底部，而不至于结冰。

二、技术进展

对喷气燃料来说，水的污染是个不容忽视的问题。液态水能使发动机短时间熄火，固态水能堵塞燃油系统的过滤器和管道，最终使燃料无法流向发动机。在 20 世纪 40 年代和 50 年代，人们曾怀疑燃料的游离水是造成飞行事故和故障的原因之一。美国空军 1962 年开始使用乙二醇甲醚和丙三醇的混合物作为防冰剂，这种添加剂 87.3% 是乙二醇甲醚，12.7% 是丙三醇，其中丙三醇是作为缓和的微生物抑制剂而加入的，同时也是为了防止防冰剂对油箱密封橡胶和涂层的侵蚀。但是在使用时发现丙三醇在燃料中的溶解度很小，并在热运转条件下会影响发动机寿命，因此就取消了丙三醇的使用。美国海军研制了一种新的防冰添加剂二乙二醇甲醚以提高闪点，该防冰剂对环境和人体的危害比乙二醇甲醚小，后来美国空军也使用二乙二醇甲醚作为防冰剂。俄罗斯早在 1956 年就开始使用乙二醇乙醚作为防冰剂。目前我国实际使用的防冰剂为乙二醇甲醚，GB 6537—2006《3 号喷气燃料》标准中规定还可以使用二乙二醇甲醚作为防冰剂。

三、发展趋势

防冰剂可以增大水在燃料中的溶解度，降低水的冰点，起到非常好的防冰效果。目前世界各国所使用的防冰剂基本上都是有机醚，作用机理是一致的，对人体和环境有毒，因此未来应重点研制无毒型的新型防冰剂。另外由于防冰剂在喷气燃料中的长期存储方面存在问题，因此未来应重点解决防冰剂的长期存储问题。

四、产品牌号

1. T 1301

【中文名称】乙二醇甲醚

【化学结构】$CH_3OCH_2CH_2OH$

【产品性能】具有良好的抗氧化性能、清净分散性能、抗磨减摩性能和橡胶相容性能。

【质量标准】酸值≤0.09mgKOH/g，乙二醇含量≤0.2%。

【生产方法】将环氧乙烷与甲醇在三氟化硼乙醚或氢氧化钠催化剂的作用下反应制备。

【主要用途】增大水在喷气燃料中的溶解度，降低水的冰点，起到防冰的效果。

【包装储运】包装、标志、运输、储存及交货验收按 SH 0164 进行。

【注意事项】防冰剂易燃有毒，在使用中应避免与皮肤和眼睛接触或吸入其蒸气，以免对健康产生不良影响。

【生产厂家】抚顺石油化工公司。

第五节　抗氧防胶剂

抗氧防胶剂也称抗氧化添加剂，主要对石油产品中不安定化学组分的自动氧化反应起抑制作用。常用于航空汽油、航空喷气燃料、车用汽油，有时也用在工业汽油、灯用煤油、轻柴油和溶剂油等轻质油品及电气绝缘油和某些润滑油或橡胶、塑料等石化产品中，也可以提高燃料油等的储藏和使用的化学安定性。现在主要使用的有酚类和胺类抗氧防胶剂。

一、作用原理

燃料油的氧化是自由基反应历程。酚型和胺型抗氧防胶剂的作用机理为终止燃料油氧化过程中的链反应。这种抗氧剂同传递的链锁载体反应，使其变成不活泼的物质，起到终止氧化反应的作用。用 RO· 及 ROO· 表示链锁载体，用 AH 表示抗氧剂分子，其反应过程为：

$$\left.\begin{array}{l} RO· + AH \\ ROO· + AH \end{array}\right\} \longrightarrow 不活泼物质$$

由于抗氧防胶剂在燃料氧化初期破坏了燃料分子中的氧化链锁反应，因而在燃料油中加入少量的抗氧防胶剂，就能大大提高燃料的安定性，延长诱导期。

二、技术进展

目前在燃料油中应用的抗氧防胶剂主要有苯二胺系列和烷基酚系列，其中苯二胺类产品有 N,N'-二异丁基对苯二胺、N,N'-二仲丁基对苯二胺；烷基酚系列产品有 2,6-二叔丁基-4-甲酚、2,4-二甲基-6-叔丁基酚、2,6-二叔丁基酚等，在我国目前使用的是对羟基二苯胺和 2,6-二叔丁基对甲酚。

三、发展趋势

燃料抗氧剂能减少由于燃料自动氧化而产生的胶质，延缓燃料氧化。目前使用的 2,6-二叔丁基甲酚占据不可替代的地位，在燃料油中一般加入 0.002%~0.005%。芳香胺类抗氧剂比酚型抗氧剂的抗氧化性能好，因此实际使用较多。但性能较好的胺型抗氧剂通常是固体的，使用上存在油溶性较差问题，我国胺型抗氧剂主要用于含烯烃较多的车用汽油，一般加入 0.002%~0.004%。因此，开发油溶性好的胺类抗氧剂或酚胺型抗氧剂可能是今后的一个发展方向。

四、产品牌号

1. T 501（BHT）

T 501 的化学成分是 2,6-二叔丁基对甲基苯酚,详细信息参见第二章第六节抗氧剂和金属减活剂。

2. N,N'-二仲丁基对苯二胺

【化学结构】

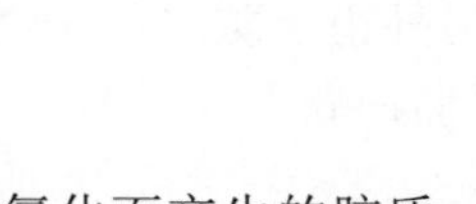

【产品性能】性能优良的胺类抗氧剂，在多种石油产品中起到优异的抗氧化效果。具有优异的自由基和脱硫性能。广泛应用于矿物油、加氢油、合成油和植物油等。

【实测值】熔点 15℃，闪点 146℃。

【主要用途】高效的汽油抗氧防胶剂，效能远超常用的 T 501 抗氧剂。特别适用于裂解或

热裂解法汽油（高烯烃含量汽油）添加剂，能有效阻止烯烃氧化产生凝胶，从而避免油品使用过程中在燃烧室、活塞顶、汽缸盖等部位产生积炭。与其他胺类抗氧剂相比，用量少、抗氧化效果好，可大大减少环境污染。

【包装储运】200L 标准铁桶。本品在储存、装卸及调油时，参照 SH 0164 进行。最高温度不应超过 75℃；若长期储存，最高温度不应超过 45℃。本品不易燃、不易爆、无腐蚀性，在安全、环保、使用等方面同一般石油产品，不用进行特殊防护。

【注意事项】本品应储存在干燥、避光的室内仓库，并需下垫垫层，防止受潮、污染。其他安全注意事项参见相关的化学品安全技术说明书。

【生产厂家】南京威驰化工有限公司。

3. Ethanox 4701

【中文名称】2,6-二叔丁基苯酚

【化学结构】

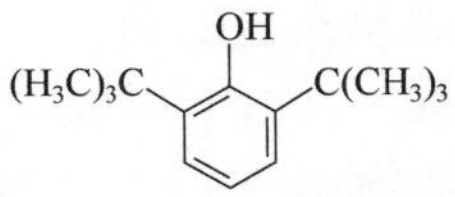

$$(H_3C)_3C \overset{\displaystyle OH}{\underset{}{\bigcirc}} C(CH_3)_3$$

【产品性能】常温下是浅稻草色结晶体，具有良好的抗氧化性能，用于各类润滑油产品，包括工业用油、变压器油、传动液、导轨油、淬火油等。

【实测值】熔点 36℃，闪点 99℃。

【主要用途】用于车用及航空汽油和喷气燃料中，经常用甲苯稀释，用于寒冷地区。

【包装储运】186kg/桶。

【注意事项】储存在干燥、通风、阴凉的仓库内，要远离火源，防止日晒、雨淋。装卸运输过程中，应轻搬轻放，封装牢固，避免包装桶破裂。

【生产厂家】圣莱特公司（SI Group）。

第六节　抗静电剂

在日常生活和生产中，许多材料在使用过程中容易产生静电积累，造成吸尘、电击，甚至产生火花后导致爆炸等恶性事故。如在纺织工业中合成纤维的生产和加工；电子工业中各种静电敏感性元件的生产、运输、储放，由于静电荷的积累往往会造成重大损失；化工、炼油业、采矿业以及军事工业中，由各种非金属材料的应用而引起的静电积累所造成的危害也屡见不鲜。抗静电剂本身没有自由活动的电子，属于表面活性剂范畴，通过离子化基团或极性基团的离子传导或吸湿作用，构成泄漏电荷通道，达到抗静电的目的。

一、作用原理

抗静电剂一般是具有强的吸附性、粒子性、表面活性等的有机化合物，使用抗静电剂的目的在于提高燃料的电导率、消除静电危害，保证燃料的安全使用。石油产品在炼制和储运过程中不可避免地带进微粒、水滴等杂质，当油品与管道接触时，在接触面处形成偶电层，形成偶电层的主要原因是接触物质通过不同方式产生正、负电子，积聚于接触面，形成正负相吸的电中性稳定态。当接触面上的正、负电子发生移动时，偶电层中的两层电荷将分离，电中性被破坏，接触物质会产生带电现象。抗静电剂通过离子化基团或极性基团的离子传导或吸湿作用构成泄漏电荷通道,从而有效消散静电荷。在油品中加入微量抗静电剂,能大大增加油品的电导率,提高电荷的泄漏速度,使油品积聚的电荷减少,电位降低,从而消除油品静电。

二、技术进展

由于有灰型抗静电添加剂存在毒性大、工艺条件恶劣、环境污染严重、油品易乳化及易导致水分离指数不合格等问题,所以国外在 20 世纪 90 年代末已停止生产和使用,国内在 2003 年也陆续开始停止生产和使用。目前喷气燃料中所用的无灰型添加剂主要是杜邦公司的 ST450 和国产的 T1502。无灰型添加剂以导电性高、水分离特性好、燃烧后不发生铬污染及可多次补加等优点占领市场。但目前发现其使用中也存在着严重问题: 一是不同油品感受性差异很大,有些油品即使添加大量的抗静电剂,电导率仍达不到要求;二是电导率衰减迅速,某些油品出厂合格,但通过船运和铁路槽车运输到客户手中后,电导率却达不到要求。我国《轻质油品安全静止电导率》(GB 6950—2001)中规定,汽油、煤油、柴油安全静止电导率值应大于 50pS/m。目前市场主要的地面油用抗静电剂为杜邦公司的 ST425。我国石油化工科学研究院成功研制出满足地面油用的 T1503 抗静电剂。

三、发展趋势

我国抗静电剂生产的技术水平及应用研究与发达国家尚有一定差距,因此目前国内应在不断完善现有抗静电剂品种的基础上,加强系列产品的研制工作,努力开发新品种,同时进行复配研究工作。当前抗静电技术中,凭借单一技术和手段,愈来愈难以满足对抗静电性能日益迫切的要求。开发抗静电性能优益、高效稳定而又不受环境影响、用途广泛的导电性材料是抗静电技术发展的重要趋势。

四、产品牌号

1. T 1501

【中文名称】抗静电剂 TD-T1501

【产品性能】组成为脂肪酸铬钙盐混合物,能提高燃料油的电导率,消除液体烃在管道中输送、过滤、喷出时因摩擦而产生的静电,从而改善油品储运及使用的安全性能。

【质量标准】电导率 200pS/m (20～25℃),铬含量 0.2%～0.4%,钙含量 0.2%～0.4%。

【生产方法】由烷基水杨酸铬、丁二酸二异辛酯磺酸钙和航煤调和组成。

【主要用途】适用于喷气燃料、汽油和其他轻质碳氢化合物,可提高燃料油品的电导率,消除因摩擦产生的静电。

【生产厂家】燕山石油化工有限公司。

2. T 1502

【中文名称】无灰型抗静电添加剂

【产品性能】无灰型添加剂,燃烧后不会发生铬致癌污染问题;能提高喷气燃料导电性能,加入量为 2mg/L 时,典型产品的电导率为 300～700pS/m(因不同炼厂的燃料感受有所不同);对喷气燃料水分分离指数影响小;具有较好的抗衰减性,罐装运输过程中衰减很小,储存三年多，电导率仅衰减几十个单位；属低黏度添加剂，溶解速度快，电导率高，对水分离指数影响小，使用前不需要稀释，因此可以方便地对长期储存后电导率衰减不合格的喷气燃料进行二次、三次补加，从而降低衰减的影响。

【质量标准】

项　目	质量指标	试验方法	项　目	质量指标	试验方法
外观	褐色液体	目测	水分离指数	≥70	SH/T 0616
密度(20℃)/(kg/m³)	880~930	GB/T 1884	电导率/(pS/m)	≥200	GB/T 6593

【生产方法】由聚砜、聚胺等与溶剂复合而成。

【主要用途】用于喷气燃料中，以提高燃料的电导率，消除静电。

①用量：炼厂在使用前，应先配小样来决定加入量，加入量与导电率成线性关系，多家炼厂的实践表明，典型用量为0.5~1.5mg/L。

②炼厂大油罐加入法：按照调配小样确定的加入量，加入喷气燃料成品罐中，打循环混合均匀。测定电导率应符合喷气燃料规范要求。

【包装储运】10kg/桶。属易燃液体类危险货物，不属于爆炸品类货物，不属于氧化剂类货物，不属于腐蚀品类货物和毒害品货物。无杂类等运输危险。该添加剂一般应放在阴凉避光处，实验室取样放于玻璃瓶时，一般应放在棕色瓶中。

【注意事项】属低黏度添加剂，在加入时不稀释即可直接使用。根据实践，也可在往罐中注油时，直接往油罐中加入该添加剂，利用加注燃烧油时的冲力将添加剂冲开即可。

【生产厂家】中国人民解放军油料研究所。

3．T 1503

【中文名称】无灰型抗静电添加剂

【产品性能】不含铬和钙，运动黏度低，易于加注。

【质量标准】

项　目	质量指标	项　目	质量指标
外观	琥珀色透明液体	钙含量/%	0
密度(20℃)/(kg/m³)	880~930	运动黏度(20℃)/(mm²/s)	50~70
闪点(闭口)/℃	>5	灰分含量/%	0
铬含量/%	0		

【生产方法】由聚砜、多胺、活性组分与甲苯溶剂复合而成。

【主要用途】用于地面燃油消除静电。

【生产厂家】中石化石油化工科学研究院。

第七节　润滑性改进剂

汽油、喷气燃料和柴油作为发动机燃料，在使用当中都存在润滑性能好坏的问题。其中，润滑性可以用防止喷油泵磨损能力的大小来定义，磨损越小的油品，其润滑性能越好。对于同等温度下具有相同黏度的油品，造成摩擦、磨损程度较轻者，可以认为具有更好的润滑性能。

喷气燃料较早就发现存在润滑性问题。研究发现，喷气燃料中的氮含量与硫含量与其润滑性密切相关，氮含量低于 15μg/g 和硫含量低于 0.3%的产品在实际使用过程中会出现明显的磨损现象。这是由于深度精制（包括加氢精制）的喷气燃料，随着其中不安定组分的脱除，也去除了其中的极性物质，从而造成燃料的抗磨性能变差。当使用这种燃料时，会引起燃油泵柱塞头的磨损，影响其使用寿命。润滑性添加剂的加入能够有效改善喷气燃料的抗磨性，是较为方便的解决手段。目前国内生产的航空喷气燃料用润滑性添加剂主要包括两种：以精制环烷酸为主要成分的 T 1601，以及以二聚酸和酸性磷酸酯为主复配的 T 1602。

为减少汽车尾气排放所带来的环境污染，人们对车用燃油的品质提出了更高的要求。由于认识到燃油中硫含量对车辆尾气污染物排放的重要影响，世界范围内对于柴油的要求已经向低硫化和无硫化方向发展。目前欧洲、美国和日本销售的车用柴油的硫含量已经普遍低于 15μg/g，甚至降到 10μg/g 以内，我国车用柴油也要求硫含量要在 350μg/g 以下。降低柴油中的硫含量，有利于提高柴油的清净性能，减少汽车尾气排放，但是随着硫含量的降低，新工艺生产的柴油对发动机喷射系统的润滑能力明显下降，导致了发动机的燃料喷射系统，如高压分配泵、管道喷射泵和喷嘴等部件过早地损坏。解决这一问题经济而有效的方法是使用柴油润滑性添加剂，通过向柴油中加入少量的添加剂（通常在 50～200μg/g），即可满足柴油润滑性的要求。此类添加剂包括生物柴油组分、酸性化合物、非酸性化合物等几类。

一、作用原理

各种燃油润滑性改进剂，不论是喷气燃料润滑性添加剂还是车用柴油润滑性添加剂，都属于表面活性剂。这类产品具有可吸附在金属表面的极性基团和能够形成油膜的油性基团，其中极性基团能够吸附在供油系统的摩擦部件表面，在金属表面形成边界润滑油膜，从而降低金属间的摩擦系数，减小磨损，保护供油系统（图 3-1）。此类产品的组成通常为含氧化合物、含氮化合物和芳烃衍生物等，典型的化合物结构包括脂肪酸（有不饱和脂肪酸和长链脂肪酸）及其酯类、烷基胺和脂肪酸酰胺等。作为润滑性改进剂的化合物，其直链烃基部分应具有较高的碳原子数，如 C_{12}～C_{18} 或更高。

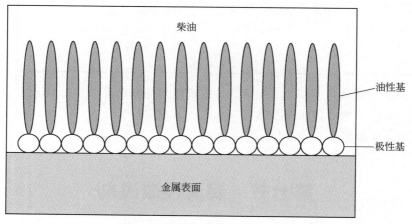

图 3-1　润滑性改进剂作用机制

二、技术进展

自 20 世纪 60～70 年代，英美空军、海军和某些航空公司接二连三地发生燃料泵严重失效的故障，其中包括套筒的严重磨损，柱塞胶合在套筒中，燃料控制阀的失灵，齿轮泵齿轮的擦伤和汽蚀。这与当时采用加氢精制新工艺，提高了精制深度，降低了航空喷气燃料的润滑性有关。为了解决这一问题，喷气燃料用润滑性改进剂开始使用。较早使用的是环烷酸的精制物，在此基础上形成产品 T 1601。后在 20 世纪 80 年代发现加入二聚酸和磷酸酯的复配物具有更好的润滑性能，从而出现了产品 T 1602。

在 20 世纪 90 年代初，欧美等国为满足环保要求而推广低硫柴油，又未采取任何措施来弥补润滑性的严重不足，在部分柴油轿车的发动机供油泵上出现了严重的磨损乃至卡咬失效。此时，各大石油公司开始研制使用柴油润滑性改进剂。

目前国外开发的柴油润滑性改进剂有许多品种。典型的产品介绍如下。

（1）生物柴油组分 生物柴油由于属于酯类化合物，自身就具有良好的润滑性能，且部分性质与柴油相近，本身就可以作为柴油使用。如将大豆油添加到柴油当中，就具有改善柴油润滑性的效果。但生物柴油组成复杂，许多结构组成的产品的凝固点很高，抗氧化性能普遍不足，易对柴油的凝点、冷滤点和氧化安定性有不利影响，在作为柴油润滑性改进剂使用时需要多加注意。

（2）酸性润滑性改进剂 这是自 20 世纪 90 年代以来使用较为广泛的一类柴油润滑性改进剂产品。由于极性强，容易在金属表面成膜，产品在较低加量下即可体现出明显的润滑效果。此类产品包括环烷酸、二聚酸、水杨酸、类油酸酸性化合物等。

（3）非酸性润滑性改进剂 除了以有机酸为主要成分的润滑性改进剂，国外还开发了一些非酸性柴油润滑性添加剂，主要包括含氧类、含氮类和多环芳烃类。其中各类产品典型的化学组成如下：

① 含氧类产品 羧酸酯、乙烯-不饱和酯共聚物、油酸类化合物的衍生物等；

② 多环芳烃类产品 芳香酰胺、芳香酯、含氮多环芳烃等；

③ 含氮类产品 羧酸酰胺、氨基烷基吗啉类化合物、羧酸与烷链醇酰胺反应生成的酯等。

国内燃料润滑性添加剂的发展是从航空燃料润滑性添加剂开始的，目前已经开发了多种针对航空喷气燃料的润滑性添加剂，主要产品有 T 1601 和 T 1602。但这些产品并非针对低硫柴油的，市场上销售的柴油润滑性添加剂产品大部分仍为国外品牌。国内柴油润滑性添加剂已经研制开发成功，如中国石油兰州润滑油研究开发中心的 RHY 1601 和 RHY 1602 系列，但主要停留在实验室和中试阶段，距离工业化还有一些距离。

三、发展趋势

在国外，为提高产品的性能，减少最终的添加比例，柴油润滑性添加剂有向混合产物方向发展的趋势。目前成功的例子如油酸、亚油酸和树脂酸与多元醇胺反应制得的混合酰胺化合物。在同等添加比例的情况下，该混合物比纯的油酸酰胺类化合物可使高频往复试验机试件的磨斑降低幅度再提升 1 倍以上。

目前普遍使用的酸性润滑性改进剂会提高柴油的酸度。由于对柴油酸值的要求不断严格，在国外非酸性润滑性改进剂的研制是各大公司近些年的研究重点。

今后，发展低用量、高效能、环保的柴油润滑性添加剂产品是其发展的主要方向。而我国柴油用量的快速增长和柴油清洁化要求的日益严格，对于低硫柴油和柴油润滑性添加剂的需求将会进入快速增长阶段。

四、产品牌号

（一）中石油兰州润滑油研究开发中心

1. RHY 1601

【中文名称】RHY 1601 柴油润滑性添加剂

【产品性能】是一种中性柴油润滑性添加剂，适用于各类柴油（特别是低硫含量、低芳烃含量柴油），用于改善柴油的润滑特性，改善柴油的抗磨性能与抗擦伤性能，特别适合于对柴油酸值有严格要求的场合。

【质量标准】Q/SY RH3075—2011

项　目	质量指标	实测值	试验方法
外观	黏稠透明液体	褐色黏稠透明液体	目测
密度(20℃)/(kg/m³)	940～970	950.9	SH/T 0604
倾点/℃	≤-20	-27	GB/T 3535
闪点(开口)/℃	≥220	230	GB/T 3536
氮含量/%	≥3.3	3.38	SH/T 0656
机械杂质含量/%	≤0.05	0.005	GB/T 511
水分含量(体积分数)/%	≤0.05	痕迹	GB/T 260
酸值/(mgKOH/g)	≤5.0	3.45	GB/T 4945

【主要用途】可改善车用柴油、低硫柴油的润滑性能，提高柴油的抗磨性与抗擦伤性。产品的推荐添加量为 80～300μg/g。

【包装储运】本品的标志、包装、运输、储存及交货验收按照 SH 0164 进行。在运输、储存过程中，建议使用专用的管道、容器与机泵。本产品闪点较高，安全性较好，建议在 0～40℃密闭存放。

2. RHY 1602

【中文名称】RHY 1602 柴油润滑性添加剂

【产品性能】是一种酸性柴油润滑性改进剂。

【主要用途】适用于各类柴油（特别是低硫柴油和低凝点柴油），用于改善柴油的润滑特性和抗磨性能。

【质量标准】

项目	质量指标	实测值	试验方法
外观	透明	透明	目测
密度(20℃)/(kg/m³)	860.0～960.0	931.5	SH/T 0604
倾点/℃	≤-20	-27	GB/T 3535
酸值/(mgKOH/g)		163	GB/T 4945
闪点(闭口)/℃	≥100	108	GB/T 261
机械杂质含量/%	≤0.05	0.005	GB/T 511
水分含量(体积分数)/%	≤0.08	0.07	GB/T 260

【主要用途】可提高低硫、低芳烃柴油，特别是低凝点柴油的润滑性能，减少此类柴油在使用过程中引起的发动机燃料供应系统磨损问题，延长油料输送泵等器件的使用寿命。推荐加入比例为 80～300μg/g。

【包装储运】参见该公司 RHY 1601 柴油润滑性添加剂。

（二）巴斯夫公司（BASF）

1. 低硫柴油润滑性改进剂

【结构组成】脂肪酸的混合物

【产品性能】低硫柴油润滑性改进剂，可以提高低硫及低苯柴油的润滑性。

【质量标准】

项　目	质量指标	试验方法	项　目	质量指标	试验方法
外观	琥珀色液体	目测	闪点/℃	≥100	ASTM D93
密度(20℃)/(kg/m³)	约910.0	ASTM 1298	运动黏度(40℃)/(mm²/s)	≤20	ASTM D445
倾点/℃	≤-6	ASTM D97			

【主要用途】在硫含量低于 0.05% 的柴油中，加入 50～200mL/m³ 的低硫柴油润滑性改进剂，可使 HFRR 测试磨斑直径低于 460μm；在超低硫的柴油中，加入 100～250mL/m³ 可使 HFRR 测试磨斑直径低于 460μm。

【包装储运】可以在普通存储环境下（0～50℃的密封罐）存储至少 1 年。在低温储存时，需注意产品的浊点约为-5℃，在 0℃时运动黏度会达到 100mm²/s。碳钢、不锈钢、聚乙烯、聚丙烯或特氟龙可以用作存储罐（桶）和加剂系统。应避免用橡胶和聚苯乙烯材料来储存、运输和作为加剂系统。

（三）雅富顿公司（Afton）

1. HiTEC 4140

【中文名称】低硫柴油润滑性改进剂

【结构组成】单酸化合物。

【产品性能】以低的加剂量就可以提升低硫柴油的润滑性能，与所有常用柴油添加剂兼容。

【质量标准】

项　目	实测值	试验方法	项　目	实测值	试验方法
外观	黄色液体	目测	闪点/℃	>180	GB/T 261
密度(15℃)/(kg/m³)	909	SH/T 0604	运动黏度(20℃)/(mm²/s)	50	GB/T 265
倾点/℃	-9	GB/T 3535			

【主要用途】以低加剂量即可获得高润滑性柴油，为炼厂提供了经济有效的解决方案。经长期行车应用表明产品对车辆无害。典型添加剂量在 30～150μL/L。

【包装储运】产品的最高操作温度为 50℃。

2. HiTEC 4948

【中文名称】低硫柴油润滑性改进剂

【产品性能】用于改善超低硫柴油的润滑性能，与所有常用柴油添加剂兼容，对发动机油无害。具有良好的低温性能，可改善柴油的防锈性能。

【质量标准】

项　目	实测值	试验方法	项　目	实测值	试验方法
外观	棕褐色液体	目测	闪点/℃	>46	GB/T 261
密度(15℃)/(kg/m³)	920	SH/T 0604	运动黏度(40℃)/(mm²/s)	10	GB/T 265

【主要用途】可用于超低硫柴油润滑性能的改善，还可改善柴油对金属的锈蚀。典型添加剂量在 70～150μL/L。

【包装储运】最高操作温度为 40℃。15～35℃的环境下存储。

第八节　流动改进剂

柴油是一种中间馏分油，沸程在 170～390℃之间，含有正构烷烃、异构烷烃、环烷烃和芳香烃等，一般由两种或两种以上的直馏及裂化组分调和而成。柴油的低温性能主要与所含正构烷烃有关，正构烷烃越多，低温流动性能越差。通常，柴油含有 15%～30% 的正构烷烃。当柴油被冷却至浊点时，一些大分子量的正构烷烃就以蜡晶的形式析出，当温度进一步降低时，有更多蜡晶析出，最终形成一个网状结构，阻碍了油品的流动，导致柴油系统因供油不足而影响工作。试验表明，当柴油中的析蜡量为 2% 左右时，蜡晶形成的三维网状结构便足以堵塞柴油机车的供油系统，造成柴油机车发动困难或熄火等问题。

炼厂为增产柴油或者提高柴油标号的途径主要有以下三种：①通过调整工艺参数或改变原油加工路线（如加氢裂化、延迟焦化）等，但存在投资费用和操作费用大等问题，因此受到了一定的限制。②通过调整分馏塔的切割点，放宽柴油馏程，提高终馏点，将更多的重组分加入柴油馏分中，达到增产柴油的目的。但是随着重组分的增加，必然影响柴油的低温使用性能，因此需加入轻组分航空煤油，来提高低温使用性能。③在宽馏分柴油中，加入流动改进剂，即柴油降凝剂，改善柴油的低温流动性，使其凝固点和冷滤点满足指标要求，节省煤油组分，从而达到增产柴油的目的，这是一种灵活、简便、经济而又有效的方法。

一、作用原理

一般情况，柴油失去流动性的原因是：在低温下析出的蜡晶大多呈板状或片状，互相结合在一起形成三维网状结构，并把低凝点其他组分吸附在其中，或包围在网状结构内而使柴油失去流动性。柴油降凝剂的作用在于影响蜡晶的生成过程。当温度降低时，柴油降凝剂与蜡晶共同析出，形成微小的针状物，并阻止其进一步形成三维网状结构，从而使柴油的低温性能得到改善。但需要指出的是，降凝剂不能抑制蜡晶析出，而只能改变蜡晶的形态。即加入降凝剂后，柴油的浊点不会改变，只是蜡晶的形态变成了松散的、细小的蜡晶结构，并不会形成三维网状结构。

近几十年来，国内外有许多学者对降凝剂的作用机理进行过研究，目前公认的作用原理是吸附与共晶理论。目前降凝剂降凝的可能的作用机理主要有以下三种。晶核作用：降凝剂在高于原油析蜡温度下析出蜡晶，它成为蜡晶发育的中心，增多原油中的小蜡晶，使原油不易产生大的蜡团。吸附作用：降凝剂在低于原油析蜡点的温度下析出结晶，就可以吸附在已析出的蜡晶晶核上，改变蜡晶的取向，减弱蜡晶间的黏附作用，增加蜡晶的分散度。共晶作用：在析蜡点下，降凝剂与蜡共同析出，改变了蜡的结晶行为和取向性，减弱了蜡晶继续发育的趋势，使蜡分子在降凝剂分子中的烷基链上结晶。

二、技术进展

降凝技术最早始于 1931 年，Davis 用氯化石蜡和萘通过 Fride-Craft 缩合反应，合成了人类最早应用的低温流动改进剂，即 Paraflow，当时这种低温流动改进剂主要用在润滑油中（至今仍在广泛使用）。此后，低温流动改进剂的开发与应用有了很大的发展，其中大部分为乙烯-醋酸乙烯酯共聚物、苯乙烯-马来酸酐共聚物、丙烯酸酯均聚物，或与其他单体进行共聚生产的二元共聚型产品。近年来，大量采用引入第三种单体合成了三元共聚物，第三种单体有马来酸酐、（甲基）丙烯酸酯、苯乙烯、胺类化合物等。降凝剂从应用于馏分油发展到原油以及高蜡、黏稠原油，依据时间顺序可将其发展分成 4 个时期。

（1）20 世纪 30 年代至 50 年代　自 Davis 发现 Paraflow 后，1931 年商品名为山舵普的降凝剂问世了，它是氯化石蜡和酚的缩合物，结构与 Paraflow 相似。紧接着，一种兼有黏度指数改进剂和降凝剂两种性能的聚甲基丙烯酸酯出现，这种添加剂不仅在结构上与前两种不同，而且性能上也有差异。1938～1948 年出现了新的降凝剂聚异丁烯，这一时期人们处于探索时期，着重开发适合于馏分油的新型降凝剂，而且产物主要是均聚物。

（2）20 世纪 50 年代至 60 年代　从 20 世纪 50 年代起，人们一方面继续开发新型降凝剂，另一方面采用混合及共聚等手段对已有的降凝剂进行改性。1956 年，Ford 等人叙述了凝点为 24℃的利比亚原油和凝点为 12.8℃的尼日利亚原油的管输问题。从此人们对降凝剂的研究从馏分油扩大到原油。

（3）20 世纪 60 年代至 80 年代　随着世界高蜡含量原油产量的日益增多，为解决生产中的问题，相继研制出适应于不同产地原油性质的降凝剂，并用在原油长输管道上。美国、英国、荷兰、法国、苏联、澳大利亚、新西兰等十几个国家在数十条输油管线上采用了添加降凝剂的技术，降凝效果显著。

（4）20 世纪 80 年代以后　从 20 世纪 80 年代以来，随着原油输送方法的增多及人们对低硫高蜡原油需求的逐渐增加，对降凝剂的要求越来越高。世界上一些主要公司不再着重于合成或开发新型降凝剂，而是对某些原有的产品进行了改性或者是复配，以扩大对原油的适应面，使之能适用于各种成品油及高蜡原油。

我国对降凝剂的研究及生产比发达国家落后数十年，1948 年才开始见诸文献。近年来，中国石油兰州润滑油研究开发中心、石油勘探开发研究院、石油管道研究院、河北工业大学、四川大学、华南理工大学、浙江大学等单位的研究取得了较大进展，研制出许多种低温流动改进剂，并对我国不同油田的高含蜡原油进行了降凝试验，均取得了较好的效果。我国自 20 世纪 50 年代初开始了对降凝剂的研究，主要是润滑油降凝剂的研制与生产，60 年代才开始柴油降凝剂的研究，80 年代加剂柴油开始在炼厂进行生产。

三、发展趋势

以前使用的降凝剂多为两种单体的共聚物，如乙烯-醋酸乙烯酯共聚物，现在降凝剂向着数种不同改进剂复合和多种单体共聚的方向发展，复合的降凝剂由两种复配已发展为三种或者四种复配，聚合的单体也由两种发展到三种和四种。实际上，无论是复合降凝剂还是多聚物，其结构均含有油溶性的烷基链、极性含氮或含氧基团以及乙烯骨架，目的就是为了在石蜡结晶的各个阶段，晶核生长及凝聚过程中发挥作用，以达到最好的降凝效果。

目前，国外开发的降凝剂，从化学类型看主要以二元、三元共聚物为主。从化学结构看，主要是具有一定分子量及分子量分布的梳状分子或鱼骨分子。为了开发出更多种类的降凝剂，以满足生产的需要，需要研究降凝剂的改性方法。降凝剂的改性方法有以下几种：配骨、接枝、换枝、复配。国内降凝剂品种单一，质量不稳定，与国外产品相比存在一定的差距，这在一定程度上限制了国产添加剂的国内市场占有率。更重要的是，在新品种的开发研制中存在瓶颈效应，主要表现在对降凝剂的作用机理、添加剂的分子结构与其性能的关系未搞清楚。开发具有自主知识产权、适应于中国油料组成的降凝剂，对巩固国内油料同类产品的市场占有率具有重要的现实意义。

四、产品牌号

（一）中石油兰州润滑油研究开发中心

1．RHY 1802

【中文名称】RHY 1802 降凝剂

【化学名称】聚酯型降凝剂

【化学结构】

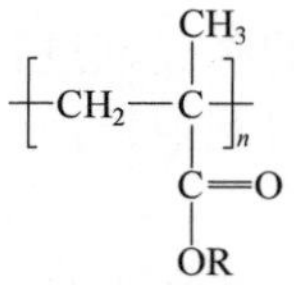

$$\left[CH_2-\underset{\underset{OR}{\overset{|}{\underset{C=O}{\overset{|}{C}}}}}{\overset{CH_3}{\overset{|}{C}}} \right]_n$$

【产品性能】甲基丙烯酸高碳醇酯聚合物，以 0.05% 的剂量加入柴油中，冷滤点可降低 5℃ 以上。

【质量标准】RH 01ZB 3076。

【生产方法】以不同碳链长度的醇与甲基丙烯酸等进行酯化反应，产物经分离提纯后，在引发剂作用下生成聚酯。

【主要用途】主要适用于新疆中间基或环烷基原油生产的-10 号柴油。

【包装储运】 200L 标准铁桶，产品净重 165kg/桶。本品在储存、装卸及调油时，参照 SH 0164 进行。最高温度不应超过 75℃；若长期储存，最高温度不应超过 45℃。本品不易燃、不易爆、无腐蚀性，在安全、环保、使用等方面同一般石油产品，不用进行特殊防护。

2．RHY 1805

【中文名称】RHY 1805 降凝剂

【化学名称】聚酯型降凝剂

【产品性能】含有 α-羟基的甲基丙烯酸高碳醇酯聚合物，以不大于 0.5% 的剂量加入生物柴油中，冷滤点可降低 3℃ 以上。

【质量标准】RH 01ZB 3164。

【实测值】0.1% 的添加量可使棉籽生物柴油凝点降低 5℃，冷滤点降低 4℃；0.5% 的剂量则可使凝点降低 7℃ 以上，冷滤点降低 6℃ 以上。0.1% 的剂量可使 B10 的混合燃料凝点降低 19℃，冷滤点降低 4℃。

【生产方法】以不同碳链长度的醇与甲基丙烯酸等进行酯化反应，产物经分离提纯后，加入一种含有 α-羟基的化合物，在引发剂作用下生成聚酯。

【主要用途】主要适用于各种类型的生物柴油，也可适用于燃料油或者燃料油和生物柴油的混合物。

【包装储运】参见该公司 RHY 1802。

（二）赢创公司（Evonik）

牌　号	Viscoplex 10-608	Viscoplex 10-617
中文名称	低温流动改进剂	低温流动改进剂
化学名称	聚甲基丙烯酸酯	聚甲基丙烯酸酯
产品性能	适用于生物柴油和石化柴油，可有效降低其冷滤点和倾点，尤其在菜籽油基生物柴油中效果最好。典型加剂量 0.25%～1.0%	适用于生物柴油和石化柴油，可有效降低可生物降解润滑油倾点，并供优良低温存储性能。可将菜籽油倾点降至－25℃。典型加剂量 0.25%～1.0%
典型值 闪点(ASTM D 3278)/℃	>64	160
黏度(100℃)(ASTM D 445)/ (mm²/s)	37	1800
密度(15℃)(ASTM D 4052)/ (kg/m³)	920	950
用途	适用于生物柴油和中间馏分燃油	适用于可生物降解润滑油，包括植物油和合成油
包装储运	储存于阴凉干燥清洁的库房中	储存于阴凉干燥清洁的库房中

第九节　防腐剂

　　防腐剂也称抗腐蚀添加剂、缓蚀剂，是指能防止或延缓在运输、储存和使用过程中与油品接触的金属发生腐蚀的添加剂。一般来讲，精制的烃类物质对钢铁和其他金属没有腐蚀性，但混入水等杂质后便会产生腐蚀问题。例如油品在储运过程中，水分会通过呼吸阀进入罐内，地下罐也会因雨水的渗透而进水。水的电导率比油高，水和金属接触便会形成电化学腐蚀。另外，油中的有机酸和溶于水的酸性物质，也会对金属产生腐蚀。

一、作用原理

　　防腐剂是一种表面活性剂，通常在分子末端有极性或亲水基团，其余部分是亲油基团。极性基团吸附于金属表面，在金属表面形成单分子层，非极性基团深入烃类组分中，从而形成抗水的油层，保护金属不被侵害，防腐剂加入量很低，通常在 20μg/g 以下。

　　防腐剂在金属表面形成的保护一般称之为层状膜防蚀理论，作用机理如图 3-2 所示，例

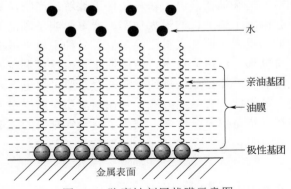

　　　　　　　　　　　　　　　　　　　　　　　　　　　　← 水

　　　　　　　　　　　　　　　　　　　　　　　　　　　　← 亲油基团

　　　　　　　　　　　　　　　　　　　　　　　　　　　　← 油膜

　　　　　　　　　　　　　　　　　　　　　　　　　　　　← 极性基团

　　　　　　　　　　金属表面

图 3-2　防腐蚀剂层状膜示意图

如羧酸酯型表面活性剂混合物的活性基吸附在金属表面上，形成薄膜防止了腐蚀。

二、技术进展

（1）常规燃料油防腐剂　燃料油在使用中不可避免含有一定量的水分，如汽油中大约含溶解水分 200mL/m³，也可能含有少量的游离水分。为防止这种腐蚀，向燃油中加入一定量的缓蚀剂（防腐剂）。有效的缓蚀剂组分包括碳酸、磷酸、磺酸的胺盐，如脂肪酸胺盐、烷基磷酸酯、氨基磷酸酯、磺酸盐、烷基胺磷酸盐等。但含磷添加剂由于对排气系统催化剂的不利影响已不再使用。

汽油防腐剂的添加量为 5～30μg/g，喷气燃料中防腐剂的添加量为 8～13mg/L，柴油防腐剂添加量为 9～13mg/L。

（2）醇燃料腐蚀抑制剂　自 20 世纪 80 年代以来，含有甲醇、乙醇的汽油燃料得到了广泛的研究和应用，但是在燃料中由于醇类物质的加入，使其腐蚀性加剧，一方面是醇类本身的腐蚀作用；另一方面，含醇的燃料中能溶解更多的水分，而且烃类和醇类混合物的极性会降低表面活性剂吸附金属表面的能力，所以在这类燃料中防腐蚀剂的用量会有所增加。针对醇燃料的腐蚀问题，各国相继研制出了醇燃料腐蚀抑制剂。我国报道较早的甲醇燃料腐蚀抑制剂含有一定量的苯三唑、二聚亚油酸、受阻酚等组分，使用时用稀释剂稀释后添加到燃料中。

三、发展趋势

燃料防腐剂在油品中一般要保持一定的浓度，才能达到防腐的目的。在我国，一般将可溶于燃油的防锈剂产品作为抗腐蚀剂使用，借助该类产品中亲油基的非极性长侧链形成保护膜，阻止金属与水分的接触，起到防腐作用。我国在 2001 年正式启动替代燃料的推广工程，预期含醇的替代燃料将进入快速发展阶段，因此，醇燃料的金属腐蚀抑制剂将有良好的市场前景。燃料防腐剂产品可参考现有的润滑油防锈剂系列产品（详见第二章第八节）。

第十节　消烟剂

燃油消烟剂主要用于液体燃料如汽油、柴油和重油，通过阻止碳烟生成和促进碳烟燃烧达到降低排气污染和节油的功效，对于延长汽车发动机使用寿命和节约能源都具有很大的现实意义。碳烟（固体颗粒）是柴油在高温、缺氧条件下裂解的产物，是柴油机在高压燃烧中不可避免产生的结果。它限制了柴油机的最大功率，严重影响了燃油的经济性，并加剧了大气污染，逐渐引起了人们的重视。研究人员已经采取了多种手段来减少碳烟排放，例如改进燃烧室结构、采用废气再循环（EGR）技术、装用催化转换器或颗粒捕集器等。这些已经取得了不错的效果，但是随着更严格排放法规的建立，有必要采用更有效的措施进一步降低碳烟排放。使用消烟剂是一种简捷、有效的办法，它在燃油还在燃烧室内燃烧时，就控制了碳烟的形成，或者使燃油在燃烧室内充分燃烧，减少了随废气排出的碳烟排放量。

一、作用原理

燃油消烟节能剂按其是否含有金属元素分为有灰型和无灰型两个系列。有灰型燃油消烟节能剂一般为 Mel 型的化合物，其中 Me 代表金属，起清烟作用，为其功能元素；l 为配位体，在油品中起增溶和稳定 Me 的作用。燃油消烟剂的作用机理因其类型不同而异。Mel 型通过功能元素的催化作用（如电荷转移、ⅠA 和ⅡA 族元素的电子发射、燃油分子和 O_2 的活化吸附以及对碳烟前身物的催化加氢等作用）产生助燃、消烟、除积炭和节油的功能。无灰型燃油消烟节能剂通过防止沉积物赤热、火花塞污损和扫气作用而除积炭，在高温下分解产生活性自由基助燃和提高柴油的十六烷值。

二、技术进展

常见的消烟剂有钡基、镁基和钙基添加剂。无灰型燃油消烟节能剂有十六烷值改进剂、抗积炭剂等，由 C、H、O、N 和 P 等元素组成，无功能元素之说，在燃烧过程中整体分子起作用。美国加州的富乐敦（Fullerton）石油公司开发出一种新的无灰燃油添加剂，它可以使燃油燃烧后的颗粒物排放量减少 30%以上，并可以提高发动机燃油经济性和输出功率，这种添加剂中包含一种稳定的有机过氧化物燃烧催化剂，其作用机理是这种有机过氧化物会起到燃烧氧化催化剂的作用而使燃油燃烧更完全，能加速燃油氧化，控制主燃期碳烟的形成，从而避免过早地形成碳烟，并能减少扩散火焰阶段碳烟的生成量。

三、发展趋势

随着排放法规越来越严格，人们更加重视柴油机超细微粒的排放。近期的研究结果表明：这种以金属元素为主要成分的添加剂对于在更低排放范围内降低碳烟存在一个浓度极限，当添加剂的浓度超过了这个极限，添加剂对减少颗粒排放的作用是有害而无益的。怎样满足超细微粒排放的要求，如何在更低的排放基础上降低颗粒排放，就成了目前消烟添加剂的一个研究方向。

第十一节　助燃剂

助燃剂主要用于燃料油中改善和提高燃料油的燃烧性能。助燃剂的使用，不仅使设备清洁，减少油泥积炭，减少设备损坏，而且能提高燃烧效率，节约能源和减少对大气的污染。

一、作用原理

燃油助燃剂的作用机理因其类型不同而异。有灰型助燃剂主要通过金属功能元素的催化作用（如变价金属化合物的电荷转移作用、主族元素的电子发射作用、燃油分子和氧的活化吸附作用以及对碳烟前身物的催化加氢作用等）产生助燃、消烟、除积炭和节油功能。无灰型助燃剂则主要是通过整体分子在高温下分解产生活性自由基，对燃料氧化燃烧，使其产生具有催化助燃和节能助燃的作用。

二、技术进展

助燃添加剂由于种类、成分不同，功能和效果也不尽相同，但总的目标都是促进燃料完全燃烧。有灰型添加剂主要以其相应的油溶性金属有机盐、配合物等形式添加至燃油中，其主要作用是消烟助燃，节能，降低有害气体排放。这些化合物以可溶性的羧酸盐、环烷酸盐、碳酸盐、磺酸和磷酸有机盐、酚盐、有机配合物、金属及其氧化物等形式引入燃料，作为燃料燃烧的催化剂，具有提高燃料燃烧效率等功能。对于贵金属铂、钯、铑金属配合物来说，极少量添加至燃油中，不仅可以消烟助燃，还可大幅降低排放尾气中的 NO_x 和 CO 的含量，从而达到很好的节能环保效果。无灰型助燃剂主要是以含氧、含氮的羧基、醚基、酮基、氨基、硝基等官能团的脂肪族、芳香族、聚合物等取代的单一有机物或多功能复合有机物组成。其主要功能是助燃，清净，降低污染物排放。最大特点是燃烧后无灰，不会对燃烧系统造成不利影响，是具有研究开发潜力的助燃添加剂。

三、发展趋势

虽然目前国内外已报道研制出多种节能助燃添加剂，但真正效果显著并成功进入市场销售应用的还不多。许多产品尚需对其安全性、稳定性及节油率进一步提高等问题做深入研究。随着世界石油能源的日益减少，环保要求的日益苛刻及节能材料的不断深入研究开发，新型、高效且符合现代环保要求的新一代节能助燃添加剂将被研制出来，同时世界各国政府和新材料研究者都在进一步加大投资研究力度，这将对节约世界石油资源和改善环境污染状况产生积极影响。

第十二节　十六烷值改进剂

十六烷值改进剂又名柴油抗爆剂，是改善柴油着火性能的添加剂。

柴油十六烷值作为柴油主要指标之一，影响着柴油机的排放。柴油的十六烷值表征着柴油的燃烧性能。提高柴油的十六烷值，可以缩短滞燃期，改善柴油机燃烧性能，保证发动机工作平稳，并可降低柴油机 CO、NO_x、CH 排放，增加燃油经济性。

为了达到这些要求，就需要使用一些能够缩短着火滞燃期、自燃能力强、十六烷值较高的柴油。然而，由于柴油需求量的增大，由原油蒸馏制得的十六烷值较高的直馏柴油已不能满足需要，这就要利用大量二次加工的柴油（以催化裂化柴油为主）。而催化裂化柴油的十六烷值一般都比较低，着火性能较差，着火延迟时间长。随着商品柴油中催化裂化柴油调和比的增加，以及原油质量的不稳定性，势必导致柴油的十六烷值降低。为了提高十六烷值，可以使用溶剂抽提和加氢精制等手段，而使用柴油十六烷值改进剂是一种提高十六烷值的既经济又有效的手段。

十六烷值改进剂的种类主要有：硝酸酯化合物、有机过氧化物、有机硫化合物、二硝基化合物、醚类、脂肪酸衍生物、金属化合物等。

一、烷基硝酸酯类

1. 作用原理

柴油十六烷值改进剂的作用在于加速柴油机着火延迟期的化学延迟期阶段。作用机制是这些化合物容易分解成自由基碎片或氧的化合物，分解发生在 O—N 键及 O—O 键处，其分解活化能较低，使燃料自燃过程中的活化能降低为十六烷值改进剂的分解活化能。十六烷值改进剂分解产物成为链反应的引发剂，降低了反应开始的温度，扩大了火焰前缘阶段反应范围并降低了着火温度，改善了燃料的燃烧性能，自燃点降低；促进了氧化链式反应，加快了反应速率，缩短了滞燃期，从而起到抗爆作用。

2. 技术进展

柴油十六烷值改进剂的研究始于 20 世纪 30 年代的美国，1970 年后有硝酸环己酯和 2-乙基硝酸环己酯十六烷值改进剂供应市场。20 世纪 50 年代初，美国海军对当时收集到的 72 种十六烷值改进剂加到 10 种不同燃料中的效果进行了评估，认为有机硝酸酯类和有机过氧化物类可明显提高柴油的十六烷值，其他化合物效果不明显。20 世纪 90 年代以后，柴油十六烷值改进剂仍以这两种物质为主，由于有机过氧化物具有爆炸性而使其生产和商品化受到了限制。国外普遍使用的是烷基硝酸酯类改进剂，如 Afton 公司的 DⅡ-3 及 Exxon 公司的 ECA-8478。从 1980 年到 1990 年间，在柴油十六烷值改进剂的研究和使用中，有机硝酸酯类物质占了 45%，包括烷基硝酸酯、环烷基硝酸酯、含官能团（如硝基、乙氧基等）的烷基硝酸酯以及杂环化合物衍生物（如四氢呋喃醇）的硝酸酯等。我国在柴油十六烷值改进剂的研制和研究上起步较晚，目前国内使用最多的是硝酸酯类型，如 T 2201 等，也有烷基草酸酯类型的十六烷值改进剂，但目前仅限于实验室研究阶段。1982 年齐鲁石化公司研究院合成了硝酸异丁酯，1990 年，齐鲁石化胜利油田与西安近代化学研究所研制的一系列硝酸酯类十六烷值改进剂达到了国外同类产品水平。1995 年江苏理工大学与南京理工大学共同研究了一种以硝酸、硫酸混酸与脂环醇反应得到的有机脂环族硝酸酯（C—RONO$_2$）。目前国内大部分仍然沿用硝酸酯类十六烷值改进剂，对于其他改进剂的利用率都不高。

3. 发展趋势

硝酸酯类十六烷值改进剂燃烧后会产生 NO$_x$。随着柴油机工业的发展和环保法规的日趋严格，使用清洁高效型十六烷值改进剂将是今后发展的主要趋势。

二、有机过氧化物类

1. 作用原理

与硝酸酯类十六烷值改进剂作用原理相同，只是没有 O—N 键发生分解。

2. 技术进展

国外柴油十六烷值改进剂的研制比我国早了近 50 年，早在 1937 年，就有人发明了以丙酮为基础的丙酮过氧化物，然而，当时由于过氧化物的成本过高，这种以过氧化物为主的改进剂一度被忽视。20 世纪 90 年代以后，柴油十六烷值改进剂仍以有机硝酸酯类和有机过氧化物类这两种物质为主，由于有机过氧化物具有爆炸性而使其生产和商品化受到了限制。过氧化物类十六烷值改进剂在改善十六烷值的效果上与硝酸酯类相当，但比硝酸酯类十六烷值改进剂对环境的污染要小得多，能够达到环保法规的要求，相对而言成本要比硝酸酯类十六烷值改进剂高。中石油兰州润滑油研究开发中心研制开发了一种过氧化物类十六烷值改进剂，达到了国外同类产品的水平。

3. 发展趋势

因为过氧化物类改进剂本身并不产生多余的氮，可以减少柴油 NO$_x$ 的排放，所以曾一度因为成本过高而被忽视的过氧化物类十六烷值改进剂又被人们重视起来，现在有关过氧化物十六烷值改进剂的研究和发展越来越广泛，其成本也慢慢降低。为了满足日趋严格的环保法规要求，柴油十六烷值改进剂已慢慢向过氧化物类十六烷值改进剂转变。

三、产品牌号

1. RHY 2250

【化学名称】二叔丁基过氧化物

【产品性能】能够有效改善柴油的燃烧性能，提高柴油的十六烷值，缩短滞燃期。

【质量标准】

项　目	质量指标	实测值	分析方法
外观	无色或淡黄色透明液体	无色透明液体	目测
密度(20℃)/(kg/m³)	794~798	796	SH/T 0604
水分含量(体积分数)/%	≤0.08	—	GB/T 260
机械杂质含量/%	≤0.08	—	GB/T 511

【生产方法】合成过氧化物类十六烷值改进剂，是一种简单的过氧化反应。即在一定温度下，向烷基醇与浓硫酸所合成的烷基硫酸酯溶液中滴加过氧化氢，合成对称二烷基过氧化物。其中浓硫酸作为催化剂在试验中参与反应。反应式如下：

$$ROH + H_2O_2 \xrightarrow{\text{浓}H_2SO_4} ROOR + H_2O$$

【主要用途】在调和过程中加入少量的该产品，可以有效提高柴油的十六烷值；添加十六烷值改进剂的费用最低，工艺简便易行，适用于生产环烷基原油的炼油厂，尤其是对加工工艺不够齐备的中小型炼油厂更为适合。推荐加剂量为：0.3%~0.7%。

【包装储运】本品的标志、包装、运输、储存及交货验收按 SH 0164 进行。在运输、储存过程中，建议使用专用的管道、容器与机泵。

【注意事项】本品必须储存在聚乙烯容器中，温度不得高于 30℃；易燃、易爆；储存于阴凉、低温、通风良好的不燃材料结构仓库。必须远离火源、热源，避免阳光直射；不得与浓酸和碱、还原剂及尘、灰、锈或金属接触，使用时一定要戴防护眼镜和手套，现场不得进食、饮水或吸烟，切勿将用剩的过氧化物倒回原容器。该产品闪点较低，属于危险品，储存及使用时应小心。最好在 0~30℃保存，应密闭存放。

【生产厂家】中石油兰州润滑油研究开发中心。

2. T 2201

【化学结构】硝酸酯类

【产品性能】用于提高柴油十六烷值，改善发动机点火性能，促进燃烧。

【质量标准】

项　目	质量指标	实测值	试验方法
纯度/%	≥98.0	—	—
密度(20℃)/(kg/m³)	960~970	963.9	GB/T 1885
运动黏度(20℃)/(mm²/s)	1.70~1.80	1.70	GB/T 265
闪点(闭口杯法)/℃	≤76	84	GB/T 261
色度/号	≤1.5	<0.5	GB/T 6540
水分含量(体积分数)/%	≤0.05	痕迹	GB/T 260
酸度/(mgKOH/100mL)	≤6	1.86	GB/T 258

【生产厂家】南京石油化工股份有限公司。

3. Kerobrisol EHN

【化学名称】2-乙基己基硝酸酯

【产品性能】提高柴油的十六烷值。

【质量标准】

项　目	实测值	分析方法	项　目	实测值	分析方法
外观	无色或淡黄色液体	目测	自燃点/℃	130	—
密度(20℃)/(kg/m³)	962	SH/T 0604	熔点/℃	−50	—
运动黏度(20℃)/(mm²/s)	1.78	GB/T 265			

【主要用途】用于提高柴油的十六烷值。加剂量为 200～2000μg/g，加剂量取决于未加剂柴油的十六烷值及欲通过加入本品达到的十六烷值。

【包装储运】散装或桶装。保持容器严格密封、干燥，存于阴凉、通风良好的地点。严格避免储存温度高于 60℃。

【生产厂家】巴斯夫公司（BASF）。

4. HiTEC 4103W

【产品性能】通过减少点火迟滞时间来促进燃烧，以达到更易启动并减少白烟、降低排放、降低噪声以及提高燃油经济性的目的。能有效提高柴油的十六烷值指标，使炼油厂可以非常经济地生产合格柴油和优质柴油。

【质量标准】

项　目	实测值	项　目	实测值
外观	清澈白色或淡黄色液体	运动黏度(−20℃)/(mm²/s)	5.3
密度(15℃)/(kg/m³)	968	闪点(闭口杯法)/℃	≥75
运动黏度(40℃)/(mm²/s)	1.2		

【主要用途】加剂量与基础柴油的十六烷值相关。基于符合 EN 590 标准的柴油，每添加本品大约 300μg/g 可以提升 2 个单位的柴油十六烷值。

【包装储运】储运温度不得高于 70℃。

【生产厂家】雅富顿公司（Afton）。

第十三节　燃油清净剂

燃油清净剂过去曾称作清净分散剂，是能够防止或除去车辆供油系统沉积物与积炭，保持发动机燃料系统和喷嘴清洁的一类添加剂产品。

一、汽油清净剂

目前在用的汽油车，大部分使用了具有电子控制燃料直接喷射技术的发动机。由于汽油未完全燃尽烃类所发生的复杂化学反应，会导致燃烧室中沉渣、积炭等的产生，进一步在发动机中生成积炭与焦质，严重影响发动机的工作状况，造成功率下降、尾气污染物排放增加以及油耗增大。这些积炭与焦质不仅会影响燃料在燃烧室中的正常燃耗，还有可能进入曲轴箱中促进润滑油中沉渣的形成。

　　汽油清净剂属于一种复合添加剂，同时具有清净、分散、抗氧、防锈等功能。因此，常采用加入汽油清净剂来抑制并进一步减少发动机沉积物的出现。对于喷嘴沉积物，常使用同时具有抗氧化和清净组分的添加剂来清除烯烃形成的沉积物；而进气阀沉积物的形成与喷嘴处不同，添加剂的组成也有所区别。燃烧室沉积物的清除则需要在配方中添加大量含有氧元素的组分来解决。在实际使用过程中，汽油清净剂的加入能够降低车辆的油耗，明显改善汽车的尾气污染物排放。

　　美国在 1990 年推出了《清洁空气法案》，规定从 1995 年起，美国国内销售的车用汽油全部要求添加清净剂。在北美地区，90%以上的车用汽油中均含有清净剂。目前欧洲除德国车用汽油中有 90%添加清净剂外，西欧其他国家添加清净剂的汽油占到车用汽油总量的50%～60%。在亚洲，日本加清净剂汽油约占到汽油总量的 80%，韩国和东南亚等地，也已经大量使用清净剂。

　　我国于 1999 年颁布的汽油标准 GB 17930—1999 中，规定从 2000 年 7 月 1 日起，在北京、上海和广州销售的车用无铅汽油中应加入有效的汽油清净剂，后来有多个省市也陆续要求在销售的车用汽油中添加汽油清净剂。2011 年国家环保局颁布了 GWKB1.1—2001《车用汽油有害物质控制标准（第四、第五阶段）》标准，明确提出了汽油的清净性能要求。

　　近些年，随着乙醇汽油的广泛使用，乙醇汽油清净剂也开始生产与销售，和汽油清净剂相比，乙醇汽油清净剂通过增加功能性组分以及配方优化与调整，加强了产品的抗腐蚀性能，提高了在醇中的溶解度，并可提高乙醇汽油的溶水性能。

1. 作用原理

　　发动机的燃料喷嘴、进气阀和燃烧室是沉积物最容易生成的场所。车辆汽化器或喷嘴处的沉积物是在较低的温度（50～100℃）下形成的，会造成车辆油耗的增加、动力性或驱动性能的下降。进气阀正常工作时，部分区域的温度可以达到 200～280℃，容易造成进气阀沉积物的形成，会影响到燃料的经济性、动力输出以及尾气污染物排放等。汽油中的不饱和组分（比如二烯烃）是形成沉积物的重要组分。经研究发现，烯烃对于进气阀沉积物的贡献较大，而芳烃对燃烧室沉积物的影响显著。

　　汽油清净剂属于表面活性物质，起主导作用的是其中的主剂。这类产品通常由极性基、亲油基和链接部分构成。极性基通常含有氮原子和氧原子，能够吸附在发动机的金属表面，油性基主要是油溶性较好的长链烷基，以增加其在汽油中的溶解性从而阻止汽油沉积物在金属表面生成和堆积，同时还能够分散汽油沉积物以防止沉积物聚集（图 3-3）。

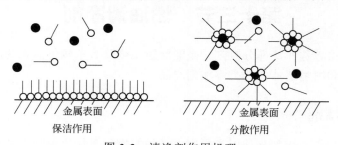

保洁作用　　　　　　　　　分散作用

图 3-3　清净剂作用机理
● 沉积物前体；○ 清净剂

　　国内外的使用试验表明，汽油中添加清净剂后，可减少尾气中 HC、CO 和 NO_x 的排放，油耗也有一定程度的减少。

2. 技术进展

汽油清净剂经历了一个逐步发展的过程。最早的汽油清净剂产品用来清洁化油器类型汽车喉管处的沉积物，后来随着电喷车的出现，出现了能够清洁燃油喷嘴沉积物的汽油清净剂。从 1987 年开始开发针对进气阀沉积物的清净剂，从 1995 年以来就开始开发控制燃烧室沉积物增长量的产品。而更新一代的能够降低燃烧室沉积物的产品在国外也开发成功。目前汽油清净剂的技术主要是利用高分子胺聚合物（如聚异丁烯丁二酰亚胺、聚异丁烯胺、曼尼希碱等）与合成载体油（如聚醚）复合而得，如 Afton 公司和 BASF 公司的产品，它们在发动机台架试验中均能够很好地抑制进气阀沉积物的生成，但是仍然使燃烧室沉积物与基础燃料相比有所增加。

常用的汽油清净剂含有咪唑啉类、胺类及酰胺类等。目前国外汽油清净剂使用的主剂典型产品有聚异丁烯胺、聚醚胺和曼尼希化合物。

采用聚异丁烯丁二酰亚胺作为主剂时，产品具有优异的喷嘴沉积物清净性能，但对进气阀沉积物的清净效果一般，故目前已经不再单独使用，需要与其他主剂、聚醚等合成型载体油复配使用。

试验表明，在汽油中添加聚醚胺或是聚异丁烯胺作为添加剂均可有效降低发动机燃烧系统（特别是进气阀）的沉积物。为了进一步提高产品性能，聚醚胺多与聚异丁烯胺调配使用。在载体油的选择上，聚醚是一种最为常见的品种。聚异丁烯胺的其他种类衍生物也具有良好的清洁发动机进气阀的功能，如多羟基聚异丁烯胺。

有关曼尼希反应产物作为汽油清净剂的研究从 20 世纪 90 年代初就已经开始开展了，近几年来，实验室合成工艺也趋于完善并完成了工业化生产。这类化合物一般采用聚异丁烯丁二酰亚胺、醛类和烷基酚利用曼尼希反应制得。采用高活性聚异丁烯（$M_n = 1000$）、马来酸酐和不同的胺类合成一系列丁二酰亚胺化合物，再进一步与甲醛、十二烷基酚反应可制备一系列样品。由这些样品与载体油和其他组分调和得到的一系列汽油清净剂进行台架试验时，试验结果表明产品具有良好进气阀沉积物清洗效果。

3. 发展趋势

近年来随着各国节能环保意识的加强，汽油清净剂出现了两个新的发展方向：一个是燃烧室沉积物的清除，一个是节能型产品的开发。燃烧室沉积物清除型产品通常采用含有大量氧元素的化合物（如聚醚或聚醚胺），通过高温氧化作用使得已有沉积物与氧原子结合形成碳氧化合物而除去。此类产品通常作为汽车养护产品添加，即在车辆行驶一定里程后集中大剂量使用 1～2 次。在车辆日常使用的汽油中，使用的仍然是以聚异丁烯胺或曼尼希碱为主剂的清净剂产品。而节能型产品，通常是将汽油清净剂与某些燃油减摩剂复配，利用减摩剂降低发动机活塞与缸套摩擦的功能来提高车辆燃油的经济性，达到节能的目的。

二、柴油清净剂

随着柴油中裂化组分的增加，导致了柴油燃料的清净性能变差，表现为喷嘴处的结焦和沉积物的增加，造成车辆尾气中 CH、CO 以及颗粒物的上升，生烟量增加，甚至出现噪声和工作不平稳的现象。为保持喷嘴的清洁，需要使用柴油清净剂。

柴油清净剂具有清除柴油喷嘴积炭的作用，可以保持喷嘴的清洁，从而控制排放中颗粒物的生成，使发动机性能得以接近设计状态。

柴油清净剂是在 20 世纪 70 年代末才开始使用的，最早以多效复合添加剂的形式出现。

目前德国有 80% 以上的柴油添加使用了清净剂，挪威和丹麦达到 70%。

我国自 2004 年起，部分省市要求在销售的柴油中添加清净剂。2011 年国家环保局颁布了 GWKB1.2—2011《车用柴油有害物质控制标准（第四、第五阶段）》标准，明确提出了柴油的清净性能要求。

1. 作用原理

柴油发动机在工作过程中，需要保证柴油有效地燃烧，燃料的充分雾化并与空气充分混合十分重要。燃料喷射系统必须精确控制燃料量，保证燃料雾化完全。但燃油喷嘴存在沉积物的时候，就不能根据原有设计要求调节到最优化的操作条件，燃料喷射量会改变，雾化状态也不理想。此时，造成的危害主要是发动机功率上的损失，尾气中各类污染物的排放和颗粒物的排放都会大幅增加。尤其是柴油直喷技术对于燃油喷嘴的清洁性要求更为苛刻，对沉积物的影响更为敏感。

柴油清净剂的作用原理和汽油清净剂基本一致，但对喷嘴沉积物的清净性能要求更为严格。

使用试验表明，使用含有清净剂的柴油，可减少尾气中各类污染物排放，尾气烟度明显下降，油耗也有一定程度的减少。

2. 技术进展

常用的柴油清净剂主剂多为聚异丁烯丁二酰亚胺等胺类，亦有使用聚异丁烯胺和曼尼希化合物的报道。目前的柴油清净剂多为复合多功能化产品，除清净功能外，许多产品还有防锈、防止含水柴油乳化的效果。

3. 发展趋势

由于柴油直喷技术的迅速发展，燃油喷嘴喷射压力提高，工作环境更加苛刻，对喷嘴的清洁度要求越来越高，这就要求提高清净剂产品的喷嘴清净性能和高温热稳定性。目前使用最为广泛的聚异丁烯丁二酰亚胺今后将不会单独作为清净剂的主剂，需要与其他主剂复配使用。目前大家看好的清净剂主剂有聚异丁烯胺、曼尼希化合物等。

三、产品牌号

（一）中石油兰州润滑油研究开发中心

1. RHY 2303 汽油清净剂

【结构组成】含胺化合物 10%～70%，载体油 30%～80%，辅助剂 5%～10%。

【产品性能】是一种无灰型的多功能汽油添加剂。具有良好的喷嘴沉积物控制、进气阀清净和燃烧室沉积物控制能力，可清除发动机供油系统的沉积物，阻止汽油对发动机的腐蚀，降低车辆油耗和尾气污染物排放。

【质量标准】

项　　目	质量指标	实测值	试验方法
外观	清澈透明	清澈透明	目测
倾点/℃	≤-15	-18	GB/T 3535
闪点(闭口)/℃	≥45	64	GB/T 261
氮含量/%	报告	0.30	GB/T 17674
破乳性/级			
相分离	2	1	GB/T 19230.2
界面	1b	1b	

续表

项　目	质量指标	实测值	试验方法
进气系统沉积物下降率/%	报告	80.0	GB/T 19230.4
喷嘴沉积物流量损失/%	≤5	2.2	GB/T 19230.3
防锈性试验锈蚀率/%	≤5	0	GB/T 19230.1
进气阀沉积物/(mg/阀)	≤130	23.8	GB/T 19230.5
燃烧室沉积物增加/%	≤40	25.1	GB/T 19230.5

【主要用途】加入车用汽油中用于减少油路、燃油喷嘴、进气阀等处的沉积物,可阻止汽油对发动机的腐蚀,降低车辆油耗和尾气污染物排放。推荐加入量为 400～800μg/g。

【包装储运】本品的标志、包装、运输、储存及交货验收按 SH 0164 进行。在运输、储存过程中的管道、容器、机泵应专用。在不得不使用其他管道、容器、机泵时,应先进行规定的特殊清洗,检查合格后,方可使用。在 0～55℃下保存。

【注意事项】使用本品后有时会发生汽车怠速不稳、供油不畅、堵塞现象,这是由于汽车内部污染严重、沉积物过多,被产品的清洗作用洗下的沉积物堵塞了燃油滤清器,应注意及时更换。

2. RHY 8002E 乙醇汽油复合剂

【结构组成】含胺化合物 10%～70%,载体油 30%～80%,辅助剂 5%～10%。

【产品性能】是一种无灰型多功能乙醇汽油添加剂。具有良好的喷嘴沉积物控制、进气阀清净和燃烧室沉积物控制能力,可清除发动机供油系统的沉积物,降低乙醇汽油对发动机的腐蚀与锈蚀,降低车辆油耗和尾气污染物排放。

【质量标准】Q/SY RH3054—2009

项　目	质量指标	实测值	试验方法
外观	清澈透明	清澈透明	目测
倾点/℃	≤-15	-27	GB/T 3535
闪点(闭口)/℃	≥65	71	GB/T 261
水分含量/%	≤0.10	0.04	GB/T 260
机械杂质含量/%	≤0.05	无	GB/T 511
氮含量/%	报告	0.48	GB/T 17674、SH/T 0224
防锈性			
锈蚀率/%	≤5	0	GB/T 19230.1
进气系统沉积物下降率/%	报告	60.0	GB/T 19230.4

【主要用途】加入乙醇汽油中,减少油路用于燃油喷嘴、进气阀等处的沉积物,可阻止乙醇汽油对发动机的腐蚀和锈蚀,降低车辆油耗和尾气污染物排放。推荐加入比例为 400～1000μg/g。

【包装储运】本品的标志、包装、运输、储存及交货验收按 SH 0164 进行。在运输、储存过程中的管道、容器、机泵应专用。在不得不使用其他管道、容器、机泵时,应先进行规定的特殊清洗,检查合格后,方可使用。在 0～40℃下保存。

【注意事项】参见该公司 RHY 2303 汽油清净剂。

3. RHY 2351 柴油清净剂

【化学结构】含胺化合物 10%～70%,载体油 30%～90%,辅助剂 5%～10%。

【产品性能】是一种无灰型的多功能柴油添加剂,具有优秀的喷嘴沉积物清净性,可降低柴油对发动机的腐蚀，降低用车油耗，降低污染物及烟度排放。

【质量标准】

项　　目	质量指标	典型值	试验方法
外观	透明	红褐色透明液体	目测
密度(20℃)/(kg/m³)	报告	835.3	SH/T 0604
凝点/℃	≤−20	−26	GB/T 510
氮含量/%	报告	0.20	GB/T 17674、SH/T 0224
机械杂质含量/%	无	无	GB/T 511
水分含量/%	≤0.10	痕迹	GB/T 260、SH/T 0255
运动黏度(40℃)/(mm²/s)	报告	13.54	GB/T 265
喷嘴清洁度			
空气流量损失/%	≤75	74.8	SH/T 0764

【主要用途】加入柴油中，用于减少发动机燃油喷嘴处沉积物的生成，可阻止柴油对发动机的腐蚀和锈蚀，降低用车油耗和尾气污染物及烟度排放。产品的推荐加入量为400~800μg/g。

【包装储运】本品的标志、包装、运输、储存及交货验收按 SH 0164 进行。在运输、储存过程中的管道、容器、机泵应专用。在不得不使用其他管道、容器、机泵时，应先进行规定的特殊清洗，检查合格后，方可使用。本品在 0～40℃ 保存。

（二）巴斯夫公司（BASF）

1. Keropur 3448N 多功能汽油添加剂浓缩剂

【结构组成】聚异丁烯胺、聚醚和腐蚀抑制剂的浓缩混合物

【产品性能】是一种含 BASF 特有的聚异丁烯胺和高稳定性聚醚的浓缩剂，与适宜的溶剂复配即可得到多功能汽油添加剂。

【质量标准】

项　　目	质量指标	试验方法（ASTM）	项　　目	质量指标	试验方法（ASTM）
外观	浅黄色黏性液体	目测	倾点/℃	≤−20	D97
密度(15℃)/(kg/m³)	约 855	D4052	闪点/℃	≥55	D93
运动黏度(20℃)/(mm²/s)	约 70	D455			

【主要用途】在推荐加剂量下改善柴油质量，可以有效控制和去除车辆供油系统中（进气歧管、进气阀、喷油嘴或化油器）的积炭。本品含有效的腐蚀抑制剂，可保护发动机内金属部件，避免锈蚀。

【包装储运】本品采用散装或桶装（170kg 金属桶）。

2. Keropur DP2636 多功能柴油添加剂

【结构组成】有机聚合物溶液。

【产品性能】是一种用于改善柴油质量的多功能添加剂，具有清除发动机喷嘴沉积物、防锈等功能，具有优异的分水性。

【质量标准】

项　　目	质量指标	试验方法	项　　目	质量指标	试验方法
外观	浅黄色透明液体	目测	运动黏度(20℃)/(mm²/s)	约 9.7	DIN 51562
密度(15℃)/(kg/m³)	约 910	DIN 51757	闪点/℃	≥65	DIN 51755

【主要用途】在推荐加剂量下，可以改善柴油质量，去除发动机已形成的喷油嘴积炭并保持喷油嘴清洁，避免供油系统锈蚀并具有优异的分水性。

【包装储运】可在−40～50℃下储存和操作。包装形式为散装或桶装。碳钢、不锈钢、氟化聚乙烯或特氟龙可用作存储罐（桶）和加剂系统，但应避免使用橡胶和聚苯乙烯材料。

（三）雅富顿公司（Afton）

1. HiTEC 6560 多功能汽油添加剂

【产品性能】是一种多功能汽油添加剂产品，在控制喷嘴、进气阀和燃烧室沉积物方面表现优异，获得美国环保局认证。能在经济的加量下提供优秀的清净沉积物和控制沉积物生成的性能。

【质量标准】

项　　目	实测值	试验方法	项　　目	实测值	试验方法
外观	淡琥珀色油状液体	目测	运动黏度(40℃)/(mm²/s)	11	GB/T 265
密度(15℃)/(kg/m³)	901.9	SH/T 0604	闪点/℃	>44	GB/T 261

【主要用途】能够清除燃油喷嘴、进气阀等处的沉积物，控制燃烧室沉积物，提供优异的金属腐蚀保护。可提高车辆的燃油经济性，降低排放，提高动力性能和加速性能，并可延长发动机使用寿命。该产品在乙醇汽油中也具有同样优异的表现。排放性能适用于汽油和乙醇汽油在美国环保局注册的最低添加比例为96μL/L，推荐添加比例为350μL/L。

2. HiTEC 6403 多功能汽油添加剂

【中文名称】HiTEC 6560 售后型多功能汽油添加剂

【结构组成】高纯度聚醚胺添加剂

【产品性能】是一种用于车辆售后保养市场的高性能汽油添加剂产品，能够控制燃烧室沉积物，同时对喷嘴和进气阀沉积物也具有控制能力。由雅富顿的高纯度聚醚胺调配。

【质量标准】

项　　目	实测值	试验方法	项　　目	实测值	试验方法
外观	淡黄色液体	目测	运动黏度(40℃)/(mm²/s)	9	GB/T 265
密度(15℃)/(kg/m³)	926.9	SH/T 0604	闪点/℃	>44	GB/T 261

【主要用途】能够清除燃油喷嘴、进气阀和燃烧室沉积物，提供优异的金属腐蚀保护，降低发动机对汽油辛烷值的需求。推荐添加比例为1.43g/L。

3. HiTEC 6581 汽油清净剂

【产品性能】含有破乳剂和腐蚀抑制剂，具有卓越的低温性能。能够保持进气阀清洁，对传统喷油嘴有良好的保洁作用，对新一代汽油直喷喷嘴也有优良的保洁作用。

【质量标准】

项　　目	典型值	试验方法	项　　目	典型值	试验方法
外观	浅琥珀色，伴有胺的气味	目测	闪点(闭口)/℃	≤45	GB/T 261
			密度(15.6℃)/(kg/m³)	930	—
浊点/℃	≤−15	GB/T 6986	运动黏度(40℃)/mPa·s	58	—

【主要用途】可有效控制喷油嘴、进气阀和燃烧室沉积物，适用于全天候条件下使用。

【包装储运】采用浓缩液包装。它可以直接加入汽油中，也可以按照客户的需求，进一步调和、罐装。推荐储存和操作温度为环境温度（15~40℃），最高操作温度为43℃（在氮气下可上升至 80℃）。

【注意事项】本品对水生生物有毒，对水生环境可能引起有长期有害作用。可能会导致呼吸道、眼睛与皮肤发炎。本品为易燃品，蒸气会导致闪火。使用时应戴防护手套、防护眼镜或防护面罩。应远离热源、火花、明火及热表面。

4. HiTEC 4069 多功能柴油添加剂

【产品性能】能够清除柴油喷嘴积炭，抑制柴油对发动机部件的腐蚀。产品含有燃烧改进技术，能够提高车辆的燃油经济性，降低排放，减少黑烟和颗粒物的排放，还可以提高动力性能和加速性能，并可延长发动机使用寿命。本品能够减少车辆加油时间和加油站柴油泡沫溅溢，提高车辆低温启动性能。

【实测值】

项　　目	实测值	试验方法	项　　目	实测值	试验方法
外观	黑褐色油状液体	目测	倾点/℃	<-47	GB/T 3535
密度(15℃)/(kg/m³)	1013	SH/T 0604	闪点/℃	73	GB/T 261

【主要用途】适用于柴油，推荐添加量为 380μL/L。

5. HiTEC 4656C 多功能柴油添加剂

【产品性能】是一种高性能多功能柴油添加剂，能够提供优异的清净性能，抑制柴油对发动机部件的腐蚀。能够清除柴油喷嘴积炭，提高车辆的燃油经济性，降低排放，提高车辆动力性能和加速性能。本品能够提升柴油十六烷值约 6 个单位，减少发动机点火延迟，降低发动机振动、噪声和黑烟排放。本品含有金属减活剂，可提高柴油的稳定性。能够消除柴油泡沫以防止加油时的柴油溅溢。

【质量标准】

项　　目	实测值	试验方法	项　　目	实测值	试验方法
外观	褐色油状液体	目测	闪点/℃	74	GB/T 261
密度(15℃)/(kg/m³)	965	SH/T 0604	运动黏度(40℃)/(mm²/s)	6.9	GB/T 265
倾点/℃	<-48	GB/T 3535			

【主要用途】适用于柴油和生物柴油，推荐添加量为 785μL/L。

6. HiTEC 4679 多功能柴油添加剂

【产品性能】能够高效的清除柴油机喷嘴中的沉积物，并能长期保持柴油机喷嘴的清洁。本品具有强劲的清净功能，可增加车辆的燃油经济性，提升动力和加速性能，降低排放，延长发动机寿命，还可降低油箱加注时间。本品具有良好的抗泡性、良好的防腐蚀性能，可提高燃油储罐和油箱的防腐性能，并兼容生物柴油。

【质量标准】

项　　目	实测值	试验方法	项　　目	实测值	试验方法
浊点/℃	-53	GB/T 6986	密度(15.6℃)/(kg/m³)	914	—
闪点(闭口)/℃	≤ 64	GB/T 261	黏度(40℃)/(mm²/s)	9.00	—

【主要用途】加剂量在 173μL/L 时，可以达到良好表现。对于更高加剂量，试验证明 234μL/L 加剂量，可明显降低排放及燃油消耗。最低加剂量 96μL/L，对发动机有良好的保护效果。

【包装储运】推荐储存和操作温度为环境温度（15~40℃）。

【注意事项】本品对水生生物有毒，对水生环境可能引起有长期有害作用。可能会导致呼吸道、眼睛与皮肤发炎。本品为易燃品，蒸气会导致闪火。使用时应戴防护手套、防护眼镜或防护面罩。应远离热源、火花、明火及热表面。

（四）新乡市瑞丰新材料股份有限公司

1. RF 1202 汽油清净剂

【中文名称】汽油清净剂主剂

【化学名称】曼尼希碱型汽油清净剂主剂

【化学结构】

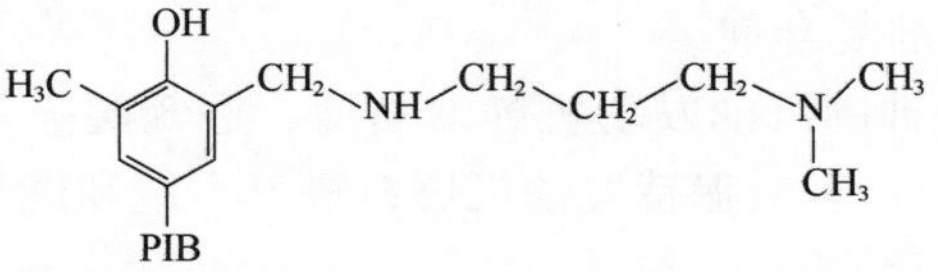

【产品性能】能够有效抑制汽油发动机燃油喷嘴、进气阀等关键部位沉积物的生成，保持发动机燃料进气系统和燃料系统清洁、延长发动机寿命、提高燃油经济性。

【质量指标】

项　　目	质量指标	实测值	试验方法
外观	清澈、黏稠液体	清澈、黏稠液体	目测
密度(20℃)/(kg/m³)	870~950	930	GB/T13377
运动黏度(40℃)/(mm²/s)	实测	110	GB/T 265
水分含量/%	≤0.05	痕迹	GB/T 260
机械杂质含量/%	≤0.05	0.02	GB/T 511

【生产方法】以聚异丁烯为主要原料，经过烷基化反应、曼尼希反应制得。

【主要用途】主要用于调制发动机汽油清净剂，还可以调制各种发动机油路、润滑系统免拆清洗剂。

【包装储运】200L 铁桶包装或按用户要求 包装，运输方式采用集装箱或汽运。应存放于阴凉干燥通风处，储存最高温度不应超过 45℃。

【注意事项】本品如不慎接触皮肤，可用洗涤剂和水彻底洗净。

2. RF 1205 汽油清净剂

【中文名称】汽油清净剂复合剂

【化学名称】曼尼希碱型汽油清净剂复合剂

【化学结构】

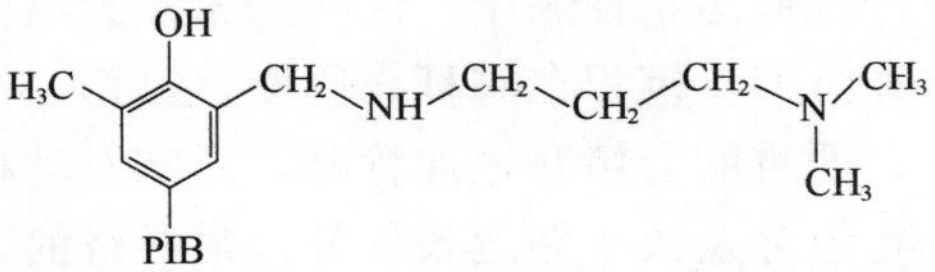

【产品性能】能够有效抑制汽油发动机燃油喷嘴、进气阀等关键部位沉积物的生成，保持发动机燃料进气系统和燃料系统清洁、延长发动机寿命、提高燃油经济性。

【质量指标】

项　　目	质量指标	实测值	试验方法
外观	清澈液体	清澈液体	目测
密度(20℃)/(kg/m³)	870~950	935	GB/T13377
运动黏度(40℃)/(mm²/s)	实测	9.5	GB/T 265
水分含量/%	≤0.05	痕迹	GB/T 260
机械杂质含量/%	≤0.05	0.02	GB/T 511

【生产方法】以曼尼希碱性汽油清净剂为主要原料，外加多种辅助添加剂调配而成。

【主要用途】可直接作为发动机汽油清净剂使用，还可以调制各种发动机油路、润滑系统免拆清洗剂。

【包装储运】200 升铁桶包装或按用户要求包装，运输方式采用集装箱或汽运。应存放于阴凉干燥通风处，储存最高温度不应超过 45℃。

【注意事项】本品如不慎接触皮肤，可用洗涤剂和水彻底洗净。

3．RF 1206 汽油清净剂

【中文名称】汽油清净剂复合剂

【产品性能】能够有效抑制汽油发动机燃油喷嘴、进气阀等关键部位沉积物的生成，还能够抑制燃烧室沉积物增长，有效保持发动机燃料进气系统和燃料系统清洁、提高燃油经济性的功能。

【质量指标】

项　　目	质量指标	实测值	试验方法
外观	清澈、黏稠液体	清澈、黏稠液体	目测
密度(20℃)/(kg/m³)	870～950	940	GB/T13377
运动黏度(40℃)/(mm²/s)	实测	8	GB/T 265
水分含量/%	≤0.05	痕迹	GB/T 260
机械杂质含量/%	≤0.05	0.02	GB/T 511

【生产方法】以曼尼希碱性汽油清净剂为主要原料，外加多种辅助添加剂调配而成。

【主要用途】可直接作为发动机汽油清净剂使用，还可以调制各种发动机油路、润滑系统免拆清洗剂。

【包装储运】200L 铁桶包装或按用户要求包装，运输方式采用集装箱或汽运。应存放于阴凉干燥通风处，储存最高温度不应超过 45℃。

【注意事项】本品如不慎接触皮肤，可用洗涤剂和水彻底洗净。

第十四节　热安定剂

汽油或柴油等燃料油中不可避免含有一些不饱和烃类以及硫、氮化合物等不安定组分，这些不安定组分在汽油的生产、储运、使用中，因接触光照、温度、金属以及空气中的氧，致使油品被氧化而生成胶质和沉渣，沉积在阀杆、阀座、缸壁、活塞以及火花塞上，引起机件的磨损和降低发动机功率，严重的会堵塞输油管路，影响发动机的正常运转。

目前除了精制脱除不安定组分及改善储运条件外，最经济的方法就是使用添加剂来改善燃料油的安定性。因此国内外几乎所有炼油厂都是用添加剂来改善汽油或柴油的安定性的，根据燃料油性质和应用场所选择不同型号的复合剂是目前解决油品安定性的最佳选择。

一、作用原理

安定性改进剂包括汽油安定性改进剂和柴油安定性改进剂，通常为抗氧剂、分散剂以及金属钝化剂或金属减活剂等复合使用的添加剂，这些组分经过复合、调配、过滤从而形成安定性改进剂。在使用时，这些不同性能的添加剂发挥协同作用，能够制止胶质形成，提高油品氧化诱导期，改善燃料油抗氧化安定性，同时具有金属钝化作用。具体作用机理详见本书抗氧剂、分散剂以及金属钝化剂部分。

二、技术进展

目前国内安定性改进剂尚无统一牌号。

国内各大炼厂采用的加剂程序一般有两种：一种是在催化装置馏出口加剂，根据催化汽油馏出油量加入固定比例的汽油安定性改进剂，再送倒罐区进行调和分析；另一种是在油罐区加剂，油品收到成品罐，满罐后根据收入的催化汽油量加入固定比例的汽油安定性改进剂，搅拌均匀后，进行产品分析。

三、发展趋势

安定性改进剂是由多种燃料油添加剂单剂组成的复合添加剂，安定性改进剂的发展是伴随着其他单剂的发展进行的。因此在产品研发中除了满足使用性能的要求，还要符合环保、安全法规的要求。具体内容可参考抗氧防胶剂、金属钝化剂的发展趋势。

第十五节　染色剂

染色剂主要用于汽油，以示区别该汽油中是否加入了烷基铅抗爆剂。为了宣传的目的和检查泄漏，润滑油中也有加入某种染料进行着色的。如一个系统使用两种以上的油品时，加入不同的染料后就容易判断油的泄漏及混合污染情况。

一、作用原理

汽油的染料是一些油溶性的有机化合物，大多是偶氮化合物的衍生物。染料有固体染料和液体染料两类商品，固体染料是粉末、粒状和珠状的固体；液体染料则是把固体染料溶于溶剂的浓缩液，相同浓度的同一染料在不同溶剂中不一定得到相同的颜色（如染料溶解在高芳烃和石蜡烃基础料中）。

染料是否能满足油品的需要是由它的性质来决定的，色彩和亮度、化学组成、物理状态、在成品汽油中的稳定性、溶解速率、黏度、稳定性和溶解度等方面是必须考虑的。

二、技术进展

石油产品中加入各种油溶性染料，可以达到以下目的：便于各种石油产品的识别和管理；防止中毒和避免错用，如汽油染色的主要目的是标明含有剧毒的四乙基铅抗爆剂；改善油品色调，减少光化学作用；有利于石油商品化。

目前国内汽油中未加染色剂。

三、发展趋势

染色的汽油可以警示使用者其中含有抗爆剂四乙基铅，要求人们在管理和使用中注意防止铅中毒，这一功能正在随着汽油的无铅化而逐渐衰退。其他功能则仍然受到重视，如根据不同的染色区分不同的汽油标号，以便于使用。

一些国家汽油的颜色如表 3-1 所示。

表 3-1　一些国家汽油的颜色

国家	种类	颜色	国家	种类	颜色
印度尼西亚	普通	黄	马来西亚	100 号	绿
	优质	黄		97 号	红
印度	普通有铅	橙		92 号	青
	优质有铅	红		85 号	橙
	普通无铅	无色	新加坡	普通	橙
	优质无铅	红		优质	红
巴基斯坦	有铅 HOBC	红	澳大利亚	有铅	红
	普通有铅	橙		无铅	紫
	优质有铅	黄	新西兰	有铅	红
泰国	优质无铅	黄		无铅	橙
	中等无铅	红	墨西哥	优质无铅	绿
	普通无铅	绿		普通	红

四、产品牌号

染色剂产品牌号见表 3-2。

表 3-2　染色剂产品牌号

颜色	色指数	化学名称	结构式	商品名	熔点/℃
黄色	11020	对二甲基氨基偶氮苯	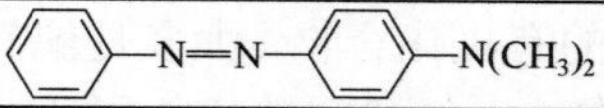	杜邦油黄 N	114～115
黄色	—	对二乙基氨基偶氮苯	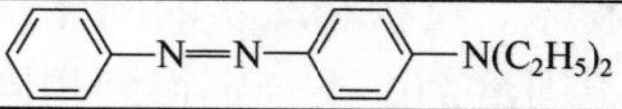	杜邦油黄 NB	94～96
	11380	苯偶氮基偶氮苯	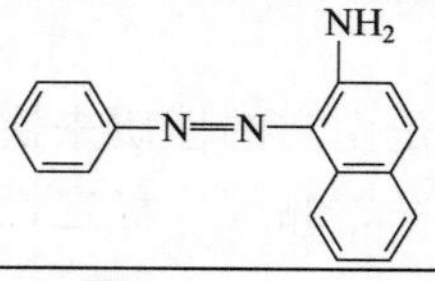	油黄 AB	100～102
黄色	11390	邻甲苯基偶氮-2-苯胺	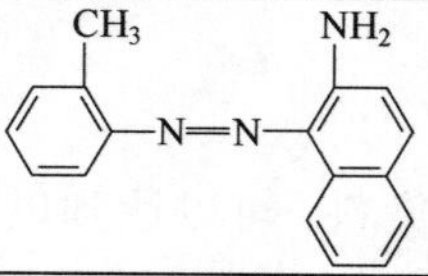	油黄 OB	122～123
黄色	12700	1-苯基-3-甲基-4-苯偶氮基-5-吡唑啉酮	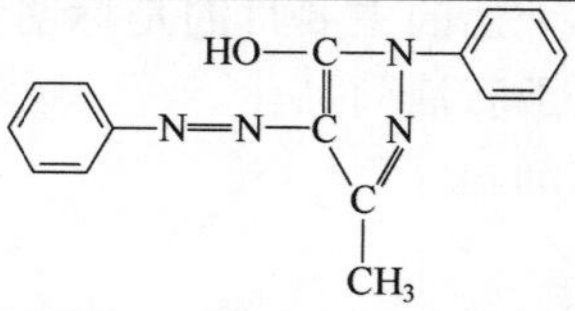	油黄 3G	153～155
橙色	12055	苯偶氮基-2-萘酚	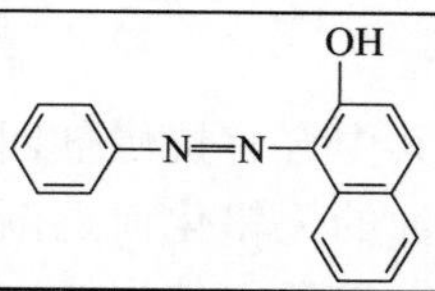	杜邦油橙	129～132

续表

颜色	色指数	化学名称	结构式	商品名	熔点/℃
橙色	12100	邻甲苯偶氮-2-萘酚		油橙	130～131
赤色	26100	偶氮苯-4-偶氮-2-萘酚		苏丹Ⅲ	193～195
	26105	偶氮甲苯-4-偶氮-2-萘酚		油红 RC	158～162
	26125	偶氮二甲苯-4-偶氮-2-萘酚		油红 6B	139～141
蓝色	—	1,4-二(异丙氨基)蒽醌醇		杜邦油蓝 A	172～176
萤色	—	—		荧光 5G	140～146

参考文献

[1] 库利叶夫 A M. 润滑油和燃料添加剂的化学和工艺[M]. 北京: 石油工业出版社, 1978.

[2] 黄文轩. 润滑油与燃料添加剂手册[M]. 北京: 中国石化出版社, 1995.

[3] 李东光. 实用燃油添加剂配方手册[M]. 北京: 化学工业出版社, 2012.

[4] 王玉民, 王红梅, 丁著明. 金属钝化剂的研究进展[J]. 聚合物与助剂, 2009(2): 10-13.

[5] 宁培森, 丁著明. 金属钝化剂的合成和应用[J]. 塑料助剂, 2006, 57(3): 6-11.

[6] 刘多强, 关绍春, 孙建章, 等. 防冰剂在喷气燃料中的应用[J]. 石油化工应用, 2009, 28(5): 1-6.

[7] 唐国金, 叶伟峰. 防冰添加剂在喷气燃料中的应用[J]. 飞航导弹, 2008(2): 49-51.

[8] 杜江. LX-001B 汽油抗氧防胶剂的评价与工业应用[J]. 石化技术与应用, 2004, 22(6): 439-440, 447.

[9] 李燕云, 尹振晏, 朱彦瑾. 抗静电综述[J]. 北京石油化工学院学报, 2003, 11(1): 28-33.

[10] 汪艳庚, 张文华, 赵良. 抗静电剂在轻质油品中的应用[J]. 石油商技, 2009(2): 32-36.

[11] 赵丽萍, 陶志平, 张翠君, 等. 无灰型抗静电剂在燃油中感受性的影响因素[J]. 石油与天然气化工, 2010, 39(3): 254-262.

[12] 李会鹏, 李会举, 沈本贤. 柴油低温流动性能研究进展[J]. 化工进展, 2006, 26(3): 24-27.

[13] 陈照军, 安高军, 杨朝合, 等. 柴油低温流动改进剂研究进展[J]. 精细石油化工, 2011, 28(5): 78-84.

[14] 武跃，翟丽莉，温静，等. 柴油流动改进剂对柴油中蜡晶形态的影响[J]. 中央民族大学学报：自然科学版, 2007, 16(2): 133-137.

[15] Soldi R A, Oliveira A R S, Barbosa R V, et al. Polymethacry lates: pour point depr essants in diesel oil[J]. European Polymer Journal, 2007, 43(8): 3671-3678.

[16] Li Huipeng, Shen Benxian, Gu Yuhui. Comparison of theoretical prediction with practical morphology of wax in diesel fuel[J]. Petroleum Processing Section, 2006, 22(2): 27-33.

[17] 龙小柱，田彦文，王长松，等. 爪形大分子柠檬酸-新戊二醇-硬脂酸-十八醇的合成、表征与降滤性能的研究[J]. 石油化工, 2007, 36(9): 924-929.

[18] 冯明志. 柴油机燃油添加剂及其发展[J]. 小型内燃机, 1994, 23(4): 22-26.

第四章 复合添加剂

第一节 概述

复合添加剂是指几种单剂以一定比例混合，并能满足一定油品质量等级的添加剂混合物。在发达国家，中高档油品几乎全部采用复合添加剂调和。按照配方，将一定剂量的复合剂添加到适宜的基础油中，可得到成品润滑油。复合剂的使用简化了润滑油品的调和工艺。复合添加剂能够赋予基础油本身没有的性质，如抗泡、破乳化等性能，还能改进基础油原有的性质，如抗磨、防锈等性能。

目前国内常用的复合剂有内燃机油复合剂车辆传动油复合剂和工业用油复合剂。内燃机油复合剂包括汽油机油复合剂、柴油机油复合剂、通用汽车发动机油复合剂、摩托车油复合剂、铁路机车用油复合剂、船用发动机油复合剂、轻负荷柴油发动机油复合剂（又称柴油轿车发动机油复合剂）、代用燃料发动机油复合剂等。车辆传动系统用油复合剂包括车辆齿轮油复合剂、通用齿轮油复合剂、自动传动液复合剂。工业用油复合剂包括工业齿轮油复合剂、液压油复合剂、工业润滑油复合剂、防锈油复合剂、金属加工液复合剂等。

内燃机油被认为是带动整个润滑油工艺技术进步的主要油品之一。据统计，内燃机油所用添加剂占整个添加剂种类的 20%，数量约占整个添加剂总量的近 80%。内燃机油复合剂所用添加剂类型有清净剂、分散剂、抗氧抗腐剂、降凝剂、黏度指数改进剂、防锈剂、抗磨及摩擦改进剂和抗泡剂等。工业用油（包括液压油、汽轮机油、工业齿轮油、导热油、防锈油、真空泵油、压缩机油、冷冻机油、油膜轴承油、链条油、电器绝缘油以及各种专用油）使用的复合剂通常包括有极压抗磨剂、抗氧剂、防锈剂、金属钝化剂等。车辆传动系统用油（包括驱动桥用油、手动变速箱油和自动传动液）使用的复合剂通常包括有极压抗磨剂、摩擦改进剂、金属钝化剂、清净剂、无灰分散剂等。

复合剂的精髓是配方技术，配方技术是添加剂产业相对独立的技术，开发程序复杂，时间较长。因此，要理清单剂结构与性能的关系、各种单剂相互混配比例与性能的关系，就需要研究者根据使用对象工况条件，研究各种添加剂叠加在一起是否有协和效应，它们之间能否相互补充各自的缺陷，使其在相应的油品中发挥出最佳使用效果并达到各项性能的平衡。在追寻单剂之间是否有协和效应即 1+1＞2 规律的过程中，又有可能使一个或几个性能出现新的缺陷，需要探索增加新的单剂来补偿这种缺陷，同时还要厘清最优单剂的加入次序，可能发生的极端情况（如沉淀和胶冻等）及预防措施。这通常需要大量的化验、检测和模拟评定工作，最后按通过的难易程度逐一通过规定的发动机台架试验评价，往往不可能一次就通过台架试验评价，而需要反复对配方进行修改，最后还要进行行车试验。所以配方开发是耗时、耗财的一项工作，如 SN 和 CJ-4 的配方开发全部费用需 200 万美元。配方技术开发高昂的费用是促使世界添加剂公司兼并重组的推动力，是形成目前四大添加剂公司的重要原因。添加剂单剂的技术基本上已趋于成熟，而复配技术是添加剂产业竞争的主战场，谁掌握了复配技术，谁就占据了行业的主动权。中国石油在齿轮油、内燃机油、船用油、液压油等领域的复合剂配方技术已达到国际先进水平，采用国产单剂，有完全的自主知识产权。

随着油品规格的提高，油品性能在不断改进，复合剂的组成也发生了较大改变，配方技术更新换代很快，近 30 年来，一般 4～6 年就要换代一次。低硫、低磷、低灰分是复合添加剂的发展方向。并且随着添加剂技术的提高、单剂质量的提升，复合剂加剂量也会随之降低。由于复合添加剂体系不同，不同厂家的复合添加剂的指标差别也较大。另外复合添加剂应用时要充分考虑其与基础油的适应性。

第二节　汽油机油复合剂

美国石油协会（American Petroleum Institute，简称 API）根据发动机润滑油质量等级将其划分为不同的级别，该标准以字母"S"代表汽油发动机润滑油，然后对不同等级的机油按英文字母顺序分别排在字母"S"之后，如：API SE、SF、SG、SH、SJ、SL、SM 和 SN。而在字母"S"之后的字母，按英文字母顺序越靠后表示机油级别越高，如：SH 级好于 SG 级，SJ 级好于 SH 级。目前，API 推出汽油机油的最高质量等级为 SN。

ILSAC（国际润滑剂标准化及认证委员会）是机油节能规格分类，其标准要求基本是在 API 相应质量等级基础上增加了节能台架要求，规格分类有 GF-1、GF-2、GF-3、GF-4、GF-5，其中"GF"后面的数字越大表示节能性越好，目前最高规格是 GF-5，2019 年初颁布的 GF-6 规格中将在 GF-5 的基础上继续加大节能、抗氧、抗磨性能要求，并增加抗低速早燃及正时链条磨损等性能测试。

汽油机油是由基础油和各种功能添加剂组成的。在汽油机油的生产过程中，为了简化工艺流程和保证生产质量水平，通常把抗氧剂、分散剂、清净剂等添加剂调和在一起，组成复合剂，然后与基础油进行调和成为汽油机油。因此，复合剂的质量在一定程度上就代表了汽油机油的质量。下面就根据汽油机油质量等级的划分，介绍汽油机油复合剂。

一、API SE、SF 级汽油机油复合剂

1. 作用原理

API SE 级汽油机油复合剂通过金属清净剂、无灰分散剂、抗氧剂、抗磨抗腐剂等功能添加剂的复配，使机油具有良好的低温分散、高温抗氧和清净性能，可改善油品的耐高温性能，特别是解决由于发动机负荷日益增长造成油品高温变稠的问题。

API SF 级汽油机油复合剂延续了 API SE 级汽油机油复合剂的优良性能，且首次按照 SF 级油品规格对复合剂的磷元素和灰分进行严格限制，同时也提高了复合剂抑制油品高温老化的性能。

2. 技术进展

API SE 级汽油复合剂是随着 1972 年 API SE 油品规格的公布而开发的。20 世纪 70 年代，美国的高速公路发展很快，车速提高，同时汽车开空调，使润滑油的油温升高。从而使润滑油的高温氧化、高温沉积物和锈蚀问题更加严重，同时还加剧了润滑油高温变稠。

API SF 级汽油机油复合剂是随着 1980 年 API SF 油品规格的发布而开发的。20 世纪 70 年代后期，美国汽车开始小型化，油箱变小，并于 1975 年在汽车上安装了催化转化器，1977 年开始使用三效催化转化器，为了适应催化转化器的需要，保护贵金属催化剂不致中毒，于 1980 年开始使用无铅汽油，同时要求润滑油中的磷元素含量小于 0.14%，灰分小于 1.0%，进一步要求提高润滑油的高温性能。

3. 发展趋势

随着汽车工业的不断发展，发动机负荷提高，机油箱变小，致使发动机油所处环境不断恶化。同时出于对发动机尾气处理装置保护的考虑，发动机油中的硫、磷元素和灰分将受到进一步限制。

二、API SH、SJ/ILSAC GF-2 级汽油机油复合剂

1. 作用原理

API SH 级汽油机油复合剂通过金属清净剂、无灰分散剂、抗氧剂、抗磨抗腐剂等功能添加剂的复配使得机油具有很好的低温分散性能、抗磨性能、抗氧化性能和清净性能，特别是解决了汽车在"停停开开"运行状况造成油品中"黑油泥"问题，同时进一步提高了油品的高温抗氧化性能。

API SJ/ILSAC GF-2 级汽油机油复合剂在延续 SH 级汽油机油复合剂优良性能的同时，赋予了油品其他优良性能。相比 API SH 规格，API SJ/ILSAC GF-2 要求更低的磷元素含量，极大地降低了发动机油对尾气三元催化装置的毒害；同时 API SJ/ILSAC GF-2 规格提出了更为苛刻的燃油经济性要求，减少了发动机运行中燃油的消耗。

2. 技术进展

20 世纪 80 年代中期，欧洲首先发现汽车反复在高温高速和低温低速交叉行驶情况下容易产生"黑油泥"，美国也相继发现了类似情况。为了解决"黑油泥"问题，美国于 1988 年发展了 API SG 级油品，进一步提高了润滑油的热稳定性和分散性。

但由于 API SG 级油品的评分体系导致市面上的油品质量参差不齐，美国和日本共同组织了国际润滑油标准和批准委员会（International Lubricant Standardization and Approval Committee，简称 ILSAC），并提出了新的配方审批办法（MTAC），提出了与 API SG 级油品规格相当的 ILSAC GF-1，但质量控制要严格很多，而且还要求节能指标，随后又发展了 ILSAC GF-2、GF-3。同时美国为了改进现有油品的质量保证体系，于 1994 年推出了 API SH 级油品。

过去美国审查油品时，多次（一般不超过 5 次）评定只要其中一次通过就可以批准。这样就可以将复合剂的剂量降低下来，但是油品的质量不能得到保证。新的配方审批要求一次必须达到规定值，多次评定的平均值也要达到规定值。按照新规定，特别是 MTAC 办法，API SH 级油复合剂的剂量比 API SG 级油复合剂的剂量多 20%左右，相应的油品质量也提高了 20%。

由于节能和环保要求，ILSAC 对汽油机油的燃油经济性和硫磷元素限制提出了进一步的要求。1997 年 ILSAC 发布了 GF-2 规格，随后 API 也发布了相应的 SJ 规格。

3. 发展趋势

随着汽车工业的发展，人们已经意识到发动机油中的硫和磷元素对尾气催化装置中贵金属有严重的危害，这将使得配方对这些元素有更为苛刻的限制。同时由于发动机的更新换代，需要油品性能不断提高，以适应新型发动机的性能要求。同时人们对环境和资源的保护意识

也日益增强，汽车工业界对于汽油机油的节能性能也提出了进一步的要求。

三、API SL/ILSAC GF-3 级汽油机油复合剂

1. 作用原理

API SL/ILSAC GF-3 级汽油机油复合剂通过金属清净剂、无灰分散剂、抗氧剂、抗磨抗腐剂和摩擦改进剂等功能添加剂的复配，使得机油具有很好的低温分散性、抗磨性、抗氧化性、清净性和燃油经济性。这类复合剂针对汽车厂商的要求，在 API SJ/ILSAC GF-2 规格的基础上突出了油品对于凸轮挺杆系统磨损的防护；针对油品的高温抗氧化性能做了大幅提升，可以有效延长油品的换油期；在节能方面也表现出了极高的燃油经济性。

2. 技术进展

随着汽车工业进入 21 世纪，环保、节能和延长换油期要求成为促进内燃机油规格发展的主要推动力。为了满足发动机对油品性能的进一步要求和日益严格的环保要求。ILSAC 于 2001 年公布了 GF-3 汽油机油规格，随后 API 也相应地公布了与其对应的 SL 汽油机油规格。

API SL/ILSAC GF-3 规格的开发基于基本保持油品使用性能的苛刻程度，进一步减少对排放的影响，改善节能及节能的保持性，同时开发一系列的发动机试验方法以替代原有的无零配件供应的老发动机试验。

API SL/ILSAC GF-3 汽油机油在保持 API SJ/ILSAC GF-2 性能要求的同时，在油品的挥发性、氧化安定性、燃油经济性及燃油经济性的耐久性能等方面均有一定幅度的提高。API SL/ILSAC GF-3 规格对油品的蒸发损失性能提出了较高要求，Noack 蒸发损失由 API SJ/ILSAC GF-2 规格的不大于 22% 提高到不大于 15%，常规的 API I 类基础油很难满足这一要求，API II、III 类基础油和合成油在 API SL/ILSAC GF-3 油品中有了更多的应用。

3. 发展趋势

在环保、节能和延长换油期的要求下，API SL/ILSAC GF-3 规格油品得到广泛应用。随着中国汽车行业的蓬勃发展，各个汽车厂商更加注重油品对于发动机的全面保护，对复合剂及基础油提出了更高要求，这些也就推动了油品调和技术的不断发展。

四、API SM/ILSAC GF-4 级汽油机油复合剂

1. 作用原理

API SM/ILSAC GF-4 复合剂中的金属清净剂、无灰分散剂、抗氧剂、抗磨抗腐剂等功能添加剂协同作用使油品具备优良的酸中和能力，防止生成的酸性物质对发动机部件进行腐蚀；使油品具备很强的抑制漆膜、油泥和积炭生成的能力，对已生成的漆膜、积炭和油泥具有很强的吸附和洗涤能力，使之很好地分散在油品中，减缓油品的氧化，减少发动机部件之间的摩擦和磨损。此外，加入的摩擦改进剂使油品的减摩能力进一步提升。

2. 技术进展

API SM/ILSAC GF-4 于 2004 年颁布并开始接受认证，与其他级别的机油相比，API SM/ILSAC GF-4 在发动机阀系磨损、抑制高温沉积物生成、氧化安定性、提高燃油经济性、保护尾气排放系统等方面要求更加严格。如 API SM/ILSAC GF-4 机油，在减少凸轮磨损的能力上要比 API SL/ILSAC GF-3 级别的要求高 25%，而氧化安定性的要求几乎是 API SL/ILSAC GF-3 级的 2 倍。可见，API SM/ILSAC GF-4 机油进一步提高了使用性能，并降低了燃油消耗。

另外，API SM/ILSAC GF-4 机油将磷含量进一步降低，磷排放的减少更好地保护了汽车排气系统中三元催化转化器，使之寿命更长，同时也减少了有害物质排放，使汽车更加环保。

3. 发展趋势

随着全球能源价格的大幅波动和供应紧张，以及各国环保法规日趋严格，人们对汽车用润滑油的环保和经济性提出了更高的要求。润滑油中的磷是使排放系统中三元催化转化器中毒失效的"元凶"，也是很好的抗磨剂。在 API SM/ILSAC GF-4 中，对磷含量的规定相当苛刻。怎样使润滑油中的磷既能起到很好的抗氧抗磨的作用，又能使之较少甚至不影响三元催化转化器，是未来内燃机油发展的趋势。

五、API SN/ILSAC GF-5 汽油机油复合剂

1. 作用原理

API SN/ILSAC GF-5 复合剂中的金属清净剂、无灰分散剂、抗氧剂、抗磨抗腐剂等功能添加剂协同作用使油品具备优良的酸中和能力,防止生成的酸性物质对发动机部件进行腐蚀;使油品具备很强的抑制漆膜、油泥和积炭生成的能力，对已生成的漆膜、积炭和油泥具有很强的吸附和洗涤能力，使之很好地分散在油品中，减缓油品的氧化，减少发动机部件之间的摩擦和磨损。此外，增加了润滑油中磷保持性的要求，对汽车三元催化转化器保护效果更好。

2. 技术进展

API SN/ILSAC GF-5 在 API SM/ILSAC GF-4 的基础上进一步增强了燃油经济性和抑制低温油泥生成的能力。特别是 ILSAC GF-5 规格中的 SAE 0W、5W 和 10W 油品，新增了对磷保持性的要求。

3. 发展趋势

API SN/ILSAC GF-5 是目前最高的汽油机油规格。未来的发展趋势可能会在环保、节能、延长换油周期等方面进一步严格要求。

六、产品牌号

（一）兰州/大连润滑油研究开发中心

1. RHY 3076 汽油机油复合剂

【中文名称】RHY 3076 汽油机油复合剂

【产品性能】以磺酸盐为主要金属清净剂，产品具有优良的氧化安定性、抗磨抗腐性及清净分散性。是一种性能全面的汽油机油复合剂，可以调和满足 GB 11121—2006 要求的 API SL 汽油机油产品。

【质量标准】Q/SY RH3120—2017

项　　目	质量指标	实测值	试验方法
密度 20℃/(kg/m³)	实测	989.3	GB/T 1884、SH/T 0604
运动黏度(100℃)/(mm²/s)	实测	110.8	GB/T 265
闪点(开口)/℃	≥180	206	GB/T 3536
水分含量/%	≤0.30	0.17	GB/T 260
机械杂质含量/%	≤0.1	0.014	GB/T 511
碱值/(mgKOH/g)	≥80	90.2	SH/T 0251

项　目	质量指标	实测值	试验方法
硫酸盐灰分含量/%	实测	11.03	GB/T 2433
磷含量/%	1.20~1.40	1.36	GB/T 17476[①]
硫含量/%	≥2.80	3.10	SH/T 0303
氮含量[①]/%	≥0.75	0.85	GB/T 17674
钙含量/%	≥2.20	2.48	GB/T 17476[①]
锌含量/%	≥1.30	1.46	GB/T 17476[①]

① GB/T 17476 是仲裁方法。

【生产方法】依次加入无灰分散剂、抗氧剂、抗磨抗腐剂和金属清净剂在(70±5)℃下搅拌4h 以上至均匀，即可得到复合剂产品。

【主要用途】RHY 3076 汽油机油复合剂以 7.4%的添加量用于加氢基础油中，调制 SAE 5W-20、5W-30、10W-30、10W-40、15W-40 和 20W-50 等黏度级别的 API SL 汽油机油，性能满足 GB 11121—2006 要求。

【包装储运】包装、标志、运输、储存、交货验收按 SH 0164 标准执行。本品使用 200L 大桶包装，净重(170±2)kg（可按用户需求包装及发运）。

【注意事项】本品不易燃、不易爆、不腐蚀、应避光防潮，防止与人体直接接触；防止异物污染；防止与其他公司的复合剂混用。

（二）兰州/太仓中石油润滑油添加剂有限公司

1. RHY 3053 汽油机油复合剂

【中文名称】RHY 3053 汽油机油复合剂

【产品性能】以水杨酸盐为主要金属清净剂，具有优良的氧化安定性、抗磨抗腐性及清净分散性。是一种性能全面的汽油机油复合剂，可以调和满足 GB 11121—2006 要求的 API SE 和 API SF 汽油机油产品。

【质量标准】Q/SY RH 3041—2017

项目	质量指标	实测值	试验方法
外观	均匀透明液体	均匀透明液体	目测
密度(20℃)/(kg/m³)	报告	981.1	SH/T 0604
运动黏度(100℃)/(mm²/s)	报告	112.5	GB/T 265
闪点(开口)/℃	≥170	199	GB/T 3536
水分含量/%	≤0.1	0.07	GB/T 260
机械杂质含量/%	≤0.1	0.034	GB/T 511
碱值/(mgKOH/g)	≥70.0	72.1	SH/T 0251
硫酸盐灰分含量/%	报告	9.57	GB/T 2433
硫含量/%	≥3.51	3.94	SH/T 0303
磷含量/%	≥1.77	1.83	SH/T 0296
氮含量[①]/%	≥0.80	0.81	GB/T 17674 SH/T 0656
钙含量/%	≥1.90	2.03	SH/T 0270
锌含量/%	≥1.98	2.10	SH/T 0226

① 氮含量≤1.0%时采用 GB/T 17674 测定；氮含量>1.0%时采用 SH/T 0656 测定。

【生产方法】依次加入无灰分散剂、抗氧剂、抗磨抗腐剂和金属清净剂在(70±5)℃下搅拌 4h 以上至均匀，即可得到复合剂产品。

【主要用途】以 5.5%的添加量用于溶剂精制的石蜡基、中间基基础油中，可调制 SAE 5W-30、10W-30、10W-40、15W-40 和 20W-50 等黏度级别的 API SE、SF 汽油机油，性能满足 GB 11121—2006 要求。

【包装储运】包装、标志、运输、储存、交货验收按 SH 0164 标准执行。本品使用 200L 大桶包装，净重(170±2)kg（可按用户需求包装及发运）。

【注意事项】本产品不易燃、不易爆、不腐蚀，应避光防潮，防止与人体直接接触；防止异物污染；防止与其他公司的复合剂混用。

2. RHY 3064 汽油机油复合剂

【中文名称】RHY 3064 汽油机油复合剂

【产品性能】以水杨酸盐为主要金属清净剂，具有优良的氧化安定性、抗磨抗腐性及清净分散性。是一种性能全面的汽油机油复合剂，可以调和满足 GB 11121—2006 要求的 API SJ 汽油机油产品。

【质量标准】QSY RH 3070—2011

项目	质量指标	实测值	试验方法
密度(20℃)/(kg/m³)	实测	998.0	GB/T 1884 SH/T 0604
运动黏度(100℃)/(mm²/s)	实测	101.0	GB/T 265
闪点(开口)/℃	≥180	218	GB/T 3536
水分含量/%	≤0.40	0.03	GB/T 260
机械杂质含量/%	≤0.12	0.01	GB/T 511
碱值/(mgKOH/g)	≥95.0	102	SH/T 0251
硫酸盐灰分/%	≤14.50	13.59	GB/T 2433
磷含量/%	≤1.50	1.25	SH/T 0296
硫含量/%	≥2.40	2.62	SH/T 0303
氮含量[①]/%	≥0.43	0.46	GB/T 17674 SH/T 0656
钙含量/%	≥3.27	3.39	SH/T 0270
锌含量/%	≥1.35	1.44	SH/T 0226

① 氮含量≤1.0%时采用 GB/T 17674 测定；氮含量>1.0%时采用 SH/T 0656 测定。

【生产方法】依次加入无灰分散剂、抗氧剂、抗磨抗腐剂、金属清净剂，在(70±5)℃下搅拌 4h 以上至均匀，即可得到复合剂产品。

【主要用途】以 6.5%的添加量用于加氢异构脱蜡基础油中，调制出的 API SJ 汽油机油满足 GB 11121—2006 要求。

【包装储运】和【注意事项】参见该公司 RHY 3053 汽油机油复合剂。

3. RHY 3064C 汽油机油复合剂

【中文名称】RHY 3064C 汽油机油复合剂

【产品性能】以磺酸盐为主要金属清净剂，具有优异的油泥分散性、优良的氧化安定性、抗磨抗腐性、高温润滑及清净分散性。是一种性能全面的汽油机油复合剂，可以调和满足 GB 11121—2006 要求的 SJ 汽油机油产品。

【质量标准】 QSY RH 3132—2018

项 目	质量指标	实测值	试验方法
密度[1](20℃)/(kg/m³)	1000～1050	1026.2	GB/T 1884 SH/T 0604
运动黏度(100℃)/(mm²/s)	报告	174.9	GB/T 265
闪点(开口)/℃	≥180	210	GB/T 3536
水分含量/%	≤0.15	0.05	GB/T 260
机械杂质含量/%	≤0.10	0.011	GB/T 511
碱值/(mgKOH/g)	≥132.0	144	SH/T 0251
硫酸盐灰分含量/%	报告	18.79	GB/T 2433
磷含量/%	≥1.47	1.50	SH/T 0296
硫含量/%	≥3.20	3.50	SH/T 0303
氮含量[2]/%	≥0.60	0.71	GB/T 17674 SH/T 0656
钙含量/%	4.65～5.25	4.86	SH/T 0270
锌含量/%	1.66～1.95	1.66	SH/T 0226

① 有争议时以 GB/T 1884 为准。

② 氮含量≤1.0%时采用 GB/T 17674 测定；氮含量>1.0%时采用 SH/T 0656 测定。

【生产方法】依次加入清净剂、多功能添加剂、抗氧剂、抗磨抗腐剂、分散剂，在(70±5)℃下搅拌 4h 以上至均匀，即可得到复合剂产品。

【主要用途】以 4.4%的添加量用于加氢基础油中，调制出的 API SJ 汽油机油满足 GB 11121—2006 要求。

【包装储运】和【注意事项】参见该公司 RHY 3053 汽油机油复合剂。

4. RHY 3071 汽油机油复合剂

【中文名称】RHY 3071 汽油机油复合剂

【产品性能】以水杨酸盐为主要金属清净剂，具有优良的氧化安定性、抗磨抗腐性及清净分散性。是一种性能全面的汽油机油复合剂，所调制的 API SL SAE 5W-40 汽油机油通过了 MS 程序ⅢF、ⅣA、ⅤG 及Ⅷ发动机台架试验，产品质量满足 API SL 汽油机油标准要求。补加适量减摩剂后调和的 API SL/ILSAC GF-3 SAE 5W-40 节能型汽油机油通过了 MS 程序ⅥB 发动机试验，产品性能分别达到 ASTM D 4485-04 中 API SL 规格要求和 ILSAC GF-3 规格要求，满足 GB 11121—2006 中 API SL/ILSAC GF-3 汽油机油规格标准。

【质量标准】Q/SY RH 3043—2009

项 目	质量指标	实测值	试验方法
密度(20℃)/(kg/m³)	报告	958.7	SH/T 0604
运动黏度(100℃)/(mm²/s)	报告	130.9	GB/T 265
闪点(开口)/℃	≥170	200	GB/T 3536
水分含量/%	≤0.10	0.07	GB/T 260
机械杂质含量/%	≤0.08	0.008	GB/T 511
碱值/(mgKOH/g)	≥57.0	63.6	SH/T 0251
硫酸盐灰分含量/%	报告	6.39	GB/T 2433
硫含量/%	报告	1.92	SH/T 0303
磷含量/%	≤0.80	0.73	SH/T 0296
氮含量[1]/%	≥0.90	0.94	GB/T 17674 SH/T 0656

项　目	质量指标	实测值	试验方法
钙含量/%	≥1.30	1.46	SH/T 0270
锌含量/%	报告	0.84	SH/T 0226

① 氮含量≤1.0%时采用 GB/T 17674 测定；氮含量>1.0%时采用 SH/T 0656 测定。

【生产方法】依次加入无灰分散剂、抗氧剂、抗磨抗腐剂、金属清净剂，在(70±5)℃下搅拌 4h 以上至均匀，即可得到复合剂产品。

【主要用途】以 12.4%的添加量应用于 PAO 合成油或 PAO 合成油/加氢油的半合成基础油中，用于调制 SAE 5W-30、5W-40、10W-30、10W-40、15W-40 等黏度级别的 API SL 汽油机油。补加适量减摩剂可以调制 API SL/ILSAC GF-3 节能型汽油机油。

【包装储运】和【注意事项】参见该公司 RHY 3053 汽油机油复合剂。

5. RHY 3072 汽油机油复合剂

【中文名称】RHY 3072 汽油机油复合剂

【产品性能】以水杨酸盐为主要金属清净剂，具有优良的氧化安定性、抗磨抗腐性及清净分散性。是一种性能全面的汽油机油复合剂，所调制的 API SL SAE 5W-30 汽油机油通过了 MS 程序ⅢF、ⅣA、ⅤG 及Ⅷ发动机台架试验，产品质量满足 API SL 汽油机油标准要求。补加适量减摩剂后调和的 API SL/ILSAC GF-3 SAE 5W-30 节能型汽油机油通过了 MS 程序ⅥB 发动机试验，产品性能分别达到 ASTM D 4485-04 中 API SL 规格要求和 ILSAC GF-3 规格要求，满足 GB 11121—2006 中 API SL/ILSAC GF-3 汽油机油规格标准。

【质量标准】QSY RH 3071—2011

项　目	质量指标	实测值	试验方法
密度(20℃)/(kg/m³)	实测	960.1	SH/T 0604
运动黏度(100℃)/(mm²/s)	实测	186.8	GB/T 265
闪点(开口)/℃	≥180	210	GB/T 3536
水分含量/%	≤0.30	<0.03	GB/T 260
机械杂质含量/%	≤0.10	0.010	GB/T 511
碱值/(mgKOH/g)	≥62.0	66.4	SH/T 0251
硫酸盐灰分含量/%	≤8.0	7.91	GB/T 2433
磷含量/%	≤1.13	0.97	SH/T 0296
硫含量/%	≥1.64	1.82	SH/T 0303
氮含量①/%	≥0.8	0.84	GB/T 17674 SH/T 0656
钙含量/%	≥1.4	1.48	SH/T 0270
锌含量/%	≥1.0	1.11	SH/T 0226

① 氮含量≤1.0%时采用 GB/T 17674 测定；氮含量>1.0%时采用 SH/T 0656 测定。

【生产方法】依次加入无灰分散剂、抗氧剂、抗磨抗腐剂、金属清净剂，在(70±5)℃下搅拌 4h 以上至均匀，即可得到复合剂产品。

【主要用途】以 8.8%的添加量应用于 APIⅡ、Ⅲ类基础油中，用于调制 SAE 5W-30、10W-30、10W-40、15W-40 等黏度级别的 API SL 汽油机油。补加适量减摩剂后可调和 API SL/ILSAC GF-3 节能型汽油机油产品。

【包装储运】和【注意事项】参见该公司 RHY 3053 汽油机油复合剂。

6. RHY 3073 汽油机油复合剂

【中文名称】RHY 3073 汽油机油复合剂

【产品性能】以水杨酸盐为主要金属清净剂,具有优良的氧化安定性、抗磨抗腐性及清净分散性。是一种性能全面的汽油机油复合剂,所调制的 API SN SAE 5W-30 汽油机油通过了 MS 程序ⅢG、ⅢGA、ⅣA、ⅣG 及Ⅷ发动机台架试验,产品质量满足 API SN 汽油机油标准要求。补加适量减摩剂后调和的 API SM/ILSAC GF-4 SAE 5W-30 节能型汽油机油通过了 MS 程序ⅥB 发动机试验,产品性能分别达到 ASTM D 4485-04 中 API SN 规格要求和 ILSAC GF-4 规格要求。

【质量标准】Q/SY RH 3072—2011

项目	质量指标	实测值	试验方法
密度(20℃)/(kg/m³)	实测	961.2	GB/T 1884
运动黏度(100℃)/(mm²/s)	实测	123.4	GB/T 265
闪点(开口)/℃	≥180	206	GB/T 3536
水分含量/%	≥0.27	0.04	GB/T 260
机械杂质含量/%	≤0.08	0.008	GB/T 511
碱值/(mgKOH/g)	≥65.0	74.3	SH/T 0251
硫酸盐灰分含量/%	≤8.6	7.34	GB/T 2433
硫含量/%	≥1.46	1.62	SH/T 0303
氮含量[①]/%	≥0.8	0.89	GB/T 17674 SH/T 0656
磷含量/%	0.66～0.86	0.79	SH/T 0296
钙含量/%	≥1.72	1.73	SH/T 0270
锌含量/%	≥0.86	0.90	SH/T 0226

① 氮含量≤1.0%时采用 GB/T 17674 测定;氮含量>1.0%时采用 SH/T 0656 测定。

【生产方法】依次加入无灰分散剂、抗氧剂、抗磨抗腐剂、金属清净剂,在(70±5)℃下搅拌 4h 以上至均匀,即可得到复合剂产品。

【主要用途】以 9.1%的添加量应用于 APIⅡ、Ⅲ类基础油中,用于调制 SAE 5W-30、10W-30、10W-40、15W-40 等黏度级别的 API SN 汽油机油,补加减摩剂后可调和 API SM/ILSAC GF-4 节能型汽油机油产品。

【包装储运】和【注意事项】参见该公司 RHY 3053 汽油机油复合剂。

7. RHY 3073A 汽油机油复合剂

【中文名称】RHY 3073A 汽油机油复合剂

【产品性能】采用清净剂、分散剂、抗氧剂、抗磨抗腐剂等配制而成,以 9.1%的加剂量应用于加氢基础油中,调和的抗低速早燃 SAE 5W-20 发动机油通过了程序Ⅷ、程序ⅣA、程序Ⅴ G 和程序Ⅸ发动机试验,并通过了江淮 1.5TGDI 综合测试、NEDC 循环和 G02+抗早燃测试。产品性能达到 Q/SY RH2355 中抗低速早燃节能汽油机油规格要求,可用于调和 SAE 0W-20、5W-20、0W-30、5W-30 黏度级别发动机油。

【质量标准】QSY RH 3133—2018

项目	质量指标	实测值	试验方法
密度 20℃/(kg/m³)	实测	923.8	GB/T 1884、SH/T 0604
运动黏度(100℃)/(mm²/s)	85～115	101.4	GB/T 265
水分含量/%	≤0.10	0.05	GB/T 260
机械杂质含量/%	≤0.08	0.005	GB/T 511

续表

项 目	质量指标	实测值	试验方法
碱值/(mgKOH/g)	≥75	84.3	SH/T 0251
硫酸盐灰分含量/%	实测	7.98	GB/T 2433
磷含量/%	0.68～0.85	0.78	SH/T 0296
硫含量/%	≤3.0	2.42	SH/T 0303
氮含量①/%	1.05～1.25	1.15	GB/T 17674
钙含量/%	≤1.32	1.02	SH/T 0270、GB/T 17476①
镁含量/%	≥0.44	0.47	SH/T 0061、GB/T 17476①
锌含量/%	0.80～1.10	0.89	SH/T 0226、GB/T 17476①
钼含量/%	≥0.65	0.73	SH/T 0605、GB/T 17476①

① GB/T 17476 是仲裁方法。

【生产方法】依次加入清净剂、多功能添加剂、抗氧剂、抗磨抗腐剂、分散剂、减摩剂，在 50～80℃下搅拌 4h 以上至均匀，即可得到复合剂产品。

【主要用途】以 9.1%的添加量用于加氢基础油中，可调制出抗低速早燃节能汽油机油产品。

【包装储运】和【注意事项】参见该公司 RHY 3053 汽油机油复合剂。

（三）锦州康泰润滑油添加剂股份有限公司

1. KT 30090SL 汽油发动机油复合添加剂

【中文名称】KT 30090 SL 汽油发动机油复合剂

【化学成分】由磺酸盐、高分子无灰分散剂、高温清净剂、抗氧抗腐剂和高温辅助抗氧剂等复配而成。

【产品性能】具有良好的清净性、分散性、较好的抗氧化能力和优良的抗磨性能，加剂量适中，是一款经济型的发动机油复合剂。

【质量标准】

项 目	质量指标	测试方法	项 目	质量指标	测试方法
密度(20℃)/(kg/m³)	950～1050	GB/T 1884	锌含量/%	≥1.4	SH/T 0226
闪点(开口)/℃	≥180	GB/T 3536	氮含量/%	≥0.65	SH/T 0224
运动黏度(100℃)/(mm²/s)	100～140	GB/T 265	总碱值/(mgKOH/g)	≥92	SH/T 0251
钙含量/%	≥3.0	SH/T 0270			

【主要用途】

API 质量等级	加剂量（质量分数）/%		API 质量等级	加剂量（质量分数）/%	
	汽机油	4T		汽机油	4T
SL	7.2	6.6	SG	5.8	4.5
SJ	6.8	5.5			

【包装储运】本品在储存、装卸及调油时，参照 SH 0164 进行。最高温度不应超过 75℃；若长期储存，最高温度不应超过 45℃。产品净重：190kg/桶，200L 标准铁桶。

【注意事项】本品不易燃、不易爆、无腐蚀性，在安全、环保、使用等方面同一般石油产品，不用进行特殊防护。

2. KT 30100 高性能 SN 汽油发动机油复合添加剂

【中文名称】KT 30100 高性能 SN 汽油发动机油复合剂

【化学成分】由低度碳酸化合成磺酸盐、无灰分散剂、高温清净剂、抗氧抗腐剂和高温辅助抗氧剂等复配而成。

【产品性能】应用于Ⅱ类、Ⅲ类基础油中可满足 SN/SM/SL 的要求，并可应用于不同黏度等级，具有良好的配伍性。

【主要用途】

API 质量等级	加剂量（质量分数）/%	API 质量等级	加剂量（质量分数）/%
SN	7.6	SL	7
SM	7.28		

【质量标准】

项目	质量指标	测试方法	项目	质量指标	测试方法
密度(20℃)/(kg/m³)	950～1050	GB/T 1884	氮含量/%	≥1.02	SH/T 0224
闪点(开口)/℃	≥180	GB/T 3536	钼含量/%	≥0.18	NB/SH/T 0824
运动黏度(100℃)/(mm²/s)	80～120	GB/T 265	硼含量/%	≥0.09	NB/SH/T 0824
磷含量/%	≥0.9	SH/T 0296	硫含量/%	≥2.5	SH/T 0303
钙含量/%	≥2.7	SH/T 0270	硫酸盐灰分含量/%	≤11.0	GB/T 2433
锌含量/%	≥0.91	SH/T 0226	总碱值/(mgKOH/g)	≥95	SH/T 0251

【包装储运】和【注意事项】参见该公司 KT 30090SL 汽油发动机油复合添加剂。

（四）新乡市瑞丰新材料股份有限公司

1. RF 6152 SJ 级汽油机油复合剂

【中文名称】RF 6152 SJ 级汽油机油复合剂

【化学成分】由清净剂、分散剂、抗氧抗腐剂等复合调制而成。

【产品性能】具有良好的润滑性、清净分散性、抗氧化性。

【质量标准】

项目	质量指标	试验方法
外观	棕色黏稠液体	目测
密度(20℃)/(kg/m³)	报告	GB/T 13377，ASTM D 4052
运动黏度(100℃)/(mm²/s)	报告	GB/T 265，ASTM D 445
闪点(开口)/℃	≥170	GB/T 3536，ASTM D 92
总碱值/(mgKOH/g)	≥68	SH/T 0251，ASTM D 2896
锌含量/%	≥0.95	GB/T 17476，ASTM D 4951
钙含量/%	≥1.85	GB/T 17476，ASTM D 4951
磷含量/%	0.8～1.2	GB/T 17476，ASTM D 4951

【主要用途】应用于合适的基础油，调制的油品能够满足 API SJ 级别汽油机油的性能要求。

API 性能等级	SAE 黏度级别	推荐加剂量(按内加法计算)/%
SJ	5W-30，10W-30，10W-40	7.2

【包装储运】采用净重 200L 金属桶或按用户要求包装。产品在储存、装卸及调油时，参照 SH/T 0164 进行。产品储存温度不应超过 50℃，装卸、调和时最高温度不超过 60℃。

【注意事项】本品不易燃、不易爆、无腐蚀性，在安全、环保、使用等方面同一般石油产品，不用进行特殊防护。

2. RF 6162 SL 级汽油机油复合剂

【中文名称】RF 6162 SL 级汽油机油复合剂

【化学成分】由清净剂、分散剂、抗氧抗腐剂等复合调制而成。

【产品性能】具有良好的润滑性、清净分散性、抗氧化抗腐蚀性。

【质量标准】

项　目	质量指标	试验方法
外　观	棕色黏稠液体	目测
密度(20℃)/(kg/m³)	报告	GB/T 13377，ASTM D 4052
运动黏度(100℃)/(mm²/s)	报告	GB/T 265，ASTM D 445
闪点(开口)/℃	≥170	GB/T 3536，ASTM D 92
总碱值/(mgKOH/g)	≥88	SH/T 0251，ASTM D 2896
锌含量/%	≥0.98	GB/T 17476，ASTM D 4951
钙含量/%	≥2.15	GB/T 17476，ASTM D 4951
磷含量/%	0.85~1.05	GB/T 17476，ASTM D 4951

【主要用途】用本品调制的汽油机油，能够满足 API SL 级别的性能要求。

API 性能等级	SAE 黏度级别	推荐加剂量(按内加法计算)/%
SL	5W-40，5W-30，10W-40	7.6

【包装储运】和【注意事项】参见该公司 RF6152 SJ 级汽油机油复合剂。

3. RF 6170 SM 级汽油机油复合剂

【中文名称】RF 6170 SM 级汽油机油复合剂

【化学成分】由优质清净剂、分散剂、抗氧剂等添加剂复合调制而成。

【产品性能】具有良好的清净分散性、氧化安定性，可有效抑制机油氧化变质和沉积物的生成，防止发动机磨损。

【质量标准】

项　目	质量指标	试验方法
外观	棕色黏稠液体	目测
密度(20℃)/(kg/m³)	报告	GB/T 13377，ASTM D 4052
运动黏度(100℃)/(mm²/s)	报告	GB/T 265，ASTM D 445
闪点(开口)/℃	≥170	GB/T 3536，ASTM D 92
总碱值/(mgKOH/g)	≥64	SH/T 0251，ASTM D 2896
锌含量/%	≥0.8	GB/T 17476，ASTM D 4951
钙含量/%	≥1.7	GB/T 17476，ASTM D 4951
磷含量/%	0.67~0.89	GB/T 17476，ASTM D 4951

【主要用途】用本品调制的汽油机油，可满足 API SM 级油品的性能要求。

API 性能等级	SAE 黏度级别	推荐加剂量(按内加法计算)/%
SM	5W-30，10W-30，10W-40	9.0

【包装储运】和【注意事项】参见该公司 RF 6152 SJ 级汽油机油复合剂。

4. RF 6173 SN 级汽油机油复合剂

【中文名称】RF 6173 SN 级汽油机油复合剂

【化学成分】由清净剂、分散剂、抗氧抗腐剂等复合调制而成。

【产品性能】具有良好的清净分散性、氧化安定性，可有效抑制机油氧化变质和沉积物的生成，防止发动机磨损。

【质量标准】

项　　目	质量指标	试验方法
外观	棕色黏稠液体	目测
密度(20℃)/(kg/m³)	报告	GB/T 13377，ASTM D 4052
运动黏度(100℃)/(mm²/s)	报告	GB/T 265，ASTM D 445
闪点(开口)/℃	≥170	GB/T 3536，ASTM D 92
总碱值/(mgKOH/g)	≥85	SH/T 0251，ASTM D 2896
锌含量/%	≥0.8	GB/T 17476，ASTM D 4951
钙含量/%	≥2.3	GB/T 17476，ASTM D 4951
磷含量/%	0.65～0.84	GB/T 17476，ASTM D 4951

【主要用途】以 9.6%的加剂量在合适的Ⅱ类、Ⅲ类、Ⅳ类基础油中调制的多级油，可满足 API SN 油品的性能要求。

API 性能等级	SAE 黏度级别	推荐加剂量（按内加法计算）/%
SN	5W-30，10W-30，10W-40	9.6

【包装储运】和【注意事项】参见该公司 RF 6152 SJ 级汽油机油复合剂。

（五）无锡南方石油添加剂有限公司

1. T 3059 汽油机油复合添加剂

【中文名称】T 3059 汽油机油复合剂

【产品性能】石油化工科学研究院研制的用以调配 API SF 级汽油机油的复合添加剂。在大庆石蜡基基础油中，以 4.7%的加剂量调制的黏度级别为 SAE 10W-30 的油品，通过了 MS 程序ⅢD、ⅤD 和 L-38 台架试验，达到国家标准 GB 11122—2006。本品还可以调配以下黏度级别的 API SF 油品：SAE 15W-40、20W-40、20W-50、30、40 等。

【质量标准】Q/320206 GPAT05—2001

项　　目	质量指标	试验方法	项　　目	质量指标	试验方法
运动黏度(100℃)/(mm²/s)	80～140	GB/T 265	钙含量/%	≥3.3	SH/T 0228
闪点(开口)/℃	≥170	GB/T 3536	锌含量/%	≥1.8	SH/T 0226
密度(20℃)/(kg/m³)	900～1200	GB/T 13377	氮含量/%	≥0.7	SH/T 0224
总碱值/(mgKOH/g)	≥85	SH/T 0251			

【主要用途】

级别	加剂量/%		执行标准
	SAE 10W-30、15W-40	SAE 30、40	
API SF	4.7	4.2	Q/320206 GPAT05—2001
API SE	4.3	3.8	Q/320206 GPAT05—2001

【包装储运】本品在储存、装卸及调油时，最高温度不应超过 85℃；若长期储存，最高温度不应超过 45℃。本品不易燃、不易爆、不易腐蚀，使用过程中应遵循处理化学品的一般预防措施。如接触皮肤，可用洗涤剂、肥皂和清水彻底洗净。

2. T 3060 汽油机油复合添加剂

【中文名称】T 3060 汽油机油复合剂

【产品性能】石油化工科学研究院研制的 API SJ 级汽油机油复合添加剂。在 APIⅠ、Ⅱ类混合基础油中，以 7.8%加剂量调制的黏度级别为 SAE 5W-30 的油品，通过了 MS 程序ⅡD、ⅢE、ⅤE 和 L-38 台架试验。

【质量标准】

项　目	质量指标	试验方法	项　目	质量指标	试验方法
运动黏度(100℃)/(mm²/s)	报告	GB/T 265	钙含量/%	≥1.6	SH/T 0228
闪点(开口)/℃	≥170	GB/T 3536	锌含量/%	≥0.9	SH/T 0226
密度(20℃)/(kg/m³)	900～1200	GB/T 13377	磷含量/%	≥1.3	ASTM D 4629

【包装储运】参见该公司 T 3059 汽油机油复合添加剂。

（六）雅富顿公司（Afton）

1. HiTEC 9458 汽油机油复合剂

【中文名称】HiTEC 9458 汽油机油复合剂

【产品性能】采用低硫、低磷、低硫酸盐灰分配方技术，符合 ACEA 2016 C5 和 API SN / SN+规范要求，通过了低速早燃测试验证，满足 MB 229.31(V 2019.1)标准。专为带有催化转化器系统的车型设计开发，适用于装配直喷涡轮增压发动机和带有后处理系统的车辆，包括装有汽油催化转化器或柴油颗粒捕及器的轻型车辆。

【质量标准】

项　目	实测值	试验方法	项　目	实测值	试验方法
相对密度(15℃)	0.952	ASTM D 4052	闪点(闭口)/℃	135	ASTM D 93
运动黏度(100℃)/(mm²/s)	140	ASTM D 445	碱值/(mgKOH/g)	65	ASTM D 2896

【主要用途】

性能要求	推荐加剂量/%
API SN/SN+, ACEA2016	12.4

【包装储运】200L 标准铁桶，产品净重 200kg/桶；或散装。推荐的储存及操作处置温度 40～45℃；最高储存温度 50℃；最高操作处置温度 70℃；储罐表面最高温度（搅拌状态）121℃；储罐表面最高温度（静止状态）80℃；最高调配温度 70℃。保质期：50℃下 3 个月，常温（10～40℃）下 36 个月。如需特别的安全、处置和安全毒理性数据，请参考现有的产品安全数据说明书（MSDS）。

2. HiTEC 9490 汽油机油复合剂

【中文名称】HiTEC 9490 汽油机油复合剂

【产品性能】用于满足 ACEA 2012 常规 SAPS 要求油品，可调和 SAE 5W-XX 级别油品。

【质量标准】

项　目	实测值	试验方法	项　目	实测值	试验方法
相对密度(15℃)	0.974	ASTM D 4052	闪点/℃	135	ASTM D 93
运动黏度(100℃)/(mm²/s)	166.9	ASTM D 445	碱值/(mgKOH/g)	81	ASTM D 2896

【主要用途】

性能要求	推荐加剂量/%
ACEA2012 A3/B4/A5/B5, API SN/CF API SL/CF	12.6

【包装储运】参见该公司 HiTEC 9458 汽油机油复合剂。

3. HiTEC 9890 汽油机油复合剂

【中文名称】HiTEC 9890 汽油机油复合剂

【产品性能】在高性能 HiTEC 11100 技术平台上发展而来，满足 ILSAC GF-5/API SN 行业标准要求。同等级黏度情况下，相较于 API SM、SL 以及更早等级的油品，能为车辆提供更好保护。本品含有降凝剂，调和油品时不需要额外加入降凝剂。

【质量标准】

项　　目	实测值	项　　目	实测值
相对密度(15℃)	0.973	钼含量/×10⁻⁶	465
运动黏度(100℃)/(mm²/s)	73	氮含量/%	0.99
闪点(闭口)/℃	135	磷含量/%	0.91
碱值/(mgKOH/g)	85	锌含量/%	1.00
硼含量/%	0.21	碱值/(mgKOH/g)	81
钙含量/%	2.24		

【主要用途】

性能级别	推荐加剂量/%	性能级别	推荐加剂量/%
API SN/ILSAC GF-5	8.5	API SM	7.9

【包装储运】参见该公司 HiTEC 9458 汽油机油复合剂。

4. HiTEC 11145 汽油机油复合剂

【中文名称】HiTEC 11145 汽油机油复合剂

【产品性能】用于涡轮增压汽油直喷（TGDI）发动机润滑需求，具有严格控制磨损和沉积物产生性能，可避免严重磨损带来的早燃现象，从而保护发动机。性能超过 ILSAC GF-5 规格的要求。

【质量标准】

项　　目	实测值	试验方法	项　　目	实测值	试验方法
相对密度(15.6℃)	0.973	ASTM D 4052	闪点/℃	135	ASTM D 93
运动黏度(100℃)/(mm²/s)	83	ASTM D 445	碱值/(mgKOH/g)	86	ASTM D 2896

【主要用途】

性能要求	推荐加剂量/%
API SN/ILSAC GF-5	8.5

【包装储运】参见该公司 HiTEC 9458 汽油机油复合剂。

5. HiTEC 11150 汽油机油复合剂

【中文名称】HiTEC 11150 汽油机油复合剂

【产品性能】针对 ILSAC GF-5 和 ACEA 行业标准要求研发的汽机油复合添加剂。旨在满足或超过 SAE 5W-30 配方中的 ACEA A5/B5 要求、SAE 5W-20 配方中的 ACEA A1/B1 要求以及 SAE 5W-50 的福特 Wss-M2C931-C 要求。所有这些等级均满足 API SN 行业要求，而 5W-30 满足了 GF-5 规格。本品包含降凝剂，因此不需要补充降凝剂即可满足这些等级的低温要求。

【质量标准】

项　　目	实测值	试验方法	项　　目	实测值	试验方法
相对密度(15.6℃)	0.967	ASTM D 4052	闪点/℃	135	ASTM D 93
运动黏度(100℃)/(mm²/s)	113	ASTM D 445	碱值/(mgKOH/g)	74	ASTM D 2896

【主要用途】

性能要求	推荐加剂量/%
API SN/ILSAC GF-5 ACEA2016	12.1

【包装储运】参见该公司 HiTEC 9458 汽油机油复合剂。

6. HiTEC 11180 汽油机油复合剂

【中文名称】HiTEC 11180 汽油机油复合剂

【产品性能】针对 TGDI 发动机和 GM Dexos1 Gen2 行业标准要求研发的汽机油复合添加剂。其性能超过了当前 ILSAC GF-5 规范的性能要求。

【质量标准】

项　　目	实测值	试验方法	项　　目	实测值	试验方法
相对密度(15.6℃)	0.967	ASTM D 4052	闪点/℃	135	ASTM D 93
运动黏度(100℃)/(mm²/s)	87	ASTM D 445			

【主要用途】

性能要求	推荐加剂量/%
API SN/ILSAC GF-5/ Dexos1 Gen2	10.1

【包装储运】参见该公司 HiTEC 9458 汽油机油复合剂。

（七）雪佛龙奥伦耐公司（ChevronOronite)

1. OLOA 55501 高性能汽油机油复合剂

【中文名称】OLOA 55501 高性能汽油机油复合剂

【化学成分】由清净剂、分散剂、抗磨剂、抗氧剂等多种单剂组成。

【产品性能】满足 SN/GF-5/CF 以及 Dexos1 Gen 1 等性能要求。

【质量标准】

项　　目	实测值	试验方法	项　　目	实测值	试验方法
运动黏度(100℃)/(mm²/s)	100	ASTM D 445	锌含量/%	0.99	ASTM D 4951
密度(15℃)/(kg/m³)	983.3	ASTM D 4052	磷含量/%	0.87	ASTM D 4951
碱值/(mgKOH/g)	96	ASTM D 2896	硫含量/%	2.14	ASTM D 4951
硫酸盐灰分含量/%	10.03	ASTM D 874	氮含量/%	1.1	ASTM D 5291
钙含量/%	2.52	ASTM D 4951			

【主要用途】采用Ⅱ类或Ⅲ类基础油，配以 PARATONE 黏度指数改进剂，可调制从 SAE 0W-16、0W-20 到 5W-30、5W-40、15W-50 等多种黏度级别的油品。加剂量 7.56%或 8.9%（质量分数）。

【包装储运】在装卸或使用本品时，请参照相应的安全技术说明书（MSDS），注意最高操作温度。

2. OLOA 55516 高性能汽油机油复合剂

【中文名称】OLOA 55516 高性能汽油机油复合剂

【化学成分】由清净剂、分散剂、抗磨剂、抗氧剂等多种单剂组成。

【产品性能】满足 SP/SN Plus/SN/GF-6A/GF-6B，以及 Dexos1 Gen 2 等性能要求。

【质量标准】

项　　目	实测值	试验方法	项　　目	实测值	试验方法
运动黏度(100℃)/(mm²/s)	99.5	ASTM D 445	镁含量/%	0.58	ASTM D 4951
密度(15℃)/(kg/m³)	993	ASTM D 4052	锌含量/%	1.0	ASTM D 4951
碱值/(mgKOH/g)	95	ASTM D 2896	磷含量/%	0.87	ASTM D 4951
硫酸盐灰分含量/%	9.55	ASTM D 874	硫含量/%	2.18	ASTM D 4951
钙含量/%	1.58	ASTM D 4951	氮含量/%	1.1	ASTM D 5291

【主要用途】采用Ⅱ类或Ⅲ类基础油，配以 PARATONE 黏度指数改进剂，可调制从 SAE 0W-16、0W-20 到 5W-30、0W-30、0W-40、5W-40 等多种黏度级别的油品。可提供 TGDI 保护、LSPI 保护、燃油经济性、混合动力发动机保护等方面的性能。加剂量 7.56%或 8.9%（质量分数）。

【包装储运】在装卸或使用本品时，请参照相应的安全技术说明书（MSDS），注意最高操作温度。

3. OLOA 55526 高性能汽油机油复合剂

【中文名称】OLOA 55526 高性能汽油机油复合剂

【化学成分】由清净剂、分散剂、抗磨剂、抗氧剂等多种单剂组成。

【产品性能】满足 SN Plus/SN/GF-5 等性能要求。

【质量标准】

项目	实测值	试验方法	项目	实测值	试验方法
运动黏度(100℃)/(mm²/s)	71	ASTM D 445	镁含量/%	0.51	ASTM D 4951
密度(15℃)/(kg/m³)	974.2	ASTM D 4052	锌含量/%	0.88	ASTM D 4951
碱值/(mgKOH/g)	84	ASTM D 2896	磷含量/%	0.77	ASTM D 4951
硫酸盐灰分含量/%	8.72	ASTM D 874	硫含量/%	2.02	ASTM D 4951
钙含量/%	1.47	ASTM D 4951	氮含量/%	0.97	ASTM D 5291

【主要用途】采用Ⅱ类或Ⅲ类基础油，配以 PARATONE 黏度指数改进剂，可调制从 SAE 0W-20 到 5W-30、0W-30、5W-40 等多种黏度级别的油品。加剂量 8.6%（质量分数）。

【包装储运】在装卸或使用本品时，请参照相应的安全技术说明书（MSDS），注意最高操作温度。

4. OLOA 55600 高性能汽油机油复合剂

【中文名称】OLOA 55600 高性能汽油机油复合剂

【化学成分】由清净剂、分散剂、抗磨剂、抗氧剂等多种单剂组成。

【产品性能】满足 SP/SN Plus/SN/GF-6A/GF-6B 以及 Dexos1 Gen 2 等性能要求。

【质量标准】

项　　目	实测值	试验方法	项　　目	实测值	试验方法
运动黏度(100℃)/(mm²/s)	97	ASTM D 445	镁含量/%	0.57	ASTM D 4951
密度(15℃)/(kg/m³)	975.8	ASTM D 4052	锌含量/%	0.96	ASTM D 4951
碱值/(mgKOH/g)	87.9	ASTM D 2896	磷含量/%	0.83	ASTM D 4951
硫酸盐灰分含量/%	9.49	ASTM D 874	硫含量/%	2.18	ASTM D 4951
钙含量/%	1.57	ASTM D 4951	氮含量/%	1.01	ASTM D 5291

【主要用途】采用Ⅱ类或Ⅲ类基础油，配以 PARATONE 黏度指数改进剂，可调制从 SAE 0W-16、0W-20 到 5W-30、0W-30、5W-40 等多种黏度级别的油品。可提供 TGDI 保护、LSPI 保护、燃油经济性、混合动力发动机保护等方面的性能。加剂量 7.9%或 9.3%（质量分数）。

【包装储运】在装卸或使用本品时，请参照相应的安全技术说明书（MSDS），注意最高操作温度。

5. OLOA 58666 汽油机油复合剂

【中文名称】OLOA 58666 汽油机油复合剂

【化学成分】由清净剂、分散剂、抗磨剂、抗氧剂等多种单剂组成。

【产品性能】满足 API SL/SJ/SG/CF-4/CF 以及 JASO MA2 (2016) 等性能要求。

【质量标准】

项　　目	实测值	试验方法	项　　目	实测值	试验方法
运动黏度(100℃)/(mm²/s)	115	ASTM D 445	锌含量/%	1.83	ASTM D 4951
密度(15℃)/(kg/m³)	1006.8	ASTM D 4052	磷含量/%	1.61	ASTM D 4951
碱值/(mgKOH/g)	100	ASTM D 2896	硫含量/%	3.9	ASTM D 4951
硫酸盐灰分含量/%	14.1	ASTM D 874	氮含量/%	0.58	ASTM D 5291
钙含量/%	3.43	ASTM D 4951			

【主要用途】采用Ⅱ类基础油，配以 PARATONE 黏度指数改进剂，可调制 SAE 10W-XX、15W-XX、20W-XX 等黏度级别的油品。加剂量 5.53%、5.03%（质量分数）不等。

【包装储运】在装卸或使用本品时，请参照相应的安全技术说明书（MSDS），请注意最高操作温度。

（八）润英联公司（Infineum）

1. Infineum P6000 发动机油复合剂

【中文名称】Infineum P6000 发动机油复合剂

【产品性能】是性能优异的发动机油功能复合剂，可用于轿车汽油发动机和柴油发动机。用本品调制的发动机油可满足 API SN 和 ACEA A3/B3、A3/B4、A5/B5、C2、C3 规格以及众多 OEM 规格的要求；可满足带后处理装置欧Ⅳ排放发动机用油要求，具有独特的水杨酸盐清净剂技术。

【质量标准】

项　　目	实测值	试验方法	项　　目	实测值	试验方法
密度(15℃)/(kg/m³)	948	ASTM D 4052	钙含量/%	1.53	ASTM D 5185
运动黏度(100℃)/(mm²/s)	152	ASTM D 445	锌含量/%	0.73	ASTM D 5185
闪点(闭口)/℃	≥110	ASTM D 93	硼含量/%	0.058	ASTM D 5185
碱值/(mgKOH/g)	62	ASTM D 2896	氮含量/%	0.71	ASTM D 5291
硫酸盐灰分含量/%	6.6	ASTM D 874	磷含量/%	0.67	ASTM D 5185

【主要用途】

规格	SAE 黏度级别	推荐加剂量/%	规格	SAE 黏度级别	推荐加剂量/%
API SM/CF ACEA A3/B3-04 ACEA A3/B4-04 ACEA C3-10 MB p229.51/ p229.31 BMW Longlife-04 GM dexos 2™ VW 502.00 / 505.00	5W-30 和 5W-40	12.0	ACEA C2-10 Renault RN0700 PSA B712290	5W-30 (HTHS>2.9)	12.0
ACEA A1/B1-04 ACEA A5/B5-04	5W-30 (HTHS>2.9)	12.0	VW502.00/505.00/505.01 VW TL 52167 Ford WSS-M2C917A Renault RN0700/RN0710	5W-40	12.0

【包装储运】200L 标准铁桶，产品净重 200kg/桶；或散装。长期储存温度不得高于 55℃；卸货和调和时最高温度不得高于 65℃；推荐调和温度 55~65℃；当装卸、储存及调和时，必须使用橡胶手套和护目镜。

2. Infineum P6660 发动机油复合剂

【中文名称】Infineum P6660 发动机油复合剂

【产品性能】是高灰乘用车发动机油复合剂，可用于轿车汽油发动机和柴油发动机。用本品调制的发动机油可满足 API SL/SM/SN、API CF 和 ACEA A3/B4、A3/B3、A5/B5 规格以及众多 OEM 规格，具有独特的水杨酸盐清净剂技术。

【质量标准】

项　　目	实测值	试验方法	项　　目	实测值	试验方法
密度(15℃)/(kg/m³)	958	ASTM D 4052	钙含量/%	2.02	ASTM D 4927
运动黏度(100℃)/(mm²/s)	179	ASTM D 445	锌含量/%	0.79	ASTM D 4927
闪点(闭口)/℃	≥110	ASTM D 93	硼含量/%	0.05	ASTM D 4951
碱值/(mgKOH/g)	76	ASTM D 2896	氮含量/%	0.69	ASTM D 5291
硫酸盐灰分含量/%	8.19	ASTM D 874	磷含量/%	0.72	ASTM D 4927

【主要用途】

规格	SAE 黏度级别	推荐加剂量/%	规格	SAE 黏度级别	推荐加剂量/%
API SL/CF ACEA A3/B4-10/A3/B3-10 MB-Approval 229.3/229.5 BMW Longlife-01 VW 501 01/502 00/505 00 API SL/CF ACEA A5/B5-10/A1/B1-10 Renault RN0700	5W-30	13.3	API SN/SM/SL/CF ACEA A3/B4-10/A3/B3-10 MB-Approval 229.3/229.5 BMW Longlife-01 VW 501 01/502 00/505 00 Renault RN0700/RN0710 Porsche A40	5W-40	13.3

【包装储运】参见该公司 Infineum P6000 汽油机油复合剂。

第三节　柴油机油复合剂

美国石油协会（American Petroleum Institute，简称 API）根据发动机润滑油质量等级将柴油机油划分为不同的级别，该标准以字母"C"代表柴油发动机润滑油，然后对不同等级的机油按英文字母顺序分别排在字母"C"之后，如：API CC、CD、CF-4、CH-4、CI-4、CJ-4等。而在字母"C"之后的字母，按英文字母顺序越靠后表示机油级别越高，如：API CD 级好于 API CC 级，API CI-4 级好于 API CH-4 级。目前，API 推出柴油机油的最高质量等级为 API CK-4 FA-4。

柴油机油复合剂和汽油机油复合剂虽然都是用抗氧剂、分散剂、清净剂等几种主要添加剂调和在一起，组成复合剂，然后与基础油进行调和。但由于解决问题的侧重点不同，因此在复合剂中加入的比例也就有所差异，柴油机油要在高温清净、烟炱分散、抗氧化、抗腐蚀及抗磨损性能方面更加优异。

一、柴油机油复合剂

1. 作用原理

柴油机油复合剂由金属清净剂、无灰分散剂、抗氧剂、抗腐抗磨剂按特定比例复配而成,通过复配使其具有优良的高温清净性、烟炱分散性、抗氧抗腐性和抗磨损性。用不同复合剂调制的 API CD、CF-4、CH-4、CI-4/CI-4+和 CJ-4 柴油机油分别通过 API 全套发动机台架试验,其中,API CF-4 级柴油机油满足高速、重负荷、自然进气或配备涡轮增压器四冲程柴油机的用油要求;API CH-4 级柴油机油适用于高速四冲程柴油机,并符合美国 1998 年废气排放标准及使用含硫量低于 0.5%的燃油;API CI-4 级柴油机油适用于高速四冲程柴油机;API CI-4+级柴油机油适用于带 EGR 的高速四冲程柴油机;API CJ-4 级柴油机油相对其他柴油机油、硫、磷和硫酸盐灰分含量有所限制,能满足带 DPF 发动机的使用要求。

2. 技术进展

随着排放法规的不断严格,发动机制造商不断采用各种新技术以使其发动机满足越来越严格的排放法规,例如 DOC(氧化催化系统)、DPF(颗粒物过滤器或捕集器)、SCR(选择性还原催化系统)、LNT(氮氧化合物捕集器)、EGR(尾气再循环系统)等技术。然而这些技术的采用,对柴油机油品质提出了严峻的考验:EGR 技术的采用,虽然可以降低 NO_x 的排放,但使油品中的烟炱含量和酸性物质增加,要求油品有良好的烟炱分散性能、抗磨损性能和酸中和能力,以避免由于烟炱引起的油品黏度增长和烟炱聚集而造成的磨损以及酸性物质造成的腐蚀磨损;DPF、LNT、DOC 等后处理技术的采用,虽然可以降低 NO_x 和颗粒物的排放,但为了防止后处理器堵塞或催化剂中毒,要求对润滑油的硫、磷、灰分等化学成分的含量进行限制。因此,柴油机油不断升级换代以满足新型发动机技术和排放法规的要求。

3. 发展趋势

我国柴油机油规格沿用美国 API 规格,逐步推出了 API CD、CF-4、CH-4、CI-4/CI-4+和 CJ-4 级别的柴油机油。目前国内柴油机油市场中 API CD、CF-4 柴油机油的使用量逐渐减少,主流产品正慢慢向 API CH-4 柴油机油转变,当然随着国民经济的快速发展和排放法规日益苛刻,用户延长换油期的需要日益加剧,API CI-4 和更高级别的油品将成为未来国内市场的主要产品。

二、产品牌号

(一)兰州/太仓中石油润滑油添加剂有限公司

1. RHY 3121 柴油机油复合剂

【中文名称】RHY 3121 柴油机油复合剂

【产品性能】本品是一种高性价比的柴油机油复合剂,由高性能清净剂、分散剂、抗氧剂等添加剂组成,经过科学复配和严格的检测、评价,满足 API CD 规格要求,更适合中国的车辆、车况、道路、燃油和排放要求。质量满足 GB 11122—2006 标准要求,所调制的产品具备良好的清净分散性能,减少活塞沉积物的生成;具有良好的抗氧化、抗磨损、抗腐蚀性能,减缓油品衰变,保护发动机部件;碱值高,性能余量大,延长换油周期。

【质量标准】

项　目	实测值	试验方法	项　目	实测值	试验方法
密度(20℃)/(kg/m³)	1015.4	GB/T 1884	机械杂质含量/%	0.18	GB/T 511
黏度(100℃)/(mm²/s)	103.4	GB/T 265	碱值/(mgKOH/g)	150	SH/T 0251
闪点(开口)/℃	180	GB/T 3536	钙含量/%	5.10	SH/T 0270
水分含量/%	0.06	GB/T 260	锌含量/%	0.92	SH/T 0226

【生产方法】依次加入无灰分散剂、抗氧剂、抗腐抗磨剂、金属清净剂，在(60±5)℃下搅拌 4h 以上至均匀，即可得到复合剂产品。

【主要用途】采用Ⅰ类、Ⅱ类、Ⅲ类、Ⅳ类基础油，配以 OCP 型黏度指数改进剂、降凝剂和抗泡剂，可调制 SAE 5W-40、10W-40、15W-40、20W-50 和 40、50 高碱值 CD 柴油机油。加剂量 7.2%（质量分数）。

【包装储运】包装、标志、运输、储存、交货验收按 SH 0164 标准执行。本品使用 200L 大桶包装，净重(170±2)kg（可按用户需求包装及发运）。

【注意事项】本品不易燃、不易爆、不腐蚀、应避光防潮，防止与人体直接接触；防止异物污染；防止与其他公司的复合剂混用。

2. RHY 3150 柴油机油复合剂

【中文名称】RHY 3150 柴油机油复合剂

【产品性能】以水杨酸盐为主要金属清净剂，具有优良的氧化安定性、抗磨抗腐性及清净分散性。是一种性能优异的柴油机油复合剂，所调制的 API CH-4 SAE 15W-40 柴油机油通过了 Caterpillar 1K、Caterpillar 1P、MACK T-8E、MACK T-12、Cummins ISM、RFWT、EOAT、BRT 球锈蚀、MS 程序ⅢE、MS 程序ⅤE、CRC L-38 等发动机台架试验，产品质量满足 API 及 GB 11122—2006 中 API CH-4 柴油机油规格要求。

【质量标准】Q/SY RH 3047—2009

项　目	质量指标	实测值	试验方法
密度(20℃)/(kg/m³)	报告	987.6	GB/T 1884
运动黏度(100℃)/(mm²/s)	报告	135.8	GB/T 265
闪点(开口)/℃	≥170	208	GB/T 3536
水分含量/%	≤0.15	0.03	GB/T 260
机械杂质含量/%	≤0.08	0.015	GB/T 511
碱值/(mgKOH/g)	≥72	81.5	SH/T 0251
磷含量/%	0.60～0.75	0.62	SH/T 0296
钙含量/%	≥2.60	2.83	SH/T 0270
锌含量/%	0.71～0.95	0.76	SH/T 0226

【生产方法】依次加入无灰分散剂、抗氧剂、抗腐抗磨剂、金属清净剂，在(60±5)℃下搅拌 4h 以上至均匀，即可得到复合剂产品。

【主要用途】以 14%的添加量应用于 APIⅡ、Ⅲ类基础油中，用于调制 SAE 5W-40、10W-40、15W-40、20W-50 等黏度级别的 API CH-4 柴油机油。

【包装储运】和【注意事项】参见该公司 RHY 3121 柴油机油复合剂。

3. RHY 3151B 柴油机油复合剂

【中文名称】RHY 3151B 柴油机油复合剂

【产品性能】以水杨酸盐为主要金属清净剂，具有优良的氧化安定性、抗磨抗腐性及清净分散性。是一种性能优异的柴油机油复合剂,所调制的 API CF-4 柴油机油通过了 CRC L-38、Caterpillar 1K、MACK T-8A 和 MACK T-9 发动机台架试验,产品质量满足 API 及 GB 11122—2006 中 CF-4 柴油机油规格要求。

【质量标准】Q/SY RH 3105—2015

项　目	质量指标	实测值	试验方法
密度(20℃)/(kg/m³)	报告	1002.0	GB/T 1884
黏度(100℃)/(mm²/s)	报告	135.5	GB/T 265
闪点(开口)/℃	≥180	218	GB/T 3536
水分含量/%	≤0.10	0.03	GB/T 260
机械杂质含量/%	≤0.05	0.006	GB/T 511
碱值/(mgKOH/g)	≥115	128	SH/T 0251
硫酸盐灰分含量/%	报告	15.86	GB/T 2433
磷含量/%	1.0～1.2	1.05	SH/T 0296
硫含量/%	2.4～3.1	2.45	SH/T 0303
氮含量/%	≥0.46	0.55	SH/T 0224

【生产方法】依次加入无灰分散剂、抗氧剂、抗腐抗磨剂、金属清净剂,在(60±5)℃下搅拌 4h 以上至均匀,即可得到复合剂产品。

【主要用途】以 7.6%的添加量应用于 API Ⅱ、Ⅲ 类基础油中,用于调制 SAE 5W-40、10W-40、15W-40、20W-50 等黏度级别的 API CF-4 柴油机油。

【包装储运】和【注意事项】参见该公司 RHY 3121 柴油机油复合剂。

4. RHY 3151C 柴油机油复合剂

【中文名称】RHY 3151C 柴油机油复合剂

【产品性能】采用独特的清净剂技术,具有优异的高温清净性;优良的烟炱分散性能;比 CD 级油复合剂有更好的抗氧化安定性和热稳定性;比 CD 级油复合剂有更好的抗磨损性能。所调制的 API CF-4 柴油机油通过了 CRC L-38、Caterpillar 1K、MACK T-8A 和 MACK T-9 发动机台架试验,产品质量满足 GB 11122—2006 中 CF-4 柴油机油规格要求。复合剂原材料易得,具有优异的性价比,调制的长寿命柴油机油,可满足国Ⅲ及以下排放标准的高速重载柴油发动机的用油要求,换油里程可达 10000～150000km。

【质量标准】Q/SY RH3138—2019

项　目	质量指标	实测值	试验方法
密度(20℃)/(kg/m³)	900～1100	1004.8	GB/T 1884
黏度(100℃)/(mm²/s)	80.0～280.0	226.6	GB/T 265
闪点(开口)/℃	≥180	206	GB/T 3536
水分含量/%	≤0.15	0.09	GB/T 260
机械杂质含量/%	≤0.05	0.009	GB/T 511
碱值/(mgKOH/g)	≥98	111	SH/T 0251
硫酸盐灰分含量/%	报告	15.68	GB/T 2433
磷含量/%	1.60～1.86	1.64	SH/T 0296
氮含量/%	≥0.41	0.48	SH/T 0224

【生产方法】依次加入无灰分散剂、抗氧抗腐剂、金属清净剂,在(60±5)℃下搅拌 4h 以上至均匀,即可得到复合剂产品。

【主要用途】以 5.85%（质量分数）的添加量应用于 API Ⅰ、Ⅱ、Ⅲ 类基础油中，用于调制 SAE 10W-30、15W-40 和 20W-50 黏度级别的 CF-4 柴油机油。

【包装储运】和【注意事项】参见该公司 RHY 3121 柴油机油复合剂。

5. RHY 3152 柴油机油复合剂

【中文名称】RHY 3152 柴油机油复合剂

【产品性能】以水杨酸盐为主要金属清净剂，具有优良的氧化安定性、抗磨抗腐性及清净分散性。是一种性能优异的柴油机油复合剂，所调制的 API CD SAE 15W-40 柴油机油通过了 Caterpillar 1G$_2$ 和 CRC L-38 发动机台架试验，产品质量满足 API 及 GB 11122—2006 中 CD 柴油机油规格要求。

【质量标准】Q/SY RH 3048—2009

项目	质量指标	实测值	试验方法
密度(20℃)/(kg/m³)	实测	1007.9	GB/T 1884
运动黏度(100℃)/(mm²/s)	实测	376.3	GB/T 265
闪点(开口)/℃	≥170	214	GB/T 3536
水分含量/%	≤0.15	0.10	GB/T 260
机械杂质含量/%	≤0.08	0.008	GB/T 511
碱值/(mgKOH/g)	≥115	126	SH/T 0251
磷含量/%	0.98～1.31	1.15	SH/T 0296
钙含量/%	≥3.96	4.14	SH/T 0270
锌含量/%	1.02～1.56	1.28	SH/T 0226

【生产方法】依次加入无灰分散剂、抗氧剂、抗腐抗磨剂、金属清净剂，在(60±5)℃下搅拌 4h 以上至均匀，即可得到复合剂产品。

【主要用途】以 4.7%的添加量应用于 API Ⅱ、Ⅲ 类基础油中，用于调制 SAE 5W-40、10W-40、15W-40、20W-50 等黏度级别的 API CD 柴油机油。

【包装储运】和【注意事项】参见该公司 RHY 3121 柴油机复合剂。

6. RHY 3153 柴油机油复合剂

【中文名称】RHY 3153 柴油机油复合剂

【产品性能】具有优良的高温清净性、分散性和抗氧抗腐性，是一种性能全面的柴油机油复合剂。其烟炱包容能力强，可有效避免由烟炱引起的磨损、机油稠化、供油困难等问题；清洁分散性能出众，可减少沉积物形成，保持机油滤网清洁；优秀的抗磨性能，可减少发动机缸套、轴瓦部位磨损。产品调制的 API CI-4、CI-4+柴油机油可满足 EGR、SCR、DOC、DPF 等技术的使用要求和欧Ⅳ排放标准。API CI-4 产品性能满足 API 及 GB 11122—2006 CI-4 柴油机油规格要求，API CI-4+产品性能满足 API 及 Q/SY RH 2110—2005 CI-4+柴油机油规格要求。

【质量标准】Q/SY RH 3093—2014

项目	质量指标	实测值	试验方法
密度(20℃)/(kg/m³)	报告	951.6	GB/T 1884
黏度(100℃)/(mm²/s)	报告	181	GB/T 265
闪点(开口)/℃	≥180	220	GB/T 3536
水分含量/%	≤0.10	痕迹	GB/T 260

续表

项 目	质量指标	实测值	试验方法
机械杂质含量/%	≤0.1	0.014	GB/T 511
碱值/(mgKOH/g)	≥63.0	71.8	SH/T 0251
磷含量/%	0.61~0.74	0.66	SH/T 0296
钙含量/%	1.95~2.40	2.29	SH/T 0270

【生产方法】依次加入无灰分散剂、抗氧剂、抗腐抗磨剂、金属清净剂，在(60±5)℃下搅拌 4h 以上至均匀，即可得到复合剂产品。

【主要用途】以 17.0%加剂量应用于 API Ⅱ、Ⅲ 类基础油中，可以调制 SAE 5W-40、10W-40、15W-40、20W-50 等黏度级别的 API CI-4、CI-4+柴油机油。适用于要求使用 API CI-4、CH-4、CF-4、CF、CD 等质量级别柴油机油的发动机。

【包装储运】和【注意事项】参见该公司 RHY 3121 柴油机油复合剂。

7. RHY 3153E 柴油机油复合剂

【中文名称】RHY 3153E 柴油机油复合剂

【产品性能】复合剂原材料易得，具有良好的性价比，调制的 CI-4/CH-4 柴油机油，可以满足国Ⅳ、国Ⅴ排放标准的电控、燃油喷射、增压中冷的高功率柴油发动机的用油要求，其采用独特的清净剂技术，具有很好的高温清净性，优异的烟炱分散性能，更好的氧化安定性和热稳定性、抗磨损性。

【质量标准】Q/SY RH 01 ZB3228—2019

项 目	质量指标	实测值	试验方法
密度(20℃)/(kg/m³)	900~1100	994.1	GB/T 1884
运动黏度(100℃)/(mm²/s)	报告	375.8	GB/T 265
闪点(开口)/℃	≥180	205	GB/T 3536
水分含量/%	≤0.15	痕迹	GB/T 260
机械杂质含量/%	≤0.10	0.005	GB/T 511
碱值/(mgKOH/g)	≥102	116	SH/T 0251
磷含量/%	1.0~1.2	1.06	SH/T 0296
钙含量/%	3.0~3.5	3.25	SH/T 0270

【生产方法】依次加入无灰分散剂、抗氧剂、抗腐抗磨剂、金属清净剂，在(60±5)℃下搅拌 4h 以上至均匀，即可得到复合剂产品。

【主要用途】RHY 3153E 复合剂以 10.6%剂量应用于 API Ⅰ、Ⅱ、Ⅲ 类基础油中，可以调制 SAE 10W-40、15W-40、20W-50 等黏度级别的 API CI-4、CH-4 柴油机油。适用于要求使用 API CI-4、CH-4、CF-4、CF、CD 等质量级别柴油机油的发动机。

【包装储运】和【注意事项】参见该公司 RHY 3121 柴油机油复合剂。

（二）锦州康泰润滑油添加剂股份有限公司

1. KT 31140 重负荷 CF-4 柴油发动机油复合添加剂

【中文名称】KT 31140 重负荷 CF-4 柴油发动机油复合添加剂

【产品性能】由合成磺酸盐、无灰分散剂、高温清净剂、抗氧抗腐剂和高温辅助抗氧剂等复配而成，具有良好的清净性、分散性、抗氧性和优良的抗磨性能，加剂量适中，是针对深度加氢油市场而研制的一款经济型的发动机油复合添加剂。

【质量标准】

项　　目	质量指标	测试方法	项　　目	质量指标	测试方法
密度(20℃)/(kg/m³)	980~1060	GB/T 1884	钙含量/%	≥5.0	SH/T 0270
闪点(开口)/℃	≥180	GB/T 3536	锌含量/%	≥1.6	SH/T 0226
运动黏度(100℃)/(mm²/s)	90~130	GB/T 265	氮含量/%	≥0.5	SH/T 0224
磷含量/%	≥1.4	SH/T 0296	总碱值/(mgKOH/g)	≥140	SH/T 0251

【主要用途】

API 质量等级	加剂量(质量分数)/%	API 质量等级	加剂量(质量分数)/%
CF-4/SG	5.8	CC/SE	2.8
CD/SF	4.0		

【包装储运】本品在储存、装卸及调油时，参照 SH 0164 进行。最高温度不应超过 75℃；若长期储存，最高温度不应超过 45℃。产品净重：190kg/桶，200L 标准铁桶。

【注意事项】本品不易燃、不易爆、无腐蚀性，在安全、环保、使用等方面同一般石油产品，不用进行特殊防护。

2. KT 31108 重负荷 CI-4 柴油发动机油复合添加剂

【中文名称】KT 31108 重负荷 CI-4 柴油发动机油复合添加剂

【产品性能】由优质清净剂、无灰分散剂、减摩剂和复合抗氧剂等复配而成。具有优良的高温清净性、低温分散性、抗氧抗腐性和抗磨性能，并且具有碱值高、灰分低、橡胶密封耐久性好的特点。与Ⅱ、Ⅲ类油及合成油均有良好的配伍性，是一款经济型多功能发动机油复合剂。

【质量标准】

项　　目	质量指标	测试方法	项　　目	质量指标	测试方法
密度(20℃)/(kg/m³)	950~1050	GB/T 1884	锌含量/%	1.2~1.4	SH/T 0226
闪点(开口)/℃	≥180	GB/T 3536	氮含量/%	0.6~0.75	SH/T 0224
运动黏度(100℃)/(mm²/s)	100~125	GB/T 265	钼含量/%	0.016~0.025	NB/SH/T 0824
磷含量/%	1.1~1.25	SH/T 0296	硼含量/%	0.18~0.22	NB/SH/T 0824
钙含量/%	3.2~3.6	SH/T 0270	总碱值/(mgKOH/g)	105~115	SH/T 0251

【主要用途】

API 质量等级	加剂量(质量分数)/%		API 质量等级	加剂量(质量分数)/%	
	15W-40	10W-30		15W-40	10W-30
CI-4	8.8	9.6	CF-4/SL	5.8	6.2
CH-4	8.0	8.6			

【包装储运】和【注意事项】参见该公司 KT 31140 重负荷 CF-4 柴油发动机油复合添加剂。

3. KT 31160 重负荷 CI-4 柴油发动机油复合添加剂

【中文名称】KT 31160 重负荷 CI-4 柴油发动机油复合添加剂

【产品性能】由优质清净剂、高分子无灰分散剂、减摩剂和复合抗氧剂等复配而成。具有良好的高温清净性、低温分散性、抗氧抗腐性和抗磨性能。按推荐加剂量调制的发动机油，可以满足 API CI-4/SL、CH-4/SL 级别的性能要求，与Ⅱ类、Ⅲ类油及合成油均有良好的配伍性。

【质量标准】

项　　目	质量指标	测试方法	项　　目	质量指标	测试方法
密度(20℃)/(kg/m³)	950～1050	GB/T 1884	钙含量/%	≥2.1	SH/T 0270
闪点(开口)/℃	≥180	GB/T 3536	锌含量/%	≥0.9	SH/T 0226
运动黏度(100℃)/(mm²/s)	≤150	GB/T 265	氮含量/%	≥0.65	SH/T 0224
磷含量/%	≥0.8	SH/T 0296	总碱值/(mgKOH/g)	≥68	SH/T 0251

【主要用途】

API 质量等级	基础油类别	黏度等级	加剂量(质量分数)/%
CI-4/SL	API Ⅱ/Ⅲ	15W-40/10W-30	13.0
CH-4/SL	API Ⅱ	15W-40/10W-30	11.5

【包装储运】和【注意事项】参见该公司 KT 31140 重负荷 CF-4 柴油发动机油复合添加剂。

4. KT 31161 重负荷 CI-4 柴油发动机油复合添加剂

【中文名称】KT 31161 重负荷 CI-4 柴油发动机油复合添加剂

【产品性能】由优质清净剂、无灰分散剂、减摩剂和复合抗氧剂等复配而成，具有优良的高温清净性、低温分散性、抗氧抗腐性和抗磨性能。本品特殊选用了镁盐、钼盐和高分子硼化无灰组分，在机件表面形成耐高温、耐高压润滑保护层，在高温、高速、重负荷运行状态下为发动机提供保护，与Ⅱ类、Ⅲ类油及合成油均有良好的配伍性。

【质量标准】

项　　目	质量指标	测试方法	项　　目	质量指标	测试方法
密度(20℃)/(kg/m³)	950～1050	GB/T 1884	氮含量/%	≥0.6	SH/T 0224
闪点(开口)/℃	≥180	GB/T 3536	钼含量/%	≥0.025	NB/SH/T 0824
运动黏度(100℃)/(mm²/s)	105～150	GB/T 265	硼含量/%	≥0.14	NB/SH/T 0824
磷含量/%	≥0.95	SH/T 0296	镁含量/%	≥0.2	NB/SH/T 0824
钙含量/%	≥3.0	SH/T 0270	总碱值/(mgKOH/g)	≥110	SH/T 0251
锌含量/%	≥1.1	SH/T 0226			

【主要用途】

API 质量等级	加剂量(质量分数)/%		API 质量等级	加剂量(质量分数)/%	
	单级	多级		单级	多级
CI-4、CH-4/SL	—	12.0	CF-4/SJ	6	6.2
CF-4/SL	—	7.5	CD/SF	4.6	4.8

【包装储运】和【注意事项】参见该公司 KT 31140 重负荷 CF-4 柴油发动机油复合添加剂。

5. KT 31055 重负荷 CK-4 柴油发动机油复合添加剂

【中文名称】KT 31055 重负荷 CK-4 柴油发动机油复合添加剂

【产品性能】由低碱值磺酸盐清净剂、硼化高分子无灰分散剂、高温清净剂、抗氧抗腐剂和高温辅助抗氧剂等复配而成。可满足 15W-40 和 10W-30 黏度等级 CK-4/CI-4+/SM 的要求，与Ⅱ、Ⅲ类油及合成油均有良好的配伍性。

【质量标准】

项　　目	质量指标	测试方法	项　　目	质量指标	测试方法
密度(20℃)/(kg/m³)	950～1050	GB/T 1884	氮含量/%	≥0.9	SH/T 0224
闪点(开口)/℃	≥180	GB/T 3536	硫含量/%	≥2.1	SH/T 0303
运动黏度(100℃)/(mm²/s)	≥100	GB/T 265	硼含量/%	≥0.055	NB/SH/T 0824
磷含量/%	≥0.65	SH/T 0296	钼含量/%	≥0.07	NB/SH/T 0824
钙含量/%	≥1.6	SH/T 0270	总碱值/(mgKOH/g)	≥66	SH/T 0251
锌含量/%	≥0.75	SH/T 0226			

【主要用途】

API 质量等级	加剂量(质量分数)/%	API 质量等级	加剂量(质量分数)/%
CK-4/SM	13.6	CH-4/SM	12.5
CJ-4/SM	13.2	CF-4/SL	5.0（1.5% BD C300+0.5% KT 2048）
CI-4/SM	13.0		

【包装储运】和【注意事项】参见该公司 KT 31140 重负荷 CF-4 柴油发动机油复合添加剂。

（三）新乡市瑞丰新材料股份有限公司

1. RF6042 CF-4 级柴油机油复合剂

【中文名称】RF6042 CF-4 级柴油机油复合剂

【化学成分】由清净剂、分散剂、抗氧剂等复合调制而成。

【产品性能】具有良好的分散性、高温清净性和抗氧抗磨抗腐蚀性。

【质量标准】

项　目	质量指标	试验方法
外观	棕色黏稠液体	目测
密度(20℃)/(kg/m³)	报告	GB/T 13377，ASTM D 4052
运动黏度(100℃)/(mm²/s)	报告	GB/T 265，ASTM D 445
闪点(开口)/℃	≥170	GB/T 3536，ASTM D 92
总碱值(以 KOH 计)/(mg/g)	≥105	SH/T 0251，ASTM D 2896
锌含量/%	≥1.4	GB/T 17476，ASTM D 4951
钙含量/%	≥3.8	GB/T 17476，ASTM D 4951
磷含量/%	≥1.3	GB/T 17476，ASTM D 4951

【主要用途】本品在加剂量为 7.2%时，采用合适基础油调制成的柴油发动机润滑油，可满足 API CF-4 级性能要求。

API 性能等级	SAE 黏度级别	推荐加剂量(按内加法计算)/%
CF-4	15W-40，20W-50	7.2

【包装储运】采用净重 200L 金属桶或按用户要求包装。本品在储存、装卸及调油时，参照 SH/T 0164 进行。本品储存温度不应超过 50℃，装卸、调和时最高温度不超过 60℃。

【注意事项】本品不易燃、不易爆、无腐蚀性，在安全、环保、使用等方面同一般石油产品，不用进行特殊防护。

2. RF6061 CH-4 级柴油机油复合剂

【中文名称】RF6061 CH-4 级柴油机油复合剂

【化学成分】由清净剂、分散剂、抗氧抗腐剂等复合调制而成。

【产品性能】具有良好的烟炱分散性、清净性、氧化安定性，防止发动机磨损。

【质量标准】

项　目	质量指标	试验方法
外观	棕色黏稠液体	目测
密度(20℃)/(kg/m³)	报告	GB/T 13377，ASTM D 4052
运动黏度(100℃)/(mm²/s)	报告	GB/T 265，ASTM D 445
闪点(开口)/℃	≥170	GB/T 3536，ASTM D 92
总碱值(以 KOH 计)/(mg/g)	≥71	SH/T 0251，ASTM D 2896
锌含量/%	≥1.1	GB/T 17476，ASTM D 4951

项　目	质量指标	试验方法
钙含量/%	≥1.7	GB/T 17476，ASTM D 4951
磷含量/%	≥0.9	GB/T 17476，ASTM D 4951

【主要用途】在添加量为10.8%时，用本品调制的柴油发动机润滑油，满足 API CH-4 级性能要求。

API 性能等级	SAE 黏度级别	推荐加剂量(按内加法计算)/%
CH-4	15W-40，20W-50	10.8

【包装储运】和【注意事项】参见该公司 RF6042 CF-4 级柴油机油复合剂。

3. RF6066 CH-4/CI-4 级柴油机油复合剂

【中文名称】RF6066 CH-4/CI-4 级柴油机油复合剂

【化学成分】由清净剂、分散剂、抗氧剂等复合调制而成。

【产品性能】具有良好的烟炱分散性、清净性、抗氧抗磨性能，可有效保护发动机，防止发动机磨损。

【质量标准】

项　目	质量指标	试验方法
外观	棕色黏稠液体	目测
密度(20℃)/(kg/m³)	报告	GB/T 13377，ASTM D 4052
运动黏度(100℃)/(mm²/s)	报告	GB/T 265，ASTM D 445
闪点(开口)/℃	≥180	GB/T 3536，ASTM D 92
总碱值(以 KOH 计)/(mg/g)	≥100	SH/T 0251，ASTM D 2896
锌含量/%	≥1.17	GB/T 17476，ASTM D 4951
钙含量/%	≥2.83	GB/T 17476，ASTM D 4951
磷含量/%	≥0.98	GB/T 17476，ASTM D 4951

【主要用途】用本品可调制 CH-4、CI-4 等不同性能等级的柴油发动机润滑油。

API 性能等级	SAE 黏度级别	推荐加剂量(按内加法计算)/%
CH-4	15W-40，20W-50	8.5
CI-4	15W-40，20W-50	10.5

【包装储运】和【注意事项】参见该公司 RF6042 CF-4 级柴油机油复合剂。

4. RF6071 CI-4 级柴油机油复合剂

【中文名称】RF6071 CI-4 级柴油机油复合剂

【化学成分】由清净剂、分散剂、抗氧剂等复合调制而成。

【产品性能】具有优异的烟炱分散性、清净性、抗氧及抗磨性能，可有效缓解烟炱带来的黏度增长和磨损问题。

【质量标准】

项　目	质量指标	试验方法
外观	棕色黏稠液体	目测
密度(20℃)/(kg/m³)	报告	GB/T 13377，ASTM D 4052
运动黏度(100℃)/(mm²/s)	报告	GB/T 265，ASTM D 445
闪点(开口)/℃	≥180	GB/T 3536，ASTM D 92
总碱值(以 KOH 计)/(mg/g)	≥82	SH/T 0251，ASTM D 2896
锌含量/%	≥1.28	GB/T 17476，ASTM D 4951

续表

项　　目	质量指标	试验方法
钙含量/%	≥2.19	GB/T 17476，ASTM D 4951
磷含量/%	≥1.11	GB/T 17476，ASTM D 4951

【主要用途】在添加量为 11.95%时，用本品调制的柴油发动机润滑油，满足 API CI-4 级性能要求。

API 性能等级	SAE 黏度级别	推荐加剂量(按内加法计算)/%
CI-4	10W-40，15W-40，20W-50	11.95

【包装储运】和【注意事项】参见该公司 RF6042 CF-4 级柴油机油复合剂。

（四）雅富顿公司（Afton）

1. HiTEC 12200 柴油机油复合剂

【中文名称】HiTEC 12200 柴油机油复合剂

【产品性能】可以为发动机磨损提供较好的保护。具有较好的沉积物控制能力，可以保持动力，延长换油周期。在恶劣条件下，依然可以保有长换油期。

【质量标准】

项目	实测值	试验方法	项目	实测值	试验方法
相对密度(15℃)	0.989	ASTM D 4052	闭口闪点/℃	138	ASTM D 93
运动黏度(100℃)/(mm²/s)	190	ASTM D 445	碱值/(mgKOH/g)	103	ASTM D 2896

【主要用途】

性能级别	推荐加剂量/%
APICI-4+、APICI-4、APICH-4、APICG-4、APICF-4	不同加剂量可调制不同质量级别

【包装储运】200L 标准铁桶，产品净重 200kg/桶；或散装。推荐的储存及操作处置温度 40～45℃；最高储存温度 50℃；最高操作处置温度 70℃；储罐表面最高温度（搅拌状态）121℃；储罐表面最高温度（静止状态）80℃；最高调配温度 70℃。如需特别的安全，处置和安全毒理性数据，请参考现有的产品安全数据说明书（MSDS）。

2. HiTEC 12210 柴油机油复合剂

【中文名称】HiTEC 12210 柴油机油复合剂

【产品性能】符合 API 认证要求和主要 OEM 规格，包括卡特彼勒(Caterpillar)、康明斯(Cummins)、底特律柴油机(Detroit Diesel)、马克(Mack)、雷诺(Renault)、沃尔沃(Volvo)、梅赛德斯奔驰(Mercedes-Benz)、曼恩(MAN)和福特(Ford)等。同时还符合 ACEA E9 的自行认证要求。

【质量标准】

项　目	实测值	试验方法	项　目	实测值	试验方法
相对密度(15.6℃)	0.948	ASTM D 4052	闭口闪点/℃	142	ASTM D 93
运动黏度(100℃)/(mm²/s)	108	ASTM D 445	碱值/(mgKOH/g)	55	ASTM D 2896

【主要用途】

性能级别	推荐加剂量/%
API CK-4 FA-4	18

【包装储运】参见该公司 HiTEC 12200 柴油机油复合剂。

（五）雪佛龙奥伦耐公司（ChevronOronite)

1. OLOA 61530 高性能柴油机油复合剂

【中文名称】OLOA 61530 高性能柴油机油复合剂

【化学成分】由清净剂、分散剂、抗磨剂、抗氧剂等多种单剂组成。

【产品性能】满足多种行业和 OEM 规格，如 API CK-4/FA-4、ACEA E6-16/E7-16/E9-16、Cummins CES 20086、MB 228.51、Volvo VDS 4.5、MAN 3677/3477、Scania LA、DH-2 等。

【质量标准】

项　目	实测值	试验方法	项　目	实测值	试验方法
运动黏度(100℃)/(mm²/s)	82	ASTM D 445	钙含量/%	0.68	ASTM D 4951
密度(15℃)/(kg/m³)	931.6	ASTM D 4052	锌含量/%	0.396	ASTM D 4951
碱值/(mgKOH/g)	46	ASTM D 2896	磷含量/%	0.364	ASTM D 4951
硫酸盐灰分含量/%	4.55	ASTM D 874	氮含量/%	0.74	ASTM D 5291

【主要用途】采用 Ⅱ 类或Ⅲ类基础油，配以 Paratone 黏度指数改进剂，可调制 SAE 15W-40、10W-30、10W-40 等黏度级别的油品。推荐用于装备 EGR、DPF、SCR，满足最新欧Ⅵ排放或非道路Ⅳ阶段排放的车辆。加剂量 21.3%（质量分数）。

【包装储运】在装卸或使用本品时，请参照相应的安全技术说明书（MSDS），注意最高操作温度。

2. OLOA 59094 高性能柴油机油复合剂

【中文名称】OLOA 59094 高性能柴油机油复合剂

【化学成分】由清净剂、分散剂、抗磨剂、抗氧剂等多种单剂组成。

【产品性能】满足多种行业和 OEM 规格，如 API CK-4/CJ-4/CI-4+/CI-4/CF/SN、ACEA E9-16、Caterpillar ECF-3、Cummins CES 20081、Detroit Diesel 93K218、Mack EO-O Premium Plus、Daimler MB 228.31、Deutz DQC III-10 LA、MAN M3575、MTU Type 2.1、Renault RLD-3 和 Volvo VDS-4 等。

【质量标准】

项　目	实测值	试验方法	项　目	实测值	试验方法
运动黏度(100℃)/(mm²/s)	215	ASTM D 445	镁含量/%	0.27	ASTM D 4951
密度(15℃)/(kg/m³)	969.4	ASTM D 4052	锌含量/%	0.87	ASTM D 4951
碱值/(mgKOH/g)	52	ASTM D 2896	磷含量/%	0.8	ASTM D 4951
硫酸盐灰分含量/%	6.89	ASTM D 874	硫含量/%	2.14	ASTM D 4951
钙含量/%	0.95	ASTM D 4951	氮含量/%	0.92	ASTM D 5291

【主要用途】采用 API Ⅱ 类或Ⅲ类基础油，配以 Paratone 黏度指数改进剂，可调制 SAE 15W-40、10W-30、10W-40 等黏度级别的油品。推荐用于装备 EGR、DPF、SCR，满足最新的欧Ⅵ排放或非道路Ⅳ阶段排放的车辆。加剂量 14.69%（质量分数）。

【包装储运】在装卸或使用本品时，请参照相应的安全技术说明书（MSDS），注意最高操作温度。

3. OLOA 59211 柴油机油复合剂

【中文名称】OLOA 59211 柴油机油复合剂

【化学成分】由清净剂、分散剂、抗磨剂、抗氧剂等多种单剂组成。

【产品性能】满足 API CI-4/CH-4/SL/SJ、ACEA E7-16 及多种 OEM 规格。

【主要用途】采用 API Ⅱ 类或 Ⅰ 类基础油，配以 Paratone 黏度指数改进剂，可调制 SAE 15W-40、20W-50、10W-30 等黏度级别的油品。加剂量 9.96%或 11.95%（质量分数）。

【质量标准】

项 目	实测值	试验方法	项 目	实测值	试验方法
运动黏度(100℃)/(mm²/s)	165	ASTM D 445	锌含量/%	1.017	ASTM D 4951
密度(15℃)/(kg/m³)	990.2	ASTM D 4052	磷含量/%	0.933	ASTM D 4951
碱值/(mgKOH/g)	85	ASTM D 2896	硫含量/%	2.94	ASTM D 4951
硫酸盐灰分含量/%	11.91	ASTM D 874	氮含量/%	0.523	ASTM D 5291
钙含量/%	3.078	ASTM D 4951			

【包装储运】在装卸或使用本品时，请参照相应的安全技术说明书（MSDS），注意最高操作温度。

4. OLOA 59188 柴油机油复合剂

【中文名称】OLOA 59188 柴油机油复合剂

【化学成分】由清净剂、分散剂、抗磨剂、抗氧剂等多种单剂组成。

【产品性能】满足 API CF-4 性能等级。

【主要用途】采用 API Ⅱ 类或 Ⅰ 类基础油，配以 Paratone 黏度指数改进剂，可调制 SAE 15W-40、20W-50、10W-30 等黏度级别的油品。加剂量 5.95%（质量分数）。

【质量标准】

项 目	实测值	试验方法	项 目	实测值	试验方法
运动黏度(100℃)/(mm²/s)	169.6	ASTM D 445	磷含量/%	0.85	ASTM D 4951
密度(15℃)/(kg/m³)	998.3	ASTM D 4052	硫含量/%	2.93	ASTM D 4951
钙含量/%	3.65	ASTM D 4951	氮含量/%	0.48	ASTM D 5291
锌含量/%	0.92	ASTM D 4951			

【包装储运】在装卸或使用本品时，请参照相应的安全技术说明书（MSDS），注意最高操作温度。

5. OLOA 59158 柴油机油复合剂

【中文名称】OLOA 59158 柴油机油复合剂

【化学成分】由清净剂、分散剂、抗磨剂、抗氧剂等单剂组成。

【产品性能】满足 API CD 性能等级。

【主要用途】采用 API Ⅱ 类或 Ⅰ 类基础油，配以 Paratone 黏度指数改进剂，可调制 SAE 15W-40、20W-50、10W-30 等黏度级别的油品。推荐用于内河小型船舶用发动机油。加剂量 2.9%（质量分数）。

【质量标准】

项 目	实测值	试验方法	项 目	实测值	试验方法
运动黏度(100℃)/(mm²/s)	174	ASTM D 445	锌含量/%	0.73	ASTM D 4951
密度(15℃)/(kg/m³)	1037.5	ASTM D 4052	磷含量/%	0.67	ASTM D 4951
碱值/(mgKOH/g)	178	ASTM D 2896	硫含量/%	3.68	ASTM D 4951
钙含量/%	6.43	ASTM D 4951	氮含量/%	0.18	ASTM D 5291

【包装储运】在装卸或使用本品时，请参照相应的安全技术说明书（MSDS），请注意最高操作温度。

第四节　通用汽车发动机油复合剂

汽油机和柴油机因为工作原理、使用燃料、工作温度、转速、负荷等多方面的不同，对润滑油的性能要求也不同，所以汽油机油和柴油机油的配方差异是比较大的。柴油机油除了需要具备汽油机油的清洗、润滑、冷却、防锈、减震等主要作用外，还需要有较高的碱度，用以中和柴油燃烧中产生的含硫酸性物质。汽油机油相对而言，性能更突出在优异的低温油泥分散性能上，这是因为汽油机大多行驶在城市路段，常处于停停开开的运行状态，更易形成低温油泥。因对机油的不同需求，汽油机和柴油机润滑油形成了各自的配方体系。虽然复合添加剂中都有清净剂、分散剂和抗氧抗腐剂等，但由于解决问题的侧重点不同，加入的比例就有差异。汽油机油低温油泥比较突出，故加入的分散剂比例比柴油机油大；而柴油机油的高温清净及抗氧问题突出，故其清净剂比例比汽油机油大，特别是负荷大的柴油机油复合添加剂配方中还要加一些硫化烷基酚盐来解决高温抗氧抗腐蚀问题。

为了简化内燃机油品种，便于管理和防止用错机油，对大型混合（汽、柴油发动机兼有）运输车队或作战部队，希望汽油机油和柴油机油通用。即一种车用内燃机油既可用于汽油机润滑，也可用于柴油机润滑。汽柴通用发动机油是兼顾了汽油机和柴油机对润滑油的性能要求而开发的通用型发动机油。汽柴通用发动机油复合剂的作用原理与汽油机油复合剂及柴油机油复合剂相同，都是通过各功能添加剂的协同作用，赋予润滑油特殊的性能要求。例如通过金属清净剂的胶溶、增溶和酸中和作用来抑制或减少沉积物的生成，防止发动机内形成烟炱、漆状物沉积，减少腐蚀磨损，从而控制活塞沉积物；通过抗氧抗腐剂和抗磨剂来控制磨损和含铜轴承的腐蚀，改善油品在高温、重负荷下的抗擦伤和抗磨损性能，延缓油品氧化，延长油品的使用期；通过分散剂的分散作用来防止生成低温油泥等，从而保证发动机得到良好的润滑。

一、API CD/SJ 汽车发动机油复合剂

1. 作用原理

API CD/SJ 汽车发动机油复合剂采用金属清净剂、无灰分散剂、抗氧抗腐剂、抗磨剂等调配而成。用该复合剂调制的油品具有优良的高温清净分散性能，能够有效降低柴油发动机高温下活塞沉积物的生成；具有优良的油泥分散性能，可有效控制汽油发动机开开停停行驶状态下低温油泥的生成；同时具有良好的抗氧抗腐抗磨性能，可有效降低磨损，延长换油周期；具有低磷含量特点，满足轿车发动机尾气催化转化器性能需求。用该复合剂调制的油品为通用发动机油产品，能够同时满足自然吸气的高负荷条件下运转的涡轮增压或增压柴油机及轿车发动机的用油要求。

2. 技术进展

由于国内发动机技术发展和润滑油市场的特殊性，API CD 级柴油机油由于成本相对较低，能够满足传统车用增压柴油发动机的性能要求，因此在今后一定时期内在柴油机油市场中仍然占据一定的市场份额。API SJ 汽油机油产品能够满足大部分国产和进口轿车发动机的

用油要求。API CD/SJ 通用内燃机油产品由于兼备 API CD 柴油机油和 API SJ 汽油机油的产品规格要求，对于部分同时拥有较多汽油车和柴油车辆的用户能够减少产品库存，简化油品管理，有一定的实用性。

3. 发展趋势

欧美等发达地区 API CD 级柴油机油规格和 API SJ 汽油机油规格已经废弃，但是国内该两类油品还具有一定的市场份额，特别是在柴油机油领域 API CD 级柴油已取代 API CC 级别的传统农用柴油机油，改善农用车辆和设备的润滑。技术方面这两类油品主要向降低加剂量的经济配方产品方向发展。

二、API CF-4/SG 汽车发动机油复合剂

1. 作用原理

API CF-4/SG 汽车发动机油复合剂采用金属清净剂、无灰分散剂、抗氧抗腐剂、抗磨剂等调配而成。用该复合剂调制的油品具有优良的高温清净分散性能，能够有效降低柴油发动机高温下活塞沉积物的生成，满足大马力直喷柴油发动机对润滑油高温清净性能的需求；具有优良的油泥分散性能，可有效控制汽油发动机开开停停行驶状态下低温油泥的生成；同时具有良好的抗氧抗腐抗磨性能，可有效降低磨损，延长换油周期。用该复合剂调制的油品为通用发动机油产品，能够同时满足大马力直喷柴油发动机及轿车发动机的用油要求。

2. 技术进展

目前 API CF-4 级柴油机油作为重负荷柴油发动机用油是国内柴油机油市场中较为主流的产品，API SG 汽油机油产品能够满足大部分国产和进口轿车发动机的用油要求。API CF-4/SG 通用内燃机油产品由于兼备 API CF-4 柴油机油和 API SG 汽油机油的产品规格要求，对于同时拥有较多汽油车和柴油车辆的用户能够减少产品库存，简化油品管理，有一定的实用性。

3. 发展趋势

欧美等发达地区 API CF-4 级柴油机油规格和 API SG 汽油机油规格已经废弃，国内该两类油品目前是主流的柴油机油和汽油机油产品。在柴油机油领域，API CF-4 级柴油机油在满足国Ⅲ和国Ⅳ排放标准柴油车上的应用受到技术限制；在汽油机油领域，API SG 级汽油机油由于磷含量、节能指标等技术限制在新一代环保节能轿车发动机上的应用受到限制，技术方面这两类油品主要向降低加剂量的经济配方产品方向发展。

三、API CI-4/SL 汽车发动机油复合剂

1. 作用原理

API CI-4/SL 汽车发动机油复合剂采用高性能的金属清净剂、无灰分散剂、抗氧抗腐剂、抗磨剂等调配而成。用该复合剂调制的油品具有优良的高温清净分散性能，能够有效降低柴油发动机高温下活塞沉积物的生成；具有优良的烟炱分散性能，可有效抑制低排放重负荷柴油发动机因高烟炱含量引起的油品黏度增长和发动机磨损；具有优良的油泥分散性能，可有效控制汽油发动机开开停停行驶状态下低温油泥的生成；具有优良的节能减摩性能，可改善发动机的燃油经济性，同时具有良好的抗氧抗腐抗磨性能，可有效降低磨损，延长换油周期；具有低磷含量特点，满足轿车发动机尾气催化转化器性能需求。用该复合剂调制的油品为通用发动机油产品，能够同时满足配备 EGR 系统的直喷柴油发动机及高级轿车发动机的用油

要求。

2. 技术进展

高端发动机油产品汽柴油通用化是国外主流产品普遍具有的技术发展现状，国内产品开发应当根据国内润滑油市场需求及添加剂和润滑油新技术新产品的发展现状，综合考虑这种通用化产品的实用性及技术上的可行性。

3. 发展趋势

目前国内 API CI-4 柴油机油和 API SL 汽油机油产品在技术方面处于产品使用性能研究和改善产品的经济性阶段。

四、API CJ-4/SM 汽车发动机油复合剂

1. 作用原理

API CJ-4/SM 汽车发动机油复合剂采用高性能的金属清净剂、无灰分散剂、抗氧抗腐剂、抗磨剂等调配而成。用该复合剂调制的油品具有优良的高温清净分散性能，能够有效降低柴油发动机高温下活塞沉积物的生成；具有优良的烟炱分散性能，可有效抑制低排放重负荷柴油发动机因高烟炱含量引起的油品黏度增长和发动机磨损；具有优良的油泥分散性能，可有效控制汽油发动机开开停停行驶状态下低温油泥的生成；具有优良的节能减摩性能，可改善发动机的燃油经济性；同时具有良好的抗氧抗腐抗磨性能，可有效降低磨损，延长换油周期；具有低磷含量特点，满足轿车发动机尾气催化转化器性能需求。用该复合剂调制的油品为通用发动机油产品，能够同时满足配备 DPF 系统的直喷柴油发动机及高级轿车发动机的用油要求。

2. 技术进展

高端发动机油产品汽柴油通用化是国外主流产品普遍具有的技术发展现状，国内产品开发应当根据国内润滑油市场需求及添加剂和润滑油新技术新产品的发展现状，综合来考虑这种通用化产品的实用性及技术上的可行性。

3. 发展趋势

目前国内 API CJ-4 柴油机油和 API SM 汽油机油产品在技术方面处于开发和完善自主配方阶段，产品的使用性能研究和改善产品的经济性能是下一步的发展目标。

五、API SJ/CF-4 及 API SL/CF 汽车发动机油复合剂

1. 作用原理

API SJ/CF-4 及 API SL/CF 汽车发动机油复合剂采用高性能金属清净剂、无灰分散剂、抗氧抗腐剂等调配而成，能够同时满足相应质量级别汽油机油及柴油机油润滑油的质量标准。用该复合剂调制的油品不仅具有优良的汽油发动机润滑油性能（如优良的油泥分散性能、优良的节能减摩性能、良好的抗氧抗腐抗磨性能），同时还具有优良的柴油发动机润滑油性能（如优良的高温清净分散性能、优良的烟炱分散性能等）。

2. 技术进展

通用发动机油复合剂的配方组成是紧随油品规格发展要求而不断改进的，从 API SJ/CF-4 发展到 API SL/CF，油品性能上加强了对高温沉积物、活塞裙部漆膜的控制及高温抗氧化变稠性能的提高，这些都体现在复合剂中清净剂、抗氧抗磨剂、分散剂的加强上。随着更高级别通用发动机油的需求，复合剂配方组成也随之调整变化，例如 API SM 质量级别油品对磷

含量的要求，促使复合剂中 ZDDP 加量降低，但为了满足更高的抗氧抗磨性能要求，配方中会引入不含磷的新型抗氧抗磨剂。此外未来也将根据不同客户的用油需求，在满足相应质量要求的前提下，赋予复合剂某个特殊性能的补强。

3. 发展趋势

多级通用内燃机油是目前车用内燃机油的一个主流，它品种简化，方便生产、储存、运输和使用，可带来明显的经济效益。因需要兼顾汽油机和柴油机的润滑需求，在油品配方中添加剂的加量增大，通用油的价格也就较同等级的汽油机油或柴油机油稍高，但对于既有汽油车又有柴油车的运输部门或混合车队来说，选用通用油可简化用油品种，方便用油管理。

六、产品牌号

（一）兰州润滑油研究开发中心

1. RHY 3216 CD/SJ 通用内燃机油复合剂

【中文名称】RHY 3216 通用内燃机油复合剂

【产品性能】以水杨酸盐为主要金属清净剂，具有优良的高温清净分散性、油泥分散性和抗氧抗腐抗磨性，是一种满足 API CD 柴油机油和 API SJ 汽油机油规格要求的通用内燃机油复合剂。本品以 7.5%剂量可以调制 SAE 30、40、50、5W-30、10W-30、5W-40、10W-40、15W-40、20W-50 等 API CD/SJ 通用内燃机油，产品性能分别满足 GB 11122—2006 中的 CD 柴油机油和 GB 11121—2006 中的 SJ 汽油机油质量要求。

【质量标准】RH 01 ZB 3138—2007

项　　　目	质量指标	实测值	试验方法
运动黏度(100℃)/(mm²/s)	报告	84.82	GB/T 265
密度(20℃)/(kg/m³)	报告	982	GB/T 1884
总碱值/(mgKOH/g)	≥138	144	SH/T 0251
硫酸盐灰分/%	报告	19.43	GB/T 2433
磷含量/%	≥0.70	0.8	SH/T 0296
钙含量/%	≥5.10	5.62	SH/T 0270
锌含量/%	≥0.87	0.890	SH/T 0226
水分含量(体积分数)/%	≤0.1	0.04	GB/T 260
机械杂质含量/%	≤0.1	0.025	GB/T 511
闪点(开口)/℃	≥170	194	GB/T 3536

【生产方法】依次加入无灰分散剂、抗氧剂、抗腐抗磨剂、金属清净剂，在(60±5)℃下搅拌 4h 以上至均匀，即可得到复合剂产品。

【主要用途】以 7.5%的添加量应用于 API Ⅱ 类或 Ⅲ 类基础油中，用于调制 SAE 30、40、50、5W-30、5W-40、10W-30、10W-40、15W-40、20W-50 等黏度级别的 API CD/SJ 通用内燃机油。

【包装储运】包装、标志、运输、储存、交货验收按 SH 0164 标准执行。本品使用 200L 大桶包装，净重(170±2)kg（可按用户需求包装及发运）。

【注意事项】该产品不易燃、不易爆、不腐蚀，应避光防潮，防止与人体直接接触；防止异物污染；防止与其他公司的复合剂混用。

（二）新乡市瑞丰新材料股份有限公司

1. RF 6400 通用型内燃机油复合剂

【中文名称】RF 6400 通用型内燃机油复合剂

【化学成分】由清净剂、分散剂、抗氧抗腐剂等复合调制而成。

【产品性能】具有良好的润滑性、清净分散性、抗氧化及抗磨性能。

【质量标准】

项　　目	质量指标	试验方法
外观	棕色黏稠液体	目测
密度(20℃)/(kg/m³)	报告	GB/T 13377，ASTM D 4052
运动黏度(100℃)/(mm²/s)	报告	GB/T 265，ASTM D 445
闪点(开口)/℃	≥180	GB/T 3536，ASTM D 92
总碱值(以 KOH 计)/(mg/g)	≥158	SH/T 0251，ASTM D 2896
锌含量/%	≥1.85	GB/T 17476，ASTM D 4951
钙含量/%	≥5.4	GB/T 17476，ASTM D 4951

【主要用途】以不同的加剂量调和在合适的 API Ⅰ、Ⅱ类基础油中，可满足多个等级油品的性能需求。

API 性能等级	推荐加剂量（按内加法计算）	API 性能等级	推荐加剂量（按内加法计算）
CF-4/SG	6%	CD/SD	2.8%
CF/SF	4.2%	SD/CC	2.7%
SF/CD	3.5%	SC/CC	2.5%
CD	2.6%（单级）	SB/CB	1.6%

【包装储运】采用净重 200L 金属桶或按用户要求包装。本品在储存、装卸及调油时，参照 SH/T 0164 进行。本品储存温度不应超过 50℃，装卸、调和时最高温度不超过 60℃。

【注意事项】本品不易燃、不易爆、无腐蚀性，在安全、环保、使用等方面同一般石油产品，不用进行特殊防护。

2. RF 6500 通用型汽油机油复合剂

【中文名称】RF 6500 通用型汽油机油复合剂

【化学成分】由清净剂、分散剂、抗氧抗腐剂等调制而成。

【产品性能】具有良好的润滑性、清净分散性、抗氧化及抗磨性能。

【质量标准】

项　　目	质量指标	试验方法
外观	棕色黏稠液体	目测
密度(20℃)/(kg/m³)	报告	GB/T 13377，ASTM D 4052
运动黏度(100℃)/(mm²/s)	报告	GB/T 265，ASTM D 445
闪点(开口)/℃	≥170	GB/T 3536，ASTM D 92
总碱值(以 KOH 计)/(mg/g)	≥100	SH/T 0251，ASTM D 2896
锌含量/%	≥1.73	GB/T 17476，ASTM D 4951
钙含量/%	≥3.30	GB/T 17476，ASTM D 4951
磷含量/%	1.66～1.72	GB/T 17476，ASTM D 4951

【主要用途】配合使用合适的基础油，可以调制 SL 及以下级别汽油机油以及四冲程摩托车油。

API 性能等级	推荐加剂量（按内加法计算）	API 性能等级	推荐加剂量（按内加法计算）
API SL/CF/JASO MA	5.8%	API SG/CD	4.2%
API SJ/CF/JASO MA	4.8%		

【包装储运】和【注意事项】参见该公司 RF 6400 通用型内燃机油复合剂。

（三）雅富顿公司（Afton）

1. HiTEC 1255 通用内燃机油复合剂

【中文名称】HiTEC 1255 通用内燃机油复合剂

【产品性能】调和的发动机油性能满足 API CJ-4 /SM 规格要求。

【产品标准】

项　　目	实测值	分析方法
钙含量/%	1.33	ASTM D 4951/D 4927
锌含量/%	0.69	ASTM D 4951
磷含量/%	0.62	ASTM D 4951
氮含量/%	1.05	ASTM D 5291
碱值/(mgKOH/g)	60	ASTM D 2896
密度(15.6℃)/(kg/cm^3)	966	ASTM D 4052
运动黏度(100℃)/(mm^2/s)	127	ASTM D 445

【主要用途】以 16.2%加剂量配合适当的基础油调和的 SAE 15W-40 油品达到 API CJ-4/SM 规格要求。

【包装储运】包装、标志、运输、储存、交货验收按 SH 0164 标准执行。200L 大桶包装，净重(170±2)kg（可按用户需求包装及发运）。

【注意事项】本品不易燃、不易爆、不腐蚀，应避光防潮，防止与人体直接接触；防止异物污染；防止与其他公司的复合剂混用。

2. HiTEC 9325G 通用内燃机油复合剂

【中文名称】HiTEC 9325G 通用内燃机油复合剂

【产品性能】用于调配乘用车发动机油、轻负荷柴机油及四冲程摩托车油的复合剂。在不需要其他补剂的情况下，可在最经济的加剂量下调制满足从 API SG/CD 到 API SL/CF 质量级别要求的油品。

【质量标准】

项　　目	实测值	试验方法
密度(15℃)/(kg/m^3)	998	ASTM D 4052
运动黏度(100℃)/(mm^2/s)	160	ASTM D 445
闪点(闭口)/℃	150	ASTM D 93
水分含量/%	0.35	ASTM D 95
碱值/(mgKOH/g)	112	ASTM D 2896
磷含量/%	1.47	LZA-AAE-3
钙含量/%	3.41	LZA-AAE-3
锌含量/%	1.62	LZA-AAE-3

【主要用途】以不同的加剂量调制的油品，可满足不同质量级别通用发动机油质量要求。

性能级别	推荐加剂量/%	性能级别	推荐加剂量/%
API SL/CF	6.8	API SG/CD	4.9
API SJ/CF	5.45		

【包装储运】最高调和温度不应超过 70℃。

3. HiTEC 9386X 通用内燃机油复合剂

【中文名称】HiTEC 9386X 通用内燃机油复合剂

【产品性能】是雅富顿一款主流乘用车发动机油复合剂，以经济的加剂量满足 API 和 ACEA 的行业标准。与 OCP 黏度指数改进剂配合应用，可用于生产 SAE 10W-30、10W-40、15W-40、15W-50、20W-40、20W-50 黏度级别的产品，同时达到 MB 229.1 认证要求。

【质量标准】

项　　目	实测值	试验方法	项　　目	实测值	试验方法
密度(15℃)/(kg/m^3)	961	ASTM D 4052	磷含量/%	0.98	LZA-AAE-3
运动黏度(100℃)/(mm^2/s)	83	ASTM D 445	钙含量/%	2.33	LZA-AAE-3
闪点(闭口)/℃	180	ASTM D 93	锌含量/%	1.07	LZA-AAE-3
碱值/(mgKOH/g)	74	ASTM D 2896	氮含量/%	0.62	LZA-NI-5B

【主要用途】推荐加剂量为 10.2%，可调制满足 API SM/CF、SL/CF、ACEA A3/B3-04、A3/B4-04、MB229.1、API CF-4 与 MB228.1（仅 SAE 15W-40）标准的油品。

【包装储运】建议最高调配温度为 70℃，长期储存温度不得高于 50℃，最高处置温度 80℃。

（四）雪佛龙奥伦耐公司（ChevronOronite）

1. OLOA 54000 汽油/轻负荷柴油发动机油复合剂

【中文名称】OLOA 54000 汽油/轻负荷柴油发动机油复合剂

【化学成分】由清净剂、分散剂、抗磨剂、抗氧剂等多种单剂组成。

【产品性能】满足 API SN/CF、ACEA A3/B4-2016、MB 229.1/229.3、VW 502 00/505 00、Porsche A40、RN 710/700、BMW LL-01、PSA B71 2296 等性能要求。

【主要用途】采用 API Ⅲ 类基础油，配以 Paratone 黏度指数改进剂，可调制 SAE 5W-30、5W-40 等黏度级别的油品。加剂量 12%或 13%（质量分数）。

【质量标准】

项　　目	实测值	试验方法	项　　目	实测值	试验方法
运动黏度(100℃)/(mm^2/s)	87	ASTM D 445	钙含量/%	2.28	ASTM D 4951
密度(15℃)/(kg/m^3)	0.9747	ASTM D 4052	锌含量/%	0.95	ASTM D 4951
碱值/(mgKOH/g)	73.8	ASTM D 2896	磷含量/%	0.87	ASTM D 4951
硫酸盐灰分含量/%	8.98	ASTM D 874	氮含量/%	0.68	ASTM D 5291

【包装储运】在装卸或使用本品时，请参照相应的安全技术说明书（MSDS），注意最高操作温度。

2. OLOA 54499 汽油/轻负荷柴油发动机油复合剂

【中文名称】OLOA 54499 汽油/轻负荷柴油发动机油复合剂

【化学成分】由清净剂、分散剂、抗磨剂、抗氧剂等多种单剂组成。

【产品性能】满足 API SN、ACEA C2/C3-2016、MB 229.31/229.51/229.52、Dexos2 等性能要求。

【主要用途】采用 API Ⅲ类基础油，配以 Paratone 等黏度指数改进剂，可调制 SAE 5W-30、5W-40 等黏度级别的油品。加剂量 12.7%（质量分数）。

【质量标准】

项　　目	实测值	试验方法	项　　目	实测值	试验方法
运动黏度(100℃)/(mm²/s)	150	ASTM D 445	钙含量/%	1.52	ASTM D 4951
密度(15℃)/(kg/m³)	0.968	ASTM D 4052	锌含量/%	0.64	ASTM D 4951
碱值/(mgKOH/g)	56	ASTM D 2896	磷含量/%	0.59	ASTM D 4951
硫酸盐灰分含量/%	6.06	ASTM D 874	氮含量/%	0.91	ASTM D 5291

【包装储运】在装卸或使用本品时，请参照相应的安全技术说明书（MSDS），注意最高操作温度。

3. OLOA 54720 高性能汽油机油复合剂

【中文名称】OLOA 54720 高性能汽油机油复合剂

【化学成分】由清净剂、分散剂、抗磨剂、抗氧剂等多种单剂组成。

【产品性能】满足 API SN Plus/GF-5、ACEA C5 以及多种 OEM 认证。

【主要用途】采用 API Ⅱ类或Ⅲ类基础油，配以 Paratone 黏度指数改进剂，可调制 SAE 0W-20、5W-30 等黏度级别的油品。可提供 TGDI 保护、LSPI 保护、燃油经济性等方面的性能。加剂量从 14.5%到 16%（质量分数）不等。

【质量标准】

项　　目	实测值	试验方法	项　　目	实测值	试验方法
运动黏度(100℃)/(mm²/s)	115	ASTM D 445	锌含量/%	0.51	ASTM D 4951
密度(15℃)/(kg/m³)	0.9441	ASTM D 4052	磷含量/%	0.47	ASTM D 4951
碱值/(mgKOH/g)	49.4	ASTM D 2896	硫含量/%	1.11	ASTM D 4951
硫酸盐灰分含量/%	4.81	ASTM D 874	氮含量/%	1.02	ASTM D 5291
钙含量/%	0.7	ASTM D 4951			

【包装储运】在装卸或使用本品时，请参照相应的安全技术说明书（MSDS），注意最高操作温度。

第五节　摩托车油复合剂

摩托车属于小排量的往复活塞式汽油机的一种。活塞式发动机的工作循环是由进气、压缩、做功和排气四个工作程序组成的封闭过程。周而复始地进行这些过程，发动机才能持续地做功。摩托车发动机分为水冷式或风冷式的二冲程汽油发动机和四冲程汽油发动机。

二冲程汽油发动机不像四冲程汽油发动机那样在气缸顶部设置有进、排气门，而是在缸体上开有进气口、排气口和扫气口，随着活塞上下移动，这些气口交替开、闭。当活塞向上移动时，进行进气和压缩冲程；而向下移动时，进行燃烧和排气冲程，完成这两个冲程曲轴正好旋转一周，完成一个做功循环。二冲程汽油发动机通常采用油雾润滑，即把润滑油（二冲程汽油机专用润滑油）按一定的比例与汽油混合后进入发动机，汽油首先汽化与润滑油分离，润滑油油雾润滑活塞、缸套、曲轴和连杆等摩擦副，然后与汽油一起到燃烧室内燃烧，其中有部分未燃烧的和废气一起被排出汽油机。燃油与润滑油的混合比，目前国内多为 20∶1，国外多为 50∶1，部分油品已达 100∶1。润滑油是一次性使用的，而不像四冲程汽油发动机，润滑系统是单独的，润滑油可以循环使用。

四冲程摩托车发动机在结构上一般采用整体化设计，即发动机曲轴箱与变速系统、离合系统、启动系统都在同一结构体内，由同一种润滑油采用压力润滑与飞溅润滑相结合的方式进行润滑。因此，四冲程摩托车润滑油在满足发动机润滑性能要求的同时，还要满足离合器、齿轮等部件的特殊的润滑性能要求。在工况上，首先，四冲程摩托车发动机的转速和升功率均高于汽车发动机，同时多数摩托车发动机采用风冷方式，散热效果不佳，且机油量少，这都必然导致发动机油的工作温度较高。因而对油品的高温抗氧化性和油品蒸发损失的要求也较为苛刻。其次，离合器部件要求润滑油能保持一定的摩擦系数，防止出现离合器打滑现象。

一、二冲程摩托车油复合剂

1. 作用原理

二冲程摩托车油复合剂通过金属清净剂和无灰分散剂的复配使得机油具有很好的清净性能和润滑性能。

2. 技术进展

关于二冲程机油的质量分类，目前国际上没有完全统一的标准，实际上一般采用日本汽车标准组织（JASO）的 FA、FB、FC、FD 分类；我国发布了二冲程汽油机油的分类标准，按特性和使用场合分为 ERA、ERB、ERC、ERD 四种，质量等级依次升高。

3. 发展趋势

二冲程发动机由于在怠速和低速状态下不良的扫气，会在排气端口存在未燃烧的碳氢化合物，导致排放和燃油经济性差；在低速低载荷时，由于扫气的问题，经常会发生不点火现象，导致排放进一步变差；在低速低载荷时，有可见的排气"烟雾"（未燃烧的碳氢化合物加上机油）存在。近年来，我国二冲程摩托车比例日渐缩小。

二、TCW 水冷二冲程发动机油复合剂

1. 作用原理

TCW 二冲程摩托车油复合剂通过金属清净剂和无灰分散剂的复配使得机油具有很好的清净性能和润滑性能，同时必须具备良好的防锈性。

2. 技术进展

1988 年美国船舶制造商协会（NMMA）公布的 NMMA TC-W Ⅱ水冷二冲程汽油机油规格，是当时世界上最高质量级别的水冷二冲程汽油机油规格，很快得到全世界的广泛认可。但随着二冲程汽油舷外机的不断发展，发现已评定合格的 TC-W Ⅱ水冷二冲程汽油机油在一些发动机的使用中仍然发生黏环故障。1994 年，NMMA 发布了 TC-W Ⅲ水冷二冲程汽油机油标准。与 NMMA TC-W Ⅱ水冷二冲程汽油机油相比，TC-W Ⅲ水冷二冲程汽油机油在 TC-W Ⅱ基础上增加了考察油品清净性能和环黏结性能的 Mercury 11.2kW（15hp）发动机试验，因此 TC-W Ⅲ水冷二冲程汽油机油具有更好的清净性能和润滑性能，更适合于大功率水冷二冲程发动机的使用。

3. 发展趋势

水冷二冲程发动机油未来的发展趋势是环保、可生物降解性。

三、SE/SF/SJ/SL/SM 四冲程摩托车油复合剂

1. 作用原理

四冲程摩托车油复合剂通过金属清净剂、无灰分散剂、抗氧剂、抗氧抗腐剂等功能添加剂的复配使得机油具有很好的低温分散、高温抗氧和清净性能,特别是解决了由于发动机负荷日益增长所造成的油品高温氧化和清净性问题。

2. 技术进展

多年来,四冲程摩托车润滑油因没有专门的规格而一直使用车用汽油机油作为指定用油。但随着汽车节能技术的发展和环保法规的要求,市场上越来越广泛地使用具有节能性的汽油发动机油,日本汽车标准组织(简称 JASO)发现该种润滑油可能满足不了四冲程摩托车发动机的某些性能要求。

1998 年 3 月,日本 JASO 正式推出了四冲程发动机油标准 JASO T903—98,同时批准了四冲程摩托车发动机油摩擦试验方法 JASO T904—98。这是世界上首次公布的四冲程摩托车发动机油标准,该标准对四冲程发动机油规定除了达到 API 分类的 SE 级别以上和抗剪切稳定性等理化指标外,还规定了摩擦特性评定指标,依据油品的摩擦特性将四冲程发动机油分为 MA 和 MB 两种。MA 级别具有较高摩擦系数,避免了离合器打滑现象,目前中国生产的四冲程摩托车油基本上都为此类级别油品。而使用 MB 类油将获得更大的输出功率,主要用于北美,特别是北美的本田摩托车。目前最新四冲程摩托车发动机油标准为 JASO T903—2016。

3. 发展趋势

随着摩托车工业的不断发展,发动机负荷日益增加,发动机机油箱不断变小,致使发动机油所处环境不断恶化,使得现有机油很难满足发动机运行状况的要求。同时出于对发动机尾气三元催化装置保护的考虑,发动机油中的硫、磷元素和灰分将受到进一步的限制。

四、产品牌号

(一)兰州/大连润滑油研究开发中心

1. RHY 3053 SE 和 SF 四冲程摩托车油复合剂

【中文名称】RHY 3053 四冲程摩托车油复合剂

【产品性能】以水杨酸盐为主要金属清净剂,具有优良的氧化安定性、抗磨抗腐性及清净分散性。RHY 3053 复合剂加剂量为 5.5%,以该复合剂调制的 SF SAE10W-30 四冲程摩托车油通过了 MS 程序 ⅡD、ⅢD、ⅤD、L-38 发动机台架试验和机械工业内燃机油品检验评定中心四冲程摩托车油台架试验,产品质量完全满足 Q/SY RH 2022 四冲程摩托车油性能要求。

【质量标准】Q/SY RH 3041—2017。

项　　目	质量指标	实测值	试验方法
外观	均匀透明液体	均匀透明液体	目测
密度(20℃)/(kg/m³)	报告	981.1	GB/T 1884、SH/T 0604
运动黏度(100℃)/(mm²/s)	报告	112.5	GB/T 265
闪点(开口)/℃	≥170	199	GB/T 3536
水分含量/%	≤0.1	0.07	GB/T 260

续表

项　目	质量指标	实测值	试验方法
机械杂质含量/%	≤0.1	0.034	GB/T 511
碱值/(mgKOH/g)	≥70.0	72.1	SH/T 0251
硫酸盐灰分含量/%	报告	9.57	GB/T 2433
硫含量/%	≥3.51	3.94	SH/T 0303
磷含量/%	≥1.77	1.83	SH/T 0296
氮含量/%	≥0.80	0.81	GB/T 17674
钙含量/%	≥1.90	2.03	SH/T 0270
锌含量/%	≥1.98	2.10	SH/T 0226

【生产方法】依次加入无灰分散剂、抗氧剂、抗腐抗磨剂、金属清净剂，在(70±5)℃下搅拌 4h 以上至均匀，即可得到复合剂产品。

【主要用途】以 5.5%的添加量应用于 API Ⅰ、Ⅱ类基础油中，用于调制 SAE 5W-30、10W-30、10W-40、15W-40 和 20W-50 等黏度级别的 SF 四冲程摩托车油。

【包装储运】包装、标志、运输、储存、交货验收按 SH 0164 标准执行。使用 200L 大桶包装，净重(170±2)kg（可按用户需求包装及发运）。

【注意事项】本品不易燃、不易爆、不腐蚀，应避光防潮，防止与人体直接接触；防止异物污染；防止与其他公司的复合剂混用。

2. RHY 3064C 四冲程摩托车油复合剂

【中文名称】RHY 3064C 四冲程摩托车油复合剂

【产品性能】以磺酸盐为主要金属清净剂，产品具有优异的油泥分散性、氧化安定性、抗磨抗腐性、高温润滑性及清净分散性。

【质量标准】QSY RH 3132—2018

项　目	质量指标	实测值	试验方法
密度①(20℃)/(kg/m³)	1000～1050	1026.2	GB/T 1884、SH/T 0604
运动黏度(100℃)/(mm²/s)	报告	174.9	GB/T 265
闪点(开口)/℃	≥180	210	GB/T 3536
水分含量/%	≤0.15	0.05	GB/T 260
机械杂质含量/%	≤0.10	0.011	GB/T 511
碱值/(mgKOH/g)	≥132.0	144	SH/T 0251
硫酸盐灰分含量/%	报告	18.79	GB/T 2433
磷含量/%	≥1.47	1.50	SH/T 0296
硫含量/%	≥3.20	3.50	SH/T 0303
氮含量②/%	≥0.60	0.71	GB/T 17674、SH/T 0656
钙含量/%	4.65～5.25	4.86	SH/T 0270
锌含量/%	1.66～1.95	1.66	SH/T 0226

① 有争议时以 GB/T 1884 为准。

② 氮含量≤1.0%时采用 GB/T 17674 测定；氮含量＞1.0%时采用 SH/T 0656 测定。

【生产方法】依次加入清净剂、多功能添加剂、抗氧抗磨剂、分散剂，在(70±5)℃下搅拌 4h 以上至均匀，即可得到复合剂产品。

【主要用途】以 4.4%的添加量，同时补加 0.3%补强剂后用于加氢基础油中，可调制出满足 Q/SY RH2022 要求的 SJ、SG 摩托车油。

【包装储运】和【注意事项】参见该公司 RHY 3053 SE 和 SF 四冲程摩托车油复合剂。

3. RHY 3072 SL 四冲程摩托车油复合剂

【中文名称】RHY 3072 四冲程摩托车油复合剂

【产品性能】以水杨酸盐为主要金属清净剂，具有优良的氧化安定性、抗磨抗腐性及清净分散性。以本品调制的 SL SAE 5W-30 四冲程摩托车油通过了 MS 程序ⅢF、ⅤG、ⅣA、Ⅷ和 BRT 发动机台架试验和机械工业内燃机油品检验评定中心四冲程摩托车油台架试验，产品质量完全满足 Q/SY RH 2022 四冲程摩托车油性能要求。

【质量标准】Q/SY RH 3071—2011

项　目	质量指标	实测值	试验方法
密度(20℃)/(kg/m³)	实测	959.7	GB/T 1884、SH/T 0604
100℃运动黏度/(mm²/s)	实测	182.9	GB/T 265
闪点(开口)/℃	≥180	211	GB/T 3536
水分含量/%	≤0.30	痕迹	GB/T 260
机械杂质含量/%	≤0.10	0.004	GB/T 511
碱值/(mgKOH/g)	≥62.0	70.0	SH/T 0251
硫酸盐灰分含量/%	≤8.0	6.88	GB/T 2433
磷含量/%	≤1.13	0.98	SH/T 0296
硫含量/%	≥1.64	2.06	SH/T 0303
氮含量①/%	≥0.8	0.90	GB/T 17674、SH/T 0656
钙含量/%	≥1.4	1.46	SH/T 0270
锌含量/%	≥1.0	1.12	SH/T 0226

① 氮含量≤1.0%时采用 GB/T 17674 测定；氮含量＞1.0%时采用 SH/T 0656 测定。

【生产方法】依次加入无灰分散剂、抗氧剂、抗腐抗磨剂、金属清净剂，在(70±5)℃下搅拌 4h 以上至均匀，即可得到复合剂产品。

【主要用途】以 8.8%的添加量应用于 APIⅡ、Ⅲ类基础油中，用于调制 SAE 5W-30、10W-30、10W-40、15W-40 和 20W-50 等黏度级别的 SL 四冲程摩托车油。

【包装储运】和【注意事项】参见该公司 RHY 3053 SE 和 SF 四冲程摩托车油复合剂。

4. RHY 3073 SM 四冲程摩托车油复合剂

【中文名称】RHY 3073 四冲程摩托车油复合剂

【产品性能】以水杨酸盐为主要金属清净剂，具有优良的氧化安定性、抗磨抗腐性及清净分散性。以本品调制的 SM SAE 5W-30 四冲程摩托车油通过了 MS 程序ⅢG、ⅤG、ⅣA、Ⅷ和 BRT 发动机台架试验和机械工业内燃机油品检验评定中心四冲程摩托车油台架试验，产品质量完全满足 Q/SY RH 2022 四冲程摩托车油性能要求。

【质量标准】Q/SY RH 3072—2011

项　目	质量指标	实测值	试验方法
密度(20℃)/(kg/m³)	实测	961.2	GB/T 1884、SH/T 0604
运动黏度(100℃)/(mm²/s)	实测	123.4	GB/T 265
闪点(开口)/℃	≥180	206	GB/T 3536
水分含量/%	≤0.27	0.04	GB/T 260
机械杂质含量/%	≤0.08	0.008	GB/T 511
碱值/(mgKOH/g)	≥65.0	74.3	SH/T 0251
硫酸盐灰分含量/%	≤8.6	7.34	GB/T 2433
磷含量/%	0.66～0.86	0.79	SH/T 0296

项　目	质量指标	实测值	试验方法
硫含量/%	≥1.46	1.62	SH/T 0303
氮含量①/%	≥0.8	0.89	GB/T 17674、SH/T 0656
钙含量/%	≥1.72	1.73	SH/T 0270
锌含量/%	≥0.86	0.90	SH/T 0226

① 氮含量≤1.0%时采用 GB/T 17674 测定；氮含量>1.0%时采用 SH/T 0656 测定。

【生产方法】依次加入无灰分散剂、抗氧剂、抗腐抗磨剂、金属清净剂，在(70±5)℃下搅拌 4h 以上至均匀，即可得到复合剂产品。

【主要用途】以 9.1%的添加量应用于 API Ⅱ 和Ⅲ类基础油中，用于调制 SAE 5W-30、10W-30、10W-40、15W-40 和 20W-50 等黏度级别的 SM 四冲程摩托车油。

【包装储运】和【注意事项】参见该公司 RHY 3053 SE 和 SF 四冲程摩托车油复合剂。

（二）锦州康泰润滑油添加剂股份有限公司

1. KT 33070 四冲程摩托车机油复合添加剂

【中文名称】KT 33070 四冲程摩托车机油复合剂

【产品性能】由清净剂、高分子无灰分散剂和无灰抗氧剂等复配而成。应用于油品中，保证油品具有良好的高温清净性、低温分散性，优异的抗氧化和抗磨损性能。特别适用于调制高级电喷摩托车四冲程发动机油。

【质量标准】

项　目	质量指标	测试方法	项　目	质量指标	测试方法
密度(20℃)/(kg/m³)	950~1050	GB/T 1884	锌含量/%	≥1.3	SH/T 0226
闪点(开口)/℃	≥180	GB/T 3536	氮含量/%	≥0.7	SH/T 0224
运动黏度(100℃)/(mm²/s)	90~130	GB/T 265	总碱值/(mgKOH/g)	≥92	SH/T 0251
钙含量/%	≥2.9	SH/T 0270			

【主要用途】

质量等级	加剂量(质量分数)/%	质量等级	加剂量(质量分数)/%
SL	7.8	SF	4.5
SJ	5.5		

【包装储运】本品在储存、装卸及调油时，参照 SH 0164 进行。最高温度不应超过 75℃；若长期储存，最高温度不应超过 45℃。产品净重：190kg/桶，200L 标准铁桶。

【注意事项】本品不易燃、不易爆、无腐蚀性，在安全、环保、使用等方面同一般石油产品，不用进行特殊防护。

2. KT 33303A 二冲程发动机油复合添加剂

【中文名称】KT 33303A 二冲程发动机油复合剂

【产品性能】由单挂聚异丁烯丁二酰亚胺、无灰高温抗氧抗腐剂和非金属防锈剂等复配而成。清净指数大于 125，润滑指数大于 100，初期扭矩大于 100，排烟指数大于 150，是一款风冷、水冷二冲程发动机油复合剂。

【质量标准】

项 目	质量指标	测试方法	项 目	质量指标	测试方法
密度(20℃)/(kg/m³)	930～980	GB/T 1884	硫含量/%	≥2.5	SH/T 0303
闪点(开口)/℃	≥180	GB/T 3536	氮含量/%	≥1.8	SH/T 0224
运动黏度(100℃)/(mm²/s)	实测	GB/T 265	总碱值/(mgKOH/g)	≥30	SH/T 0251

【主要用途】二冲程发动机油参考组分比例：基础油 35%，PIB 30%，KT 33303A 5%～10%，KT8602 0.5%，余量煤油。

质量等级	加剂量(质量分数)/%	质量等级	加剂量(质量分数)/%
EGE	10	FC EGC	5
EGD	8		

【包装储运】和【注意事项】参见该公司 KT 33070 四冲程摩托车机油复合添加剂。

（三）雪佛龙奥伦耐公司（ChevronOronite）

1. OLOA 22021 四冲程摩托车油添加剂

【中文名称】OLOA 22021 四冲程摩托车油添加剂

【化学成分】由清净剂、分散剂、抗磨剂、抗氧剂等多种单剂组成。

【产品性能】满足 API SN/JASO MA2/MA（JASO T 903：2011 & 2016）等性能要求。

【质量标准】

项 目	实测值	试验方法	项 目	实测值	试验方法
运动黏度(100℃)/(mm²/s)	106	ASTM D 445	锌含量/%	1.21	ASTM D 4951
密度(15℃)/(kg/m³)	986.9	ASTM D 4052	磷含量/%	1.07	ASTM D 4951
碱值/(mgKOH/g)	97	ASTM D 2896	硫含量/%	2.755	ASTM D 4951
硫酸盐灰分含量/%	10.513	ASTM D 874	氮含量/%	1.07	ASTM D 5291
钙含量/%	2.57	ASTM D 4951			

【主要用途】采用 API Ⅱ类或Ⅲ类基础油，与 PARATONE 24EX (24SSI)黏度指数改进剂可调配多种黏度级别油品：SAE 5W-30/40、10W-30/40、20W-40/50、15W-40 和 10W-50。可应用于各种苛刻环境下运行的四冲程摩托车，具有良好的沉积物控制、抗磨损、抗氧化、抗硝化以及优良的摩擦特性和抗齿轮点蚀等性能。加剂量 7.8%（质量分数）。

【包装储运】在装卸或使用本品时，请参照相应的安全技术说明书（MSDS），注意最高操作温度。

第六节　铁路机车油复合剂

铁路机车油以美国机车保养协会（American Locomotive Maintenance Association，简称 LMOA）分类为准，主要以硫酸盐灰分含量（%）和总碱值（mgKOH/g）为标准分为一代油、二代油、三代油、四代油、五代油、六代油等，质量依次升高，目前，一代油、二代油已被淘汰，市场上多使用三代油、四代油、五代油。

铁路机车油是由基础油和各种功能添加剂组成的。在铁路机车油的生产过程中，为了简化工艺流程和保证产品质量，通常把抗氧剂、分散剂、清净剂等几种主要添加剂调和在一起，组成复合剂，然后与基础油进行调和成为铁路机车油。因此，复合剂的质量在一定程度上就代表了铁路机车油的质量。下面就根据铁路机车油质量等级的划分，介绍铁路机车油复合剂。

一、铁路机车三代油、四代油、五代油复合剂

1. 作用原理

铁路机车三代油、四代油、五代油复合剂由清净剂、分散剂、抗氧抗磨剂等多种功能添加剂平衡后调和而成。调制的三代油、四代油、五代油，可分别满足三代机车、四代机车、五代机车的使用。用铁路机车油复合剂调制的油品可显著改善发动机的活塞充炭和气缸磨损，并对轴瓦等部件具有腐蚀保护性能；良好的碱度保持能力，能有效控制不溶物；良好的烟炱分散性，可有效地保护发动机滤网和延长发动机使用寿命。

2. 技术进展

铁路机车三代油复合剂、四代油复合剂、五代油复合剂主要是在保证油品性能的基础上，降低成本，以提高产品经济效益为基准，降低添加剂的使用量。

3. 发展趋势

铁路机车的技术进步，促进了铁路机车复合剂的发展。三代油具有很好的碱度保持能力，能有效控制不溶物，有较高碱性和烟炱分散性。适用于大功率、重负荷增压柴油机或要求使用 LMOA 三代油的铁路机车柴油机的润滑。其发展趋势是应 LMOA 对铁路机车柴油机油的要求和技术指标的发展及我国铁路发展的技术现状而发展。

四代油能够有效地降低油耗；可以使用高硫燃料（硫含量＞0.5%）；具有相当高的碱性和分散性。适用于要求使用 LMOA 四代油的铁路机车柴油机、ND5 及东风 4C、东风 6 等铁路内燃机车的润滑，其发展趋势是应 LMOA 对铁路机车柴油机油的要求和技术指标发展及我国铁路发展的技术现状而发展。

五代油具有很强的抗腐蚀和控制油泥增长的能力，具有更高的碱性和抗氧、分散性能。适用于要求使用 LMOA 五代油的铁路机车柴油机以及东风 4D、东风 4E、东风 8B、东风 8D、东风 9、东风 10、东风 11、东风 11D 及"280"等国产新型内燃机车的润滑。其发展趋势是应 LMOA 对铁路机车柴油机油的要求和技术指标发展及我国铁路发展的技术现状而发展。

二、产品牌号

（一）兰州/太仓中石油润滑油添加剂有限公司

1. RHY 3404 铁路内燃机车四代油复合剂

【中文名称】RHY 3404 铁路内燃机车四代油复合剂

【产品性能】以水杨酸盐为主要金属清净剂，具有优良的清净分散性、氧化安定性及抗磨抗腐性。是一种性能全面的铁路机车四代油复合剂，所调制的铁路机车四代油 SAE 20W-40 通过了 Caterpiller $1G_2$、CRC L-38 台架试验，产品性能分别达到 LMOA 铁路机车四代油规格要求，满足 GB/T 17038—1997 中四代油规格标准。并在美国通用电气公司 ND5 内燃机车上，进行了半年以上使用试验，可满足机车实际要求，产品性能优异。

【质量标准】Q/SY RH 3106—2015

项　　目	质量指标	实测值	试验方法
运动黏度(100℃)/(mm²/s)	报告	95.2	GB/T 265
密度(20℃)/(kg/m³)	报告	983.2	SH/T 0604

项　　目	质量指标	实测值	试验方法
闪点(开口)/℃	≥180	195	GB/T 3536
水分含量/%	≤0.15	0.08	GB/T 260
机械杂质含量/%	≤0.10	0.05	GB/T 511
碱值/(mgKOH/g)	≥95	96	SH/T 0251
磷含量/%	0.61～0.82	0.75	SH/T 0296
钙含量/%	≥3.55	3.75	SH/T 0270
锌含量/%	0.75～0.99	0.82	SH/T 0226

【生产方法】依次加入金属清净剂、无灰分散剂、抗腐抗磨剂等功能添加剂，在(80±5)℃下搅拌 4h 以上至均匀，即可得到复合剂产品。

【主要用途】以 13.2%的添加量应用于 API Ⅱ、Ⅲ类基础油中，用于调制 SAE 20W-40 铁路机车四代油。以 12.5%的添加量应用于 API Ⅱ、Ⅲ类基础油中，用于调制 SAE 40 铁路机车四代油。

【包装储运】包装、标志、运输、储存、交货验收按 SH 0164 标准执行。200L 大桶包装，净重(170±2)kg（可按用户需求包装及发运）。

【注意事项】本品不易燃、不易爆、不腐蚀，应避光防潮，防止与人体直接接触；防止异物污染；防止与其他公司的复合剂混用。该复合剂系功能复合剂，不含降凝剂、抗泡剂及黏度指数改进剂。建议调和温度为 60～65℃，转移或调和时加热蒸汽温度不超过 65～70℃。

（二）锦州康泰润滑油添加剂股份有限公司

1. KT 34410 铁路机车三代油复合剂

【中文名称】KT 34410 铁路机车三代油复合剂

【产品性能】由清净剂、分散剂和抗氧抗腐剂等复配而成，具有优良的清净分散、抗磨和抗氧化性能，能防止高温沉积物和漆膜的生成，同时具有较高的抗腐蚀、防锈性能，能满足铁路机车应用中的苛刻要求。

【质量标准】

项　　目	质量指标	测试方法	项　　目	质量指标	测试方法
密度(20℃)/(kg/m³)	950～1050	GB/T 1884	锌含量/%	≥1.1	SH/T 0226
闪点(开口)/℃	≥180	GB/T 3536	氮含量/%	≥0.5	SH/T 0224
运动黏度(100℃)/(mm²/s)	≥110	GB/T 265	总碱值/(mgKOH/g)	≥100	SH/T 0251
钙含量/%	≥3.2	SH/T 0270			

【主要用途】以 10.5%加剂量加入适当的基础油中，可调制铁路机车三代润滑油。

【包装储运】本品在储存、装卸及调油时，参照 SH 0164 进行。最高温度不应超过 75℃；若长期储存，最高温度不应超过 45℃。产品净重：190kg/桶，200L 标准铁桶。

【注意事项】本品不易燃、不易爆、无腐蚀性，在安全、环保、使用等方面同一般石油产品，不用进行特殊防护。

2. KT 34414 铁路机车四代油复合剂

【中文名称】KT 34414 铁路机车四代油复合剂

【产品性能】由水杨酸盐清净剂、分散剂和抗氧抗腐剂等复配而成，具有优良的清净分散和抗氧化性能，能防止高温沉积物和漆膜的生成，同时具有较高的抗腐蚀、防锈性能，能满足铁路机车应用中的苛刻要求，长时间有效保护机车。

【质量标准】

项　目	质量指标	测试方法	项　目	质量指标	测试方法
密度(20℃)/(kg/m³)	950～1050	GB/T 1884	锌含量/%	≥1.1	SH/T 0226
闪点(开口)/℃	≥180	GB/T 3536	氮含量/%	≥0.4	SH/T 0224
运动黏度(100℃)/(mm²/s)	实测	GB/T 265	总碱值/(mgKOH/g)	≥100	SH/T 0251
钙含量/%	≥3.3	SH/T 0270			

【主要用途】以14%加剂量加入适当的基础油中，可调制铁路机车四代润滑油，满足ND4机车和国产高功率铁路机车的润滑要求。

【包装储运】和【注意事项】参见该公司 KT 34410 铁路机车三代油复合剂。

3. KT 34415 铁路机车五代油复合剂

【中文名称】KT 34415 铁路机车五代油复合剂

【产品性能】由清净剂、分散剂、抗氧抗腐剂等复配而成，具有优良的清净分散和抗氧化性能，能防止高温沉积物和漆膜的生成，同时具有较高的抗腐蚀、防锈性能，能满足铁路机车应用中的苛刻要求，长时间有效保护机车。

【质量标准】

项　目	质量指标	测试方法	项　目	质量指标	测试方法
外观	红棕色黏稠液体	目测	钙含量/%	≥3.8	SH/T 0270
密度(20℃)/(kg/m³	950～1050	GB/T 1884	锌含量/%	≥0.8	SH/T 0226
闪点(开口)/℃	≥180	GB/T 3536	氮含量/%	≥0.56	SH/T 0224
运动黏度(100℃)/(mm²/s)	实测	GB/T 265	总碱值/(mgKOH/g)	≥115	SH/T 0251

【主要用途】以15.6%加剂量加入适当的基础油中，可调制铁路机车四代润滑油。

【包装储运】和【注意事项】参见该公司 KT 34410 铁路机车三代油复合剂。

第七节　船用发动机油复合剂

船舶动力装置中涉及船舶上众多机械，而且都有需要润滑和使用润滑油脂的部位，其品种繁杂，大致可归纳为四大类：

① 船用气缸油　用于大型低速十字头二冲程柴油机活塞和气缸套间的润滑。

② 系统油　低速十字头二冲程发动机冲程较长，活塞直径较大，所以装有横隔板和活塞杆填料箱把气缸与曲轴箱有效地隔开，因此曲轴箱油（又称系统油）对活塞没有润滑作用，只作用于曲轴箱的润滑、冷却、防腐。

③ 中速筒状活塞柴油机油　使用于筒状活塞的中速柴油机的润滑，该类柴油机与一般柴油机结构很相似，与十字头发动机的不同在于其气缸和曲轴箱润滑是由同一油箱供油的。

④ 船用其他油品　包括高速柴油机油、舷外机油以及各种机械油品，如透平油、液压油、冷冻机油、齿轮油、压缩机油、尾轴油等。

气缸油、系统油、中速机油三大类油量约占船用润滑油总量的 90%～95%，是船用润滑油择用的关键品种。

船用气缸油、系统油、中速机油根据所使用的燃料不同有不同品种。气缸油、系统油、中速机油三大类油是由基础油和各种功能添加剂组成的。在气缸油、系统油、中速机油三大类油的生产过程中，为了简化工艺流程和保证生产质量水平，通常把抗氧剂、分散剂、清净剂等几种主要添加剂调和在一起，组成复合剂，然后与基础油进行调和成为气缸油、系统油、中速机油。下面就根据船用气缸油、系统油、中速机油质量等级的划分，介绍气缸油、系统油、中速机油复合剂。

一、气缸油复合剂

1. 作用原理

气缸油复合剂由清净剂、分散剂、抗氧抗磨剂等多种功能添加剂平衡后调和而成，充分发挥了各种添加剂的性能及各剂之间协调性。调制的气缸油可显著改善发动机的活塞充炭和气缸磨损，具有优异的分散性能、扩散性能以及酸中和性能，满足大功率低速十字头式二冲程柴油机气缸的润滑。

2. 技术进展

气缸油复合剂主要是在保证油品性能的基础上，降低成本，以提高产品经济效益为基准，降低添加剂的使用量。

3. 发展趋势

随着世界石油资源的匮乏，燃料油的硫含量增加，质量日益变差，气缸油复合剂的碱值越来越高。但随着环保法规的确立，世界海洋组织对海洋环保要求越来越高，随着技术的不断革新，大功率低速十字头式二冲程柴油机使用比重可能在逐渐降低。

二、中速机油复合剂

1. 作用原理

中速机油复合剂由清净剂、分散剂、抗氧抗磨剂等多种功能添加剂平衡后调和而成。调制的中速机油，可满足中速筒状活塞柴油机的使用。具有良好的抗氧、防腐、抗水性，以及碱性保持性和控制活塞沉积物性能。

2. 技术进展

船用中速机油复合剂主要是在保证油品性能的基础上，降低成本，以提高产品经济效益为基准，降低添加剂的使用量。

3. 发展趋势

船用中速机油的燃料也向重质、劣质燃料化发展，大功率的中速机油船，烧的燃料硫含量高达 2.5%以上，所以中速机油碱值也同气缸油一样不断提高。

三、系统油复合剂

1. 作用原理

系统油复合剂由清净剂、分散剂、抗氧抗磨剂等多种功能添加剂平衡后调和而成。调制的系统油，可满足大功率低速十字头式二冲程柴油机曲轴箱的润滑，并对轴瓦等部件具有优异的腐蚀保护性能；具有优异的分散性能，良好的碱度保持能力，能有效控制不溶物；良好的抗乳化性，可有效地延长发动机使用寿命。

2. 技术进展

系统油复合剂主要是在保证油品性能的基础上，降低成本，以提高产品经济效益为基准，降低添加剂的使用量。

3. 发展趋势

节约能源和减少排放已成为推动当今船用发动机发展的第一驱动力。随着大功率低速十字头式二冲程柴油机使用比重逐渐降低，系统油未来的发展趋势可能会在环保、节能、延长换油周期等方面进一步严格要求。

四、产品牌号

（一）兰州/太仓中石油润滑油添加剂有限公司

1. RHY 3125 中小船舶专用油复合剂

【中文名称】RHY 3125 中小船舶专用油复合剂

【化学成分】由高性能清净剂、分散剂、抗氧剂组成。

【产品性能】产品碱值高，燃料适应性强；热氧化稳定性和高温清净性能好，保持发动机清洁；独特配方，碱值保持能力强，延长油品使用寿命；抗磨抗腐性能强。

【质量标准】

项　　目	实测值	试验方法	项　　目	实测值	试验方法
运动黏度(100℃)/(mm²/s)	91.25	GB/T 265	机械杂质含量/%	0.03	GB/T 511
密度(20℃)/(kg/m³)	1057.3	SH/T 0604	钙含量/%	6.92	GB/T 17476
碱值/(mgKOH/g)	192	SH/T 0251	锌含量/%	1.46	GB/T 17476
闪点(闭口)/℃	180	GB/T 261	氮含量/%	0.5	SH/T 0704
水分含量(体积分数)/%	0.15	GB/T 260			

【主要用途】非常适合中高速的各类内河、近海船舶（渔船、运输船、冷冻船、娱乐船）柴油发动机的润滑。采用 API Ⅰ类、Ⅱ类基础油，配以 OCP 型黏度指数改进剂、降凝剂和抗泡剂，可调制 SAE 15W-40、20W-50 和 SAE40、SAE50 中小船舶专用油。加剂量 3.85%（质量分数，内加）。

【包装储运】采用净重 200L 金属桶或按用户要求包装。本品在储存、装卸及调油时，参照 SH/T 0164 进行。本品储存温度不应超过 50℃，装卸、调和时最高温度不超过 60℃。

【注意事项】本品不易燃、不易爆、无腐蚀性，在安全、环保、使用等方面同一般石油产品，不用进行特殊防护。

2. RHY 3511 船用系统复合剂

【中文名称】RHY 3511 船用系统复合剂

【化学成分】由质量优异的高、低碱值清净剂、分散剂、抗氧抗磨剂等复配而成。

【产品性能】具备较优异的清净分散性和抗氧防腐性能，能够保持曲轴箱以及活塞内腔的长期清洁。获得曼恩和瓦锡兰技术认证，性能达到世界先进水平。完全满足电喷发动机伺服系统的润滑需求，维持较高的清洁度和抗磨性能。

【质量标准】

项　目	实测值	试验方法	项　目	实测值	试验方法
运动黏度(100℃)/(mm²/s)	33.50	GB/T 265	机械杂质含量/%	0.08	GB/T 511
碱值/(mgKOH/g)	131	SH/T 0251	钙含量/%	5.19	GB/T 17476
水分含量(体积分数)/%	0.02	GB/T 260	硫酸盐灰分含量/%	18.04	GB/T 2433

【主要用途】采用 API Ⅰ 类和Ⅱ类矿物基础油,用于调制碱值 8mgKOH/g、黏度级别 SAE 40 或者 SAE 30 的船用系统油,加剂量为 5.5%(质量分数)。

【包装储运】和【注意事项】参见该公司 RHY 3125 中小船舶专用油复合剂。

3. RHY 3521A/RHY 3521B 中速机油复合剂

【中文名称】RHY 3521A/RHY 3521B 中速机油复合剂

【化学成分】由质量优异的高碱值清净剂、分散剂、抗氧抗磨剂等复配而成。

【产品性能】是一种已经推广使用近 20 年的中速机油复合剂,产品经过科学复配和严格的检测和评价,质量满足技术规范要求,可以适应中速筒状活塞柴油发动机在苛刻工况条件下的润滑要求。用 RHY 3521A 和 RHY 3521B 调制的中速筒状活塞柴油机油产品具备较优异的酸中和性、清净分散性和抗氧防腐性能,能够延长中速机油换油周期。

【质量标准】

项　目	RHY 3521A 实测值	RHY 3521B 实测值	试验方法
运动黏度(100℃)/(mm²/s)	85.81	77.4	GB/T 265
密度(20℃)/(kg/m³)	1016.3	1094.6	SH/T 0604
碱值/(mgKOH/g)	158	277	SH/T 0251
闪点(闭口)/℃	189	182	GB/T 261
水分含量(体积分数)/%	0.18	0.10	GB/T 260
钙含量/%	0.17	11.2	ASTM D 6443
硫含量/%	—	2.37	ASTM D 6443

【主要用途】采用 API Ⅰ、Ⅱ类基础油,RHY 3521A 与 RHY 3521B 复配,用于调制碱值范围在 12～50mgKOH/g 的船用中速机油,黏度级别:SAE 40。

项　目	TBN 12	TBN 15	TBN 30	TBN 40	TBN 50
RHY 3521A 加剂量/%	8.48	8.48	8.48	8.48	8.48
RHY 3521B 加剂量/%	0	1.1	6.7	10.5	14.3

【包装储运】和【注意事项】参见该公司 RHY 3125 中小船舶专用油复合剂。

4. RHY 3522A/RHY 3522B 高级中速机油复合剂

【中文名称】RHY 3522A/RHY 3522B 高级中速机油复合剂

【化学成分】由高性能清净剂、分散剂、抗氧抗腐剂等组成。

【产品性能】采用 RHY 3522A 和 RHY 3522B 高级中速机油复合剂调制的中速筒状活塞柴油机油满足中速筒状活塞柴油发动机的润滑需求,具备较优异的清净分散性和抗氧防腐性能,能有效解决现代新型中速筒状活塞发动机的黑色漆斑问题。

【质量标准】

项　目	RHY 3522A 实测值	RHY 3522B 实测值	试验方法
密度(20℃)/(kg/m³)	1035.5	1061.3	SH/T 0604
运动黏度(100℃)/(mm²/s)	66.15	61.25	GB/T 265
闪点(开口)/℃	228	210	GB/T 3536
水分含量(体积分数)/%	痕迹	0.03	GB/T 260

续表

项　　目	RHY 3522A 实测值	RHY 3522B 实测值	试验方法
机械杂质含量/%	0.015	0.012	GB/T 511
碱值/(mgKOH/g)	177	249	SH/T 0251
酸值/(mgKOH/g)	5.24	—	GB/T 7304
硫含量/%	2.88	1.49	SH/T 0880
磷含量/%	0.901	—	SH/T 0880
氮含量/%	0.20	—	SH/T 0704
钙含量/%	6.72	9.66	SH/T 0880
锌含量/%	1.05	—	SH/T 0880

【主要用途】可用于曼恩、瓦锡兰及 MAK 等公司带有抗抛光环的现代新型中速筒状活塞柴油发动机的润滑。采用 API Ⅰ、Ⅱ类基础油，RHY 3522A 与 RHY 3522B 复配，用于调制碱值范围在 12～50mgKOH/g 的高级船用中速机油，黏度级别：SAE 40。

项　　目	TBN 12	TBN 15	TBN 30	TBN 40	TBN 50
RHY 3522A 加剂量/%	7.5	7.5	7.5	7.5	7.5
RHY 3522B 加剂量/%	0	1.3	7.4	11.2	15.6

【包装储运】和【注意事项】参见该公司 RHY 3125 中小船舶专用油复合剂。

5. RHY 3532 BOB 工艺专用复合剂

【中文名称】RHY 3532 BOB 工艺专用复合剂

【化学成分】由质量优异的高、低碱值清净剂、分散剂、抗氧抗磨剂等复配而成。

【产品性能】具有较大碱值波动范围，独特的配方设计，保证该复合剂调和 40～120BN 碱值范围气缸油均可以保证优异的综合润滑性能。与 BOB 系统有良好的兼容性，对 BOB 复合剂碱值和黏度的严格控制，保障该剂与在线调和系统具有良好的兼容性，保证调和操作具有灵活性和高效性。与国内、外主流品牌系统油具有良好的匹配性，调制气缸油的性能稳定。产品经过科学复配和严格的检测和评价，技术性能满足 OEM 要求，并通过了曼恩和瓦锡兰技术认证。

【质量标准】

项　　目	实测值	试验方法	项　　目	实测值	试验方法
密度(20℃)/(kg/m³)	1150	SH/T 0604	水分含量(体积分数)/%	0.10	GB/T 260
运动黏度(100℃)/(mm²/s)	88	GB/T 265	钙含量/%	10.8	SH/T 0297
碱值/(mgKOH/g)	310	SH/T 0251	硫酸盐灰分含量/%	40.0	GB/T 2433

【主要用途】适用于装载在线调和系统的远洋船舶使用，可以与在用系统油混合调制碱值在 40～120BN 范围内的气缸油，以满足发动机燃烧高硫和低硫含量船用燃料的需要。

【包装储运】和【注意事项】参见该公司 RHY 3125 中小船舶专用油复合剂。

6. RHY 3533 气缸油复合剂

【中文名称】RHY 3533 气缸油复合剂

【化学成分】由质量优异的高碱值清净剂、分散剂、抗氧抗磨剂等复配而成。

【产品性能】具有较强的酸性物质中和能力，能够有效缓解由于缸壁低温造成的酸性腐蚀磨损，保护缸套表明织构完整，延缓抛光，延长发动机检修周期；具有较高的抗磨损性能，在发动机活塞行程延长情况下，有效提高气缸油在流体及边界区域的抗磨性能；具有较强的抗氧化性能，在降低注油率，气缸油在缸壁表面停留时间更长情况下，保证气缸油具有更强的抗氧化性能；具有较高的油膜延展性，保证发动机大缸径、长冲程运行工况下，润滑油在缸壁上形成稳定完整油膜保护层。经科学复配和严格的检测和评价，通过曼恩和瓦锡兰技术认证（DCA5070H），可满足低速二冲程十字头柴油发动机在苛刻工况条件下的润滑要求。

【质量标准】

项　　目	实测值	试验方法	项　　目	实测值	试验方法
运动黏度(100℃)/(mm²/s)	88	GB/T 265	水分含量/%(体积分数)	0.10	GB/T 260
密度(20℃)/(kg/m³)	1150	SH/T 0604	钙含量/%	10.8	SH/T 0297
碱值/(mgKOH/g)	320	SH/T 0251	硫酸盐灰分含量/%	40.0	GB/T 2433

【主要用途】采用 API Ⅰ类和Ⅱ类矿物基础油，调和 70~100mgKOH/g 气缸油，黏度级别：SAE 50。

项目	TBN 70	TBN 100
加剂量(质量分数)/%	22	31.5

【包装储运】和【注意事项】参见该公司 RHY 3125 中小船舶专用油复合剂。

（二）锦州康泰润滑油添加剂股份有限公司

1. KT 35170 中速筒装活塞发动机油复合添加剂

【中文名称】KT 35170 中速筒装活塞发动机油复合剂

【化学成分】由高温抗氧化清净剂、无灰分散剂、抗氧抗腐剂、无灰多效高温抗氧剂和防锈剂复配而成。

【产品性能】具有快速酸中和能力、清净分散性、抗磨性、抗氧化性和防锈性。有效保护发动机，使发动机长期应用后磨损小，锈蚀不明显，并可保持发动机内部清洁。

【质量标准】

项　　目	质量指标	测试方法	项　　目	质量指标	测试方法
密度(20℃)/(kg/m³)	950～1050	GB/T 1884	锌含量/%	≥0.75	SH/T 0226
闪点(开口)/℃	≥180	GB/T 3536	氮含量/%	≥0.25	SH/T 0224
运动黏度(100℃)/(mm²/s)	实测	GB/T 265	总碱值/(mgKOH/g)	≥170	SH/T 0251
钙含量/%	≥6.0	SH/T 0270			

【主要用途】

中速筒装活塞发动机油	加剂量(质量分数)/%			
	12TBN	25TBN	30TBN	40TBN
KT 35170	7	7	7	7
BD P250	—	5	7	11

【包装储运】本品在储存、装卸及调油时，参照 SH/T 0164 进行。最高温度不应超过 75℃；若长期储存，最高温度不应超过 45℃。

【注意事项】本品不易燃、不易爆、无腐蚀性，在安全、环保、使用等方面同一般石油产品，不用进行特殊防护。

2. KT 35320 船用气缸油复合添加剂

【中文名称】KT 35320 船用气缸油复合剂

【化学成分】由合成磺酸盐、无灰分散剂、高温清净剂、抗氧抗腐剂和高温辅助抗氧剂等复配而成。

【产品性能】具有优良的酸中和性、清净分散性、抗磨性、抗氧化性、分水性和抗腐蚀性能，可满足船用气缸油的使用要求。

【质量标准】

项　　目	质量指标	测试方法	项　　目	质量指标	测试方法
密度(20℃)/(kg/m³)	实测	GB/T 1884	钙含量/%	≥12	SH/T 0270
闪点(开口)/℃	≥180	GB/T 3536	总碱值/(mgKOH/g)	≥320	SH/T 0251
运动黏度(100℃)/(mm²/s)	实测	GB/T 265			

【主要用途】

黏度等级	40TBN50	40TBN65	50TBN70
加剂量/%	16	20	22

【包装储运】本品在储存、装卸及调油时，参照 SH/T 0164 进行。最高温度不应超过 75℃；若长期储存，最高温度不应超过 45℃。产品净重：200kg/桶，200L 标准铁桶。

【注意事项】本品不易燃、不易爆、无腐蚀性，在安全、环保、使用等方面同一般石油产品，不用进行特殊防护。

（三）新乡市瑞丰新材料股份有限公司

1. RF 6302 船用系统油复合剂

【中文名称】RF 6302 船用系统油复合剂

【化学成分】由清净剂、分散剂、抗氧抗腐等添加剂复合调制而成。

【产品性能】具有良好的抗氧化、抗腐蚀、防锈性和分水性能，可满足船用油的特殊使用要求。

【质量标准】

项　　目	质量指标	试验方法
外观	棕色黏稠液体	目测
密度(20℃)/(kg/m³)	报告	GB/T 13377，ASTM D 4052
运动黏度(100℃)/(mm²/s)	报告	GB/T 265，ASTM D 445
闪点(开口)/℃	≥180	GB/T 3536，ASTM D 92
总碱值(以 KOH 计)/(mg/g)	≥145	SH/T 0251，ASTM D 2896
锌含量/%	≥0.95	GB/T 17476，ASTM D 4951
钙含量/%	≥5.20	GB/T 17476，ASTM D 4951

【主要用途】主要用于调制 4008 船用系统油，适用于低速十字头船用发动机的曲轴箱润滑，推荐加剂量（按内加法计算）5.5%（质量分数）。

【包装储运】采用 200L 金属桶或按用户要求包装。产品在储存、装卸及调油时，参照 SH/T 0164 进行。产品储存温度不应超过 50℃，装卸、调和时最高温度不超过 60℃。

【注意事项】本品不易燃、不易爆、无腐蚀性，在安全、环保、使用等方面同一般石油产品，不用进行特殊防护。

2. RF 6312 船用气缸油复合剂

【中文名称】RF 6312 船用气缸油复合剂

【化学成分】由不同种类清净剂、抗磨剂等复合调制而成。

【产品性能】具有优良的酸中和能力、清净分散性、抗磨性能等，可满足船用气缸油特殊工况要求。

【质量标准】

项　　目	质量指标	试验方法
外观	棕色黏稠液体	目测
密度(20℃)/(kg/m³)	报告	GB/T 13377，ASTM D 4052
运动黏度(100℃)/(mm²/s)	报告	GB/T 265，ASTM D 445
闪点(开口)/℃	≥180	GB/T 3536，ASTM D 92
总碱值(以 KOH 计)/(mg/g)	≥320	SH/T 0251，ASTM D 2896
钙含量/%	≥12	GB/T 17476，ASTM D 4951

【主要用途】可用于调制不同黏度等级和不同碱值的气缸油，实践证明本品对船用气缸可提供优异的保护作用。

黏度等级	40TBN50	40TBN65	50TBN70
推荐加剂量(按内加法计算)/%	16	21	22

【包装储运】和【注意事项】参考该公司 RF 6302 船用系统油复合剂。

3. RF 6325 中速筒状活塞发动机复合剂

【中文名称】RF 6325 中速筒状活塞发动机复合剂

【化学成分】由优质清净剂、无灰分散剂、抗氧抗腐剂等调制而成。

【产品性能】可使油品具有优异的酸中和能力，有效抑制含硫燃料燃烧而产生的酸性物质的腐蚀。清净分散性、抗氧抗腐性、防锈性及分水性能优良，可避免油品乳化，降低油品氧化速度，保持发动机清洁，延长使用时间。

【主要用途】用于调制 4030 中速筒状发动机油，推荐加剂量（按内加法计算）14%（质量分数）。

【质量标准】

项　　目	质量指标	试验方法
外观	棕色黏稠液体	目测
密度(20℃)/(kg/m³)	报告	GB/T 13377，ASTM D 4052
运动黏度(100℃)/(mm²/s)	报告	GB/T 265，ASTM D 445
闪点(开口)/℃	≥180	GB/T 3536，ASTM D 92
总碱值(以 KOH 计)/(mg/g)	≥210	SH/T 0251，ASTM D 2896
锌含量/%	≥0.6	GB/T 17476，ASTM D 4951
钙含量/%	≥7.8	GB/T 17476，ASTM D 4951
磷含量/%	≥0.5	GB/T 17476，ASTM D 4951

【包装储运】和【注意事项】参考该公司 RF 6302 船用系统油复合剂。

第八节　汽油/轻负荷柴油发动机油复合剂

世界润滑油领域中 API（美国石油协会）主要制定汽油机油及重负荷柴油机油标准，ACEA（欧洲汽车制造商协会）取代了欧洲原来的分级组织 CCMC（欧洲共同体汽车制造商委员会），并于 1996 年 1 月 1 日修改了 CCMC 的品质等级，因欧洲的轻负荷柴油车（柴油轿车）发展最快，保有量最多，目前欧洲柴油乘用车的比例已接近 50%，对柴油轿车发动机油的性能要求和分类也最严格，汽油/轻负荷柴油发动机油规格也主要以欧洲 ACEA 制定的标准为主。

欧洲汽车制造商协会（ACEA）的成员机构包括欧洲主要的小轿车和重载柴油车生产厂，

如大众、宝马、奔驰、沃尔沃等。在欧洲，OEM 一直是影响轿车发动机油和重负荷柴油机油性能要求的主要因素，在欧洲润滑油标准（ACEA）中，各质量级别油品台架试验均有相关 OEM 的发动机试验要求，可以说欧洲工业界标准更直接反映了 OEM 用油要求，对油品的质量要求也更加苛刻。

汽油/轻负荷柴油发动机油既要综合考虑汽油轿车发动机油和普通柴油发动机油的特点，还要在平衡高温清净性、高温抗氧化性、高温抗磨性和中温分散性的同时，保证一定的高温高剪切黏度和蒸发损失性的要求。在为满足排放性能要求加装了尾气处理装置的轿车上，还必须使用低硫（硫增加颗粒物排放，降低催化剂寿命）、低磷（磷降低三元催化剂寿命）、低灰分（灰分干扰颗粒捕集器再生过程，降低使用寿命）的润滑油产品，以保证尾气处理装置系统的使用寿命。

一、ACEA A/B 系列汽油/轻负荷柴油发动机油复合剂

1. 作用原理

润滑油是由基础油和添加剂构成的，一般润滑油基础油只具备了润滑油的基本特征和某些使用性能，如果仅仅依靠提高基础油的加工技术，并不能生产出各种性能都符合使用要求的润滑油。为弥补润滑油某些性质上的缺陷并赋予润滑油一些新的优良性质，润滑油中要加入各种功能不同的添加剂。

复合剂就是通过模拟评价、发动机台架试验、行车试验等，考察和确定所选各类单剂间的最佳复配比，从而确定复合剂的生产配方，是能满足油品一定质量等级要求的添加剂混合物。

一般内燃机油复合剂添加量从百万分之几到百分之二十，它的作用就是增加或增强润滑油的化学性质，如通过抗氧抗腐剂来增强油品抗氧性，通过清净分散剂的增溶、分散、酸中和及洗涤作用，使沉积在机械表面上的油泥和积炭洗涤下来，并使它们分散和悬浮在油中通过过滤器除去，从而使活塞及其他零件保持清洁，正常工作。

润滑油复合剂的使用，不仅满足了各种发动机的润滑要求，而且延长了润滑油的使用寿命。柴油轿车发动机油复合剂是包含了各类功能添加剂（清净分散剂、抗氧抗腐剂、无灰分散剂、辅助抗氧剂等），并通过性能考核确定各类单剂的最佳复配比例，在台架评定的基础上生产出的复合添加剂，将复合剂应用到基础油中调和的 A/B 系列产品满足 ACEA A/B 指标要求，这种复合剂具有成品油要求的多种功能。只要在指定性质的基础油中加入适当的量，就可以生产某一质量级别的油品。

2. 技术进展

ACEA A/B 系列油品质量是紧随发动机性能提高及燃油经济性要求而不断发展的，主要有 A1/B1、A3/B3、A3/B4、A5/B5 四个质量级别。2004 年 ACEA 规格要求，A1/B1 要具有较低摩擦系数，有燃油经济性要求，其汽油机高温清净性、柴油机中温分散性比其他三类要求都低。A3/B3 具有优异的剪切安定性，适合原厂商规定的长换油期油品应用，在清净性、柴油机中温分散方面比 A1/B1 要求高，但无节能要求，也不适用于直喷柴油机。A3/B4 可适用于直喷柴油机，清净性要求比 A3/B3 更苛刻。A5/B5 适合于高性能汽油及柴油发动机小轿车长换油期应用情况，是最苛刻的规格，可以满足所有类别要求并具有节能效果，其直喷柴油机清净性要求也比 A3/B3 苛刻。

随着 ACEA 规格的发展，ACEA-2004 颁布之后，又相继颁布了 2008、2010、2012、2016。A/B 系列油品的性能也有了新的要求。目前最新版的 ACEA-2016 在 2012 的基础上进行了较

大改动，规格取消了 A1/B1 分类，更改了橡胶相容性、生物柴油氧化模拟试验方法，用直喷汽油机台架 EP6CDT 替代 TU5JP，直喷柴油机中温分散性由 DV6C 替代 DV4TD，同时提出了未来将由ⅣB 取代 TU3M 的计划。

总体来看，A/B 系列油品的质量将向着更高的高温清净性、高低温油泥分散性、抗氧抗磨性及高碱值方向发展，随之而来的就是复合剂的配方组成更新换代，如提高清净剂、分散剂、抗氧抗磨剂等功能添加剂的加量或采用新型功能更强的添加剂。

3. 发展趋势

根据 ACEA 规格要求的发展和 A/B 系列油品的技术进展及台架试验方法的改进，未来柴油轿车发动机油对抑制油泥生成及油泥分散性、中温分散性、高温清净性、黏度和碱度保持性、好的酸中和能力等都会有所提高。此外为适应未来替代燃料（在汽油或柴油中加入一定量的替代燃料）的发展和应用，A/B 系列油品对更换燃料后的适应性也要有所提高或者改进。

这些发展和变化都将对油品配方造成一定的影响。未来发动机油的发展将继续由发动机技术发展决定，新的排放法规迫使原始设备制造商改进发动机设计和使用后处理系统，这就需要新的发动机油来满足发动机设计要求。ACEA 规格是能满足发动机润滑的标准，也将随 OEM 要求的提高而提高。

二、ACEA C 系列带后处理装置轿车发动机润滑油复合剂

1. 作用原理

ACEA C 系列油品复合剂的作用原理与 A/B 系列相同，都是为了弥补润滑油某些性质上的缺陷并赋予润滑油一些新的优良性质。此外 C 系列油品复合剂与 A/B 系列油品复合剂最大的不同就是，它要考虑到低硫、低磷、低灰分的要求。这是因为在为满足排放性能要求的前提下，轿车会加装一系列的尾气处理装置，不同的尾气处理装置对润滑油有不同的要求，总体来说就是要求油品低硫（硫增加颗粒物排放，降低催化剂寿命）、低磷（磷降低三元催化剂寿命）、低灰分（灰分干扰颗粒捕集器再生过程，降低使用寿命 ），以保证尾气处理装置系统的使用寿命。

2. 技术进展

2004 年出台的 ACEA 内燃机油规格中考虑到保护汽车尾气处理装置的需求，新设立了 C 系列标准，分为 C1、C2、C3，规定了硫、磷含量和低的硫酸盐灰分含量。C 系列的出台主要是为了适应汽油机的三元催化器和轿车柴油机的微粒过滤器的要求，与 ACEA 规格中 A/B 系列台架要求基本相同，区别主要在理化指标上。C1 油具有优异的剪切稳定性，适用于装备 DPF 或三元催化转化器等尾气处理装置的高性能汽油或柴油发动机小轿车，性能要求大体相当于 A5/B5，同时对硫、磷、灰分有最严格的限制，被称为"低 SAPS"油。C2 油在延长尾气处理装置寿命的同时可提供良好的燃油经济性，性能要求大体相当于 A5/B5，同时对硫、磷、灰分有一定限制，被称为"中 SAPS"油。C3 可延长 PDF 及三元催化转化器的使用寿命，性能要求大体相当于 A3/B4，被称为"中 SAPS"油。

2007 年修订颁布的 ACEA 规格，对 C 系列中的要求比 2004 版有所提高，并增加了 C4 规格。C4-07 具有优异的剪切稳定性，适用于装备 DPF 及三元催化转化器等尾气处理装置，并要求"低 SAPS"，性能要求大体为 A5/B5-04，磷含量要求不能超过的最大限值比最苛刻的 C1-04 要高，燃油经济性要求和黑色油泥要求低。

ACEA-2008 对 C 系列规格要求进行了改动，与 2007 版相比在 VW TDI 试验中提高了环黏结指标的苛刻度，在 M111 黑色油泥试验中 C1、C2、C3 指标也更加苛刻，在 C1 油品要求

的 M111 燃油经济性试验中，也提高了节能性的要求，此外采用 OM 646LA 发动机试验取代了 OM 602A 试验，对油品的抗氧抗磨性也有了更高的要求。

ACEA-2012 发动机油规范 2012 年 12 月份颁布，其内容在 2010 版的基础上进行了较大改动，模拟性能测试中增加了生物柴油氧化试验和低温泵送性试验要求，台架试验增加了直喷柴油发动机乘用车中温分散试验和生物柴油对润滑油性能影响试验。

最新的 ACEA-2016 则是在 2012 版的基础上增加了 C5 低黏度质量级别，并更改了橡胶相容性、生物柴油氧化模拟试验方法，用直喷汽油机台架 EP6CDT 替代 TU5JP，直喷柴油机中温分散性由 DV6C 替代 DV4TD，同时提出了未来将由ⅣB 取代 TU3M 的计划。

总体来看，C 系列油品的质量将向着低黏度、更高的高温清净性、高低温油泥分散性、抗氧抗磨性、更优的节能性，以及保证一定碱值情况下更低的硫、磷、灰分方向发展，随之而来的就是复合剂的配方组成更新换代，除了提高清净剂、分散剂、抗氧抗磨剂等功能添加剂的加量外，还必须采用新型的低硫、低磷、低灰分功能更强的添加剂。

3. 发展趋势

从 ACEA 中 C 系列油品规格发展来看，未来 C 系列油品将随着发动机不断升级换代及能源危机的影响，不断提高燃油经济性、抑制油泥生成性、抗磨损性，并保证一定的低硫、低磷、低灰分。

针对这个问题，油品中某些现有配方如果不进行改进将无法满足标准要求。这就需要研制新配方，开发新添加剂，以满足更高性能挑战。例如对低硫、低磷、低灰分的要求，灰分的限制将对用于评价发动机清净性的台架试验带来影响。这是因为润滑油的硫酸盐灰分显示了润滑油中含金属组分的比例，油品中硫酸盐灰分主要来源于机油中的金属清净剂及碱性盐类，它能有效控制柴油发动机活塞沉积物，中和燃烧的酸性产物，保持活塞洁净。降低灰分就必须降低金属清净剂及碱性盐类的加量，那势必造成油品清净性的降低，为了达到台架试验的性能要求，就必须引入其他类的添加剂来补偿低灰分对油品的影响。此外磷在油品里通常以二烷基二硫代磷酸锌（ZDDP）的形态出现，它在阀系和轴承上形成保护膜作为有效的抗磨剂，且能作为抗氧化剂分解过氧化物。对机油磷含量的这个限制实际上是机油中主要的抗磨组分二烷基二硫代磷酸锌用量要减少，严重削弱了发动机油的氧化安定性。这就需要通过开发新型无磷抗磨剂和更好的抗氧剂来补偿发动机油中 ZDDP 减少的损失。发动机油中的硫主要来自两个地方：添加剂（特别是 ZDDP）及基础油。通常 ZDDP 含有 0.1%的磷，也同时贡献 0.2%的硫。低排放柴油轿车机油对基础油的一个最大的影响因素在于硫含量的限制，同时限制金属清净剂和 ZDDP 的使用也可以降低机油中硫含量。

由此可见，ACEA C 系列油品的发展将带动一系列新型添加剂的应用和发展，对基础油的性能也有新的要求。

三、产品牌号

（一）中石油兰州润滑油研究开发中心

1. RHY 3246（A3/B3）汽油/轻负荷柴油发动机油复合剂

【中文名称】RHY 3246 汽油/轻负荷柴油发动机油复合剂

【产品性能】以水杨酸盐为主要金属清净剂，具有优良的高温清净性、中低温分散性、热氧化安定性、抗氧抗腐抗磨性及酸中和能力。用在加氢基础油中可以调制 SAE 5W-30、

5W-40、10W-30、10W-40、15W-40 等黏度级别的 ACEA A3/B3 发动机油产品，所调制的产品性能质量符合欧洲 ACEA A3/B3 柴油轿车发动机油技术要求。

【质量标准】

项　　目	质量指标	实测值	试验方法
密度(20℃)/(kg/m³)	实测	987	GB/T 1884、SH/T 0604
运动黏度(100℃)/(mm²/s)	实测	106	GB/T 265
闪点(开口)/℃	≥180	213	GB/T 3536
水分含量/%	≤0.20	0.07	GB/T 260
机械杂质含量/%	≤0.08	0.004	GB/T 511
碱值/(mgKOH/g)	≥80	101	SH/T 0251
磷含量/%	0.65～0.80	0.67	SH/T 0296、GB/T 17476[2]
钙含量/%	2.60～2.80	2.71	SH/T 0270、GB/T 17476[2]
锌含量/%	0.79～0.90	0.80	SH/T 0226、GB/T 17476[2]
硫含量/%	≥2.16	2.32	SH/T 0303
氮含量[1]/%	≥0.8	1.08	GB/T 17674、SH/T 0656
硫酸盐灰分/%	10.0～10.7	10.38	GB/T 2433
钼含量/(μg/g)	≥4000	4378	GB/T 17476

① 氮含量≤1.0%时采用 GB/T 17674 测定；氮含量＞1.0%时采用 SH/T 0656 测定。
② GB/T 17476 是仲裁方法。

【生产方法】依次加入金属清净剂、无灰分散剂、抗腐抗磨剂、辅助抗氧剂，在（80±5）℃下搅拌 4h 以上至均匀，即可得到复合剂产品。

【主要用途】以 12.5%的加剂量用于 API Ⅲ类基础油中可调制 ACEA A3/B3、SAE 5W-40/10W-40/15W-40 等黏度级别的汽油/轻负荷柴油发动机油，性能满足 ACEA A3/B3-2012 要求。

【包装储运】包装、标志、运输、储存、交货验收按 SH 0164 标准执行。本品使用 200L 大桶包装，净重(170±2)kg（可按用户需求包装及发运）。

【注意事项】本品不易燃、不易爆、不腐蚀、应避光防潮，防止与人体直接接触；防止异物污染；防止与其他公司的复合剂混用。

（二）雅富顿公司（Afton）

1. HiTEC 9386X 发动机油复合剂

【中文名称】HiTEC 9386X 发动机油复合剂

【产品性能】是雅富顿的一款主流乘用车发动机油复合剂，以经济的加剂量调制的油品满足 API 和 ACEA 的行业标准。与 OCP 黏度指数改进剂配合应用，可用于生产 SAE 10W-30、10W-40、15W-40、15W-50、20W-40、20W-50 等黏度级别的产品。所调制的产品达到 MB 229.1 的认证要求。可覆盖广泛的黏度级别，并尽可能降低了对非传统 API Ⅲ类油的应用，降低了灰分及磷含量，提升了与后处理催化剂的相容性。

【质量标准】

项　　目	实测值	试验方法	项　　目	实测值	试验方法
密度(15℃)/(kg/m³)	961	ASTM D 4052	磷含量/%	0.98	LZA-AAE-3
运动黏度(100℃)/(mm²/s)	83	ASTM D 445	钙含量/%	2.33	LZA-AAE-3
闪点(闭口)/℃	180	ASTM D 93	锌含量/%	1.07	LZA-AAE-3
碱值/(mgKOH/g)	74	ASTM D 2896	氮含量/%	0.62	LZA-NI-5B

【主要用途】推荐加剂量为 10.2%，可调制满足 API SM/CF、SL/CF，ACEA A3/B3-04、A3/B4-04，MB 229.1，API CF-4 与 MB228.1（仅 SAE 15W-40）标准要求的油品。

【包装储运】建议最高调配温度为 70℃，长期储存温度不得高于 50℃，最高处置温度 80℃。

（三）雪佛龙奥伦耐公司（ChevronOronite）

1. OLOA 54000 汽油/轻负荷柴油发动机油复合剂

【中文名称】OLOA 54000 汽油/轻负荷柴油发动机油复合剂

【化学成分】由清净剂、分散剂、抗磨剂、抗氧剂等多种单剂组成。

【产品性能】满足 API SN/CF、ACEA A3/B4-2016、MB 229.1/229.3、VW 502 00/505 00、Porsche A40、RN 710/700、BMW LL-01、PSA B71 2296 等性能要求。

【质量标准】

项　目	实测值	试验方法	项　目	实测值	试验方法
密度(15℃)/(kg/m³)	0.9747	ASTM D 4052	钙含量/%	2.28	ASTM D 4951
运动黏度(100℃)/(mm²/s)	87	ASTM D 445	锌含量/%	0.95	ASTM D 4951
碱值/(mgKOH/g)	73.8	ASTM D 2896	磷含量/%	0.87	ASTM D 4951
硫酸盐灰分含量/%	8.98	ASTM D 874	氮含量/%	0.68	ASTM D 5291

【主要用途】采用 API Ⅲ 类基础油，配以 PARATONE 黏度指数改进剂，可调制 SAE 5W-30、5W-40 等黏度级别的油品。加剂量 12%或 13%（质量分数）。

【包装储运】在装卸或使用本品时，请参照相应的安全技术说明书（MSDS），请注意最高操作温度。

2. OLOA 54499 汽油/轻负荷柴油发动机油复合剂

【中文名称】OLOA 54499 汽油/轻负荷柴油发动机油复合剂

【化学成分】由清净剂、分散剂、抗磨剂、抗氧剂等多种单剂组成。

【产品性能】满足 API SN、ACEA C2/C3-2016、MB 229.31/229.51/229.52、Dexos2 等性能要求。

【质量标准】

项　目	实测值	试验方法	项　目	实测值	试验方法
运动黏度(100℃)/(mm²/s)	150	ASTM D 445	钙含量/%	1.52	ASTM D 4951
密度(15℃)/(kg/m³)	0.968	ASTM D 4052	锌含量/%	0.64	ASTM D 4951
碱值/(mgKOH/g)	56	ASTM D 2896	磷含量/%	0.59	ASTM D 4951
硫酸盐灰分含量/%	6.06	ASTM D 874	氮含量/%	0.91	ASTM D 5291

【主要用途】采用 API Ⅲ 类基础油，配以 PARATONE 等黏度指数改进剂，可调制 SAE 5W-30、5W-40 等黏度级别的油品。加剂量 12.7%（质量分数）。

【包装储运】在装卸或使用本品时，请参照相应的安全技术说明书（MSDS），请注意最高操作温度。

3. OLOA 54720 高性能汽油机油复合剂

【中文名称】OLOA 54720 高性能汽油机油复合剂

【化学成分】由清净剂、分散剂、抗磨剂、抗氧剂等多种单剂组成。

【产品性能】满足 SN Plus/GF-5、ACEA C5 的性能要求，通过多个 OEM 认证。

【质量标准】

项　　目	实测值	试验方法	项　　目	实测值	试验方法
运动黏度(100℃)/(mm²/s)	115	ASTM D 445	锌含量/%	0.51	ASTM D 4951
密度(15℃)/(kg/m³)	0.9441	ASTM D 4052	磷含量/%	0.47	ASTM D 4951
碱值/(mgKOH/g)	49.4	ASTM D 2896	硫含量/%	1.11	ASTM D 4951
硫酸盐灰分含量/%	4.81	ASTM D 874	氮含量/%	1.02	ASTM D 5291
钙含量/%	0.7	ASTM D 4951			

【主要用途】 采用 API Ⅱ类或Ⅲ类基础油，配以 PARATONE 黏度指数改进剂，可调制 SAE 0W-20、5W-30 等黏度级别的油品。可提供 TGDI 保护、LSPI 保护、燃油经济性等方面的性能。加剂量 14.5%～16%（质量分数）。

【包装储运】 在装卸或使用本品时，请参照相应的安全技术说明书（MSDS），注意最高操作温度。

第九节　代用燃料发动机油复合剂

随着汽车保有量的增加，汽车尾气排放已经成为生态环境的主要污染源。同时，石油资源趋于枯竭，环保法规日益严格都要求开发清洁的新型代用燃料。目前代用燃料如压缩天然气（CNG）、液化石油气（LPG）、乙醇汽油、甲醇汽油等清洁型燃料，已越来越多地替代了传统燃料，成为车用燃料发展的趋势。而替代燃料的性质不同于传统的汽/柴油，因此，传统的发动机油不适用于替代燃料发动机的润滑，为了更好地满足润滑要求，保护发动机正常运行，就必须使用专门的替代燃料发动机润滑油。

一、燃气发动机油复合剂

1. 作用原理

燃气发动机油复合剂采用金属清净剂、无灰分散剂、抗氧抗腐剂以及无灰抗氧抗磨剂为主剂调配而成，具有优良的高温清净分散性、抗磨抗腐性和热氧化安定性。用该复合剂调制的油品具有适宜的硫酸盐灰分，可有效控制进排气阀门和阀座之间的磨损，降低以天然气为燃料的发动机因温度高引起的油品氧化和硝化，可同时满足固定式和移动式燃气发动机的润滑油要求。

2. 技术进展

近年来，由于石油资源的匮乏和环保法规的日益严格，推动了各国代用燃料的发展，燃气发动机油适用于以天然气为燃料的固定式较高输出功率的涡轮增压二冲程和四冲程天然气发动机、移动式的四冲程天然气发动机、双燃料发动机以及整体式天然气压缩机的润滑要求。目前，世界上还没有统一的天然气发动机润滑油标准，也没有发动机台架评定方法，只有发动机制造厂商或润滑油生产厂家各自制定的技术标准。

3. 发展趋势

燃气发动机由于燃料的不同导致设计与传统的汽、柴油发动机有差异，要求燃气发动机油具有理想的灰分、优良的抗硝化及抗氧化性能、良好的活塞沉积物控制能力和抗磨损抗腐蚀性能等。因此，普通柴油机油和汽油机油并不适用于燃气发动机设备的润滑。目前，固定式和移动式燃气发动机油已被成功开发，随着国Ⅵ燃气发动机的出现，未来满足国Ⅵ燃气发动机的长换油期油品的开发成为重点。

二、轿车燃气发动机油复合剂

1. 作用原理

轿车燃气发动机油复合剂除了和其他类型发动机油复合剂具有相同的作用外（如通过抗氧抗腐剂来增强油品抗氧性，通过清净分散剂保证活塞及其他零件的清洁、正常工作等），依据发动机油的使用环境还增强了复合剂的抗氧化、抗硝化、抗腐蚀及抗磨损性能，以满足一定的碱值和硫酸盐灰分的性能要求。

2. 技术进展

液化石油气、压缩天然气等新型代用燃料可以解决我国石油资源短缺，改善汽车尾气排放和大气环境质量。轿车燃气发动机油复合剂的技术进展是随着燃气发动机用油需求而发展的，燃气种类不同，对油品的性能要求也就不同，尤其是灰分和碱值。

由于气体燃料不同于汽、柴油，其纯度高，热效率高，燃气温度高，燃烧干净，但其润滑性差，且含有一定的硫，容易造成发动机相关部件的黏结、摩擦、腐蚀和锈蚀及磨损。因此，传统的发动机油不适用于燃气发动机的润滑，而需要专门的燃气发动机润滑油。

燃气发动机对润滑油的要求主要有以下几点：

（1）燃气的燃烧温度比较高，润滑油易于氧化，所以要求润滑油要有较好的抗氧化性。

（2）汽/柴油发动机中的汽/柴油是以雾状小液滴形态喷入燃烧室的，对阀门、阀座等部件可起到润滑、冷却作用，燃气则呈气态进入燃烧室，不具备液体润滑功能，易使阀门、阀座等部件干涩无润滑，易产生黏结磨损。

（3）燃烧废气在高温下易生成氮氧化物，如果窜入曲轴箱会使润滑油加快氧化变质，所以要求润滑油还应有较好的抗氧化安定性和清净分散性。

（4）天然气对润滑油在燃烧室内燃烧产生的沉积物的清洗能力不足，高灰分润滑油极易在发动机部件表面生成坚硬沉积物，促使发动机异常磨损、火花塞堵塞及阀门积炭，引起发动机爆震、点火失时或阀门喷火，所以要求润滑油灰分不能太高；同时因燃气对燃烧室缺乏润滑性，适量的灰分可以降低阀系磨损，因此又要求润滑油灰分不能过低。润滑油产品最好具有适宜的灰分。

3. 发展趋势

20 世纪 70 年代以来，经过系统的科学研究和实践，燃气发动机油已在世界各国得到广泛的应用，但目前还没有统一的标准，只有相关润滑油公司的企业标准。但随着车用燃气发动机的推广，燃气发动机润滑油逐步形成一定的市场需求。燃气发动机专用润滑油能更好地满足和保护燃气发动机的润滑，具有很好的社会效益和经济效益。

三、甲醇燃料发动机油复合剂

1. 作用原理

甲醇燃料发动机油复合剂除了和其他类型发动机油复合剂具有相同的作用外（如通过抗氧抗腐剂来增强油品抗氧性，通过清净分散剂保证活塞及其他零件的清洁、正常工作等），依据发动机油的使用环境还增强了复合剂的抗氧化、抗腐蚀及抗磨损性，以满足甲醇汽油发动机对油品的性能要求。

2. 技术进展

醇类代用燃料是和液化石油气、压缩天然气具有同样社会效益的新型代用燃料。车用甲醇汽油是在汽油组分中，按体积比加入一定比例的甲醇混配而成的一种新型清洁车用燃料。使用甲醇汽油可以综合解决我国石油资源短缺、改善汽车尾气排放和大气环境质量。

甲醇燃料发动机油复合剂的技术进展是紧跟甲醇燃料发动机的用油需求而发展的，汽油中甲醇含量不同，对油品的性能要求也就不同，一般随着甲醇含量的增高，润滑油性能要求越高，复合剂性能就要更加优越。

甲醇汽油同普通无铅汽油有很大的区别，甲醇汽油在燃烧产物上与普通汽油也有一定的差异，所以对发动机油会有一定的影响。通常认为使用甲醇汽油对发动机油的主要影响有以下几方面。

（1）甲醇汽油尤其是高掺烧比甲醇汽油 M85、M100，具有一定的吸水性。相比汽油，甲醇燃烧每个碳原子几乎要产生 2 倍的水，因而相比汽油发动机油，甲醇燃料发动机润滑油中会混入更多的水。

（2）使用甲醇燃料的润滑油油温升高幅度较大。国外研究发现在用 M85 和汽油作燃料进行的行车对比试验中，M85 发动机润滑油的平均温度要比汽油发动机油温高出大约 10℃，温度的升高使得 M85 发动机润滑油黏度较汽油发动机润滑油黏度大大增长。

（3）甲醇的蒸发潜热要比普通汽油高，挥发比较困难，更容易渗入到润滑油中。在用 M85 和汽油作燃料进行的行车对比试验中，发现在初始 100km 的行程中，M85 发动机润滑油中的燃料油（甲醇和汽油）含量约是汽油发动机的 2 倍。甲醇的窜入，一方面，可以稀释润滑油降低油品的黏度；另一方面，润滑油添加剂会被窜入的甲醇萃取，使得润滑油迅速变质恶化，然后又由甲醇转移到初始接触区以外而使气缸壁上部区域产生磨损。

（4）相比普通汽油，醇类发动机机油中会形成较多的戊烷不溶物，当机油中污染物（醇、汽油、水）增加到一定程度时就会开始形成白色油泥，且白色油泥随着污染物的增加而增加。

因此，发动机使用甲醇汽油时，要求润滑油应当具有很好的碱值保持能力、腐蚀抑制能力以及抗磨性能。

3. 发展趋势

针对我国富煤少油的能源结构特点，发展煤基甲醇灵活燃料，可以降低对石油的依赖。发展煤基甲醇灵活燃料是我国车用能源多元化战略的重要组成部分。在国家有关部门的组织下，山西、山东、云南、四川等地均进行过甲醇燃料替代汽油的试验研究，并取得了良好的经济效益和环保效益。

经过系统的科学研究和实践，甲醇燃料已在多国得到部分的应用，但目前其发动机润滑油还没有统一的标准，只有相关润滑油公司的企业标准。但随着甲醇燃料的推广，甲醇燃料发动机专用润滑油逐步形成一定的市场需求。甲醇燃料发动机专用润滑油能更好地满足和保护甲醇燃料发动机的润滑，具有很好的社会效益和经济效益。

四、乙醇燃料发动机油复合剂

1. 作用原理

乙醇燃料发动机油复合剂除了和其他类型发动机油复合剂具有相同的作用外（如通过抗氧抗腐剂来增强油品抗氧性，通过清净分散剂保证活塞及其他零件的清洁、正常工作等），依据发动机油的使用环境还增强了复合剂的抗氧化、抗腐蚀及抗磨损性，以满足乙醇汽油对油品的性能要求。

2. 技术进展

醇类代用燃料是和液化石油气、压缩天然气具有同样社会效益的新型代用燃料。车用乙醇汽油是在汽油组分中按体积比加入一定比例（我国暂按 10%）乙醇混配而成的一种新型清洁车用燃料。使用乙醇汽油有利于综合解决我国石油资源短缺、粮食生产相对过剩、环境污染加剧三大热点问题，改善汽车尾气排放和大气环境质量，促进农业生产、消费的良性循环。

乙醇燃料发动机油复合剂的技术进展是紧跟乙醇燃料发动机的用油需求而发展的，汽油中乙醇含量不同，对油品的性能要求也就不同，一般随着乙醇含量的增高，润滑油性能要求越高，复合剂性能就要更加优越。

同汽油燃料发动机所需要的润滑油相比，乙醇汽油发动机润滑油同样需要满足基本的润滑性能要求。车用乙醇汽油的特点是辛烷值高、蒸发潜热大，因此允许发动机在较高的压缩比下使用，其结果是改善发动机的热效率和输出功率。另外，乙醇汽油高的蒸发潜热、单一的沸点、低的蒸气压这些特点在较低温度下影响驱动性能而又变成不利因素，同时，由于乙醇汽油含有少量水分易于窜入曲轴箱与润滑油混合，在较低的温度下它容易与油形成乳化液，比汽油更易到达气缸壁。鉴于上述原因，乙醇汽油发动机润滑油对于气缸壁、活塞环磨损以及发动机零部件的腐蚀成为人们研究的重点。

通过对复合剂配方性能考察，发现添加剂配方对防止醇类燃料发动机的磨损效果更明显，ZDDP 是汽油机油中最常使用的抗磨添加剂，但过量增加 ZDDP 的用量对改善醇类发动机的磨损却是无效的。此外，金属清净剂也明显影响到油品的抗磨性，金属清净剂的浓度越大，抗磨损性能越好。一般随着润滑油配方总碱值的提高，磨损将下降。

总体来看，乙醇汽油复合剂的配方变动随着汽油中乙醇含量的增加，适度提高产品碱值、抗氧抗磨抗腐性及高温清净性是必要的。

3. 发展趋势

20 世纪 70 年代以来，经过系统的科学研究和实践，车用乙醇汽油已在美国、巴西等国得到广泛的应用，但在我国近几年才刚刚起步，由于我国国情现状，目前还没有乙醇汽油发动机润滑油的国家标准，只有相关润滑油公司的企业标准。但随着车用乙醇汽油的推广，乙醇汽油发动机润滑油将逐步形成一定的市场需求。专用乙醇汽油发动机润滑油产品能更好地满足和保护乙醇汽油发动机的润滑，具有很好的社会效益和经济效益。

随着能源危机的日趋严重，在保证我国粮食供应充足的前提下，乙醇汽油中的乙醇含量将会有所提高。随之复合剂产品也将通过加大剂量或提高清净剂、抗氧抗磨剂的比例，增加新型添加剂种类来克服乙醇汽油对发动机造成的不良影响。

五、产品牌号

（一）兰州/大连润滑油研究开发中心

1. RHY 3063 高级轿车燃气发动机油复合剂

【中文名称】RHY 3063 高级轿车燃气发动机油复合剂

【产品性能】以磺酸盐为主要金属清净剂，具有优良的氧化安定性、抗磨抗腐性及清净分散性。RHY 3063 复合剂加剂量为 8.5%，以该复合剂调制的 API SJ SAE 10W-30 高级轿车燃气发动机油通过了 MS 程序ⅡD、ⅢE、ⅤE、L-38 发动机台架试验，可满足 Q/SY RH 2112

高级轿车燃气发动机油性能要求。

【质量标准】Q/SY RH 3042—2009

项　　目	质量指标	实测值	试验方法
密度(20℃)/(kg/m³)	报告	982.3	GB/T 1884
运动黏度(100℃)/(mm²/s)	报告	127.7	GB/T 265
闪点(开口)/℃	≥170	213	GB/T 3536
水分含量(体积分数)/%	≤0.15	0.06	GB/T 260
机械杂质含量/%	≤0.08	0.006	GB/T 511
碱值/(mgKOH/g)	≥80	95.6	SH/T 0251
磷含量/%	0.85～1.10	0.88	SH/T 0296
钙含量/%	≥2.61	2.88	SH/T 0270
锌含量/%	0.95～1.30	0.98	SH/T 0226
氮含量/%	≥0.90	1.05	SH/T 0656
硫含量/%	报告	2.63	SH/T 0303
硫酸盐灰分含量/%	≤14.40	11.16	GB/T 2433

【生产方法】依次加入无灰分散剂、抗氧剂、抗腐抗磨剂、金属清净剂，在(70±5)℃下搅拌 4h 以上至均匀，即可得到复合剂产品。

【主要用途】以 8.5%的添加量应用于 API Ⅱ 和 Ⅲ 类基础油中，用于调制 SAE 5W-30、10W-30、10W-40、15W-40 和 20W-50 等黏度级别的 API SJ 高级轿车燃气发动机油。

【包装储运】包装、标志、运输、储存、交货验收按 SH 0164 标准执行。使用 200L 大桶包装，净重(170±2)kg（可按用户需求包装及发运）。

【注意事项】本品不易燃、不易爆、无腐蚀、应避光防潮，防止与人体直接接触；防止异物污染；防止与其他公司的复合剂混用。

2. RHY 3064 高级轿车燃气发动机油复合剂

【中文名称】RHY 3064 高级轿车燃气发动机油复合剂

【产品性能】以水杨酸盐为主要金属清净剂，具有优良的氧化安定性、抗磨抗腐性及清净分散性。以 6.5%剂量调制的 API SJ SAE 10W-30 高级轿车燃气发动机油通过了 MS 程序 Ⅱ D、Ⅲ E、Ⅴ E、L-38 发动机台架试验，可满足 Q/SY RH 2112 高级轿车燃气发动机油性能要求。

【质量标准】Q/SY RH 3070—2011

项　　目	质量指标	实测值	试验方法
密度(20℃)/(kg/m³)	实测	998.0	GB/T 1884
运动黏度(100℃)/(mm²/s)	实测	101.0	GB/T 265
闪点(开口)/℃	≥180	218	GB/T 3536
水分含量(体积分数)/%	≤0.40	0.03	GB/T 260
机械杂质含量/%	≤0.12	0.01	GB/T 511
碱值/(mgKOH/g)	≥95.0	102	SH/T 0251
磷含量/%	≤1.50	1.25	SH/T 0296
钙含量/%	≥3.27	3.39	SH/T 0270
锌含量/%	≥1.35	1.44	SH/T 0226
硫含量/%	≥2.40	2.62	SH/T 0303
氮含量/%	≥0.43	0.46	GB/T 17674
硫酸盐灰分含量/%	≤14.5	13.59	GB/T 2433

【生产方法】依次加入无灰分散剂、抗氧剂、抗腐抗磨剂、金属清净剂，在(70±5)℃下搅拌 4h 以上至均匀，即可得到复合剂产品。

【主要用途】以 6.5%的添加量应用于 API Ⅱ 和 Ⅲ 类基础油中，用于调制 SAE 5W-30、10W-30、10W-40、15W-40 和 20W-50 等黏度级别的 API SJ 高级轿车燃气发动机油。

【包装储运】和【注意事项】参见该公司 RHY 3603 高级轿车燃气发动机油复合剂。

3. RHY 3062 甲醇汽油机油复合剂

【中文名称】RHY 3062 甲醇汽油机油复合剂

【产品性能】以磺酸盐为主要金属清净剂，具有优良的氧化安定性、抗磨抗腐性及清净分散性。以 9.8%剂量调制的 SJ SAE 10W-30 甲醇汽油发动机油通过了 MS 程序 ⅡD、ⅢE、ⅤE、L-38 发动机台架试验和 M100 甲醇汽油道路行车试验，可满足 Q/SY RH 2188 甲醇汽油发动机油性能要求。

【质量标准】Q/SY RH 3007—2003（2009）

项　　目	质量指标	实测值	试验方法
密度(20℃)/(kg/m³)	报告	993.0	GB/T 1884
运动黏度(100℃)/(mm²/s)	报告	246.5	GB/T 265
闪点(开口)/℃	≥170	208	GB/T 3536
水分含量(体积分数)/%	≤0.15	0.03	GB/T 260
机械杂质含量/%	≤0.08	0.0245	GB/T 511
碱值/(mgKOH/g)	≥95.0	102	SH/T 0251
磷含量/%	0.83～1.00	0.94	SH/T 0296
钙含量/%	≥3.1	3.26	SH/T 0270
锌含量/%	0.93～1.08	0.96	SH/T 0226
硫含量/%	报告	2.55	SH/T 0303
氮含量/%	≥0.53	0.70	GB/T 17674
硫酸盐灰分含量/%	报告	12.12	GB/T 2433

【生产方法】依次加入无灰分散剂、抗氧剂、抗腐抗磨剂、金属清净剂，在(70±5)℃下搅拌 4h 以上至均匀，即可得到复合剂产品。

【主要用途】以 9.8%的添加量应用于 API Ⅱ 和 Ⅲ 类基础油中，用于调制 SAE 5W-30、10W-30、10W-40、15W-40 和 20W-50 等黏度级别的 API SJ 甲醇汽油发动机油。

【包装储运】和【注意事项】参见该公司 RHY 3603 高级汽车燃气发动机油复合剂。

4. RHY 3053E 轿车乙醇汽油发动机油复合剂

【中文名称】RHY 3053E 轿车乙醇汽油发动机油复合剂

【产品性能】以水杨酸盐为主要金属清净剂，具有优良的氧化安定性、抗磨抗腐性及清净分散性。以 6.5%剂量调制的 API SJ SAE 10W-30 高级轿车乙醇汽油发动机油通过了 MS 程序 ⅡD、ⅢE、ⅤE、L-38 和 10%乙醇汽油 MS 程序 Ⅷ 等发动机台架试验，可满足 Q/SY RH 2117 高级轿车乙醇汽油发动机油性能要求。

【质量标准】

项　　目	质量指标	实测值	试验方法
密度(20℃)/(kg/m³)	报告	983.4	GB/T 1884
运动黏度(100℃)/(mm²/s)	报告	68.57	GB/T 265
闪点(开口)/℃	≥170	200	GB/T 3536
水分含量(体积分数)/%	≤0.2	0.09	GB/T 260

续表

项　　目	质量指标	实测值	试验方法
机械杂质含量/%	≤0.1	0.010	GB/T 511
碱值/(mgKOH/g)	≥62.0	74.4	SH/T 0251
磷含量/%	≥1.45	1.53	SH/T 0296
钙含量/%	≥2.00	2.18	SH/T 0270
锌含量/%	≥1.70	1.96	SH/T 0226
硫含量/%	≥3.25	3.75	SH/T 0303
氮含量/%	≥0.70	0.80	GB/T 17674
硫酸盐灰分含量/%	报告	9.692	GB/T 2433

【生产方法】依次加入金属清净剂、无灰分散剂、抗磨抗腐剂，在(70±5)℃下搅拌 4h 以上至均匀，即可得到复合剂产品。

【主要用途】是一类应用于调制普通轿车乙醇汽油发动机油的复合剂，能满足燃烧乙醇汽油的普通汽车发动机的润滑需求。以 5.7%的加量应用于溶剂精制石蜡基、中间基基础油及 API Ⅱ 类加氢基础油中，可调制 SAE 5W-30、10W-30、15W-40 的 API SF 级乙醇汽油机油，油品性能质量符合 Q/SY RH 2116 标准要求。

【包装储运】和【注意事项】参见该公司 RHY 3603 高级汽车燃气发动机油复合剂。

5. RHY 3062E 高级轿车乙醇汽油发动机油复合剂

【中文名称】RHY 3062E 高级轿车乙醇汽油发动机油复合剂

【产品性能】具有优良的高温清净性、油泥分散性、抗氧化性、抗磨抗腐性和抗乳化性。可以调制高级轿车乙醇汽油机油产品，产品质量满足 Q/SY RH 2117 标准对高级轿车乙醇汽油机油的要求，及美国石油协会 API SJ 规格要求。经台架试验及行车试验表明，具有优良的抗腐蚀抗乳化性能，可有效防止可能产生的乙醇汽油及水分对发动机金属部件的腐蚀磨损和对润滑油的乳化分解，防止油泥、积炭和漆膜的生成，保持发动机清洁，减少排放污染，满足环保需求。

【质量标准】

项　　目	质量指标	实测值	试验方法
密度(20℃)/(kg/m³)	报告	993.0	GB/T 1884
运动黏度(100℃)/(mm²/s)	报告	246.5	GB/T 265
闪点(开口)/℃	≥170	208	GB/T 3536
水分含量(体积分数)/%	≤0.15	0.03	GB/T 260
机械杂质含量/%	≤0.08	0.024	GB/T 511
碱值/(mgKOH/g)	≥96.0	102	SH/T 0251
磷含量/%	0.83~1.0	0.84	SH/T 0296
钙含量/%	≥3.1	3.26	SH/T 0270
锌含量/%	0.93~1.08	0.96	SH/T 0226
硫含量/%	报告	2.55	SH/T 0303
氮含量/%	≥0.58	0.70	GB/T 17674
硫酸盐灰分含量/%	报告	12.12	GB/T 2433

【生产方法】依次加入金属清净剂、无灰分散剂、抗磨抗腐剂，在(70±5)℃下搅拌 4h 以上至均匀，即可得到复合剂产品。

【主要用途】以 9.8%的加量应用于加氢基础油中，可以调制 SAE 5W-30、10W-30、10W-40、15W-40 黏度级别的 API SJ 高级轿车乙醇汽油机油，符合 Q/SY RH 2117 标准性能要求，适用于以乙醇汽油/汽油为燃料的轿车发动机的润滑。

【包装储运】和【注意事项】参见该公司 RHY 3603 高级汽车燃气发动机油复合剂。

6. RHY 3064 高级轿车乙醇汽油发动机油复合剂

【中文名称】RHY 3064 高级轿车乙醇汽油发动机油复合剂

【产品性能】以水杨酸盐为主要金属清净剂，具有优良的氧化安定性、抗磨抗腐性及清净分散性。以该复合剂调制的 SJ SAE 10W-30 高级轿车乙醇汽油发动机油通过了 MS 程序ⅡD、ⅢE、ⅤE、L-38 和 10%乙醇汽油 MS 程序Ⅷ等发动机台架试验，可满足 Q/SY RH 2117 高级轿车乙醇汽油发动机油性能要求。

【质量标准】Q/SY RH 3070—2011

项　　目	质量指标	实测值	试验方法
密度(20℃)/(kg/m³)	实测	998.0	GB/T 1884
运动黏度(100℃)/(mm²/s)	实测	101.0	GB/T 265
闪点(开口)/℃	≥180	218	GB/T 3536
水分含量(体积分数)/%	≤0.40	0.03	GB/T 260
机械杂质含量/%	≤0.12	0.01	GB/T 511
碱值/(mgKOH/g)	≥95.0	102	SH/T 0251
磷含量/%	≤1.50	1.25	SH/T 0296
钙含量/%	≥3.27	3.39	SH/T 0270
锌含量/%	≥1.35	1.44	SH/T 0226
硫含量/%	≥2.40	2.62	SH/T 0303
氮含量/%	≥0.43	0.46	GB/T 17674
硫酸盐灰分含量/%	≤14.5	13.59	GB/T 2433

【生产方法】依次加入无灰分散剂、抗氧剂、抗磨抗腐剂、金属清净剂，在(70±5)℃下搅拌 4h 以上至均匀，即可得到复合剂产品。

【主要用途】以 6.5%的添加量应用于 APIⅡ和Ⅲ类基础油中，用于调制 SAE 5W-30、10W-30、10W-40、15W-40 和 20W-50 等黏度级别的 API SJ 高级轿车乙醇汽油机油。

【包装储运】和【注意事项】参见该公司 RHY 3603 高级汽车燃气发动机油复合剂。

（二）兰州/太仓中石油润滑油添加剂有限公司

1. RHY 3601 燃气发动机油复合剂

【中文名称】RHY 3601 燃气发动机油复合剂

【产品性能】具有优良的高温清净分散性、抗磨抗腐性和热氧化安定性。以 9.0%剂量可以调制 SAE 30、40、50、10W-30、10W-40、15W-40、20W-50 等黏度级别的固定式、移动式燃气发动机油及重负荷燃气发动机油，质量水平满足中国石油 Q/SY RH 2105—2010、Q/SY RH 2114—2010、Q/SY RH 2240—2013 标准和 API CF 级别要求，能满足 Cummins（康明斯）B 和 C 系列、Detroit（底特律）柴油 50 和 60 系列、上海柴油机股份有限公司 4CT180、东风股份有限公司 EQD230N-30 燃气发动机、锡柴 CA6SF/CA6SL/CA6SN 等国内外燃气发动机的润滑要求。

【质量标准】Q/SY RH 3094—2017

项　　目	质量指标	实测值	试验方法
密度(20℃)/(kg/m³)	报告	955.5	SH/T 0604
运动黏度(100℃)/(mm²/s)	报告	71.65	GB/T 265

项　目	质量指标	实测值	试验方法
闪点(开口)/℃	≥180	210	GB/T 3536
水分含量(体积分数)/%	≤0.1	0.03	GB/T 260
机械杂质含量/%	≤0.1	0.008	GB/T 511
碱值/(mgKOH/g)	≥37	40.2	SH/T 0251
硫酸盐灰分含量/%	≤6.60	6.22	GB/T 2433
磷含量/%	0.63～0.79	0.72	SH/T 0296
硫含量/%	≥2.00	2.19	SH/T 0303
氮含量/%	≥0.68	0.83	GB/T 17674
硼含量/%	≥0.07	0.08	NB/SH/T 0824
钙含量/%	1.1～1.4	1.32	SH/T 0270
锌含量/%	0.71～0.93	0.78	SH/T 0226

【生产方法】 依次加入无灰分散剂、抗氧剂、抗磨抗腐剂、金属清净剂，在(60±5)℃下搅拌 4h 以上至均匀，即可得到复合剂产品。

【主要用途】 以 9.0%的添加量应用于 API Ⅰ、Ⅱ、Ⅲ、Ⅳ类基础油中，用于调制 SAE 30、40、50、10W-30、10W-40、15W-40、20W-50 等黏度级别的固定式、移动式燃气发动机油和重负荷燃气发动机油。

【包装储运】 包装、标志、运输、储存、交货验收按 SH 0164 标准执行。本品使用 200L 大桶包装，净重(170±2)kg（可按用户需求包装及发运）。

【注意事项】 本品不易燃、不易爆、无腐蚀，应避光防潮，防止与人体直接接触；防止异物污染；防止与其他公司的复合剂混用。

2. RHY 3601A 燃气发动机油复合剂

【中文名称】 RHY 3601A 燃气发动机油复合剂

【产品性能】 具有优良的高温清净分散性、抗磨抗腐性、热氧化及抗硝化性能。调制的油品质量水平满足中国石油 Q/SY RH 2240—2013 标准和 API CF 级别要求，能满足上海柴油机股份有限公司 4CT180、东风股份有限公司 EQD230N-30 和 EQRN380-30、一汽解放汽车有限公司无锡柴油机厂 CA6SF/CA6SL/CA6SN 等国内外燃气发动机的长换油期润滑要求。

【质量标准】 Q/SY RH3095—2014

项　目	质量指标	实测值	试验方法
密度(20℃)/(kg/m³)	报告	959.2	SH/T 0604
运动黏度(100℃)/(mm²/s)	报告	84.15	GB/T 265
闪点(开口)/℃	≥180	209	GB/T 3536
水分含量(体积分数)/%	≤0.1	0.09	GB/T 260
机械杂质含量/%	≤0.1	0.002	GB/T 511
总碱值/(mgKOH/g)	≥37	37.8	SH/T 0251
硫酸盐灰分含量/%	≤6.6	5.95	GB/T 2433
磷含量/%	0.66～0.79	0.70	SH/T 0296
硫含量/%	≥2.0	2.07	SH/T 0303
氮含量/%	≥0.73	0.87	GB/T 17674
硼含量/%	0.22～0.35	0.299	NB/SH/T 0824
钙含量/%	1.1～1.4	1.27	SH/T 0270
锌含量/%	0.71～0.93	0.79	SH/T 0226

【生产方法】依次加入无灰分散剂、抗氧剂、抗磨抗腐剂、金属清净剂，(60±5)℃下搅拌4h以上至均匀，即可得到复合剂产品。

【主要用途】以9.0%的添加量应用于API Ⅰ、Ⅱ、Ⅲ、Ⅳ类基础油中，用于调制SAE 30、SAE 40、SAE 50、10W-30、10W-40、15W-40、20W-50等黏度级别的固定式、移动式燃气发动机油和重负荷燃气发动机油。

【包装储运】和【注意事项】参见该公司RHY 3061燃气发动机油复合剂。

3. RHY 3701 无灰燃气发动机油复合剂

【中文名称】RHY 3701 无灰燃气发动机油复合剂

【化学成分】由高性能清净剂、分散剂、抗氧剂组成。

【产品性能】具有有效保持发动机清洁、延长换油周期等特点。采用本品调制的无灰固定式燃气发动机油产品满足二冲程天然气发动机及天然气压缩机（组）的润滑需求，具备良好的清净分散性，抗氧防腐蚀性能，适用于成都压缩机厂、库珀、德莱塞兰等公司的二冲程整体式燃气发动机-压缩机组的润滑。

【质量标准】执行企业标准

项　　目	实测值	试验方法	项　　目	实测值	试验方法
外观	透明无沉淀	目测	水分含量(体积分数)/%	0.05	GB/T 260
密度(20℃)/(kg/m³)	941.5	SH/T 0604	机械杂质含量/%	0.07	GB/T 511
运动黏度(100℃)/(mm²/s)	107	GB/T 265	碱值/(mgKOH/g)	33.1	SH/T 0251
闪点(闭口)/℃	169	GB/T 3536	氮含量/%	1.35	GB/T 17674

【生产方法】依次加入无灰分散剂、抗氧剂、金属清净剂等，(60±5)℃下搅拌4h以上至均匀，即可得到复合剂产品。

【主要用途】采用API Ⅰ类、Ⅱ类、Ⅲ类、Ⅳ类基础油，配以OCP型黏度指数改进剂、降凝剂和抗泡剂，可以调制不同黏度级别（SAE 40、50、5W-40、10W-40、15W-40、20W-50）无灰固定式燃气发动机油，加剂量7.8%（质量分数）。

【包装储运】和【注意事项】参见该公司RHY 3061燃气发动机油复合剂。

4. RHY 3704 中灰燃气发动机油复合剂

【中文名称】RHY 3704 中灰燃气发动机油复合剂

【化学成分】由高性能清净剂、分散剂、抗氧剂组成。

【产品性能】具有有效保持发动机清洁、延长换油周期等特点。采用本品调制的中灰固定式燃气发动机油产品满足四冲程天然气发动机及天然气压缩机（组）的润滑需求，具备良好的清净分散性、抗氧防腐蚀性能。

【质量标准】执行企业标准

项　　目	实测值	试验方法	项　　目	实测值	试验方法
密度(20℃)/(kg/m³)	984.0	SH/T 0604	硫酸盐灰分含量/%	12.8	GB/T 2433
运动黏度(100℃)/(mm²/s)	74.55	GB/T 265	钙含量/%	2.62	GB/T 17476
闪点(闭口)/℃	185	GB/T 3536	锌含量/%	0.73	GB/T 17476
水分含量(体积分数)/%	0.12	GB/T 260	硫含量/%	3.86	ASTM D 6433
机械杂质含量/%	0.022	GB/T 511	氮含量/%	0.923	SH/T 0656
碱值/(mgKOH/g)	84.9	SH/T 0251			

【生产方法】依次加入无灰分散剂、抗氧剂、金属清净剂等，(60±5)℃下搅拌4h以上至

均匀，即可得到复合剂产品。

【主要用途】适用于四冲程天然气发动机（组）的曲轴箱润滑，也可用于输送高腐蚀性、酸性气体含量高发动机（组）曲轴箱和天然气压缩机气缸润滑。采用 API Ⅰ类、Ⅱ类、Ⅲ类、Ⅳ类基础油，配以 OCP 型黏度指数改进剂、降凝剂和抗泡剂，可调制不同黏度级别（SAE 5W-40、10W-40、15W-40、20W-50、40、50）的中灰固定式燃气发动机油。加剂量 8.5%（质量分数）。

【包装储运】和【注意事项】参见该公司 RHY 3061 燃气发动机油复合剂。

5. RHY 3705 双燃料发动机油复合剂

【中文名称】RHY 3705 双燃料发动机油复合剂

【化学成分】由高性能清净剂、分散剂、抗氧剂组成。

【产品性能】具有有效保持发动机清洁、延长换油周期等特点。采用本品调制的双燃料发动机油产品满足燃气-柴油混用的双燃料发动机的润滑需求，具备良好的清净分散性，抗氧防腐蚀性能。

【质量标准】执行企业标准

项　目	实测值	试验方法	项　目	实测值	试验方法
密度(20℃)/(kg/m³)	979.9	SH/T 0604	硫酸盐灰分含量/%	10.92	GB/T 2433
运动黏度(100℃)/(mm²/s)	65.69	GB/T 265	钙含量/%	2.32	GB/T 17476
闪点(闭口)/℃	190	GB/T 3536	锌含量/%	0.818	GB/T 17476
水分含量(体积分数)/%	0.07	GB/T 260	硫含量/%	4.00	ASTM D 6433
机械杂质含量/%	0.009	GB/T 511	氮含量/%	0.957	SH/T 0656
碱值/(mgKOH/g)	75.8	SH/T 0251			

【生产方法】依次加入无灰分散剂、抗氧剂、金属清净剂等，(60±5)℃下搅拌 4h 以上至均匀，即可得到复合剂产品。

【主要用途】适用于以柴油/天然气为燃料的四冲程发动（电）机（组）的润滑，也可用于四冲程燃气发动（电）机（组）润滑。采用 API Ⅰ类、Ⅱ类、Ⅲ类、Ⅳ类基础油，配以 OCP 型黏度指数改进剂、降凝剂和抗泡剂，可用于调制不同黏度级别（SAE 5W-40、10W-40、15W-40、20W-50、40、50）的双燃料发动机油。加剂量 9.5%（质量分数）。

【包装储运】和【注意事项】参见该公司 RHY 3061 燃气发动机油复合剂。

（三）锦州康泰润滑油添加剂股份有限公司

1. KT 32069 双燃料发动机油复合添加剂

【中文名称】KT 32069 双燃料发动机油复合剂

【化学成分】由高分子无灰分散剂、低碱值合成磺酸钙、高温清净剂、抗氧抗腐剂和高温辅助抗氧剂等复配而成。

【产品性能】应用于油品中体现出良好的高温清净性、低温分散性、优异的抗氧化性和抗磨损性能。

【质量标准】

项　目	质量指标	测试方法	项　目	质量指标	测试方法
密度(20℃)/(kg/m³)	实测	GB/T 1884	锌含量/%	≥0.65	SH/T 0226
闪点(开口)/℃	≥180	GB/T 3536	氮含量/%	≥0.82	SH/T 0224
运动黏度(100℃)/(mm²/s)	实测	GB/T 265	硫酸盐灰分含量/%	≤8.5	GB/T 2433
磷含量/%	≥0.5	SH/T 0296	总碱值/(mgKOH/g)	≥60	SH/T 0251
钙含量/%	≥1.8	SH/T 0270			

【主要用途】既适用于气体燃料发动机的润滑，也适用于汽油发动机的润滑。

API 质量等级	加剂量(质量分数)/%		API 质量等级	加剂量(质量分数)/%	
	单级	多级		单级	多级
SJ/LPG	—	9	SE	4.2	4.5
SF	5	5.5			

【包装储运】本品在储存、装卸及调油时，参照 SH 0164 进行。最高温度不应超过 75℃；若长期储存，最高温度不应超过 45℃。产品净重：190kg/桶，200L 标准铁桶。

【注意事项】本品不易燃、不易爆、无腐蚀性，在安全、环保、使用等方面同一般石油产品，不用进行特殊防护。

2. KT 32069B 低灰分天然气发动机油复合添加剂

【中文名称】KT 32069B 低灰分天然气发动机油复合剂

【化学成分】由硼化高分子无灰分散剂、低碱值合成磺酸盐、高温清净剂、抗氧抗腐剂和高温辅助抗氧剂等复配而成。

【产品性能】具有优良的高温清净性、防腐性、热氧化安定性以及优异的抗磨性和适宜的灰分，以满足燃气发动机油的要求。

【质量标准】

项　　目	质量指标	测试方法	项　　目	质量指标	测试方法
密度(20℃)/(kg/m³)	950～980	GB/T 1884	氮含量/%	≥0.9	SH/T 0224
闪点(开口)/℃	≥180	GB/T 3536	硼含量/%	0.1～0.2	NB/SH/T 0824
运动黏度(100℃)/(mm²/s)	实测	GB/T 265	硫酸盐灰分含量/%	≤5.35	GB/T 2433
钙含量/%	1.1～1.3	SH/T 0270	总碱值/(mgKOH/g)	≥40	SH/T 0251
锌含量/%	0.72～0.85	SH/T 0226			

【主要用途】用于调制公交专用高级燃气发动机油、重负荷发动机油和固定式燃气发动机油产品。参考加剂量 9%（质量分数）。

【包装储运】和【注意事项】参见该公司 KT 32069 双燃料发动机油复合添加剂。

3. KT 32069C 高性能低灰分天然气发动机油复合添加剂

【中文名称】KT 32069C 高性能低灰分天然气发动机油复合剂

【化学成分】由清净剂、无灰分散剂、高温抗氧剂和高温辅助抗氧剂等复配而成。

【产品性能】具有优良的高温清净性、防锈性、热氧化安定性，并具有低灰分、高碱值的特点。对减少阀门磨损具有显著效果，降低轴承腐蚀，具有优异的保护作用。

【质量标准】

项　　目	质量指标	测试方法	项　　目	质量指标	测试方法
外观	红棕色透明液体	目测	锌含量/%	≥0.7	SH/T 0226
密度(20℃)/(kg/m³)	950～1050	GB/T 1884	氮含量/%	≥1.25	SH/T 0224
闪点(开口)/℃	≥180	GB/T 3536	硫酸盐灰分含量/%	≤6.65	GB/T 2433
运动黏度(100℃)/(mm²/s)	实测	GB/T 265	总碱值/(mgKOH/g)	≥78	SH/T 0251
钙含量/%	≥1.5	SH/T 0270			

【主要用途】用于调制公交专用高级燃气发动机油、重负荷发动机油和固定式燃气发动机油产品。参考加剂量 9.8%（质量分数）。

【包装储运】和【注意事项】参见该公司 KT 32069 双燃料发动机油复合添加剂。

4. KT 32169 天然气发动机油复合添加剂

【中文名称】KT 32169 天然气发动机油复合剂

【化学成分】由清净剂、无灰分散剂、高温清净剂、抗氧抗腐剂和高温辅助抗氧剂等复配而成。

【产品性能】应用于油品中，体现出优异的高温性能、良好的高温清净性、极优异的抗氧化和抗磨损性能，且灰分较低。

【质量标准】

项　目	质量指标	测试方法	项　目	质量指标	测试方法
密度(20℃)/(kg/m³)	950～1050	GB/T 1884	氮含量/%	≥0.95	SH/T 0224
闪点(开口)/℃	≥180	GB/T 3536	钼含量/%	≥0.06	ASTM D 5185
运动黏度(100℃)/(mm²/s)	实测	GB/T 265	硼含量/%	≥0.2	SH/T 0227
钙含量/%	≥1.8	SH/T 0270	硫酸盐分含量/%	≤9.0	GB/T 2433
锌含量/%	≥0.85	SH/T 0226	总碱值/(mgKOH/g)	≥66	SH/T 0251

【主要用途】特别适用于油改气发动机油。

质量等级	加剂量(质量分数)/%
CND/LNG/CF-4/SJ	8.5

【包装储运】和【注意事项】参见该公司 KT 32069 双燃料发动机油复合添加剂。

（四）新乡市瑞丰新材料股份有限公司

1. RF 6204 中灰分天然气（CNG）发动机油复合剂

【中文名称】RF 6204 中灰天然气（CNG）发动机油复合剂

【化学成分】由优质清净剂、无灰分散剂、抗氧抗腐剂等调制而成。

【产品性能】适用于天然气发动机领域，具有优异的润滑性、清净性、抗磨性、抗氧化及抗硝化性能。

【质量标准】

项　目	质量指标	试验方法
外观	棕色黏稠液体	目测
密度(20℃)/(kg/m³)	报告	GB/T 13377，ASTM D 4052
运动黏度(100℃)/(mm²/s)	报告	GB/T 265，ASTM D 445
闪点(开口)/℃	≥170	GB/T 3536，ASTM D 92
总碱值/(mgKOH/g)	≥69	SH/T 0251，ASTM D 2896
锌含量/%	≥0.7	GB/T 17476，ASTM D 4951
钙含量/%	≥1.6	GB/T 17476，ASTM D 4951
磷含量/%	≥0.6	GB/T 17476，ASTM D 4951
硫酸盐灰分含量/%	≤7.4	GB/T 2433，ASTM D 874

【主要用途】主要用于压缩天然气（CNG）、液化天然气（LNG）发动机的润滑。

SAE 黏度级别	推荐加剂量(按内加法计算)/%
5W-40，10W-40，15W-40，20W-50	11.8

【包装储运】采用净重 200L 金属桶或按用户要求包装。本品在储存、装卸及调油时，参照 SH/T 0164 进行。本品储存温度不应超过 50℃，装卸、调和时最高温度不超过 60℃。

【注意事项】本品不易燃、不易爆、无腐蚀性，在安全、环保、使用等方面同一般石油产品，不用进行特殊防护。

2. RF 6206M 低灰分移动式天然气发动机油复合剂

【中文名称】RF 6206M 低灰分移动式天然气发动机油复合剂

【化学成分】由优质清净剂、无灰分散剂、抗氧抗腐剂等调制而成。

【产品性能】适用于天然气发动机领域，具有良好的润滑性、清净性、抗磨性、抗氧化及抗硝化性能。

【质量标准】

项　　　目	质量指标	试验方法
外观	棕色黏稠液体	目测
密度(20℃)/(kg/m³)	报告	GB/T 13377，ASTM D 4052
运动黏度(100℃)/(mm²/s)	报告	GB/T 265，ASTM D 445
闪点(开口)/℃	≥170	GB/T 3536，ASTM D 92
总碱值/(mgKOH/g)	≥55	SH/T 0251，ASTM D 2896
锌含量/%	≥0.7	GB/T 17476，ASTM D 4951
钙含量/%	≥1.0	GB/T 17476，ASTM D 4951
磷含量/%	≥0.6	GB/T 17476，ASTM D 4951
硫酸盐灰分含量/%	≤6.7	GB/T 2433，ASTM D 874

【主要用途】主要用于压缩天然气（CNG）、液化天然气（LNG）发动机的润滑。

SAE 黏度级别	推荐加剂量（按内加法计算）/%
10W-40，15W-40，20W-50	9.0

【包装储运】和【注意事项】参见该公司 RF 6204 中灰分天然气（CNG）发动机油复合剂。

（五）雪佛龙奥伦耐公司（ChevronOronite）

1. OLOA 45200 移动式天然气发动机油复合剂

【中文名称】OLOA 45200 移动式天然气发动机油复合剂

【化学成分】由清净剂、分散剂、抗磨剂、抗氧剂等单剂组成。

【产品性能】满足 Cummins CES20074、DDC 93K216 规格。

【质量标准】

项　　　目	实测值	试验方法	项　　　目	实测值	试验方法
运动黏度(100℃)/(mm²/s)	153	ASTM D 445	钙含量/%	1.42	ASTM D 4951
密度(15℃)/(kg/m³)	0.9662	ASTM D 4052	锌含量/%	0.84	ASTM D 4951
碱值/(mgKOH/g)	56	ASTM D 2896	磷含量/%	0.75	ASTM D 4951
硫酸盐灰分含量/%	6.22	ASTM D 874	氮含量/%	1	ASTM D 5291

【主要用途】采用 API Ⅰ类、Ⅱ类或Ⅲ类基础油，配以 PARATONE 黏度指数改进剂，可调制 SAE 15W-40、20W-50 等黏度级别的油品。加剂量 9.4%（质量分数）。

【包装储运】在装卸或使用本品时，请参照相应的安全技术说明书（MSDS），注意最高操作温度。

2. OLOA 45500 移动式天然气发动机油复合剂

【中文名称】OLOA 45500 移动式天然气发动机油复合剂

【化学成分】由清净剂、分散剂、抗磨剂、抗氧剂等单剂组成。

【产品性能】满足 Cummins CES20092 规格，该规格向下兼容 Cummins CES20085。此外，满足 DDC 93K216、Volvo CNG、MB226.9、Renault RGD、API CF-4、MIL-L-2104F 的性能要求。

【质量标准】

项　　目	实测值	试验方法	项　　目	实测值	试验方法
运动黏度(100℃)/(mm²/s)	52	ASTM D 445	镁含量/%	0.6	ASTM D 4951
密度(15℃)/(kg/m³)	0.9651	ASTM D 4052	锌含量/%	0.73	ASTM D 4951
碱值/(mgKOH/g)	60	ASTM D 2896	氮含量/%	0.6	ASTM D 5291
钙含量/%	1.12	ASTM D 4951			

【主要用途】采用 API Ⅱ 类或Ⅲ类基础油，配以 PARATONE 黏度指数改进剂，可调制 SAE 15W-40、10W-30、10W-40 等黏度级别的油品。加剂量 11.5%（质量分数）。

【包装储运】在装卸或使用本品时，请参照相应的安全技术说明书（MSDS），注意最高操作温度。

3. OLOA 44507 高等级低灰分固定式天然气发动机油复合剂

【中文名称】OLOA 44507 高等级低灰分固定式天然气发动机油复合剂

【化学成分】由清净剂、分散剂、抗磨剂、抗氧剂等多种单剂组成。

【产品性能】是用于调制高功率固定式四冲程天然气发动机油的低灰分产品。满足主要 OEM 如卡特和瓦克夏等的性能要求。除了抗氧化和抗硝化保护，在降低沉积物的形成并提供更好抗磨损保护的同时，也表现出良好的碱保持性能。推荐采用 API Ⅱ 类基础油，具有超长换油周期。

【质量标准】

项　　目	实测值	试验方法	项　　目	实测值	试验方法
运动黏度(100℃)/(mm²/s)	88	ASTM D 445	锌含量/%	0.38	ASTM D 4951
密度(15℃)/(kg/m³)	0.96	ASTM D 4052	磷含量/%	0.32	ASTM D 4951
碱值/(mgKOH/g)	50	ASTM D 2896	硫含量/%	3.28	ASTM D 4951
硫酸盐灰分含量/%	5.77	ASTM D 874	氮含量/%	0.5	ASTM D 5291
钙含量/%	1.57	ASTM D 4951			

【主要用途】非常适合高负荷的发动机，尤其是在理想空燃比操作下的高硝化工况。加剂量 8.67%（质量分数）。

【包装储运】在装卸或使用本品时，请参照相应的安全技术说明书（MSDS），请注意最高操作温度。

第十节　工业齿轮油复合剂

工业齿轮油是指用于高速轻载、高速重载、低速重载三种运动和动力的传递的齿轮油，工业齿轮油广泛用于各种圆柱齿轮、斜齿轮、正齿轮、人字齿轮及直、斜、螺旋伞状齿轮等机械传动装置，在采矿、冶金、纺织、电力、建筑、机械制造等行业中应用。工业齿轮油主要用以防止齿面磨损、擦伤、烧结等，从而延长其使用寿命，提高传递功率效率等。

对于工业齿轮油一般要求具备以下 6 条基本性能：

（1）合适的黏度及良好的黏温性。黏度是齿轮油最基本的性能。黏度大，形成的润滑油膜较厚，抗负载能力相对较大。

（2）足够的极压抗磨性。极压抗磨性是齿轮油最重要的性质、最主要的特点，是赖以防止运动中齿面磨损、擦伤、胶合的性能。由于齿轮负荷一般都在 490MPa 以上，而双曲线齿面负荷更高，达 2942MPa，为防止油膜破裂造成齿面磨损和擦伤，在齿轮油中一般都加入极压抗磨剂，以前常用硫-氯型、硫-磷-氯型、硫-氯-磷-锌型、硫-铅型和硫-磷-铅型添加剂。目前普遍采用硫-磷或硫-磷-氮型添加剂。

（3）良好的抗乳化性。齿轮油遇水发生乳化变质会严重影响润滑油膜形成而引起擦伤、磨损，因此需要良好的抗乳化性。

（4）良好的氧化安定性和热安定性。良好的热氧化安定性保证油品的使用寿命。

（5）良好的抗泡性。生成的泡沫不能很快消失将影响齿轮啮合处油膜形成，夹带泡沫使实际工作油量减少，影响散热。

（6）良好的防锈防腐蚀性。腐蚀和锈蚀不仅破坏齿轮的几何学特点和润滑状态，腐蚀与锈蚀产物还会进一步引起齿轮油变质，产生恶性循环。

齿轮油还应具备其他一些性能，如黏附性、剪切安定性等，这些性能都是由工业齿轮油复合剂提供的。目前我国多数中、重负荷工业齿轮油所用的极压添加剂以硫-磷型为主，与国外同类产品质量水平相当。

工业齿轮油分为以下几种：①闭式齿轮油，普通齿轮油用于轻负荷运转的齿轮润滑；极压齿轮油中含较多极压抗磨剂，用于中、重负荷或有冲击负荷的齿轮润滑，多用于冶金工业，一般均沿用美国齿轮制造商协会（ANSI/AGMA）和美国钢铁协会（AIST）的规格；②开式齿轮油，黏度高，黏附力强，用重质润滑油加沥青或聚合物黏附剂调制，为使用方便可加稀释剂；③蜗轮蜗杆油，用精制石油润滑油或合成油加适量脂肪或油性剂调成。

一、重负荷工业齿轮油复合剂

1. 作用原理

重负荷工业齿轮油在中国使用较普遍，而国外常用重负荷工业齿轮油代替中负荷工业齿轮油。对于重负荷工业齿轮油，需要具有良好的承载能力、分水性能、热氧化安定性、防锈防腐能力。

重负荷工业齿轮油复合剂中含有极压抗磨剂，大部分极压抗磨剂是一些含硫、磷、氯、铅、钼的化合物。在一般情况下，氯类、硫类可提高润滑油的耐负荷能力，防止金属表面在高负荷条件下发生烧结、卡咬、刮伤；而磷类、有机金属盐类具有较高的抗磨能力，可防止或减少金属表面在中等负荷条件下的磨损。极压抗磨剂的作用原理是在摩擦与高温下极压抗磨剂发生分解并与金属反应生成剪切应力和熔点都比纯金属低的化合物，从而防止接触表面胶合和焊接，使金属表面得到有效保护。

由于齿轮传动机构中有许多铜或铜合金部件，并且有很大的概率会遇到水，因此需要复合剂中有防锈防腐剂。防锈剂能吸附在金属表面，起到隔水的作用。防锈剂是具有一个或几个极性基团的分子，能牢固地吸附在金属表面，而另一端非极性基即亲油基则伸向基础油中形成定向吸附膜，防止水渗透。一般防锈剂应有比较强的极性基团和适度大的亲油基，对金属表面有强的吸附能力，防锈效果好。而防腐剂一般是添加剂于金属表面生成保护膜，既消除了金属催化作用，又防止了金属表面的腐蚀和磨损。

通过极压抗磨剂、防锈防腐蚀剂以及其他功能添加剂的合理复配形成的复合剂以适当的添加量加入基础油中，即可满足重负荷工业齿轮油的相关性能要求。

2. 技术进展

重负荷工业齿轮油复合剂的发展主要致力于降低其在工业齿轮油中的用量。随着复合剂技术的进步，复合剂在工业齿轮油中的用量在逐渐降低。

首先复合剂的发展与单剂合成技术的发展是密切相关的。极压抗磨剂是工业齿轮油中最重要的添加剂，它的加入可以提高齿轮油的耐负荷性和抗擦伤能力。1943 年以前用的是初期铅-硫型黑色工业齿轮油，是以铅皂和元素硫作为极压抗磨添加剂的。加有这类添加剂的极压齿轮油具有一定的极压抗磨、抗腐蚀和热安定性。但进入 20 世纪 60 年代以后，由于钢铁工业的迅速发展，大量采用高速、大型、通用设备，设备负荷的增加对工业齿轮油的要求大大提高，齿轮油中需要加入更好的添加剂。铅-硫型极压剂配制的工业齿轮油性能远远满足不了这些要求，并且铅化合物有毒并污染环境。因此，1968 年出现了硫-磷型极压工业齿轮油，相应地出现了硫-磷型复合剂。早期的硫-磷型工业齿轮油以硫化脂肪和磷酸酯为主剂组成，此后经过进一步发展，硫化脂肪被硫化烃类所取代而形成了第一代硫-磷型极压剂。1974 年出现了加入硫磷氮复合添加剂的第二代硫-磷型极压油，加入量为 2.0%；由于氮元素的引入，使齿轮油对金属的抗腐蚀性能有了明显的提高。目前的工业齿轮油称为第三代硫-磷型极压油。它是以馏分油为基础油，加入高效的硫磷氮或有机金属调配而成的复合添加剂，总加剂量已经降到小于 2.0%。其次随着单剂研究的不断深入，其自身的性质也在不断地完善升级中，再配合单剂合成技术使得其性能得到了更大的完善和提高，两者相辅相成、互相促进，为复合剂的发展打下了坚实的基础。最后复合剂的发展也离不开复配技术的进步。为了满足工业齿轮油的各种要求，工业齿轮油复合剂必须具备良好的极压抗磨性、热氧化安定性、防锈防腐性等。因此，性能良好的单剂是复合剂复配的基础，而添加剂的复配并不是简单的单剂性能的相加，它们之间会产生相互影响。某些添加剂合用会产生协同效应，某些添加剂之间会产生抵触作用。很明显，由于竞争吸附的原因，抗腐蚀添加剂的加入会阻止极压抗磨添加剂与金属表面反应生成膜，从而降低极压抗磨性，因此复合剂必须选用合理的添加剂类型，还要确定各添加剂之间的比例关系，使复合剂达到最佳效果。适当比例关系的确定，则得益于正交试验法、均匀设计等数学方法的发展，以及分析手段的进步，从而使得复合剂进入了快速发展时期。

3. 发展趋势

随着各类单剂的发展，特别是极压抗磨剂的合成技术以及复合剂复配技术的快速发展，工业齿轮油添加剂配方技术发展更加合理，各项性能指标不断提高，添加剂用量不断下降，经济性不断改善。其中重负荷工业齿轮油复合剂加剂量降到小于 2%。具有代表性的工业齿轮油复合剂有：中石油兰州润滑油研究开发中心的 RHY 4208、RHY 4208A、RHY 4206 复合剂，雅富顿公司的 HiTEC 317 复合剂，路博润公司的 LZ 5028 复合剂等。

二、中负荷工业齿轮油复合剂

通常使用重负荷工业齿轮油复合剂降低一定剂量加入基础油中调制中负荷工业齿轮油，因此，中负荷工业齿轮油复合剂的作用原理、技术进展、发展趋势与重负荷工业齿轮油复合剂一致，因此不再赘述。

三、产品牌号

（一）中石油兰州润滑油研究开发中心

1. RHY 4208 工业齿轮油复合剂

【中文名称】RHY 4208 工业齿轮油复合剂

【化学成分】硫磷氮混合物，由硫化异丁烯、硫磷氮抗磨剂、防锈防腐剂等配制而成。

【产品性能】具有优良的极压抗磨性能，可有效地防止齿面擦伤、磨损和胶合；优良的防锈防腐性，防止齿面腐蚀生锈；优良的热氧化安定性，保证油品有较长的使用寿命。

【质量标准】Q/SH RH 3022—2011

项　　目	质量指标	实测值	试验方法
外观①	透明油状液体	透明油状液体	目测
硫含量/%	≥34.0	37.62	SH/T 0303
磷含量/%	≥0.8	0.87	SH/T 0296
氮含量/%	≥0.3	0.35	GB/T 17674
运动黏度(100℃)/(mm²/s)	报告	—	GB/T 265
酸值/(mgKOH/g)	报告	15.9	GB/T 4945
密度(20℃)/(kg/m³)	报告	1003.5	SH/T 0604
闪点(开口)/℃	≥90	113	GB/T 3536
机械杂质含量/%	≤0.08	0.002	GB/T 511
水分含量/%	≤0.15	0.12	GB/T 260

① 复合剂注入 5mL 洁净量筒中，在室温下观察，下同。

【生产方法】将硫化异丁烯、硫磷氮抗磨剂、防锈防腐剂等功能添加剂一次加入调和釜，混兑后升温至 50～60℃搅拌 4h，采样进行黏度、闪点、机械杂质、水分、元素含量等项目分析，各项性能达到指标要求后，即得 RHY 4208 工业齿轮油复合剂，产品为透明油状液体。

【主要用途】对基础油的适应能力强，可以在 API Ⅰ、Ⅱ、Ⅲ、Ⅳ类基础油中调制不同黏度级别的工业齿轮油，以 1.2%、1.4%剂量可调制 L-CKC、L-CKD 工业齿轮油。

【包装储运】本品的包装、标志、运输、储存、交货验收执行 SH 0164 标准。储存温度以 0～50℃为宜。有效期一年。使用 200L 大桶包装，净重(200±2)kg（可按用户需求包装及发运）。本品不易燃、不易爆、无腐蚀，应避光防潮，防止与人体直接接触。

【注意事项】储存容器必须专用，储运过程中必须防水、防潮、防止机械杂质混入；防止异物污染；防止与其他公司的齿轮油复合剂混用。

（二）兰州/太仓中石油润滑油添加剂有限公司

1. RHY 4208A 工业齿轮油复合剂

【中文名称】RHY 4208A 工业齿轮油复合剂

【化学成分】硫磷氮混合物，由硫化异丁烯、硫磷氮抗磨剂、防锈防腐剂等配制而成。

【产品性能】具有优良的极压抗磨性能，可有效地防止齿面擦伤、磨损和胶合；优良的防锈防腐性，防止齿面腐蚀生锈；优良的热氧化安定性，保证油品有较长的使用寿命。

【质量标准】Q/SY RH 3074—2011

项　目	质量指标	试验方法	项　目	质量指标	试验方法
外观	透明油状液体	目测	酸值/(mgKOH/g)	报告	GB/T 4945
硫含量/%	≥35.0	SH/T 0303	密度(20℃)/(kg/m³)	报告	SH/T 0604
磷含量/%	≥0.9	SH/T 0296	闪点(开口)/℃	≥90	GB/T 3536
氮含量/%	≥0.5	GB/T 17674	机械杂质含量/%	≤0.08	GB/T 511
运动黏度(40℃)/(mm²/s)	报告	GB/T 265	水分含量/%	≤0.20	GB/T 260

【生产方法】将硫化异丁烯、硫磷氮抗磨剂、防锈防腐剂等功能添加剂一次加入调和釜，混兑后升温至 50～60℃搅拌 4h，采样进行黏度、闪点、机械杂质、水分、元素含量等项目分析，各项性能达到指标要求后，即得 RHY 4208A 工业齿轮油复合剂，产品为透明油状液体。

【主要用途】对基础油的适应能力强，可以用在 API Ⅰ、Ⅱ、Ⅲ、Ⅳ类基础油中调制不同黏度级别的工业齿轮油，以 1.2%、1.0%剂量可分别调制满足 L-CKD、L-CKC 质量要求的工业齿轮油。

【包装储运】本品的包装、标志、运输、储存、交货验收执行 SH 0164 标准。储存温度以 0～50℃为宜。有效期一年。使用 200L 大桶包装，净重(200±2)kg（可按用户需求包装及发运）。本品不易燃、不易爆、无腐蚀，应避光防潮，防止与人体直接接触。

【注意事项】储存容器必须专用，储运过程中必须防水、防潮、防止机械杂质混入；防止异物污染；防止与其他公司的齿轮油复合剂混用。

2. RHY 4026 多用途复合剂

【中文名称】RHY 4026 多用途复合剂

【化学成分】硫磷氮混合物，由硫磷氮抗磨剂、防锈防腐剂等配制而成。

【产品性能】是性能卓越的齿轮与轴承润滑油复合剂，可提供稳定的磨损保护，有助于控制微点蚀和其他形式的齿轮磨损，均衡配方能更好地保护轴承，改善抗腐蚀性能，在设备保护、油品寿命及无故障操作等方面表现良好。

【质量标准】Q/SY RH 3079—2012

项　目	质量指标	实测值	试验方法
外观	棕黄色透明液体	棕黄色透明液体	目测
酸值/(mgKOH/g)	报告	17.4	GB/T 4945
硫含量/%	≥7.2	7.46	SH/T 0303
磷含量/%	≥4.0	4.26	SH/T 0296
氮含量/%	≥2.2	2.52	SH/T 0656
水分含量/%	≤0.15	0.05	GB/T 260
机械杂质含量/%	≤0.08	0.003	GB/T 511
密度(20℃)/(kg/m³)	报告	1049.8	SH/T 0604
闪点(开口)/℃	≥120	164	GB/T 3536
运动黏度(100℃)/(mm²/s)	报告	4.584	GB/T 265

【生产方法】将硫磷氮抗磨剂、防锈防腐剂等功能添加剂一次加入调和釜，混兑后升温至 50～60℃搅拌 4h，采样进行黏度、闪点、机械杂质、水分、元素含量等项目分析，各项性能达到指标要求后，即得 RHY 4026 复合剂，产品为透明油状液体。

【主要用途】是一种通用性很强的多用途工业用油复合剂，以 2.0%剂量调制的合成工业齿轮油不仅通过了齿轮油的 FZG 齿轮试验台架，还通过了轴承用油台架（FAG FE-8 轴承磨损试验台架、SKF EMCOR 轴承腐蚀试验台架）。可用于调制工业齿轮油以及满足 GB 11118.1 的液压油、满足 GB 11120 的涡轮机油、造纸机循环油、油膜轴承油等循环系统用润滑油。

【包装储运】和【注意事项】参见该公司 RHY 4208A 工业齿轮油复合剂。

（三）ELCO 公司

1. ELCO 391

【中文名称】ELCO 391 工业齿轮油复合剂

【产品性能】具有卓越的极压性能、优异的消泡和抗乳化特性，能与大多数密封材料相溶，适用于 API Ⅰ类和Ⅱ类基础油调和使用。

【质量标准】

项　目	实测值	项　目	实测值
100℃运动黏度/(mm²/s)	12	磷含量/%	2.3
闪点(开口)/℃	95	硫含量/%	20
相对密度	1.02		

【主要用途】适用于 API Ⅰ、Ⅱ类基础油，以 1.5%加剂量调制的油品满足或超过 AIST 224 工业齿轮油规格要求。

（四）雅富顿公司（Afton）

1. HiTEC 317

【中文名称】HiTEC 317 工业齿轮油复合剂

【化学成分】烷基胺、长链烷氧基醇硼酸、烷基磷酸酯、烯基丁二酰亚胺、抗乳化剂。

【产品性能】加剂量为 2.0%。可调制满足 DIN 51517-3，ANSI/AGMA 9005-E02(EP)，AIST 224，Cincinnati Machine P-63、P-74、P-35，David Brown S1.53.101 E 规格要求的油品。

【质量标准】

项　目	实测值	试验方法	项　目	实测值	试验方法
外观	透明琥珀色液体	目测	硫含量/%	23.8	SH/T 0303
100℃运动黏度/(mm²/s)	15	GB/T 265	磷含量/%	1.17	SH/T 0296
闪点(闭口)/℃	97	GB/T 261	氮含量/%	1.08	SH/T 0656
密度(15.6℃)/(kg/m³)	1027	SH/T 0604			

【主要用途】加剂量 1.3%～2.0%调制满足包括 DIN 51517-3 主要规格标准的工业齿轮油。

【包装储运】200L 铁桶和集装罐，最高储存温度为 40℃。推荐操作和储存温度为 10～40℃，最高操作和调和温度为 60℃。

2. HiTEC 3339

【中文名称】HiTEC 3339 工业齿轮油添加剂

【化学成分】烷基多硫化物、长链烷基胺、烷基磷酸酯、长链烯基胺、抗乳化剂。

【产品性能】加剂量为 1.2%。可调制满足 DIN 51517-3、ANSI/AGMA 9005-E02、AIST 224、David Brown S1.53.101 E 规格要求的油品。

【质量标准】

项　目	实测值	试验方法	项　目	实测值	试验方法
外观	橙红色液体	目测	密度(15.6℃)/(kg/m³)	1001	SH/T 0604
运动黏度(40℃)/(mm²/s)	10.6	GB/T 265	硫含量/%	32.5	SH/T 0303
闪点(闭口)/℃	>82	GB/T 261	磷含量/%	1.19	SH/T 0296

【主要用途】可调制满足包括 DIN 51517-3 主要规格标准的工业齿轮油。本品作为复合剂

还适用于润滑脂和钻岩油等的应用。

【包装储运】200L 铁桶和集装罐，最高储存温度为 40℃。推荐操作和储存温度为 15～40℃，最高操作和调和温度为 80℃。

3. HiTEC 352

【中文名称】HiTEC 352 工业齿轮油复合剂

【化学成分】硫化烯烃、长链烷基胺、长链烯基胺、烷基磷酸酯、磷酸酯盐、抗乳化剂、抗泡剂。

【产品性能】加剂量为 2.0%。可调制满足 Siemens Flender 第 13 版、DIN 51517-3、AGMA 9005-E02、AIST 224、Cincinnati Machine P-63/P-74/ P-35、David Brown S1.53.101 E、SEB 181226 规格要求的油品。

【质量标准】

项　　目	实测值	试验方法	项　　目	实测值	试验方法
外观	透明琥珀色液体	目测	硫含量/%	20.5	SH/T 0303
运动黏度(100℃)/(mm²/s)	6	GB/T 265	磷含量/%	1.68	SH/T 0296
闪点(闭口)/℃	110	GB/T 261	氮含量/%	0.76	GB/T 17674
密度(15.6℃)/(kg/m³)	1014	SH/T 0604			

【主要用途】调制满足包括 Siemens Flender 第 13 版和 DIN 51517-3 主要规格标准的工业齿轮油。

【包装储运】200L 铁桶和集装罐，最高储存温度为 40℃。推荐操作和储存温度为 15～35℃，最高操作和调和温度为 60℃。

4. HiTEC 307

【中文名称】HiTEC 307 工业齿轮油复合剂

【化学成分】烷基胺、长链烷氧基醇硼酸、烷基磷酸酯、烯基丁二酰亚胺、抗乳化剂。

【产品性能】加剂量为 2.0%。可调制满足 Siemens Flender 第 9 版、DIN 51517-3、ANSI/AGMA 9005-E02、AIST 224、Cincinnati Machine P-74、David Brown S1.53.101 E 规格要求的油品。

【质量标准】

项　　目	实测值	试验方法	项　　目	实测值	试验方法
外观	透明琥珀色液体	目测	硫含量/%	20.5	SH/T 0303
运动黏度(100℃)/(mm²/s)	6	GB/T 265	磷含量/%	1.68	SH/T 0296
闪点(闭口)/℃	110	GB/T261	氮含量/%	0.76	GB/T 17674
密度(15.6℃)/(kg/m³)	1014	SH/T 0604			

【主要用途】调制满足包括 Siemens Flender 第 13 版和 DIN 51517-3 主要规格标准的工业齿轮油。

【包装储运】200L 铁桶和集装罐，最高储存温度为 40℃。推荐操作和储存温度为 10～40℃，最高操作和调和温度为 60℃。

第十一节　车辆齿轮油复合剂

车辆齿轮油是用于车辆驱动桥和手动变速箱的润滑油。在驱动桥和手动变速箱中车辆齿轮油主要起着减少摩擦、降低磨损、冷却零部件、减缓齿轮振动、减少冲击、防止锈蚀以及清洗摩擦面的赃物等作用。因此为了保证齿轮传动的正常运行，满足各种使用条件的要求，使齿轮得到良好的润滑目的，车辆齿轮油应满足以下使用性能要求：

（1）合适的黏度和良好的黏温性能。齿轮油的黏度和承载能力有密切的关系，黏度增加容易形成流体动力膜和弹性流体润滑膜，有利于保护齿面。但是黏度过高齿轮工作时动力损耗大，使油温升高。

（2）足够的承载能力。齿轮油应在高速、低速重载或者冲击负荷下迅速形成边界吸附膜或者化学反应膜以防止齿面磨损、擦伤和胶合。

（3）良好的热氧化安定性。车辆齿轮传动装置中的润滑油温度较高，因此要求齿轮油要有较好的热氧化安定性。

（4）良好的防锈防腐性。齿轮油应具有适度的化学活性，对金属的腐蚀性要小，齿轮油装置中的滑动轴承、变速箱的同步环都是由铜合金制成的，容易被腐蚀。

（5）良好的抗泡沫性。齿轮转动时将空气带入油中，形成泡沫，泡沫如存在于齿面上会破坏油膜的完整性，造成润滑失效。

（6）良好的低温性能。对于低温操作性，除了规定的倾点、成沟点和黏度指数外，还有表观黏度达到 150Pa·s 时的最高温度这一指标。在冬季严寒地区，要求汽车齿轮油在低温下保持必要的流动性，以保证轴承等零件的润滑和齿轮开启转动容易。

按其质量水平，美国石油协会将车辆齿轮油分五档(GL-1～GL-5)。GL-1～GL-3 的性能要求较低，用于一般负荷下的正、伞齿轮，以及变速箱和转向器等齿轮的润滑。GL-4 用于高速低扭矩和低速高扭矩条件下汽车双曲线齿轮传动轴和手动变速箱的润滑。GL-5 的性能水平最高，用于运转条件苛刻的高冲击负荷的双曲线齿轮传动轴和手动变速箱的润滑。

参照 API（美国石油协会）提出的齿轮油性能分类，我国车辆齿轮油分为普通车辆齿轮油（GL-3）、中负荷车辆齿轮油（GL-4）、重负荷车辆齿轮油（GL-5）三级（一般情况下油质与性能的良好顺序为 GL-3 至 GL-5）。按黏度分类，我国车辆齿轮油黏度分类采用美国汽车工程师学会（SAE）黏度分类法，分为 70W、75W、80W、85W、90、140、250 七个黏度级别。其中"W"代表冬用，SAE 70W、75W、80W、85W 为冬用油，无"W"字则为非冬用油，90、140 均为夏用油。XXW/XX 为冬夏通用齿轮油，是根据 100℃运动黏度划分的，市场上主要用到的是 SAE 75W-90、SAE 85W-90、SAE 85W-140，该类油是冬夏通用的。

由于手动变速箱油的工况与驱动桥油区别较大，因此 API 制定了 MT-1 标准，拟定了 PM-1 标准。其中 MT-1 标准适用于不带同步器的商用车手动变速器，PM-1 适用于带同步器的乘用车手动变速器。这两个标准对油品的摩擦特性提出了较高的要求，通过加入合适的复合剂可以满足油品对摩擦特性的要求。

一、重负荷车辆齿轮油复合剂

1. 作用原理

重负荷车辆齿轮油（API GL-5 油）主要的性能要求是通过 CRC L-42、L-37、L-33、L-60四个全尺寸齿轮台架。需要齿轮油具有良好的抗损伤、承载、防锈性能和热氧化安定性。而这些性能主要是复合剂赋予的。

重负荷车辆齿轮油复合剂中含有的极压抗磨剂是极性物质，优先吸附在齿轮摩擦副表面。在低温低负荷下，主要依靠物理或化学吸附膜来防止摩擦磨损；当负荷增加，温度升高时，极压抗磨剂中含有的硫、磷等活性元素与金属表面发生化学反应，生成固态的反应膜，此固态膜的临界剪切强度低于基体金属，摩擦副滑动时的剪切运动就在固态膜中进行，从而防止金属表面出现胶合或擦伤。极压抗磨剂的作用原理见图 4-1。

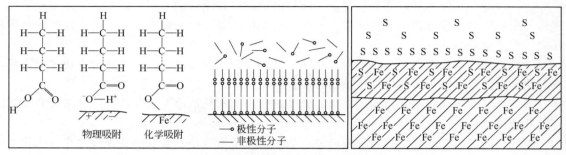

图 4-1　极压抗磨剂的作用原理

重负荷车辆齿轮油复合剂中含有的防锈防腐剂是极性较强的物质，它们吸附在金属表面，形成保护膜，防止产生锈蚀和腐蚀现象。防锈防腐蚀剂与极压抗磨剂会在金属表面产生竞争吸附，降低油品的极压抗磨性能。因此需要通过试验选择合适的防锈防腐蚀剂种类以及确定它们与极压抗磨剂之间的比例关系，以平衡油品对极压抗磨性和防锈防腐蚀性能的要求。

另外，重负荷车辆齿轮油复合剂中使用的极压抗磨剂通常具有良好的热氧化安定性，这样可以避免硫、磷、氮等活性元素的过快消耗，延长齿轮油的使用寿命。

通过极压抗磨剂、防锈防腐蚀剂以及其他功能添加剂的合理复配形成的重负荷车辆齿轮油复合剂以适当的添加量加入基础油中，可以通过 CRC L-42、L-37、L-33、L-60 等四个全尺寸齿轮台架试验，满足重负荷车辆齿轮油的性能要求。

2. 技术进展

自从 20 世纪 80 年代重负荷车辆齿轮油问世以来，其性能在不断改善。其中发挥作用的第一要素当属复合剂。随着复合剂技术的进步，重负荷车辆齿轮油的性价比得到了较大的提升。

复合剂技术的进步包括两个方面：第一是添加剂单剂合成技术的发展；第二是复配技术。

首先，添加剂单剂合成技术的发展是复合剂技术进步的基石。从 20 世纪 80 年代至今，随着单剂尤其是极压抗磨剂性能的不断提高，复合剂经历了硫-磷型、硫-磷-氮型等阶段。含磷剂是复合剂中的关键添加剂之一，随着单剂合成技术的发展，含磷剂种类越来越多，性能越来越完善。例如，酸性磷酸酯极压抗磨剂虽然具有较好的极压抗磨性能，但其酸值较高，易对金属产生腐蚀。通过使用胺类化合物对其进行中和，有效降低了其对金属的腐蚀，还改善了它的抗磨性能。磷氮型极压抗磨剂虽然具有良好的极压抗磨性能，但其热氧化安定性差。通过对其进行硫化，改善了它的热氧化安定性。此外，在磷氮型极压抗磨剂中引入杂环化合物，使其同时兼具了良好的承载能力和抗磨能力。

添加剂单剂合成技术的发展改进了单剂的性能，使极压抗磨剂及其他单剂性能得到了完善与提高，进而使复合剂的极压抗磨性、热氧化安定性、防锈性、储存稳定性及相溶性得到了相应的改善，从而推动了车辆齿轮油性能不断提高。因此与其说是重负荷车辆齿轮油复合剂的技术进展，倒不如说是单剂的技术进步。

其次，复合剂技术的进步也离不开复配技术的进步。为了满足重负荷车辆齿轮油的各种性能要求，复合剂必须选用合理的添加剂类型，还要确定各添加剂之间的比例关系。满足这个要求需要有一定的试验手段。通常先使用单因素考察法、正交试验法等确定一个复合剂组成配方，然后依靠常规理化分析、摩擦性能分析及台架试验等，对不同的配方进行筛选。直至找到满足油品要求的配方。

复配技术的进步得益于数学方法如正交试验法、均匀设计等的发展，这使添加剂的复配逐渐摆脱了依靠经验的道路。研制配方的工作效率大幅提高，研发周期也相应缩短。此外，现代分析手段（如红外的发展）、摩擦表面的分析手段（如光学显微镜）、SEM、能谱仪等的发展使我们从微观的角度了解复合剂的作用机制，使复配技术逐渐发展为一门科学。

3. 发展趋势

随着极压抗磨剂的合成技术及其复配技术日趋成熟，重负荷车辆齿轮油添加剂配方技术发展更加合理，各项性能指标不断提高，添加剂用量不断下降，经济性不断改善。目前国外各大齿轮油复合剂生产商相继推出自己的低剂量产品，最具代表性的是 Lubrizol 公司的 Anglamol 6085，在 SAE 80W-90 API GL-5 油中的加剂量为 4.8%，可用于中间基基础油兼石蜡基基础油，是当今国际市场上水平较高的车辆齿轮油复合剂。此外，Afton 公司的 HiTEC 343 齿轮油复合剂以 4.3% 的加量可调制 API GL-5 油；中石油润滑油公司的 RHY 4208、RHY 4208A 齿轮油复合剂分别以 4.2%、3.8% 的加量可调制 API GL-5 油，达到了国际领先的水平。

二、中负荷车辆齿轮油复合剂

通常将重负荷车辆齿轮油复合剂剂量减半来调制中负荷车辆齿轮油，因此，中负荷车辆齿轮油复合剂的作用原理、技术进展、发展趋势与重负荷车辆齿轮油复合剂一致，因此不再赘述。

三、商用车手动变速箱油复合剂

1. 作用原理

车辆传动系统润滑油主要包括变速箱油、驱动桥油等。随着变速箱技术的快速发展，变速箱油逐步更新换代，出现了与 API GL-4 和 API GL-5 标准不同的变速箱油，如适用于商用车的 API MT-1 油。它的质量水平高于 API GL-4 车辆齿轮油，在与青铜件的配伍性、热氧化稳定性、抗磨耐久性等方面得到了明显的提升，而这些性能主要是依靠复合剂赋予的。

商用车手动变速箱油复合剂中除含有一定量的极压剂外，还包含磷抗磨剂、摩擦改进剂、抗氧抗腐剂、防锈剂、抗氧剂等。通过使用不同类型的含磷抗磨剂、摩擦改进剂复配，解决了油品抗磨耐久性的问题；通过不同类型抗氧剂的复配，解决了油品在不同温度范围内的抗氧化问题；通过抗氧抗腐剂、防锈剂的复配，解决了油品与青铜件的配伍性问题。上述添加剂形成的商用车手动变速箱油复合剂，可以满足 API MT-1 规格。

2. 技术进展

商用车手动变速箱油 API MT-1 规格颁布于 1997 年，迄今为止不过十几年的时间。因此，商用车手动变速箱油复合剂处于初始开发阶段，还有待于进一步的深入研究开发。

3. 发展趋势

随着变速箱制造技术及商用车的发展，对商用车变速箱油提出了新的要求，主要体现在以下几个方面。

（1）更长的换油周期。目前商用车变速箱油通常换油期为 10 万千米，今后将延长到 40 万千米、50 万千米，甚至更长，做到变速箱免维护。

（2）润滑油箱变得更小，变速箱油将承受更严酷的条件。例如油箱体积由现在的 18L 变到 12L，由于变速箱油总量变小，其散热能力变差，变速箱油运行温度变得更高，油温超过 120℃将成为常态。

（3）为了节能，要求更低的摩擦损失。这意味着变速箱油在边界润滑和弹性流体润滑条件下都要降低摩擦系数。

（4）高温和氧化稳定性。DKA/GFC 氧化试验 160℃变为 170℃（192h）等。

满足以上这些性能要求，主要依靠复合剂性能的提升。而复合剂性能的提升主要依靠性能优良的功能添加剂来实现。对于商用车手动变速箱油复合剂而言，今后需要提高抗氧化，尤其是高温抗氧化性能以延长换油期；降低摩擦系数，减少摩擦损失和生热；进一步改善摩擦性能，提高在高温条件下的抗磨耐久性。

四、乘用车手动变速箱油复合剂

1. 作用原理

乘用车手动变速箱油除了满足 API GL-4 规格外，在抗腐蚀、氧化安定性、同步性、热稳定性等方面提出了要求。

为了满足以上性能要求，使用极压抗磨剂、摩擦改进剂、金属清净剂、分散剂、抗氧剂等功能添加剂调制了乘用车手动变速箱油复合剂。对乘用车手动变速箱油来说，最重要的性能是同步性耐久性，即油品要有良好的摩擦稳定性，随着换挡次数的增加，摩擦系数应尽量保持不变。复合剂中含有多种摩擦改进剂，在它们的共同作用下，可以达到同步耐久性的要求。

乘用车手动变速箱油还要求具有良好的抗磨性。复合剂中的含磷抗磨剂可以充分保护变速箱；为了减少同步器打齿现象，要求油品具有合理的动静摩擦系数，即动摩擦系数大于静摩擦系数，且动摩擦系数保持在 0.1 左右。复合剂中摩擦改进剂的合理搭配可以满足动静摩擦系数的要求，此外，复合剂中的清净剂组分可以有效提高动摩擦系数，从而平衡整个配方的动静摩擦系数。

乘用车手动变速箱油对热氧化稳定性有较高的要求。复合剂中的极压抗磨剂自身具有一定的抗氧化性，同时复合剂中的抗氧剂、分散和清净剂协同作用能够满足油品对热氧化稳定性的要求。

2. 技术进展

乘用车手动变速箱油复合剂是随着乘用车手动变速箱油标准的出现而问世的，复合剂的技术进展是伴随着各功能添加剂的进步而实现的。

例如，随着高温抗氧剂的出现，解决了手动变速箱油抗氧化性能的要求；各种不同类型的摩擦改进剂如烷基亚磷酸酯胺盐、硼酸酯等的出现，解决了手动变速箱油的同步耐久性问题。上述结果表明复合剂技术的进展得益于单剂性能的提高。

3. 发展趋势

乘用车手动变速箱油的未来发展趋势主要有以下几点：抗点蚀性能、擦伤保护、热氧化安定性等。若要实现上述性能，主要依靠复合剂功能的提升。因此，在未来的发展中，乘用车手动变速箱油复合剂需要在以下方面应该得到提升。

（1）抗点蚀性能　点蚀是周期性的应力作用下的接触疲劳损坏，原因较复杂。啮合精度、传递扭矩、转速、热处理工艺等都对点蚀有影响。使用抗点蚀性能良好的手动变速箱油可有效避免该现象的发生。实践经验证明，复合剂中不同类型含磷极压抗磨剂的搭配，可减少齿轮表面点蚀现象的发生。此外，一些特殊结构的含磷剂，如含硼的丁二酰亚胺与酸性磷酸酯反应生成的产物，是一种有效的抗点蚀添加剂。

（2）擦伤保护　乘用车的功率不断提高，而齿轮箱的体积没有增加。这势必加大齿轮的负荷，从而容易造成齿面的擦伤。复合剂中常用的抗擦伤添加剂是硫化异丁烯。随着添加剂单剂合成技术的提高，出现了低气味硫化异丁烯以及其他类型的抗擦伤添加剂，提高了齿面的抗擦伤保护能力。

（3）热氧化安定性　变速器性能的提高，对油品的使用性能尤其是热氧化安定性提出了更高的要求。因此，复合剂中需加入抗氧剂来提高油品的抗氧化能力，延长油品的使用时间。

五、高速铁路机车齿轮箱油复合剂

1. 作用原理

高速铁路机车运行速度快，速度的提高带来了摩擦和磨损问题。磨损与速度关系已不是线性而是平方或立方的关系，因此高速铁路机车齿轮箱面临的磨损问题尤为突出。另外，由于速度快而导致的摩擦温升较高。这些都是高速铁路机车齿轮润滑需要解决的主要问题。

解决上述问题主要依靠复合剂，复合剂中的含硫、磷极压抗磨剂依靠物理或化学吸附，与齿轮表面发生摩擦化学反应生成有机金属化合物来降低磨损，保护齿面。复合剂中的各种摩擦改进剂在不同温度下发挥减摩作用，可避免摩擦温升过高。

此外，由于高速列车运行速度快，油品工作温度高从而加剧了氧化。复合剂中使用的硫、磷极压抗磨剂本身具有良好的抗氧化性能，可延长油品使用寿命。此外，复合剂中的金属钝化剂、分散剂等也起到一定的抗氧化作用。

2. 技术进展

日本是世界上第一个建成使用高速铁路的国家，其用油也具有代表性。20 世纪 60 年代日本使用的是双曲线齿轮油，该油使用的复合剂热氧化安定性和极压抗磨性差，不能满足高速铁路机车齿轮箱润滑的需要。20 世纪 70 年代以后，使用性能相当于 API GL-5 的齿轮油，相应的复合剂能够满足 API GL-5 齿轮油的指标要求。目前日本高速铁路机车齿轮箱齿轮油使用的复合剂包含硫磷极压抗磨剂、抗氧剂、抗泡剂等，能够满足 150℃ 的高温工作条件。

由于高速铁路机车引进国内的时间较短，与其配套的高速铁路机车齿轮箱油均为进口产品，国产油品尚处在研制阶段。因此有关复合剂尚未形成。

3. 发展趋势

虽然国内尚无成型的高速铁路机车齿轮箱油复合剂，仍可从理论上来探讨其发展趋势，以有利于日后的研发、生产。

高速铁路机车运行速度越来越快，从 200km/h 到 250km/h、300km/h、350km/h，甚至超过了 400km/h。速度越快，对油品性能的要求也就越高。同样复合剂的性能必须不断提高。

为了应对高速带来的高温氧化，延长油品使用寿命，复合剂中使用的硫磷极压抗磨剂需提高自身的氧化安定性，避免氧化变质。同时，需要加入胺型高温抗氧剂来延长油品使用寿命。

复合剂中还需加入多种摩擦改进剂来应对因速度提高而加剧的摩擦现象。由于高速列车不但运行速度快，而且速度变化大，油品面对的摩擦环境复杂。单靠一种摩擦改进剂不能满足要求，需要不同类摩擦改进剂协同作用。

六、产品牌号

（一）中石油兰州润滑油研究开发中心

1. RHY 4208 车辆齿轮油复合剂

【中文名称】RHY 4208 车辆齿轮油复合剂

【化学成分】硫磷氮混合物，由硫化异丁烯、硫磷氮抗磨剂、防锈防腐剂等配制而成。

【产品性能】具有优良的极压抗磨性、防锈防腐性、抗氧化安定性。是一种性能全面的多功能复合添加剂。可用于调制不同级别的中、重负荷及超重负荷车辆齿轮油和中、重负荷工业齿轮油。在高速冲击和高扭矩等苛刻条件下能有效防止齿轮齿面的擦伤、磨损、点蚀及剥落；在高温高负荷情况下能防止油泥及沉积物的生成，保护齿轮表面的清洁；在潮湿及有水环境下能有效防止齿轮表面的锈蚀及腐蚀。

【质量标准】Q/SH RH 3022—2011

项　　目	质量指标	实测值	试验方法
外观	透明油状液体	透明油状液体	目测
硫含量/%	≥34.0	37.62	SH/T 0303
磷含量/%	≥0.8	0.87	SH/T 0296
氮含量/%	≥0.3	0.35	GB/T 17674
运动黏度(100℃)/(mm²/s)	报告		GB/T 265
酸值/(mgKOH/g)	报告	15.9	GB/T 4945
密度(20℃)/(kg/m³)	报告	1003.5	SH/T 0604
闪点(开口)/℃	≥90	113	GB/T 3536
机械杂质含量/%	≤0.08	0.002	GB/T 511
水分含量/%	≤0.15	0.12	GB/T 260

【生产方法】将硫化异丁烯、硫磷氮抗磨剂、防锈防腐剂等功能添加剂一次加入调和釜，混兑后升温至 50～60℃搅拌 4h，采样进行黏度、闪点、机械杂质、水分、元素含量等项目分析，各项性能达到 RHY 4208 复合剂指标要求后，即得 RHY 4208 复合剂，产品为透明油状液体。

【主要用途】对基础油的适应能力强，可以在 API Ⅰ、Ⅱ、Ⅲ、Ⅳ类基础油中调制不同黏度级别的车辆齿轮油，以 4.2%加剂量调制的 SAE 80W-90、80W-140、85W-90、85W-140 重负荷车辆齿轮油达到 API GL-5 水平；5.5%加剂量调制的 SAE 75W-90 重负荷车辆齿轮油，达到 API GL-5 水平；4.2%加剂量减半可以调制相应黏度级别的中负荷车辆齿轮油，达到 API GL-4 水平；4.5%加剂量调制的 SAE 75W-90 轿车手动变速箱通用油和 SAE 80W-90 重型/超重型车辆齿轮油，可满足小轿车变速箱和重型/超重型车辆驱动桥的润滑。

【包装储运】本品的包装、标志、运输、储存、交货验收执行 SH 0164 标准。储存温度以 0～50℃为宜。有效期一年。使用 200L 大桶包装，净重(200±2)kg（可按用户需求包装及发运）。本品不易燃、不易爆、无腐蚀，应避光防潮，防止与人体直接接触。

【注意事项】储存容器必须专用，储运过程中必须防水、防潮、防止机械杂质混入；防止异物污染；防止与其他公司的齿轮油复合剂混用。

（二）兰州/太仓中石油润滑油添加剂有限公司

1. RHY 4208A 齿轮油复合剂

【中文名称】RHY 4208A 齿轮油复合剂

【化学成分】硫磷氮混合物，由硫化异丁烯、硫磷氮抗磨剂、防锈防腐剂等配制而成。

【产品性能】具有优良的极压抗磨性、防锈防腐性、抗氧化安定性。可用于调制不同级别的中重负荷及超重负荷车辆齿轮油。在高速冲击和高扭矩等苛刻条件下能有效防止齿轮齿面的擦伤、磨损、点蚀及剥落；在高温高负荷情况下能防止油泥及沉积物的生成，保护齿轮表面的清洁；在潮湿及有水环境下能有效防止齿轮表面的锈蚀及腐蚀。

【质量标准】Q/SY RH 3074—2011

项　目	质量指标	试验方法	项　目	质量指标	试验方法
外观	透明油状液体	目测	酸值/(mgKOH/g)	报告	GB/T 4945
硫含量/%	≥35.0	SH/T 0303	密度(20℃)/(kg/m³)	报告	SH/T 0604
磷含量/%	≥0.9	SH/T 0296	闪点(开口)/℃	≥90	GB/T 3536
氮含量/%	≥0.5	GB/T 17674	机械杂质含量/%	≤0.08	GB/T 511
运动黏度(40℃)/(mm²/s)	报告	GB/T 265	水分含量/%	≤0.20	GB/T 260

【生产方法】将硫化异丁烯、硫磷氮抗磨剂、防锈防腐剂等功能添加剂一次加入调和釜，混兑后升温至50～60℃搅拌4h，采样进行黏度、闪点、机械杂质、水分、元素含量等项目分析，各项性能达到质量指标要求后，即得RHY 4208A复合剂，产品为透明油状液体。

【主要用途】对基础油的适应能力强，可以在API Ⅰ、Ⅱ、Ⅲ、Ⅳ类基础油中调制不同黏度级别的车辆齿轮油，以3.8%加剂量调制的SAE 80W-90、80W-140、85W-90、85W-140重负荷车辆齿轮油达到API GL-5水平。

【包装储运】本品的包装、标志、运输、储存、交货验收执行SH 0164标准。储存温度以0～50℃为宜。有效期一年。使用200L大桶包装，净重(200±2)kg（可按用户需求包装及发运）。本品不易燃、不易爆、无腐蚀，应避光防潮，防止与人体直接接触。

【注意事项】储存容器必须专用，储运过程中必须防水、防潮、防止机械杂质混入；防止异物污染；防止与其他公司的齿轮油复合剂混用。

2. RHY 4163 商用车手动变速箱油复合剂

【中文名称】RHY 4163 商用车手动变速箱油复合剂

【化学成分】硫磷氮混合物，由硫磷氮抗磨剂、防锈防腐剂、分散剂等配制而成。

【产品性能】具有优良的摩擦耐久性、防锈防腐性、热氧化安定性。是一种性能全面的手动变速箱油复合剂。可用于调制不同黏度级别的商用车手动变速箱油。

【质量标准】Q/SY RH 3096—2014

项　目	质量指标	试验方法	项　目	质量指标	试验方法
外观	棕红色透明液体	目测	磷含量/%	≥1.75	SH/T 0296
酸值/(mgKOH/g)	实测	GB/T 4945	闪点(开口)/℃	≥90	GB/T 3536
机械杂质含量/%	≤0.08	GB/T 511	运动黏度(100℃)/(mm²/s)	实测	GB/T 265
水分含量/%	≤0.20	GB/T 260	密度(20℃)/(kg/m³)	实测	SH/T 0604
硫含量/%	≥27.0	SH/T 0303			

【生产方法】将硫磷氮抗磨剂、防锈防腐剂、分散剂等功能添加剂一次加入调和釜，混兑后升温至50～60℃搅拌4h，采样进行黏度、闪点、机械杂质、水分、元素含量等项目分析，各项性能达到质量指标要求后，即得RHY 4163复合剂，产品为透明油状液体。

【主要用途】对基础油的适应能力强，可以在API Ⅰ、Ⅱ、Ⅲ、Ⅳ类基础油中调制不同黏度级别的油品。以2.4%、3.0%、4.0%加剂量可分别调制SAE 85W-90、80W-90、75W-90手动变速箱油。

【包装储运】和【注意事项】参见该公司 RHY 4208A 齿轮油复合剂。

3. RHY 4164 乘用车手动变速箱油复合剂

【中文名称】RHY 4164 乘用车手动变速箱油复合剂

【化学成分】硫磷氮混合物，由抗氧剂、硫磷氮抗磨剂、防锈防腐剂、清净剂、分散剂等配制而成。

【产品性能】具有优良的摩擦耐久性、防锈防腐性、热氧化安定性。是一种性能全面的手动变速箱油复合剂，可用于调制不同黏度级别的乘用车手动变速箱油。

【质量标准】Q/SY RH 3073—2011

项　　目	质量指标	实测值	试验方法
外观	油状液体	透明油状液体	目测
硫含量/%	≥4.0	5.25	SH/T 0303
磷含量/%	≥2.0	2.22	SH/T 0296
氮含量/%	≥0.35	0.40	GB/T 17674
运动黏度(100℃)/(mm²/s)	报告	53.81	GB/T 265
酸值/(mgKOH/g)	报告	35.5	GB/T 4945
密度(20℃)/(kg/m³)	报告	1024.9	SH/T 0604
闪点(开口)/℃	≥100	187	GB/T 3536
机械杂质含量/%	≤0.08	0.011	GB/T 511
水分含量/%	≤0.20	0.12	GB/T 260

【生产方法】将抗氧剂、硫磷氮抗磨剂、防锈防腐剂、清净剂、分散剂等功能添加剂一次加入调和釜，混兑后升温至 50～60℃搅拌 4h，采样进行黏度、闪点、机械杂质、水分、元素含量等项目分析，各项性能达到质量指标要求后，即得 RHY 4164 复合剂，产品为透明油状液体。

【主要用途】对基础油的适应能力强，可以在 API Ⅰ、Ⅱ、Ⅲ、Ⅳ类基础油中调制不同黏度级别的油品。以 8.55%的剂量可分别调制 SAE 75W、75W-80、75W-85 手动变速箱油。

【包装储运】和【注意事项】参见该公司 RHY 4208A 齿轮油复合剂。

（三）锦州康泰润滑油添加剂股份有限公司

1. KT 44206 车辆齿轮油复合添加剂

【中文名称】KT 44206 车辆齿轮油复合剂

【产品性能】是硫、磷、氮型车辆齿轮油复合剂。具有良好的抗氧、防锈和极压抗磨等性能。加剂量低、经济性好、适用性强。

【质量标准】

项　　目	质量指标	测试方法	项　　目	质量指标	测试方法
外观	透明油状液体	目测	硫含量/%	≥33	SH/T 0303
密度(20℃)/(kg/m³)	实测	GB/T 1884	磷含量/%	≥1.2	SH/T 0296
闪点(开口)/℃	≥90	GB/T 3536	氮含量/%	≥0.5	SH/T 0224
运动黏度(100℃)/(mm²/s)	实测	GB/T 265			

【主要用途】适用于各种石蜡基、中间基、环烷基以及加氢基础油和合成基础油。

API 质量等级		加剂量(质量分数)/%
车辆齿轮油	GL-5	4.2
车辆齿轮油	GL-4	2.1

【包装储运】本品在储存、装卸及调油时，参照 SH/T 0164 进行。最高温度不应超过 75℃；若长期储存，最高温度不应超过 45℃。

【注意事项】本品不易燃、不易爆、无腐蚀性，在安全、环保、使用等方面同一般石油产品，不用进行特殊防护。产品净重：200kg/桶，200L 标准铁桶。

（四）新乡市瑞丰新材料股份有限公司

1. RF 4201 车辆齿轮油复合剂

【中文名称】RF 4201 车辆齿轮油复合剂

【化学成分】由优质极压抗磨剂、防锈剂等多种功能添加剂调配而成。

【产品性能】以 4.2% 的加剂量调制的重负荷车辆齿轮油，可满足 GB 13895—1992 标准中 GL-5 级别的要求。

【质量标准】

项　目	实测值	试验方法
外观	透明液体	目测
密度(20℃)/(kg/m³)	报告	GB/T 13377，ASTM D 4052
运动黏度(100℃)/(mm²/s)	报告	GB/T 265，ASTM D 445
闪点(闭口)/℃	报告	GB/T 3536，ASTM D 92
硫含量/%	29	SH/T 0303，ASTM D 1552
磷含量/%	1.1	GB/T 17476，ASTM D 4951

【主要用途】可用于调配不同黏度等级的车辆齿轮油。

API 等级	黏度级别	推荐加剂量(按内加法计算)/%
GL-5	75W-90，80W-90，85W-90	4.2

【包装储运】采用净重 200L 金属桶或按用户要求包装。本品在储存、装卸及调油时，参照 SH/T 0164 进行。本品储存温度不应超过 45℃，装卸、调和时最高温度不超过 60℃。

【注意事项】本品安全注意事项参照相应的安全技术说明书。

（五）无锡南方石油添加剂公司

1. T 4142B 车辆齿轮油复合剂

【中文名称】T 4142B 车辆齿轮油复合剂

【化学成分】硫磷混合物。

【主要用途】以 2.65% 的加剂量可调制 API GL-4 质量水平的 SAE 80W-90 黏度等级的车辆齿轮油。

【质量标准】

项　目	质量指标	项　目	质量指标
磷含量/%	≥2.8	运动黏度(100℃)/(mm²/s)	≥8.5
硫含量/%	≥16.0	闪点(开口)/℃	≥110

2. T 4143 车辆齿轮油复合剂

【中文名称】T 4143 车辆齿轮油复合剂

【化学成分】硫磷氮混合物。

【主要用途】以 4.8% 的加剂量可调制 API GL-5 质量水平的 SAE 80W-90、85W-90、85W-140 黏度等级的多级车辆齿轮油；以 2.4% 的加剂量可调制 API GL-4 质量水平的车辆齿轮油。

【质量标准】

项　　目	质量指标	项　　目	质量指标
磷含量/%	≥1.8	氮含量/%	≥0.7
硫含量/%	≥25.0	闪点(开口)/℃	≥110

（六）雅富顿公司（Afton）

1. HiTEC 388 车辆齿轮油复合剂

【中文名称】HiTEC 388 车辆齿轮油复合剂

【化学成分】硫磷混合物。

【主要用途】以 3.8%和 7.5%的加剂量调制的油品可分别满足 API GL-4 和 API MT-1/API GL-5 等质量水平的齿轮油性能要求。

【质量标准】

项　　目	实测值	项　　目	实测值
密度/(kg/m³)	1005	运动黏度(100℃)/(mm²/s)	12.5
磷含量/%	0.87	闪点(开口)/℃	80
硫含量/%	22.5		

第十二节　通用齿轮油复合剂

　　由于车辆齿轮油和工业齿轮油所要求的含磷和含硫的极压抗磨剂基本上大同小异，这就为发展通用齿轮油复合剂打下了基础。通用齿轮油复合剂既方便用户，又减少了错用油的可能性，故发展速度很快。目前单独用于车辆齿轮油或工业齿轮油中的复合剂越来越少，更多的是使用通用型的复合剂。在发展这类配方时，考虑到车辆齿轮油和工业齿轮油两方面的性能要求，只是改变复合剂不同的加入量，来满足不同类型和不同质量水平的齿轮油的要求。

一、通用齿轮油复合剂

1. 作用原理

　　调制车用齿轮油和工业齿轮油所用的极压抗磨剂、金属减活剂等基本相同，这为发展通用齿轮油复合剂打下了基础。通过调整通用复合剂的加剂量，可以调制满足 API GL-4、API GL-5 质量规格的车辆齿轮油和中、重负荷工业齿轮油。

2. 技术进展

　　国外自 1974 年研制成功通用齿轮油复合剂以来，通用齿轮油复合剂的技术进展主要是降低在车辆齿轮油和工业齿轮油中的用量。20 世纪 70 年代,国外通用齿轮油复合剂在 API GL-5 油中的加剂量为 7.0%～8.0%，具有代表性的是 Lubrizol 公司生产的 Anglamol 6004A，该剂在 API GL-5 油中的加剂量为 7.5%。20 世纪 80 年代，国外通用齿轮油复合剂在 API GL-5 油中的加剂量降至 5.5%～6.5%，具有代表性的是 Lubrizol 公司生产的 Anglamol 6004b、Afton公司的 HITEC 370。到 20 世纪末，国外通用齿轮油复合剂在 API GL-5 油中的加剂量已降至 4.8%。目前，中石油兰州润滑油研究开发中心研制的齿轮油通用复合剂在 API GL-5 油中的加剂量已降至 3.8%，在工业齿轮油中加剂量降至 1.2%，处于国际领先水平。

3. 发展趋势

通用齿轮油复合剂的发展趋势是降低加剂量、减少油品生产的成本。目前通用齿轮油复合剂在车辆及工业齿轮油中的加剂量已经很低，只有通过提高复合剂中单剂性能才可进一步降低用量。各大添加剂公司都在合成性能优良的功能添加剂，依靠极压抗磨剂、防锈剂、金属减活剂等的性能提高来提高复合剂的质量水平，以期达到降低复合剂加剂量的目的。

二、产品牌号

（一）中石油兰州润滑油研究开发中心

1. RHY 4208 通用齿轮油复合剂

【中文名称】RHY 4208 通用齿轮油复合剂

【化学成分】硫磷氮混合物，由硫化异丁烯、硫磷氮抗磨剂、防锈防腐剂等配制而成。

【产品性能】具有优良的极压抗磨性、防锈防腐性、抗氧化安定性。是一种性能全面的多功能复合添加剂。可用于调制不同级别的中、重负荷及超重负荷车辆齿轮油和中、重负荷工业齿轮油。在高速冲击和高扭矩等苛刻条件下能有效防止齿轮齿面的擦伤、磨损、点蚀及剥落；在高温高负荷情况下能防止油泥及沉积物的生成，保护齿轮表面的清洁；在潮湿及有水环境下能有效防止齿轮表面的锈蚀及腐蚀。

【质量标准】Q/SY RH 3022—2011

项目	质量指标	实训值	试验方法
外观	透明油状液体	透明油状液体	目测
硫含量/%	≥34.0	38.9	SH/T 0303
磷含量/%	≥0.8	0.92	SH/T 0296
氮含量/%	≥0.3	0.42	GB/T 17674
运动黏度(100℃)/(mm²/s)	报告		GB/T 265
酸值/(mgKOH/g)	报告	14.5	GB/T 4945
密度(20℃)/(kg/m³)	报告	1031.5	SH/T 0604
闪点(开口)/℃	≥90	105	GB/T 3536

【生产方法】将硫化异丁烯、硫磷氮抗磨剂、防锈防腐剂等功能添加剂一次加入调和釜，混兑后升温至 50～60℃搅拌 4h，采样进行黏度、闪点、机械杂质、水分、元素含量等项目分析，各项性能达到质量指标要求后，即得 RHY 4208 通用齿轮油复合剂，产品为透明油状液体。

【主要用途】对基础油的适应能力强，可以在 API Ⅰ、Ⅱ、Ⅲ、Ⅳ类基础油中调制不同黏度级别的车辆齿轮油，以 4.2%加剂量调制的 SAE 80W-90、80W-140、85W-90、85W-140 重负荷车辆齿轮油达到 API GL-5 水平；以 1.2%、1.4%加剂量可调制 L-CKC、L-CKD 工业齿轮油。

【包装储运】本品的包装、标志、运输、储存、交货验收执行 SH 0164 标准。储存温度以 0～50℃为宜。使用 200L 大桶包装，净重(200±2)kg（可按用户需求包装及发运）。本产品不易燃、不易爆、无腐蚀，应避光防潮，防止与人体直接接触。

【注意事项】储存容器必须专用，储运过程中必须防水、防潮、防止机械杂质混入；防止异物污染；防止与其他公司的齿轮油复合剂混用。

（二）兰州/太仓中石油润滑油添加剂有限公司

1. RHY 4208A 通用齿轮油复合剂

【中文名称】RHY 4208A 通用齿轮油复合剂

【化学成分】硫磷氮混合物，由硫化异丁烯、硫磷氮抗磨剂、防锈防腐剂等配制而成。

【产品性能】具有优良的极压抗磨性、防锈防腐性、抗氧化安定性。可用于调制不同级别的中重负荷及超重负荷车辆齿轮油。在高速冲击和高扭矩等苛刻条件下能有效防止齿轮齿面的擦伤、磨损、点蚀及剥落；在高温高负荷情况下能防止油泥及沉积物的生成，保护齿轮表面的清洁；在潮湿及有水环境下能有效防止齿轮表面的锈蚀及腐蚀。

【质量标准】Q/SY RH 3074—2011

项　目	质量指标	试验方法	项　目	质量指标	试验方法
外观	透明油状液体	目测	酸值/(mgKOH/g)	报告	GB/T 4945
硫含量/%	≥35.0	SH/T 0303	密度(20℃)/(kg/m³)	报告	SH/T 0604
磷含量/%	≥0.9	SH/T 0296	闪点(开口)/℃	≥90	GB/T 3536
氮含量/%	≥0.5	GB/T 17674	机械杂质含量/%	≤0.08	GB/T 511
运动黏度(40℃)/(mm²/s)	报告	GB/T 265	水分含量/%	≤0.20	GB/T 260

【生产方法】将硫化异丁烯、硫磷氮抗磨剂、防锈防腐剂等功能添加剂一次加入调和釜，混兑后升温至 50～60℃搅拌 4h，采样进行黏度、闪点、机械杂质、水分、元素含量等项目分析，各项性能达到质量指标要求后，即得 RHY 4208A 复合剂，产品为透明油状液体。

【主要用途】对基础油的适应能力强，可以在 API Ⅰ、Ⅱ、Ⅲ、Ⅳ类基础油中调制车辆齿轮油和工业齿轮油。以 3.8%加剂量调制的 SAE 80W-90、80W-140、85W-90、85W-140 重负荷车辆齿轮油达到 API GL-5 水平；以 1.2%、1.0%加剂量可分别调制满足 L-CKD、L-CKC 质量要求的工业齿轮油。

【包装储运】和【注意事项】参见 RHY 4208 通用齿轮油复合剂。

（三）锦州康泰润滑油添加剂股份有限公司

1. KT 44201 通用齿轮油复合添加剂

【中文名称】KT 44201 通用齿轮油复合剂

【产品性能】是国内传统的硫、磷、氮型通用齿轮油复合剂。

【质量标准】

项　目	质量指标	测试方法	项　目	质量指标	测试方法
外观	透明油状液体	目测	硫含量/%	≥29	SH/T 0303
密度(20℃)/(kg/m³)	实测	GB/T 1884	磷含量/%	≥0.9	SH/T 0296
闪点(开口)/℃	≥90	GB/T 3536	氮含量/%	≥0.5	SH/T 0224
运动黏度(100℃)/(mm²/s)	实测	GB/T 265			

【主要用途】用于调制车辆齿轮油，亦可调制中、重负荷工业齿轮油。

API 质量等级		加剂量(质量分数)/%	API 质量等级		加剂量(质量分数)/%
车辆齿轮油	GL-5	4.8	工业齿轮油	重负荷	1.6
车辆齿轮油	GL-4	2.4	工业齿轮油	中负荷	1.2

【包装储运】本品在储存、装卸及调油时，参照 SH/T 0164 进行。最高温度不应超过 75℃；若长期储存，最高温度不应超过 45℃。净重：200kg/桶，200L 标准铁桶。

【注意事项】本品不易燃、不易爆、无腐蚀性，在安全、环保、使用等方面同一般石油产品，不用进行特殊防护。

2. KT 44310 通用齿轮油复合添加剂

【中文名称】KT 44310 通用齿轮油复合剂

【产品性能】是针对深度加氢油市场需求而研制的复合剂产品，具有良好的抗氧、防锈和抗磨等性能，具有加剂量低、经济性好和适用性强的特点，与各种基础油配伍性佳。

【质量标准】

项　目	质量指标	测试方法	项　目	质量指标	测试方法
外观	透明油状液体	目测	磷含量/%	≥1.2	SH/T 0296
密度(20℃)/(kg/m³)	实测	GB/T 1884	氮含量/%	≥0.5	SH/T 0224
闪点(开口)/℃	≥90	GB/T 3536	机械杂质含量/%	≤0.03	GB/T 511
硫含量/%	≥35.0	SH/T 0303			

【主要用途】

API 质量等级		加剂量（质量分数）/%	API 质量等级		加剂量（质量分数）/%
车辆齿轮油	GL-5	4.0	工业齿轮油	重负荷	1.2
车辆齿轮油	GL-4	2.0	工业齿轮油	中负荷	1.0

【包装储运】和【注意事项】参观该公司 KT 44201 通用齿轮油复合添加剂。

（四）雅富顿公司（Afton）

1. HiTEC 321 通用齿轮油复合剂

【中文名称】HiTEC 321 通用齿轮油复合剂

【化学成分】硫磷混合物。

【主要用途】以 1.5%、2.0% 和 1.8%～2.0% 加剂量调制的油品可分别满足 AIST 220/DIN 51517-3、AIST 224 和 David Brown S1.53.101E 油品性能要求；加 2.6% 和 5.25% 的量可分别满足 API GL-4 和 MIL-PRF-2105D/API GL-5（对 75W 加 7%）等齿轮油的要求。

【质量标准】

项　目	实测值	项　目	实测值
密度/(kg/m³)	1060	硫含量/%	30.7
氮含量/%	1.98	运动黏度(100℃)/(mm²/s)	8.4
磷含量/%	2.03		

第十三节　多效齿轮油复合剂

现代齿轮润滑油的发展主要是提高齿轮油的热氧化稳定性及部件清净性，减少齿轮油在使用过程中油泥及沉积物的生成，以延长齿轮油的使用寿命，减少车辆及设备维修，节约费用。1995 年美军颁布了 MIL-PRF-2105E 规格，在 MIL-L-2105D（GL-5）基础上补加了 API MT-1 规格的相关要求，代表当时世界上车辆齿轮油最高水平，被包括北美 OEM 和世界许多国家认可，通过此标准的齿轮油产品能够很好满足后桥及变速器的苛刻要求。MIL-PRF-2105E 于 2004 年第一号修改单中确认继续有效，2005 年第二号修改单将其取消，并建议采用 SAE J2360（多用途军用车辆齿轮油），2008 年第三号修改单确认取消并由 SAE J2360 代替，并指定三种黏度级别。MIL-PRF-2105 规范对军用齿轮油性能要求、试验方法、产品认证、包装及注意事项等做了全面而详细的描述，虽然不作为现行有效的标准，但其经历的各版本，代表各时期最前沿的技术水平。SAE J2360 基本与 MIL-PRF-2105E 等效，已经为北美及越来越多的其他各地汽车制造商所接受。SAE J2360 适用范围广，包括轻负荷齿轮部件、重负荷齿轮部件、传动齿轮部件、七类及八类重负荷卡车非同步手动变速器及汽车万向节等。SAE J2360 规定产品认证试验需要按照 LRI 相关程序进行，其中包括场地道路试验。由于 LRI 程序严格的要求以及评价的独立性，因此满足 SAE J2360 规格要求的产品性能要高于 API GL-5 和 API MT-1。SAE J2360 发布后，逐渐代替军方规范 MIL-PRF-2105E，成为全球通用的最新标准。

一、多效齿轮油复合剂

1. 作用原理

多效齿轮油满足 API GL-5 和 API MT-1 规格的要求。API GL-5 油性能体现在优异的极压抗磨性，而 API MT-1 油性能体现在优异的抗铜腐蚀、热氧化安定性和摩擦耐久性。通常情况下，这两者对复合添加剂性能的要求是相反的。

为了满足多效齿轮油性能的要求，复合剂中既有极压抗磨剂以提高油品的极压性能；又有多种防锈、抗腐蚀剂提高油品的防锈抗腐蚀性能，其中精选的抗腐蚀剂本身具有一定的极压抗磨性能，避免了抗腐蚀剂对油品极压抗磨性能的影响；复合剂中还包括多种含磷抗磨剂、摩擦改进剂来提高油品的摩擦耐久性，此外，这些抗磨剂、摩擦改进剂自身也具有较好的热氧化安定性；复合剂中的分散剂部分不但能够提高油品的热氧化安定性，还能改善油品的摩擦性能。通过对上述添加剂的合理复配，满足了多效齿轮油的性能要求。

2. 技术进展

多效齿轮油复合剂的技术进展有赖于相关单剂产品的技术进步。如含磷抗磨剂（改善了自身的热氧化安定性和摩擦特性）以及硼酸酯摩擦改进剂（有效解决了硼酸酯的水解问题）合成技术的进步，提高了复合剂的热氧化安定性和摩擦耐久性；新型分散剂如硼化、抗磨型丁二酰亚胺分散剂的出现，不但能提高复合剂的热氧化安定性，还能在摩擦特性、抗磨等方面改善复合剂的性能。

3. 发展趋势

多效齿轮油复合剂的一个主要发展趋势是低剂量化。这一趋势的实现得益于添加剂单剂的发展和复配技术的改进。如 2009 年中国石油兰州润滑油研究中心成功开发了多效齿轮油复合剂 RHY 4209，加剂量是 9.65%。而到 2011 年，调制相同黏度级别的多效齿轮油复合剂 RHY 4209A 加剂量只需要 7.30%。

二、产品牌号

（一）中石油兰州润滑油研究开发中心

1. RHY 4209 多效齿轮油复合剂

【中文名称】RHY 4209 多效齿轮油复合剂

【化学成分】硫磷氮混合物，由硫化异丁烯、硫磷氮抗磨剂、含磷摩擦改进剂、分散剂、防锈防腐剂等配制而成。

【产品性能】具有优良的极压抗磨性、防锈防腐性、热氧化安定性、摩擦耐久性。是一种性能全面的多功能复合添加剂。可用于调制不同级别的多效齿轮油。调制的油品质量达到美军 MIL-PRF-2105E 规格要求。

【质量标准】

项　　目	质量指标	实训值	试验方法
外观	透明油状液体	透明油状液体	目测
硫含量/%	≥19.0	23.02	SH/T 0303
磷含量/%	≥0.90	1.12	SH/T 0296
氮含量/%	≥0.60	0.90	GB/T 17674
运动黏度(100℃)/(mm²/s)	报告	9.992	GB/T 265
酸值/(mgKOH/g)	报告	16.5	GB/T 4945
密度(20℃)/(kg/m³)	报告	984.6	SH/T 0604
闪点(开口)/℃	≥90	98	GB/T 3536
机械杂质含量/%	≤0.08	0.003	GB/T 511
水分含量/%	≤0.20	0.12	GB/T 260

【生产方法】将硫化异丁烯、硫磷氮抗磨剂、防锈防腐剂、含磷硼摩擦改进剂、分散剂等功能添加剂一次加入调和釜，混兑后升温至 50～60℃搅拌 4h，采样进行黏度、闪点、机械杂质、水分、元素含量等项目分析，各项性能达到质量指标要求后，即得 RHY 4209 复合剂，产品为油状液体。

【主要用途】对基础油的适应能力强，可以用在 API Ⅰ、Ⅱ、Ⅲ、Ⅳ类基础油中调制不同黏度级别的多效齿轮油，以 9.65%加剂量调制的 SAE 85W-90、80W-90、80W-140 多效齿轮油达到 MIL-PRF-2105E 水平。

【包装储运】本品的包装、标志、运输、储存、交货验收执行 SH 0164 标准。储存温度以 0～50℃为宜。有效期一年。使用 200L 大桶包装，净重(200±2)kg（可按用户需求包装及发运）。本品不易燃、不易爆、无腐蚀，应避光防潮，防止与人体直接接触。

【注意事项】储存容器必须专用，储运过程中必须防水、防潮、防止机械杂质混入；防止异物污染；防止与其他公司的齿轮油复合剂混用。

2. RHY 4209A 多效齿轮油复合剂

【中文名称】RHY 4209A 多效齿轮油复合剂

【化学成分】硫磷氮混合物，由硫化异丁烯、硫磷氮抗磨剂、含磷摩擦改进剂、分散剂、防锈防腐剂等配制而成。

【产品性能】是一种性能全面的多功能复合添加剂，具有优良的极压抗磨性、防锈防腐性、热氧化安定性、摩擦耐久性，可用于调制不同级别的多效齿轮油，调制的油品质量达到美军 MIL-PRF-2105E 规格要求。

【质量标准】RH 01 ZB 3191—2013

项　　目	质量指标	实测值	试验方法
外观	透明油状液体	透明油状液体	目测
硫含量/%	≥20.0	23.42	SH/T 0303
磷含量/%	≥1.0	1.22	SH/T 0296
氮含量/%	≥0.60	0.98	GB/T 17674
运动黏度(100℃)/(mm²/s)	报告	9.567	GB/T 265
酸值/(mgKOH/g)	报告	15.2	GB/T 4945

续表

项　目	质量指标	实测值	试验方法
密度(20℃)/(kg/m³)	报告	970.4	SH/T 0604
闪点(开口)/℃	≥90	104	GB/T 3536
机械杂质含量/%	≤0.08	0.004	GB/T 511
水分含量/%	≤0.15	0.12	GB/T 260

【生产方法】将硫化异丁烯、硫磷氮抗磨剂、防锈防腐剂、含磷摩擦改进剂、分散剂等功能添加剂一次加入调和釜，混兑后升温至 50～60℃搅拌 4h，采样进行黏度、闪点、机械杂质、水分、元素含量等项目分析，各项性能达到质量指标要求后，即得 RHY 4209A 复合剂，产品为油状液体。

【主要用途】对基础油的适应能力强，可以用在 API Ⅰ、Ⅱ、Ⅲ、Ⅳ类基础油中调制不同黏度级别的多效齿轮油，以 7.3%加剂量调制的 SAE 85W-90、80W-90、80W-140 多效齿轮油达到 MIL-PRF-2105E 水平。

【包装储运】和【注意事项】参见该公司 RHY 4209 多效齿轮油复合剂。

（二）雅富顿公司（Afton）

1. HiTEC 388 车辆齿轮油复合剂

【中文名称】HiTEC 388 车辆齿轮油复合剂

【化学成分】硫磷混合物。

【主要用途】以 7.5%的加剂量调制的油品，可满足 MIL-PRF-2105E 齿轮油性能要求。

【质量标准】

项　目	实测值	项　目	实测值
密度/(kg/m³)	1005	运动黏度(100℃)/(mm²/s)	12.5
磷含量/%	0.87	闪点(开口)/℃	80
硫含量/%	22.5		

第十四节　液压油复合剂

液压油是液压系统内使用的液压介质。在液压系统中起着液体压力能量传递、系统润滑、防腐、防锈、冷却等作用。对于液压油来说，应满足液压装置在工作温度下与启动温度下对液体黏度的要求，由于油品的黏度变化直接与液压动作、传递效率和传递精度有关，还要求油品的黏温性能和剪切安定性应满足不同用途所提出的各种需求。另外，液压油要与液压系统金属和密封材料有良好的配伍性，还要有良好的过滤性，具有抗腐蚀能力，抗磨损能力以及抗空气夹带和起泡倾向；热稳定性及氧化安定性要好；具有破乳化性；对于某些特殊用途，还应具有耐燃性，对环境不造成污染。而液压油的这些性能都是由其复合剂所赋予的。液压油种类繁多，分类方法各异，按照 GB/T 7631.2—2003（2004）对液压油的分类，其用于调制液压油的复合剂也分为抗氧防锈液压油复合剂、抗磨液压油复合剂、高压抗磨液压油复合剂、抗燃液压油复合剂、清净液压油复合剂等类型。

一、抗氧防锈液压油复合剂

1. 作用原理

抗氧防锈液压油主要用于对润滑油无特殊要求，环境温度较高的各类通用机床的轴承箱、齿轮箱、低压循环系统或类似机械设备循环系统的润滑，可延长换油周期2~3倍，并具有防锈作用。不适用于工作条件苛刻、润滑要求高的专用机床、齿轮传动装置及导轨等。该油品按40℃运动黏度可分为15、22、32、46、68、100共6个牌号。其主要性能包括：适宜的黏度和良好的黏温性能；良好的防锈性和抗氧安定性；较好的空气释放性、抗泡性、分水性和橡胶密封性。而这些性能与其调制时所用的复合剂密切相关。

抗氧防锈液压油复合剂主要以抗氧剂、防锈剂复合为主配制而成。由于水分和氧（油中和空气中所含的氧）的作用，液压元件经常会发生锈蚀。同时液压油和其中的添加剂发生氧化、水解等化学反应后，也会产生腐蚀性物质。在液压机械工作时，液压油不可避免地与空气接触而被氧化变质。尤其是当温度和压力增高时，氧化速度就更快。氧化后产生的酸性物质会增强对金属的腐蚀性，同时黏稠的油泥沉淀物会堵塞过滤器和其他元件的孔隙，妨碍控制机构的工作，降低效率，增加磨损。因此，添加抗氧剂和防锈剂能提高液压油的抗氧化性和防锈性能，保证液压油的使用寿命。

抗氧防锈液压油复合剂中含有的抗氧剂主要是消除液压油中有机分子在热、光或氧的作用下，化学键上发生断裂，所生成的自由基R·和氢过氧化物引发的一系列自由基链式反应，从而抑制有机化合物的结构和性质发生根本变化。

抗氧剂干预链反应活性机理，即段链式施主机理（CB-D）和段链式受体机理（CB-A）：

$$PO_2^- + AH \longrightarrow POOH + A^- \tag{4-1}$$

CB-D机理的典型反应是过氧化有机基团与抑制剂（如酚类）及芳香胺类之间的反应。从抑制剂AH中生出来的自由基可以消灭一个过氧化物基团PO_2。

抗氧防锈液压油复合剂中的防锈剂是极性较强的物质，它们吸附在金属表面，形成保护膜，防止产生锈蚀和腐蚀现象。另外，防锈剂在油中溶解时常形成胶束，使引起生锈的水、酸、无机盐等物质被增溶在其中，从而起到间接防锈的作用，作用机制如图4-2所示。

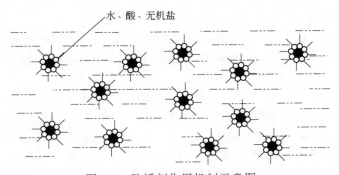

图4-2　防锈剂作用机制示意图

2. 技术进展

随着液压装置正在向系统更小、温度更高、压力更高、使用寿命更长的方向发展，抗氧防锈液压油复合剂性能已不能满足现代先进液压系统要求，故其市场逐年萎缩，技术上也逐渐被抗磨液压油复合剂所取代。

3. 发展趋势

抗氧防锈液压油中主要以抗氧剂、防锈剂复合为主，因此，新型的液态抗氧剂或抗氧助剂产品成为此复合剂中抗氧剂的研制方向。但由于抗氧防锈液压油对于中高压和高压液压系统的抗磨性不够好，因此，近年来抗氧防锈液压油有逐渐被抗磨液压油取代的趋势。

二、抗磨液压油复合剂

1. 作用原理

抗磨液压油是在抗氧防锈型液压油基础上发展起来的，与普通的抗氧防锈型液压油相比，它的制备技术比较复杂。经过几十年的发展，抗磨液压油的质量已有较大提高，抗磨液压油在中、高压系统中使用时，不仅具有良好的抗氧防锈性，而且抗磨性能尤为突出。据报道，使用抗磨液压油的高压油泵寿命比用抗氧防锈液压油的高压油泵寿命要长 10～100 倍。

抗磨液压油复合剂以抗磨剂、防锈剂、抗氧剂为主，并加有金属减活剂、抗乳化剂和抗泡剂。抗磨液压油复合剂又分为有灰型和无灰型两类。有灰型使用的抗磨剂主要是仲醇的 ZDDP，防锈剂多为烯基丁二酸和中性石油磺酸钡，抗氧剂为 2,6-二叔丁基对甲酚、萘胺等，金属减活剂为噻二唑衍生物和苯三唑衍生物。使用这种复合剂调制而成的抗磨液压油，对叶片泵来说，具有较好的抗磨性、热氧化安定性和防锈性能，但对含银和青铜部件的系统有较强的腐蚀作用。根据有灰（锌）型抗磨液压油含锌量的多少，又可将其分为低锌抗磨液压油和高锌抗磨液压油两种。锌含量高于 0.03%为高锌抗磨液压油，锌含量低于 0.03%为低锌抗磨液压油。在全部都符合质量标准的情况下，高锌抗磨液压油抗磨性更好些，其他性能一般，低锌油则其他性能较好，但抗磨性一般。无灰型抗磨液压油复合剂用烃类硫化物、磷酸酯、亚磷酸酯等，或将其与硫代磷酸酯复合使用作为抗磨剂来代替 ZDDP。无锌添加剂配制而成的抗磨液压油，有更高的氧化稳定性、抗泡沫能力以及抗磨损及防腐蚀性。

2. 技术进展

抗磨液压油的发展归根到底是由液压系统的动力源——叶片泵、柱塞泵的操作压力不断上升（目前叶片泵的出口压力已超过 20MPa，柱塞泵的出口压力达 40MPa 以上）和对摩擦副（钢-钢摩擦副和钢-铜摩擦副）磨损以及润滑的日趋苛刻要求而引起的，因而一系列抗磨液压油规格随之出现，这些规格要求成为开发新一代油品的基础。

有代表性的并普遍被人们承认的抗磨液压油规格有：美国的 Denison HF-1、HF-2、HF-0 规格，Vickers I-286-S、M-2950-S 规格，Cincinnati Milacron P-68、P-69、P-70 规格，欧洲的 DIN 51524-2 规格，具体见表 4-1。

其中 Denison 规格中的 HF-2 是针对叶片泵的液压系统提出的，符合 HF-2 规格要求的油品必须加有抗磨添加剂。HF-0 规格要求的油品在高压力下具有抗磨性与润滑性，强调油品对密封材料的相容性，要求油品同时通过 Denison T-5D 叶片泵和 Denison P-46 柱塞泵试验；Vickers M-2950-S 规格主要强调 35VQ25 叶片泵试验，即要求油品的抗磨性能；Cincinnati Milacron 规格主要强调油品的热安定性和对密封材料的相容性；德国抗磨液压油 DIN 51524-2 规格主要强调油品的负载能力，即滑动表面接触的润滑剂可承受的最大负荷，该油品主要适应海运及欧洲市场。

我国于 1994 年参照法国、德国及一些国外公司标准，制定了矿物油和合成烃型液压油标准（GB 11118.1—94），包括 HL、HM、HV、HS、HG 五个品种。该标准规格强调了油品的热氧化安定性、载荷能力、过滤性、水解稳定性、抗泡性和空气释放性等。ISO 于 1997 年发

表 4-1　国外抗磨液压油规格

项目	Denison				Vickers		Cincinnati Milacron			DIN
	HF-0(T-5D)	HF-0(T-6C)	HF-1	HF-2	M-2950-S	I-286-S	P-68	P-69	P-70	51524-2
T-5D 叶片泵试验	通过			通过						
T-6C 叶片泵试验		通过								
P-46 柱塞泵试验	通过	通过	通过	—						
D943 氧化试验 酸值到 2.0mgKOH/g 的时间/h	>1000	>1000		>1000	报告	报告				>1000
D4310 沉积物试验 氧化后酸值/(mgKOH/g)	<2.0	<2.0	<0.2	<2.0						
D1401 抗乳化试验 (40-37-3mL)/min		<30								
D665 液相锈蚀试验 A 法蒸馏水	通过	通过	通过	通过			通过	通过	通过	通过
B 法合成海水	通过	通过	通过	通过						
D2619 水解试验 水层总酸度/(mgKOH/g)	<4.0	<4.0	—	<6.0						
铜片腐蚀/(mg/cm²)	<0.2	<0.2	—	<0.5						
热安定性(135℃, 168h) 黏度变化/%	报告	报告					≤5	≤5	≤5	
中和值变化/%							≤50	≤50	≤50	
铜棒外观							—	—	—	
铁棒外观							不变色	不变色	不变色	
总沉渣重/(mg/100mL)	≤100	≤100					≤25	≤25	≤25	
铜棒失重/(mg/100mL)	≤10	≤10					≤5	≤5	≤5	
FZG/失效级	报告	报告								≥10
过滤性(TPO2100)	通过									
D892 泡沫试验	无	无	无	无						无
黏度指数(VI)	≥90	≥90	≥90	≥90			≥90	≥90	≥90	≥90

注：T-5D 叶片泵出口压力 17.5MPa，转速 2400r/min，试验温度和时间是 71.1℃、60h 和 98.9℃、40h；P-46 柱塞泵出口压力 34.5 MPa，转速 2400r/min，试验温度和时间是 71.1℃、60h 和 98.9℃、40h；T-6C 叶片泵出口压力 1.03～25.0MPa，转速 1700r/min，试验分两个程序进行，温度和时间均是 80℃、300h。

布了 ISO/FDIS 11158.1997H 组液压油标准。我国 GB 11118.1—94 中一级品的抗氧、防锈和抗磨性能均可达到 ISO 标准要求，优级品已超过 ISO 指标。2011 年我国又在原有 GB 11118.1—94 标准基础上，增加了"检验规则"以及"液压油性能的评定 T6H20C 双泵试验法"等技术指标要求，重新修订了矿物油和合成烃型液压油标准（GB 11118.1—2011），使此标准成为一个性能要求更加全面、指标要求更为严格的产品标准。

伴随着抗磨液压油规格的越来越高，研发具有市场竞争力的抗磨液压油复合剂，也是各国研究的重点。目前，液压油配方体系主要为低锌型和无灰型。低锌型液压油由于使用了热稳定性优良的 ZDDP 而具有优良的抗磨性能，这类配方体系的油品在高压叶片泵试验中体现出优越性；而无灰型液压油配方中无任何金属盐类添加剂，以克服含锌油对铜、银部件的腐蚀作用，这类配方体系的油品在高压柱塞泵试验中体现出优越性。表 4-2 列出了低锌型和无灰型液压油对各类规格的适应性。

表 4-2 低锌型和无灰型液压油对各类规格的适应性

规格标准	ZDDP		无灰型
	常规型	稳定型	
Denison			
HF-0	否	是	是
HF-1	否	是	是
HF-2	是	是	是
Vickers			
M-2950-S	是	是	是
I-286-S	是	是	是
Cincinnati Milacron			
P-68	否	是	是
P-69	否	是	是
P-70	否	是	是
DIN 51524-2	是	是	是

据文献记载，目前满足 HF-0 要求的复合剂最低加剂量为 0.90%，是 Afton 公司的 HiTEC 521；满足 HM 要求的复合剂最低加剂量为 0.6%，中石油润滑油公司的 RHY 4026。

从 20 世纪 90 年代中后期，国内多家单位开展了液压油复合剂的研究工作。目前国内抗磨液压油复合剂主要由中石油润滑油公司、中石化石油化工科学研究院、南京爱迪臣公司等单位研制、生产。表 4-3 列出了国内外抗磨液压油复合剂的一些具体情况。

表 4-3 国内外抗磨液压油复合剂的一些具体情况

公司名称	复合剂类型	牌号	推荐加剂量/%
Lubrizol	—	5178	0.85～1.20
BASF	无灰型	DP 3010	0.60
Cooper	无灰型	E 508	1.25
Chevron Oronite	低锌型	OLOA 5660	1.20
Vanderbilt	低锌型	Vanlube 761	1.00
中石油兰州润滑油研究开发中心	无灰型	RHY 4026	0.60
中石油大连润滑油研究开发中心	无灰型	RHY 5019	0.75

3. 发展趋势

近几年来，国际环境保护组织发出的有关环境保护的法令，对用过的旧油提出了要求，如在工业废油中的锌含量不大于 0.01mg/L，液压油水解后无酚、无金属分解物和非金属磷、氯元素及化合物析出等指标。这些环保方面的限制，使液压油和添加剂生产厂家被迫改用其他新型添加剂或者不能大量使用含有这类物质的添加剂。因此，无灰型抗磨液压油是未来的发展趋势。

三、高压抗磨液压油复合剂

1. 作用原理

高压抗磨液压油适用于使用高压泵（叶片泵最高压力 17.5MPa，柱塞泵最高压力 34.5MPa）元件的液压系统。其现行质量水平遵循 GB 1118.1—2011 中 L-HM（高压）液压油规格，与原先高压抗磨液压油规格相比，采用了 T6H20C 双泵试验法替代了原标准中 Denison 公司的 T5D 叶片泵和 P46 柱塞泵两种高压泵台架试验，并取消了 SH/T 0307 中关于叶片泵试验的相关要求。高压抗磨液压油的性能要求中，除应具有抗磨液压油的抗磨性和润滑性以外，热稳定性、水解安定性和过滤性都必须达到严格的标准。而这些性能都是通过加入复合剂来实现的。

2. 技术进展

国外生产液压油复合剂的厂家有 Lubrizol、Chevron、Elco 和 Afton 等公司。其产品大多为含 ZDDP 的低锌复合剂，LZ 5178 以 1.2%～1.3%的加入量调制的高压抗磨液压油在抗磨性、热稳定性和水解安定性方面都很好，特别是水层总酸度呈碱性，这可以减缓酸性物质对设备的腐蚀并延长油品的使用寿命。Chevron 生产的 OLOA 9430 复合剂含有磺酸钡组分，也具有很好的破乳化和过滤性能，只是加入量较高（1.5%左右）。Elco 130A 和 Afton 的 HiTEC 522 复合剂也都能满足调制各种规格的中、高压抗磨液压油。另外，瑞士 BASF 生产的 ML 660 是一种热氧化安定性能和抗磨性非常出色的抗磨液压油复合剂，该复合剂使用了一种高温抗氧抗腐的苯胺类抗氧剂。

3. 发展趋势

20 世纪 90 年代以前，高压抗磨液压油普遍使用含中性 ZDDP 的高锌型液压油，油品的锌含量为 0.05%～0.10%，可以顺利通过美国 Denison T5D 高压叶片泵台架试验（钢-钢摩擦副，2400r/min，17.5MPa，72～95℃，100h），但却不能通过 Denison P46 高压柱塞泵试验（钢-铜摩擦副，2400r/min，34.5MPa，72～93℃，100h）。由于 ZDDP 对青铜部件有腐蚀，柱塞泵滑靴磨损严重，而且 ZDDP 在高温下的热降解产物还会加速油品老化，堵塞精密伺服阀。另外，中性 ZDDP 调制的液压油在水解安定性试验中水层总酸度高，铜片失重大，严重影响液压设备运转寿命。为了解决上述问题，国内外使用无灰剂以及开发新型极压抗磨剂成了一个重要的发展方向。无灰抗磨液压油复合剂的最新发展趋势是添加剂除具有极压抗磨性能外，还应具有防腐、抗氧等性能。如含有不对称基团的二硫化物液压油抗磨剂，结构如图 4-3 所示。

图 4-3　含有不对称基团的二硫化物液压油抗磨剂结构式

最近，国外公开了一种用于液压油的极压抗磨剂，分子结构通式如图 4-4 所示。

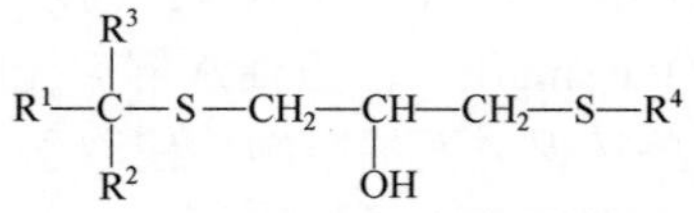

$$R^1-\underset{\underset{R^2}{|}}{\overset{\overset{R^3}{|}}{C}}-S-CH_2-\underset{\underset{OH}{|}}{CH}-CH_2-S-R^4$$

图 4-4　新型极压抗磨剂结构式

该化合物不仅能改善液压油的极压抗磨性能，而且具有抗氧化和抗腐蚀的性能，在润滑油中加入 0.05%～3%，效果非常显著。

四、其他液压油复合剂

1. 抗燃液压油复合剂

抗燃液压油的特性是抗燃性好，主要用于高温和离明火近的液压系统。这类液压油一般有三种类型：一是乳化型，如水包油型乳化液，或油包水型乳化液，或高水基液；二是水-乙二醇液；三是磷酸酯合成液。抗燃液压油的介质不是油，而是水或磷酸酯，因此乳化型的一定要用乳化剂使油、水乳化，然后添加一些防锈、抗氧和抗磨剂等。目前水-乙二醇抗燃液压油占抗燃液压油比例最大（50%左右），使用压力最高可达 35MPa，随着液压装置向着高温、高压和高效率方向发展，提高水-乙二醇抗燃液压油的润滑性能及寿命显得非常重要，润滑性能的提高主要依赖于水溶性油性剂和抗磨剂性能的提高，寿命依赖于优异的稳定性及综合性能。

2. 清洁液压油复合剂

装有电液伺服阀的液压系统需使用清洁液压油，对液压油的质量要求很高，特别是油中的固体颗粒不可超过一定的范围。这是由于固体颗粒对液压系统的危害是严重的，能使液压泵、液压阀等精密元件大面积过早磨损而丧失工作能力，导致液压系统无法正常工作。故清洁液压油复合剂需赋予其调制的油品热稳定性好、氧化安定性优、寿命长的特点。

五、产品牌号

（一）中石油兰州润滑油研究开发中心

1. RHY 4026 无灰液压油复合剂

【中文名称】无灰液压油复合剂

【化学成分】硫磷氮混合物，由硫磷氮抗磨剂、防锈防腐剂等配制而成。

【产品性能】具有良好的极压抗磨性、抗乳化性、防腐防锈性以及抗氧化性能。

【质量标准】Q/SY RH 3079—2012

项　　目	质量指标	实测值	试验方法
外观	透明液体	棕黄色透明液体	目测
酸值/(mgKOH/g)	报告	17.4	GB/T 4945
硫含量/%	≥7.25	7.46	SH/T 0303
磷含量/%	≥4.18	4.26	SH/T 0296
氮含量/%	≥2.0	2.52	SH/T 0656
水分含量/%	≤0.15	0.05	GB/T 260
机械杂质含量/%	≤0.08	0.003	GB/T 511

项　目	质量指标	实测值	试验方法
密度(20℃)/(kg/m³)	报告	1049.8	SH/T 0604
闪点(开口)/℃	≥120	164	GB/T 3536
运动黏度(100℃)/(mm²/s)	报告	4.584	GB/T 265

【生产方法】将硫磷氮抗磨剂、防锈防腐剂等功能添加剂一次加入调和釜，混兑后升温至 50～60℃搅拌 4h，采样进行黏度、闪点、机械杂质、水分、元素含量等项目分析，各项性能达到指标要求后，即得 RHY 4026 复合剂，产品为透明油状液体。

【主要用途】用于调制抗磨液压油、抗燃液压油以及清洁液压油，还可以用来调制工业齿轮油、蜗轮蜗杆油、造纸机油、油膜轴承油等循环系统用润滑油。

【包装储运】和【注意事项】参见该公司 RHY 5001HL 抗氧防锈液压油复合剂。

【主要用途】用于调制清洁液压油。

（二）兰州/太仓中石油润滑油添加剂有限公司

1．RHY 5012 含锌液压油复合剂

【中文名称】抗磨液压油复合剂

【化学成分】由抗磨剂、抗氧剂、清净剂等添加剂组成。

【产品性能】具有更低的加剂量和更好的性价比，采用本品调制的液压油，可以满足齿轮泵、叶片泵、柱塞泵的润滑需求，具有优异的抗磨、防锈、防腐蚀性，减缓设备的磨损，具有长久的热稳定性，减缓油品的衰变速度，延长换油期。

【主要用途】可应用于钢铁行业、工程机械行业的液压设备，包括中联重科等企业。采用 API Ⅰ～Ⅳ类基础油，可以调制满足 GB 11118.1 中 HM、HV、HS 级别的液压油产品，黏度级别为 22、32、46、68、100。加剂量 0.8%～1.1%（质量分数）。

【质量标准】Q/SY RH3110—2015

项　目	实测值	试验方法	项　目	实测值	试验方法
外观	均匀透明液体	目测	闪点(开口)/℃	132	GB/T 3536
色度/号	3.0	GB/T 6540	机械杂质含量/%	0.008	GB/T 511
运动黏度(40℃)/(mm²/s)	84.27	GB/T 265	锌含量/%	5.31	SH/T 0226
密度(20℃)/(kg/m³)	1029.5	SH/T 0604	钙含量/%	0.53	SH/T 0309

【生产方法】将相关添加剂一次加入调和釜，混兑后升温至 50～60℃搅拌 4h，采样进行黏度、酸值、闪点、机械杂质、元素含量等项目分析，各项性能达到质量指标要求后，即得产品，为透明油状液体。

【包装储运】本品的包装、标志、运输、贮存、交货验收执行 SH 0164 标准。贮存温度以 10～35℃为宜。有效期一年。本品使用 200L 大桶包装，净重(200±2)kg（可按用户需求包装及发运）。本品不易燃、不易爆、无腐蚀，应避光防潮，防止与人体直接接触。

【注意事项】储存和使用中注意保持环境干燥和清洁，避免风吹日晒雨淋。储存容器必须专用，防止与其他公司的液压油复合剂混用。

2．RHY 5019 无灰液压油复合剂

【中文名称】RHY 5019 无灰液压油复合剂

【化学成分】由抗磨剂、抗氧剂、金属钝化剂、防锈剂等组成。

【产品性能】本品已应用多年，技术成熟，产品经过科学复配和严格的检测和评价，用其

调制的无灰液压油产品，具有优异的抗磨性、抗氧化性、防腐蚀性和防锈性，可以满足高压液压系统的使用需求，质量满足 GB 11118.1—2011 标准，广泛应用于冶金行业和工程机械行业等。

【主要用途】用于调制冶金行业和工程机械行业用液压油。采用 API Ⅰ～Ⅳ类基础油，配以降凝剂、消泡剂、破乳剂，可以调制 HM、HV、HS 级别的液压油产品，黏度级别为 15、22、32、46、68、100，加剂量 0.75%（质量分数）。

【质量标准】Q/SY RH3080—2014

项　　目	实测值	试验方法	项　　目	实测值	试验方法
外观	均匀透明液体	目测	水分含量/%	0.05	GB/T 260
色度/号	1.5	GB/T 6540	机械杂质含量/%	无	GB/T 511
运动黏度(100℃)/(mm²/s)	37.6	GB/T 265	硫含量/%	3.67	SH/T 0303
密度(20℃)/(kg/m³)	997.3	SH/T 0604	磷含量/%	3.02	SH/T 0296
闪点(开口)/℃	138	GB/T 3536			

【包装储运】本品的包装、标志、运输、贮存、交货验收执行 SH 0164 标准。推荐操作和储存温度为 20~40℃；最高储存温度为 40℃。最大操作、调和（卸货/泵送）温度为 50~60℃；最高表面温度（动态）为 100℃。保存期限：3 个月(45℃下)/2 年(10～35℃下)。本品不易燃、不易爆、无腐蚀，应避光防潮，防止与人体直接接触。

【注意事项】运输过程中必须有明显标记，防止其他种类的石油产品混淆。储存容器必须专用，尽量在户内或可控制气候环境下储存，容器必须防水、防潮、防机械杂质进入。使用前应将所用容器、油罐、管线、阀门等认真清洗、检验合格，防止污染。

3. RHY 5251 液压传动两用油复合剂

【中文名称】RHY 5251 液压传动两用油复合剂

【化学成分】由分散剂、抗氧剂、金属钝化剂等组成。

【产品性能】采用本品调和的液压传动两用油产品具有良好的黏温性能和低温流变性。与各种密封橡胶具有良好的适应性，具有良好的抗磨性和氧化安定性，延长使用寿命。具有良好的高温腐蚀抑制性和防锈防腐性，保护设备内部零件。

【质量标准】Q/SY RH3035—2016

项　　目	实测值	试验方法	项　　目	实测值	试验方法
运动黏度(100℃)/(mm²/s)	59.95	GB/T 265	水分含量/%	0.06	GB/T 260
密度(20℃)/(kg/m³)	959	SH/T 0604	机械杂质含量/%	0.03	GB/T 511
闪点(开口)/℃	184	GB/T 3536	硫含量/%	4.5	SH/T 0303

【主要用途】适用于拖拉机液压传动两用装置、也可用于各类机械液力变矩器、液力耦合器、变速系统和功能调节泵的工作介质。采用 API Ⅰ 或Ⅱ类基础油，配合 OCP 型黏度指数改进剂调制液压传动两用油，加剂量 2%（质量分数）。

【包装储运】和【注意事项】参见该公司 RHY 5019 无灰液压油复合剂。

4. RHY 5261 液压传动油复合剂

【中文名称】RHY 5261 液压传动两用油复合剂

【化学成分】由摩擦改进剂、抗氧剂、抗磨剂和金属钝化剂等组成。

【产品性能】采用本品调和的液压传动油具有良好的氧化安定性，防止漆膜、油泥及积炭形成，保持排挡系统清洁；具有良好的密封材料适应性，不会导致自动变速箱的密封材料明显拉伸、收缩、硬度变化以及其他不好的影响；具有优秀的剪切稳定性，有效减低了在剪切过程中黏度指数改进剂和其他高分子化合物导致的黏度损失；具有优异的泡沫控制性能，保持换挡顺畅持久，在严苛操作条件下减少油品失效。适合中国的工程机械和农业机械的设备特点和工况要求。

【主要用途】用本品调和的液压传动油适用于装载车和叉车的液力变距器传动系统，也适用于各种重型重载货车、履带车等设备变速箱系统和动力转向系统。在装载机使用试验换油周期大于 750h。采用 I 或 II 类基础油，调制 6#、8# 液压传动油，加剂量 1%（质量分数）。

【质量标准】Q/SY RH3066—2017

项　　目	实测值	试验方法	项　　目	实测值	试验方法
运动黏度(100℃)/(mm²/s)	16.26	GB/T 265	水分含量/%	0.06	GB/T 260
密度(20℃)/(kg/m³)	1018.4	SH/T 0604	机械杂质含量/%	0.03	GB/T 511
闪点(开口)/℃	164	GB/T 3536	硫含量/%	4.27	SH/T 0303

【包装储运】和【注意事项】参见该公司 RHY 5019 无灰液压油复合剂。

（三）锦州康泰润滑油添加剂股份有限公司

1. KT 55011 无灰抗磨液压油复合添加剂

【中文名称】KT 55011 无灰抗磨液压油复合剂

【化学成分】由无灰抗氧剂、极压抗磨剂、防锈剂和金属减活剂等复配而成。

【产品性能】具有良好的抗磨性、抗氧化性、抗乳化和水解安定性，与各类基础油的配伍性极佳。

【质量标准】

项　　目	质量指标	测试方法	项　　目	质量指标	测试方法
外观	透明油状液体	目测	硫含量/%	≥8.0	SH/T 0303
密度(20℃)/(kg/m³)	实测	GB/T 1884	磷含量/%	≥2.0	SH/T 0296
闪点(开口)/℃	≥160	GB/T 3536	水分含量/%	痕迹	GB/T 260
运动黏度(100℃)/(mm²/s)	实测	GB/T 265			

【主要用途】适用于调制无灰抗磨液压油。参考加剂量（质量分数）：HF-0，0.8%，HM，0.8%。

【包装储运】本品在储存、装卸及调油时，参照 SH 0164 进行。最高温度不应超过 75℃；若长期储存，最高温度不应超过 45℃。产品净重：190kg/桶，200L 标准铁桶。

【注意事项】本品不易燃、不易爆、无腐蚀性，在安全、环保、使用等方面同一般石油产品，不用进行特殊防护。

2. KT 55011B 无灰抗磨液压油复合添加剂

【中文名称】KT 55011B 无灰抗磨液压油复合剂

【化学成分】由高品质的抗氧剂、抗磨剂、抗腐剂、腐蚀抑制剂和抗水解剂等多功能添加剂复配而成。

【产品性能】具有良好的抗磨性、抗氧性和抗乳化性能，用本品调制的油品长期使用不易变质。

【质量标准】

项　　目	质量指标	测试方法	项　　目	质量指标	测试方法
外观	透明油状液体	目测	磷含量/%	≥1.4	SH/T 0296
闪点(开口)/℃	≥160	GB/T 3536	氮含量/%	≥2.3	SH/T 0224
运动黏度(100℃)/(mm²/s)	实测	GB/T 265	水分含量/%	≤0.03	GB/T 260
硫含量/%	≥2.3	SH/T 0303			

【主要用途】

黏度等级	加剂量(质量分数)/%	黏度等级	加剂量(质量分数)/%
15、22、32	0.8	46、68、100、150	0.65

【包装储运】和【注意事项】参见该公司 KT 55011 无灰抗磨液压油复合添加剂。

3. KT 55012A 抗磨液压油复合添加剂

【中文名称】KT 55012A 抗磨液压油复合剂

【化学成分】由碱式二硫代磷酸锌抗氧抗腐剂、防锈剂、多效无灰抗氧剂和金属减活剂等复配而成。

【产品性能】产品性质稳定，具有良好的油溶性，尤其适用于加氢油。

【质量标准】

项　目	质量指标	测试方法	项　目	质量指标	测试方法
外观	透明油状液体	目测	硫含量/%	≥11.0	SH/T 0303
密度(20℃)/(kg/m³)	实测	GB/T 1884	磷含量/%	≥5.5	SH/T 0296
闪点(开口)/℃	≥170	GB/T 3536	锌含量/%	≥6.0	SH/T 0226
运动黏度(100℃)/(mm²/s)	实测	GB/T 265			

【主要用途】适用于调制抗磨性极好的抗磨液压油。参考加剂量（质量分数）：HM，0.65%；HV，0.6%。

【包装储运】和【注意事项】参见该公司 KT 55011 无灰抗磨液压油复合添加剂。

4. KT 55015 导轨油复合添加剂

【中文名称】KT 55015 导轨油复合剂

【化学成分】由进口非活性含硫油性剂、抗氧剂、防锈剂和抗磨剂等多种添加剂复配而成。

【产品性能】具有颜色浅、气味轻的特点。适用于各种精密机床导轨及冲击振动（或负荷）润滑摩擦点的润滑油，在低速滑动时减少其"爬行"滑动现象。

【质量标准】

项　目	质量指标	测试方法	项　目	质量指标	测试方法
密度(20℃)/(kg/m³)	实测	GB/T 1884	氮含量/%	≥1.0	SH/T 0224
运动黏度(100℃)/(mm²/s)	实测	GB/T 265	铜片腐蚀(100℃，3h)/级	≤1.0	GB/T 5096
硫含量/%	≥10.0	SH/T 0303			

【主要用途】本品可调制黏度等级 32、68、100、150 的导轨油。参考加剂量为 2.5%（质量分数）。

【包装储运】和【注意事项】参见该公司 KT 55011 无灰抗磨液压油复合添加剂。

5. KT 55016 液压导轨油复合添加剂

【中文名称】KT 55016 液压导轨油复合剂

【化学成分】由进口非活性含硫剂、抗氧剂、防锈剂和抗磨剂等多种添加剂复配而成。

【产品性能】用本品调制的导轨油具有良好的抗氧化性、抗腐蚀性、防锈性及优异的抗磨损性。

【质量标准】

项　目	质量指标	测试方法	项　目	质量指标	测试方法
密度(20℃)/(kg/m³)	实测	GB/T 1884	硫含量/%	≥10.0	SH/T 0303
闪点(开口)/℃	实测	GB/T 3536	磷含量/%	≥2.0	SH/T 0296
运动黏度(100℃)/(mm²/s)	实测	GB/T 265	锌含量/%	≥2.5	SH/T 0226

【主要用途】本品适用于调制精密的机床导轨油，加剂量为 1.5%～2.0%（质量分数）。

【包装储运】和【注意事项】参见该公司 KT 55011 无灰抗磨液压油复合添加剂。

6．KT 55023 液力传动油复合添加剂

【中文名称】KT 55023 液力传动油复合剂

【化学成分】由优质的高温抗氧剂、抗磨剂、腐蚀抑制剂和抗水解剂等多功能添加剂复配而成。

【产品性能】与各种基础油的配伍性极佳。

【质量标准】

项　　目	质量指标	测试方法	项　　目	质量指标	测试方法
外观	透明油状液体	目测	硫含量/%	≥11.0	SH/T 0303
密度(20℃)/(kg/m³)	实测	GB/T 1884	磷含量/%	≥5.0	SH/T 0296
闪点(开口)/℃	实测	GB/T 3536	锌含量/%	≥6.0	SH/T 0226
运动黏度(100℃)/(mm²/s)	实测	GB/T 265			

【主要用途】本品适用于调制液力传动油，加剂量为 1.0%～1.6%（质量分数）。

【包装储运】和【注意事项】参见该公司 KT 55011 无灰抗磨液压油复合添加剂。

（四）新乡市瑞丰新材料股份有限公司

1．RF 5012 抗磨液压油复合剂

【中文名称】RF 5012 抗磨液压油复合剂

【化学成分】由优质抗磨剂、抗氧剂、腐蚀抑制剂等多功能添加剂调配而成。

【产品性能】用本品调制的液压油具有良好的抗磨性、抗氧性，并具有较好的抗乳化性能和空气释放性。

【质量标准】

项　　目	实测值	试验方法
外观	黄色透明液体	目测
密度(20℃)/(kg/m³)	报告	GB/T 13377，ASTM D 4052
运动黏度(40℃)/(mm²/s)	报告	GB/T 265，ASTM D 445
闪点(开口)/℃	报告	GB/T 3536，ASTM D 92
锌含量/%	5.0	GB/T 17476，ASTM D 4951
磷含量/%	4.4	GB/T 17476，ASTM D 4951

【主要用途】本品可调配多种黏度等级的抗磨液压油，各项指标及性能均可符合标准要求。

黏度等级	推荐加剂量（按内加法计算）/%
22，32，46，68，100	0.8%

【包装储运】采用 200L 金属桶或按用户要求包装。产品在储存、装卸及调油时，参照 SH/T 0164 进行。产品储存温度不应超过 50℃，装卸、调和时最高温度不超过 60℃。

【注意事项】本品安全注意事项参照相应的安全技术说明书。

（五）淄博惠华化工有限公司

1．H 5039 无灰抗磨液压油复合剂

【中文名称】无灰抗磨液压油复合剂

【产品性能】具有优良的高压极压抗磨性能及热氧化安定性。以 0.6%～0.8%加剂量，可调制高级高压无灰抗磨液压油，以石蜡基高黏度指数中性油（HVI、HVIW）为基础油，可调

制成 32、46、68 及 100 黏度等级的系列产品。

经实验室理化性能及高压泵台架评定，质量符合 GB 1118.1—2011 中 L-HM 矿物油型液压油优等品质量标准，同时符合美国 Denison HF-0 规格要求，也可达到 ISO 11158—97、Vickers m-2950-s、DIN 51524-2 以及 Cincinnati Milacron P-68、P-69、P-70 等规格要求。

【质量标准】

产品牌号	密度(20℃)/(kg/m³)	运动黏度(40℃)/(mm²/s)	化学元素组成/%				
			锌	钙	氮	硫	磷
H 5039	1060	30.45	—	—		7.24	3.21

【主要用途】用于调制适用于柱塞泵压力高于 30.0MPa，叶片泵压力为 14.0～17.5MPa 液压系统的抗磨液压油。

（六）雅富顿公司（Afton）

1. HiTEC 535 抗氧防锈液压油复合剂

【中文名称】抗氧防锈液压油复合剂

【产品性能】具有优良的抗氧防锈和破乳化性能。

【主要用途】用于调制抗氧防锈液压油。以 0.5% 的加剂量调制的油品可满足 Denison HF-1，Cincinnati Milacron P-38、P-54、P-55、P-57，U.S.S 120、125 规格要求。

2. HiTEC 565 抗氧防锈液压油复合剂

【中文名称】抗氧防锈液压油复合剂

【产品性能】具有优良的抗氧防锈和破乳化性能。

【主要用途】以 0.8% 的加剂量调制的油品可满足 Denison HF-1、HF-0，Cincinnati Milacron P-38、P-54、P-55、P-57，GEK-32568（通用电气公司标准），ES9-224（索拉公司标准），MIL-H-17672D，DIN 51521，U.S.S 120、125 规格要求。

3. HiTEC 2560 抗氧防锈液压油复合剂

【中文名称】抗氧防锈液压油复合剂

【产品性能】具有优良的抗氧防锈和破乳化性能。

【主要用途】以 1.2% 的加剂量，调制的油品可满足 Denison HF-1，Cincinnati Milacron P-38、P-55、P-57，U.S.S 120、125，ASLE 64-1、64-2、64-3、64-4，MIL-H-17672D，STO-1、STO-2 的规格要求。

4. HiTEC 521 低锌抗磨液压油复合剂

【中文名称】低锌抗磨液压油复合剂

【产品性能】具有优异的过滤性能和抗污染物能力。

【质量标准】

产品牌号	复合剂类型	剂量/%	化学元素组成/%				
			锌	钙	氮	硫	磷
HiTEC 521	有灰	0.85	5.04	—		8.4	3.96

【主要用途】适用于多种基础油，可调制通用抗磨液压油。用本品调制的油品性能满足世界各国液压油规格及主要液压设备生产厂家要求。如 Denison HF-0，Vickers m-2950-S（移动设备）、Vickers 1-286-53（工业设备），Cincinnati Milacron P-68、P-69、P-70，DIN 51524，AFNOR NF E 48-603（HM）。

5. HiTEC 543 无灰抗磨液压油复合剂

【中文名称】无灰抗磨液压油复合剂

【产品性能】能够满足抗磨液压油、汽轮机油、压缩机油性能要求，可延长泵的使用寿命，在有铜金属存在及高温、潮湿条件下，调制油品通过 Denison HF-0 T6H20C 新型混合泵试验。

【质量标准】

产品牌号	复合剂类型	剂量/%	化学元素组成/%				
			锌	钙	氮	硫	磷
HiTEC 543	无灰	0.87	—	—	2.50	2.25	0.56

【主要用途】用于调制抗磨液压油、汽轮机油以及压缩机油。

6. HiTEC 522 高压抗磨液压油复合剂

【中文名称】高压抗磨液压油复合剂

【产品性能】具有优良的抗磨性、破乳性、抗氧和防锈性。

【主要用途】用于调制高压抗磨液压油。添加 1.25%剂量，可满足高压抗磨液压油的规格要求。

（七）雪佛龙奥伦耐公司（ChevronOronite）

1. OLOA 4994C 高性能抗磨液压油复合剂

【中文名称】OLOA 4994C 高性能抗磨液压油复合剂

【化学结构】由清净剂、分散剂、抗磨剂、抗氧剂等多种单剂组成。

【产品性能】满足各类新型液压系统的应用要求，达到或超越主流 OEM 如 Denison、Eaton、Cincinnati 和国标等规格要求。

【主要用途】采用 API Ⅰ 类或 Ⅱ 类基础油，配以本品调制的抗磨液压油具有优异的过滤性能、对液压泵的磨损保护（干法及湿法）性能以及氧化稳定性。满足各类新型液压系统苛刻的过滤性能要求，同时满足高流量、高温及潮湿环境下操作的要求。以 0.75%加剂量调制的油品满足高压要求（DENISON HF-0、GB 11118.1—2011 的 L-HM 高压和 VICKERS M-2950-S 的要求）；以 0.65%加剂量调制的油品满足普通压力要求（DENISON HF-2、GB 11118.1—2011 的 L-HM 普通要求和 VICKERS M-2950-S 的要求）。

【质量标准】

项　　目	典型数据	试验方法	项　　目	典型数据	试验方法
运动黏度(100℃)/(mm²/s)	8	ASTM D 445	钙含量/%	0.68	ASTM D 4951
密度(15℃)/(kg/m³)	1001	ASTM D 4052	锌含量/%	3.70	ASTM D 4951
碱值/(mgKOH/g)	18.66	ASTM D 2896	磷含量/%	3.05	ASTM D 4951
硫酸盐灰分含量/%	12.0	ASTM D 874	硫含量/%	6.3	ASTM D 4951

【包装储运】在装卸或使用本品时，请参照相应的安全技术说明书（MSDS），注意最高操作温度。

（八）巴斯夫公司（BASF）

1. Irgalube ML3010A 无灰抗磨液压油复合剂

【中文名称】Irgalube ML3010A 无灰抗磨液压油复合剂

【产品性能】以本品调制的润滑油具有良好的水相容性，可提高油品性能及延长油品使用寿命；可有效地保护设备（泵、齿轮、金属表面）；具有良好的泵送性和 FZG 性能（该性能通过添加 0.03%的 Irgalube 353 可进一步提高）；具有优异的锈蚀保护性能。

【主要用途】主要用作工业润滑剂，加剂量 0.55%。以本品调制的润滑油满足或超过以下规格要求：无灰抗磨液压液 DIN 51524/2，Sperry Vickers I-286-S:AFNOR NFE 48603(HM)；Cincinnati 设备 P-68，P-69 和 P-70；压缩机润滑剂，DIN 51506 VDL。

【包装褚运】净重 180kg/桶。仅在原容器中保存，避免受冷。

【注意事项】如使用加氢处理、加氢裂化或聚 α 烯烃（PAO）等基础油（API Ⅱ、Ⅲ类基础油），须检查本品的溶解性；Irgalube 2030C 配方的润滑油对以 ZnDTP 调和的液压油和发动机油表现出有限的相容性，如被这些油品玷污，可能会导致过滤器阻塞，须单独试验；可能会在使用过程中变色，但这对润滑油的性能和性质无负面影响。

2. Irgalube 5010 无灰抗磨液压油复合剂

【中文名称】Irgalube 5010 无灰抗磨液压油复合剂

【产品性能】良好的水解安定性；优越的抗磨损保护；良好的热及氧化安定性，可控制油泥和沉积物的生成；突出的破乳、消泡及空气释放性；优异的锈蚀及腐蚀保护；优异的过滤性；与钙和锌有很好的兼容性；不含 ZnDTP 及各种金属；低磷、低硫的极压抗磨剂配方。

【主要用途】参考加剂量 0.55%。以本品调制的抗磨液压油满足或超过以下规格要求：Dension HF-0 (T6H20C Hybrid pump test, dry&wet)，HF-1，HF-2；DIN 51524 Part 1&2；Easton Vickers I-286-S, M-2950-S；AFNOR NFE 48603(HM)；U.S. Steel 127,136；Cincinnati Machine P-68, P-69 和 P-70；General Motors LH-04-1, LH-06-1, LH-15-1。

【包装储运】净重 180kg/桶。远离食物和饮料。操作和开封容器时需注意；避免蒸气形成，远离点火源；保持良好的排气通风；切勿在作业场所饮食或吸烟。仅在原容器中保存。置于阴凉、干燥处。

3. Irgalube ML601 抗磨液压油复合剂

【中文名称】Irgalube ML601 抗磨液压油复合剂

【产品性能】低添加量；以本品调制的润滑油可以和 Irgalube ML3010A 调制的油相容；良好的 FZG 性能和金属防护；良好的过滤性；液体易操作；不含稀释剂；矿物油中良好的溶解性；含有破乳剂和消泡剂。

【主要用途】参考加剂量 0.4%~0.6%。以本品调制的无灰液压油满足以下规格要求：DIN 51524-2，Sperry Vickers I-286-S:AFNOR NFE 48603(HM)。

【包装储运】产品净重 180kg/桶。仅在容器密封。存于阴凉干燥处。保持良好的排气通风。避免所有引火源。

【注意事项】以本品调制的液压油在与其他的液压油相容时，特别是含有锌或钙时，需要检查相容性；可能会在使用过程中脱色，但这对润滑油的性能和性质无负面影响。

4. Irgalube ML605A 抗磨液压油复合剂

【中文名称】Irgalube ML 605A 抗磨液压油复合剂

【产品性能】液体易于处理，在矿物油中易溶；以本品调制的润滑油对设备可提供有效保护（泵、齿轮、金属表面）；良好的 FZG、Brugger-Weingarten、Timken、FZG 和叶片泵试验功能；极佳的锈蚀保护；极好的热氧化安定性；极佳的表面特性（空气释放值、抗泡、抗乳化度）。

【主要用途】参考加剂量 0.8%。用本品调制的工业润滑剂满足或超过以下规格要求：高载荷能力液压油，SEB 规格[SEB = Stahl-Eisen-Blatt (德国钢铁工业规格)]，Brugger Weingarten 要求。

【包装储运】净重 180kg/桶。只能保存在原装容器中。对静电需采取预防措施。

【注意事项】以本品调制的液压油与其他液压油尤其与含锌和/或钙的液压油的相容性应注意检查。

第十五节　工业润滑油复合剂

工业润滑油的应用范围很广，主要有油膜轴承油、汽轮机油、减震器油、压缩机油、导热油、蜗轮蜗杆油、油气润滑油等。工业润滑油的用户是各行各业的企业，一般使用的品种多、用量大。由于工业润滑油品种繁多，因此使用的复合剂品种较多。每种复合剂对应相应的油品。当油品使用工况发生变化时，复合剂相应地也要改变。因此工业润滑油复合剂更多的是根据油品的工况而调制的，其变化较快，最重要的原则是满足油品实际工况的要求。

一、油膜轴承油复合剂

1. 作用原理

高速线材轧机精轧机组机械传动复杂，结构紧凑，精度高，速度快，其循环润滑系统包括轴承、齿轮等，需要专用的抗磨型油膜轴承油。此类油品不仅要满足轧辊油膜轴承和高精度齿轮的润滑要求，而且因长期与冷却水接触，要求油品具有良好的抗磨性、极佳的防锈性、高的抗氧化性等，尤其是油品必须具有优越的抗乳化性，这些性能主要都是复合剂给予的。

由于对油膜轴承油的抗乳化性要求很高，因此油膜轴承油复合剂中一般都含有破乳剂。破乳剂是一类能破坏乳状液的稳定性，使分散相聚集起来并从乳状液中析出的化合物。破乳剂的作用过程一般是将破乳剂加到润滑油中，让它分布在整个油相中，并进入到要被破坏的乳状液水滴上。破乳剂渗入到被乳化的水滴的保护层，并破坏保护层。一旦破乳剂在油水界面处占据一种好的位置，它就开始进行下一步的絮凝作用。一种好的破乳剂，在水滴界面处聚集，对处于同一状态的其他水滴有很强的吸引作用。根据这种原理，大量的水滴就会聚结在一起，当其足够大时，就出现一个个鱼卵大的水泡。油相变得清澈起来，因为油相的各处再没有分散的水滴漫射光。在此过程中，水滴之间液膜中的油必须排出，因而膜变薄而最终破裂。目前公认的生物破乳机制有以下几方面。

① 相转移-反向变型机制　加入生物破乳剂，要发生相转化。即生成与乳化剂形成的乳状液类型相反（反相破乳剂）的表面活性剂作为破乳剂。此类生物破乳剂与憎水的乳化剂生成配合物，使原来的乳化剂失去乳化性。

② 碰撞击碎界面膜机制　在加热或搅拌的条件下，生物破乳剂也有较多的机会碰撞乳状液的界面膜，或吸附于膜上或排替部分表面活性剂，从而击破界面膜，或使其稳定性降低，发生絮凝、聚结而破乳。

③ 增溶机制　使用的生物破乳剂少数几个分子，即可形成胶束。这种高分子线团或胶束可增溶乳化剂分子，引起乳化原油破乳。

④ 变形机制　显微镜观察结果表明，W/O 型乳状液有双层或多层水圈，两层水圈之间

是油圈。液珠在加热搅拌和生物破乳剂作用下，液珠内部各层水圈相连通，使液滴凝聚而破乳。

油膜轴承油复合剂中含有极压抗磨剂，极压抗磨剂是一类含有氯、硫以及磷的有机化合物，有的则是其金属盐或胺盐。这些化合物的化学性质很强，能与金属表面发生化学反应，生成熔点较低和剪切强度较小的化学反应膜（实际上是一种适度的化学腐蚀现象），从而起到减少金属之间的摩擦、磨损和防止擦伤及熔焊的作用，有效地保护金属表面。普通的极压抗磨剂的作用原理见图 4-5。

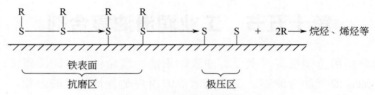

图 4-5　极压抗磨剂的作用原理

在抗磨区有 S—S 键的断裂而生成的有机硫醇铁，在极压区则发生 C—S 键的断裂而生成无机的硫化铁。在摩擦表面生成的硫化铁膜，由于其抗剪切强度大，因此，摩擦系数较高，但水解安定性好，熔点高，其润滑作用可持续到 800℃。

油膜轴承油需要有抗氧化性，一般油膜轴承油复合剂中含有抗氧剂。由于在热、光或氧的作用下，有机分子首先在最薄弱的化学键上发生断裂，生成活泼的自由基 R·和氢过氧化物。氢过氧化物 ROOH 发生分解反应，也生成烃氧自由基 RO·和羟基自由基 HO·。这些自由基可以引发一系列的自由基链式反应，最后导致有机化合物的结构和性质发生根本变化。抗氧剂的作用是消除刚刚产生的自由基，或者促使氢过氧化物的分解，阻止链式反应的进行。

油膜轴承油复合剂中一般会含有防锈剂。金属表面是具有多个活性中心的高能晶体结构。极易在水、氧的存在下发生电化学腐蚀。而防锈剂是具有极性基团和较长碳氢链的有机化合物。其极性基团依靠库仑力或化学键的作用，能定向吸附在油-金属界面形成保护膜，抗拒氧、水等腐蚀性介质向金属表面的侵入，从而大大降低锈蚀概率和速率。并且防锈剂是具有不对称结构的表面活性物质，当其分子极性比水分子极性更强，与金属的亲和力比水更大时，便可以将金属表面的水膜置换掉，从而减缓金属的锈蚀速率；当防锈剂的浓度超过临界胶束浓度时，防锈剂分子就会以极性基团朝向腐蚀性物质，非极性基团朝向油的"逆型胶束"状态溶存于油中，吸附和捕集极性的腐蚀性物质，并将其封存于胶束之中，使之不与金属接触，起到防锈作用。

通过极压抗磨剂、抗氧剂、防锈剂以及其他功能添加剂的合理复配形成的油膜轴承油复合剂以适当的质量分数加入基础油中，即可满足油膜轴承油的相关性能要求。

2. 技术进展

油膜轴承油自从 20 世纪 60 年代问世以来，其性能在不断改善，国外石油公司自 20 世纪 60 年代起至今先后开发了三代油膜轴承油。第一代为抗氧型油膜轴承油（相当于 Mobil Vacauline 100 系列）；第二代为抗乳化抗氧防锈型油膜轴承油（相当于 Mobil Vacauline 300 系列）；第三代为抗乳化抗氧防锈抗磨型油膜轴承油（相当于 Mobil Vacauline 500 系列）。分别用于无扭式高速线材轧机的连轧、预精轧、精轧部位。由于当时国内油膜轴承油没有统一的质量标准，各生产厂商都是参照前 US.STEEL 136 标准和 ExxonMobil 公司产品标准来制定企业标准并研制相应油品。为了更好地规范国内轧机油膜轴承润滑油市场，提高轧机油膜轴承润滑油的管理水平，使用户能科学地选好、管理好、使用维护好轧机油膜轴承润滑油，由中国重型机械工业协会油膜轴承分会组织，由中石化润滑油公司、太原科技大学轧制技术中心及部分钢厂等单位参加，编写了《轧机油膜轴承润滑油标准及规程》。该标准及规格已于2010年1月1日发布，于2010年2月1日实施，目前已被国内大多数钢厂及润滑油生产厂商认可和参考。

油膜轴承油早期基本都采用的是单剂调和的，复合剂也是近些年才发展起来的。复合剂的发展总是伴随着单剂的发展、合成技术以及复配技术的发展。由于单剂的性能不断提高，单剂合成技术的发展以及复配技术的成熟，对油膜轴承油复合剂的发展起着至关重要的作用，使得油膜轴承油复合剂能赋予油品良好的极压抗磨性、氧化安定性、防腐、防锈性能等。

3. 发展趋势

随着各类单剂的发展以及复合剂复配技术的快速发展，油膜轴承油添加剂配方技术发展更加合理，各项性能指标不断提高，添加剂用量不断下降，经济性也不断改善。复合剂的发展将在现有的基础上不断改进，以改善各种性能，尤其是抗乳化性、过滤性以及氧化安定性等，并降低复合剂的用量。

二、汽轮机油复合剂

1. 作用原理

汽轮机油也称透平油，是一种主要应用于汽轮机、压缩机组和发电机组等设备的轴承、齿轮箱、调速以及液压控制系统的润滑剂，在设备中起润滑、调速、冷却散热和密封等作用。GB 7631.10—2013汽轮机油分类标准将其按用途分为：蒸汽轮机油、燃气轮机油、控制系统和抗氨汽轮机油。对于蒸汽和燃气汽轮机两个应用场合又根据用油的特性可分为抗氧防锈型、高温抗氧型、极压型等品种。

复合剂是根据油品的使用性能要求将各种功能添加剂按优化比例掺混在一起的组合物，它具有以下的化学特征：一是能赋予基础油本来没有的性质或性能，如抗泡、破乳化等性能；二是能改进基础油原有的性质或性能，如抗磨、防锈等性能。

汽轮机油复合剂按照用途可分为抗氧防锈复合剂和高温抗氧复合剂等。

抗氧复合剂的作用原理是：在润滑油受到光、热、过渡金属等的作用时，会产生游离基而开始连锁反应，其结果是产生酮、醛、有机酸，接着进行缩合反应，最后生成了油泥和漆膜，同时油品黏度增大。为防止氧化反应，须加入抗氧剂，包括两种类型：一种是捕捉游离基，即游离基终止剂，如酚型和胺型抗氧剂；另一种是使过氧化物分解，得到稳定的化合物，如ZDDP。

另外，各类型的汽轮机油复合剂中还添加有防锈剂、金属钝化剂等。防锈剂多是一些极性物质，其分子结构的特点是：一端是极性很强的基团；另一端是非极性的烷基。当含有防锈剂的油品与金属接触时，防锈剂分子中的极性基团对金属表面有很强的吸附力，在金属表面形成紧密的单分子或多分子保护层。防锈剂还对一些腐蚀性物质具有增溶作用，从而消除腐蚀物质对金属的侵蚀，另外，碱性防锈剂对酸性物质还有中和作用，使金属免受侵蚀。

金属减活剂的作用在于与金属离子生成螯合物，或在金属表面生成保护膜，因而不仅抑制了金属或其离子的催化氧化作用，成为有效的抗氧剂，同时也是一类很好的铜腐蚀抑制剂、抗磨剂、防锈剂。因此，在各种油品中得到广泛的应用。金属减活剂是由含硫、磷、氮或其他一些非金属元素组成的有机化合物，其作用机制：一是金属减活剂在金属表面生成化学膜，阻止金属变成离子进入油中，减弱对油品的催化氧化作用，还能保护金属表面，防止活性硫、有机酸对铜表面的腐蚀；二是络合作用，能与金属离子结合，使之成为非催化活性的物质。

2. 技术进展

汽轮机油复合剂的技术进步不能脱离单剂的技术进步。随着单剂性能的不断提高，相信复合剂的性能也会不断提高。

由于汽轮机油的换油周期较长，所以氧化安定性是汽轮机油的重要指标之一。近年来，国内汽轮机油主要通过以下措施来提高汽轮机油的氧化安定性能：采用加氢精制的基础油，加入复合抗氧剂、金属减活剂等，其中加复合抗氧剂是重要的方法。由于抗氧剂能显著提高油品的氧化安定性，防止油品腐败变质，因此，抗氧剂作为润滑油的主要添加剂，始终是主要的研究内容之一。抗氧剂主要有以下几类：一是酚型抗氧剂，以屏蔽酚为代表，T501 适用于燃料油、变压器油、汽机油和液压油，其使用温度低于 100℃，当温度高于 100℃时，多采用双酚类衍生物抗氧剂，也可通过改变酚的结构，在其分子中引入不同官能团，以提高酚类高温抗氧性能；二是胺型抗氧剂，以芳胺型为代表，如 N-苯基-α-萘胺、烷基化二苯胺等产品。胺型抗氧剂主要用于高温下使用的润滑油；三是杂环及含硫型抗氧剂，这类化合物不仅具有抗氧化性，还有极压抗磨、防腐等性能。

汽轮机油在使用过程中会由于设备密封不严导致水分进入油中，引起油品乳化。目前，乳化是影响汽轮机油寿命的主要因素之一。20 世纪 30 年代出现的第一代乳化原油破乳剂，主要以低分子阴离子表面活性剂为主，如羧酸盐型、磺酸盐、脂肪酸及盐和环烷酸等，其特点是用量大，破乳效果差，易受外界环境影响等；20 世纪 40 年代前后出现了第二代产品，OP 型、平平加型、吐温型等非离子破乳剂，其特点是耐酸、碱，用量大幅减少，但用量依然较大；20 世纪 60 年代以后出现了第三代破乳剂，主要是大分子量的聚醚型破乳剂。目前，国内常用的破乳剂有醇类聚醚、多烯多胺、酚醛树脂型等；20 世纪 80 年代以后国外开发的新产品有阳离子酰胺化合物、含硅聚醚等破乳剂。

3. 发展趋势

（1）抗氧剂的发展趋势　第一是复合抗氧剂将成为潮流，包括胺类抗氧剂和酚类抗氧剂的复配；胺类抗氧剂的复配；抗氧剂和金属减活剂的复配等。第二是高温抗氧剂将成为热点，比如采用硫化烷基化二苯胺合成的吩噻嗪类、硫醚酚、大分子酚酯型等抗氧剂。第三是实现多功能和高效性，随着润滑油的发展，油品中添加剂的量越来越大，这就需要高效、性能全面的复合添加剂，还须开发多功能的单剂。第四就是环境友好型的添加剂成为趋势，以避免汽油中的铅和润滑油中的磷会使汽车尾气转化器的催化剂中毒，以及抗氧效果优良的芳胺类毒性较大等问题。

（2）破乳剂的发展趋势　对聚醚型破乳剂的改性会成为热点，曾有人总结为"改头、换尾、加骨、扩链、接枝、交联、复配"等方法；另外就是不同类型破乳剂的复配将会继续深入研究。

三、减震器油复合剂

（一）汽车减震器油复合剂

1. 作用原理

汽车减震器油根据基础油黏度分为不同牌号，主要性能要求是良好的防锈性、氧化安定性和抗磨性。而这些性能主要是复合剂赋予的。

汽车减震器油复合剂中含有的抗磨减摩剂是极性物质，吸附在减震器内的油缸活塞和储存管外表的摩擦副表面。在低温低负荷下，主要依靠物理吸附膜来防止摩擦磨损；当负荷增加，温度升高时，抗磨减摩剂中含有的磷等活性元素与金属表面发生化学反应，生成固态的反应膜，此固态膜的临界剪切强度低于基体金属，摩擦副滑动时的剪切运动就在固态膜中进行，从而防止金属表面出现胶合或擦伤。

汽车减震器油复合剂中的抗氧剂防止油品在高温下发生复杂的分解反应，减少油品因氧化而产生酸、油泥和沉淀的趋向，降低油品氧化产物对金属部件产生的腐蚀、磨损危害，延长油品及减震器的使用寿命。

汽车减震器油复合剂中的防锈防腐剂是极性较强的物质，它们吸附在金属表面，形成保护膜，防止产生锈蚀和腐蚀现象。防锈防腐蚀剂与抗磨减摩剂会在金属表面产生竞争吸附，降低油品的抗磨减摩性能。因此需要通过试验选择合适的防锈防腐蚀剂种类以及确定它们与抗磨减摩剂之间的比例关系，以平衡油品对抗磨减摩性和防锈防腐蚀性能的要求。

通过抗磨减摩剂、抗氧剂和防锈防腐蚀剂以及其他功能添加剂的合理复配形成的汽车减震器油复合剂以适当的质量分数加入基础油中，可以通过抗磨减摩、抗氧化、防锈防腐蚀要求，满足汽车减震器油的性能要求。

2. 技术进展

随着汽车减震器技术的不断发展，对汽车减震器油的要求也越来越高。润滑油添加剂种类和性能不断更新，复合剂也随之得到不断的进步，汽车减震油的性价比得到了较大的提升。汽车减震器油复合剂发展主要由含锌型复合添加剂（ZDDP 系列）到无锌型复合添加剂（含磷型）；由有灰型到低灰型（硼酸盐型）再到无灰型（硫代烃酯型、磷氮型）；由普通型到抗磨减摩型；加剂量由多到少等。

3. 发展趋势

随着添加剂的合成技术及其复配技术日趋成熟，汽车减震器油添加剂配方技术发展更加合理，各项性能指标不断提高，添加剂用量不断下降，经济性不断改善，国外大的添加剂公司很少有汽车减震器油复合剂。国内为了调和方便，有些厂商推出了一些复合剂产品，可满足减震器油的性能要求。

（二）摩托车减震器油复合剂

1. 作用原理

摩托车的减震器作用原理与汽车相似，都是为了缓和与衰减摩托车在行驶过程中因道路凹凸不平受到的冲击和振动，保证行车的平顺性和舒适性，提高摩托车的使用寿命和操纵稳定性。摩托车减震器油是摩托车减震器的专用润滑油，它是利用油液本身流动的阻力来吸收冲击和消耗振动的能量，并转化为油的热量散发掉，从而使地面对摩托车的冲击作用减弱直至消失。

摩托车在行驶过程中，受负荷和温度的影响，减震器活塞等摩擦面在进行往复运动过程中，产生大量的泡沫，摩托车减震器油复合剂中含有抑制泡沫产生的添加剂，并使已产生的泡沫破裂，保证设备操作的稳定性；油品的吸附膜和油性剂形成的吸附膜会被破坏，使摩擦面处于边界润滑状态，很容易发生过度磨损擦伤现象，所以摩托车减震器油复合剂是含有活性元素硫、氯、磷等的有机化合物。一般而言，含磷添加剂在负荷较小的条件下有明显的抗磨性，含硫、氯添加剂在高温、高负荷条件下能够防止磨损和烧结。

2. 技术进展

摩托车减震器油复合剂发展主要由含锌型复合添加剂到无锌型复合添加剂；由含灰型到无灰型；由普通型到极压抗磨型；加剂量由多到少等。

3. 发展趋势

随着摩托车减震器技术的发展，对减震器油的性能要求越来越高。减震器油质量的提高单凭复合剂的复配技术很难完全满足要求，需使用加氢精制基础油、合成油等性能优良组分油。无灰抗磨剂应具有优异的抗磨性能、良好的水解安定性和热稳定性，为研制高质量无灰减震器油奠定坚实的基础。同一添加剂在不同的添加剂配方体系中的表现不尽相同，所以应将相关添加剂进行仔细平衡，得出相关的规律性，才能制备出具有竞争力的摩托车减震器油复合剂。

四、压缩机油复合剂

1. 作用原理

压缩机油主要用于压缩机的活塞和汽缸的摩擦部位以及进、排气阀和主轴承、连杆轴承的传动部件的润滑，同时还起到冷却运动部件的摩擦表面以及密封气体活塞的工作容积的作用。由于压缩机的工作环境往往压力大、温度高，而且与氧的接触机会较多，并且机器的金属表面又起着催化作用，所以压缩机油中一般都加有抗氧剂、防锈剂、金属钝化剂和抗泡沫剂。某些特殊压缩机油中还有油性剂、极压抗磨剂、清净分散剂及减少压缩气体中携带油量的添加剂。压缩机在工作时会产生大量热量致使润滑油的工作温度很高，而且在工作时会与大量的空气接触，所以压缩机油对氧化安定性的要求很高。在空气压缩机油复合剂中的抗氧化剂主要作用是去除烷基自由基，烷基过氧基和过氧化物切断链锁反应，防止压缩机油在高温以及和空气接触的情况下发生氧化衰败而产生油泥、漆膜等物质，影响压缩机油的使用寿命，目前的抗氧剂主要是屏蔽酚型、胺型和含磷型。

压缩机油中加入的防锈剂为油溶性的极性化合物，分子的一端是极性很强的基团，另一端是非极性的烃基。当含有防锈剂的压缩机油与金属接触时，防锈剂分子中的极性基团对金属表面有很强的吸附力，在金属表面形成紧密的单分子或者多分子保护层，阻止腐蚀介质与金属接触。防锈剂还对水和其他一些腐蚀性物质有增溶作用，可将其增溶于胶束中，起到分散或者减活作用，从而消除腐蚀性物质对金属的侵蚀，碱性防锈剂对酸性物质还有中和作用，使金属不受酸的侵蚀。溶解了防锈剂的基础油也有一定的防锈作用，它可借助范德华力与防锈剂的烃基结合使形成的吸附膜厚度增加和更加紧密牢固。

压缩机油在使用过程中会与铜、铁等金属接触，这些金属对油品的氧化具有很强的催化活性，能使油品在短期内迅速氧化，使油品的性能变差。复合剂当中的金属减活剂在金属表面生成化学膜，阻止金属变成离子进入油中，减弱其对油品的催化作用，这种化学膜还有保护金属表面的作用，能防止活性硫、有机酸对铜表面的腐蚀，同时金属减活剂能与金属离子结合，使之成为非催化活性的物质。金属减活剂常和抗氧剂复合使用，不仅有协同作用而且还能降低抗氧剂的用量。

复合剂当中的抗泡剂可以降低泡沫的表面张力阻止压缩机油在运行当中产生气泡，维持压缩机油的正常使用效果。

通过抗氧剂、防锈剂、防腐蚀剂、抗泡剂以及其他功能添加剂的合理复配形成的压缩机油复合剂以适当的质量分数加入基础油中，即可满足压缩机油的相关性能要求。

2. 技术进展

随着近几年来我国工业的飞速发展，对于压缩机需求量的日益剧增，压缩机油的需求量也越来越大，同时对于压缩机油的技术要求也越来越高。由于添加剂直接影响着油品的质量和性能，因此对于压缩机油添加剂的研究就显得尤为重要。

压缩机油复合剂的发展是与单剂的发展密切相关的，随着单剂发展，各种添加剂的种类越来越多，性能也越来越完善。以抗氧化剂为例，20世纪20年代以前为了改善含烯烃的裂化汽油稳定性开始加入各种屏蔽酚、芳香胺及氨基酚等作为抗氧剂。20世纪20年代末，2,6-二叔丁基对甲酚开始用于透平油，至今还是用于工业油中的主要抗氧剂。1930年以后由于汽车工业的大发展，内燃机压缩比大幅上升，各种硬质合金如铜-铅、镉-银轴承材料逐渐得到广泛的应用，但由于润滑油氧化产物对这些硬质合金较易产生腐蚀，要求加入抗氧抗腐剂，逐渐研制出了含硫磷等化合物的抗氧抗腐剂，经过实际应用，于20世纪40年代初筛选出效果较好的二烷基二硫代磷酸锌抗氧抗腐剂。20世纪70年代的小轿车装有废气催化转化器，而磷对催化转化器中的贵金属有致毒作用，为了避免催化剂中毒，要求油品低磷低灰化，由此出现了铜盐和无磷等抗氧剂。随着社会的进步、技术的发展以及人类环保意识的提高，高性能、低硫磷含量、对环境友好的抗氧剂成为研发的焦点。

随着工业的发展，越来越多适合现代工业的性能优异的单剂被开发出来，而且随着复配技术的进步，更多的复合剂被广泛应用，不仅性能优异，而且绿色环保。

3. 发展趋势

随着压缩机的发展，压缩机润滑油的品种也越来越多，这就对添加剂的兼容性提出了更高的要求，也在一定程度上增加了生产成本。因此，不少经济型配方应运而生，但这需要高效、性能全面的复合添加剂。除了复配以外，还需要开发出新品种的多效高效添加剂。而且随着人类环保意识的提高，对环境、卫生与安全的要求也在不断提高，所以压缩机油复合剂的环境友好特性也成为必然要求。

五、导热油复合剂

1. 作用原理

热传导液是填充在间接加热系统中的一种用于高温加热过程中精确控制温度的热载体。导热油复合剂是由高温抗氧剂、清净分散剂和防锈剂等多种添加剂复配而成的，复合剂中的高温抗氧剂功效可有效延缓热传导液运行过程中的氧化变稠；清净分散剂功效可使高温条件下产生的氧化物和聚合物有效溶解，不形成沉渣或黏稠物质，保证炉管壁的清洁并提供优良的传热效果。

2. 技术进展

导热油的发展与工业化进程同步，20世纪初，随着化学工业的发展，传统的加热方式已不能满足要求，人们开始使用矿油产品（如机械油、气缸油）代替蒸汽加热。20世纪30年代，美国DOW化学公司研制的合成化学品（联苯-联苯醚）在加热系统中成功应用。不仅使加热工艺安全可靠，而且介质温度可达400℃，标志着一类新产品的问世。世界多家石油公司已开发了100多个热传导液产品，如首诺（孟山都）公司的Therminol 55、陶氏化学公司的DowthermL、Mobil公司的Mobiltherm600、Shell公司的Shell Thermia Oil、Exxon公司的Caloria HT 43、东曹与综研化学公司（日本）的Neosk-oil L400、BP公司的Transcal LT和HULS公司（德国）的Marlotherm N等。我国合成型热传导液的研制始于20世纪60年代末，矿油型热传导液的研制始于 20 世纪 70 年代末，20 世纪 80 年代初期开始生产和使用热传导液。热传导液从构成上分为合成型和矿物油型两类。合成型导热油系列产品使用温度在-60～400℃，矿物油型导热油系列产品使用温度在-30～320℃。导热油主要用于现代化学、纺织印染、造纸、建材、塑料、能源等行业。

3. 发展趋势

目前，热传导液正向耐高温、高效节能、降低成本、操作简便安全、延长使用寿命、无毒、无味、利于环保等方向发展。因此，对添加剂的要求则是热稳定性优异、添加量小、无毒、无味、环境友好等。

六、蜗轮蜗杆油复合剂

1. 作用原理

蜗轮蜗杆传动是齿轮传动的一种，主要是连接两根互相垂直而不相交的转轴，通过适当地选择蜗杆头数，可以较大范围内改变其传动比。

蜗轮蜗杆传动由于齿面间的滑动较大且齿的接触时间比齿轮传动相对较长，摩擦磨损情况突出。因此，不宜采用一般齿轮油来润滑，要求油品具有较高的黏度指数，油性要好，且含有某些特殊添加剂。总的要求有以下几点：润滑油要有良好的减摩特性，摩擦系数要小；在较高温度时要有好的抗氧化老化性能，油的安定性要好；添加剂要适合钢-铜摩擦副的特殊要求。

而这些性能主要是复合剂赋予的，蜗轮蜗杆油复合剂含有的减摩抗磨剂是极性物质，优先吸附在摩擦副表面。在低温低负荷下，主要依靠减摩剂形成物理吸附膜来防止摩擦磨损；当负荷增加，温度升高时，特殊结构的高温减摩添加剂在摩擦表面形成超薄的反应膜，降低摩擦表面的摩擦系数，当负荷过高，摩擦面温度急剧升高时，极压抗磨剂中含有的硫等活性元素与金属表面发生化学反应，生成固态的反应膜，从而防止金属表面出现胶合或擦伤，保证设备在极端条件下运行平稳。

蜗轮蜗杆油复合剂不仅要赋予油品好的抗极压性能和减摩抗磨性能，还要保护铜摩擦副不腐蚀。因钢与铜的接触和胶合机制与钢钢摩擦不尽相同，适用于钢对钢摩擦副的极压剂对钢-铜配对的蜗轮蜗杆副未必有针对性，且常用的硫、磷、氯型添加剂对青铜具有很强的腐蚀性，易促使蜗轮齿面产生腐蚀、微孔和白斑、绿斑，反而使磨损增加。因此，蜗轮蜗杆油复合剂在配制时对添加剂的选配就比较特殊。

通过减摩抗磨添加剂、极压抗磨剂、防锈防腐蚀剂以及其他功能添加剂的合理复配形成的重负荷蜗轮蜗杆油添加剂以适当的质量分数加入基础油中，可以满足重负荷蜗轮蜗杆油的性能要求。

2. 技术进展

蜗轮蜗杆油技术进展包括两个方面：第一是添加剂单剂合成技术的发展；第二是基础油性能的发展。

1948 年美国石油协会（API）把蜗轮蜗杆油列入传动润滑油的分类。1957 年三菱、出光、共同、丸善、昭石、莫比尔、壳牌、埃索、通用等石油公司相继推出蜗轮蜗杆专用商品油。1958 年日本防卫厅公布了蜗轮蜗杆油暂定标准。1962 年美国制定了 MIL-L-15019C 军用规格，规定用动物油脂作润滑油中的添加剂并规定了加入量，此油称为复合油。同年还公布了 MIL-L-18486 规格，1972 年对 MIL-L-18486 规格进行了修订，增订了赫兹载荷必须大于 40

的指标，并更名为 MIL-L-18486B（OS），1982 年又重新颁布了 MIL-L-18486B（OS）规格。1972 年美国齿轮制造者协会提出的 AGMA 250.03 规格以及 1981 年提出的该规范的新版本 AGMA 250.04 规定适用于一般蜗轮蜗杆传动的润滑油为 7Comp、8Comp、8Acomp，它们是含 3%～10%的脂肪油或合成脂肪油调制的复合油。1976 年联邦德国的 DIN 51509 标准《齿轮润滑剂的选择》提出按持久强度设计的、经淬火处理工作的蜗轮蜗杆传动副可选用含特殊减摩活性剂的润滑油。以上情况说明，国外的蜗轮蜗杆油添加剂以一般的脂肪油、合成脂肪油来满足高滑动率传动，还增加了综合磨损指数这一项要求和一些特殊添加剂的要求。国外规格中还明确规定了硫等元素的含量，以避免对铜蜗轮的腐蚀。目前国内外都推出了合成型、食品级的蜗轮蜗杆油产品，使油品的使用范围更加广泛、产品的性能更加全面。

添加剂单剂合成技术的发展推进了蜗轮蜗杆油的进一步发展，含氮、含硼添加剂在蜗轮蜗杆油复合剂的逐步使用，使复合剂的极压抗磨性、热氧化安定性、防锈性、储存稳定性及相溶性得到了相应的改善，推动了蜗轮蜗杆油性能不断提高。

3. 发展趋势

随着添加剂技术及其复配技术日趋成熟，复合剂配方技术发展更加合理，各项性能指标不断提高，经济性不断改善。

七、油气润滑油复合剂

1. 作用原理

油气润滑，被称为"气液两相流体冷却润滑技术"，油气润滑以一种新颖的润滑理念改变了传统的润滑方式，可以把精细的极其微量的油滴流源源不断地注入润滑点，这样，以均等的时间精确分配润滑油的方式得以实现，并能适合不同的恶劣工况条件，这是其他润滑方式都不能做到的。

油气润滑特殊的润滑方式要求油品具备比其他油品更加特殊的使用性能，如抗高温性能好、不积炭、不结焦以及优异的清净分散性能。所以油气润滑油需满足油品高温性能的苛刻要求，同时满足工业齿轮油高极压、高减摩性等方面的要求，才能满足油气润滑苛刻的润滑要求。总的要求有以下几点：抗高温性能好、不积炭、不结焦；优良的耐低温性能，在低温下有较好的流动性；抗磨性能好，承载能力高；优异的分散性能，适用于油气方式的润滑；适宜的黏度，较高的黏度指数。

而这些性能是由复合剂与基础油同时赋予的。油气润滑油复合剂不但要赋予油品好的极压性能和减摩抗磨性能，还要保证油品有优良的清净分散性能，保证油品在高温下具有优异的极压性能，同时减少油品消耗中产生的沉淀及结焦。通过减摩抗磨添加剂、极压抗磨剂、防锈防腐蚀剂以及其他功能添加剂的合理复配形成的复合添加剂以适当的加剂量加入基础油中，可以满足高极压、高清净的性能要求。

2. 技术进展

油气润滑油的技术进步包括三个方面：第一是添加剂单剂合成技术的发展；第二是复配技术；第三是新的基础油技术。

油气润滑是一种新型的润滑方式，其专用的润滑油在国内外均发展时间不长，目前采用的基础油主要为矿物型基础油、聚亚烷基二醇（PAG）。

全合成的聚亚烷基二醇（PAG）基础油，具有杰出的热及氧化稳定性，能减少油泥形成，减少沉积物累积；在与水接触的环境下，防腐蚀保护性能仍然非常有效；倾点极低，因此低温流动性优异；特别适用于重负荷、工作条件严苛的传动装置，工作条件极度严苛的所有类型工业齿轮、滑动与滚动轴承；是优异的油气润滑用油。

由精选的聚亚烷基二醇基油调配而成的合成油品，由于可以使用在高温高极压的工况，所以被设备厂商广泛推荐使用，较典型的是嘉实多 Tribol 800 齿轮油、美孚格高 HE（Glygoyle E）系列等聚醚型全合成齿轮油等。

油气润滑油也可以采用矿物型基础油，以深度精制的矿物型基础油加入多种优质高性能添加剂精制而成的油气润滑系统专用油，适用于采用油气润滑装置的润滑系统，如冶金行业的各式冷热轧板带轧机、线材及棒材轧机、连铸机及附属设备的轴承，各类磨床高速主轴，水泥化工行业的大型开式齿轮（如球磨机、回转窑等），各种导轨、机车轮缘与轨道的润滑等。由于矿物型基础油本身性能的限制，其适用范围较窄。

3. 发展趋势

全合成的聚亚烷基二醇（PAG）基础油，由于具有杰出的热及氧化稳定性等多项优异的性能，在油气润滑中将具有更广阔的应用前景。

随着添加剂技术及其复配技术日趋成熟，新型的添加剂技术，如含硫添加剂、含磷剂、含氮剂、高分子聚合物等新型添加剂的研制成功及复合剂配方技术发展，使复合添加剂性能更加合理，经济性不断改善，也会将油气润滑油复合剂的研制推向新的高度。

八、产品牌号

（一）中石油兰州润滑油研究开发中心

1. RHY 4302 极压型蜗轮蜗杆油复合剂

【中文名称】RHY 4302 极压型蜗轮蜗杆油复合剂
【化学成分】硫氮混合物。
【化学结构】由低活性硫化物、硫氮抗磨剂、防锈防腐剂等配制而成。
【产品性能】具有优良的极压抗磨性、防锈防腐性、抗氧化安定性。是一种性能全面的多功能复合添加剂。可用于调制不同黏度级别的重负荷蜗轮蜗杆油。在高速冲击和高扭矩等苛刻条件下能有效防止齿面的擦伤、磨损；在高温高负荷情况下能防止油泥及沉积物的生成，保护表面的清洁；在潮湿及有水环境下能有效防止金属表面的锈蚀及腐蚀。
【质量标准】Q/SY RH 3050—2009

项　　目	质量指标	实测值	试验方法
外观	棕红色透明液体	棕红色透明液体	目测
密度(20℃)/(kg/m³)	实测	1000	SH/T 0604
运动黏度(100℃)/(mm²/s)	实测	11.33	GB/T 265
闪点(开口)/℃	≥150	165	GB/T 3536
水分含量/%	≤0.15	0.08	GB/T 260
机械杂质含量/%	≤0.08	0.005	GB/T 511
酸值/(mgKOH/g)	实测	8.63	GB/T 4945
硫含量/%	≥9.0	9.46	SH/T 0303
氮含量/%	≥2.5	2.93	SH/T 0656

【生产方法】将低活性硫化物、含硫氮抗磨剂、防锈防腐剂等功能添加剂一次加入调和釜，混兑后升温至 50～60℃搅拌 4h，采样进行黏度、闪点、机械杂质、水分、元素含量等项

目分析，各项性能达到 RHY 4302 复合剂指标要求后，出釜包装，产品为透明油状液体。

【主要用途】对基础油的适应能力强，可以在 API Ⅰ、Ⅱ、Ⅲ类基础油中调制不同黏度级别的蜗轮蜗杆油，使用本品以 4.6%（外加）加剂量调制的 320 号、460 号极压型蜗轮蜗杆油达到 SH/T 0094—91（1998）规格。

【包装储运】本品的包装、标志、运输、储存、交货验收执行 SH 0164 标准。储存温度以 0～50℃为宜。使用 200L 大桶包装，净重(200±2)kg（可按用户需求包装及发运）。本品不易燃、不易爆、无腐蚀，应避光防潮，防止与人体直接接触。

【注意事项】储存容器必须专用，储运过程中必须防水、防潮，防止机械杂质混入；防止异物污染；防止与其他公司的复合剂混用。

2. RHY 4401 油气润滑油复合剂

【中文名称】RHY 4401 油气润滑油复合剂

【化学成分】磷氮混合物，由含磷化合物、硫氮抗磨剂、防锈防腐剂等配制而成。

【产品性能】具有优良的抗磨性、防锈防腐性、抗氧化安定性。是一种性能全面的多功能复合添加剂。对基础油的适应能力强，可以在 API Ⅰ、Ⅱ类基础油中调制不同黏度级别的、适用于高速工况下的油气润滑油。在高速冲击等苛刻条件下能有效防止齿轮齿面的擦伤、磨损；在高温下能防止油泥、胶质的生成，保护齿轮表面的清洁；且在潮湿及有水环境下能有效防止齿轮表面的锈蚀及腐蚀。

【质量标准】

项　目	质量指标	试验方法	项　目	质量指标	试验方法
外观	棕红色透明液体	目测	水分含量/%	≤0.15	GB/T 260
密度(20℃)/(kg/m³)	实测	SH/T 0604	机械杂质含量/%	≤0.08	GB/T 511
运动黏度(100℃)/(mm²/s)	实测	GB/T 265	酸值/(mgKOH/g)	实测	GB/T 4945
闪点(开口)/℃	≥150	GB/T 3536			

【生产方法】将功能添加剂一次加入调和釜，混兑后升温至 50～60℃搅拌 4h，采样进行黏度、闪点、机械杂质、水分、元素含量等项目分析，各项性能达到指标要求后，装桶出釜，产品为透明油状液体。

【主要用途】对基础油的适应能力强，可以在 API Ⅰ、Ⅱ类基础油中调制不同黏度级别的高速油气润滑油。

【包装储运】和【注意事项】参见该公司 RHY 4302 极压型蜗轮蜗杆油复合剂。

3. RHY 4402 油气润滑油复合剂

【中文名称】RHY 4402 油气润滑油复合剂

【化学成分】磷氮混合物，由含磷化合物、防锈防腐剂等添加剂配制而成。

【产品性能】以本品调制的油品具有优良的抗磨性、防锈防腐性、抗氧化安定性。

【质量标准】

项　目	质量指标	试验方法	项　目	质量指标	试验方法
外观	棕红色透明液体	目测	水分含量/%	≤0.25	GB/T 260
密度(20℃)/(kg/m³)	实测	SH/T 0604	机械杂质含量/%	≤0.08	GB/T 511
运动黏度(100℃)/(mm²/s)	实测	GB/T 265	酸值/(mgKOH/g)	实测	GB/T 4945
闪点(开口)/℃	≥150	GB/T 3536			

【生产方法】将功能添加剂一次加入调和釜，混兑后升温至 50～60℃搅拌 4h，采样进行黏度、闪点、机械杂质、水分、元素含量等项目分析，各项性能达到指标要求后，装桶出釜，

产品为透明油状液体。

【主要用途】专用于调制以聚亚烷基二醇（PAG）为基础油的全合成油气润滑油。

【包装储运】和【注意事项】参见该公司 RHY 4302 极压型蜗轮蜗杆油复合剂。

4. RHY 8001 减震器油复合剂

【中文名称】RHY 8001 减震器油复合剂

【化学成分】硫磷氮混合物，由磷氮化合物抗磨添加剂、含硫极压抗磨剂、防锈抗腐蚀剂配制而成。

【产品性能】具有良好的抗磨性、防锈防腐性和氧化安定性能，在使用中与汽车减震器同寿命。

【质量标准】Q/SY RH 3052—2009

项　　目	质量指标	实测值	试验方法
外观	淡黄透明无浑浊、沉淀	淡黄透明无浑浊	目测
密度(20℃)/(kg/m³)	实测	848.1	SH/T 0604
运动黏度(40℃)/(mm²/s)	10.0～13.0	11.55	GB/T 265
闪点(开口)/℃	≥150	175	GB/T 3536
水分含量/%	≤0.08	痕迹	GB/T 260
酸值/(mgKOH/g)	实测	5.82	GB/T 4945
机械杂质含量/%	≤0.08	0.009	GB/T 511
硫含量/%	≥0.35	0.42	SH/T 0303
磷含量/%	≥0.2	0.26	SH/T 0296
氮含量/%	≥0.07	0.09	GB/T 17674

【生产方法】将抗氧剂、油性剂、极压抗磨剂、防锈剂、金属减活剂等添加剂一次加入调和釜，混兑后升温至 50～60℃搅拌 4h，采样进行黏度、闪点、机械杂质、水分、元素含量等项目分析，各项性能达到质量指标要求后，即得产品，产品为透明油状液体。

【主要用途】对基础油的适应能力强，可以在 API Ⅰ、Ⅱ、Ⅲ类基础油中调制不同黏度级别的汽车减震器油，以 1.0%的加剂量加入合适的基础油中可满足汽车用减震器油的性能要求。

【包装储运】和【注意事项】参见该公司 RHY 4302 极压型蜗轮蜗杆油复合剂。

（二）兰州/太仓中石油润滑油添加剂有限公司

1. RHY 4026 工业用油复合剂

【中文名称】RHY 4026 工业用油复合剂

【化学成分】硫磷氮混合物，由硫磷氮抗磨剂、防锈防腐剂等配制而成。

【产品性能】是性能卓越的齿轮与轴承润滑油复合剂，可提供十分稳定的磨损保护，有助于控制微点蚀和其他形式的齿轮磨损，均衡配方更好地保护轴承，改善抗腐蚀性能，在设备保护、油品寿命及无故障操作等方面表现杰出。

【质量标准】Q/SY RH 3079—2012

项　　目	质量指标	实测值	试验方法
外观	棕黄色透明液体	棕黄色透明液体	目测
酸值/(mgKOH/g)	报告	17.4	GB/T 4945
硫含量/%	≥7.2	7.46	SH/T 0303
磷含量/%	≥4.0	4.26	SH/T 0296

续表

项　目	质量指标	实测值	试验方法
氮含量/%	≥2.2	2.52	SH/T 0656
水分含量/%	≤0.15	0.05	GB/T 260
机械杂质含量/%	≤0.08	0.003	GB/T 511
密度(20℃)/(kg/m³)	报告	1049.8	SH/T 0604
闪点(开口)/℃	≥120	164	GB/T 3536
运动黏度(100℃)/(mm²/s)	报告	4.584	GB/T 265

【生产方法】将硫磷氮抗磨剂、防锈防腐剂等功能添加剂一次加入调和釜，混兑后升温至 50～60℃搅拌 4h，采样进行黏度、闪点、机械杂质、水分、元素含量等项目分析，各项性能达到质量指标要求后，即得 RHY 4026 复合剂，产品为透明油状液体。

【主要用途】是一种通用性很强的多用途工业用油复合剂，可以调制多种工业用油。以 1.4%、1.2%、1.0%、0.8%、0.6%加剂量可以分别调制 100、150、220、320、460、680 号 CKC 工业齿轮油；以 1.8%、1.6%、1.4%、1.2%、1.0%加剂量可分别调制 100、150、220、320、460、680 号 CKD 工业齿轮油；以 1.4%加剂量可以调制 220、320、460 号 KG 工业齿轮油；以 2.0%加剂量可调制 68、100、150、220、320、460、680 号合成型工业齿轮油；以 1.2%、1.0%加剂量可以调制 220、460 号油膜轴承油；以 0.5%加剂量可以调制 32～68 号汽轮机油；以 0.6%加剂量可以调制 32～68 号抗磨液压油；以 0.4%加剂量可以调制汽车和摩托车减震器油；以 0.5%加剂量可以调制 150 号压缩机油；以 2.0%加剂量可以调制 CKE/P 蜗轮蜗杆油；以 1.65%、1.45%加剂量可以调制 KPO 150、KPO 220 造纸机油；以 0.8%加剂量可以调制汽柜密封油。

【包装储运】包装、标志、运输、储存、交货验收执行 SH 0164 标准。储存温度以 0～50℃为宜。使用 200L 大桶包装，净重(200±2)kg（可按用户需求包装及发运）。本品不易燃、不易爆、无腐蚀，应避光防潮，防止与人体直接接触。

【注意事项】储存容器必须专用，储运过程中必须防水、防潮，防止机械杂质混入；防止异物污染；防止与其他公司的复合剂混用。

2. RHY 6350 汽轮机油复合剂

【中文名称】RHY 6350 汽轮机油复合剂

【化学成分】本系列产品包括三个复合剂，由高性能抗氧剂、防锈剂、金属减活剂、防锈剂等组成。

【产品性能】本系列汽轮机油复合剂适应多种基础油，调和产品具有优良的抗氧化性、防锈性、抗乳化性等性能，广泛应用于电力行业、炼化行业等。采用该系列复合剂对于简化生产工艺，降低储存、生产和物流成本，具有积极的意义。

【质量标准】Q/SY RH3069—2011

项　目	RHY 6350 实测值	试验方法	RHY 6350A 实测值	RHY 6350E 实测值	试验方法
外观①	透明无沉淀	目测	橙色到棕色透明液体	橙色到棕色透明液体	目测
密度(20℃)/(kg/m³)	925.2	SH/T 0604	957.4	978.7	SH/T 0604
色度/号	—		3.5	<3.0	GB/T 6540
运动黏度(40℃)/(mm²/s)	19.50	GB/T 265	164.3	165.7	GB/T 265
闪点/℃	110(闭口)	GB/T 261	212(开口)	210(开口)	GB/T 3536
水分含量/%	0.09	GB/T 260	<0.03	<0.03	GB/T 260

续表

项　　目	RHY 6350 实测值	试验方法	RHY 6350A 实测值	RHY 6350E 实测值	试验方法
机械杂质含量/%	无	GB/T 511	0.03	0.03	GB/T 511
氮含量/%	1.13	SH/T 0656	3.82	3.80	SH/T 0656
硫含量/%	—		—	1.75	SH/T 0303

① 将试样注入 50mL 量筒中，在室温下观察。

【主要用途】采用 API Ⅰ 类、Ⅱ 类或 Ⅲ 类基础油，RHY 6350 与 RHY 6350A、RHY 6350E 采用不同的组合，主要用于调制满足 GB 11120—2011 技术要求的 L-TSA（B 级）、L-TSA（A 级）、L-TGSB、L-TGSE 等产品。

项　　目	L-TSE	L-TGSE	长寿命汽轮机油	极压型长寿命汽轮机油
RHY 6350 加剂量(质量分数)/%	0.75	0.75	0.75	0.75
RHY 6350A 加剂量(质量分数)/%	0	0～0.3	0.3～0.8	0～0.5
RHY 6350E 加剂量(质量分数)/%	0.35	0.35		0.35

【包装储运】包装、标志、运输、贮存、交货验收执行 SH 0164 标准。贮存温度以 0～50℃ 为宜。本品使用 200L 大桶包装，净重(200±2)kg（可按用户需求包装及发运）。本品不易燃、不易爆、无腐蚀，应避光防潮，防止与人体直接接触。

【注意事项】运输过程中必须有明显标记，防止其他种类的石油产品混淆。储存容器必须专用，尽量在户内或可控制气候环境下储存，容器必须防水、防潮、防机械杂质进入。使用前应将所用容器、油罐、管线、阀门等认真清洗、检验合格，防止污染。

3. RHY 7001A/RHY 7001B 螺杆空气压缩机油复合剂

【中文名称】RHY 7001A/RHY 7001B 螺杆空气压缩机油复合剂

【化学成分】由高性能无灰抗氧、抗腐剂、极压抗磨剂等添加剂组成。

【产品性能】采用本品调制的螺杆空气压缩机油满足螺杆空气压缩机的润滑、冷却及密封等要求，具有优异热氧化稳定性和油泥控制能力，有着很高的性价比，对设备提供良好保护，延长换油期。广泛应用于阿特拉斯、康普艾、复盛等品牌的螺杆空气压缩机的润滑和冷却。

【质量标准】Q/SY RH3028—2006(2009)

项　　目	RHY 7001A 实测值	RHY 7001B 实测值	试验方法
外观	透明黏稠液体	白色结晶粉末	目测
初熔点/℃	—	184.97	GB/T 617
磷含量/%	—	3.99	SH/T 0296
运动黏度(40℃)/(mm²/s)	209.9	—	GB/T 265
密度(20℃)/(kg/m³)	959.6	—	SH/T 0604
闪点(开口)/℃	192	—	GB/T 3536
氮含量/%	2.15	—	GB/T 17476
水分含量(体积分数)/%	0.03	—	GB/T 260
机械杂质含量/%	无	—	GB/T 511

【主要用途】采用 API Ⅱ、Ⅲ 类基础油及 PAO、烷基萘合成油，利用本品可以调制矿物油型、半合成、全合成型螺杆空气压缩机油，黏度等级：ISO VG32/46/68。

项　　目	L-DAH32/46	KCR32/46	KCRS 32/46/68
RHY 7001A 加剂量(质量分数)/%	1.1	1.0	1.0
RHY 7001B 加剂量(质量分数)/%	0.4	0.4	0.4

【包装储运】和【注意事项】参见该公司 RHY 6350 汽轮机油复合剂。

4. RHY 6401A 矿物油型有机热载体复合剂

【中文名称】RHY 6401A 矿物油型有机热载体复合剂

【化学成分】由抗氧剂、清净剂、防锈剂及金属钝化剂等添加剂组成。

【产品性能】用本品调和的有机热载体具有良好的清静分散性，避免有机热载体在使用过程中结焦，具有良好的抗氧化性能，有效延长有机热载体的使用寿命。产品已在化工、制药、建筑等行业广泛应用，客户反映良好。

【质量标准】Q/SY RH3067—2011

项　　目	实测值	试验方法	项　　目	实测值	试验方法
密度(20℃)/(kg/m³)	902.9	SH/T 0604	机械杂质含量/%	0.006	GB/T 511
钙含量/%	0.70	GB/T 17476	闪点(开口)/℃	210	GB/T 3536
残炭/%	2.16	GB/T 17476	酸值/(mgKOH/g)	1.06	GB/T 7304
水分含量(体积分数)/%	痕迹	GB/T 260			

【主要用途】采用 API Ⅱ类和Ⅲ类基础油，复配适量高温抗氧剂，可调和满足 GB 23971—2009 有机热载体技术要求的 L-QB280 和 L-QB300 有机热载体，加剂量 1.2%～1.6%（质量分数）。

【包装储运】和【注意事项】参见该公司 RHY 6350 汽轮机油复合剂。

（三）锦州康泰润滑油添加剂股份有限公司

1. KT 6001 汽轮机油复合剂

【中文名称】KT 6001 汽轮机油复合剂

【化学成分】由抗氧剂、防锈剂等多种功能添加剂复配而成。

【产品性能】能满足 L-TSA 汽轮机油对氧化安定性及防锈性的要求。

【质量标准】

项　　目	质量指标	测试方法	项　　目	质量指标	测试方法
外观	深黄色透明液体	目测	闪点(开口)/℃	≥93	GB/T 3536
密度(20℃)/(kg/m³)	实测	GB/T 1884	运动黏度(40℃)/(mm²/s)	实测	GB/T 265

【主要用途】适用于调制各种黏度级别的 L-TSA 汽轮机油，也可用于抗氧防锈型液压油。

L-TSA 汽轮机油	加剂量(质量分数)/%	L-TSA 汽轮机油	加剂量(质量分数)/%
32 号、46 号	0.4～0.5	68 号、100 号	0.5～0.6

【包装储运】本品在储存、装卸及调油时，参照 SH 0164 进行。最高温度不应超过 75℃；若长期储存，最高温度不应超过 45℃。产品净重：190kg/桶，200L 标准铁桶。

【注意事项】本品不易燃、不易爆、无腐蚀性，在安全、环保、使用等方面同一般石油产品，不用进行特殊防护。

2. KT 6003 汽轮机油复合剂

【中文名称】KT 6003 抗磨汽轮机油复合剂

【化学成分】由高性能抗氧化剂、金属钝化剂、抗氧防腐剂、极压抗磨剂等多种功能添加剂调配而成。

【产品性能】能满足 L-TSE 汽轮机油对氧化安定性、极压性及防锈性的要求。

【质量标准】

项　　目	质量指标	测试方法	项　　目	质量指标	测试方法
外观	深黄色透明液体	目测	闪点(开口)/℃	≥100	GB/T 3536
密度(20℃)/(kg/m³)	实测	GB/T 1884	运动黏度(40℃)/(mm²/s)	实测	GB/T 265

【主要用途】适用于要求改善齿轮承载能力的发电机、工业驱动装置和船舶齿轮装置及其配套控制系统的润滑与密封，尤其适合于蒸汽-燃气联合发电机组的润滑与密封。参考加剂量 0.7%（质量分数）。

【包装储运】和【注意事项】参见该公司 KT6001 汽轮机油复合剂。

3. KT 6004 抗氨汽轮机油复合剂

【中文名称】KT 6004 抗氨汽轮机油复合剂

【化学成分】由高性能抗氧化剂、金属钝化剂、金属腐蚀抑制剂和极压抗磨剂等复配而成。

【产品性能】具有与氨不起反应和酸值低等特点。

【质量标准】

项　　目	质量指标	测试方法	项　　目	质量指标	测试方法
密度(20℃)/(kg/m³)	900～1000	GB/T 1884	运动黏度(40℃)/(mm²/s)	80～135	GB/T 265
闪点(开口)/℃	≥90	GB/T 3536	氮含量/%	≥1.6	SH/T 0224

【主要用途】可调制 N32、N46、N68 等各种黏度级别的抗氨汽轮机油。参考加剂量 0.6%～0.8%。

【包装储运】和【注意事项】参见该公司 KT6001 汽轮机油复合剂。

4. KT 6023 空压机油复合剂

【中文名称】KT 6023 空压机油复合剂

【化学成分】由优质极压剂、抗氧剂和防锈剂等多功能添加剂复配而成。

【产品性能】具有优异的抗磨性、高温抗氧性、防锈性，优良的抗积炭性和良好的抗乳化性能。

【质量标准】

项　　目	质量指标	测试方法	项　　目	质量指标	测试方法
外观	棕色液体	目测	水分含量/%	≤0.03	GB/T 260
密度(20℃)/(kg/m³)	实测	GB/T 1884	磷含量/%	≥1.0	SH/T 0296
闪点(开口)/℃	≥150	GB/T 3536	氮含量/%	≥1.6	SH/T 0224
运动黏度(100℃)/(mm²/s)	实测	GB/T 265			

【主要用途】

类　　型	加剂量(质量分数)/%	类　　型	加剂量(质量分数)/%
L-DAA	0.3～0.6	回转螺杆压缩机油	1.15
L-DAB	0.6～0.8		

【包装储运】和【注意事项】参见该公司 KT6001 汽轮机油复合剂。

5. KT 6024 空压机油复合剂

【中文名称】KT 6024 空压机油复合剂

【化学成分】由优质极压剂、抗氧剂和防锈剂等多功能添加剂复配而成。

【产品性能】具有优异的抗磨性、高温抗氧性、防锈性，优良的抗积炭性和良好的抗乳化性能。

【质量标准】

项　目	质量指标	测试方法	项　目	质量指标	测试方法
外观	棕黄色透明液体	目测	硫含量/%	≥6.0	SH/T 0303
密度(20℃)/(kg/m³)	实测	GB/T 1884	磷含量/%	≥1.0	SH/T 0296
闪点(开口)/℃	≥120	GB/T 3536	氮含量/%	≥3.0	SH/T 0224
运动黏度(100℃)/(mm²/s)	实测	GB/T 265			

【主要用途】

类　型	加剂量(质量分数)/%	类　型	加剂量(质量分数)/%
液压油	0.3	回转螺杆压缩机油	0.6～1.0%
汽轮机油	A级：0.40　B级：0.30		

【包装储运】和【注意事项】参见该公司 KT6001 汽轮机油复合剂。

6. KT 120B 导热油复合剂

【中文名称】KT 120B 导热油复合剂

【化学成分】由多种耐高温抗氧剂、阻焦剂和清净分散剂等复配而成。

【产品性能】具有加剂量小、酸值低、热稳定性好、结焦少、寿命长和导热效果显著等特点。

【质量标准】

项　目	质量指标	测试方法	项　目	质量指标	测试方法
密度(20℃)/(kg/m³)	实测	GB/T 1884	氮含量/%	≥2.0	SH/T 0224
闪点(开口)/℃	≥180	GB/T 3536	酸值/(mgKOH/g)	≤1.0	GB/T 264
运动黏度(100℃)/(mm²/s)	实测	GB/T 265			

【主要用途】

导热油	加剂量(质量分数)/%	导热油	加剂量(质量分数)/%
L-QD350	1～1.5	L-QB300	0.2～0.3
L-QC320	0.3～0.5	L-QB280	0.1～0.2

【包装储运】和【注意事项】参见该公司 KT6001 汽轮机油复合剂。

7. KT 44260 蜗轮蜗杆油复合剂

【中文名称】KT 44260 蜗轮蜗杆油复合剂

【化学成分】由优质的油性剂、抗磨剂、防锈剂和抗氧剂等多种添加剂复配而成。

【产品性能】应用于油品中，体现出优良的抗极压性、抗磨损性、抗氧化性和防锈性能。

【质量标准】

项　目	质量指标	测试方法	项　目	质量指标	测试方法
密度(20℃)/(kg/m³)	实测	GB/T 1884	硫含量/%	≥6.5	SH/T 0303
闪点(开口)/℃	≥90	GB/T 3536	磷含量/%	≥3.0	SH/T 0296
运动黏度(100℃)/(mm²/s)	实测	GB/T 265			

【主要用途】本品调制的 L-CKE 蜗轮蜗杆油或 L-CKE/P 蜗轮蜗杆油，可满足 ISO 220、320、460 黏度级别的产品，符合 SH/T 0094-91 规格要求。

API 质量等级	加剂量(质量分数)/%	API 质量等级	加剂量(质量分数)/%
L-CKE/P	2.7～～3	L-CKE	1.6～2.0

【包装储运】和【注意事项】参见该公司 KT6001 汽轮机油复合剂。

8. KT 5620 高温链条油复合剂

【中文名称】KT 5620 高温链条油复合剂

【化学成分】本品由优质极压抗磨剂、高温抗氧剂和防锈剂等复配而成。

【产品性能】具有优良的抗氧、抗磨和防锈性能，还具有优异的高温稳定性和极低的蒸发损失，高温下积炭及结焦倾向极低，并能保持液体膜润滑，不产生有害气体，可以消除因固体积累而导致的清理问题并减少停工时间。

【质量标准】

项　目	质量指标	测试方法	项　目	质量指标	测试方法
外观	棕色透明液体	目测	磷含量/%	≥2.0	SH/T 0296
密度(20℃)/(kg/m³)	实测	GB/T 1884	碱值/mgKOH/g	≥60	SH/T 0251
闪点(开口)/℃	≥180	GB/T 3536	水分含量/%	≤0.03	GB/T 260
运动黏度(40℃)/(mm²/s)	实测	GB/T 265			

【主要用途】参考加剂量 1.2%～2.0%。

【包装储运】和【注意事项】参见该公司 KT6001 汽轮机油复合剂。

（四）无锡南方石油添加剂有限公司

1. WX-6001 汽轮机油复合添加剂

【中文名称】WX-6001 汽轮机油复合添加剂

【化学成分】有机混合物，由抗氧剂、防锈剂和抗泡剂调制而成。

【产品性能】在冬季无晶体析出，能满足 L-TSA 汽轮机油对氧化安定性、防锈性的要求，推荐加剂量为 0.5%～0.8%。

【质量标准】

项　目	实测值	试验方法	项　目	实测值	试验方法
外观	深黄色透明液体	目测	运动黏度(40℃)/(mm²/s)	35	GB/T 265
密度(20℃)/(kg/m³)	950	SH/T 0604	闪点(开口)/℃	95	GB/T 3536

2. WX-6002 抗氨汽轮机油复合剂

【中文名称】WX-6002 抗氨汽轮机油复合剂

【产品性能】由高性能抗氧化剂、金属钝化剂、防腐剂等添加剂调配而成，推荐加剂量为 0.6%。

【质量标准】

项　目	质量指标	试验方法	项　目	质量指标	试验方法
外观	棕红色黏稠透明液体	目测	闪点(开口)/℃	≥130	GB/T 3536
密度(20℃)/(kg/m³)	950～1000	SH/T 0604	氮含量/%	2.5～3.5	SH/T 0656
运动黏度(100℃)/(mm²/s)	115～135	GB/T 265			

【主要用途】适用于大中型化肥厂装置中汽轮机驱动的离心式合成气体压缩机及抗氨汽轮机的润滑。

【注意事项】根据机械转速、工作温度选择合适黏度的抗氨汽轮机油，在运行中应严格进行监控，防止漏水、漏气和杂质污染。换油时，应将润滑系统清洗干净。

（五）淄博惠华石油添加剂有限公司

1. H 6011 汽轮机油复合剂

【中文名称】H 6011 汽轮机油复合剂

【产品性能】由高性能抗氧化剂、金属钝化剂、防腐剂等添加剂调配而成。不含稀释油，配方合理，使用方便，经济性好。推荐加剂量为 0.4%～0.7%。

【质量标准】

项 目	质量指标	试验方法	项 目	质量指标	试验方法
外观	棕色透明液体	目测	闪点(开口)/℃	≥90	GB/T 3536
密度(20℃)/(kg/m³)	900～1000	SH/T 0604	酸值/(mgKOH/g)	10～30	GB/T 4945
运动黏度(40℃)/(mm²/s)	25～40	GB/T 265			

【主要用途】可调制的 N32、N46、N68 及 N100 黏度级别的系列产品，能满足 L-TSA 汽轮机油对氧化安定性及防锈性的要求。

【包装储运】本品在储存、装卸及调油时，参照 SH 0164 进行，最高温度不应超过 85℃，长期储存，最高温度不应超过 45℃，切勿进水。本品不易燃、不易爆，使用过程中应遵循处理化学品的一般预防措施。如接触皮肤，可用洗涤剂、肥皂和清水彻底洗净。

2. H 6030 空气压缩机油复合剂

【中文名称】H 6030 空气压缩机油复合剂

【化学成分】含氮混合物，由多种抗氧剂、防锈剂、抗磨剂等调制而成。

【产品性能】不含金属盐添加剂，属于无灰型添加剂，使用极为方便，适用于回转式压缩机油的调配。用该复合剂调制的油品具有优良的抗氧化性能，积炭倾向性小，防锈性能和分水性能良好，另外抗磨效果也较好。推荐加剂量为 0.5%～1.0%，可配制 N32、N46、N68 等黏度级别的压缩机油。

【质量标准】

项 目	质量指标	实测值	试验方法
外观	棕色黏稠液体	棕色黏稠液体	目测
运动黏度(100℃)/(mm²/s)	7.000～10.000	8.766	GB/T 265
闪点(开口)/℃	≥190	207	GB/T 3536
密度(20℃)/(kg/m³)	950～1100	1008	SH/T 0604
氮含量/%	3.00～4.50	3.61	SH/T 0506

【包装储运】参见该公司 H 6011 汽油机油复合剂。

（六）巴斯夫公司（BASF）

1. Irganox ML 811 循环油复合剂

【中文名称】Irganox ML 811 循环油复合剂

【产品性能】不含 2,6-二叔丁基苯酚，可用于符合美国军事规范的润滑油；不含稀释剂，流动液体，易于操作；在适当的基础油中依照推荐的添加量，可提供优异的齿轮防锈保护性能；低于正常储存温度（≤40℃）时，不会分离和沉淀。

【主要用途】参考加剂量：0.71%～0.95%。在合适的基础油中，0.71%添加量，可符合 MIL-17331H 规范；生物降解基础油的无灰抗磨液压油加剂量 0.90%～0.95%。

【包装储运】本品净重 180kg/桶。远离食物和饮料；只能保持在原容器中；保持容器密闭；操作和开封容器时要小心。

2. Irganox ML 820 循环油复合剂

【中文名称】Irganox ML 820 循环油复合剂

【产品性能】适用于多种类型的基础油；添加量低；不含稀释剂；良好的稳定性；减少油泥的产生；矿物油中良好的溶解性；液体易操作。

【主要用途】用于蒸汽汽轮机油和防锈油，参考加剂量 0.3%~0.6%。

【包装储运】本品净重 180kg/桶。只能保持在原容器中。

【注意事项】低于 5℃时会凝固；储存于 45℃以上或超过 24 个月的储存期，产品性能会有影响。

3. Irgalube 2030A 无灰汽轮机油、循环油复合剂

【中文名称】Irgalube 2030A 无灰汽轮机油、循环油复合剂

【产品性能】通过适当基础油调和可达到的规格：对于非极压/FZG 蒸汽和燃气汽轮机油，可以满足 GEK 32568 E、DIN 51524-1(HL)、DIN 51515-1(TD)、BS 489(CIGRE)；对于非极压/FZG 蒸汽和燃气汽轮机油（联合 Irgalube 353），可以满足 GEK 101941A、Siemens/KWU TLV 9013/04-01。同痕量 Ca 基清净剂相容；同痕量 ZnDTP 相容。具有极佳的水兼容性，能提高热稳定性，提供良好的防锈保护。

【主要用途】参考加剂量：高温循环油，0.43%；极压蒸汽汽轮机油和防锈油，0.43%＋Irgalube 353 0.03%。

【包装储运】本品净重 180kg/桶。保持容器密封，置于干燥、阴凉处。

【注意事项】由本品配制的润滑油可能会在使用过程中变色，但这对润滑油的性能和性质无负面影响。

4. Irgalube 2030C 无灰循环油复合剂

【中文名称】Irgalube 2030C 无灰循环油复合剂

【产品性能】通过适当基础油调和可达到的规格：对于非极压/FZG 蒸汽和燃气汽轮机油，可以满足 GEK 32568 E、DIN 51524-1(HL)、DIN 51515-1(TD)、BS 489(CIGRE)；对于极压/FZG 蒸汽和燃气汽轮机油（联合 Irgalube 353），可以满足 GEK 101941A、AIstom HGD 90117、Siemens/KWU TLV 9013/04-01。同痕量 Ca 基清净剂相容；同痕量 ZnDTP 相容。具有极佳的水兼容性、良好的 FZG 性能，能提高热稳定性，提供良好的防锈保护。

【主要用途】用于高温循环油、极压和非极压蒸汽汽轮机油，参考加剂量 0.45%。

【包装储运】本品净重 180kg/桶。保持容器密封，置于干燥、阴凉，存于阴凉处。

【注意事项】由本品配制的润滑油可能会在使用过程中变色，但这对润滑油的性能和性质无负面影响。

5. Irgalube 2040A 循环油复合剂

【中文名称】Irgalube 2040A 循环油复合剂

【产品性能】通过适当基础油调和可达到的规格：对于极压/FZG 蒸汽和燃气汽轮机油，可以满足 GEK 101941A、Siemens/KWU TLV 9013/04-02、AIstom HGD 90117；对于非极压/FZG 蒸汽和燃气汽轮机油，可以满足 GEK 32568 F、BS489 CIGRE。同痕量 Ca 基清净剂相容，能提高热稳定性，提供良好的防锈保护

【主要用途】参考加剂量：高温循环油，0.42%；极压蒸汽汽轮机油和防锈油，0.42%＋Irgalube 353 0.02%。

【包装储运】本品净重 180kg/桶。操作和开封容器时需注意；避免蒸汽形成，远离点火源；保持良好的排气通风；切勿在作业场所饮食或吸烟。

【注意事项】由本品配制的润滑油可能会在使用过程中变色，但这对润滑油的性能和性质无负面影响。

第十六节　防锈油复合剂

防锈油是具有防锈功能的油，由油溶性缓蚀剂、基础油和辅助添加剂等组成。根据性能和用途，可分为指纹除去型防锈油、水稀释型防锈油、溶剂稀释型防锈油、防锈润滑两用油、封存防锈油、置换型防锈油、薄层油、气相防锈油等。防锈油中常用的缓蚀剂有脂肪酸或环烷酸的碱土金属盐、石油磺酸钠、三油酸牛脂二胺、聚乙二醇二油酸酯、酰胺咪唑啉、烷基磷酸酯等。广泛用于机械产品防锈、各种金属制品的封存防锈和工序防锈。

一、防锈油复合剂

1. 作用原理

防锈剂为表面活性剂，当防锈油涂于金属表面后，防锈剂分子就定向地吸附在油-金属的界面上。极性头靠近金属，非极性尾垂直的插入油中，在有足够防锈剂浓度情况下，就会形成紧密的定向排列的单分子饱和吸附层。被吸附的防锈剂分子中非极性尾油分子得到整齐排列，穿插于极性分子之间，使吸附膜更加紧密。油分子得到整齐排列，组成一种混合多分子层的保护膜，在金属表面形成水不溶或难溶化合物，从而有效地抗拒了水分、氧气和其他介质的侵入，防止金属锈蚀。

2. 技术进展

近年来防锈油的发展十分迅速，已开发出多个品种。电镀防锈油的防锈耐盐雾能力强，能在铜、铁、不锈钢等金属表面形成一层致密的保护薄膜，膜层结合力强，可有效地预防外界物质腐蚀金属，保护膜不易被划花，不影响导电。薄层防锈油有良好的防锈性能，同时，易涂覆，色泽浅亮，溶剂挥发少，用量省，为厚层防锈油的三分之一以下，故节约生产成本三分之二以上。在溶剂稀释型防锈油或超薄层防锈油中加入某些油溶性蜡，可以获得含蜡的防锈保护膜，能明显地提高油膜的抗盐雾和耐大气性能。然而，常温下蜡是固态或半固态的，在油品中极易析出，影响油品的外观和质量，甚至难以获得理想的防锈效果，因此，寻找油溶性较好，能明显改善防锈性的蜡是获得稳定性好、成膜均匀含蜡防锈油的关键。挥发性防锈也就是快干防锈油，它是环保性溶剂油加防锈油添加剂调和而成的，主要好处是大部分油膜被挥发，不油腻，不粘手，不会污染产品，是目前市场上比较好的产品，不足之处就是防锈时间不是很长，大约在六个月到一年时间。置换型防锈油一般以具有强烈吸附性的磺酸盐为主要防锈剂，能置换金属表面沾附的水分和汗液，防止人汗造成锈蚀，同时本身吸附于金属表面并生成牢固的保护膜，防止外来腐蚀介质的侵入。因此，大量用于工序间防锈和长期防锈前的表面预处理。还有很多置换型防锈油可直接用于封存防锈。使用时可用石油溶剂如煤油或汽油来稀释，故有时此类防锈油脂中的某些种类也属于溶剂稀释型防锈油范围，使用时由于溶剂挥发，应注意防火通风等问题。封存防锈油具有常温涂覆、不用溶剂、油膜薄、可用于工序间防锈和长期封存、与润滑油有良好的混溶性、启封时不必清洗等特点。通常可分为浸泡型和涂覆型两种。

（1）浸泡型：可将制品全部浸入盛满防锈油的塑料瓶内密封，油中加入 2%或更低的缓蚀剂即可，但需经常添加抗氧化剂，以使油料不至氧化变质。

（2）涂覆型：可直接用于涂覆的薄层油品种。油中需加入较多的缓蚀剂，并需数种缓蚀剂复合使用，有时还需加入增黏剂，如聚异丁烯等，以提高油膜黏性。若配合外包装，可用于室内长期封存,防锈效果良好。

3. 发展趋势

(1) 多功能性　随着市场要求的不断提高,近年来市场上出现了一油多功用的防锈油,可以适应多种条件下金属制品的防护和使用需要。除了具有良好防锈功能外,还具备其他的功能和作用,比如润滑、清洗、减震等功效。现已研制出的润滑防锈两用油被广泛运用于内燃机和军工行业,可以不经除膜而直接使用,并且市场对于这类防锈油的需求也是越来越大。

(2) 油膜厚度薄　工业发达国家使用的防锈油油膜厚度很薄,先后出现薄层和超薄层防锈油。油膜厚度可以达到几个微米,使用部件外观美观,用手触摸时没有黏着感觉。这样不仅节约大量的防锈油,降低使用成本,而且起到降低其他损耗的作用。在我国,一般防锈油的油膜可以达到 20μm 以上,不但影响到涂层外观,限制了使用范围,而且造成了大量的浪费和损失。

(3) 低黏度性　在满足使用条件的情况下,应尽量降低防锈油的黏度。低黏度易涂敷,可以有效降低油膜厚度,能够达到节约降损的目的。

(4) 较高的环保要求　随着环保法规的要求越来越严格以及人们保护环境意识的提高,对防锈油的组成及使用也提出相应的要求,因而采用符合环保要求的防锈材料,开发具有可生物降解性的防锈油品逐渐成为防锈油发展的主流。

二、产品牌号

(一)中石油兰州/大连润滑油研究开发中心

1. RHY 7101 防锈复合剂

【中文名称】RHY 7101 防锈复合剂

【化学成分】脂、盐混合物,由十二烯基丁二酸、羊毛脂、抗氧抗腐剂等配制而成。

【产品性能】具有优良的抗盐雾和湿热能力。可用于调制高中低黏度的多用途薄层防锈油,特别适合在高湿度、高盐分地区金属制件的室内外暂时、长期封存,可有效防止金属表面的锈蚀及腐蚀。

【质量标准】

项　　目	质量指标	实测值	试验方法
外观	透亮	透亮	目测
闪点(开口)/℃	≥150	160	GB/T 3536
机械杂质含量/%	≤0.02	0.007	GB/T 511
酸值/(mgKOH/g)	实测	64.2	GB/T 4945
湿热试验[①](15d)/级	0	0	GB/T 2361
盐雾试验[①](7d)/级	0	0	SH/T 0081

① RHY7101 复合剂以 8.31%的添加量加入 MVI 150 基础油中进行试验评价。

【生产方法】将十二烯基丁二酸、羊毛脂、抗氧抗腐剂等功能添加剂一次加入调和釜,混兑后升温至 60～70℃搅拌 4h,采样进行闪点、机械杂质、酸值等项目分析,各项性能达到质量指标要求后,即得 RHY 7101 复合剂,产品为透明油状液体。

【主要用途】对基础油的适应能力强,可以在 API Ⅰ、Ⅱ、Ⅲ、Ⅳ类基础油中调制不同黏度的多用途薄层防锈油,可作为金属制件长期封存、工序间封存防锈,防锈期可达 1～2 年。

【包装储运】本品的包装、标志、运输、储存、交货验收执行 SH 0164 标准。储存温度以 0～50℃为宜。使用 200L 大桶包装,净重(200±2)kg(可按用户需求包装及发运)。本品不易燃、不易爆、无腐蚀,应该避光防潮,防止与人体直接接触。

【注意事项】储存容器必须专用,储运过程中必须防水、防潮、防止机械杂质混入;防止异物污染;防止与其他公司的防锈复合剂混用。

(二)锦州康泰润滑油添加剂股份有限公司

1. KT 86265B 防锈油复合剂

【中文名称】KT 86265B 防锈油复合剂

【化学成分】由多种防锈剂、成膜剂和助溶剂等复配而成。

【产品性能】可调制脱水置换型防锈油、封存防锈油和薄层防锈油等,对于黑色金属和有色金属均有优异的防锈和抗腐蚀效果。本品所调制的油品在大气腐蚀及高湿度条件下都是有效的,对碳钢、铸铁等黑色金属具有优良的防锈性、抗湿热性和抗重叠性。

【质量标准】

项 目	质量指标	测试方法	项 目	质量指标	测试方法
外观	深棕色液体或半固体	目测	闪点(开口)/℃	≥120	GB/T 3536
气味	轻微	嗅觉	湿热试验(45#钢片,49℃±1℃)	≥20	GB/T 2361

【主要用途】脱水防锈油配方:8%的 KT 86265B+80%左右的(D60 或煤油)+10%左右的 10 号或 15 号低黏度矿物油。薄层防锈油配方:8%~28%不同添加量+矿物油。

【包装储运】本品在储存、装卸及调油时,参照 SH/T 0164 进行。最高温度不应超过 75℃;若长期储存,最高温度不应超过 45℃。产品净重:180kg/桶,200L 标准铁桶。

【注意事项】本品不易燃、不易爆、无腐蚀性,在安全、环保、使用等方面同一般石油产品,不用进行特殊防护。

2. KT 89505 极压防锈润滑脂复合剂

【中文名称】KT 89505 极压防锈润滑脂复合剂

【化学成分】由防锈剂、极压剂、油性剂和抗氧抗腐剂等多种添加剂复配而成。

【产品性能】具有优异的极压抗磨性、优良的分水性和防锈性能。

【质量标准】

项 目	质量指标	测试方法	项 目	质量指标	测试方法
外观	透明液体	目测	3% KT 89505 + 97% 3#锂基脂		
密度(20℃)/(kg/m³)	实测	GB/T 1884	极压性能(四球机法)PB,N	≥588	SH/T 0202
闪点(开口)/℃	≥170	GB/T 3536	铜片腐蚀(100℃,24h)乙法	铜片无绿色或黑色变化	GB/T 7326
运动黏度(40℃)/(mm²/s)	实测	GB/T 265	5% KT 89505 + 95% 3#锂基脂		
硫含量/%	≥14	SH/T 0303	极压性能(四球机法)PB/N	≥784	SH/T 0202
磷含量/%	≥4.2	SH/T 0296	铜片腐蚀(100℃,24h)乙法	铜片无绿色或黑色变化	GB/T 7326

【主要用途】推荐加剂量 3%～5%。

【包装储运】和【注意事项】参见该公司 KT 86265B 防锈油复合剂。

3. KT 2200 水溶性防锈复合剂

【中文名称】KT 2200 水溶性防锈复合剂

【化学成分】由多种水溶性添加剂复配而成。

【产品性能】具有优异的水溶性，能够防止水、空气、酸、应力等形成的各种腐蚀，具有使用方便，防锈效果好的优点。适用调制在车、铣、磨削、锯、钻及其他金属加工工序间所需的短期防锈溶液。

【质量指标】

项　目	质量指标	测试方法	项　目	质量指标	测试方法
外观	无色或淡黄色透明液体	目测	运动黏度(40℃)/(mm²/s)	实测	GB/T 265
密度(20℃)/(kg/m³)	实测	GB/T 1884	pH 值	≥7.5	pH 计法

【主要用途】适用于金属加工及其工件的短期防锈，一般为 7～15 天。

【包装储运】和【注意事项】参见该公司 KT 86265B 防锈油复合剂。

第十七节　金属加工液复合剂

金属加工液是金属加工过程中所使用的润滑材料、冷却材料以及工作介质的总称。按加工方式、使用功能的差异，可以划分为冷却/润滑用、暂时性防腐蚀用、热处理用和金属清洗用四个领域。在这四类金属加工液中，都包括油基产品和水基产品。其中，油基产品适用于首先要求润滑性的加工，而水基产品适用于首先要求冷却性的加工。由于金属加工工艺的种类繁多，而且特点鲜明，对润滑剂的性能要求也各不相同，往往同一种润滑剂只能解决一个或几个加工问题，通用性差，所以金属加工液不同于内燃机油、液压油和齿轮油三大油品，在复合剂的发展上已形成了较为完善的体系，其更多的是强调量体裁衣，对症下药。金属加工液复合剂根据其用途的不同，可分为极压抗磨复合剂、防锈防腐复合剂、杀菌复合剂等；根据应用的体系不同，又可分为油溶性复合剂和水溶性复合剂两大类。

一、金属加工液复合剂概况

1. 作用原理

由于金属加工液终端用户的多元化，要应对各种不同的加工工艺、不同的金属材料以及不同的工艺参数，要求金属加工液复合剂要具有一定的针对性，以适应不同工况下的需求。

极压抗磨复合剂中含有极性基团和硫、磷、氯等活性元素。在低温低负荷下，极性基团与金属表面发生物理或化学吸附，形成牢固的定向吸附膜，防止金属直接接触，从而有效地提高了耐磨损能力。当温度升高，负荷增加时，复合剂中的极压剂发生分解，所含的硫、磷、氯等活性元素与金属表面发生化学反应，生成剪切应力和熔点都比纯金属低的化合物，从而防止接触表面胶合和焊熔，有效地保护金属表面。

金属加工后的表面都是材料的新鲜表面，没有任何保护，极易受环境的攻击而被损害，因此，要求润滑剂必须具备优异的防锈性能。油溶性和水溶性的防锈防腐复合剂作用原理不同，油溶性的防锈防腐复合剂一般含有极性较强的物质，它们能在金属表面形成牢固的吸附膜，从而抑制氧及水，特别是水对金属表面的接触，使金属不致锈蚀。水溶性的防锈防腐复合剂根据选用单剂的不同，作用原理也各不相同。如碳酸钠、重铬酸盐、亚硝酸盐、硫酸锌等无机盐类主要是影响电化学腐蚀的阳极或阴极过程，与金属离子或氢氧根离子相互作用生成保护膜的化合物，从而减缓金属的腐蚀。有机类的缓蚀剂，如胺、醇胺、咪唑啉等含氮化合物、硼酸酯类化合物、磷酸酯类化合物，除少数与金属成膜防腐蚀外，多数是属化学吸附型的。它们在水中以胶体的形式分散，形成胶束，将酸性物质包容在胶束或胶团中，从而排除了它们对金属表面的侵蚀。

在同一个体系中，防锈防腐复合剂与极压抗磨复合剂可能会在金属表面产生竞争吸附，降低油品的极压抗磨性能，因此要筛选合适的剂量，以平衡各方面的性能。

水溶性防锈防腐复合剂中通常还含有抗硬水剂，如 EDTA，其主要作用机理是螯合水中的 Mg^{2+}、Ca^{2+} 等离子，从而提高体系的抗硬水能力。但是，一般来说应尽量避免在水性体系中加入 EDTA，否则泡沫较高。水基金属加工液易产生细菌污染，通常还要加入杀菌剂。常见的细菌有硫酸盐还原细菌、分枝杆菌属，杀细菌剂通常为六氢三嗪类、吗啉类以及苯并异噻唑啉酮等；常见的真菌有镰刀菌属、支顶孢属、头孢菌属等，杀真菌剂有 BBIT、羟基吡啶硫酮等。这些杀菌剂的作用机制通常有两大类型：一是影响病原菌的生物氧化，二是影响病原菌的生物合成。杀菌剂进入病原菌体内到达作用点后，引起菌体内生理生化异常反应，破坏菌体正常代谢，从而使菌体中毒死亡。

2. 技术进展

近年来，国内外金属加工润滑剂在各方面都发生了许多重大变化。随着加工设备的先进化程度越来越高，以及操作条件的越来越苛刻，对金属加工润滑剂的要求也逐渐提高。这对与之相配套的金属加工液复合剂也提出了更高的要求。除了对品质的要求外，在数量与种类上也逐步增多。

金属加工液复合剂的发展离不开单剂的发展。随着单剂合成技术的发展，各种添加剂的种类越来越多，性能也越来越完善。以油性剂和极压抗磨剂为例，除了在原有种类上对其性能的优化外，随着水基加工液的推广，还开发出大量新型的性能优异的水溶性添加剂。如南一郎等合成的水溶性硫代氨基甲酸酯类化合物，1%水溶液的 P_B 值可达 883N。张秀玲等合成了含氮、硫的复合硼酸酯，使水溶性添加剂同时具有润滑性、防锈防腐性和抗水解安定性，P_B 值可达 1050N。同时，纳米材料由于具有特殊的减摩、抗磨和极压作用，也开始被广泛关注，并逐渐应用到实际生产中。

单剂的发展与现代复配技术的进步促使了复合剂的进步，使得现代复合剂不仅性能优异，而且绿色环保，可生物降解。尤其是水基金属加工液复合剂，大多都不含氯、硼、亚硝酸盐等对人体和环境有害的添加剂。莱茵化学润滑油添加剂（青岛）有限公司的水溶性金属加工液复合剂 Additin RC 5700，就是一款不含氯的环保型复合剂产品。

3. 发展趋势

随着机械加工业新技术的飞速发展，对 21 世纪的金属加工液提出了更加苛刻的要求。一方面要具有优异的性能以适应日益苛刻的工况，另一方面，还必须无气味、长寿命，易处理排放，易生物降解和少含有害物质。这对复合剂开发者来说，是极具挑战性的。

目前，金属加工液复合剂的发展仍然是进一步完善其性能，提高产品质量，以最小的加剂量达到最优的效果。油基复合剂要有效地抑制油雾的产生，气味要小，无皮肤刺激性，无氯是趋势。水基复合剂的一大难题仍旧是如何提高或改善产品的通用性、泡沫性和使用寿命。低油雾、低气味、无刺激、无氯、低泡沫长寿命的复合剂将是今后很长一段时间内的研究方向。另外，金属加工液复合剂在种类上主要是以极压抗磨复合剂和防锈防腐复合剂为主，对多功能复合剂的开发较少，随着对通用型产品的需求不断增多，这类复合剂将会成为今后发展的方向。

二、产品牌号

（一）油溶性金属加工液复合剂

1. 上海宏泽化工有限公司

（1）StarVol 1067AL

【中文名称】StarVol 1067AL 挥发性冲压油复合剂

【主要用途】用适当的溶剂稀释，用于铝翅片、铜、不锈钢等的免清洗冲压加工。

（2）Staradd SF802

【中文名称】Staradd SF802 不锈钢切削油复合剂

【产品性能】无氯，近似无味，不起油雾，以 10%~15%加剂量和Ⅱ类加氢油配合即可配制高性能不锈钢等难加工金属的切削油。

【主要用途】适用于不锈钢、高合金钢、碳钢、铸铁、铝合金加工。

2. 思敏（Smart）油品化工有限公司

（1）Smart Base RP 5720

【中文名称】Smart Base RP 5720 防锈复合剂

【产品性能】铵盐型防锈复合剂，不含钡盐、钙盐及石蜡成分。调制的油品能在工件表面形成肉眼不能看到的极薄防锈保护膜。

【主要用途】适用于加工油、液压油以及齿轮油等纯油配方中。

（2）Smart Base RP 333H

【中文名称】Smart Base RP 333H 防锈复合剂

【化学成分】含钡混合物。

【产品性能】含钡盐、非醇胺类型高浓缩防锈复合剂。含强力脱水剂，故工件加工后用其作防锈处理时，无须先进行涂上脱水剂；具有很好的抗盐雾性能，在极潮湿环境下，亦能在铁等工件表面上形成薄膜，起到防锈保护作用。

【主要用途】适用于黑色金属的防锈。

（3）Smart Base RP 3740H

【中文名称】Smart Base RP 3740H 钙盐型防锈复合剂

【化学成分】磺酸盐混合物。

【产品性能】抗湿性强，与各类溶剂相容性强。

【主要用途】特别适合于不同挥发速度、防锈期及软硬膜防锈产品。成品可应用于需要远洋运输的产品防锈，或汽车工业的户外长期防锈。

（4）Smart Base RP 3753

【中文名称】Smart Base RP 3753 钡盐型防锈复合剂

【产品性能】防锈性及水置换性强，可与不同溶剂或基础油调和成挥发性或软膜性防锈油。

【主要用途】适用于文刀片、五金扳手等工具，以及喷涂或手涂工艺。

（5）Smart Base RP 3393

【中文名称】Smart Base RP 3393 酯类防锈复合剂

【产品性能】具有优异的防锈性能，能与不同黏度基础油调和不同等级防锈油。有润滑性及渗透性，能有效地覆盖工件表面，发挥极佳的防锈效果。

【主要用途】适用于工序间的防锈，亦可用于切削油中以增强防锈及相容性。

3. 德国莱茵化学（Rhein Chemie）润滑油添加剂（青岛）有限公司

（1）ADDITIN RC 9410

【中文名称】ADDITIN RC 9410 多功能复合剂

【化学组成】抗磨、极压、抗氧、防锈添加剂。

【主要用途】适用于金属加工液、动力传动油以及工业齿轮油。

（2）ADDITIN RC 9710

【中文名称】ADDITIN RC 9710 金属加工液复合剂

【化学组成】极压、防锈添加剂。

【主要用途】适用于钢材、铝材的切削加工。

（3）ADDITIN RC 9720

【中文名称】ADDITIN RC 9720 金属加工液复合剂

【化学组成】抗磨、极压、防锈添加剂。

【主要用途】适用于黑色金属和有色金属的切削和成型加工。

（4）ADDITIN RC 9730

【中文名称】ADDITIN RC 9730 金属加工液复合剂

【化学组成】抗磨、极压、防锈添加剂。

【主要用途】适用于黑色和有色金属的成型加工，尤其适合冲压加工。

4. 锦州康泰润滑油添加剂有限公司

（1）KT 80140A 淬火油复合剂

【中文名称】KT 80140A 淬火油复合剂

【化学成分】由高效的淬冷剂、抗氧剂和防锈剂等多种功能添加剂复配而成。

【产品性能】应用于油品中，最大冷却速度可达 110℃/秒。特别适用于快速、超速淬火油，具有使用期长、积炭少、光亮性好、淬冷效果好、颜色浅和味道轻等特点。尤其适用于对最大冷速有需求的浅颜色淬火油。

【质量标准】

项　目	质量指标	测试方法	项　目	质量指标	测试方法
外观	棕红色透明液体	目测	闪点(开口)/℃	≥160	GB/T 3536
密度(20℃)/(kg/m³)	实测	GB/T 1884	运动黏度(100℃)/(mm²/s)	实测	GB/T 265

【主要用途】适合于调制 SH/T 0564-93 标准的普通淬火油、快速淬火油、快速光亮淬火油、超速淬火油。

淬火油品种	推荐加剂量（质量分数）/%	淬火油品种	推荐加剂量（质量分数）/%
超速淬火油	5.5	快速淬火油	5.0
快速光亮淬火油	5.0（补加光亮剂 0.2%）	普通淬火油	3.0

【包装储运】储存、运输、装卸及使用参照 SH/T 0164 标准和该产品的安全数据说明书进行。本品不易燃、不爆炸、不腐蚀。储存最高温度不应超过 75℃；若长期储存，最高温度不应超过 45℃。关于产品安全、对使用者健康及环境注意事项请参见该产品的安全数据说明书。产品净重：170kg/桶，200L 标准铁桶。

（2）KT 84301 深孔钻油复合剂

【中文名称】KT 84301 深孔钻油复合剂

【化学成分】由进口的高品质低气味含硫极压剂、抗磨剂、油性剂和磺酸盐类防锈剂等复配而成。

【产品性能】具有较好的极压性和较低黏度。用低黏度润滑油与该复合剂调制的油品，可满足高负荷深孔钻的需求。

【质量标准】

项　　目	质量指标	测试方法	项　　目	质量指标	测试方法
外观	深棕色透明液体	目测	运动黏度(40℃)/(mm²/s)	实测	GB/T 265
密度(20℃)/(kg/m³)	实测	GB/T 1884	硫含量/%	≥10.0	SH/T 0303
闪点(开口)/℃	≥150	GB/T 3536	总碱值/(mgKOH/g)	≥180	SH/T 0251

【主要用途】

黏度等级	推荐加剂量(质量分数)/%
7、10、15、22	10~15

【包装储运】储存、装卸及调油参照 SH 0164 进行。最高温度不应超过 75℃；若长期储存，最高温度不应超过 45℃。产品净重：200kg/桶，200L 标准铁桶。

（二）水溶性金属加工液复合剂

1. 上海宏泽化工有限公司

（1）Staradd MS580

【中文名称】Staradd MS580 水基切削液复合剂

【产品性能】含油 45%的半合成切削液复合剂，可以兑水稀释成 80%、70% 和 60%含量的半合成切削液浓缩液，具有优异的抗菌和防锈性能，优异的抗硬水能力。

【主要用途】适用于黑色和有色金属的切削加工。

（2）Staradd CS302LF

【中文名称】Staradd CS302LF 全合成磨削液复合剂

【产品性能】专为轴类以及轴承的磨削加工开发的全合成液复合剂，不易产生磨削烧伤泡沫非常低，抗硬水性强。

【主要用途】适用于黑色金属的各种无心磨加工，也可以用于一般性切削。

（3）Staradd CS301

【中文名称】Staradd CS301 全合成复合剂

【主要用途】适用于铸铁的低负荷切削加工，具有极为优异的铸铁防锈性能。

2. 诺泰生物科技（合肥）有限公司

（1）NEUF 9612

【中文名称】NEUF 9612 乳化油复合剂

【产品性能】按照特别的配方，由阴离子表面活性剂、非离子表面活性剂、醚类、抑菌杀菌剂、聚酯和高级磺酸盐等复配而成。油溶性与防锈性能较好，润滑性和抗摩擦性能俱佳，使用寿命长。

【主要用途】可广泛用于乳化切削液、微乳化切削液，乳化稳定性好。

（2）NEUF 9620

【中文名称】NEUF 9620 水性复合剂

【产品性能】由高级脂肪酸酰胺、妥儿酸盐、聚醚和中性精炼油配合而成。水溶性好，润滑性和抗摩擦性能俱佳。pH 值低，腐蚀性小。

【主要用途】可广泛用于切削液、轧制液、清洗液等，尤其是微乳化切削液。

（3）NEUF TRIMER-2300

【中文名称】NEUF TRIMER-2300 自乳化复合酯

【产品性能】本品是带有自乳功能的复合酯，属多功能产品，在同一产品中具有三种基本功能——润滑、乳化和防腐蚀。良好的乳化稳定性、抗硬水稳定性和润滑性，良好的生物稳定性，减少后期杀菌的维护服务，对各类基础油均有效，兼容性佳，环境友好，生物降解度高。

【主要用途】适用于调配性能要求高的高端金属加工液。

（4）NEUF 8500

【中文名称】NEUF 8500 防锈油复合剂

【产品性能】通过精选的防锈添加剂复配而成，含优质的防锈剂、抗氧剂、分散剂和铜缓蚀剂，是一种通用型防锈复合剂，对钢、铜等有色金属均有较好的防锈能力。以 1%～3% 的加剂量与溶剂油、煤油、柴油调和，可作为工序间防锈清洗用；也可溶解于汽柴油中，作为发动机燃烧系统防锈油；与环烷基基础油或者变压器油调和，可作为仪表、轴承或者其他精密仪器的封存防锈油，也可作为汽车发动机的短期磨合试车和长期封存防锈。

【主要用途】适用于调配薄层、超薄层防锈油，也可以用于生产脱水防锈油、硬膜防锈油等。

3. 上海米林化学有限公司

（1）ME 2020

【中文名称】ME 2020 长寿命乳化液复合剂

【产品性能】具有良好的润滑性，乳化液稳定，不析油，无奶酪状浮层，具有生物稳定性。乳化速度很快，配液方便，不会堵塞系统。

【主要用途】适用于石蜡基基础油和环烷基油，可加工黑色和有色金属，可用于深孔钻等重负荷加工。

（2）SS 180

【中文名称】SS 180 极压通用半合成复合剂

【产品性能】良好的润滑性、极压性，抗硬水和生物稳定性强，无需使用杀菌剂，不伤手，不刺激皮肤，无甲醛释放。

【主要用途】适用于黑色和有色金属，对铝、铜具有超强的防锈性。

（3）DE 4050

【中文名称】DE 4050 水性铜线拉丝液复合剂

【产品性能】无需使用杀菌剂，工作液稳定性和抗硬水性强。

【主要用途】适用于高速拉丝机，可以拉制各种粗细的铜线。

（4）DE 4000

【中文名称】DE 4000 水性铜线拉丝液复合剂

【主要用途】专用于铜、镀锡铜和黄铜的拉丝。特别适合于细线和极细线的高速拉丝。

（5）DE 4100

【中文名称】水性铝线拉丝液复合剂 DE 4100

【主要用途】专用于铝合金的拉丝。适合于高速拉丝机，可以拉制各种粗细的铝线。

4．思敏（Smart）油品化工有限公司

（1）Smart Base S2215C

【中文名称】Smart Base S2215C 通用乳化油精

【产品性能】磺酸盐型乳化复合剂。含润滑、极压、防锈、消泡、杀菌、防霉等添加剂，性能全面。

【主要用途】适用于铁类及有色金属的切削和研磨工艺。

（2）Smart Base S3215C

【中文名称】Smart Base S3215C 高级乳化油精

【产品性能】优质长寿磺酸盐型乳化复合剂。含润滑、极压、防锈、消泡、杀菌、防霉等添加剂，性能全面。用于调和稳定乳化液。

【主要用途】适用于加工不锈钢等黑色金属及有色金属，包括切削和研磨等工艺。

（3）Smart Base RP 8860

【中文名称】Smart Base RP 8860 二元羧酸盐防锈防腐复合剂

【产品性能】是一款极高效能的水基防锈、防腐蚀复合剂，由羧酸盐及润滑剂组成。可单独稀释后作工序间防锈剂及槽边直接加入使用。防锈特性极佳。水分蒸发后，会在工件上形成透明防锈保护膜。

【主要用途】适用于黑色及有色金属的加工，亦适用于工序间的防锈。

（4）Smart Base RP 8290

【中文名称】Smart Base RP 8290 磷酸酯型防锈防腐复合剂

【产品性能】含传统防锈剂所用醇胺、羧酸盐及三唑衍生物等原材料。适用于乳化液、半合成及全合成液配方。能有效地减少金属杂质污染，从而提高冷却液的寿命。不腐蚀有色金属，能有效地保护各类铝合金。

【主要用途】适用于黑色及有色金属的加工。

（5）Smart Base RP 8317

【中文名称】Smart Base RP 8317 硼酸酯型防锈复合剂

【产品性能】不含亚硝酸盐及二乙醇胺等有害物质。在硬水中能保持防锈性。有辅助杀菌能力，能减小配方中杀菌剂的使用量。水分蒸发后，会在工件上形成一层透明防锈保护膜。用于乳化液、半合成及全合成液配方中。

【主要用途】适用于黑色的加工。

5．德国莱茵化学（Rhein Chemie）润滑油添加剂（青岛）有限公司

（1）ADDITIN RC 5700

【中文名称】ADDITIN RC 5700 水溶性金属加工液复合剂

【化学组成】极压剂和防锈剂。

【主要用途】适用于金属加工油、乳化型、半合成和全合成金属加工液。

（2）ADDITIN RC 5900

【中文名称】ADDITIN RC 5900 水基金属加工液复合剂

【化学组成】极压剂。

【主要用途】适用于乳化型和半合成金属加工液。

（3）ADDITIN RC 5950

【中文名称】ADDITIN RC 5950 水基金属加工液复合剂

【化学组成】极压剂（中等活性）。

【主要用途】适用于乳化型金属加工液，通用性强。

（4）ADDITIN RC 5970

【中文名称】ADDITIN RC 5970 水基金属加工液复合剂

【化学组成】乳化剂、防锈剂。

【主要用途】适用于乳化型加工液，对黑色金属和有色金属都适用。

（5）ADDITIN RC 5660

【中文名称】ADDITIN RC 5660 半合成金属加工液复合剂

【主要用途】中等含油量的复合剂，适用于基础油为环烷基油的半合成液。

第十八节　自动传动液复合剂

　　汽车自动传动液(ATF)是一种多功能、多用途的液体，主要用于轿车和轻型卡车的自动变速系统，也用于大型装载车的变速传动箱、动力转向系统以及农用机械的分动箱。在工业上，广泛用作各种扭矩转换器、液力耦合器、功率调节泵、手动变速箱及动力转向器的工作介质。

　　汽车自动变速装置中有各种齿轮、轴承和湿式离合器，因此 ATF 除要求优良的润滑性和抗氧化安定性外，对摩擦特性有较高的要求，是一种专用油品，不可用其他油替代。

　　ATF 的关键功能是润滑、冷却和充当传递能量的液压介质。其规格均尚未统一，由各汽车公司自行制定。目前有代表性的规格是通用（GM）汽车公司的 DexronⅡD、DexronⅡE、DexronⅢ 和福特（Ford）汽车公司的 Mercon、New Mercon 以及埃里逊（Allison）公司的 Allison C-3、C-4 规格。其共同性能要求包括摩擦性能、热氧化安定性、低温性能以及密封材料的相容性等，质量要求较严格。API 和国际标准化组织（ISO）参照 OEM 规格制定了 PTF 系列规格，将 ATF 分为 PTF-1、PTF-2、PTF-3 三大类，分别适应于轿车和轻型卡车、重负荷卡车、家用和建筑机械。

一、自动变速箱油复合剂

1. 作用原理

　　自动变速箱油是一种多功能、多用途的润滑油。它不但用于轿车和轻型卡车的自动变速系统，也用于大型装载车的自动变速传动箱、动力转向系统等。自动变速器能使汽车自动适应行驶阻力的变化，提高汽车的动力性能，使发动机处于最佳工况，充分利用发动机功率，有利于消除排气污染。使用自动变速系统汽车的最大优点是启动无冲击，变速时振动小，乘坐舒适平稳。

　　由于自动变速器内装有液力变扭器、齿轮机构、液压机构、湿式离合器等装置，但整个系统只用一种润滑油（ATF）来润滑，所以对 ATF 的要求很高。如，对于液力变扭器，要求 ATF 具有动力传递介质油的特性；对于齿轮机构，要求 ATF 具有良好的极压抗磨性能；对于液压机构，要求 ATF 具有良好的低温流动性；对于湿式离合器，要求 ATF 具有合适的摩擦特性。由于 ATF 在运转过程中油温上升，长时期使用不换油，因此又要求 ATF 具有良好的清净分散性、氧化安定性、抗泡性、橡胶兼容性和防锈性等性能。而以上这些性能，都是复合剂给予的。

ATF 所具有的极压抗磨性能是由极压抗磨剂提供的。其作用机理为：当两摩擦面接触压力高时，两金属表面的凹凸点互相啮合，产生局部高温、高压，此时润滑油中所含有的活性元素（如硫、磷、硼等）将与金属表面发生反应，生成金属保护膜（如硫化或磷化膜等），从而把两金属面隔开，防止了金属的磨损和烧结。

为了使 ATF 具有良好的低温流动性，在 ATF 复合剂中需要使用特殊类型的黏度指数改进剂（VII），主要类型有聚甲基丙烯酸酯（PMA）、聚异丁烯（PIB）和聚烷基苯乙烯等。其主要作用机理为：在高温下，这些高分子化合物分子线卷伸展，其流体力学体积增大，导致液体内摩擦增大，即油品黏度增加，从而弥补了油品由于温度升高所造成的黏度降低；反之，在低温下，高分子化合物分子线卷收缩卷曲，其流体力学积变小，内摩擦相应减小，使油品黏度降低。

在 ATF 复合剂配方中，除以上两种功能添加剂外，无灰分散剂在复合剂中占了很大部分，主要是烯基丁二酰亚胺。为了控制油品氧化，延长油品的使用寿命，胺型及酚型抗氧剂经常复配使用。密封膨胀剂用来防止橡胶膨胀、收缩和硬化，提高油品的橡胶相容性，以保证系统的密封性能，不发生泄漏，主要有磷酸酯、芳香族化合物和氯化烃。抗泡剂用来抑制油品在狭小油路内高速循环时起泡，以保证油压的稳定并防止烧结，主要采用硅型或非硅型抗泡剂。摩擦改进剂是 ATF 复合剂配方中非常重要的一类添加剂，主要由长链极性物质构成，如脂肪酸、酰胺类化合物、高分子量的磷酸酯或亚磷酸酯或硫化鲸鱼油代用品等。摩擦改进剂的使用使 ATF 具有系统所需求的动静摩擦特性。摩擦特性是 ATF 全部性能中最重要又最难以达到的性能，良好的 ATF 要求具有尽可能高的动摩擦系数，静与动摩擦系数之比又要小于1，并且在全部工作温度范围内摩擦特性保持不变，这些性能只有筛选合适的摩擦改进剂才能达到。

2. 技术进展

ATF 复合剂技术的发展与 ATF 规格的发展息息相关。ATF 规格中最具有代表性的是通用汽车公司的 Dexron 系列规格和福特汽车公司的 Mercon 系列规格。其中通用汽车公司 Dexron 系列规格是世界上普遍采用的 ATF 规格。

通用汽车公司是对自动变速器传动液提出规格要求最早的汽车公司，其规格标准发展过程见表 4-4。

表 4-4　通用汽车公司 Dexron 系列标准发展

GM 公司规格标准	年　代	GM 公司规格标准	年　代
Type A	1949	Dexron ⅡE	1992
Type A Suffix A	1957	Dexron Ⅲ	1993
Dexron	1967	Dexron ⅢH	2003
Dexron Ⅱ	1973	Dexron Ⅵ	2006
Dexron Ⅱ D	1978		

1940 年美国通用汽车公司将液压自动控制传动装置安装在奥尔兹莫比尔小客车上，从而开始了对自动传动液的开发研究。1949 年制定了第一个自动传动液规格，命名为 Type A 型，1957 年修改为 Type A Suffix A 型，1967 年制定了 Dexron 规格。之后，随着对油品氧化安定

性、低温流动性严格要求，又增加了抗磨性能评定项目，特别是对摩擦特性的要求有了新的认识，于 1973 年制定了 DexronⅡ，1978 年修订为 DexronⅡD，DexronⅡD 对氧化试验要求更严，氧化试验增加了冷却器铜合金腐蚀试验。1992 年颁布了 DexronⅡE 规格，在低温流动性、抗泡性、密封材料适应性、氧化安定性、摩擦特性、抗磨性等方面提出了更高的要求。1993 年又发布了 DexronⅢ 规格，并于 1997 年开始全面取代 DexronⅡE。与 DexronⅡE 相比，DexronⅢ 对油品的氧化安定性、摩擦特性、闪点等方面要求有了明显提高。2003 年，发布了在 DexronⅢ 基础上有着高效抗磨性能的 ATF 新标准 DexronⅢH。至 2006 年通用公司颁布的最新 ATF 规格为 DexronⅥ，其油品主要应用于 6～7 速的电控变速箱，可以完全替代 DexronⅢ，但价格非常高。

随着 ATF 规格的发展，为使油品达到日益苛刻的技术指标，必须使用不同的添加剂来满足配方要求，表 4-5 中所列为不同 GM 规格 ATF 复合剂的元素含量。

表 4-5 不同 GM 规格 ATF 复合剂的元素含量

元素	Type A Suffix A	Dexron	DexronⅡ							
磷/%	1.625	0.30	0.045	0.17	0.16	0.30	0.26	0.40	0.38	0.30
硫/%	3.75	—	—	1.5	1.8	1.3	—	—	0.75	0.86
锌/%	1.86	—	0.32	—	—	0.23	0.20	0.30	—	—
氮/%	—	0.75	—	0.85	0.60	1.03	0.91	1.60	0.95	0.90
硼/%	—	—	—	0.18	0.17	0.04	—	—	0.17	—
钙/%	—	—	0.45	—	0.73	—	—	—	—	—
钡/%	13.75	—	—	—	—	—	—	—	—	—
镁/%	—	—	—	—	—	0.05	—	0.14	—	—

从表 4-5 中的数据可以看出，从 Type A Suffix A 到 DexronⅡ，所有的 ATF 复合剂中均含有磷，部分复合剂中含有硫，其中有一半的复合剂含有锌，这主要是含有作为抗磨剂的硫代磷酸锌。较老的 Type A Suffix A 规格中含有钡，因其有毒，在新的规格中已很少用到。DexronⅡ规格的复合剂中大多含有氮，这说明配方中使用了无灰分散剂，其中有部分是含硼元素（硼化）的。

3. 发展趋势

ATF 复合剂的发展趋势是由 ATF 的发展决定的。目前 ATF 复合剂的主要发展趋势如下。

（1）具有良好的 μ-v 特性　ATF 的液力变矩器闭锁时，ATF 的摩擦特性（μ-v）容易出现负斜率，并产生自激振动，ATF 应防止液力变矩器滑摩闭锁控制（为提高燃油经济性）过程带来的抖动。这就要求 ATF 复合剂中加入多种摩擦改进剂来改善 μ-v 特性，并保证 ATF 静摩擦系数长期稳定。

（2）具有良好的摩擦耐久性　由于 ATF 挡位增加导致换挡次数的增加，影响变速器尤其是离合器/制动器摩擦片和油液的耐久性。这就要求复合剂中的抗磨剂具有良好的摩擦耐久性。

（3）延长使用寿命　ATF 发展的最终目标是终身免更换，与变速器同寿命。这一目标的实现主要依靠复合剂。提高复合剂中抗氧剂、摩擦改进剂、抗磨剂的性能可起到延长油品使用寿命的目的。

二、无级变速器油复合剂

1. 作用原理

无级变速器油（CVTF）是润滑无级变速器（CVT）的液体，由于 CVT 采用金属带和带轮摩擦传递能量，并采用湿式离合器作为起步装置，因此，CVTF 与 ATF 在某些方面相近，但在某些方面也有特殊要求。

（1）抗氧化性能 CVTF 在变矩器中的流速大，元件旋转速度高，极端工作温度可高达 $140 \sim 175 \, ^\circ\text{C}$，而且传动液不断和铝、铜等金属接触，很容易氧化变质，使传动液的摩擦性能变差，引起离合器滑动，产生局部高温。氧化产生的酸和过氧化物会腐蚀系统部件，氧化产生的油泥和漆膜还会堵塞油路和导致控制阀黏结，使液压系统控制失灵，润滑性能恶化。同时，由于劣化变质传动液的水分离性和消泡性降低，使系统容易产生振动、噪声和汽蚀。因此，要求 CVTF 在氧气存在或受热的情况下具有良好的氧化安定性，要保持性质稳定。另外，CVT 本身的小型化所引起的油温升高，传动功率增大及较高负荷条件下连续高速运转的情况增多等，使 CVTF 的使用条件变得更加苛刻，这同样要求 CVTF 有更好的氧化安定性。

抑制 CVTF 的氧化，主要依靠复合剂来实现。复合剂中常用的抗氧剂包括二烷基二硫代磷酸金属盐、烷基化二苯胺等。这些添加剂可起到自由基清除剂的作用，此外，复合剂中金属减活剂与抗氧剂协同组合，可最大程度延缓 CVTF 的氧化反应。

（2）抗磨及润滑性 CVTF 可润滑无级变速传动系统中的行星齿轮、轴承、油泵、离合器组件等运动部件，并防止摩擦面的擦伤和磨损，因此，要求 CVTF 有良好的润滑性和抗磨性。CVT 中摩擦部件多处于边界润滑状态，当系统压力增加，摩擦副表面正压力加大时，由于高速运动，所引起的油温和摩擦表面温度上升，元件起停或低速运动所造成的油膜变薄，使 CVT 处于边界润滑或因不能形成连续油膜导致的干摩擦状态，加剧了传动系统的磨损，缩短了 CVT 的正常使用寿命。在欧洲评定 CVTF 的抗磨润滑性时，广泛采用 FZG 实验，ZF 公司推荐 CVTF 的 FZG 实验最小失效载荷为 11 级。

CVTF 通过 FZG 试验主要依靠复合剂。复合剂中的硫、磷极压抗磨剂发挥协同作用，吸附在摩擦副表面或与摩擦面发生化学反应生成有机金属化合物，从而避免摩擦部件失效并通过 FZG 试验。

（3）湿式多片离合器和钢与钢摩擦特性 CVT 中液力耦合器的锁止离合器和前进/倒挡离合器都是湿式多片离合器，其对摩擦特性要求十分高。由于各种道路条件下，汽车自动换挡要求平稳可靠，而平稳换挡是控制策略和 CVTF 摩擦特性相匹配的结果，不同材质的离合片具有不同的摩擦特性，所以要求 CVTF 具有与摩擦材料相匹配的静摩擦系数和动摩擦系数。一般来说动摩擦系数对启动转矩的大小有影响，如动摩擦系数过小，离合器在搭合阶段的滑动机会就多，导致换挡时间长，油温升高；静摩擦系数和最大转矩大小密切相关，如静摩擦系数过大，换挡的最后阶段就会引起转矩的激烈增大，产生"嘎嘎"噪声，使换挡感觉不够平顺。因此要求 CVTF 具有较大的动摩擦系数和较小的静摩擦系数。

SAE No.2（J286）离合器摩擦实验台用来评价 CVTF 与摩擦材料的性能，试验表明静摩擦系数的大小与离合器的振动趋势成正比。为避免振动，CVTF 在一定摩擦材料下的摩擦系数和摩擦面滑移速度之间需要有正的斜率的关系。尽管希望 CVTF 在运行过程中的动摩擦系数大，但不希望有大的静摩擦系数，如果静摩擦系数比动摩擦系数大得多会发生"黏滞-滑移"现象，从而产生钢带的刮擦噪声或啸叫，刮擦导致钢带振动，会引起传动齿轮的振动。刮擦不影响 CVT

的可靠性，但影响销售，影响用户的接受程度，刮擦噪声可通过筛选合适的 CVTF 得以消除。

试验表明：不同的 CVTF 转矩传递能力的变化幅度达 50%以上，说明 CVTF 对 CVT 转矩传递能力有很大的影响。发动机的动力性是否能全部发挥很大程度上取决于变速器转矩传递能力，若带与带轮间摩擦系数小，会产生滑移，导致带轮磨损，带轮夹紧力增大，系统压力增大；若摩擦系数过大，会导致带的疲劳损坏和带与带轮的磨损，因此需要合适的钢对钢摩擦系数。如果 CVTF 能提供带轮和钢带间整个寿命周期内稳定的、较高的钢对钢摩擦系数，则可以相应减少 CVT 带轮夹紧力和油缸压力，从而提高传动效率，延长钢带的疲劳寿命。

CVT 离合器对摩擦性能要求与钢对钢摩擦性能要求之间总是存在矛盾的，不可能同时很好地满足两种要求，CVTF 对两种要求进行了折中，使钢对钢的摩擦系数略有下降，但仍较高，以保证传递转矩，避免发生滑移，同时油品与相应离合器摩擦材料的摩擦系数稳定，具有较好的摩擦特性，以满足油品的整个寿命周期的使用要求。

CVTF 满足上述摩擦特性要求必须依靠复合剂。复合剂中不同种类的摩擦改进剂如二硫代氨基甲酸钼、琥珀酰亚胺、聚多元醇酯等，它们有的可以提高动摩擦系数，有的可以降低动摩擦系数，有的可以提高静摩擦系数，有的可以降低静摩擦系数。通过摩擦改进剂的合理搭配，可以满足油品对动、静摩擦系数的要求。

（4）清净分散性 CVTF 氧化产生的油泥、漆膜以及磨粒和混入的灰分等杂质，会影响 CVT 的正常工作，某些 CVTF 中的添加剂可与系统中的杂质特别是水发生作用，生成不易过滤的沉淀物，堵塞滤油器，导致系统工作被迫停止，严重时会发生事故，所以要求 CVTF 具有好的清净分散性。

复合剂中含有大量的清净剂和分散剂，清净剂具有中和、洗涤、分散、增溶作用，分散剂具有分散和增溶作用。两者协同作用，可有效地抑制油品氧化产生的油泥、漆膜，保证油品清洁，防止堵塞和磨粒磨损。

2. 技术进展

日本是 CVT 最大的市场，相应地日本 CVTF 代表了该领域的国际先进水平。20 世纪 80 年代末，CVT 在汽车上投入使用后，最初采用自动变速器油（ATF）进行润滑，由于 ATF 摩擦性能较差，影响了 CVT 的传动效率和最大传动扭矩，缩短了 CVT 的使用寿命。随着 CVT 研究和应用的逐步深入，各大 CVT 厂商和 OEM 开始配套 CVT 专用油，目前 CVT 专用油没有统一的规格。各 OEM 均对其 CVTF 进行了个性化设计，但其中的关键技术有两点：首先是摩擦系数的设计，即需要平衡摩擦性能、防抖耐久性、抗磨性能等各方面性能；其次是选用合适的模拟评定和台架试验进行 CVTF 性能的评定。

CVTF 复合剂的技术进展与油品性能紧密相连。由于各个 OEM 对油品性能要求、使用的评价手段不同，复合剂中使用的摩擦改进剂也不相同。随着单剂合成技术的进步，复合剂的摩擦性能不断完善，可满足不同 OEM 的使用要求。

3. 发展趋势

无级变速器的发展推动了复合剂性能的提高。近几年来，随着高科技的发展及市场需要，CVT 的机-液式控制系统已逐步被电-液式控制系统所取代，从而实现了 CVT 与发动机的灵活匹配，以满足多种控制模式的要求。研究者更加深入地研究各种工况的控制策略，以使 CVT 的优越性更大限度地发挥出来。目前，CVT 电子控制更进一步向智能化方向发展，如采用湿式离合器结合模糊控制来改善汽车的启动性能等。同时 CVT 结构也越来越小巧和紧凑，加上对前轮驱动的 CVT 进行结构上的修改，使其可用于后轮驱动的汽车上，进一步扩大了 CVT

的应用范围。总的来说，CVT 技术未来的发展可以从以下 4 个方面进行预测。

（1）CVT 部件　传动带将在转矩传递容量和专用性上进一步加强。

（2）CVT 变速器　电子化将带来传动比、速度、压力和转矩更快、更精确控制，保证发动机和变速器更好地调节。

（3）发动机与 CVT 集成控制　更精确、更灵活、更快的 CVT 控制，将与发动机控制一起集成到整个传动系管理系统中，使油耗、成本和排放进一步降低。

（4）混合动力 CVT 传动系统　CVT 将在带有飞轮储能装置的混合动力传动系统设计中承担重要角色。采用 CVT 混合动力汽车的油耗有可能减少 30%，排放有可能降低 50%。

CVT 技术的第一个发展趋势要求复合剂的抗磨损性能增强。同时摩擦特性根据不同 CVT 部件进行调整，这样势必加大摩擦改进剂的筛选、复配力度。

CVT 技术的第四个发展趋势对复合剂提出了一些新的要求，如与气体燃料的相容性等。这些问题需要在实验室进行大量的试验才能得到满意的解决。

三、双离合器变速箱油复合剂

1. 作用原理

双离合器式自动变速器（DCT，double clutch transmission）是一种机械式自动变速器，其动力传递通过两个离合器连接两根输入轴，相邻各挡的被动齿轮交错与两输入轴齿轮啮合，配合两离合器的控制，能够实现在不切断动力的情况下转换传动比，从而缩短换挡时间，有效提高换挡品质。DCT 既继承了手动变速器传动效率高、安装空间紧凑、质量轻、价格便宜等许多优点，而且实现了换挡过程的动力换挡，即在换挡过程中不中断动力，这不仅对 AMT 来说是一个巨大的进步，而且还保留了 AT、CVT 等换挡品质好的优点，因此是自动变速器的发展方向。

DCT 分为干式和湿式两种，其中双离合器变速箱油（DCTF）是润滑湿式 DCT 的液体。在湿式双离合器中，主要的部件有：离合器、齿轮、轴、轴承、同步器和部分电气元件。DCTF 在系统中所要起到的作用主要有：保证离合器的摩擦性能，防止这些部件的磨损和腐蚀，保护离合器的液力系统和齿轮系统，确保整个系统的散热。

由于 DCT 结构的特殊性，DCTF 既要有手动变速器油对齿轮和同步器磨损、点蚀保护的性能，又要有自动变速器油良好的摩擦性能和抗氧化性能。因此 DCTF 要求有优秀的湿式离合器摩擦性能，优秀的抗抖动摩擦耐久性能，良好的热氧化稳定性能，良好的抗磨性能，良好的抗腐蚀性能等。

上述功能的实现需要依靠复合剂，以摩擦特性为例，不仅复合剂中不同成分的摩擦改进剂会影响摩擦特性，而且极压抗磨剂、腐蚀抑制剂、黏度指数改进剂、分散剂、清净剂甚至密封溶胀剂等都对摩擦系数有影响。由于 DCTF 大多处于研发阶段，因此其复合剂作用机制的研究较少。

2. 技术进展

早在 1939 年，法国的 Kegresse.A 就提出了双离合器变速器的设想，该设想曾经在载货车上进行过试验，但限于当时的控制技术，这种变速器并没有投入批量生产。1980 年，保时捷公司重新设计出了双离合器（porsche doppel kupplung，PDK），并应用于参加勒芒（Le Mans）24h 耐力赛的 956 和 962 赛车上，并由此获得了冠军。但也未能将 DCT 技术投入批量生产。直到 20 世纪 90 年代末，随着电子技术的迅速发展，双离合器才被应用于普通轿车上。1997 年德国大众公司与博格华纳（Borgwarner）合作研发，率先将代号为 DQ250 的湿式 DCT 产品（大众公司称其 DCT 产品为 DSG，即 direct shaft gearbox）应用在普通轿车上，于 2003 年实现批量装车。

目前没有 DCTF 的统一规格标准出台，各公司生产的油品指标不尽相同。但复合剂中大都含有丁二酰亚胺类衍生物、硼化/磷酸化丁二酰亚胺、磷酸酯类化合物和曼尼烯碱。其中丁二酰亚胺类衍生物与磷酸酯类化合物的复配使用能够在同步器性能测试中给出较好的结果。

3. 发展趋势

随着新一代双离合器的开发，OEM 对双离合器传动液有低装油量、极端苛刻条件下抗抖动性能、更高扭矩传递、变速器更长寿命、更长换油期（全寿命）和更好燃油经济性的进一步要求。同时针对不同 OEM 变速器，需要配合特定的性能指标，配方策略会相应做出调整。

上述发展趋势，对复合剂的摩擦特性、抗氧化性能提出了更高的要求，需要根据双离合器工况开发不同种类的摩擦改进剂，减少抖动。同时需使用高效抗氧剂来延长油品换油期。

四、产品牌号

（一）兰州/太仓润滑油添加剂有限公司

1. RHY 5211 自动传动液复合剂

【中文名称】RHY 5211 自动传动液复合剂

【化学成分】由清净剂、分散剂、抗氧剂、摩擦改进剂、金属钝化剂等组成。

【产品性能】用本品调和的 ATF Ⅲ 自动传动油具有优良的氧化安定性，防止漆膜、油泥及积炭形成，保持排挡系统清洁。具有良好的密封材料适应性，不会导致自动变速箱的密封材料明显的拉伸、收缩、硬度变化以及其他不好的影响。具有优秀的剪切稳定性，有效地减低了在剪切过程中黏度指数改进剂和其他高分子化合物导致的黏度损失。具有优异的泡沫控制性能，保持换挡顺畅持久，在严苛操作条件下减少油品失效。具有良好的摩擦性能，高性能的摩擦特性能使汽车运转得更平稳舒适。用本品调和的 ATF Ⅲ 自动传动油在重汽转向器使用试验中换油周期大于 30 万公里。

【质量指标】Q/SY RH3010—2016

项　　目	实测值	试验方法	项　　目	实测值	试验方法
颜色	深棕色透明液体	目测	闪点(开口)/℃	169	GB/T 3536
密度(20℃)/(kg/m³)	929	GB/T 1884、SH/T 0604	水分含量(体积分数)/%	0.03	GB/T 260
			机械杂质含量/%	0.01	GB/T 511
运动黏度(100℃)/(mm²/s)	95.37	GB/T 265	氮含量/%	0.358	GB/T 17476

【主要用途】可用于调和适合中国的车辆、车况、道路、燃油和排放要求的自动传动液产品。采用Ⅱ类或Ⅲ类加氢精制基础油调制的自动传动液，质量满足通用 GM Dexron Ⅲ 等质量标准。加剂量 6.4%（质量分数）。

【包装储运】本品的包装、标志、运输、贮存、交货验收执行 SH 0164 标准。贮存温度以 0～50℃为宜。本品使用 200L 大桶包装，净重(200±2)kg（可按用户需求包装及发运）。本品不易燃、不易爆、无腐蚀，应该避光防潮，防止与人体直接接触。

【注意事项】储存容器必须专用，储运过程中必须防水、防潮、防止机械杂质混入；防止异物污染；防止与其他公司的防锈复合剂混用。

（二）雅富顿公司（Afton）

1. HiTEC 2440 自动变速器油复合剂

【中文名称】HiTEC 2440 自动变速器油复合剂

【化学成分】无灰复合剂。

【质量标准】

项　目	实测值	项　目	实测值
外观	深棕色液体	密度(15℃)/(kg/m³)	920
闪点(开口)/℃	115	运动黏度(100℃)/(mm²/s)	203

【主要用途】推荐加剂量 10%可以满足 Dexron Ⅲ、Mercon、Allison C-4 规格油品的要求。

2. HiTEC 429 多功能自动变速器油复合剂

【中文名称】HiTEC 429 多功能自动变速器油复合剂

【主要用途】该复合剂是特别为满足通用汽车公司的 Dexron Ⅲ 及福特公司的 Mrocon ATF 的规格要求而设计的，同时也满足 Allison Transmission Division 的 C-4 规格和 Caterpillar 的 TO-2 的要求。可与各种基础油调配成满足 Dexron Ⅲ 或 Mrocon/C-4 性能要求和低温黏度要求的油品，同时具有优秀的抗磨、抗氧化性能。

参考文献

[1] 黄文轩. 润滑剂添加剂应用指南[M]. 北京：中国石化出版社，2007.

[2] GB 11122—2006.

[3] GB 11121—2006.

[4] ASTM D4485—2008.

[5] 徐小红. 排放标准对美国柴油机油规格发展的影响[J]. 润滑油，2004, 5(19):1-6.

[6] 李桂云，刘岚，陈刚. 摩擦改进剂对改善燃油经济性的影响研究[J]. 润滑与密封，2007, 32(4): 140-142.

[7] 李桂云. 汽油机油配方对节能发动机试验的影响[J]. 润滑与密封，2005, 30(4): 158-161.

[8] 李桂云，李军，刘岚. 5W/30SJ 汽油机油的研制[J]. 精细石油化工进展，2004 (12): 11-14.

[9] 李桂云，吴肇亮，靳印牢. 添加剂与 ZDDP 相互作用对内燃机油抗磨性能的影响[J]. 润滑油，2002, 17(2): 56-59.

[10] 申宝武. 排放法规变化对重负荷柴油机油规格标准的影响[J]. 润滑油，2006, 21(8): 54-56.

[11] 汤仲平，孙丁伟，荆海东. 柴油机油的发展现状及趋势[J]. 润滑油，2000, 15(6): 25-30.

[12] 赵正华，汤仲平，金鹏. 国内固定式燃气发动机油发展现状及其性能特点[J]. 润滑油，2011, 26(6): 12-15.

[13] 李桂云. 醇类燃料发动机润滑油的发展和需求[J]. 润滑油，2002, 17(5): 1-5.

[14] 汪利平，李桂云，朱自强. 甲醇汽油专用润滑油行车试验研究[J]. 润滑油，2010, 25(3): 26-30.

[15] 金理力，管飞，李桂云. 廉价清洁的汽车代用燃料——甲醇汽油[J]. 石油商技，2006 (6): 47-51.

[16] 曼格 T，德雷泽尔 W. 润滑剂与润滑[M]. 北京：化学工业出版社，2005.

[17] 王先会. 车辆与船舶润滑油脂应用技术[M]. 北京：中国石化出版社，2005.

[18] 董浚修. 润滑原理及润滑油[M]. 第 2 版. 北京：中国石化出版社，1998.

[19] 王先会. 工业润滑油生产与应用[M]. 北京：中国石化出版社，2011.

[20] 张康夫，萧怀斌，罗永秀，等. 防锈材料应用手册[M]. 北京：化学工业出版社，2004.

[21] 张康夫，王余高，屠伟刚，等. 水基金属加工液[M]. 北京：化学工业出版社，2008.

[22] 潘传艺，张晨辉. 金属加工润滑技术的应用与管理[M]. 北京：中国石化出版社，2010.

第五章　油品添加剂实验室评定方法和台架试验

第一节　概述

　　石油产品的质量、性能在很大程度上依赖于添加剂产品，添加剂产品的分析、检测、性能评价是控制添加剂产品质量的有效手段。添加剂产品的质量检测包括理化分析、结构组成分析、模拟性能评价以及发动机台架试验等多个方面。

　　石油产品的分析是指用统一规定或工人的试验方法，分析检验石油或石油产品的理化性质和使用性能的实验过程。油品检验技术是建立在化学分析、仪器分析基础之上，用化学的或物理的实验方法，分析检测石油产品质量、理化性质、使用性能的科学方法。石油产品分析检验试验的特点是多为条件性试验，实验室必须按照标准规定的范围、仪器、材料、试剂、测定条件、实验步骤、结果计算、精密度等技术规定执行，这样得到的结果才具有意义和可比性。石油产品分析的主要任务是：①检验油品质量，确保进入商品市场的油品满足质量要求，促进企业建立健全质量保证体系；②评定油品使用性能，对超期存储、失去标签或发生混串的油品进行评价，以便确定上述油品能否使用或提出处理意见；③对油品质量仲裁，当油品生产与使用单位对油品质量发生争议时，可依据国际或国家统一制定的标准进行检验，确定油品的质量，做出仲裁，保证供需双方的合法利益；④为制定加工方案提供基础数据，对于石油炼制的油品进行检验，为制定生产方案提供可靠的数据；⑤为控制工艺条件提供数据，对油品炼制过程进行控制分析，系统地检验各馏出口产品和中间产品质量，及时调整生产工序及操作，以保证产品质量和安全生产，为改进工艺条件、提高产品质量、增加经济效益提供依据。

　　石油产品评定技术是油品研究开发和生产质量内控中不可缺少的技术。台架试验是油品标准化的规格试验，是油品分类的依据。随着机械设备的不断改进强化，油品的水平、分类、质量要求不断跟进，台架评定试验也不断充实完善。开发一种新机械设备，相应发展一个新油品类别，同时也辅以与之配套的台架试验方法和台架评定设备，而新油品类别也必须在该系列台架试验方法中通过，方可投入使用。

　　在油品研制和开发全过程中，人们发现油品的各项理化性能指标并不能完全反映实际使用性能。据此，不断建立了标准台架试验。但由于台架试验周期长，成本高，不利于油品研究开发，因此，需要建立一些与台架相关性较好的模拟试验。模拟试验方法简单，周期短，成本低，能够助力于添加剂产品的研发和油品配方研究工作，同时也可用于台架试验前的预测性筛选，指导油品研发工作。

第二节 实验室分析方法

一、理化指标分析

石油产品及润滑剂产品的物理化学性质是生产和科研中评定产品质量和控制生产过程的主要指标，也是生产设计和计算过程的必要数据。石油产品及润滑剂产品的物理化学性质与其化学组成密切相关。通过各种理化数据，可以大致判断石油产品和润滑剂产品的化学组成。与纯化合物的性质有所不同，由于石油产品及润滑剂产品大部分都是复杂的混合物，所以它们的物理化学性质是所含各种成分的综合表现。

石油产品及润滑剂产品的物理化学性质测试试验多为条件性试验，即在进行理化指标测定时，必须严格按照标准方法中规定或限定的试验条件下进行测定，所得到的数据才是有意义的和具有可比性的，离开了测量的方法、仪器和条件，这些性质就没有意义，一旦测试过程出现了偏离试验条件的情况，所得到的试验结果就会发生偏差，从而使不同实验机构之间的测定结果不统一。为了便于比较质量，往往用标准的仪器，在特定的条件下测定其物化性质的数据。

1. 黏度

（1）定义 液体受外力作用移动时，液体分子间产生内摩擦力的性质，称为黏度。

（2）测定方法 黏度的度量方法分为绝对黏度和相对黏度两大类。绝对黏度分为动力黏度、运动黏度两种；相对黏度有恩氏黏度、赛氏黏度和雷氏黏度等几种表示方法。我国常用运动黏度和动力黏度表示油品的黏度。我国测定运动黏度的标准方法为 GB/T 265、GB/T 11137，国外相应测定油品运动黏度的标准方法主要有美国的 ASTM D445、ASTM D2270、ASTM D7279，德国的 DIN 51562 和日本的 JISK 2283 等。

（3）意义和用途 黏度是润滑油（剂）质量的重要指标之一，黏度能反映出产品的物理性质、流变特性及所含烃链结构等特性，由此了解石油产品及各种润滑剂的特性，尤其是润滑油黏度性质以及影响黏度变化的因素，对设备正确选择润滑油品，灵活应用润滑油质的报废标准，指导生产实践，降低成本具有重要意义。

（4）方法概要 在某一恒定温度下，测定一定体积的液体在重力下流过一个标定好的玻璃毛细管的时间。黏度计的毛细管常数与流动时间的乘积就是该温度下液体的运动黏度。

① GB/T 265—88《石油产品运动黏度测定法和动力黏度计算法》 在某一恒定温度下保持温度恒定在±0.1℃，将一定体积的样品装入经过校准的毛细管黏度计内，见图 5-1。

将毛细管黏度计垂直放入恒温浴中，当样品的温度达到测定温度时，从管上端抽吸试样使其液面高于 a 点，测量在重力作用下样品流过毛细管黏度计上 a、b 两个刻线之间的空间时所需要的时间，应重复测定至少四次，然后，取不少于三次的流动时间所得算术平均值，作为试样的平均流动时间，黏度计的毛细管常数与平均流动时间的乘积，即为该温度下测定液体的运动黏度，在温度 t 时的运动黏度用符号 v_t 表示。该温度下运动黏度与同温度下液体的密度之积为该温度下液体的动力黏度。在温度 t 时的动力黏度用符号 η_t 表示。

该方法适用于测定液体石油产品（指牛顿流体）的运动黏度，单位为 m^2/s，通常在实际中使用 mm^2/s。动力黏度可由测得的运动黏度乘以液体的密度求得。

② GB/T 11137—89《深色石油产品运动黏度测定法（逆流法）和动力黏度计算法》　在某一恒定温度下保持温度恒定在±0.1℃，将一定体积的样品装入经过校准的逆流毛细管黏度计内，见图5-2。

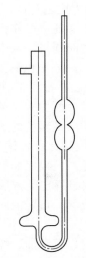
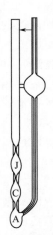

图 5-1　毛细管黏度计　　　　图 5-2　逆流毛细管黏度计

将逆流毛细管黏度计垂直放入恒温浴中，当样品的温度达到测定温度时，从管上端放开试样使其液面向下自由落体，测量在重力作用下样品分别流过毛细管黏度计上 A、C、J 三个泡时所需要的时间，然后，分别取其黏度计的两个毛细管常数与平均流动时间的乘积，即为该温度下测定液体的运动黏度，在温度 t 时的运动黏度用符号 ν_t 表示。该温度下运动黏度与同温度下液体的密度之积为该温度下液体的动力黏度。在温度 t 时的动力黏度用符号 η_t 表示。

该标准适用于深色石油产品运动黏度的测定和动力黏度的计算。

③ GB/T 11145—2014《车用流体润滑剂低温黏度测定法（勃罗克费尔特黏度计法）》　该方法采用空气浴和半导体制冷浴，使用勃罗克费尔特黏度计，在-40～-5℃温度范围内，将车用流体润滑剂放入实验温度的空气浴（A 法）或半导体制冷浴（B 法）中，恒温 16h（A 法）或 2h（B 法）后，然后取出，A 法为把样品置于绝热的实验座中，连接好心轴和勃罗克费尔特黏度计，选好转速测定其勃罗克费尔特黏度。B 法为样品在冷浴中直接与勃罗克费尔特黏度计相连接，选好转速测定其勃罗克费尔特黏度。

该方法适用于测定黏度范围为 1000～1000000mPa·s 的车用流体润滑剂，如齿轮油、液力传动油、工业及汽车液压油。

2. 色度

（1）定义　色度是通过比较或测量有色物质溶液颜色深度的方法。

（2）意义和用途　GB/T 6540—86《石油产品颜色测定法》将试样注入试样容器中，用一个标准光源从 0.5～8.0 值排列的玻璃圆片进行比较，以相等的色号作为该试样的色号，属目测比色法。

GB/T 3555—92《石油产品赛波特颜色测定法（赛波特比色计法）》主要用于油品生产的控制过程。颜色是油品的重要质量特征，也是产品用户很容易观察到的特点。某些情况下，颜色可以反映产品的精练程度。对于颜色范围已知的油品，如果其颜色超出此范围，就有可能是受到了污染。

（3）测定方法　石油产品及润滑剂的颜色，除用视觉直接观察（即目测）外，在实验室中的测定方法我国采用 GB/T 6540《石油产品颜色测定法》和 GB/T 3555。

（4）方法概要

① GB/T 6540—86《石油产品颜色测定法》　将试样注入比色管内，开启一个标准光源，旋转标准色盘转动手轮，同时从观察目镜中观察比较，以相等的色号作为该试样的色号。如果试样颜色找不到确切匹配的颜色，而落在两个标准颜色之间则报告两个颜色中较高的一个颜色，并在该色号前面加上"小于"两字。玻璃颜色标准共分 16 个色号，从 0.5 到 8.0 排列，色号越大，表示颜色越深。如果试样的颜色深于 8 号标准颜色，则将 15 份试样（按体积）加入（体积）稀释剂混合后，测定混合物的颜色，并在该色号后面加入"稀释"两字。

该方法适用于各种润滑油、煤油、柴油和石油蜡等石油产品颜色的测定。

② GB/T 3555—92《石油产品赛波特颜色测定法（赛波特比色计法）》　赛波特颜色是指当透过试样液柱与标准色板观测对比时，测得的与三种标准色板之一最接近时的液柱高度数值。赛波特颜色号规定为−16（最深）～+30（最浅）。按照规定的方法调整试样的液柱高度，直到试样明显地浅于标准色板的颜色为止。无论颜色较深、可疑或匹配，均报告试样的上一个液柱高度所对应的赛波特颜色号。

该方法适用于未染色的车用汽油、航空汽油、喷气燃料、石脑油、煤油、白油及石油蜡等精制石油产品颜色的测定。

3．倾点

（1）定义　是指样品在规定的试验条件下被冷却到试样能够流动的最低温度。

（2）意义和用途　润滑油（剂）的倾点是其低温流动性的重要指标。倾点高的润滑油，不能在低温下使用，易堵塞油路。对于发动机油，倾点高易造成低温启动困难。因此，实际使用中一般选比使用温度低 10～20℃的倾点的润滑油。

倾点是间接表示润滑油（剂）储运和使用时低温流动性的指标。

（3）测定方法　国内测定倾点的方法为 GB/T 3535，国外标准主要有 ASTM D 97、ASTM D 2500、ISO 3016、IP 15、IP 219、DIN 51597、JIS K 2269。

（4）方法概要　将清洁试样倒入试管中至刻线处，在 48℃浴中加热至 45℃，然后按一定要求降温，使试样温度达到高于预期倾点 9℃时，加入冷浴中，在规定的速率下冷却，到预期温度时，将试管倾斜，观察油样液面是否移动。每隔 3℃检查一次试样的流动性，直到当试管倾斜而试样不流动时，立即将试管放置于水平位置 5s，仔细观察试样表面。按此方法继续操作，直到将试管置于水平位置 5s，试管中的试样不移动，记录此时观察到的温度，在这一结果上加 3℃，作为试样的倾点。

该方法适用于各种石油产品倾点的测定，包括燃料油、重质润滑油基础油和含有残渣燃料组分的产品。

4．泡沫特性

（1）定义　润滑油在使用过程中，由于受到振荡、搅拌等作用，不可避免地有空气混入油中，在界面张力的作用下形成泡沫。此外，由于润滑油质量水平的不断提高，功能添加剂的加入品种和加入量不断增加，也使得润滑油的起泡性能显著增强。这种气体分散在油品中的分散体系称为泡沫，其中气体是分散相，液体是分散介质。

（2）意义和用途　存在于油中的泡沫会使润滑油的冷却效果降低，管路产生气阻，润滑油供应不足，油箱溢油，泡沫的存在还会破坏润滑油膜的完整性，从而导致机件磨损加剧，甚至发生烧结而造成严重事故。

在高速齿轮、大容积泵送和飞溅润滑系统中，润滑油生成泡沫的倾向是一个严重的问题，由此引起的不良润滑、气穴现象和润滑剂的溢流损失都会导致机械故障。

（3）测定方法　国内测定润滑油泡沫特性的方法为 GB/T 12579，高温泡沫特性为 SH/T 0722，国外标准主要有 ISO 6247、ASTM D 892、NFT 60129、IP 146、ASTM D 6082、DIN 51566 E、JIS K 2518。

（4）方法概要

① GB/T 12579—2002《润滑油泡沫特性测定法》将 190mL 试样转移至清洁带刻度的 1000mL 量筒内，将量筒浸入 24℃的浴中，当试样温度达到浴温时，在试样中插入气体扩散头，浸泡 5min，然后以 94mL/min±5mL/min 的流速向金属扩散头内通干燥空气，从气体扩散头中出现第一个气泡起开始计时，通气 5min±3s，然后停止通气，让量筒静置 10min±10s，记录停止通气前瞬间的泡沫量以及停止通气后静置规定时间后的泡沫量，分别作为润滑剂的起泡倾向和泡沫稳定性测定数据。

将 180mL 试样在 93.5℃下重复试验。当泡沫消失后，再在 24℃下进行重复试验。

该方法适用于加或未加用以改善或遏止形成稳定泡沫倾向的添加剂的润滑油。

② SH/T 0722—2002《润滑油高温泡沫特性测定法》　将约 200mL 试样倒入 400mL 烧杯中，用搅拌器在 500r/min±100r/min 下搅拌试样 60s±10s，然后在 49℃±3℃恒温烘箱中加热 30min，在室温冷却至室温。将 180mL 试样转移至带刻度的 1000mL 量筒内，并在 150℃±1℃浴中加热到 150℃±1℃，然后将气体扩散头插入试样中，浸泡 5min，以 200mL/min±5mL/min 的流速向金属扩散头内通干燥空气，通气 5min±3s，测定停止通气前瞬间的静态泡沫量、运动泡沫量以及停止通气后规定时间的静态泡沫量、泡沫消失的时间和总体积增加百分数。

该方法适用于润滑油（特指传动液和发动机油）在 150℃时的泡沫特性。

5. 蒸发损失

（1）定义　采用诺亚克方法试验时，在有恒定气流抽出的条件下，试样在坩埚内加热所产生的挥发性油蒸气的质量损失。

（2）意义和用途　高温时油品会有一部分蒸发。蒸发能使内燃机油油耗增加，并能导致油品性能的变化。许多内燃机制造商规定了可允许的蒸发损失的最大值。蒸发损失对内燃机油尤为重要。

（3）测定方法　国内测定蒸发损失的方法为 SH/T 0059，国外标准主要有 ASTM D 5800、CECL-40-93 和 IP 421。

（4）方法概要　SH/T 0059—2010《润滑油蒸发损失的测定　诺亚克法》：将 65.0g±0.1g 的试样置于蒸发坩埚内，将坩埚置于加热体的孔座中，在 250℃±0.5℃ 和 20mm±0.2mm 水柱压力的恒定气流抽送下，经 60min 后，把坩埚放入至少 30mm 深度的温水中，30min 后，测定试样的质量损失，精确到 0.01g。

该方法适用于润滑油和润滑油基础油蒸发损失的测定。

6. 闪点和燃点

（1）定义

① 开口闪点　将试样在规定实验条件下加热使温度升高，其中一些成分蒸发或分解产生可燃性气体，当升到一定温度，并与空气混合后，与火焰接触时能发生瞬间闪火的最低温

度叫闪点。

② 燃点　将试样在规定实验条件下加热使温度升高，其中一些成分蒸发或分解产生可燃性气体，当升到一定温度，并与空气混合后，与火焰接触引起试样蒸气着火且至少持续燃烧 5s 的最低温度叫燃点。

③ 闭口闪点　在密闭条件下，将试样按规定实验条件加热使温度升高，其中一些成分蒸发或分解产生可燃性气体，当升到一定温度，并与空气混合后，与火焰接触时能发生瞬间闪火的最低温度叫闭口闪点。

（2）意义和用途　闪点是表示石油产品蒸发倾向、储运及安全性的指标，同时也作为生产时控制润滑油馏分和挥发性的指标。闪点低的可燃性液体，挥发性高，容易着火，安全性较差。

石油产品，闪点在 45℃ 以下的为易燃品，如汽油、煤油；闪点在 45℃ 以上的为可燃品，如柴油、润滑油。

根据消防工程设计及应用以及闪点的不同可将可燃液体分为如下三大类。

甲类液体：闪点小于 28℃ 的液体，如原油、汽油等。

乙类液体：闪点大于或等于 28℃ 但小于 60℃ 的液体，如喷气燃料、灯用煤油。

丙类液体：闪点大于 60℃ 以上的液体，如重油、柴油、润滑油等。

油品的危险等级是根据闪点来划分的，闪点在 45℃ 以下的油品叫易燃品；45℃ 以上的油品为可燃品。从闪点可判断油品组成的轻重，鉴定油品发生火灾的危险性。

（3）测定方法

① 国内测定开口闪点的方法为 GB/T 3536，国外标准主要有 ASTM D 92、ISO 2592、ISO 3016、IP 36、JIS K 2265、DIN 51376、JIS K 2274。

② 国内测定闭口闪点的方法为 GB/T 261，国外标准主要有 ASTM D 93、JIS K 2265、ISO 2719、EN 22719、IP 34、NFM 07-019、DIN 51758。

（4）方法概要

① GB/T 3536—2008《石油产品 闪点和燃点的测定 克利夫兰开口杯法》　将试样装入试验杯，使试样的弯月面顶部恰好位于试验杯的装样刻线，调节试验火焰直径为 3.2～4.8mm，先以 14～17℃/min 的速率升温，当试样温度达到预期闪点前约 56℃ 时减慢加热速度，使试样在达到闪点前的最后 23℃±5℃ 时升温速度为 5～6℃/min，开始用试验火焰扫过试验杯，温度每升高 2℃ 扫划一次，用平滑、连续的动作扫划，试验火焰每次通过试验杯所需时间约为 1s，最后使试验火焰引起试样液面上部蒸气闪火的最低温度即为闪点。如需测定燃点，应继续进行试验，直到试验火焰引起试样液面的蒸气着火并至少维持燃烧 5s 的最低温度即为燃点。在环境大气压下测得的闪点和燃点用公式修正到标准大气压下的闪点和燃点。

该方法适用于除燃料油（燃料油通常按照 GB/T 261 进行测定）以外的、开口杯闪点高于 79℃ 的石油产品。

② GB/T 0261—2008《闪点的测定 宾斯基-马丁闭口杯法》　将样品倒入试验杯中至刻线处，然后放入加热室，点燃试验火源，调节火焰直径为 3～4mm，在密闭条件下按照 90～120r/min 的速率连续搅拌，并以 5～6℃/min 的速率加热样品。在预期闪点以下 23℃±5℃，按规定的温度间隔，在中断搅拌的情况下，将火源在 0.5s 内下降至试验杯的蒸气空间内，并在此位置停留 1s，然后迅速升高回至原位置，直至使样品蒸气发生瞬间闪火，且蔓延至液体表面的最低温度，即为环境大气压下的闭口闪点。

该方法适用于闪点高于 40℃ 的样品。

7. 硫酸盐灰分

（1）定义　试样炭化后的残留物用硫酸处理，加热至质量恒定时的残留物称为硫酸盐灰分，用质量百分含量表示。

（2）意义和用途　硫酸盐灰分可以用来表明新润滑油（剂）中的含金属添加剂的浓度。

硫酸盐灰分还用以检查基础油或不含有灰添加剂的石油产品是否含有环烷酸盐。润滑油中含有环烷酸盐等，容易在机件上形成坚硬的积炭。因此，该项目也是油品精制过程中的一个质量控制指标，在成品油中只用作加入添加剂前的检测。

在内燃机油中，都含有清净分散剂，而清净分散剂有的有灰分，有的灰分少，有的无灰分，所以在内燃机油检验标准中规定硫酸盐灰分指标为报告。但要求在产品质量报告单上应填报实测数据，再配合金属元素含量等其他指标，以大致了解添加剂的类别和质量，便于指导使用。

（3）测定方法　国内测定硫酸盐灰分的方法为 GB/T 2433，国外标准主要有 ISO 3987、ASTM D 874、DIN 51575。

（4）方法概要　GB/T 2433—2001《添加剂和含添加剂润滑油硫酸盐灰分测定法》：将一定量（不超过 80g）的试样置于坩埚内，在煤气灯或电炉上小心地加热，直至试样被点燃，并保持一定温度使试样能均匀且适度地燃烧，燃烧结束后缓慢加热直至不再冒烟为止。等坩埚冷却至室温后，然后一滴滴加入硫酸使残余物完全润湿，将坩埚放在电炉上小心地低温加热，要防止飞溅，连续加热至不再冒烟。将坩埚置于温度控制在 775℃的马福炉中，在这一温度下连续加热直至碳被全部或几乎完全氧化。将坩埚冷却至室温，加入 3 滴蒸馏水和 10 滴硫酸溶液，摇动坩埚使残余物被完全润湿，然后放在煤气灯或电炉上小心地加热，防止飞溅，直至不再冒烟。最后将坩埚重新放入马福炉，将温度控制在 775℃，恒温保持 30min。在合适的冷却器中将坩埚冷却至室温，称量坩埚和残余物的质量，精确至 0.1mg。重复将坩埚放入 775℃的马福炉中 30min，重复放入同一个冷却器至室温，重复称重，连续两次称重之差不超过 1.0mg 后，即可算出硫酸盐灰分的质量分数。

该方法仅适用于只含有无灰添加剂润滑油。该标准不适用于测定用过的含铅添加剂的发动机油，也不适用于不含添加剂润滑油，对于这些油品可以采用 GB/T 508 进行测定。

8. 密度

（1）定义　密度是指在规定温度下，单位体积所含物质的质量。20℃时的密度 ρ_{20} 被规定为石油产品的标准密度。

（2）意义和用途　密度在石油的开发、生产、销售、使用、计量和设计方面都是一个重要的理化指标。

在储运和收发过程中，密度可用以计算油料的质量或体积；由于不同石油产品其密度不同，通过测量密度还可以大致确定石油产品的种类。

对于燃料油来说，密度也是一个重要的使用指标，其他性能相近的汽油、煤油等燃料油，密度越大，续航力越大。密度的大小还影响燃料油由喷嘴喷出的射程和雾化质量。

密度可以近似地评定油品的质量和化学组成的变化情况。特别是在生产储运过程中，如发现油品密度明显增大或减小，可以判断是否混入重质油或轻质油，或轻馏分蒸发损失。

（3）测定方法　通常，石油产品的密度由密度计法、比重瓶法及 U 形振动管法测定。我国采用的方法标准分别为 GB/T 1884《原油和液体石油产品密度实验室测定法（密度计法）》、GB/T 13377—2010 和 SH/T 0604《原油和石油产品密度测定法（U 型振动管法）》。国际上使用 ISO 12185:1996，美国和德国分别使用 ASTM D 1298、DIN 51757 和 JIS K 2249 标准方法。

（4）方法概要

① GB/T 1884—2000《原油和液体石油产品密度实验室测定法（密度计法）》 在试验温度下，把试样转移到温度稳定、清洁的密度计量筒中，避免试样飞溅和生成空气泡，并要减少轻组分挥发，用一片清洁的滤纸除去试样表面形成的所有气泡。把装有试样的量筒垂直放在没有空气流动的地方。在整个试验期间，环境温度变化应不大于 2℃。把合适的密度计放入液体中，达到平衡位置时放开，让密度计自由漂浮，要注意避免弄湿液面以上的干管。把密度计按到平衡点以下 1mm 或 2mm，并让它回到平衡位置，当密度计离开量筒壁自由漂浮并静止时，读取密度计刻度值，读到最接近刻度间隔的1/5。记录温度计读数后，立即小心地取出密度计，并用温度计垂直搅拌试样。记录温度接近到 0.1℃。如这个温度与开始试验温度相差大于 0.5℃，应重新读取密度计和温度计读数，直到温度变化稳定在 ±0.5℃ 以内。对观察到的温度计读数做修正后，记录到 0.1kg/m³（0.0001g/cm³），即为该温度下的密度值。

该标准适用于测定易流动透明液体的密度，也可使用合适的恒温浴，在高于室温的情况下测定黏稠液体；还能用于不透明液体，读取液体上弯月面与密度计干管刻度相切的读数，并用表加以修正。

② GB/T 13377—2010 将试样用注射器小心装入已确定水值的比重瓶中，加上塞子，比重瓶浸入恒温浴直到顶部，注意不要浸没比重瓶塞或毛细管上端，在浴中恒温时间不得少于 20min，待温度达到平衡，没有气泡，试样表面不再变动时，将毛细管顶部（或毛细管中）过剩的试样用滤纸（或注射器）吸去，对磨口塞型比重瓶盖上磨口塞，取出比重瓶，仔细擦干其外部并称准至 0.0002g，得装有试样的比重瓶质量。再用蒸馏水充满比重瓶，并放在 20℃ 的恒温水浴中，恒温时间不少于 20min，待温度达到平衡，没有气泡，液面不再变动后，将毛细管顶部过剩的水用滤纸吸去，取出比重瓶。仔细擦干其外部并称准至 0.0002g。将数据代入公式计算得到试样 20℃ 的密度 ρ_{20}。以 g/cm³、kg/m³ 单位表示。报告密度时要指明温度，在 20℃ 时的密度称标准密度，用 ρ_{20} 表示。

该方法适用于测定液体或固体石油产品的密度，但不适宜测定高挥发性液体（如液化石油气等）的密度。

③ SH/T 0604《原油和石油产品密度测定法（U 形振动管法）》 把少量样品（一般少于 1mL）注入控制温度的试样管中，记录振动频率或周期，用事先得到的试样管常数计算出试样的密度。将仪器稳定在 20.0℃ 时，用合适的注射器或自动取样器把试样注入试样管中，然后边进样边检查试样管内是否有气泡，如果发现有气泡，退空试样管，再次进样，并重新检查气泡，直到没有气泡时为止。当密度计显示的读数稳定在 0.1kg/m³ 或振动周期达到五位有效数字不再变化时，记录显示的数字和精确至 0.1℃ 的试样管的温度。此时显示的数值即为样品在 20.0℃ 的密度；若显示的是试样管的振动周期，则按制造厂说明书计算出样品的密度。

该方法适用于在试验温度和压力下可处理成单相液体，其密度在 600~1100kg/m³ 的原油和石油产品的密度测定。

9. 水分

（1）定义 水分表示油品中含水量的多少，以水占油的质量分数来表示。

（2）意义和用途 水分的存在，能使温度在 0℃ 以下工作的机械设备油路堵塞，使燃料油的发热量降低，使液压油形成气泡，产生气阻，这些均影响机械设备的工作性能；水分会促使油品乳化，降低油品黏度和油膜强度，破坏润滑性能；水分能促使润滑油氧化变质，增加油泥，促进含酸油品对机件的腐蚀，使变压器油的绝缘性能下降；水分能使油品中的添加剂分解沉淀，使添加剂失去应有的作用；机械用润滑油其水分超过一定量时，应立即更换新油。润滑油含有的水分，是在储存运输中由于容器不干净、密封不严、露天存放等原因浸入的。故在使用、储存过程中均应严防水分进入油品中。

（3）测定方法　石油产品水分测定法主要有 GB/T 260《石油产品水分测定法》、SH/T 0246《轻质石油产品中水含量测定法（电量法）》和 SH/T 0255《添加剂和含添加剂润滑油水分测定法（电量法）》。国外测定润滑油中含水量的方法有 ASTM D 95 之溶剂蒸馏法和 ASTM D1744 之卡费试剂法。

（4）方法概要

① GB/T 260—77《石油产品水分测定法》　在预先洗净并烘干的圆底烧瓶中称入摇匀的试样 100g，称准至 0.1g，用量筒取 100mL 脱水溶剂，注入圆底烧瓶中。将圆底烧瓶中的混合物仔细摇匀后，投入一些无釉瓷片、浮石或毛细管。洗净并烘干的接受器要用它的支管紧密地安装在圆底烧瓶上，使支管的斜口进入圆底烧瓶 15～20mm。然后在接受器上连接直管式冷凝管，用电炉加热圆底烧瓶，并控制回流速度，使冷凝管的斜口每秒滴下 2～4 滴液体。回流时间不应超过 1h。蒸馏将近完毕时，如果冷凝管内壁沾有水滴，应使圆底烧瓶内的混合物在短时间内剧烈沸腾，利用冷凝的溶剂将水滴尽量洗入接受器中。停止加热，圆底烧瓶冷却后，将仪器拆卸，读出接受器中收集水的体积，即为试样的水分含量。

该标准适用于石油产品中水含量的测定，用质量分数表示。

② SH/T 0246—92《轻质石油产品中水含量测定法（电量法）》　以三氯甲烷、甲醇和卡氏试剂为电解液，用 2～5mL 试样可定量检出 $1\mu L/L$ 的水。电量法测定微量水的原理基于在含恒定碘的电解液中通过电解过程，使溶液中的碘离子在阳极氧化为碘。

$$阳极：2I^- - 2e^- \longrightarrow I_2$$

所产生的碘又与试样中的水反应：

$$H_2O + I_2 + SO_2 + 3C_6H_5N \longrightarrow 2C_6H_5N \cdot HI + C_6H_5N \cdot SO_3$$

生成的硫酸吡啶又进一步和甲醇反应：

$$C_6H_5N \cdot SO_3 + 3CH_3OH \longrightarrow C_6H_5N \cdot HSO_4CH_3$$

反应终点通过一对铂电极来指示，当电解液中的碘浓度恢复到原定浓度时，电解即自行停止。根据法拉第电解定律即可求出试样中相应的水含量。

该方法适用于轻质石油产品，测定水含量的范围从 $1\mu g/kg$ 到 90%（质量分数）。

③ SH/T 0255—92《添加剂和含添加剂润滑油水分测定法（电量法）》　用一定量的脱水溶剂（苯或甲苯）和试样混合并进行共沸蒸馏，馏出液以一定比例混合的卡尔·费休试剂、甲醇、三氯甲烷混合液为电解液，以电量法测定其水含量。

当馏出液中有水时，碘氧化二氧化硫，发生如下化学反应：

$$I_2 + SO_2 + 3 \quad \bigcirc\!\!\!N + H_2O \longrightarrow 2 \quad \bigcirc\!\!\!N \cdot HI + \bigcirc\!\!\!N\overset{SO_2}{\underset{O}{}}$$

生成的硫酸吡啶又同甲醇反应生成稳定的甲基硫酸吡啶：

$$\bigcirc\!\!\!N\overset{SO_2}{\underset{O}{}} + CH_3OH \longrightarrow \bigcirc\!\!\!N\overset{SO_3CH_3}{\underset{OH}{}}$$

消耗的碘由溶液中碘离子在阳极发生氧化反应来补充：

$$2I^- - 2e^- \longrightarrow I_2$$

测量补充消耗的碘所需要的电量，根据法拉第电解定律，可求出试样中的水含量。

该方法适用于石油添加剂、含添加剂润滑油及润滑油。

10. 机械杂质

（1）定义　机械杂质是指存在于润滑油（剂）中不溶于汽油、乙醇和苯等溶剂的沉淀物或胶状悬浮物。这些杂质大部分是砂石和铁屑之类，以及由添加剂带来的一些难溶于溶剂的有机金属盐。

（2）意义和用途　含有机械杂质的燃料能降低装置的效率；润滑油中的机械杂质会增加发动机零件的磨损和堵塞滤油器；黏度小的轻质油品，由于杂质很容易沉降分离，通常不含或只含较少的机械杂质；使用中的润滑油，除含有尘埃、砂土等杂质外，还含有炭渣、金属屑等，不能单独作为润滑油报废或换油的指标。

（3）测定方法　机械杂质的含量多少，是分析润滑油（剂）是否合格的重要指标之一。目前在测定方法上一直采用重量法，即 GB/T 511《石油和石油产品及添加剂机械杂质测定法》。

（4）方法概要　GB/T 511《石油和石油产品及添加剂机械杂质测定法》　称取一定量的试样，用加热的溶剂（溶剂油或甲苯）按比例稀释。将恒重好的滤纸放在玻璃漏斗中，趁热过滤试样溶液。过滤结束后，对带有沉淀物的滤纸或微孔玻璃过滤器，用装有不超过 40℃溶剂油的洗瓶进行清洗，带有沉淀物的滤纸或微孔玻璃过滤器冲洗完毕后，将带有沉淀物的滤纸放入过滤前所对应的称量器中，在 105℃的烘箱内干燥不少于 45min。然后放在干燥器中冷却 30min（称量瓶的瓶盖应盖上），进行称量，称准至 0.0002g。重复干燥（第二次干燥只需 30min）及称量的操作，直至两次连续称量间的差数不超过 0.0004g 为止。被留在滤纸或微孔玻璃过滤器上的杂质即为机械杂质。

该方法适用于测定石油、液态石油产品和添加剂中的机械杂质，但不适用于润滑脂和沥青。

11. 液相锈蚀

（1）定义　液相锈蚀是指在规定条件下，将钢棒浸入试样与蒸馏水（方法 A）或合成海水（方法 B）的混合液中保持至规定时间后，目测钢棒生锈程度的试验。该方法用于评定汽轮机油、液压油、齿轮油等油品在与水混合时对铁部件的防锈能力。

（2）意义和用途　很多情况下，如汽轮机中，水分可能混入润滑油，从而使铁部件生锈。该试验能表明加入适量抑制剂的矿物油，有助于防止这种情况引起的锈蚀。该方法还适用于液压油和循环油等其他油品及比水密度大的液体。并可用于表示新油品规格指标测定及监测正在使用的油品。

（3）测定方法　国内测定方法有 GB/T 11143—2008《加抑制剂矿物油在水存在下防锈性能试验法》，包括方法 A（用蒸馏水）、方法 B（用合成海水）和方法 C（适用于比水密度大的液体）；以及 GB/T 19230.1—2003《评价汽油清净剂使用效果的试验方法　第一部分：汽油清净剂防锈性能试验方法》。美国材料与试验协会标准为 ASTM D 665-03《加抑制剂矿物油在水存在条件下防锈性能试验法》。

（4）方法概要

① GB/T 11143—2008《加抑制剂矿物油在水存在下防锈性能试验法》　将 300mL 试样倒入烧杯中，并将烧杯放入能使试样温度保持在 60℃±1℃的油浴孔中，借烧杯的边缘固定，使烧杯悬挂在油浴盖上。浴中的液面不应低于烧杯内油面。盖上烧杯盖，装上搅拌器，使搅

拌杆距离装有试样的烧杯中心 6mm，叶片距烧杯底不超过 2mm。将温度计插入烧杯盖上温度计孔中，其浸入深度为 56mm。开动搅拌器，当温度达到 60℃±1℃时，放入试验钢棒。继续搅拌 30min，以确保试验钢棒完全润湿。在搅拌的情况下，取下温度计片刻，通过温度计孔加入 30mL 蒸馏水（或合成海水），重新放回温度计。由水加入时起，以 1000r/min±50r/min 的速度继续搅拌 24h，也可根据客户的要求，确定适当的试验周期。试验周期结束后观察试验钢棒锈蚀的程度。如果实验结束时，两根试验钢棒均为无锈，那么试样为"合格"，如果两根钢棒均锈蚀，则报告为"不合格"，如一根钢棒锈蚀而另一根不锈蚀，则应再取两根钢棒重新试验，如果重新试验的两根钢棒中任何一个出现锈蚀，则报告该试样不合格。

该方法适用于评价加抑制剂矿物油，特别是汽轮机油在与水混合时对铁部件的防锈能力，还适用于液压油、循环油等其他油品及比水重的液体。

② GB/T 19230.1—2003《评价汽油清净剂使用效果的试验方法 第 1 部分：汽油清净剂防锈性能试验方法》　在 38℃±1℃下，将圆柱形的试棒完全浸入搅拌下的 300mL 试验汽油中，搅拌 30min 后，加入 30mL 蒸馏水，以 1000r/min±50r/min 的速度续搅拌 4h。试验周期结束后观测试棒的锈蚀痕迹和锈蚀的程度。如果实验结束时，两根试验钢棒均为无锈，那么试样为"合格"，如果两根钢棒均锈蚀，则报告为"不合格"，如一根钢棒锈蚀而另一根不锈蚀，则应再取两根钢棒重新试验，如果重新试验的两根钢棒中任何一个出现锈蚀，则报告该试样不合格。

该方法适用于汽油洁净剂的防锈性能的评价。

12．正戊烷不溶物

（1）定义　不溶于正戊烷的物质均称为正戊烷不溶物。正戊烷不溶物包括油品氧化、添加剂分解、发动机磨损的金属粉末、灰尘和积炭的总和，主要反映油品的氧化变质添加剂消耗程度。

（2）意义和用途　正戊烷不溶物、甲苯不溶物（加或不加凝聚剂）和不溶解的树脂状物质的变化，表示了在油中能导致润滑系统出现问题的一种变化。

测得的不溶物能帮助评价用过的油的性能或帮助确定引起设备故障的原因。

润滑系统中的润滑油，经过长期使用之后，难免被污染 （如固体污物、杂质、水分等），油料本身氧化及衰败后的产物，都可用该方法来测定。

正戊烷与甲苯不溶物的测定，对旧油质量的检验至为重要，由此可推测正确换油日期。

（3）测定方法　我国测定用过的润滑油戊烷不溶物的方法是 GB/T 8926—2012《在用的润滑油不溶物测定法》，国外是 ASTM D 893。

（4）方法概要　GB/T 8926—2012《在用的润滑油不溶物测定法》。

方法 A：把一份试样与正戊烷混合并离心。慢慢地倒出上层油溶液，并用正戊烷洗涤沉淀物两次，干燥，再称重，得到正戊烷不溶物。检测甲苯不溶物时，把另一份试样与正戊烷混合，并离心。用正戊烷洗涤沉淀物两次，用甲苯-乙醇溶液洗涤一次，再用甲苯洗涤一次。然后干燥不溶解的物质，并称重，得到甲苯不溶物。

方法 B：把一份试样与正戊烷-凝聚剂溶液混合，并离心。用正戊烷洗涤沉淀物两次，干燥，再称重，得到加凝聚剂的正戊烷不溶物。测加凝聚剂的甲苯不溶物时，把另一份试样与正戊烷-凝聚剂溶液混合，并离心。用正戊烷洗涤沉淀物两次，用甲苯-乙醇溶液洗涤一次，再用甲苯洗涤一次。然后干燥不溶解的物质，并称重，得到加凝聚剂的甲苯不溶物。

该方法适用于测定在用的润滑油中正戊烷和甲苯不溶物。

13. 酸值

（1）定义　滴定 1g 试样到规定终点所需的碱量称为酸值，以 mgKOH/g 表示，也称总酸值（TAN）。

（2）意义和用途　酸值是石油及石油产品的一项重要指标，主要用来反映石油及石油产品在开采、运输、加工及使用过程中对金属的腐蚀性及油品的精制深度及变质程度。

酸值可用于控制润滑油的质量，有时也可用于测定润滑油在使用过程中的降解情况，但作为润滑油报废指标则必须建立在行车实验的基础上。

（3）测定方法　我国目前测定润滑油添加剂酸值的标准方法为 GB/T 264、GB/T 258、GB/T 4945、GB/T 7304。ASTM 测定酸值的主要标准有 ASTM D 664、ASTM D 974、ASTM D 3339、ASTM D 5770 及 ASTM D 3242。

（4）方法概要　按照终点判断的方法，可将酸值的测定分成电位滴定法和指示剂法两类。这些方法使用的滴定剂都是氢氧化钾的异丙醇溶液，滴定溶剂为甲苯、异丙醇和水的混合物。

① GB/T 264—83《石油产品酸值测定法》　称取试样 8～10g，用沸腾乙醇抽出试样中的酸性成分，然后用氢氧化钾乙醇溶液进行滴定，通过加入指示剂碱性蓝 6B（由蓝色变为浅红色或由黄色变为紫红色）颜色的变化来指示终点。在每次滴定过程中，自锥形瓶停止加热到滴定到达终点所经过的时间不应超过 3min。

该方法适用于测定石油产品的酸值。

② GB/T 4945—2002《石油产品和润滑剂酸值和碱值测定法（颜色指示剂法）》　称取规定试样量，将试样溶解在 100mL 含有少量水的甲苯和异丙醇混合溶剂中，使其成为均相体系，在低于 30℃下分别用氢氧化钾异丙醇或盐酸异丙醇标准溶液进行滴定。通过加入的对萘酚苯指示剂溶液的颜色变化来指示终点。

该标准适用于测定能在甲苯和异丙醇混合溶剂中全溶或几乎全溶的石油产品和润滑剂的酸性或碱性组分，它适用于测定在水中离解常数大于 10^{-9} 的酸或碱。

③ GB/T 7304—2014《石油产品酸值的测定 电位滴定法》　称取规定试样量，将试样溶解在 100mL 含有少量水的甲苯和异丙醇混合溶剂中，以氢氧化钾异丙醇标准溶液为滴定剂进行电位滴定，所用的电极对为玻璃指示电极-甘汞参比电极。在滴定曲线上仅将明显突跃点作为终点；如果在滴定曲线上没有突跃点，则以相应的非水酸性缓冲溶液的电位值作为强酸值滴定的终点，把在碱性缓冲溶液中测得的电位值作为测定酸值的终点。

该方法适用于测定能在甲苯和异丙醇混合溶剂中全溶或几乎全溶的石油产品和润滑剂的酸性或碱性组分，它适用于测定在水中离解常数大于 10^{-9} 的酸或碱。

14. 碱值

（1）定义　滴定 1g 试样到规定终点所需酸的用量称为碱值，以 mgKOH/g 表示，也称总碱值（TBN）。

（2）意义和用途　新的或使用过的石油产品中含有一些碱性组分，碱值是油品中这些碱性物质在试验条件下的一种量度，常常作为润滑油组分质量控制的一个重要指标。碱值还可用以衡量添加剂在润滑油使用过程中的降解情况，以确定必要的废弃极限。

（3）测定方法　我国目前测定润滑油添加剂碱值的标准方法为 SH/T 0251 和 SH/T 0688。ASTM 测定碱值的主要标准有 ASTM D 2896、ASTM D 4739。

（4）方法概要

① SH/T 0251—1993《石油产品碱值测定法（高氯酸电位滴定法）》　称取规定试样量，

将试样溶解于滴定溶剂中，以高氯酸冰乙酸标准溶液为滴定剂，以玻璃电极为指示电极，甘汞电极为参比电极进行电位滴定，用电位滴定曲线的电位突跃判断终点。分为方法A和方法B，其差别在于试样量和滴定溶剂量不同。在正滴定模式下没有拐点，改用乙酸钠滴定溶液进行返滴定。

该方法适用于测定石油产品和使用过的油以及添加剂的碱性组分，这些组分包括有机碱、无机碱、氨基化合物、弱酸盐（皂类）、多元酸碱式盐和重金属盐类。

② SH/T 0688—2000《石油产品和润滑剂碱值测定法（电位滴定法）》 称取规定试样量，将试样溶解于 125mL 滴定溶剂中，并用盐酸异丙醇标准溶液作为滴定剂，在玻璃电极-甘汞电极或银/氯化银电极组成的电极体系中进行电位滴定，从滴定曲线上确定滴定终点，用以计算其碱值。如果在滴定曲线上没有突跃点，则以相应的非水酸性缓冲溶液的电位值作为碱值滴定的终点，把在碱性缓冲溶液中测得的电位值作为测定强碱值的终点。

该标准适用于测定石油产品和润滑剂中的碱性组分。

15. 皂化值

（1）定义　皂化值是皂化 1g 试样油所需氢氧化钾的质量（mg）。

（2）意义和用途　石油产品含有一些能与碱形成金属皂的添加剂，例如脂类。此外，有些用过的机械润滑油，尤其是用过的汽轮机油和内燃机油，也含有一些能与碱发生类似反应的化合物。皂化值可估计试样中存在的酸的量，即在加热条件下已转化成金属皂的任何游离酸以及复合酸。同时皂化值也是一些润滑油和添加剂产品规格中规定的指标。

（3）测定方法　我国石油产品皂化值测定标准方法是 GB/T 8021，ASTM 测定碱值的主要标准有 ASTM D 94。

（4）方法概要　GB/T 8021—2003《石油产品皂化值测定法》。称取规定试样量，但是试样量不得超过 20g，将其溶解在适宜的溶剂中，如丁酮、溶剂油中，并精确移取 25mL±0.03mL 的氢氧化钾乙醇标准溶液一起加热回流，当回流结束后立即沿冷凝管小心加入 50mL 石油醚，滴定时加入 3 滴中性酚酞指示剂溶液，并在加氮气保护的条件下将过量的碱用 0.5mol/L 盐酸标准溶液趁热滴定。当指示剂的颜色消失后，再加入几滴指示剂溶液。如果加入指示剂后滴定溶液又呈现了颜色，则继续滴定至颜色消失后，再加入几滴指示剂。如果需要，继续滴定直到终点。当指示剂的颜色完全消失，再加入指示剂后溶液不呈现颜色时，则表明已到滴定终点。

该标准适用于测定在试验条件下石油产品（如润滑油、添加剂、传动液等）中可皂化的组分含量。

16. 水溶性酸及碱

（1）定义　石油产品的水溶性酸或碱是指加工及储存过程中落入石油产品内的可溶于水的矿物酸碱。矿物酸主要为硫酸及其衍生物，包括磺酸和酸性硫酸酯；水溶性碱主要为苛性钠和碳酸钠。它们多是由于用酸碱精制时清除不净，由其残余物所形成的。

（2）意义和用途　水溶性酸碱是评价油品对金属腐蚀性的指标之一。石油产品中有水溶性酸碱，表明经酸碱精制处理后，酸没有完全中和或碱洗后用水冲洗得不完全。这些矿物酸碱在生产、使用或储存时，能腐蚀与其接触的金属构件。水溶性酸几乎对所有金属都有强烈的腐蚀作用，而碱只对铝腐蚀。汽油中如有水溶性碱，在它的作用下，汽化器的铝制零件会生成氢氧化铝的胶体物质，堵塞油路、滤清器及油嘴。

油品中存有水溶性酸碱会促使油品老化。因为油中存有水溶性酸碱，在大气中的水分、氧气的相互作用及受热情况下，就会引起油品氧化、胶化及分解。所以在出厂的成品分析中，哪怕是发现有极微量的水溶性酸碱，都认为是不合格的，是不能出厂的。

（3）测定方法　我国石油产品水溶性酸碱测定标准方法是 GB/T 259，该标准参照采用苏联国家标准 ГОСТ 6307—75《石油产品水溶性酸或碱测定法》。

（4）方法概要　GB/T 259—88《石油产品水溶性酸及碱测定法》。用 50mL 蒸馏水或乙醇水溶液抽提试样（50mL）中的水溶性酸或碱，然后向两个试管中分别放入 1～2mL 抽提物，分别用 2 滴甲基橙（抽提物呈玫瑰色，表示有水溶性酸存在）和 3 滴酚酞指示剂（抽提物呈玫瑰色或红色，表示有水溶性碱存在）检查抽出液颜色的变化情况，或用酸度计测定 30～50mL 抽提物的 pH 值，以判断有无水溶性酸或碱的存在。

该方法适用于测定石油产品、添加剂、润滑脂、石蜡、地蜡及含蜡组分的水溶性酸或水溶性碱。

17. 空气释放值

（1）定义　在特定条件下，试样雾沫空气的体积减少到 0.2%时所需的时间为空气释放值，此时间为气泡分离时间，以 min 表示。

（2）意义和用途　润滑油的空气释放值，又称空气释放性或脱气值，是评定润滑油分离弥散在油中雾沫空气的能力的指标。特别对密封油系统，对油品的空气释放性有较严格的要求。如对新抗燃油和运行中抗燃油都有此项指标规定。国际性组织（如 ISO）及某些国家，在汽轮机油、抗燃汽轮机油等的标准中，均将空气释放值列为控制项目之一。

（3）测定方法　我国润滑油空气释放值测定法标准方法是 SH/T 0308，该标准参照采用美国试验与材料协会标准 ASTM D 3427。

（4）方法概要　SH/T 0308—1992《润滑油空气释放值测定法》。将 180mL 试样倒入耐热夹套玻璃试管中，让试样加热到试验温度（25℃、50℃或 75℃），一般循环 30min，通过对试样吹入 19.6kPa 过量的压缩空气 7min，使试样剧烈搅动，空气在试样中形成小气泡，即雾沫空气。停气后记录试样中雾沫空气体积减到 0.2%的时间。报告试样在该温度下的气泡分离时间，以 min 表示，即为该温度下的空气释放值。

该方法适用于评定汽轮机油、液压油等石油产品分离雾沫空气的能力。

二、元素分析

石油产品及润滑剂（如原油、燃料油、润滑油、润滑油添加剂等）中的元素组成分析一直是石油产品及润滑剂检测的最主要内容之一。通过元素分析的结果，一方面对研究以上产品的化学组成、使用性能、加工生产过程等具有重要的意义；另一方面还可以对油品以及润滑剂的生产加工方案、产品质量的控制、环境治理等方面提供最直接的依据。因此，在石油产品以及润滑剂加工使用的不同阶段，都需要对其元素组成进行分析。

对于油品添加剂而言，其元素组成相对简单。鉴于油品添加剂的结构特点和使用要求，大部分的石油添加剂产品均为有机化工产品，因此其最主要的组成元素为碳、氢元素，另外为了满足特定的使用性能要求，通常还会含有一些其他杂元素（如硫、磷、氮、氧、硼）以及部分金属元素（如钠、钾、钙、镁、锌、钡等），这些元素通常与烃类以杂元素化合物以及有机金属化合物的形态存在于添加剂产品中，因此对于以上元素含量的检测，基本上均是建立在有机化合物元素分析技术基础之上的。

1．碳、氢、氮元素分析

（1）意义和用途　添加剂中氮含量的测定，可以用来评定添加剂的性能。一些石油产品也含有天然氮，样品中的氮含量对评定其性能特性是有帮助的，碳氢比可以用来对工艺性能的提高进行评估，并且可以用来确定添加剂的组成情况。

（2）测定方法　我国石油产品中碳、氢、氮元素含量的测定标准方法是 SH/T 0656，该标准参照采用美国试验与材料协会标准 ASTM D 5291。

（3）方法原理　样品进入装有催化剂的石英燃烧管内，在氧气和惰性载气流中瞬时燃烧分解。选择适当的气相色谱柱，将分解生成的产物分离成单一组分，然后依次进入热导池检测器分别检测。

（4）方法概要　SH/T 0656—1998《石油产品及润滑剂中碳、氢、氮测定法（元素分析仪法）》。用锡舟称取 0.1～5.0mg 的试样，在含纯氧的氦气流下，进入竖式的加热至 1010℃的石英燃烧管内。管中装有三氧化二铬催化剂和吸收干扰气体的银试剂，样品在高温下瞬时燃烧，有机物定量转化为二氧化碳、水、氮及氮的氧化物，其中干扰组分（二氧化硫、卤素）由燃烧管内的银试剂吸收除去，其余混合气通过还原管，在 500～700℃的条件下，由管内还原铜除去反应剩余的氧气，同时把氮的氧化物还原为氮气。混合气（二氧化碳、水汽、氮气）由载气携带进入适当的气相色谱柱中，将分解生成的三个组分逐一分离，用热导检测器检测。出峰顺序为氮气、二氧化碳、水。由数据系统得到各组分的积分面积，根据积分面积计算得到样品中碳、氢、氮元素的含量。

该方法适用于原油、燃料油、添加剂及渣油等样品中碳、氢、氮的分析。该方法测定的范围：碳含量为 75%～87%，氢含量为 9%～16%，氮含量为 0.1%～2%（均为质量分数）。

2．氮的测定

（1）意义和用途　氮含量是石油产品的一项重要理化指标。在炼制过程中很多氮化物会使催化剂中毒，加氢反应产物中的氮含量可用来衡量加氢处理过程的效率。润滑油中的氮含量可确定其含氮添加剂的量，而添加剂中的氮含量在一定程度上反映了添加剂的组成情况，因此氮含量的测定在实际工作中有着十分重要的意义。

（2）测定方法　我国石油产品中氮元素含量的测定标准方法主要有克氏法 SH/T 0244—1992，化学发光法 NB/SH/T 0704—2010、GB/T 17674—2012 等，相应的美国试验与材料协会标准为 ASTM D 5762。

（3）方法原理

① 克氏法　将含氮有机化合物用浓硫酸煮沸分解，其中的氮转变为硫酸铵。再用氢氧化钠碱化，使硫酸铵分解，分解产物用水蒸气蒸馏，蒸出的氨气用硼酸溶液吸收，最后用盐酸标准溶液滴定。

② 化学发光法　样品放在试样舟中，由进样器将样品送入高温燃烧管中，样品中的氮氧化为一氧化氮，一氧化氮与臭氧反应生成激发态的二氧化氮，激发态的二氧化氮在回到基态时放出能量，能量用光电倍增管按特定波长进行检测，检测的光强度与样品中氮的含量成正比，由此可以计算出氮的含量。

（4）方法概要

① SH/T 0224—1992《石油添加剂中氮含量测定法（克氏法）》　根据试样中氮含量的大小，称取 0.1～3g 样品于克氏烧瓶中，然后缓慢加入 40～50mL 硫酸消化液，将上述克氏瓶置于电炉上，先低温加热消化，然后加入 20g 硫酸钾以及 1.4g 左右汞，继续加热 1h，使烧

瓶中的试样充分炭化，最后将上述消化液加热沸腾 1h。并让克氏瓶自然冷却至室温，向瓶中加入 100mL 水，溶解消化生成的盐类物质。然后加入 150mL 氢氧化钠溶液，将上述含有碱液的克氏瓶放在加热装置上进行蒸馏，并用装有硼酸溶液的三角烧瓶吸收蒸出物，蒸馏完成后，以溴甲酚绿和甲基红混合指示液为变色指示剂，用标准盐酸溶液滴定，根据试验过程中的各种试剂的用量以及样品的质量等数据即可计算出试样中的氮含量。

该方法适用于石油添加剂中氮含量的测定，金属元素钙、钡、锌、镁及非金属元素硫、磷、氧、氯等对测定结果均无干扰。测定范围为 0.01%～2.00%（质量分数）。

② SH/T 0704、GB/T 17674《石油及石油产品中氮含量测定法（舟进样化学发光法）》 采用舟进样或直接进样方式，首先按照方法要求用已知氮含量标准物质分别配制 1ng/μL、5ng/μL、10ng/μL、50ng/μL、100ng/μL 的标准溶液，然后用注射器分别抽取一定体积的标准溶液注入进样舟内，由进样器将进样舟送入石英燃烧管内。待测样品（或标样）被引入到高温裂解炉后，在 1050℃左右的高温下，样品被完全汽化并发生氧化裂解，其中的氮化物定量地转化为 NO，样品气经过膜式干燥器脱去其中的水分。亚稳态的一氧化氮在反应室内与来自臭氧发生器的 O_3 气体发生反应，转化为激发态的 MO_2^*。当激发态的 MO_2^* 跃迁到基态时发射出光子，光信号由光电倍增管按特定波长检测接收。再经微电流放大器放大、计算机数据处理，即可转换为与光强度成正比的电信号。依次分析各浓度标准样品，并绘制出标准曲线，然后用注射器抽取试样（高含量样品需用二甲苯进行稀释），用相同的方法进行测定，由样品溶液的光强度值以及进样体积等通过标准曲线求出样品中的氮含量。

该方法适用于测定包括石油馏分、润滑油在内的液体烃中的总氮含量，测定范围为 40～10000mg/kg。

3. 硫的测定

（1）意义和用途 对于石油产品添加剂而言，硫元素通常在添加剂中是以功能性元素存在的，因此其含量反映了添加剂的结构特点以及添加剂的组成情况，另外通过测定润滑油的硫含量，也可以间接地反映润滑油中添加剂的含量状况以及添加剂在使用过程中的损耗情况，因此，硫含量的测定是油品分析以及石油产品添加剂检测中常规检测项目。

（2）测定方法 我国石油产品中硫元素含量的标准测定方法主要有库仑法如 SH/T 0303、SH/T 0253，紫外荧光法 SH/T 0689，X 射线荧光光谱法 GB/T 17040、NB/SH/T 0842 等，相应的美国试验与材料协会标准为 ASTM D 3120、ASTM D 5453、ASTM D 4294、ASTM D 6481。

（3）方法原理

① 库仑法 样品中各种形态的硫在氧气中于高温下变成二氧化硫进入滴定池，通过电解产生碘与二氧化硫反应，微机根据产生的碘消耗的电量，依据法拉第定律，自动计算出样品中的总硫含量。

② 紫外荧光法 当样品被引入高温裂解炉后，经氧化裂解，其中的硫定量地转化为二氧化硫，反应气经干燥脱水后进入荧光室。在荧光室中，部分二氧化硫受紫外线照射后转化为激发态的二氧化硫（SO_2^*），当 SO_2^* 跃迁到基态时发射出光子，光电子信号由光电倍增管接收放大。再经放大器放大、计算机数据处理，即可以转换为与光强度成正比的电信号。在一定条件下反应中产生的荧光强度 SO_2^* 与二氧化硫的生成量成正比，二氧化硫的量又与样品中的总硫含量成正比，故可以通过测定荧光强度来测定样品中的总硫含量。

③ X 射线荧光光谱法 试样受 X 射线照射后，其中各元素原子的内壳层（K、L 或 M 壳层）电子被激发逐出原子而引起壳层电子跃迁，并发射出该元素的特征 X 射线（荧光）。

每一种元素都有其特定波长（或能量）的特征 X 射线。通过测定试样中特征 X 射线的波长（能量），便可确定试样中存在何种元素，即为 X 射线荧光光谱定性分析。元素特征 X 射线的强度与该元素在试样中的原子数量（即含量）成比例。因此，通过测量试样中某元素特征 X 射线的强度，采用适当的方法进行校准与校正，便可求出该元素在试样中的百分含量，即为 X 射线荧光光谱定量分析。

（4）方法概要

① SH/T 0303—1992《添加剂中硫含量测定法（电量法）》　试样在 1000℃高温下、在氧气流中燃烧分解，其中硫燃烧生成 SO_2 和 SO_3：

$$4S + 5O_2 =\!=\!= 2SO_2 + 2SO_3$$

SO_2 随燃烧气流进入电解池，和电解液中的 I_3^- 发生反应：

$$SO_2 + I_3^- + 2H_2O =\!=\!= SO_4^{2-} + 3I^- + 4H^+$$

电解液中 I_3^- 浓度变化。此时电解阳极发生反应：

$$3I^- - 2e^- =\!=\!= I_3^-$$

电解阴极发生反应：

$$2H^+ + 2e^- =\!=\!= H_2\uparrow$$

滴定终点由双铂片电极指示和控制。达到终点后，电解停止，微库仑计记录所消耗的电量。在测定试样硫含量前，需先用二硫化二苄标准试剂对仪器进行标定，测出其硫的回收率，然后再进行添加剂试样硫含量的测定，并根据所消耗的电量和硫的回收率自动计算出试样的硫含量。

该方法适用于硫含量在 0.5%～50%范围内的非挥发性润滑油添加剂。添加剂中所含磷、氯、氮、锌、钙及钡等元素对测定结果无干扰。

② SH/T 0689—2000《轻质烃及发动机燃料和其他油品的总硫含量测定法（紫外荧光法）》首先按照方法要求绘制标准曲线。然后按照要求将样品用二甲苯溶剂稀释一定倍数，使得样品硫含量浓度介于标准曲线范围之内。将烃类试样直接注入裂解管或进样舟中，由进样器将试样送至高温燃烧管，在富氧条件下，硫被氧化成 SO_2；试样燃烧生成的气体在除去水后被紫外线照射，二氧化硫吸收紫外线的能量转变为激发态的二氧化硫（SO_2^*），当激发态的二氧化硫返回到稳定态的二氧化硫时发射荧光，并由光电倍增管检测，由所得信号值计算出试样的硫含量。每个样品重复测定三次，并计算平均值。

该方法适用于测定沸点范围 25～400℃，室温下运动黏度范围 0.2～10mm^2/s 之间的液态烃中总硫含量。该方法适用于总硫含量在 1.0～8000mg/kg 的石脑油、馏分油、发动机燃料和其他油品。该方法适用于测定卤素含量低于 0.35%（质量分数）液态烃中的总硫含量。

③ GB/T 17040—2008《石油和石油产品硫含量的测定　能量色散 X 射线荧光光谱法》　首先按照方法要求绘制标准曲线或者建立定量数学模型。然后按要求制作好样品杯，将样品倒入样品杯后，要使由于搅动产生的气泡排出。为了保证结果的准确性，还必须保证样品杯的窗膜是紧绷的和干净的。把样品置于从 X 射线源发射出来的射线束中，测量激发出来能量为 2.3keV 的硫 K_α 特征 X 射线强度，并将累积计数与预先制备好的标准样品的计数进行对比，从而获得用质量

分数表示的硫含量。

该标准适用于测定包括柴油、石脑油、煤油、渣油、润滑油基础油、液压油、喷气燃料、原油、车用汽油和其他馏分油在内的碳氢化合物中的硫含量。另外，对于其他产品的硫含量，如 M85 和 M100，用该标准也可以进行分析。测定的硫含量范围为 0.015%～5.00%（质量分数）。

4. 磷含量的测定

（1）意义和用途　在石油产品添加剂中，磷元素是最重要的功能性元素之一。特别是在抗磨添加剂领域，含磷极压抗磨剂由于具有良好的高温性能、高速抗擦伤性以及与其他添加剂的配伍性等优点，应用前景广阔。按其所含的有效活性元素可分为磷型、磷氮型、硫磷氮型。作为主要的功能性元素，磷含量的测定对于润滑油和添加剂而言是质量分析以及质量控制中必不可少的检测项目。

（2）测定方法　我国目前润滑油和添加剂中磷含量的测定，主要有比色法 SH/T 0296、等离子发射光谱法 GB/T 17476、X 射线荧光光谱法 NB/SH/T 0822 等，相应的美国试验与材料协会标准为 ASTM D 5185、ASTM D 6481 等。

（3）方法原理（比色法）　在高温下，用氧化锌作捕获剂，使试样中的磷生成五氧化二磷，留在氧化锌中。然后用硝酸将氧化锌溶解，使五氧化二磷转变成磷酸根。在一定酸度范围内，磷酸根与钒酸铵-钼酸铵形成稳定的黄色配合物，在波长 460nm 处比色，进而可以得到磷含量结果。

（4）方法概要　SH/T 0296—1992《添加剂和含添加剂润滑油的磷含量测定法（比色法）》按照方法要求 3 个月校正一次标准曲线。称取约 1mg 磷的试样于 30mL 坩埚中，然后称取 4g 氧化锌覆盖在试样上，振摇紧密，另取一坩埚只加 4g 氧化锌做空白试验。将样品及空白坩埚同时在 800℃马弗炉中灼烧 10min，取出后加入蒸馏水润湿并加入 10mL 硝酸，用玻璃棒搅拌使氧化锌全部溶解。加 10mL 2.5g/L 钒酸铵和 10mL 2.5g/L 钼酸铵于 100mL 容量瓶中，摇匀。然后把坩埚中溶液转入容量瓶中，并用蒸馏水洗净坩埚，洗涤液并入容量瓶中，再用蒸馏水稀释至刻度，摇匀。静置 10min 后，在波长 460nm 处比色。然后根据标准曲线以及称样量、测量得到的吸光度值等计算出样品中的磷含量。

该方法适用于添加剂和含添加剂润滑油中磷含量的测定。

5. 金属元素的分析

（1）意义和用途　金属元素是石油添加剂的重要组成元素之一，特别是在一些抗磨添加剂、内燃机油清净剂等类型中，金属元素的类型和化学结构形态更是起到了至关重要的作用。复合添加剂一般是各种不同类型添加剂的混合物，而每种添加剂均是由不同元素组成的，同时为了得到某些特殊的性能，每种添加剂除了在化学结构方面具备特殊的结构外，在元素方面也通常会引入一些特定的功能性元素来满足其使用性能的要求。因此，对那些含有金属元素的复合添加剂、添加剂或是由这些添加剂调制而成的润滑油产品，从产品质量控制的角度出发，在其产品规格或质量指标中通常会提出相应的金属含量的要求。

（2）测定方法　目前有关石油产品以及油品添加剂产品中各种金属元素的分析方法较多，使用者可以根据各自的实验室条件、测定范围、测定结果精度的要求等情况选择不同的测定方法。总体而言，石油产品以及油品添加剂中金属元素的测定方法主要有化学法、吸收光谱法、发射光谱法等三种方法。

（3）方法原理

① 化学分析法　是依赖于特定的化学反应及其计量关系来对物质进行分析的方法。化

学分析法历史悠久，是分析化学的基础，又称为经典分析法，主要包括重量分析法和滴定分析法，以及试样的处理和一些分离、富集、掩蔽等化学手段。在当今生产生活的许多领域，化学分析法作为常规的分析方法，发挥着重要作用。其中滴定分析法操作简便快速，具有很大的使用价值。目前在金属元素含量分析领域使用较多的化学分析法包括重量法、络合滴定法、沉淀滴定法。

② 原子吸收光谱法　任何元素的原子都由带一定数目正电荷的原子核和相同数目的负电荷的核外电子组成。核外电子分层排列，每层都具有各自确定的能量。通常情况下，电子都处在各自最低的能级上，当光源发射的某一特征波长的光通过原子蒸气时，即入射辐射的频率等于原子中的电子由基态跃迁到较高能态（一般情况下都是第一激发态）所需要的能量频率时，原子中的外层电子将选择性地吸收其同种元素所发射的特征谱线，使入射光减弱。特征谱线因吸收而减弱的程度称吸光度 A，与被测元素的含量成正比，由于原子能级是量子化的，因此，在所有的情况下，原子对辐射的吸收都是有选择性的。由于各元素的原子结构和外层电子的排布不同，元素从基态跃迁至第一激发态时吸收的能量不同，因而各元素的共振吸收线具有不同的特征。原子吸收光谱位于光谱的紫外区和可见区。

原子吸收光谱分析是基于试样蒸气相中被测元素的基态原子对由光源发出的该原子的特征性窄频辐射产生共振吸收，其吸光度在一定范围内与蒸气相中被测元素的基态原子浓度成正比，以此测定试样中该元素含量的一种仪器分析方法。

③ 原子发射光谱法　是根据处于激发态的待测元素原子回到基态时发射的特征谱线对待测元素进行分析的方法。在正常状态下，原子处于基态，原子在受到热（火焰）或电（电火花）激发时，由基态跃迁到激发态，返回到基态时，发射出特征光谱（线状光谱）。原子发射光谱法包括了三个主要的过程，即：

a. 由光源提供能量使样品蒸发，形成气态原子，并进一步使气态原子激发而产生光辐射；

b. 将光源发出的复合光经单色器分解成按波长顺序排列的谱线，形成光谱；

c. 用检测器检测光谱中谱线的波长和强度。

由于待测元素原子的能级结构不同，因此发射谱线的特征不同，据此可对样品进行定性分析；而根据待测元素原子的浓度不同，因此发射强度不同，可实现元素的定量测定。

（4）方法概要

① SH/T 0226—1992《添加剂和含添加剂润滑油中锌含量测定法》

a. A法（重量法）　称取 20g 试样或者相当于含有羟基喹啉锌约 0.1g 的添加剂试样，准确至 0.001g，放入瓷坩埚中，按照 GB/T 508 灰化试样，灼烧温度保持在 625℃±25℃，直至灰化完全。坩埚冷却后，加入 7%热的盐酸溶液溶解灰分，然后将溶液转移至烧杯内，加入 1 滴酚酞指示剂，用氨水中和至粉红色，再用 7%的盐酸溶液恰使其褪色，滴入冰醋酸和 3~5g 乙酸钠或乙酸铵，溶液加热到 60℃，加入稍过量的 8-羟基喹啉溶液，使沉淀完全，加热沸腾，滤出沉淀物，对沉淀物进行干燥恒重，最后根据沉淀的质量计算添加剂中锌含量。

b. B法（络合滴定法）　用瓷坩埚称取相当于 10mg 锌的添加剂或者约相当于 2mg 锌的润滑油，精确至 0.0002g，先将坩埚放在电炉上加热，在冒出大量的油烟后，用圆锥形的滤纸作为引火芯，引燃试样以除去可燃物，再将坩埚放在 800℃±25℃ 的高温炉中灼烧 10min，冷却后先用蒸馏水润湿，再用 2mL19%的盐酸溶解灰分，将溶液转移至 250mL 锥形瓶中，加入甲基橙指示剂，用氨水把溶液调节成黄色，再用 7%盐酸溶液调至微红色，加入冰醋酸-乙酸钠缓冲溶液 10mL 以及二甲酚橙指示剂，用已知浓度的 EDTA 溶液进行滴定，溶液由红色变为黄色时即为滴定终点，然后根据消耗的滴定溶液的体积以及浓度计算样品的锌含量。

该方法适用于添加剂以及含添加剂润滑油中锌含量的测定。

② SH/T 0297—1992《添加剂中钙含量测定法》 在 30mL 瓷坩埚中称取相当于 5mg 钙的试样，精确至 0.0002g，先将坩埚放在电炉上加热，在冒出大量的油烟后，用圆锥形的滤纸作为引火芯，引燃试样以除去可燃物，再将坩埚放在 800℃±25℃ 的高温炉中灼烧 10min，冷却后先用蒸馏水润湿，再用 19% 的盐酸溶解灰分，将溶液转移至锥形瓶中，加入孔雀石绿指示剂，调节溶液的 pH 值，再加入 0.1g 钙指示剂、5mL 氯化镁溶液和 0.5mL 三乙醇胺溶液，用已知浓度的 EDTA 溶液进行滴定，溶液由红色变为蓝色时即为滴定终点，然后根据消耗的滴定溶液的体积以及浓度计算样品的钙含量。

该方法适用于含钙添加剂中钙元素含量的测定。

③ SH/T 0309—1992《含添加剂润滑油的钙、钡、锌含量测定法（络合滴定法）》 根据试样中钙、钡、锌的含量，称取 0.02～1.2g 的试样，试样用甲苯-正丁醇稀释以后，用 30mL7% 的盐酸溶液将试样中的钙、钡、锌抽提出来并进行定容处理，作为测试过程中的试液。取 50mL 的试液在 pH 为 5.5 时，用二甲酚橙作指示剂测定锌含量。另取 50mL 试液除加铜试剂外，再加入一定量的硫酸钾除去锌钡后，在 pH 大于 13 的条件下，用钙指示剂作指示剂，测定钙含量。对于钡含量的测定，先将 50mL 试样用铜试剂作沉淀剂，将锌及可能存在的重金属元素沉淀除去后，以铬黑 T 为指示剂，在 pH 为 10 时，用 EDTA 标准滴定溶液及氯化镁标准滴定溶液返滴定，测定其钙、钡总量；钙钡总量与钙含量之差为钡含量。

该方法适用于测定未使用过的含添加剂的润滑油以及添加剂中钙、钡、锌含量，非金属元素硫、磷、氮对测定无干扰，用该方法可以同时测定共存的钙、钡、锌三元素，也可以测定其中任意的一个或两个要测定的元素。

④ SH/T 0225—1992《添加剂和含添加剂润滑油中钡含量测定法》 在坩埚中称取 5g 左右的添加剂试样或者 25g 左右的润滑油试样，精确至 0.01g，然后将试样在电炉上加热并燃烧完全，再将坩埚放在 775℃±25℃ 的高温炉中灼烧 1h，冷却后用 1:1 的盐酸溶解灰分，并在电炉上把溶液蒸发至近干涸，再在坩埚中加入 25mL1:1 的盐酸溶液，并将溶液转移至烧杯中，向烧杯中加入 100mL 水和 10mL1:1 硫酸溶液，将上述备用表面皿盖住后在电炉上加热沸腾，保持 5～10min，滤出得到的硫酸钡沉淀，将此沉淀在 775℃ 的高温炉中进行煅烧并恒重，得到沉淀的质量，并计算样品中的钡含量。

该方法适用于添加剂以及含添加剂油品中钡含量的测定。

⑤ SH/T 0270—1992《添加剂和含添加剂润滑油的钙含量测定法》 在瓷坩埚中称取 40～50g 润滑油试样（精确至 0.01）或者 1g 添加剂试样（精确至 0.001），按照 GB/T 508 灰化试样。向含有灰分的坩埚中加入 20mL1:1 的盐酸溶液，用表面皿覆盖后加热煮沸 5～10min，冷却后转入烧杯中，加入 10g 氯化铵，再次加热煮沸，加入氨水直至沉淀完全，滴加柠檬酸溶液使沉淀刚好溶解，然后再加入 15mL 柠檬酸溶液，加热溶液至沸腾，加入 30mL 草酸铵溶液煮沸约 5min，用定量滤纸过滤得到草酸钙沉淀，将得到的草酸钙沉淀用 1:2 的硫酸溶解后，在 90℃用 0.1mol 的高锰酸钾标准滴定溶液进行滴定，根据标准溶液的消耗体积以及称样量等计算样品中的钙含量。

该方法适用于添加剂以及含添加剂润滑油中的钙含量测定。

⑥ SH/T 0027—1990《添加剂中镁含量测定法（原子吸收光谱法）》 称取相当于含镁约 1mg 的添加剂试样于 30mL 坩埚中（称准至 0.01g），用圆锥形的滤纸作为引火芯覆盖试样，先将坩埚放在电炉上加热，在冒出大量的油烟后，引燃试样以除去可燃物，再将坩埚放在 800℃±20℃ 的高温炉中灰化 20min，冷却后先用少量蒸馏水润湿，再用 2mL1:1 的盐酸溶解

灰分，将溶液转移至 100mL 容量瓶中，加入 10mL 30g/L 硝酸锶溶液后用蒸馏水定容。然后在原子吸收光谱仪上在选定的仪器条件下首先建立标准工作曲线，然后用同样的方法通过测定试样溶液的吸光度值来得到试样溶液的浓度，从而进一步计算得到油品及添加剂试样的镁含量。

该方法适用于添加剂中镁含量的测定。试样中共存的金属元素钙、钡、锌以及非金属元素硫、磷、氮对测定结果无干扰。

⑦ SH/T 0582—1994《润滑油和添加剂中钠含量测定法（原子吸收光谱法）》　根据试样中钠的含量，称取 0.1～25g 的试样于石英坩埚内，按照 GB/T 508 进行灰化，灰化温度为 550℃±25℃，灰化时间为 2h。用 10mL1∶1 盐酸溶解试样灰分并转入 25mL 的容量瓶中，加入 5mL1∶1 盐酸溶液后用蒸馏水定容，得到试样的待测溶液。用相同的方法和步骤配制空白溶液，在仪器的操作条件下首先用空白溶液进行调零，然后依次按照从低到高的顺序测定标准工作溶液以及样品溶液的吸光度值，以标准溶液的吸光度值为纵坐标，相应浓度为横坐标，绘制工作曲线，由样品溶液的吸光度值以及标准工作曲线即可得到样品溶液的钠含量，再结合试样的质量以及稀释倍数等参数计算得到样品中钠元素的含量。

该方法适用于未使用过或使用过的润滑油或者添加剂中钠含量的测定。

⑧ SH/T 0605—2008《润滑油及添加剂中钼含量的测定　原子吸收光谱法》　在称重前，将试样加热到 50～60℃，充分搅拌均匀。称取 2g 的试样于坩埚内，按照 GB/T 508 规定对其进行燃烧，然后在 550℃±25℃ 的高温炉中进行灰化处理。冷却后的灰化残渣中加入 1g 焦硫酸钾，加热形成清澈的熔融物，冷却后用热的蒸馏水进行溶解并转入 50mL 容量瓶中，用蒸馏水定容。如果试样中含有钙、铁等离子，则应在定容前的试样溶液中加入 1g 固体氯化铵和 0.25g 氯化铝。在仪器的操作条件下首先用空白溶液进行调零，然后依次按照从低到高的顺序测定标准工作溶液以及样品溶液的吸光度值，绘制标准溶液工作曲线，由样品溶液的吸光度值以及标准工作曲线即可得到样品溶液的钼含量，再结合试样的质量以及稀释倍数等参数计算得到样品中钼元素的含量。

该标准适用于含有硫化钼矿物油及合成油中钼含量的测定。

⑨ GB/T 17476—1998《使用过的润滑油中添加剂元素、磨损金属和污染物以及基础油中某些元素测定法（电感耦合等离子体发射光谱法）》　对每个样品分别称取两份经过充分均匀化后的样品，置于适当的容器中，各加入适当的稀释溶剂，以试样∶溶剂=1∶10（质量比）的稀释比进行稀释，并充分摇匀后密封作为待测试样溶液。再以相同的方式制备标准溶液，为了补偿各种试样因导入效应而引起的误差，选择一种内标元素加入试样溶液中（内标法可选择使用）。用自由吸入或蠕动泵将试样溶液倒入 ICP 仪器装置进行测量，通过比较试样溶液与标准溶液的发射强度，计算试样溶液中被测元素的浓度。

该方法适用于使用过的润滑油中添加剂元素、磨损金属和污染物，以及基础油和再生基础油中各种选择金属元素的含量测定。

⑩ SH/T 0749—2004《润滑油及添加剂中添加元素含量测定法（电感耦合等离子体发射光谱法）》　准确称取 0.1～0.5g 试样（精确至 0.1mg）于聚四氟乙烯杯内，加入硝酸 3mL，30%过氧化氢 3mL，把聚四氟乙烯杯放入压力溶弹外筒，拧紧螺栓，放入 150℃±5℃ 的烘箱内，恒温 5～6h。切断电源，使压力溶弹在烘箱内自然冷却至室温。从烘箱内取出压力溶弹，将已处理好的试样转入 25mL 的容量瓶内，聚四氟乙烯杯至少用水洗涤 3 次，洗涤液均倒入容量瓶，用水稀释到刻度。按照仪器操作手册中的说明调节仪器参数，调整雾化器流量及进样速度等，点火检查仪器是否正常工作。依次吸入空白和标准工作曲线溶液，建立标准工作曲线。

吸入待测试样溶液，得到样品中各元素特征发射谱线的强度。由样品溶液的发射强度值以及标准工作曲线即可得到样品溶液中各元素的浓度，再结合试样的质量以及稀释倍数等参数计算得到样品中各金属元素的含量。

该标准适用于润滑油及添加剂中的钙、锌、镁、硫、磷、钡、硼、锂、钴等常见添加元素含量的测定。

⑪ NB/SH/T 0822—2010《润滑油中磷、硫、钙和锌含量的测定 能量色散 X 射线荧光光谱法》 使用一组标准样品，对能量色散 X 射线荧光光谱仪进行初始化校正。用仪器本身带有的程序对数据进行回归，得到标准工作曲线和校正因子。将试样装入样品池中，然后置于 X 射线光路中进行测定。测定光谱的适当区域以得到磷、硫、钙和锌的荧光强度，同时测定光谱的其他区域作为背景补偿。如果检测器在一次测定中不能分辨所有待测元素，则可以通过增加一级和二级滤光片的方法提高元素的选择性，依次或者同时进行试样中各元素的测定。在测定过程中要对光谱重叠所产生的荧光强度进行校正。使用元素间的经验校正因子和背散射率绘制校准曲线，将元素的强度和校正曲线进行对比，从而得到待测元素的浓度。

⑫ NB/SH/T 0824—2010《润滑油中添加剂元素含量的测定 电感耦合等离子体原子发射光谱法》 称取适量的润滑油样品，用稀释剂以质量百分比稀释（复合添加剂样品中添加剂元素通常是润滑油中的 10 倍，在加入稀释剂之前应先加入接近 10 倍的基础油）。记录所有的质量，计算得到稀释因子。以相同的稀释因子配制校准标样，并且在整个实验过程中，标样和试样在稀释剂中的质量百分比必须保持一致，且必须在 1%～5%（质量分数）之间。参考仪器操作手册中有关直接进样系统的操作要求，根据选用的稀释剂确定仪器的操作条件，并使仪器至少稳定 30min。在开始每组试样测试之前，用空白和校准标样建一条两点校准曲线，然后用核查标样检查测定结果，如果偏差不超过 5%，即可进行样品分析。按照建立校准曲线的仪器操作条件，以相同的方式测定试样溶液，在两次试样溶液测量间，预喷稀释剂至少 60s。根据试样溶液的发射强度、校准曲线以及稀释因子等即可算出样品中各元素的含量。

该方法适用于未使用过的润滑油和复合添加剂中钡、硼、钙、铜、镁、钼、磷、硫、锌元素含量的测定。

⑬ SH/T 0631—1996《润滑油和添加剂中钡、钙、磷、硫和锌测定法 X 射线荧光光谱法》 用一系列标准样通过回归分析求出元素间的校正系数，同时也对 X 射线荧光光谱仪进行初始校正。以后对仪器进行校正时，只需少量的样品即可，这种校正只有在元素间校正系数需重新测定时才进行。用数学方法校正分析元素的测量强度，以防止试样中其他元素干扰，用数学方法进行校正就需要知道试样中所有元素的 X 射线荧光光谱强度。将试样放在 X 射线线束中，并测定钡、钙、磷、硫和锌的分析线的 X 射线荧光强度和背景强度，分析元素的浓度是由所测得的净强度（分析线的强度减去背景强度）和从标样获得的校正系数通过计算而获得的。测定添加剂或复合添加剂时，可用稀释剂稀释样品，使分析元素的浓度在该方法的测定范围之内。

该方法适用于润滑油和添加剂中钡、钙、硫、磷和锌元素的含量，测定的浓度范围为 0.03%～1.0%（质量分数）[硫为 0.01%～2.0%（质量分数）]，元素浓度高的润滑油和添加剂也可以在稀释之后测定。

三、结构组成分析

油品添加剂被定义为一种加入油品中后能显著改善油品原有性能或赋予油品某些新的

品质的某些化学物质。而从有机化合物的基本性质出发，即便是元素组成相同、物理性质相近的不同化合物，很可能具有不同的化学性质，从而无法达到添加剂的实际使用要求。因此不但在添加剂的开发中人们已经开始使用分子设计技术来开发有特定需求和特殊性质的石油产品添加剂。另外，在日常生产和质量控制领域，虽然理化性质是添加剂所含各种成分的综合表现，元素组成也能够在宏观方面反映添加剂的组成情况，但是以上技术无法对添加剂的化学结构以及各种组分的构成情况做出准确的描述，所以仍然不能保证添加剂产品在使用中的表现，其使用性能依然需要从模拟评定以及性能试验中得以证实。因此，从结构组成的层面来进行添加剂产品的开发与质量分析控制，才是全面反映添加剂使用性能以及质量水平的最终途径。近年来随着各种分析技术特别是分离技术以及结构表征技术不断提高，在石油产品添加剂领域，各种有机化学分离和结构分析技术为添加剂的分析提供了技术支持，成为人们准确认识各种油品添加剂特性的重要技术手段。

1. 紫外-可见吸收光谱法

紫外-可见吸收光谱分析是根据溶液中物质的分子或者离子对紫外和可见光谱区辐射能的吸收来研究物质的组成和结构的方法。有机化合物分子中各种原子相互连接是通过成键电子的结合，形成不同类型的化学键来进行的。只有分子结构中含有 n-体系和 π-共轭体系才有可能出现紫外-可见吸收光谱，紫外与可见光谱通常只用于分子中共轭键体系的分子结构测定，且给出的结构信息通常只有贫乏的 $1 \sim 2$ 个峰，因此它在现代的有机结构分析中的地位日趋下降。紫外-可见吸收光谱法在定性分析上的应用主要是鉴定某些有机化合物和官能团。在鉴定纯化合物方面，一般是将未知纯合物的吸收光谱细节——极大、极小和拐点与已知纯化合物的光谱相比较，如果二者非常一致，就可以认为它们在化学结构方面可能是相同的。显然，如果吸收光谱含有精细的结构，则更准确可靠。由于化合物的紫外-可见吸收光谱可供比较的光谱特征（吸收峰、极小值和拐点）的数目往往有限，只根据紫外-可见光谱来鉴别有机化合物有时是靠不住的，一般需经进一步的验证。但是由于它的检测灵敏度较高，所以在定量分析中得以广泛应用。

2. 红外光谱法

分子光谱法中，提供分子的结构信息最丰富、应用最广泛的方法是红外光谱法。

有机化合物多是由多原子组成的分子，因此在红外光谱中出现多种化学键的振动方式，对应多个吸收峰，除此而外，由于各种基频之间又会出现相互加和的倍频、组合频、耦合频等，因此它所提供的分子结构成分的信息非常丰富，由于所有的有机化合物红外光谱皆有较多的吸收峰，在一张谱图上可同时提供出峰的位置、形状、强度等信息，这些信息通常不受仪器操作条件、实验水平的影响，是有机化合物结构组成分析中最有效、最可靠的手段之一。

物质的红外光谱是其分子结构的客观反映，谱图中的吸收峰都对应着分子和分子中各基团的振动形式，对于简单分子来说，这种对应关系完全可以由数学计算得到。但是随着组成分子的原子数的增加，使得计算变得十分困难，这样，大多数化合物的红外光谱与结构的关系实际上只能通过经验手段来找到，即从大量已知化合物的红外光谱中总结出各种基团的吸收规律。这样得到的结果不如数学法严谨，但却真实地反映了红外光谱与分子结构的关系。

由于受周围环境的影响，不同混合物同一功能基团的红外吸收不完全出现在同一波数处，而是出现在一定的波数范围内，由于各种基团的红外吸收谱峰均出现在一定的波数范围内，因而具有一定的特征性，这样的谱带称为特征吸收谱带，这种特有的吸收称为特征吸收，利用红外光谱进行定性分析时可根据功能基团或键特征吸收是否出现，来判断功能基团或键是否存在。

红外光谱的不足之处是：首先，虽然它所提供的结构信息十分丰富，但是对谱图的理论解释和结构的准确推测比较困难，红外光谱中各峰的归属主要靠经验的总结，谱图中许多峰的来源经常难以准确地归属和说明；其次，多组分的谱图会出现叠加现象，这给化合物的定性带来一定的困难，此外它对样品中含量较少的组分检测不敏感，所以样品在测试之前需要进行富集、纯化。

3. 质谱法

质谱法的基本原理是首先将样品中的分子电离成离子，再利用不同质量的离子在电场或磁场中的运动，按照不同的质量和所带的电荷之比得以相互分离，收集信号记录成谱。质谱能够提供分子的质量、强度信息，是表征物质的成分与结构的主要手段之一。对于同类型混合物来说，一般分子量越大分子离子峰越小，同时碎片离子峰可以给出更多的结构信息，断裂位置及所产生的碎片离子的相对丰度与分子中所存在的各个化学键的性质和强度有关。质谱法与其他谱学技术相比，突出的特点是它的灵敏度高，最低检测限可以达到 $10^{-12}g$，由于它的高灵敏度和很快的分析速度，是与色谱联用最成功的方法。同时也是提供化合物的分子量、元素组成及分子式等重要结构信息的最准确的一种方法。在有机结构分析中，质谱给出的信息如分子量、元素组成和分子式的信息，对于判别预想结构是否合理是很容易的。对于结构较为简单的分子，有时仅靠质谱给出的丰富的碎片信息和分子量、分子式数据，仔细分析各种碎片间的相互关联，找出可能的结构单元组合，就可以推测出可能的结构。

在一般情况下，不会有两种分子在电子轰击下具有完全相同的电离和断裂，因此质谱图可视为分子的指纹，根据这种分子的指纹的差别可以识别复杂混合物中的各种分子，这是质谱法进行定性分析和结构分析的主要依据。另外根据质谱峰的强度，还可以进行有机化合物的定量分析，其方法与其他光谱法并无多大差别。

4. 核磁共振波谱法

在有机结构分析的各种谱学方法中，核磁共振波谱法（NMR）给出的结构信息是最准确、最严格的一种。在一张已知结构的 NMR 谱图中，结构中的每个官能团和结构单元都可以找到确切对应的吸收峰，也就是说谱图中每一个峰都应该并且可能找到准确的理论解释和归属。另外，从一个结构完全未知的化合物的 NMR 谱图中，给出各种官能团的信息及结构的预测也是最好的一种方法。对于结构比较简单、分子量不是很大的小分子化合物，在获得各种 NMR 提供的信息后，适当参照其他谱学数据，推测并排列出化学结构式，其准确性甚至不必在经过合成验证。不足之处是所有的样品都必须溶解在适合于核磁分析的特殊溶剂内进行分析，而且需要有足够的样品量，此外仪器的价格与维护费用都较贵，影响它的广泛使用。

5. 联用技术

现代分析科学的两个重要分支是分离分析和结构分析。分离分析中主要是各种色谱方法，其长处是能把复杂组成样品中的各组分逐个分离开并进行准确的定量分析，结构分析法中主要是各种波谱分析方法，能给出物质分子的丰富结构信息，但是对混合物缺乏很好的分辨能力。把分离与结构鉴定方法相互结合，直接联机分析，可以取长补短，提高分析方法的灵敏度和准确性，获得两类方法单独使用时不具备的功能。

第三节 实验室评定方法

一、润滑油模拟评定方法

作为全面评价润滑油质量的标准，世界各国已经基本趋向一致，建立了润滑油理化指标、模拟试验、台架试验和行车试验等四部分构成的质量标准基本体系。理化指标是基础，模拟试验是首选评定方法。模拟试验以其简单快捷的特点，一直受到润滑油和添加剂研发机构以及生产厂家的重视，国内外相继开发了评价油品和添加剂不同性能的模拟试验手段，其中部分与台架试验对应性较好的成熟模拟方法已代替台架试验进入油品规格。

（一）清净分散性能模拟评定方法

1. 发动机油热氧化模拟试验（TEOST）

（1）意义和用途

① SH/T 0750—2005（ASTM D 6335 简称 TEOST 33C）方法用于评价发动机油在高温条件下生成沉积物的倾向。该试验可用于油品的筛选和质量控制。在 API SJ/ILSAC GF-2、API SN/ILSAC GF-5 规格中作为质量控制指标，

② NB/SH/T 0847—2010（ASTM D 7097 简称 TEOST MHT）方法用来预测发动机油在活塞环带和活塞顶区域的沉积物生成倾向。活塞环带是活塞往复运动中的高温摩擦区域。沉积物的生成会引起发动机操作故障和寿命变短等问题。该方法是确定发动机油质量等级的一个规定方法。在 API SL/ILSAC GF-3、API SM/ILSAC GF-4、API SN/ILSAC GF-5 等规格中作为质量控制指标。

（2）方法概要　两种方法均采用美国 TANNAS 公司生产的 TEOST 发动机油热氧化模拟试验专用仪器。

① TEOST 33C　把含有 193μL 环烷酸的发动机油试样 116mL 加热到 100℃，与 3.5mL/min 流速的 N_2O、3.5mL/min 流速的湿空气接触后，在 0.4g/min 的泵速下通过称重过的沉积棒。沉积棒的温度在 200～480℃之间进行周期性变化，整个试验要进行 12 次的循环，每次循环的时间为 9.5min。当 12 次循环结束后，沉积棒经清洗、干燥即可得到棒沉积物的质量。系统中放出的试样从称重过的过滤器中流出。棒沉积物与过滤器沉积物之和为总沉积物的质量。

② TEOST MHT　将 8.4g 试样和 0.1g 有机金属催化剂的混合物充分混合均匀，通入 10mL/min 的空气，在 TEOST MHT 仪器中循环，用热电偶控制加热沉积棒，使温度控制在 285℃，试样以 0.25g/min 的流速沿着沉积棒上的金属线圈螺旋流下，共循环 24h。试验前后需称量沉积棒，从金属棒上洗涤脱落的沉积物也应收集、干燥、称重。棒沉积物与过滤器沉积物之和即为总沉积物的质量。

（3）油品通过指标

油品规格	控制指标	方法标准
API SJ/ILSAC GF-2	沉积物≤60mg	SH/T 0750
API SL/ILSAC GF-3	沉积物≤45mg	NB/SH/T 0847
API SM/ILSAC GF-4	沉积物≤35mg	NB/SH/T 0847
API SN/ILSAC GF-5	沉积物≤35mg	NB/SH/T 0847
	沉积物≤30mg	SH/T 0750

注：API SN/ILSAC GF-5 中，SAE 0W-20 黏度级别，TEOST 33C 没有限制。

2. 内燃机油动态微氧化试验（CMOT）

（1）意义和用途 该方法适用于评价内燃机油氧化安定性及沉积物生成倾向。用户可以探索不同的试验条件，建立与相关台架试验的对应性。目前已制定中国石油润滑油公司内部企业标准，建立了与 Caterpillar 单缸高温清净性试验台架的相关性。

（2）方法概要 方法使用高温油浴及专用试验件，并配有试验结果分析软件。试验时，将 8 个专用金属试件分别放进玻璃试管，浸入油浴中。用微量注射器将定量的试油注入试件表面，试管接上软管，使一定量的流动空气在试管里流动，加快试件表面油膜的氧化反应。在设定的油浴温度下，经过试验所预定的时间（数十分钟至上百分钟），按 10min 的间隔，依次取出试管，用溶剂清洗试件，并将洗液过滤。将干燥后的试件及滤膜称重，得出试验后沉积物重量和油泥重量。计算沉积物百分含量，把各时间段的沉积物百分含量数值用专用软件处理，得出以试验时间和沉积物百分含量为坐标的沉积物增长曲线，并可算出该油样的氧化诱导期，即沉积物大幅度增长时的氧化时间，通过测定的润滑油的氧化诱导期，来评价该油品的抗氧性及生成沉积物倾向。

3. 柴油机油高温沉积物试验（微焦化）

（1）意义和用途 该方法由中国石油兰州润滑油研发中心自主研究建立。可以探索不同的试验温度，建立与相关标准发动机台架试验的对应性。目前已探索了两种不同的试验温度，分别建立了与 Caterpillar 1G2、Caterpillar 1k 台架的相关性，并制定了中国石油润滑油公司内部企业标准。

（2）方法概要 该方法采用中国石油兰州润滑油研发中心自主研制的微焦化试验机，并申请了中国实用新型专利。微焦化试验用于测定柴油机油的高温热稳定性能和生成沉积物倾向，试验过程中，取清洁的载玻片，平放在加热钢筒圆孔中央。依据试验要求设定钢筒的加热温度，待温度达到设定温度并稳定后，在载玻片上注入一定量的试验油，开始记录时间。在试验中观察并用玻璃探针测试试验油，当试验油呈凝胶态后试验结束，记录试验时间作为油品热氧化稳定性能的评价结果。

4. 内燃机油高温沉积物试验（成焦板法）

（1）意义和用途 该方法适用于评价内燃机油氧化安定性及沉积物生成倾向。用户可以探索不同的氧化温度，建立与相关台架试验的对应性。现有行业标准 SH/T 0300（FTM 791-3462）。

（2）方法概要 该方法使加热的内燃机油与高温（310～330℃）的金属板（有铝板和钢板可供用户选择）短暂接触而结焦，用规定条件下的结焦量来评价内燃机油的氧化安定性及沉积物生成倾向。

试验时将试验油加入倾斜的润滑油箱中，装铝板或钢板，然后加热油温及板温到规定温度，开动电动机带动试验油飞溅到金属板上，由于热氧化的结果，在金属板上生成漆膜状沉积物，试验结束后将带有沉积物的金属板清洗、晾干并测量金属板增重，增重越多，说明试验油的热稳定性越差。

5. 柴油机油高温清净剂测定法（热管氧化法）

（1）意义和用途 该方法适用于评价柴油机油高温清净性。用户可以探索不同的氧化温度，建立与相关台架试验的对应性。现有行业标准 SH/T 0645。

（2）方法概要 该方法是将被测油样在受控的高温氧化环境中与氧气混合后，在受控高温的玻璃管中循环回流，在设定的温度（300～320℃）下氧化 4h 后，受热玻璃管的内管壁会产生沉积物。

试验结束后，对热管内壁上产生的沉积物按照颜色的深浅及沉积量进行评价，等级分为10级，0级最好，10级最差。

6. 高温清净性试验（转盘成焦模拟法）

（1）意义和用途　该方法适用于评价柴油机油的高温氧化和沉积物生成倾向。

（2）方法概要　转盘试验机由主机、供油和供气系统、加热和冷却系统及电气控制系统组成。设备运行时，供油泵将试油箱内的油经管路加热器输送到出油嘴，然后滴至高速旋转的试验盘上，形成的油雾经冷却器冷凝后返回油箱，另一部分从试盘表面上甩下的试油经冷却水套、滤清器返回油箱。试验用气体由空气压缩器，经稳压器、干燥器、流量计、出油嘴送至试盘表面上。冷却液冷却后经冷却液泵及滤油器送至组合轴，然后返回冷却液箱。

由于试盘与试油的浸润特性，试油在高速旋转的试盘表面离心力的作用下，形成一层极薄的动态油膜。试油在高温下轻组分逐渐蒸发，不稳定的组分被氧化、热裂解，并与氧化物缩合、聚合，在试盘上形成漆膜和积炭。蒸发后的残留组分经过一定时间后也因受高温和氧化及其他杂质的影响而老化变质，最后生成漆膜和积炭。同时，剩余油品的黏度和酸值也发生相应的变化。根据盘表面沉积物状况评分，转盘试验评分与开特皮勒单缸发动机试验结果有较好的相关性。

7. 润滑油清净剂浊度测定法

（1）意义和用途　该方法适用于测定磺酸盐、烷基水杨酸盐、硫化烷基酚盐等金属清净剂的浊度。现有行业标准 SH/T 0028。

（2）方法概要　该方法以 HVI 150 基础油为稀释油，将金属清净剂配制成浓度为 20%（质量分数）的胶体溶液，用浊度仪测定其浊度。

8. 低温分散性试验（氧化硝化反应法）

（1）意义和用途　该方法用来评价内燃机油的低温分散性。通过选择合适的条件，可以建立与相关台架试验的对应性，进行润滑油配方基础研究工作。

（2）方法概要　该方法采用中国石油兰州润滑油研发中心自主研制的低温油泥试验机，并自建了与 MS 程序 VE 有较好相关性的模拟试验方法。将一定比例的促进剂加入试样并整体加热到一定的温度，一定流速的 NO 和一定流速的 O_2 混合后通入装有试样的反应管进行反应。反应结束后，用正己烷冲洗反应管，烘干称重得到的沉积物称为漆膜。然后用正己烷稀释试验后的废油并离心分离，对分离出的沉积物烘干并称重，称为油泥，用生成沉积物的质量表示油品的低温分散性。生成沉积物的量越少，说明油品的低温分散性越好。

9. 低温油泥分散性能测定法（SDT法）

（1）意义和用途　该方法适用于含有无灰分散剂油品低温分散性能的模拟评价。

（2）方法概要　取一定量的油泥（炭黑、发动机试验产生的油泥或行车试验产生的油泥）加入试油中在一定温度下搅拌一定时间，降至室温，滴该混合样在专用滤纸上，室温下扩散16h，测量油圈及油泥圈直径的大小，计算出其平均直径比值。以此为依据模拟评价油品的低温油泥分散性能。

（二）摩擦磨损性能模拟评定方法

1. 润滑剂承载能力试验（四球法）

（1）意义和用途　该方法用于评定润滑剂的承载能力。该方法在各类润滑油的研发和生产中得到了广泛应用,并制定在我国润滑油的相应标准中。现制定了 GB/T 3142 和 GB/T 12583（ASTM D 2783）两个标准试验方法《润滑剂承载能力测定法（四球法）》。

（2）方法概要　将直径为 12.7 mm 的四粒钢球分别固定在四球试验机的上球座和油盒内,四粒钢球按等边四面体排列。将 10mL 试验油倒入油盒中,通过杠杆、弹簧或液压系统由下而上对钢球施加负荷,然后启动电机,使上球在规定转速下旋转 10 s,然后停机,卸下油盒,用读数显微镜测量下三球中任意一粒钢球的磨痕直径。按规定程序反复试验,直到测出代表所测润滑剂承载能力的评定指标。两种标准方法的试验条件和评价项目见表 5-1。

表 5-1　四球承载能力试验比较

项目	GB/T 3142—82	GB/T 12583—1998
温度	室温	室温
负荷	逐级加载	逐级加载
转速/(r/min)	1450±50	1760±40
时间	10s/级负荷	10s/级负荷
评价项目	PB、PD、ZMZ	PB、PD、LWI

2. 润滑油抗磨性能试验（四球法）

（1）意义和用途　该方法用于评定润滑油的抗磨损性能,在我国的润滑油和添加剂研究中得到了广泛应用,并制定在我国润滑油的相应标准中。现制定了 SH/T 0189（ASTM D 4172）标准和中国石油润滑油公司企业标准。

（2）方法概要　该方法采用四球磨损试验机,将三粒直径 12.7mm 的钢球放入油杯,被夹紧在一起,加入 10mL 试油。另一粒直径 12.7mm 的钢球作为上钢球,与三个夹紧钢球成三点接触,在规定负荷、温度、转速下运行 60min。倒掉试验油并清洗钢球,在专用读数显微镜下测量下面三粒钢球的磨斑直径,单位为 mm,取平均值来评价试验油的抗磨水平。NB/SH/T 0189（ASTM D 4172）标准和润滑油公司企业标准的试验条件见表 5-2。

表 5-2　四球抗磨损性能试验条件

项目	NB/SH/T 0189		企业标准	
	A 法	B 法	C 法	B 法
负荷/N	147±2	392±4	196±2	196±2
温度/℃	75±2	75±2	54±2	室温
转速/(r/min)	1200±60	1200±60	1800±60	1800±60
时间/min	60	60	60	30
评价项目	钢球的平均磨斑直径			

3. 润滑油摩擦系数试验（四球法）

（1）意义和用途　该试验方法可用于测定在规定试验条件下润滑油的摩擦系数。该试验方法的使用者可通过考察试验方法所取得的结果是否与实际应用性能或其他台架试验具有相关性。现制定 SH/T 0762（ASTM D 5183）标准。

（2）方法概要　方法采用的四球摩擦磨损试验机,具有摩擦系数测试功能。三粒直径为 12.7mm 的钢球被夹紧在一起,加入 10mL 磨合油。另一粒直径 12.7mm 钢球为上钢球,与三粒夹紧钢球成三点接触,施加负荷 392N。润滑油试验温度 75℃,上钢球以 600r/min 的转速运行 60min。

倒掉磨合油并清洗钢球。测量三粒下钢球中每一粒的磨斑直径。如果磨斑平均值为 0.65mm

±0.05mm，则采用经过磨合的试验钢球并在油杯中加入 10mL 试油。试油温度 75℃，上钢球在负荷 98N 条件下，以 600r/min 的转速运行 10min。每 10min 增加负荷 98N，每级负荷下，记录最后 1min 的摩擦系数，直到摩擦力出现突变，即发生卡咬或者达到试验机最高负荷 980N，方可结束试验。评价项目为平均磨合磨斑直径（mm）；每增加 98N 负荷的摩擦系数；失效负荷（N）；最终平均磨斑直径（mm）。

4. 车辆齿轮油承载能力试验（模拟 L-37 台架）

（1）意义和用途　该方法由中国石油兰州润滑油研发中心自主研究建立。用于评价对应于 API 分类 GL-5 和 PG-2 规格车辆齿轮油的承载能力，与 L-37 齿轮油台架试验具有较好的相关性，在车辆齿轮油和添加剂研究中得到了广泛应用，试验周期短、费用低。现制定了中国石油润滑油公司企业标准。

（2）方法概要　试验采用美国 FALEX 公司生产的磨损四球机。取一定量的试验油放在烧杯中，放入烘箱进行氧化，用出现的沉积物和变色来评价试验油的热氧化稳定性。

取一定量的氧化试验油，加入已经固定三粒钢球的油杯中，另一粒钢球作为上钢球，在确定的负荷和转速下，上钢球随着主轴对着油杯中三粒钢球转动，运行一定时间后，用油杯中三粒钢球的磨斑直径、摩擦系数、钢球表面形貌、试验油的热氧化稳定性来综合判断试验油的承载能力，确定通过 L-37 齿轮油台架试验的可能性。

5. 汽油机油抗磨损性能试验（模拟 MS 程序ⅢE）

（1）意义和用途　该方法由中国石油兰州润滑油研发中心自主研究建立，是用来评价内燃机油抗磨损性能的模拟试验方法，与 MS 程序ⅢE 发动机台架试验具有较好的相关性，试验周期短、费用低。

（2）方法概要　方法主要用于评价汽油机油的抗磨损性能，以卡咬时间的长短来判断试验油的抗氧化磨损性能好坏。试验是在磨损四球机上进行的，高负荷、低转速、通入一定量的气体和微量油样，使摩擦副表面形成边界润滑状态。因试验油量少，摩擦产生的高温使试验油氧化、添加剂消耗和摩擦力增大，导致试验油失效，并发生卡咬。测量从启动主轴旋转开始到四球接触点发生卡咬的时间为试验结果。

6. 汽油机油减摩性能试验（四球法）

（1）意义和用途　该试验方法适用于测定在规定试验条件下的汽油机油的减摩性能，可用于汽油机油配方的研究和减摩剂减摩性能的评价。该试验方法的使用者可通过试验所取得的结果，考察预测试验油的实际应用性能或与 MS 程序ⅥB 台架试验的相关性。该方法由中国石油兰州润滑油研发中心自主研究建立，现制定了中国石油润滑油公司企业标准《汽油机油减摩性能试验法（四球机法）》。

（2）方法概要　试验采用四球机，具有摩擦力测试系统。三粒直径 12.7mm 钢球被夹紧在油杯中，在油杯内加入 10mL 磨合油。另一粒直径 12.7mm 钢球作为上钢球，安装于电机传动轴上，上钢球与三粒夹紧钢球成三点接触。在规定的条件下进行试件的磨合。

倒掉磨合油并清洗钢球，测量三粒下钢球的磨斑直径。如果磨斑平均值满足要求，则采用经过磨合的钢球作为试件，并在油杯中加入 10mL 试验油。试验以不同的温度条件在一定的负荷和转速下运行。

选用不同的试验温度，测量试验油在相应温度点的摩擦力，计算摩擦系数。评价项目为不同温度下的摩擦系数。

7. 含烟炱柴油机油抗磨损性能试验（四球法）

（1）意义和用途　该试验方法是用来评价含烟炱柴油机油抗磨损性能的模拟试验方法，试验周期短、费用低，对含烟炱的柴油机油有较好的区分。该方法由中国石油兰州润滑油研发中心自主研究建立。

（2）方法概要　试验采用磨损四球机，该方法用于评价柴油机油含烟炱后的抗磨损性能，以钢球的平均磨斑直径来判断试验油含烟炱后的抗磨损性能。试验首先是将规定型号的烟炱模拟物（炭黑）按照一定的量加入试验油中，按照规定的分散程序将炭黑分散在油中，最后在四球磨损试验机上按照规定的试验条件进行油品磨损性能试验，用钢球的平均磨斑直径来判断试验油含烟炱后的抗磨损性能。

8. 润滑液极压性能试验（梯姆肯法）

（1）意义和用途　该方法用于评定润滑液的极压性能，在工业齿轮油、油膜轴承油、蜗轮蜗杆油和极压抗磨剂的研究中得到了广泛应用，并制定在相应产品标准中。现制定了方法标准 GB/T 11144—2007（ASTM D 2782）《润滑液极压性能测定法（梯姆肯法）》。

（2）方法概要　试验采用梯姆肯试验机。试样在（37.8±2.8）℃温度下流到试验环上，由试验机主轴带动试验环在静止的试块上转动。主轴转速为（800±5）r/min，每级负荷的试验时间为 10min±15s。试环和试块之间承受压力，每级负荷试验结束后，观察试块表面磨痕，逐级加载，直到得到试块表面不出现擦伤时的最大负荷即 OK 值，方可结束试验。评价指标为 OK 值，单位为 N。

9. 车辆齿轮油抗擦伤性能试验（模拟 L-42 台架）

（1）意义和用途　该方法由中国石油兰州润滑油研发中心自主研究建立。用于评价相应于 API 分类 GL-5 和 PG-2 规格车辆齿轮油的抗擦伤能力，与 L-42 齿轮油台架试验具有较好的相关性，在车辆齿轮油和添加剂研究中得到了广泛应用，试验周期短、费用低。现制定了润滑油公司企业标准《车辆齿轮油抗擦伤性能测定法（高速梯姆肯法）》。

（2）方法概要　试验采用美国 FALEX 公司生产的环块试验机。采用钢制圆环和试块试验，试块固定不动，主轴带动圆环以一定的转速在试块上滑动。试样在规定温度下流到试验环上，由试验机主轴带动试验环在静止的试块上转动。试环和试块之间承受压力，每级负荷试验结束后，观察试块表面磨痕，逐级加载，直到得到试块表面不出现擦伤时的最大负荷即 OK 值，方可结束试验。评价指标为 OK 值，单位为 N。

10. 油膜轴承油油膜承载能力试验（轴瓦法）

（1）意义和用途　该方法由中国石油兰州润滑油研发中心自主研究建立。该方法用于评定油膜轴承油的油膜承载能力，在油膜轴承油的研究中得到了广泛应用。现制定了润滑油公司企业标准《油膜轴承油油膜承载能力评定法》。

（2）方法概要　该方法采用环块摩擦磨损试验机，为了满足该方法的要求，专门设计加工了试验件夹具和试验件。在试验机油箱中加入一定量的试验油，主轴在一定转速下带动试环对着轴瓦旋转，按方法规定的试验负荷逐级加载，每级负荷下运行一定的时间，直到摩擦系数发生突变方可结束试验。以摩擦系数发生突变时的负荷来评价油膜轴承油油膜承载能力。

11. 含烟炱柴油机油抗磨损性能试验（环-块法）

（1）意义和用途　该方法由中国石油兰州润滑油研发中心自主研究建立。该试验方法是用来评价含烟炱柴油机油抗磨损性能的模拟试验方法，试验周期短、费用低，对含烟炱柴油机油的抗磨性能有较好的区分能力。

（2）方法概要 该方法采用环-块磨损试验机为试验平台。该方法用于评价柴油机油含烟炱后的抗磨损性能，以试环磨损失重来判断试验油含烟炱后的抗磨损性能。试验首先是将规定型号的烟炱模拟物（炭黑）按照一定的量加入试验油中，按照规定的分散程序将炭黑分散在试验油中，最后在环-块磨损试验机上按照规定的试验条件进行磨损性能试验，用试环磨损失重来判断试验油含烟炱后的抗磨损性能。

12. 润滑油摩擦磨损性能试验（SRV 试验法）

（1）意义和用途 该方法适用于在选定温度和额定负荷下测定极压润滑油的抗磨损性能和摩擦系数。尤其适用于初始高赫兹点接触应力下长时间高速振动或开-停运动的场合。也可应用于齿轮或凸轮/从动系统的润滑剂筛选试验。

（2）方法概要 采用 SRV 摩擦磨损试验机。现有 NB/SH/T 0847—2010（ASTM D 6425）标准试验方法。

一粒直径为 10mm 的试验钢球在注有润滑剂的试验盘上（直径 24mm，厚度 7.8mm）进行往复运动，运动频率为 50Hz，行程为 1.0mm，负荷 300N，温度 50℃（也可以选 80℃或 120℃），时间 120min。通过试验盘总成的压电传感器测量摩擦力，测定和记录整个试验过程中的摩擦系数。试验结束后，报告试验过程中不同时间段的摩擦系数：f_{min}、f_{max}、f_{15min}、f_{30min}、f_{90min}、f_{120min} 和摩擦系数强烈波动幅度的大小、试验钢球的磨痕直径；如用户要求，应提供一份摩擦系数随时间变化的趋势图；如有表面轮廓仪，还可以提供试验盘上的磨损量测量结果。

13. 润滑油极压性能试验（SRV 试验法）

（1）意义和用途 该方法用来快速测定在选定温度条件下润滑油的极压性能，尤其适用于测定在高赫兹点接触状态下，高速振动或停-开运动时润滑油的极压性能。该方法广泛适用于使用在前轮驱动汽车的恒速节、齿轮液压系统、后桥、发动机中摩擦副用润滑油的极压性能评定。

（2）方法概要 采用 SRV 摩擦磨损试验机。按照 ASTM D 7421 标准试验方法，一粒直径为 10mm 的试验钢球在注有润滑剂的试验盘上（直径 24mm，厚度 7.8mm）进行往复运动，运动频率为 50Hz，行程为 2mm，温度 80℃或 120℃，以 100N 的负荷增量连续施加试验负荷直至发生卡咬，每级负荷下运行时间为 2min，测量并报告最大无卡咬负荷。

14. 汽油机油减摩性能试验（SRV 法）

（1）意义和用途 该方法由中国石油兰州润滑油研发中心自主研究建立，现制定了中国石油集团公司企业标准《汽油机油减摩性能评定法（SRV 法）》。

该试验方法适用于测定在规定试验条件下的汽油机油的减摩性能，可用于汽油机油配方的研究和减摩剂减摩性能的评价。该试验方法的使用者可通过试验所取得的结果，考察预测试验油的实际应用性能或与节能台架试验的相关性。

（2）方法概要 该方法在恒定的试验负荷、频率和行程下，在 SRV 试验机上，一个试验柱在一个固定的试验盘上进行往复运动，试验盘上注有待测汽油机油，考察汽油机油摩擦系数随温度变化的情况。

15. 润滑油极压性能试验（Falex 试验轴与 V 形块）

（1）意义和用途 该方法用来快速测定液体润滑剂低、中、高的极压水平。该方法与其他方法之间的关联性或与实际使用性能之间的关联性需要使用者去建立。

（2）方法概要 采用试验轴与 V 形块试验机。现有 SH/T 0187—1992（ASTM D 3233）

标准试验方法。

该标准包括两种方法，都是将钢制的试验轴浸没在试样里，并被两个静止的 V 形块夹住，以 290r/min 的速度旋转。通过棘轮机构给 V 形块施加负荷，A 法是连续施加负荷，B 法是以 1112N 的负荷增量递增，在每个负荷增量后要恒定 1min。两种方法所得到的试验失效负荷值是判断被测试样极压性能水平的标准。

16. 汽油机油减摩性能试验（四球法）

（1）意义和用途　该试验方法适用于测定在规定试验条件下的汽油机油的摩擦性能，可用于汽油机油配方的研究和摩擦改进剂减摩性能的评价。该试验方法的使用者可通过试验所取得的结果，考察预测试验油的实际应用性能或与 MS 程序ⅥB 台架试验的相关性。该方法由中国石油兰州润滑油研发中心自主研究建立，现制定了润滑油公司企业标准《汽油机油减摩性能试验法（四球机法）》。

（2）方法概要　试验采用四球机，具有摩擦力测试系统。试验在不同的温度条件和一定的负荷和转速下运行。

选用不同的试验温度，测量试验油在相应温度点的摩擦力，计算摩擦系数。评价项目为不同温度下的摩擦系数。

17. 润滑油抗磨损性能试验（Falex 试验轴与 V 形块）

（1）意义和用途　该方法用来快速测定液体润滑剂的抗磨损性能。该方法与其他方法之间的关联性或与实际使用性能之间的关联性需要使用者去建立。

（2）方法概要　采用试验轴与 V 形块试验机。现有 SH/T 0188—1992（ASTM D 2670）标准试验方法。

该方法将钢制的试验轴浸没在试样里，并被两个静止的 V 形块夹住，以 290r/min 的速度旋转。通过棘轮机构给 V 形块施加负荷。在恒定负荷下完成规定的运行时间，报告磨损齿数以反映油品的抗磨损性能。

18. 润滑油摩擦系数测定（Falex 试验轴与 V 形块）

（1）意义和用途　该方法用来快速测定液体润滑剂的摩擦系数。该方法与其他方法之间的关联性或与实际使用性能之间的关联性需要使用者去建立。

（2）方法概要　采用美国 Falex 公司生产的试验轴与 V 形块试验机。现制定了 SH/T 0201—1992 标准试验方法。该方法将钢制的试验轴浸没在试样里，并被两个静止的 V 形块夹住，以 290r/min 的速度旋转。通过棘轮机构给 V 形块施加负荷。在恒定负荷下完成规定的运行时间，报告试验过程中的平均摩擦系数。

19. 铁路柴油机油高温摩擦磨损性能试验（青铜-钢）

（1）意义和用途　该方法用来评价铁路柴油机油的高温摩擦磨损性能。

（2）方法概要　试验采用能安装三个圆盘试验件的磨损四球机。要求具有摩擦力测试系统，试验油温可达到 300℃。现有试验标准方法 SH/T 0577—1993，方法分为 A 法和 B 法。

① A 法　一粒钢球紧压着三个固定在油杯内的青铜圆盘，在 196N 负荷和 600r/min 转速下旋转。钢球与青铜圆盘接触的几何形状与四球接触形式一样。试验从 93℃开始，每增加 28℃试验 5min，共七级试验，最后一级试验温度为 260℃。每级试验测量并记录摩擦系数，七级试验终了测量青铜圆盘磨斑直径并计算平均值。以最大摩擦系数与平均磨斑直径的乘积（摩擦评价级）和出现最大摩擦系数时的温度评价试验油的高温摩擦磨损性能。

② B 法　该方法试验时，第一级试验温度为 93℃，每增加 28℃试验 5min，共四级试验，

最后一级试验温度为 177℃。试验结果不含出现最大摩擦系数时的温度。其他均与 A 法相同。

20. 汽油机油抗磨损性能试验（凸轮-挺拄法）

（1）意义和用途　该方法由中国石油兰州润滑油研究开发中心自主研究建立。用于评价汽油机油的抗磨损性能。现制定了润滑油公司内部企业标准。

（2）方法概要　该方法采用自主研发的 MRT 型凸轮-挺拄试验机。利用发动机中凸轮-挺拄摩擦副制成专门的试验机，采用该试验机来评定汽油机油的抗磨损性能。试验过程中，试件接触应力大，处于边界润滑状态，对试油抗磨损性能反应敏感，以凸轮挺拄的总失重来评价汽油机油的抗磨损性能。

21. 金属加工液攻丝扭矩试验

（1）意义和用途　该方法用于评价金属加工液的润滑性。

（2）方法概要　试验采用攻丝扭矩试验机。该设备使用标准丝锥和有预制底孔的多孔板（加工丝锥和多孔板材料的物理性能受严格控制）。试验时，丝锥浸泡在受试切削液中进行攻丝加工，设备自动记录切削过程中攻丝扭矩的变化，并进行数据处理、输出试验结果。通过平均扭矩和最大扭矩评价金属加工液的润滑性。试验过程的攻丝的速度可在 300～3000r/min 之间选择。

22. 齿轮油微点蚀/点蚀试验（MPR）

（1）意义和用途　该方法用较短时间再现微点蚀/点蚀现象，用于评价油品的抗微点蚀/点蚀性能。该方法与其他方法之间的关联性或与实际使用性能之间的关联性需要使用者去建立。

（2）方法概要　采用 MPR 试验机。试验时将 150mL 试验油注入试验腔体，一个由电机驱动的直径为 12mm 的钢质圆柱形辊子和三个由另外一个电机驱动并联动直径为 55mm 的钢质环件相接触，构成的一个三位接触系统，并以一定相对速度在一定接触载荷下各自转动。环件搅动试验油并将其带入辊子-环件的赫兹线接触区域。随着接触循环次数的不断累积，在硬度较低的辊子上 1mm 摩擦轨道表面将出现点蚀、微点蚀疲劳破坏。根据所要再现的赫兹接触疲劳破坏形式，分为点蚀和微点蚀两种试验方法。用户可探索合适的试验条件建立具有区分能力的试验方法。

（三）抗氧化性能模拟评定方法

1. 汽油机油抗氧化性能试验（ROBO）

（1）意义和用途　该方法是用来模拟并代替 MS 程序ⅢGA 发动机台架试验（ASTM D 7320）的。MS 程序ⅢGA 发动机台架试验用来评价发动机油老化后的低温冷启动性能，在 API SN/ ILSAC GF-5 油品规格中作为质量控制指标。

（2）方法概要　试验采用 ROBO 仪器（romaszewski oil bench oxidation），现有标准试验方法 ASTM D 7528。试验油和少量的二茂铁催化剂混合后加入 1L 反应容器中。在 170℃、负压条件，向混合物液体表面下不断通入空气，并且在连续搅拌条件下反应 40h。另外，二氧化氮和空气在反应液面下方通入。冷却、氧化和浓缩后的试验油进行相关的黏度试验。为了称量和计算蒸发损失，蒸发的试验油被浓缩。试验结束后，测定油样的 CCS（低温启动性），温度取决于油样的原始黏度等级。

如果 CCS 的测定结果小于或等于原始黏度等级所规定的最大 CCS 黏度，则根据原始黏度等级在 SAE J300 中指定的 MRV 温度用 ASTM D 4684（MRV TP-1）方法测定低温黏度。

如果 CCS 的测定结果大于原始黏度等级所规定的最大 CCS 黏度，则根据原始黏度等级在 SAE J300 中指定的 MRV 温度再加上 5℃用 ASTM D 4684（MRV TP-1）方法测定低温黏度。

ILSAC GF-5 规格要求 ROBO 试验结束后油样应无屈服应力，其 MRV 结果应不大于相应条件下 SAE J300 中所规定的低温黏度最大值。

2. 旋转氧弹试验法

（1）意义和用途　该方法适用于评定润滑油的抗氧化性能。现有行业标准 SH/T 0193—2008（ASTM D 2272）。

（2）方法概要　该方法将试验油样、蒸馏水和一定质量的铜线圈一起放入一个带盖的玻璃容器中，装入配有压力表的氧弹中。氧弹在室温下充氧气到 620kPa，放入规定温度 150℃的油浴中。氧弹与水平呈 30°角，以 100r/min 的转速旋转。当氧弹中试验压力从最高点下降 175kPa 后，停止试验。计算开始试验到压力下降 175kPa 的时间，以此作为旋转氧弹法测得的试样氧化安定性的数据，即氧化诱导期，氧化诱导期的大小反映了润滑油在氧化抑制阶段抑制氧化能力的大小。

3. 压力差示扫描量热法

（1）意义和用途　该方法适用于评定润滑油的抗氧化性能。现有行业标准 SH/T 0719—2002（ASTM D 6186）。

（2）方法概要　该方法以润滑剂氧化反应的热流量作为检测氧化反应进程的指标，从氧化试验反应开始到检测到热流所需的时间或温度，即为该油品的氧化诱导期或起始氧化温度。该方法一般有程序升温法和恒温法两种试验方法。

① 程序升温法　在一定压力的氧气气氛中，使样品匀速升温，记录样品氧化的热流与温度的曲线，以起始氧化温度作为该油样氧化安定性的指标。起始氧化温度越高，说明样品的氧化安定性越好。一般的测试条件：升温速率 10℃/min，氧气压力 15bar（1bar=10^5Pa），氧气流速 100mL/min。

② 恒温法　在一定压力的氧气气氛中，使样品温度快速升温到某一设定温度并保持恒定，测定的样品自恒温开始至氧化放热峰出现为止的时间间隔即为氧化诱导期。氧化诱导期越长，样品的氧化安定性越好。测试条件：恒温温度 180℃，氧气压力 35bar，氧气流速 100mL/min。

4. 薄层吸氧氧化安定性测定法（TFOUT）

（1）意义和用途　该方法适用于评定 100℃运动黏度范围为 4～21mm²/s 的汽油机油在高温条件下的氧化安定性。方法执行标准为 SH/T 0074—1991。

（2）方法概要　试验分别将 80μL 的燃料组分催化剂、70μL 的可溶性金属催化剂、30μL 的蒸馏水注入 1.5g 试油中，然后将试样放入一个带有压力表的氧弹中，将氧弹密封后在 21℃室温下充入 620kPa 的氧气，然后将氧弹放置于 160℃的恒温油浴并与水平成 30°夹角，启动转动架电机，使氧弹以 100r/min 的速度轴向旋转，使油品和氧气有效接触。以试验压力从最高点下降 172kPa 的试验时间即氧化诱导期作为评定油品热氧化安定性的指标，氧化诱导期越长，则抗氧性能越优。

5. 内燃机油氧化安定性测定法

（1）意义和用途　该方法适用于评价内燃机油的氧化安定性和抗腐蚀性，方法执行标准为 SH/T 0299—1992。

（2）方法概要　将 40mL 试油注入洁净、干燥的氧化管中，将已打磨、清洗、干燥、称量过的铜片、铅片、铁片挂入氧化管内部的金属片悬挂套上，然后把氧化管放入规定温度的恒温浴中，通入一定流速的氧气，氧化一定时间后，用一条经蒸馏水润湿的蓝色石蕊试纸检验试样蒸气的酸碱性。试验结束后，用氧化前后试样中金属片质量变化、50℃运动黏度变化、氧化后正戊烷不溶物及试样的酸碱性进行评分，总评分越低，氧化安定性越好。

6. 齿轮油人工老化试验

（1）意义和用途　该方法适用于齿轮油的老化性能评价。

（2）方法概要　250mL 烧杯中加入 100g 试油，将磨好的 45 号钢片以和杯底成 30° 角浸入油中，将烧杯置于 150℃ 的恒温烘箱中 192h，然后取出钢片用石油醚冲洗，观察钢片变色并进行评级，同时对杯底沉积物进行定性评价，并测量油品的磷保持率。钢片评级按照由轻到重分为 0、1、2、3、4、5 级，杯底沉积物以无、少、中、多区别。

7. 极压润滑油氧化安定性测定法

（1）意义和用途　该方法适用于评价极压润滑油及其复合剂的氧化安定性。

（2）方法概要　量取试验油 300mL 倒入氧化管中，试样在 95℃ 下，以 167mL/min 流速通入恒压干燥的空气，保持试验时间 312h，通过测定试样氧化前后 100℃ 运动黏度的增长值和沉淀值的变化，反映油品的氧化安定性。

（四）防锈防腐性能模拟评定方法

1. 汽油机油防锈性试验 BRT

（1）意义和用途　该方法是用来模拟并代替 MS 程序 ⅡD 发动机台架试验（SH/T 0512—1992）的。MS 程序 ⅡD 发动机台架试验是用来确定发动机油保护阀系组件，抵抗其在低温、短途条件下的锈蚀或腐蚀能力的。在 API SG+、API SL/ILSAC GF-3、API SM/ ILSAC GF-4、API SN/ ILSAC GF-5 等油品规格中作为质量控制指标。

（2）方法概要　试验采用美国西南院生产的 BRT 汽油机油防锈性试验专用设备。现制定了标准试验方法 SH/T 0763—2005（ASTM D 6357）。试验由多个试验管组成，其中每个试验管内装有 10mL 试验油和直径为 5.6mm 的专用钢球，将试验管置于试管架上，并整体固定于机械式振荡台上，设定试验温度为 48℃，振荡速度为 300r/min。18h 的试验周期内，以 40mL/min 流速的空气和 0.193mL/min 酸液连续供给每个试验管，以提供一个锈蚀的环境。试验结束后，移走试件并清洗，用一套专用光学图像系统分析钢球的锈蚀情况，并给出评价值，即平均灰度值（average gray value），用平均灰度值表示试验油的防锈性能。

（3）油品通过指标　在 API SG+、API SL/ILSAC GF-3、API SM/ILSAC GF-4、API SN/ILSAC GF-5 油品规格中，要求试验钢球的平均灰度值不小于 100。

2. 齿轮油防锈性能试验方法（模拟 L-33 台架）

（1）意义和用途　该方法适用于评价齿轮油的防锈性能。可以探索与相关台架的对应性。

（2）方法概要　方法采用液相锈蚀试验（符合 GB/T 11143 方法标准）设备，在烧杯中加 267mL 试油，插入磨好的 15 号钢棒，在 82℃ 下以 1000r/min 转速搅拌 30min，然后加入 63.0mL 蒸馏水，继续搅拌 4h，移置于 60℃ 恒温烘箱(60℃±1℃)保持 168h，试验结束后用石油醚冲洗试验钢棒，观察并判断锈蚀情况。

3. 柴油机油腐蚀性能试验（CBT/HTCBT）

（1）意义和用途　CBT/HTCBT 方法主要模拟有色金属在柴油机油中的腐蚀过程，可以用于评价柴油机轴承和凸轮随动件的铅、铜、锡等合金的腐蚀。在 API CF-4、CG-4、CH-4、CI-4 及 ACEA E5、E7 等规格柴油机油中作为质量控制指标。

（2）方法概要　方法采用美国 Koehler 公司生产的 CBT/HTCBT 柴油机油腐蚀试验仪。现有标准试验方法 SH/T 0723—2014（ASTM D 5968，简称 CBT）及 SH/T 0754—2005（ASTM D6594，简称 HTCBT）。试验过程是将铅、锡、铜、磷青铜等金属试片放入试管，向试管中注入 100mL 试油，试管浸入加热浴，试管中通入干燥的流动空气，试验时间均为 168h。CBT 是在 121℃的热浴温度下试验的，HTCBT 是在 135℃的热浴温度下试验的。试验结束后用 GB/T 17476—1998（ASTM D 5185）方法测定试验前后油样中的金属元素浓度。试验结果以试验后油样中铅、铜、锡等金属元素浓度的增加量来评价油样的抗腐蚀性，并用 GB/T 5096 铜片试验法对试后铜片进行评级。

（3）油品通过指标

质量指标		试验方法		
		CBT	HTCBT	
		API CF-4、CG-4	API CH-4、CI-4	ACEA E5、E7
油中铜浓度/(mg/kg)	≤	20	20	20
油中铅浓度/(mg/kg)	≤	60	120	100
油中锡浓度/(mg/kg)	≤	报告	50	50
铜片腐蚀评价/级	≤	3	3	3

（五）黏度剪切稳定性模拟评定方法

1. 柴油喷嘴剪切试验

（1）意义和用途　该方法用来快速评价含聚合物油在高剪切喷嘴装置中因聚合物降解所导致的黏度损失百分数。热和氧化对该试验结果的影响不能通过该试验评价。

（2）方法概要　方法采用柴油喷嘴剪切安定性试验仪。现制定了试验方法标准 SH/T 0103—2007（ASTM D 6278）。含聚合物油在一定的剪切速率下通过柴油喷嘴时会引起聚合物分子的降解，降解会导致试样的运动黏度降低，用黏度损失百分数表示含聚合物油的机械剪切安定性。报告试样在剪切前后 100℃运动黏度及黏度损失百分数。

2. 传动系统润滑剂黏度剪切安定性试验（圆锥滚子轴承）

（1）意义和用途　该方法用于评价传动系统用油剪切安定性。该方法在各类传动系统用油研究中得到广泛应用，在 ATF 油、双离合器润滑油的标准规格中有相应的指标要求。试验方法标准为 NB/SH/T 0845—2010（CEC- L-45）《传动润滑剂黏度剪切安定性的测定　圆锥滚子轴承试验机法》

（2）方法概要　该方法采用圆锥滚子轴承试验机，在改造后的四球试验机上进行试验。在类似于齿轮箱的试验条件下，使润滑油经机械剪切应力的作用，造成永久性的黏度损失，并根据试验润滑油试验前和试验后运动黏度的下降率来表示润滑油的黏度剪切安定性。评价指标为试验油在 100℃运动黏度时的相对黏度损失。

（六）泡沫特性和空气释放性模拟评定方法

1. 工业齿轮油泡沫和空气释放特性测定法（FLENDER 泡沫试验法）

（1）意义和用途　该方法采用 FLENDER 泡沫试验机，是评价工业齿轮油的泡沫产生、消除的速度和程度的试验方法。现制定了中国石油集团公司企业标准。

（2）方法概要　试验油样在设定温度下，由恒定转速（1450r/min）电机驱动的一副齿轮在规定时间内搅拌，电机停止后的 90min 时间内，记录停机、停机后不同时间段试验油样的油-气混合物（润滑油及空气微粒的细小混合物）和表层泡沫（最表层的较大体积的泡沫）体积，通过油-气混合物和表层泡沫随时间的变化判断工业齿轮油泡沫和空气释放特性。

二、燃料油模拟评定方法

（一）汽油清净性模拟试验方法

1. 汽油清净剂对电子孔式燃油喷嘴（PFI）堵塞倾向影响的试验方法

（1）意义和用途　该方法适用于评价汽油清净剂、车用汽油及其组分油对电子孔式燃油喷嘴的清净性。现有试验标准方法 GB/T 19230.3—2003。

（2）方法概要　方法采用美国西南研究院生产的电子孔式燃油喷嘴（PFI）试验仪，该仪器由燃油供给系统和控制系统两部分组成。方法包括形成沉积物和确定流量损失两个试验程序。试验采用了一个模拟燃油系统，用一个热源对燃油喷嘴进行加热和保温，模拟行车试验中喷嘴的温度。每次试验开始前应选择符合一定堵塞要求的喷嘴，将选好的经过清洗的 4 个喷嘴安装在铝加热底板上，不锈钢储油罐装满 2L 试验汽油，试验由两组各 22 个循环组成，共进行 44 个循环，试验结束后用每个喷嘴的流量变化来确定其堵塞率。

2. 汽油清净剂对汽油机进气系统沉积物（ISD）生成倾向影响的试验方法

（1）意义和用途　该方法适用于评价汽油清净剂对汽油机进气系统沉积物（ISD）生成的影响。现有试验标准方法 GB/T 19230.4—2003。

（2）方法概要　方法采用美国西南研究院生产的进气系统沉积物试验仪（ISD）为试验平台。试验过程是：让油箱中的试验汽油经流量测量系统进入喷嘴，与空气混合并以一种扁平喷雾方式喷射到一个已称重、并加热到 190℃ 的铝质沉积管上，称量喷完 100mL 试验汽油所生成的沉积物质量。以 100mL 基础汽油所生成的沉积物质量为基准，用 100mL 试验汽油所生成的沉积物质量与基准相比下降的百分数作为试验结果。

（二）柴油润滑性模拟试验方法

1. 柴油润滑性评定法（高频往复试验机法）

（1）意义和用途　该方法适用于评价柴油的润滑性。现有试验标准方法 SH/T 0765—2005。

（2）方法概要　方法采用英国 PCS 公司生产的高频往复试验仪（HFRR）。试样装入油槽内并加热到规定温度，钢球与盘的接触界面应完全浸在试样中，在固定在垂直夹具中的钢球与水平安装的钢盘之间进行加载，钢球以设定的频率和冲程进行往复运动，试验结束后，用专用显微镜测量钢球的磨斑直径，并根据试验环境（温度和湿度）把钢球的磨斑直径校正到标准状况下的数值，试验样品的润滑性用校正后的磨斑直径表示。

2. 航空涡轮燃料润滑性测定法（球环法）

（1）意义和用途　该方法适用于评价航空涡轮燃料在钢摩擦表面上处于边界润滑状态下的磨损状况。现有试验标准方法 SH/T 0687—2000。

（2）方法概要　方法采用英国 PCS 公司生产的球-环擦伤试验仪。试验时将试样装入试验油池中，保持油池内空气相对湿度为 10%，一粒钢球被固定在垂直安装的卡盘中，使之正对一个轴向安装的钢环，并施加负荷。试验环部分浸入油池并以固定速度旋转，连续不断地把试样输送到球-环接触界面上，试验结束后，用专用显微镜测量钢球上产生的磨痕直径，用磨痕直径表示试样的润滑性。

第四节　台架试验

一、内燃机油台架试验

随着汽车工业的快速发展，现代汽车在不断采用新技术的同时，对内燃机油的使用性能提出了更高要求，内燃机油台架试验是评定内燃机油性能的重要手段，对润滑油规格的建立和发展起到了决定性作用，美国 API 标准、国际润滑油标准和批准委员会 ILSAC、欧洲 ACEA 标准和日本的 JASO 等标准都是建立在各类发动机台架试验基础上的。

在我国颁布的汽油机油、柴油机油的国家标准中，所采用的台架试验项目与美国 API（美国石油协会）规格的要求基本一致。

（一）汽油机油台架试验

1.　高温氧化和抗磨损性能试验台架（MS 程序 ⅢE）

（1）意义和用途　该台架用于 API SG、API SH/ILSAC GF-1、API SJ/ILSAC GF-2 汽油机油和 API CH-4 柴油机油高温氧化和抗磨损等性能的评价。对应于汽车在相对恶劣的环境下高速运转的发动机工况。

（2）方法概要　该试验台架由一台美国通用汽车公司 1986～1987 年 3.8L 排量 V 型 6 缸别克（BUICK）汽油发动机、测功机系统、数据测量控制系统组成。试验方法标准号 SH/T 0758—2005（ASTM D5533）。

发动机经过 4h 的磨合后，在 50kW、3000r/min 和 149℃机油温度的恒定工况下运转 64h，其间每隔 8h 停机检查机油液位。在试验正式运转的第 10min 和整个 64h 试验期间的每 8h 采集发动机机油油样，测试各个油样的 40℃运动黏度，以运转第 10min 油样黏度为基础，计算其他各阶段油样与其相比的黏度增长。试验结束后，拆检发动机并进行油泥、漆膜和沉积物评分，评价机油滤网堵塞，测量发动机配气机构凸轮和挺柱部件的磨损，并按照 GB/T 265 方法测定各阶段所采集油样的 40℃运动黏度。

（3）油品通过指标

评价项目		API SG	API SH/ILSAC GF-1	API SJ/ILSAC GF-2	API CH-4
黏度增长(40℃，64h)/%	≤	375	375	375	200
发动机油泥平均评分	≥	9.2	9.2	9.2	—
活塞裙部漆膜平均评分	≥	8.9	8.9	8.9	—
活塞油环环台沉积物平均评分	≥	3.5	3.5	3.5	—
活塞环黏结		无	无	无	—
挺柱黏结		无	无	无	—
凸轮和挺柱擦伤		无	无	无	—
凸轮加挺柱磨损					
凸轮加挺柱磨损平均值/mm	≤	0.030	0.030	0.030	—
凸轮加挺柱磨损最大值/mm	≤	0.064	0.064	0.064	—
机油耗/L	≤	—	4.6	5.1	

2. 高温氧化和抗磨损性能试验台架（MS 程序ⅢF）

（1）意义和用途 该台架（ASTM D 6984）用于评价 API SL/ILSAC GF-3 汽油机油和 API CI-4、API CJ-4 柴油机油在高温运转条件下机油变稠倾向和活塞沉积物性能，同时也提供发动机阀系磨损的信息。

该试验方法对应于汽车在高温高速条件下的运转工况。

（2）方法概要 该台架使用美国通用汽车公司别克 3.8L 排量 V 型 6 缸汽油发动机，使用硫含量 15μg/g 的无铅汽油作燃料，试验运转周期 80h。

试验发动机首先以初始机油液位运转 10min，接着运行 15min 的爬升工况，然后在 3600r/min、73kW、机油温度 155℃的工况下运转 80h，运转中间每 10min 检查机油液位并采集机油油样，测试每个油样的 40℃黏度和磨损金属（铜、铅、铁）含量。试验结束后，拆检发动机，对 6 个活塞的沉积物和油泥评分，测量发动机凸轮和挺柱的磨损，评价机油滤网堵塞，测量试验结束后放出的机油与运转第 10min 油样在 40℃黏度，计算出黏度增长率。

（3）油品通过指标

评价项目		API SL/ILSAC GF-3	API CI-4	API CJ-4
机油黏度增长率(40℃, 80h)/%	≤	275	275	275
活塞裙部漆膜平均评分	≥	9.0	—	—
活塞加权沉积物评分	≥	4.0	—	—
活塞环黏结		无	—	—
平均凸轮加挺柱磨损/μm		20	—	—
机油耗/L	≤	5.2	—	—

3. 高温氧化和抗磨损性能试验台架（MS 程序ⅢG）

（1）意义和用途 该台架（ASTM D 7320）用于评价内燃机机油在高温高速运转条件下的磨损和机油变稠倾向，同时也评价发动机活塞漆膜沉积物等清净性能。该试验是 API SM/ILSAC GF-4、API SN/ILSAC GF-5 汽油机油和 API CJ-4 柴油机油规格中要求通过的试验。

（2）方法概要 该台架试验使用美国通用汽车公司别克 3.8L 排量 V 型 6 缸汽油发动机，使用无铅汽油作燃料，在 3600r/min 转速和机油温度 150℃工况下运转 100h，每 20h 停机检查机油液位并采集油样，分析每个油样的 40℃黏度并且计算黏度增长率。试验结束后，拆解发动机，对发动机的前盖、油底壳、摇臂室等部件进行油泥评分，对活塞进行漆膜评分，测量发动机配气机构凸轮、挺柱部件的磨损量，评价机油滤网堵塞。

（3）油品通过指标

评价项目		API SM/ILSAC GF-4	API SN/ILSAC GF-5	API CJ-4
机油黏度增长率(40℃, 100h)/%	≤	150	150	150
活塞加权沉积物评分	≥	3.5	5.0	4.0
热黏环		无	无	无
平均凸轮加挺柱磨损/μm	≤	60	60	60
机油耗/L	≤	4.65	4.65	—

4. 老化油的低温黏度性能试验台架（MS 程序ⅢGA）

（1）意义和用途 该台架（ASTM D 7320）是对程序ⅢG 台架试验的补充，用于评价程序ⅢG 台架试验运转 100h 后，润滑油经过老化后的低温黏度性能。该试验可以代替 ROBO 试验（ASTM D 7528），这两者选择一个作为 API SN/ILSAC GF-5 汽油机油规格中要求通过的试验。

（2）方法概要　程序ⅢGA试验与前面提到的程序ⅢG试验用的发动机和试验设备完全一样，试验时间和试验条件完全一样，ⅢGA试验目的仅仅是为了确定试验结束后机油的低温黏度性能。

（3）油品通过指标

评价项目		API SN/ILSAC GF-5
MRV黏度/mPa·s	<	60000
剪切应力/Pa	<	35

5. 润滑油中磷元素保持性试验台架（MS程序ⅢGB）

（1）意义和用途　该台架（ASTM D7320）是对程序ⅢG台架试验的补充，用于评价程序ⅢG台架试验运转100h后，润滑油中磷元素含量的留存量。该试验是API SN/ILSAC GF-5汽油机油规格中要求通过的试验。

该试验方法对应于高温高速的行车工况，因为在这种工况下润滑油添加剂中的磷元素相对比较容易挥发，而挥发出的磷元素进入发动机排气后处理系统，会污染排气系统催化转化器中的催化剂，引起催化剂部分中毒失效，从而加大发动机尾气的有害物排放。

（2）方法概要　程序ⅢGB台架的试验工况和试验条件与前面提到的程序ⅢG台架相同。

（3）油品通过指标

评价项目		API SN/ILSAC GF-5
润滑油中磷元素留存量/%	≥	79

6. 抗磨损性能试验台架（MS程序ⅣA）

（1）意义和用途　该台架（ASTM D 6891）用于评价汽油机油防止发动机凸轮等配气机构部件磨损的性能。该试验是API SL/ILSAC GF-3、API SM/ILSAC GF-4、API SN/ILSAC GF-5汽油机油规格中要求通过的试验。

该试验方法是考察汽车发动机在怠速工况下汽油机油防止发动机阀系部件尤其是凸轮的磨损性能的方法。

（2）方法概要　该方法使用日本尼桑（Nissan）汽车公司KA24E型2.4L排量直列4缸汽油机，使用无铅汽油作燃料，发动机转速在800～1500r/min，机油温度在49～59℃，运转100个循环工况，每个循环工况1h，试验总共运转100h。试验结束后，拆卸发动机，取出凸轮轴，在每个凸轮的7个不同位置测量磨损值，然后取平均值作为试验结果。同时，在试验进行的第25h、50h、75h、100h采集发动机中的机油油样，测试所采油样的40℃黏度、燃油稀释和油样中磨损金属元素（铁和铜）的含量，用来监测发动机有无异常磨损。

（3）油品通过指标

评价项目	API SL/ILSAC GF-3	API SM/ILSAC GF-4	API SN/ILSAC GF-5
平均凸轮磨损(每个凸轮7个测量点平均)/μm　≤	120	90	90

7. 低温分散和抗磨损性能试验台架（MS程序ⅤE）

（1）意义和用途　该台架（ASTM D 5302）用于评价汽油机油防止在发动机中形成低温油泥和漆膜等沉积物的能力。该试验是API SG、API SH/ILSAC GF-1、API SJ/ILSAC GF-2汽油机油规格中要求通过的试验。

该方法对应于汽车实际行车中开开停停的工况，比如警车、出租车、城市运货车等。试验结束后，拆解发动机，通过对发动机中油泥、漆膜等沉积物进行测量和评分来评价汽油机油的低温分散性能。

（2）方法概要 该方法使用美国福特汽车公司 2.3L 排量直列 4 缸汽油机，使用无铅汽油作燃料，在不同的转速和机油温度下运转 72 个循环工况，每个循环工况 4h，试验总共运转 288h。试验结束后，拆解发动机，对发动机的油底壳、摇臂室等部件进行油泥评分，对活塞进行漆膜评分，评价机油滤网堵塞。

（3）油品通过指标

评价项目		API SG	API SH/ILSAC GF-1、SJ/ GF-2
平均发动机油泥评分	≥	9.0	9.0
平均摇臂罩盖油泥评分	≥	7.0	7.0
平均发动机漆膜评分	≥	4.61	5.0
平均活塞裙部漆膜评分	≥	6.5	5.0
平均凸轮磨损/μm	≤	127	127
最大凸轮磨损/μm	≤	381	380
活塞油环堵塞/%	≤	15	15
机油滤网堵塞/%	≤	20	20
热黏环		无	无

8. 低温分散性能试验台架（MS 程序ⅤG）

（1）意义和用途 该台架（ASTM D 6593）用于评价汽油机油防止在发动机中形成低温油泥和漆膜等沉积物的能力。该试验是 API SL/ILSAC GF-3、API SM/ILSAC GF-4、API SN/ILSAC GF-5 汽油机油规格中要求通过的试验。

该方法对应于汽车实际行车中开开停停的工况，比如警车、出租车、城市运货车等。试验结束后，拆解发动机，通过对发动机中油泥、漆膜等沉积物进行测量和评分来评价汽油机油的低温分散性能。

（2）方法概要 该方法使用美国福特汽车公司 4.6L 排量 V 型 8 缸汽油机，使用无铅汽油作燃料，在不同的转速和机油温度下运转 54 个循环工况，每个循环工况 4h，试验共运转 216h。试验结束后，拆解发动机，对发动机的油底壳、摇臂室等部件进行油泥评分，对活塞进行漆膜评分，评价机油滤网堵塞。

（3）油品通过指标

评价项目		API SL/ILSAC GF-3、SM/GF-4	API SN/GF-5
平均发动机油泥评分	≥	7.8	8.0
平均摇臂罩盖油泥评分	≥	8.0	8.3
平均发动机漆膜评分	≥	8.9	8.9
平均活塞裙部漆膜评分	≥	7.5	7.5
机油滤网油泥/%	≤	20	15
热黏环		无	无

9. 节能性能试验台架（MS 程序ⅥB）

（1）意义和用途 本台架用于 API SJ/ILSAC GF-2、API SL/GF-3 和 API SM/GF-4 规格汽油机油的燃油经济性评价。对应于汽车在变速和变温工况下燃油消耗情况。

（2）方法概要 试验台架由一台美国福特（Ford）汽车公司 1993 年 4.6L 排量 V 型 8 缸汽油机、发动机-测功机系统、数据测量控制系统等部分组成。试验方法标准号 ASTM D 6837。

MS 程序ⅥB 试验包括冲洗阶段和试验阶段。试验阶段包括两次基准参比油（BC 油）试验和 2 次试验油试验。试验油先在发动机转速为 1500r/min 和机油温度为 125℃的条件下老化 16h，然后进行 5 个试验阶段的燃油消耗测量，得到试验油相对 BC 油的节能率（FEI 1）。之后试验油在发动机转速为 2250r/min 和机油温度为 135℃的条件下老化 80h，再进行 5 个试验阶段的燃油经济性测量，得到试验油相对 BC 油的节能率（FEI 2）。试验结果用 FEI 1、FEI 2、FEI 1+FEI 2 表示。对于不同黏度级别的油品，其要求通过的指标不同。

（3）油品通过指标

油品黏度级别	API SJ /ILSAC GF-2	API SL/ILSAC GF-3			API SM/ILSAC GF-4	
	FEI 1 /%	FEI 1 /%	FEI 2 /%	FEI 1+ FEI 2 /%	FEI 1 /%	FEI 2 /%
0W-20 和 5W-20　≥	2.0	2.0	1.7	—	2.3	2.0
0W-30 和 5W-30　≥	1.6	1.6	1.34	—	1.8	1.5
其他 SAE 黏度级别　≥	0.9	0.9	0.6	1.6	1.1	0.8

10. 节能性能试验台架（MS 程序ⅥD）

（1）意义和用途　该台架用于 API SN/ILSAC GF-5 规格汽油机油的燃油经济性评价。对应于汽车在变速和变温工况下燃油消耗情况。

（2）方法概要　试验台架由一台美国通用（General Motor）汽车公司 2009 年 3.6L 排量 V 型 6 缸汽油机、发动机-测功机系统、数据测量控制系统等部分组成。试验方法标准号 ASTM D 7589。

MS 程序ⅥD 试验包括冲洗阶段和试验阶段。试验阶段至少包括 3 次基准参比油（BL 油）试验和 2 次试验油试验。试验油先在发动机转速为 2250r/min 和机油温度为 120℃的条件下老化 16h，然后进行 6 个试验阶段燃油消耗测量，得到试验油相对 BL 油的节能率（FEI 1）。之后试验油在发动机转速为 2250r/min 和机油温度为 120℃的条件下老化 84h，再进行 6 个试验阶段的燃油经济性测量，得到试验油相对 BC 油的节能率（FEI 2）。试验结果用 FEI 2、FEI 1+FEI 2 表示。对于不同黏度级别的油品，其要求通过的指标不同。

（3）油品通过指标

油品黏度级别	API SN/ILSAC GF-5	
	FEI 2/%	FEI 1+ FEI 2/%
SAE XW-20　　≥	1.2	2.6
SAE XW-30　　≥	0.9	1.9
SAE 10W-30　　≥	0.6	1.5

11. 高温氧化和轴瓦腐蚀性能试验台架（MS 程序Ⅷ）

（1）意义和用途　该台架用于 API SJ/ ILSAC GF-2、API SL/ILSAC GF-3、API SM/GF-4、API SN/GF-5 规格汽油机油高温氧化和防止轴瓦腐蚀性能的评定。对应于汽车发动机在高温运转条件下润滑油对铜-铅轴瓦腐蚀工况。

（2）方法概要　试验台架由一台美国 CLR 单缸汽油机（缸径 96.5mm、冲程 95.2mm、排量 696cm³）、发动机-测功机系统、数据测量控制系统等部分组成。试验方法标准号 SH/T 0788—2006（ASTM D 6709）。

该试验用无铅汽油作燃料，试验时间 40h。对于多级油在试验最初的 10h 取油样，按照 GB/T 265 方法分析新油和 10h 油样的 40℃、100℃运动黏度，评价油品的剪切安定性。

试验结束后，拆解发动机对轴瓦失重进行称量。以此来评价内燃机油的高温氧化和轴瓦腐蚀性能以及多级油的剪切安定性。

（3）油品通过指标

评价项目		API SJ/ILSAC GF-2、SL/GF-3	API SM/GF-4、SN/GF-5
轴瓦失重/mg	≤	26.4	26.0
剪切安定性,运转 10h 后运动黏度/(mm²/s)		在本等级黏度范围之内 （适用于多级油）	在本等级黏度范围之内 （适用于多级油）

（二）柴油机油台架试验

适应日趋严格的排放标准，提高燃油经济性和延长换油周期是柴油机油规格的发展趋势。为满足日益苛刻的环保要求，世界各国纷纷出台越来越严格的排放法规对柴油机的排放进行限制，这些法规的实施，迫使柴油机必须采取相应的技术来满足这一要求，而柴油机技术的提高对柴油机油的性能提出新的要求，从而推动油品规格不断向前发展，新的油品规格总伴随着新的评定台架的产生。

随着汽车工业和高速公路的发展，大功率重负荷柴油机的应用越来越广泛，OEM 必须发展新的发动机产品才能满足节能、环保的要求。新技术的采用要求进一步改善柴油机油的高温清净性能和烟炱分散能力。为了对柴油机油上述性能进行评价，API 规格中的 Caterpillar 系列发动机台架、Cummins 系列发动机台架和 Mack 系列发动机台架得到了快速发展。

1. 内燃机油高温清净性试验台架（Caterpillar 1G₂）

（1）意义和用途　该台架用于 API CD、CD-Ⅱ 和 CE 规格柴油机油高温清净性的评价。对应于汽车柴油机在高增压条件下高速运转的工况。

（2）方法概要　试验台架由一台排量 2136 cm³ 的美国卡特彼勒（Caterpillar）公司 1Y73 高增压单缸预燃室式柴油机、发动机-测功机系统、数据测量控制系统等部分组成。试验方法标准号 GB 9933—1988。

发动机转速为 1800r/min，润滑油温度在 96℃下运行 480h，每 120h 换机油一次，并检查运转情况。

试验结束后，解体发动机，对活塞沉积物生成倾向进行评分，判断活塞环黏结情况，测量活塞环与汽缸磨损情况。

（3）油品通过指标

评价项目		API CD、CD-Ⅱ	API CE
顶环槽充炭率/%	≤	80	45
总加权评分	≤	300	140

2. 高温清净性试验台架（Caterpillar 1M-PC）

（1）意义和用途　该台架用于 API CF、API CF-2 规格柴油机油高温清净性的评价。对应于高速、增压非公路柴油机的运行工况。

（2）方法概要　试验台架由一台排量 2136cm³ 的美国卡特彼勒（Caterpillar）公司 1Y73 高增压单缸预燃室式柴油机、发动机-测功机系统、数据测量控制系统等部分组成。试验方法标准号 SH/T 0758—2005（ASTM D 6618）。

Caterpillar 1M-PC 试验是 Caterpillar 1G₂ 试验的改进方法，在 Caterpillar 1Y73 机型不变的基础上，对发动机的个别系统进行改造，提高了试验的苛刻性，发动机转速为 1800r/min，在润滑油温度 96℃的工况下运行 120h。

试验结束后，解体发动机，对活塞沉积物生成倾向进行评分，判断活塞环黏结情况，测量活塞环与汽缸磨损情况。

（3）油品通过指标

评价项目		API CF	API CF-2
顶环槽充炭率/%	≤	70	70
总加权评分 WTD	≤	240	100
活塞环侧间隙增加/mm	≤	0.013	0.013
活塞环黏结		无	无
活塞环擦伤		无	无
缸套擦伤		无	无

3. 高温清净性试验台架（Caterpillar 1K）

（1）意义和用途　该台架（ASTM D 6750）用于评价柴油机油的高温清净性能。该试验是 API CF-4、API CH-4、API CI-4 柴油机油规格中要求通过的试验。

该方法对应于高速、涡轮增压、重负荷柴油机的使用工况，考察柴油机油的高温清净性能，主要评价活塞环台的积炭、活塞环槽堵塞、活塞环黏结、活塞/缸套擦伤、机油耗等。

（2）方法概要　该方法使用美国卡特彼勒（Caterpillar）公司 1Y540 单缸直喷柴油机，四气阀配置，汽缸压缩比 14.5:1，使用硫含量 0.38%～0.42% 的柴油作为燃料。试验共运转252h。

试验发动机在转速 2100r/min、功率 51kW、冷却液温度 93.3℃、机油温度 107.2℃、进气温度 126.7℃、空燃比 29:1 的工况下运转 252h。试验结束后，拆解发动机，按照美国 CRC 评分方法对活塞进行沉积物评分，评价活塞环的黏结、活塞和缸套的擦伤，测量机油耗。试验结束后放出的机油，测试其黏度、总碱值、磨损金属含量和燃油稀释等项目。

（3）油品通过指标

评价项目		API CH-4、CI-4			API CF-4		
		第一次	第二次	第三次	第一次	第二次	第三次
沉积物加权评分	≤	332	347	353	332	339	342
顶环槽充炭/%	≤	24	27	29	24	26	27
顶环台重炭/%	≤	4	5	5	4	4	5
平均机油耗/[g/(kW·h)]	≤	0.5	0.5	0.5	0.5	0.5	0.5
机油耗(252h)/[g/(kW·h)]	≤	0.27	0.27	0.27	0.27	0.27	0.27
活塞/活塞环/缸套擦伤		无	无	无	无	无	无

4. 高温清净性试验台架（Caterpillar 1N）

（1）意义和用途　该台架（ASTM D 6750）用于评价柴油机油的高温清净性能。该试验是 API CJ-4 柴油机油规格中要求通过的试验。

该方法对应于高速、涡轮增压、重负荷柴油机的使用工况，考察柴油机油的高温清净性能。主要评价活塞环台的积炭、活塞环槽堵塞、活塞环黏结、活塞/缸套擦伤、机油耗等。

（2）方法概要　该方法使用美国卡特彼勒（Caterpillar）公司 1Y540 单缸直喷柴油机，四气阀配置，汽缸压缩比 14.5:1，使用硫含量 500μg/g 的柴油作为燃料。试验共运转252h。

试验发动机在转速 2100r/min、功率 51kW、冷却液温度 93.3℃、机油温度 107.2℃、进气温度 126.7℃、空燃比 29:1 的工况下运转 252h。试验结束后，拆解发动机，按照美国 CRC 评分方法对活塞进行沉积物评分，评价活塞环的黏结、活塞和缸套的擦伤，测量机油耗。试验结束后放出的机油，测试其黏度、总碱值、磨损金属含量和燃油稀释等项目。

（3）油品通过指标

评价项目		API CJ-4		
		第一次	第二次	第三次
沉积物加权评分	≤	286.2	311.7	323.0
顶环槽充炭/%	≤	20	23	25
顶环台重炭/%	≤	3	4	5
机油耗(252h)/[g/(kW·h)]	≤	0.5	0.5	0.5
活塞/活塞环/缸套擦伤		无	无	无

5. 高温清净性试验台架（Caterpillar C13）

（1）意义和用途　该台架（ASTM D 7549）用于评价柴油机油防止活塞沉积物的生成倾向以及机油耗。该试验是 API CJ-4 柴油机油规格中要求通过的试验。

该试验方法对应于满足 2007 年高速公路排放法规的重负荷柴油机。考察柴油机油的清净性能，主要评价缸套、活塞、活塞顶环、活塞第二环和油环等部件。

（2）方法概要　该方法使用美国卡特彼勒（Caterpillar）公司 C13 直列 6 缸柴油机，该柴油机使用钢活塞、两段涡轮增压和 ACERT（先进燃烧排放降低技术），未使用 EGR（排气再循环）技术，使用含硫量 15μg/g 的柴油作为燃料，试验共运转 500h。

试验发动机在转速 1800r/min、燃油流量 1200g/min、进气温度 40℃、冷却液出口温度88℃、燃油温度 40℃、机油温度 98℃、进气压力 280kPa 的工况下运转 500h。试验结束后，拆解发动机，进行活塞沉积物评分，评价活塞环的黏结，测量机油耗。试验结束后放出的机油，测试其黏度、总酸值、总碱值、磨损金属含量、TGA 烟炱含量和燃油稀释等项目。

（3）油品通过指标

评价项目		API CJ-4
清净性加权评分	≥	1000
顶环槽充炭/%	≤	53
顶环台重炭/%	≤	35
机油耗(125~475h)/[g/(kW·h)]	≤	31
第二环积炭/%	≤	33

6. 烟炱磨损性能试验台架（Cummins ISB）

（1）意义和用途　该台架（ASTM D 7484）用于评价柴油机油降低凸轮和气门阀系部件磨损的性能。该试验是 API CJ-4 柴油机油规格中要求通过的试验。

该试验方法对应于满足 2007 年排放法规的柴油机频繁循环换挡操作的工况。考察柴油机油防止凸轮和气门阀系部件磨损的性能。主要评价发动机凸轮、滑动挺柱部件等。

（2）方法概要　该方法使用美国康明斯（Cummins）公司 ISB 直列 6 缸柴油机，该柴油机使用高压共轨燃油系统和 EGR（排气再循环）技术，使用含硫量 15μg/g 的柴油作为燃料，试验共运转 350h。

试验发动机首先在 1600r/min 的工况下稳定运转 100h，以便使发动机在机油中积累烟炱并使机油达到 4% 的烟炱含量，接着发动机以一定时间循环操作运转 250h。试验结束后，评价发动机凸轮和滑动挺柱的磨损，采集放出的机油，分析其黏度、总酸值、总碱值、磨损金属含量和 TGA 烟炱含量。

（3）油品通过指标

评价项目		API CJ-4		
		第一次	第二次	第三次
平均凸轮磨损/μm	≤	55	59	61
平均挺柱磨损/μm	≤	100	8	11

7. 烟炱磨损性能试验台架（Cummins ISM）

（1）意义和用途　该台架（ASTM D 7468）用于评价柴油机油降低烟炱引起的磨损、油泥和机油过滤器堵塞的性能。主要评价部件是柴油机喷油器调节螺丝、配气机构的十字头、活塞顶环磨损和机油过滤器堵塞等部件。该试验是 API CH-4、CI-4 和 CJ-4 柴油机油规格中要求通过的试验。

该试验方法对应于满足 2007 年排放法规的柴油机高烟炱含量和带 EGR（废气再循环）时的重负荷行车工况。

（2）方法概要　该方法使用美国康明斯（Cummins）公司 ISM 直列 6 缸柴油机，该柴油机带有 EGR（废气再循环）装置、可变截面的涡轮增压器、EGR 冷却器和电子控制的 EGR 阀。使用含硫量 500μg/g 的柴油作为燃料。试验共运转 200h。

试验发动机在设定的工况下运转 200h。试验结束后放出机油，分析其黏度、总酸值、总碱值、磨损金属含量和烟炱含量。

（3）油品通过指标

评价项目		通过指标		
		API CH-4	API CI-4	API CJ-4
总优点评分	≥	—	—	1000
顶环失重/mg	≤	—	—	100
十字头失重/mg	≤	7.5	7.5	5.7
机油滤清器压差 Δp/kPa	≤	79	55	13
平均油泥评分	≥	8.1	8.1	9

8. 烟炱分散性试验台架（Mack T-8）

（1）意义和用途　该台架（ASTM D 5967）用于评价柴油机油防止烟炱引起的黏度增长。该试验是 API CG-4 柴油机油规格中要求通过的试验。

该方法对应于重负荷柴油机在产生高含量烟炱的情况下停停开开的工况，考察柴油机油容纳烟炱的能力，评价柴油机油由于烟炱引起的黏度增长。

（2）方法概要　该台架试验方法使用美国马克（Mack）公司 E7-350 直列 6 缸柴油机，该柴油机是开式燃烧室（open-chamber），带有中冷涡轮增压系统，试验共运转 250h。

试验发动机在 1800r/min、257kW 的工况下运转 250h。试验运转中每 25h 采集发动机油样，并测试其 100℃运动黏度，试验结束后放出机油，分析其 100℃运动黏度、烟炱含量，并且评价机油过滤器堵塞。

（3）油品通过指标

评价项目		API CG-4		
		第一次	第二次	第三次
运动黏度增长(机油烟炱含量 3.8%)/(mm²/s)	≤	11.5	12.5	13.0
机油滤清器压差 Δp/kPa	<	138	138	138

9. 烟炱分散性试验台架（Mack T-8E）

（1）意义和用途　该台架试验方法（ASTM D 5967）用于评价柴油机油由于烟炱引起的机油黏度增长。该试验是 API CH-4、API CI-4 柴油机油规格中要求通过的试验。

该试验方法对应于重负荷柴油机在产生高含量烟炱的情况下停停开开的工况。考察柴油机油容纳烟炱的能力，评价柴油机油由于烟炱引起的黏度增长。

（2）方法概要　该方法使用的试验发动机及部件与前面提到的马克 T-8 台架完全相同，只是实验周期从 250h 延长到 300h。

（3）油品通过指标

评价项目		API CH-4、CI-4
运动黏度增长(机油烟炱含量 4.8%)/(mm²/s)	≤	2.1

10. 烟炱分散性试验台架（Mack T-9）

（1）意义和用途　该台架（ASTM D 6483）用于评价柴油机油防止在有烟炱存在的情况下活塞环、缸套磨损和铅腐蚀的性能。该试验是 API CH-4 柴油机油规格中要求通过的试验。

该试验方法对应于重负荷高速公路卡车柴油机运行工况。

（2）方法概要　该方法使用美国马克（Mack）公司 1994 年 VMAC Ⅱ 直列 6 缸柴油机，试验共运转 500h。

试验发动机在设定的工况下运转 500h。试验的前 75h 运转工况主要是为了产生烟炱，然后接下来的 425h 在发动机扭矩和转速的峰值工况运转，主要是为了加大活塞环和缸套的磨损，以评价柴油机油性能。试验结束后，拆解发动机，评价活塞环磨损、缸套磨损、机油耗，放出机油，测试其 100℃ 黏度、烟炱含量、总酸值、总碱值和铅含量。

（3）油品通过指标

评价项目		API CH-4
平均活塞顶环失重/mg	≤	120
平均缸套磨损(1.75%烟炱)/μm	≤	25.4
铅含量/(μg/g)	≤	25

11. 烟炱分散性试验台架（Mack T-11）

（1）意义和用途　该台架（ASTM D 7146）用于评价柴油机油对于带冷却的 EGR（废气再循环）柴油机由于烟炱引起的机油黏度增长。该试验是 API CJ-4 柴油机油规格中要求通过的试验。

该试验方法对应于重负荷柴油机在产生高含量烟炱的情况下停停开开的工况。考察柴油机油容纳烟炱的能力，评价柴油机油由于烟炱引起的黏度增长。

（2）方法概要　该方法使用美国马克（Mack）公司 E-TECH 直列 6 缸电控燃油喷射柴油机，该柴油机带有 EGR（废气再循环）装置、2002 低涡流缸盖、废气涡轮增压系统。使用硫含量 500μg/g 的柴油作为燃料。试验共运转 252h。

试验发动机在设定的工况下运转 252h。试验运转中每 12h 采集发动机油样，并测试其烟炱含量和运动黏度，试验结束后放出机油，分析其 100℃运动黏度、烟炱含量和−20℃ MRV 动力黏度，并且评价机油过滤器堵塞。

（3）油品通过指标

评价项目		API CJ-4
运动黏度增长(TGA 烟炱含量 3.5%)/(mm²/s)	≤	4
运动黏度增长(TGA 烟炱含量 6.0%)/(mm²/s)	≤	12
运动黏度增长(TGA 烟炱含量 6.7%)/(mm²/s)	≤	15
油样(180h，−20℃)MRV 动力黏度/mPa·s	≤	25000
剪切应力/Pa	≤	5

12. 烟炱分散性试验台架（Mack T-12）

（1）意义和用途　该台架（ASTM D 7422）用于评价柴油机油对于带大流量的 EGR（废气再循环）柴油机降低缸套、活塞环和轴瓦磨损的性能。该试验是 API CJ-4 柴油机油规格中要求通过的试验。

该试验方法对应于 2007 年以后的高速路上重负荷卡车柴油机运行工况。考察柴油机油降低烟炱引起的磨损性能，主要评价柴油机缸套磨损、活塞环磨损、连杆铅轴瓦腐蚀磨损、机油耗和机油氧化。

（2）方法概要　该方法使用美国马克（Mack）公司改进的 E7 E-TECH 460 直列 6 缸柴油机，该柴油机带有 EGR（废气再循环）装置、2002 年生产的低涡流缸盖燃烧室、废气涡轮增压系统。使用含硫量 15μg/g 的柴油作为燃料。试验共运转 300h。

试验发动机在 1800r/min 和 338kW 的工况下运转，前 100h 运转主要是在发动机中产生和积累烟炱，接着 200h 是在满供油量和扭矩峰值的工况下运转，以便加大活塞环和缸套的磨损率。试验结束后放出机油，测试其烟炱含量、100℃黏度、总酸值、总碱值、铅含量和 FTIR 氧化。

（3）油品通过指标

评价项目		API CJ-4
加权评分/分	≥	1000
试验后机油中铅含量/(mg/kg)	≤	35
平均汽缸磨损/μm	≤	24
活塞顶环平均失重/mg	≤	105
机油耗/[g/(kW·h)]	≤	85

13. 滚子随动件磨损性能试验台架（RFWT）

（1）意义和用途　RFWT（roller follower wear test）台架用于 API CG-4、CH-4、CI-4 和 CJ-4 规格柴油机油抑制滚子随动件磨损性能的评价。对应于汽车在重负荷、低转速到中转速的工况。

（2）方法概要　试验台架由一台美国通用汽车公司 6.5L 排量 V 型 8 缸柴油机、发动机-测功机系统、数据测量控制系统等部分组成。试验方法标准号 ASTM D 5966。

把预先装配好的 GM V8 柴油发动机安装在试验台架上，然后进行 2 次机油冲洗，完成冲洗后加入试验油，在发动机转速为 1000r/min、燃油流量 9.4kg/h 和机油温度 120℃的条件下运行 50h。

按照 GB/T 265 方法测定 0h、25h 和 50h 时，机油油样的 100℃运动黏度，利用 TGA 方法测试 0h、25h 和 50h 油样的烟炱含量，按照 GB/T 17476 方法测定各阶段油样中 Al、Cu、Cr、Fe、Pb、Si 和 Sn 金属含量。

试验结束后，通过测量滚子随动件滚轴的磨损程度来评价发动机油的性能。

（3）油品通过指标

项目		试验次数	API CG-4	API CH-4	API CI-4	API CJ-4
平均滚子随动件滚轴磨损/μm	≤	1 次试验	11.4	7.6	7.6	7.6
		2 次试验	12.4	8.4	8.4	8.4
		3 次试验	12.7	9.1	9.1	9.1

二、齿轮油台架试验

（一）工业齿轮油台架试验

1. 润滑油承载能力试验（FZG 法）

（1）意义和用途　汽车和工业设备中使用齿轮系统传递能量。在高转速高负荷条件下，润滑油和添加剂是防止齿轮产生擦伤、胶合（黏附磨损）的重要因素。该方法用来评价润滑直齿轮油和螺旋齿轮（平行轴）油的承载能力。

（2）方法概要　使用 FZG 齿轮试验机评定润滑油的承载能力。试验机施加负荷后，以恒定转速（约 1450r/min）运行约 15min（21700 转），然后逐级增加载荷直至达到失效级别，最高负荷级为 12 级。从第 4 级开始以后各级控制启动时试验油温（90℃）。第 6 级开始每级试验结束后检查齿面损伤情况，试验齿轮主要损伤形式有抛光、划痕、擦伤、胶合等。试验齿轮使用 FZG "A" 型齿轮或国产 QCL-003 型齿轮。当小齿轮上所有啮合齿面的擦伤或者胶合产生的宽度累计超过一个齿面宽度（20mm）时，判断试验失效，将这一级负荷级作为试验结果，以此来评价不同油品的承载能力。

该方法涉及的标准有 SH/T 0306、GB/T 19936.1、ASTM D5182、ISO 14635-1、DIN 51354，这些标准在技术上等同。

2. 工业齿轮油微点蚀试验（FZG 法）

（1）意义和用途　随着齿轮齿面硬化新技术全面应用，齿轮损伤形式也出现新的变化，微点蚀就是近年来齿轮出现的主要损伤形式之一。这些变化对工业齿轮油抗微点蚀性能提出了更高的要求。微点蚀试验适用于在极压条件下评价工业齿轮油的抗微点蚀性能。

（2）方法概要　微点蚀试验程序（FVA 54/Ⅰ～Ⅳ）包括负荷级试验和耐久性试验两部分，负荷级试验主要考查工业齿轮油的微点蚀破坏等级，每级试验时间 16h，最高负荷级为 10 级，试验结果为负荷级。负荷级越高表明油品抗微点蚀能力越好。耐久性试验主要评价润滑油在长周期运转条件下的抗微点蚀耐久性能，试验在 8 级和 10 级负荷下进行，试验时间 80h/级，10 级条件下最多运转 5 个 80h，试验油喷射温度为 90℃（试验油喷射温度可选择 40℃、60℃，取决于工业齿轮油使用条件）。微点蚀试验条件见表 5-3。

表 5-3　FZG 微点蚀试验条件

试验参数	试验条件描述
齿轮类型	C-GF
试验油入口温度/℃	90±2
润滑形式	喷雾润滑
小齿轮线速度/(m/s)	8.3
马达速度/(r/min)	1440

续表

试验参数	试验条件描述
在每个负荷级运行时间/h	16(负荷级测试) 80(耐久性测试)
力矩/级	5～10(负荷级测试) 8 和 10(耐久性测试)
杠杆臂/m	0.35

微点蚀失效判定方法有测定表面轮廓偏差法（EVOL）、GF-级方法和 GRAV/PLAN 方法三种方法，其中 GF-级方法和 GRAV/PLAN 方法是早期的判断方法，现在普遍采用测定表面轮廓偏差法来判断微点蚀失效，负荷级试验的失效标准是表面轮廓偏差超过限定值 7.5μm 试验失效，耐久性试验失效标准是表面轮廓偏差超过限定值 20μm 试验失效。

3. FE-8 轴承磨损试验

（1）意义和用途　　FE-8 轴承磨损试验机由德国 FAG 轴承公司开发，主要应用于润滑油、润滑脂及其添加剂对磨损性能的评价，也可以用于轴承材料的磨损性能的考察。它能够模拟轴承在中低速条件下的工作条件，因此其试验结果能够真实地反映润滑油的磨损性能。目前 FE-8 试验方法已得到 OEM（设备原始制造商）、润滑油生产厂商认可，主要用于风力发电用油、工业齿轮油、汽车变速箱油的轴承磨损性能的评价。

（2）方法概要　　该试验（DIN 51819-1）是在 7.5r/min 试验转速和 80kN 轴向试验力作用下进行的，每次试验使用两个试验轴承，试验借助试验轴承在启动和运行过程中产生的摩擦热和外部加热器控制试验油温到 80℃，试验周期为 80h。如果摩擦扭矩大于边界值 60N·m 并持续超过 10s 以上，那么试验提前结束。测量试验前后轴承保持架和滚子质量并计算磨损量。每个试验油进行两次重复试验，试验结果采用威布尔软件进行处理，最终报出轴承保持架和滚子磨损量，以此来评价润滑剂的抗磨损性能。

（3）油品通过指标　　FE-8 轴承磨损试验用于 DIN 51517-3、FLENDER 齿轮油规格的磨损性能评价。在 DIN 51517-3 规格中要求滚子磨损量不大于 30mg，保持架磨损量不大于 200mg。在 FLENDER 规格中要求滚子磨损量不大于 30mg，保持架磨损量不大于 100mg。

4. 润滑油防锈性能试验（SKF EMCOR）

（1）意义和用途　　该方法用于评价齿轮油防锈性能。现制定了润滑油公司企业标准。

（2）方法概要　　试验采用瑞典 SKF 公司生产的 TMG/EMCOR 试验台。根据齿轮油应用环境不同，有三种试验液可供选择，即：蒸馏水或去离子水、合成海水、合成盐水。试验使用两个 SKF 1306K/236725 圆锥孔调心球轴承，试验时在轴承中加入 10mL 润滑油，根据用户的要求加入相应的试验液 20mL，进行试验。试验条件如下：试验转速（83±5）r/min；室温条件下运转 8h±10min，静置 16h±10min；试验台再运转 8h±10min，静置 16h±10min；试验台第三次运转 8h±10min，静置 108h±2h。试验结束后检查轴承外环滚道的腐蚀程度。根据锈蚀面积进行评级，润滑油防锈性由好变差的评价级分别为 0、1、2、3、4、5。

（二）车辆齿轮油台架评定技术

1. 车辆齿轮油锈蚀试验（L-33）

（1）意义和用途　　L-33 试验台架用于车辆齿轮油在有水条件下的防锈性能评价，该试验对应于汽车在潮湿环境中（海边）持续停放七天后汽车后桥锈蚀工况。

（2）方法概要　L-33 采用去掉半轴管的 DANA 30 后桥进行试验，试验前将后桥包解体，对除轴承外的评分部件进行喷砂除锈，并重新组装后桥进行试验，每次试验用油 1.2L。现有的标准有 SH/T 0517、ASTM STP 512A L-33 和 ASTM D 7038。

该试验分为运转阶段和储存阶段两部分。运转阶段试验后桥由电机驱动，电机转速为 2500r/min，启动电机后即向后桥包中加入 30mL 蒸馏水，当试验油温度到达 82.2℃ 时密封后桥包通气孔，通过气压控制系统保持气压在 7kPa，连续运行 4h。运转试验结束后将试验后桥移至储存箱内进行储存阶段试验，在 51.7℃ 条件下静置 162h。

试验结束后，将后桥解体，对驱动齿轮、轴承、后桥盖板、差速齿轮及其止推面、行星齿轮止推面等部位进行锈蚀水平评价。

（3）油品通过指标　L-33 试验方法用于 API GL-5、SAE J2360、MIL-PRF-2105E 等规格油品性能评价，API GL-5 规格要求其评分大于 9，GB 13895 MIL-PRF-2105E 规格 SAE J2360 则要求后桥盖板锈蚀面积不大于 1%，其他评分面要求不能出现锈蚀。

2. 车辆齿轮油承载能力试验（L-37）

（1）意义和用途　方法 SH/T 0518—1992（ASTM D 6121）用于评价车辆齿轮油在低速高扭矩条件下承载能力。对应于汽车在低速（1 挡）满载连续爬坡的工况。

（2）方法概要　试验台架由一台 V8 汽油发动机、两台测功机、试验后桥及控制系统组成。试验后桥型号为 DANA 60，齿轮分为磷化和非磷化两种。

试验程序分为两部分，程序 I 是高速低扭矩工况，主要是对试验齿轮进行磨合，程序 II 为低速高扭矩，模拟车辆低速重载爬坡工况。针对 75W、70W 系列油品，又规定低温试验程序，因此该方法有两种试验版本即标准版本和低温的加拿大版本，具体试验条件见表 5-4。

表 5-4　L-37 台架试验条件

试验版本	程序 I			程序 II		
	试验油温度/℃	转速/(r/min)	负荷/N·m	试验油温/℃	转速/(r/min)	负荷/N·m
标准版本	147.2	440	535	135	80	2350
加拿大版本	104.7	440	535	135	80	2350

试验结束后，参照评分手册对后桥的驱动齿轮和从动齿轮的驱动面损伤进行评价，齿轮损伤形式有脊起、波纹、点蚀、擦伤、剥落和磨损等。

（3）油品通过指标

评价项目		API GL-5、SAE J2360、MIL-PRF-2105E
脊起/分	≥	8
波纹/分	≥	8
磨损/分	≥	5
点蚀、剥落/分	≥	9.3
擦伤/分	≥	10

3. 车辆齿轮油抗擦伤能力试验（L-42）

（1）意义和用途　方法 SH/T 0519—1992（ASTM D 7452）用于评价车辆齿轮油在高速冲击负荷条件下抗擦伤能力。对应于汽车高速行驶中油门连续全开全闭加速工况。

（2）方法概要　试验台架由一台 V8 汽油发动机、两台测功机、试验后桥及控制系统组成。试验后桥型号为 DANA 44。

试验程序分为四部分，程序Ⅰ是磨合，包括驱动面和非驱动面的磨合；程序Ⅱ为高速试验；程序Ⅲ为试验齿轮检查；程序Ⅳ为高速冲击负荷试验。L-42 试验条件随试验桥批次不同而有所差异。

试验结束后，解体试验后桥，对驱动齿轮和从动齿轮的非驱动面的擦伤进行评价。

（3）油品通过指标　L-42 试验方法用于 API GL-5、SAE J2360、MIL-PRF-2105E 等规格油品性能评价，其通过指标要求擦伤面积好于参考油试验结果。

4．车辆齿轮油热氧化安定性试验（L-60-1）

（1）意义和用途　方法 SH/T 0755—2005（ASTM D 5704）是润滑油在高温条件下，通过油品黏度增长、油泥、积炭、漆膜和沉积物以及腐蚀产物的生成等多方面考察手动变速箱和驱动后桥用润滑油的衰变趋势。这种衰变会导致一系列的设备性能问题，特别是在轴封界面上由于沉积物的生成而导致的密封失效。该试验方法用于筛选润滑油添加剂和基础油并研究其趋势。

（2）方法概要　在一个装有两个齿轮、一个试验轴承和铜催化剂的可加热齿轮箱中，加入 120mL 试验油。当油品加热到 162.8℃时，使齿轮在 128W 负荷及 1750r/min 条件下运转50h。同时向试验油中通入空气，并在整个试验过程中控制油温。试验后评定油品衰变程度的参数有油品黏度增长、废油中不溶物生成和齿轮清净性。

（3）油品通过指标

评价项目		API GL-5	API MT-1、SAE J2360、MIL-PRF-2105E
黏度增长/%	<	100	100
戊烷不溶物/%	<	3.0	3.0
甲苯不溶物/%	<	2.0	2.0
平均漆膜、积炭/分	>	—	7.5
平均油泥/分	>	—	9.4

三、变速箱油台架试验

发动机的物理特性决定了变速箱的存在。首先，任何发动机都有其峰值转速；其次，发动机最大功率及最大扭矩在一定的转速区出现。发动机的动力是通过变速箱传递出去的，变速箱可以在汽车行驶过程中在发动机和车轮之间产生不同的变速比，换挡可以使得发动机工作在其最佳的动力性能状态下。

目前车用变速箱主要分为手动变速箱、自动变速箱和双离合器变速箱。变速箱中除了变速齿轮之外，关键部件就是离合器和同步器。离合器和同步器是变速箱工作可靠性和舒适性的保证。变速箱传动技术也是影响车辆燃料油消耗的关键指标，为了保证变速箱的正常工作和延长使用寿命，提高变速箱油的抗磨损性能和耐久性能是很重要的。对于不同结构的变速箱，要求使用与其配套的专用润滑油，相应推出了台架评定方法。

（一）手动变速箱油台架试验

手动变速器（manual transmission，简称 MT）也称手动挡，即必须用手拨动变速杆才能改变变速器内的齿轮啮合位置，改变传动比，从而达到变速的目的。手动变速器在初级阶段速度较低，挡位较少，一般只有三挡，没有同步器。随着速度的提高和挡位的增加展现了同步器，用于实现变速器的顺利换挡，提高传递效率，同步器的可靠性是手动变速器正常工作的重要因素。

为了更有效地保证变速箱的正常工作，提高车辆传动工作的效率，以及满足节能环保的要求，需要专用的变速箱油（API MT-1 规格）。手变速箱油高温循环耐久性试验台适用于 API MT-1 手动变速箱油和 MIL-L-2105E 规格；SSP-180 同步器耐久性试验台，适用于DCTF 规格。

1. 同步器耐久性台架试验（SSP-180）

（1）意义和用途　　该试验用于安装锥-环同步器变速箱的车用手动变速箱油同步器耐久性能评价。

（2）方法概要　　该试验（CEC L-66-99）采用 FZG SSP-180 同步器耐久性试验台架，试验台安装完整的同步器总成，同步器最大直径可达 180mm；试验台配备三种试验件：AUDI B-80、ZF-BK 117 和 DC AK-177 同步器。试验可以检测同步器元件或润滑油的耐久性能。

根据试验需要可以选择不同的试验件和试验条件，试验在设定的转速和轴向负荷条件下运行，试验油加热到 80℃，通过润滑油加热系统喷溅到同步器上，液力杆推动拨叉进行换挡，同步器在耐久性试验中发生同步换挡失败或完成 10 万次的同步循环，则结束试验。试验台由计算机控制，根据试验需要编制试验程序，计算机控制、记录，并绘制轴向负荷、转速、扭矩、温度、摩擦系数等试验参数曲线图。试验评价项目为：耐久性试验循环次数、试验同步环的磨损量、平均摩擦系数。

2. 热安定性台架试验（Mack 循环）

（1）意义和用途　　该方法用于评价 API MT-1 手动变速箱油、美军规格 MIL-L-2105E、SAE 后桥及手动变速箱油 J308、MACK 卡车齿轮油规格 GO-G、GO-H、GO-J 等车用手动变速箱油的热稳定性。

（2）方法概要　　方法 SH/T 0756（ASTM D 55790）采用马克循环试验机，试验变速箱为MACK T-2180。试验使用一套新的同步器总成，试验件包括：拨叉、摩擦盘和导向盘。试验中变速箱在低速和高速之间循环变换，当同步器产生两次非同步换挡或达到要求的试验周期时试验结束。试验结束后，拆解变速箱，测量拨叉、摩擦盘和导向盘的磨损量，并进行沉积物评价。试验以同步器发生两次非同步换挡时的循环次数为试验结果。

（二）自动变速箱油台架评定技术

汽车自动传动系统中装有液力变矩器、行星齿轮机构、液压系统、湿式离合器和涡轮传动机构等，这些机构都用同一种润滑油——自动变速箱油 ATF（automatic transmission fluid）。

随着自动变速箱技术的发展，自动变速箱油也不断发展和改进。自 1949 年美国 GM 汽车公司制定出第一个 Type A 规格以来，Ford 汽车公司和 Allison 公司也相继公布了自己的规格，且不断修改和更新，以适应新的自动传动装置的使用要求。随着自动变速器结构从手动操纵杆到电子操控的改进和汽车排放性能要求的提高，近年来这些规格要求的变化相当快，如 Ford 公司于 1996 年推出了 MERCON V 自动变速箱油规格，改进了油品抗氧、抗磨、摩擦特性、耐久性、剪切安定性以及防止离合器抖动等使用性能；GM 汽车公司于 2005 年推出 DEXRON Ⅵ 全寿命自动变速箱油（fill for life ATF）规格，进一步改进了油品的使用性能。目前世界各大润滑油供应商主要以上述两种规格为目标，研制性能优良的汽车自动变速箱油。

自动变速箱油除要润滑和冷却变速箱运动部件，以减少零件的磨损并抑制摩擦升温外，还须有效传递能量，确保汽车正常起步、行驶。鉴于此，对自动变速箱油有特殊的性能要求，如适宜黏温特性，优良的抗氧化性能以及相匹配的动、静摩擦特性，稳定的摩擦耐久性以及良好的换挡特性等。自动变速箱油的黏度、蒸发损失、剪切安定性、颜色、燃点、铜片腐蚀等理化性能按照 ASTM 规定的方法进行测定。在台架评定方面，自动变速箱油有一套专用的台架评定试验，主要是摩擦特性、防抖动性能、氧化和摩擦循环试验等 4 个台架试验。

1. 摩擦特性台架试验（SAE No.2 试验机）

（1）意义和用途 自动传动液摩擦特性是其最重要又最难达到的性能，它是换挡感觉、动力传递以及摩擦耐久性的综合平衡特性。

评价自动传动液摩擦特性试验中最具代表性的行业标准由日本汽车标准化组织 JASO 制定并发布。其中 JASO M348 方法用于评价汽车自动传动液（ATF）的摩擦特性；JASO T904 方法用于评价摩托车四冲程汽油发动机油（用于离合器系统）的摩擦特性。

此外，用于评价 ATF 摩擦特性试验中最具代表性的 OEM 试验规程为美国通用汽车公司（GM）于 1993 年公布的 DEXRON III 自动传动液规格中片式、带式油品摩擦特性试验规程，以及于 2005 年公布的 DEXRON VI 规格中片式、带式油品摩擦特性试验规程。

日本 JASO 方法只对油品用于自动变速箱中片式离合器的摩擦特性进行考察，且主要侧重于考察摩擦片-钢片啮合过程中摩擦系数的变化情况，并同时进行动摩擦、静摩擦试验；而美国通用 DEXRON III 和 DEXRON VI 油品规格试验中除进行片式离合器油品摩擦特性评价试验外，还进一步考察了油品用于带式制动器的摩擦特性。且主要侧重于考察摩擦片-钢片以及制动带-毂啮合过程中的中点扭矩、最大扭矩、终点扭矩以及啮合时间，不同于 JASO 方法，DEXRON 规格方法只评价油品的动摩擦特性。

（2）方法概要

① JASO M348 自动传动液摩擦特性评价试验 采用自动变速箱中部分尺寸片式离合器进行试验。试验件为摩擦片（批号：FZ127-24-Y12）和钢片（批号：FZ132-8-Y2）。动态试验时电机转速为 3600r/min，啮合压力为 785kPa（摩擦片承压），飞轮惯性力矩为 0.343kg·m^2，试验油温为 100℃，共进行 5000 次啮合循环；静态试验时电机转速为 0.7r/min，啮合压力为 785kPa（摩擦片承压），试验油温仍为 100℃，分别在动态试验第 1 次、第 5 次、第 10 次、第 20 次、第 50 次、第 100 次、第 200 次、第 500 次、第 1000 次、第 2000 次、第 3000 次、第 4000 次、第 5000 次循环后进行，共进行 13 次。试验过程中记录指定的单次动态（静态）试验循环内离合器啮合（脱啮合）过程中啮合压力、扭矩和摩擦片转速随啮合时间的变化趋势。测量、计算并记录指定的单次循环内动态试验中两个典型摩擦系数 μ_d、μ_0，啮合时间 t、μ_0/μ_d 比值 R_d、指定循环范围内的 μ_d 相对变化率 R_a，以及静态试验中两个典型摩擦系数 μ_t、μ_s，指定循环中 μ_t 相对于参比油测试值的比值，并在试验过程中记录油温。试验结束后检查摩擦片、钢片的状态。

② JASO T904 四冲程摩托车离合器用油摩擦特性评价试验 采用四冲程摩托车离合器系统中部分尺寸多片油浴式离合器进行试验。试验件为摩擦片（批号：FZ127-24-Y1）和钢片（批号：FZ132-8-Y2）。动态试验时电机转速为 3600r/min，啮合压力为 785kPa（摩擦片承压），试验油温为 100℃，共进行 1000 次啮合循环；静态试验时电机转速为 0.7r/min，啮合压力为 785kPa（摩擦片承压），试验油温仍为 100℃，分别在动态试验第 1 次、第 50 次、第 100

次、第 200 次、第 1000 次循环后进行，共进行 5 次。与 JASO M348 试验方法相同，试验过程中记录指定的单次动态（静态）试验循环内离合器啮合（脱啮合）过程中啮合压力、扭矩和摩擦片转速随啮合时间的变化趋势。测量、计算并记录指定的单次循环内动态试验中两个典型摩擦系数 μ_d、μ_0、啮合时间 t，两个相对于参比油计算得到的动摩擦指数 DFI、停止时间指数 STI，以及静态试验中两个典型摩擦系数 μ_t、μ_s，相对于参比油计算得到的静摩擦指数 SFI，并在试验过程中记录油温。试验结束后检查摩擦片、钢片的状态。油品通过指标无具体规定，结果仅与其他试验结果的数值比较。

③ DEXRON Ⅲ 油品规格中自动传动液摩擦特性评价试验（片式试验）　采用自动变速箱中部分尺寸片式离合器进行试验。试验件为摩擦片（3T40 自动变速箱中对应原件，摩擦材质为 SD-1777，批号：8643741）和钢片（3T40 自动变速箱中对应原件，批号：8631026）。试验时电机转速为 3600r/min，啮合压力为 345kPa（活塞和钢片接触面承压），试验油温为140℃，共进行 150h，总计 27000 次啮合循环。试验过程中记录指定的单次循环内离合器啮合过程中啮合压力、扭矩和转速随啮合时间的变化趋势。并在试验结束后报告在线监测的指定啮合循环中中点扭矩、最大扭矩、终点扭矩和啮合时间随试验时间变化趋势；以及啮合压力、试验油温和脱啮合压力随试验时间变化趋势图。并检查摩擦片、钢片的状态。

④ DEXRONⅢ 油品规格中自动传动液摩擦特性评价试验（带式试验）　采用自动变速箱中部分尺寸带式制动器进行试验。试验件为制动带（3T40 自动变速箱中对应原件，批号：8665223）和钢质制动毂（3T40 自动变速箱中对应原件，批号：8653971）。试验时电机转速为 3600r/min，啮合压力为 300kPa（摩擦带和钢质制动毂接触区域承压），试验油温为 135℃，共进行 100h，总计 24000 次啮合循环。试验过程中记录指定的单次循环内离合器啮合过程中啮合压力、扭矩和转速随啮合时间的变化趋势。并在试验结束后报告在线监测的指定啮合循环中中点扭矩、终点扭矩和啮合时间随试验时间变化趋势；以及啮合压力、试验油温随试验时间变化趋势图。并检查制动毂、制动带的状态。

⑤ DEXRONⅥ油品规格中自动传动液摩擦特性评价试验（片式试验）　采用自动变速箱中部分尺寸片式离合器进行试验。试验件为摩擦片-钢片套件（标准 SAE No.2 片，摩擦材质为 BorgWarner 4329，批号：GMPT-0506）。试验时电机转速为 3600r/min，啮合压力为 345kPa（活塞和钢片接触面承压），试验油温为 140℃，共进行 200h，总计 36000 次啮合循环。试验过程中记录指定的单次循环内离合器啮合过程中啮合压力、扭矩和转速随啮合时间的变化趋势。并在试验结束后报告在线监测的指定啮合循环中中点扭矩、最大扭矩、终点扭矩和啮合时间随试验时间变化趋势；以及啮合压力、试验油温和脱啮合压力随试验时间变化趋势图。并检查摩擦片、钢片的状态。

⑥ DEXRONⅥ油品规格中自动传动液摩擦特性评价试验（带式试验）　采用自动变速箱中部分尺寸带式制动器进行试验。试验件为制动带（4L60E 自动变速箱中对应原件，经过改动，减少了摩擦接触面）和钢质制动毂（4L60E 自动变速箱中对应原件，批号：08681295）。试验时电机转速为 3600r/min，啮合压力为 300kPa（摩擦带和钢质制动毂接触区域承压），试验油温为 135℃，共进行 150h，总计 36000 次啮合循环。试验过程中记录指定的单次循环内离合器啮合过程中啮合压力、扭矩和转速随啮合时间的变化趋势。并在试验结束后报告在线监测的指定啮合循环中中点扭矩、终点扭矩和啮合时间随试验时间变化趋势；以及啮合压力、试验油温随试验时间变化趋势图。并检查制动毂、制动带的状态。

（3）油品通过指标

评价项目	DEXRON Ⅲ	
	片式试验	带式试验
中点扭矩/N·m	150～180	180～200
停止时间/s	0.40～0.55	0.35～0.55
最大扭矩/N·m	>150	报告
扭矩增加/N·m	<30	<80
终点扭矩/N·m	报告	>170
摩擦片、钢片状态	好于参比油(RDL-2746)	—
制动毂、制动带状态	—	好于参比油(RDL-2746)

评价项目	DEXRON Ⅵ	
	片式试验	带式试验
中点扭矩/N·m	80～105	180～290
停止时间/s	0.85～1.05	0.30～0.45
最大扭矩/N·m	>90	—
终点扭矩/N·m	—	>200
扭矩增加值/N·m	<30	<120
啮合能量/kJ	15.4～16.0	15.7～16.3
摩擦片、钢片状态	好于参比油(RDL-3434)	—
制动毂、制动带状态	—	好于参比油(RDL-3434)

2. 防抖动性能试验（TE92M）

（1）意义和用途　该方法用于评价自动传动液的防抖动性能，尤其适用于测定连续滑动液力变矩器离合器（CSTCC）、电控变矩器离合器（ECCC）、双离合变速箱离合器和限滑差速器等湿式离合器用油的防抖动性能。

（2）方法概要　该试验采用英国 Phoenix Tribology 公司生产的 TE92M 自动离合器摩擦试验机（或 LVFA 低速摩擦试验机）。现制定了 JASO M349 标准试验方法。试验前将摩擦片用夹具固定在试验机的电机主轴上，钢片固定在试验油容器中，并加入 150mL 试验油，首先在油温 80℃、接触压力 1.0MPa、线速度 0.6m/s 下进行 30min 磨合程序。磨合后分别在 40℃、80℃、120℃下进行新油的摩擦特性测试，测试中接触压力保持在 1.0MPa，摩擦片线速度在 3s 内从 0m/s 连续加速至 1.5m/s，保持 1s，再从 1.5m/s 连续减速至 0m/s，并在减速过程中测量油品的摩擦系数与滑动速度的关系，即 μ-v 特性曲线。然后进行 24h 耐久性试验，试验条件为油温 120℃、接触压力 1.0MPa、线速度 0.9m/s。耐久性试验后再进行摩擦特性测试。不断重复耐久性与摩擦特测试直至油品失效，用不同温度下的 $d\mu/dv$（0.3）和 $d\mu/dv$（0.9）来判定油品的失效标准，其中 0.3m/s 和 0.9m/s 为线速度。

（3）油品通过指标　与参比油相当或好于参比油。

3. 氧化试验台架

（1）意义和用途　本台架用于美国通用汽车公司 DEXRON Ⅵ规格自动传动液抗氧化性、热安定性以及对金属部件的腐蚀情况等的评价。模拟乘用车在良好运行状态下变速箱正常工作时的工况。

（2）方法概要　试验台架由一台 7.5kW 的电动机驱动一台通用 4L60E 自动变速箱，其中自动变速箱中液力变矩器的导轮反向安装，处于锁止状态。现有标准试验方法为 GMN 10060 附录 E。

电机驱动转速为 1755r/min，变速箱不承载，试验油样在油箱中加热到 163℃，经冷却器冷却后进行循环；试验持续时间为 450h，且每分钟向试验箱体内以（0.086±0.003）L/s 的体积流率通入 90mL 空气，促使油品氧化。试验结束后，解体变速箱，对变速箱箱体内所有零部件进行评分：油泥评分，漆膜评分，部件损坏程度、磨损程度，以及其他非正常状态综合评分；并对旧油的低温黏度、酸值、金属元素含量（Al、Cu、Fe、Pb）以及不溶性树脂、羟基吸收峰变化值等进行测定、分析。

（3）油品通过指标

评价项目		DEXRON Ⅵ
变速箱部件状态		等于或优于参照油
羟基吸收峰值增加	<	0.45
运动黏度(100℃，旧油)/(mm²/s)	>	5.0
低温动力黏度(旧油)/mPa·s		
−20℃	<	2000
−40℃	<	15000
TAN 增加/(mgKOH/g)	<	3.25

4. 摩擦循环试验台架

（1）意义和用途　本台架用于美国通用汽车公司 DEXRON Ⅵ规格自动传动液摩擦特性稳定性、氧化安定性以及对铜质部件的腐蚀情况等的评价。模拟乘用车在良好运行状态下变速箱正常工作时的工况。

（2）方法概要　试验采用 4L 60E 变速箱，由一台 6.0L L-5.2 发动机驱动。试验台架测控系统可实现周期循环试验功能，各试验循环内控制发动机转速、变速箱载荷、油温及油压。现有标准试验方法为 GMN 10060 附录 F。

在发动机节气门开度为 40%条件下，自动变速器经历 1～2 挡、2～3 挡、3～4 挡的渐加速换挡工况，并将此过程重复（循环）42000 次，试验油温为 115℃；每循环中控制发动机转速、变速箱输出轴转速、扭矩，并记录各挡的换挡时间。试验结束后，解体变速箱，对变速箱箱体内所有零部件进行评分，包括油泥评分、漆膜评分，部件损坏程度、磨损程度以及其他非正常状态综合评分；并对旧油的低温黏度、酸值、金属元素含量（Al、Cu、Fe、Pb）以及不溶性树脂、羟基吸收峰变化值等进行测定、分析。

（3）油品通过指标

评价项目		DEXRON Ⅵ
变速箱部件状态		等于或优于参照油
羟基吸收峰值增加	<	0.30
运动黏度(100℃，旧油)/(mm²/s)	>	5.0
低温动力黏度(旧油)/mPa·s		
−20℃	<	2000
−40℃	<	15000
TAN 增加/(mgKOH/g)	<	2.0
换挡时间/s		
1～2 挡		0.30～0.75
2～3 挡		0.30～0.75
3～4 挡		0.30～0.75
其他		试验油不得从排气口中溢出

四、燃料油台架评定技术

随着我国机动车保有量的不断上升，机动车尾气排放总量逐年增大，对燃料的需求也逐年增加。面对有限的石油资源及逐渐恶化的环境，世界各国政府对机动车的环保性能和能耗水平提出了越来越高的要求。要满足这些要求，燃料油的品质是关键因素之一。

世界汽车工业发达国家汽车行业于 1998 年联合制定的《世界燃油规范》（World Wide Fuel Charter，简称 WWFC）是针对越来越严格的排放及燃油经济性的标准而提出的燃油规格，是对燃料油的质量标准进行的一定程度的规范。由于参与制定的行业协会几乎包含了世界主要汽车、发动机生产厂家，因此 WWFC 基本上代表了世界汽车行业对燃料油提出的要求，同时该规范获得了相当程度的认可，对我国燃料油质量标准的制定产生了一定程度的影响。

《世界燃油规范》把燃油按照排放要求的苛刻程度分为四类，分别介绍如下：

① 1 类　适用于没有排放控制要求或初级排放要求的车辆，例如执行美国 Tier 0 和欧洲 I 排放标准的车辆；

② 2 类　适用于对排放有较严要求的车辆，例如执行美国 Tier 1 和欧洲 II、III 或等效排放标准的车辆；

③ 3 类　适用于现在采用先进排放控制要求的车辆，例如执行美国/加州 LEV（低排放车辆）或 ULEV（超低排放车辆）、欧洲 III、日本 2005 或等效排放标准的车辆；

④ 4 类　适用于采用更先进排放控制技术的车辆，包括采用 NO_x 及颗粒物后处理系统的车辆，例如执行美国 Tier 2 或 2007/2010 非道路重负荷、美国非道路 Tier 4、美国加州 LEV-II、欧洲 IV、欧洲 V 重负荷或等效排放标准的车辆，主要对燃油中的硫含量做进一步的限制。

通常情况下，越是采用先进技术的发动机/汽车，越是需要质量级别高的燃料油，以达到提高发动机性能，降低排放的目的。

在《世界燃油规范》中，燃油的规格主要是通过两类指标进行限定的，一类是化学实验室的物理化学性能指标，另外一类是发动机试验台架测试指标。而在发动机试验台架测试指标中，很大一部分是主要针对燃油生成各种沉积物而制定的测试方法。

（一）清洁汽油台架评定技术

汽油评定方法的发展起步早，发展也相对完善，从早期的化油器发动机到目前最先进技术的 GDI（汽油直喷）发动机都进行了汽油生成发动机沉积物的台架方法建立工作。根据汽油发动机技术的发展以及各时期对沉积物关注的不同，可以将沉积物分为化油器沉积物、喷嘴沉积物（PFID）、进气阀沉积物（IVD）和燃烧室沉积物（CCD）等。目前针对上述部位的沉积物分别建立了一系列的发动机台架试验方法。

1. 燃料喷嘴沉积物评价技术

（1）意义和用途　ASTM D 5598 主要评价燃料喷嘴沉积物。

（2）方法概要　采用的动力总成为 1985～1987 年生产的克莱斯勒 2.2L 涡轮增压发动机和自动变速器。试验采用循环工况，每个循环工况包括以下部分。

① 按照相当于原车 88.5km/h 的负荷运行 15min；

② 发动机熄火，热浸 45min。

台架每运行 72 个循环（相当于行驶 1610km）进行一次喷嘴流量测量。整个试验相当于汽车运行 16100km，该方法每次运行消耗汽油约 1900L，整个试验周期约为 40d。

（3）油品通过指标　试验通过的指标为试验前后喷嘴流量下降不超过 5%。

2. 汽油清净剂对汽油机进气阀和燃烧室沉积物生成倾向影响（Ford 2.3L）

（1）意义和用途　本台架试验方法适用于评定车用无铅汽油及汽油清净剂的清净性能。

模拟汽车在城市路况运转的情况。

（2）方法概要　试验用发动机为 Ford 汽车公司生产的 2.3L 发动机。现有标准试验方法号为 ASTM D 6201，对应国内标准为 GB/T 19230.5—2003。试验发动机使用特殊设计的全套进气阀沉积物试验部件，缸盖上装配新的、称量后的进气阀。每次试验都要安装新的机油滤清器并使用标准的发动机油。采用能够精确控制试验参数的程序来确保发动机的运行工况符合试验的要求。在整个试验操作过程中数据采集系统对关键的试验参数进行数据采集。

试验之前，用试验汽油对汽油系统冲洗，然后加注新的试验汽油。发动机的工作循环由两个工况构成：第一个工况，发动机转速为 2000r/min，进气绝对压力为 30.6kPa，运转 4min；第二个工况，发动机转速为 2800r/min，进气绝对压力为 71.2kPa，运转 8min。两个工况间的过渡时间为 30s。一个完整的循环时间为 13min。本实验重复上述工作循环，共运行 100h。

（3）油品评价指标　试验结束后，对进气阀和燃烧室沉积物进行称量。试验结果由试验前后进气阀和燃烧室沉积物的质量增加量作为燃油清净性的评价标准。

3. 汽油清净剂对汽油机进气阀和燃烧室沉积物生成倾向影响（M111）

（1）意义和用途　该方法适用于评定车用无铅汽油及汽油清净剂的清净性能。模拟汽车在城市路况运转的情况。

（2）方法概要　试验台架由一台戴姆勒-克莱斯勒汽车公司生产的 2.0L M111 发动机、发动机测功机系统、控制系统等部分组成。现有标准试验方法 GB/T 19230.6—2003（CEC F-20-A-98）。

发动机试验前应按指定的工况磨合（对新发动机），每次试验前按规定的程序清洗有关零部件，进行系统的检查，然后按照试验工况进行发动机循环试验，在 60h 内完成 800 个循环。试验结束后用专用的工具仔细收集试验后进气阀和燃烧室沉积物，并在 16h 之内完成沉积物的评价工作。

（3）油品评价指标　试验结束后，对进气阀和燃烧室沉积物进行称量。试验结果由试验前后进气阀和燃烧室沉积物的质量增加量作为燃油清净性的评价标准。

（二）清洁柴油台架评定技术

1. 柴油机喷嘴结焦试验方法（XUD-9 法）

（1）意义和用途　该方法适用于评定车用柴油及柴油清净剂的清净性能。模拟汽车在城市路况运转的情况。

（2）方法概要　试验台架由一台标志雪铁龙汽车公司生产的 1.9L XUD9 发动机、发动机测功机系统、喷油嘴测量系统等部分组成。现有标准试验方法 SH/T 0764—2005（CEC F-23-A-01）。

发动机试验前，使用试验油进行燃油冲洗程序，然后将流量检查合格的清洁喷嘴装配在发动机上。在方法要求的工况下，进行 134 次试验循环，总试验时间为 10h。试验结束后测量试验前后喷嘴的空气流量变化，得到柴油对喷嘴的结焦性能。以试验前后喷嘴的空气流量损失作为评价指标。

（3）油品评价指标　试验结果由所有喷嘴在 0.10mm、0.20mm、0.30mm 针阀升程时试验后空气流量损失表示，但评判燃油的标准只取决于 4 只喷嘴在 0.10mm 针阀升程时空气流量损失率的平均值。试验以 4 只喷嘴在 0.10mm 针阀升程时空气流量损失率的平均值大于 85%作为通过指标。

2. 柴油机喷嘴结焦试验方法（DW-10法）

（1）意义和用途　本台架试验方法适用于评定车用柴油及柴油清净剂的清净性能。模拟汽车在城市路况运转的情况。

（2）方法概要　试验台架由一台标志雪铁龙汽车公司生产的DW10直喷发动机、发动机测功机系统等部分组成。现有标准试验方法CEC F-98-08。

发动机试验前，使用试验油进行燃油冲洗程序，然后安装全新的喷嘴进行正式试验。在方法要求的工况下，进行32h试验。试验结束后计算发动机的功率，以试验前后发动机功率的损失量对喷油嘴的堵塞情况进行评价。

（3）油品评价指标　试验结果由试验前后发动机在4000r/min时的功率损失作为对喷油嘴堵塞情况的评价标准。并以功率变化低于2%作为通过指标。

五、冷冻机油台架评定技术

（1）意义和用途　本台架试验方法适用于评定冰箱（或空调）压缩机用冷冻机油的性能。通过压缩机寿命试验前后的性能差异和油品变化情况，综合评价冷冻机油的使用性能。其试验依据分别来自GB/T 9098《电冰箱用全封闭型电动机-压缩机》、GB/T 15765《房间空气调节器用全封闭型电动机-压缩机》和 GB/T 5773《容积式制冷压缩机性能试验方法》，本方法不仅针对制冷压缩机性能、寿命进行了试验，还增加了试验用油的分析、压缩机主要磨损部件磨损等级判定、高温部位结焦量等监测内容。

（2）方法概要　用一台新的制冷压缩机，装入一定数量的试验样品后，进行若干小时的压缩机经磨合试验，选取性能稳定的压缩机为试验载体，分别开展性能及加速寿命试验。通过试验前后压缩机性能及试验样品理化指标的变化情况，综合评定冷冻机油的应用特性。

试验评定项目包括：压缩机寿命、试验前后制冷量和制冷系数的变化；试验油样寿命，试验后黏度、酸值和色度的变化；压缩机试验后磨损件磨损状况和阀片漆膜沉积情况等。

（3）油品评价指标　试验结果以制冷压缩机的制冷量和制冷系数的变化不低于5%作为油品通过压缩机台架的指标之一。压缩机台架评定试验前后油品关键性能变化、压缩机部件磨损及积炭量等情况，亦作为冷冻机油性能好坏的评价标准。

参考文献

[1] 北京联合润华科技公司. 车用润滑油宝典[M]. 北京: 中国石化出版社, 2003.

[2] 潘翠薇, 杜桐林. 石油分析[M]. 武汉: 华中理工大学出版社, 1991.

[3] 庞荔元. 油品分析员读本[M]. 北京: 中国石化出版社, 2007.

[4] 马树芳, 徐国华, 彭少华. 分析仪器原理与应用[M]. 上海: 华东化工学院出版社, 1990.

[5] 戴树桂. 仪器分析[M]. 北京: 高等教育出版社, 1984.

[6] 中国石油化工有限公司科技开发部. 石油和石油产品试验方法国家标准汇编（上、下）[M]. 北京: 中国石化出版社, 2010.

[7] 武汉大学. 分析化学[M]. 北京: 高等教育出版社, 1982.

[8] 颜志光. 润滑剂性能测试技术手册[M]. 北京: 中国石化出版社, 2000.

[9] 杨翠定, 顾侃英, 吴文辉. 石油化工分析方法（RIPP试验方法）[M]. 北京: 科学出版社, 1990.

附录 国外主要油品添加剂生产公司专利

　　本附录收集了国外主要油品添加剂生产公司 Lubrizol（路博润）、Chevron（雪佛龙）、Infineum（润英联）、Afton（雅富顿）、BASF（巴斯夫）、Chemtura（科聚亚）、Vanderbilt（范德比尔特）等公司 2001 年至 2012 年与油品添加剂相关的专利名录，并给出了专利所属的添加剂类型，供感兴趣的读者以此为基础做进一步研究之用。由于内容较多，请扫描下方二维码关注化学工业出版社"化工帮 CIP"微信公众号，在对话页面输入"油品添加剂手册"获取附录电子版下载链接。

添加剂牌号索引

W

其他

添加剂中文名称索引

中国洛阳乳化油复合剂生产基地
洛阳润得利金属助剂有限公司
洛阳石油应用技术研究所

公司简介

　　洛阳润得利金属助剂有限公司坐落于神都洛阳东出口瀍河工业园区，交通便利、物流发达。是一家专业技术性、产品针对性很强的高科技研发公司，是集研发、生产、销售、技术服务于一体的生产企业。主要生产乳化油复合剂、防锈油复合剂、水性防锈剂、水性极压剂、水性合成脂、水性动植物油脂、水性润滑剂等精细化学品及各类乳化产品的专用添加剂，给合作伙伴提供快捷高效的生产技术配方和完整的调配方案，让客户自主生产各类乳化油、防锈油及多个行业的乳化产品，帮助客户解决乳化、防锈、脱模、极压、清洗等方面的技术问题，我们的技术能让客户生产的产品工艺更加简单化、稳定化、规范化、标准化且环保高效节能。公司自主创新的尖端产品RDL【乳化复合剂】可与国际品牌媲美，综合性能稳定，应用领域广泛，业界好评如潮。

　　洛阳润得利金属助剂有限公司将秉承"诚信立足，创新致远"的企业理念，致力于金属精加工领域化学品添加剂精品研发，技术力量雄厚，产品质量过硬，并长期免费提供强大的后期技术支持。

部分图片

地址：洛阳市瀍河区中窑工业园　　联系电话：0379-62320020
传真：0379-62320020　　网址：lyrdl.com或www.lyrundeli.com

沈阳北方石油集团
石油添加剂有限公司

公司简介

　　沈阳北方石油集团石油添加剂有限公司位于沈阳,是沈阳经济技术开发区的集生产、科研、国内和国际贸易、技术服务为一体的石化企业。公司于1987年建厂,公司专业生产二烷基二硫代磷酸锌盐T202、T203、和硫磷酸含氮衍生物T305、硫代磷酸胺盐T307、硫代磷酸三苯酯T309、有机钼等石油添加剂及发动机油复合剂、齿轮油复合添加剂、液压油复合添加剂等各种复合添加剂,生产能力2000吨／年。

　　公司生产的石油添加剂执行行标、国标和国外著名石油公司同类产品的先进标准、规格。公司还经销国内外各专业厂生产的石油添加剂,品种达数百种,是国内石油添加剂"超市"之一。公司产品也得到国外用户的认可,产品远销美国、俄罗斯、土耳其、乌克兰及中东等国家和地区。

　　公司的产品质量可靠,服务优异,热忱欢迎国内外朋友光临公司参观、考察、洽谈、合作。

产品介绍

■ 复合剂系列

类别	产品名称	产品代码
内燃机油复合剂	通用内燃机油复合剂	BF1500
	CH-4 柴油机油复合剂	BF1600
	SL/SM 汽油机油复合剂	BF1700
	CI-4 柴油机油复合剂	BF1800
通用齿轮油复合剂	通用齿轮油复合剂	BF4201
液压油复合剂	液压油复合剂	BF3000

■ 单剂系列

类别	产品名称	产品代码
清净分散剂	高碱值合成磺酸钙	T106
	高碱值合成磺酸钙	T106D
	硫化烷基酚钙	T115B
	双烯基丁二酰亚胺	T154
抗氧抗腐剂	硫磷丁辛基锌盐	T202
	硫磷双辛基碱性锌盐	T203
极压抗磨剂	硫磷酸含氮衍生物	T305
	硫代磷酸胺盐	T307
	硫代磷酸三苯酯	T309
	硫化异丁烯	T321
油性剂	硫化烯烃棉子油	T405/T405A
抗氧化剂	2,6-二叔丁基对甲酚	T501
摩擦改进剂	有机钼	有机钼
降凝剂	聚甲基丙烯酸酯	T602HB

产品图片

公司资质

联系人:胡东岳
电话:024-25810442
手机:13609825631
传真:024-25810442
公司地址:辽宁省沈阳市细河经济区冶金工业园
网址:www.bfsyjt.com

 沈阳北方石油集团
石油添加剂有限公司

上海海润添加剂有限公司（下称海润公司）成立于 2001 年，由中石化(Sinopec)与润英联(Infineum)合资组建而成。海润公司生产设备、设施先进，是国内最早采用自动化计算机控制系统对复合添加剂生产过程进行控制的生产企业，实现了完全自动化和精确化的批量调合，生产效率高且产品品质稳定，单次调合量可达 70 吨，年调合能力为 4 万吨；公司实验室是润英联认证的全球 12 个实验室之一，拥有 ICP 元素分析仪、CCS 低温动力粘度仪、氮分析仪、自动黏度仪等先进分析检测仪器，每年定期参加 ASTM 交叉核查；在母公司中石化和润英联的支持和指导下，海润公司建立了一套完备的质量、环境和职业健康安全管理体系，实现了产品和原料信息的可追溯化，使产品的质量控制达到国际先进水平。海润作为中石化旗下唯一一家专营内燃机油复合剂的企业，不仅注重产品品质，而且不断开发新的产品系列及拓展新的业务，目前已经形成了以汽机油复合剂和柴机油复合剂为主，船用油复合剂、齿轮油复合剂、液压油复合剂等为辅的产品体系，配方技术拥有台架试验数据，产品规格达到市场主流水平；此外，海润公司拓展了油品代加工业务，具备了国内最大的单、双挂和高分子无灰分散剂的供应能力。海润公司注重售后服务，拥有良好口碑，将继续竭诚为客户提供添加剂使用、润滑油代工、仪器分析检测等服务。

上海海润添加剂有限公司
地址：上海市浦东新区浦东北路 3759 弄 98 号
电话：021-50415558　传真：021-50416298

苏州金钼润成润滑科技有限公司

公司简介

苏州金钼润成润滑科技有限公司是苏州工业园区重点项目领军企业，2016年荣获全国优秀企业称号。

目前公司有二十五项新材料领域国家发明专利，涵盖润滑油、金属加工液、油田钻井等多个领域；产品中含氮硼酸酯、无硫磷有机钼、氧化石墨烯、有机氮钼富勒烯、有机钛、有机钨，由于不含硫、磷，又具有优异的节油功效，是新一代节能环保添加剂，产品问世以来，在行业内具有良好的口碑，得到了用户的广泛认可和应用。

核心技术带头人王严绪：化学博士；中科院天津先进院创业导师；清华大学摩擦学国家重点实验室天津高端装备研究院特聘专家；在国内率先把富勒烯和氮钼结合彻底解决油溶性，应用在润滑油中，发明多元素渗透层结构。

个人拥有新材料领域25项国家发明专利；2015获得中国科技创新发明成果奖；2016年全国创业创新新材料优秀奖，同年获得江苏省双百人才计划苏州科技领军人才称号，2017年国家发改委和中国科协举办的第三届中科创赛876个项目中夺得第一名，荣获一等奖；2018年天津市知识产权大赛1000个项目中夺得第一名，荣获一等奖。

25项国家发明专利

序号	专利名称	专利号	发明人
1	一种新型有机含氮硼酸酯润滑油添加剂	200910012316.1	王严绪
2	一种非硫磷型油溶性有机钼添加剂	201010508671.0	王严绪
3	一种非硫磷型水溶性有机钼添加剂	201010513592.9	王严绪
4	一种非硫磷型水溶性有机硼添加剂	201010513619.4	王严绪
5	硼化磷胺酯润滑油添加剂	201210409484.6	王严绪
6	抗硬水水溶润滑剂	201410527390.8	王严绪
7	氮化硼润滑油添加剂	201410275428.7	王严绪
8	硼磁稀土润滑油添加剂	201410282592.0	王严绪
9	硼化脂胺酯润滑油添加剂	201410276225.X	王严绪
10	陶瓷合金复合功能耦合剂	201410527528.4	王严绪
11	硼化氨基酯	201410733851.7	王严绪
12	一种抗高温高效环保全酯基钻井润滑剂	201510109733.3	王严绪
13	富勒烯硼氮润滑剂	201510491474.5	王严绪
14	有机氮钼富勒烯润滑剂	201510488974.3	王严绪
15	钼合金润滑油添加剂	201510491473.0	王严绪
16	有机钛润滑油添加剂	201610083708.7	王严绪
17	全酯类环保柴油抗磨剂及其制备方法	201610190483.5	王严绪
18	氮钼络合物润滑油添加剂	201610522146.1	王严绪
19	氧化石墨烯润滑剂	201611020671.X	王严绪
20	一种环保有机钨润滑剂及其制备方法	201710186919.8	王严绪
21	一种油溶性钼烯润滑剂及其制备方法	201710186917.9	王严绪
22	一种修复型节能环保发动机保护剂及其制备方法	201710255092.1	王严绪
23	一种硫磷氮润滑油添加剂及其制备方法	201710259138.7	王严绪
24	一种钛钼合金润滑油添加剂及其制备方法	201710550951.X	王严绪
25	一种用于甲醇燃料发动机的润滑剂及其制备方法	201810560578.0	王严绪

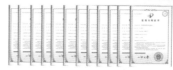

苏州金钼润成润滑科技有限公司

冠名人员：王严绪 联系方式：18222788777/13940401200   EMAIL:wyx945@163.com

青岛德联石油化学有限公司
QINGDAO D&G PETROCHEMICALS CO.,LTD

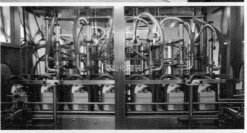

基本介绍

青岛德联石油化学有限公司是中国 20 世纪 90 年代首批进入润滑油行业的企业，自创建以来已有 20 余年的发展历史，是国内车用油及工业用油、防冻液研制开发、生产、销售为一体的知名综合型企业。公司坚持"品质第一、市场第一、服务第一"的原则，在市场竞争中不断发展壮大。

公司规模

公司位于青岛汽车工业园区，2015 年利用青岛一汽工业园建设的契机，扩大生产规模。通过专家团队的精心规划和设计，一个崭新的新工厂拔地而起。目前，占地 50 余亩、总投资约 6000 万元的年产 15 万吨的润滑油生产基地已形成规模。

新工厂有生产车间 8500m²、物料库 6300m²；有基础油灌 26 台、储存能力达 1 万吨；有添加剂储罐 21 台，储存能力达 1200 吨；另有成品油储罐 48 台、防冻液储存罐 11 台、工业用油储存罐 20 台，总储存能力超过 13000 吨。新工厂采用全自动化调和设备，有调和罐 18 台套，自动化生产灌装线 10 条，产能可达每天 500 吨。

品牌实力

汽车工业的发展，对润滑油的要求越来越高。为了充分满足客户需求，公司注重对新产品的研发，不断推出各种高级别润滑油产品。目前，酯类自动变速箱油和酯类全合成汽油机油产品处于行业领先水平。公司拥有一支由行业专家组成的研发队伍，并与国际知名添加剂厂商合作。

公司通过了 ISO9001 质量管理体系认证、IATF16949 汽车质量管理体系认证、ISO14001 环境认证和 OHSAS18001 职业健康管理体系认证；公司产品先后获得了 API、ACEA、ILSAC GF-5、Cummins、VOLVO、VM、DEXRON-VI 认证，公司去年取得了"高新技术企业"资质。

公司还拥有先进的检测手段，配有数十台润滑油、脂、液的分析仪器，能极大地满足生产需要。在企业运营中运用 ERP 大型生产管理软件，不断适应市场需求。总之，凭借先进的生产技术、高效的管理机制，通过不断创新提高市场占有率，提升企业在行业中的知名度。

涵盖产品

公司润滑油产品涵盖汽油机油、柴油机油、齿轮油、自动变速箱油、摩托车机油和各种工业用油，共六大类几百个品种。产品体系较为全面，产品质量稳定可靠。

公司致力于专业的 OEM 品牌加工业务，形成一套成熟的品牌产品的生产体系，对 OEM 客户公平、公正、公开，努力实现共赢。目前，公司的 OEM 代工客户有冠军、奇瑞等十余个品牌，客户对产品质量、售后服务等均有较高评价，建立了优良的好口碑。欢迎到我公司洽谈。

您诚心！我真心！您放心！我用心！
青岛德联石油化学有限公司期待与您的合作！

青岛德联石油化学有限公司
厂址：山东省青岛市即墨汽车产业新城石泉二路 6 号
邮编：266206

郑建强 总经理
电话：+86-139-0642-2499

顾冰 采购经理
电话：+86-133-8639-7155
邮箱：875556595@qq.com

吕维奇 技术经理
电话：+86-139-6961-2016
邮箱：2033604951@qq.com

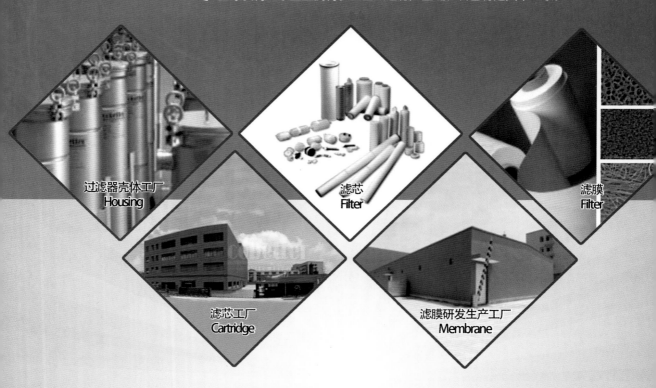

让运行的零件爱上稳定

设备和发动机需要润滑剂以保持各零件运作。润滑油调和企业
可依靠巴斯夫的技术专长，使用高性能添加剂使机器在高速及
高温的条件下运行得更持久。我们的产品有您可依赖的稳定和
可靠性能，帮助抗氧化，将生锈和磨损降到最低。
在巴斯夫，我们创造化学新作用。

如需更多信息，敬请垂询：
lubricant-additives@basf.com
www.basf.com/lubes

□ · BASF
We create chemistry

坤厚®

硫系极压抗磨剂	二冲程摩托车油复合剂	高压抗磨液压油复合剂
油性剂和摩擦改进剂	四冲程摩托车油复合剂	其他液压油复合剂
黏度指数改进剂	铁路机车油复合剂	油膜轴承油复合剂
降凝剂	汽缸油复合剂	汽轮机油复合剂
API SJ/SL 级别汽油机油复合剂	中速筒状船用机油复合剂	压缩机油复合剂
API SM/SN 级别汽油机油复合剂	燃气发动机油复合剂	导热油复合剂
API CH-4 级别柴油机油复合剂	通用齿轮油复合剂	蜗轮蜗杆油复合剂
API CI-4 级别柴油机油复合剂	抗磨液压油复合剂	防锈油复合剂

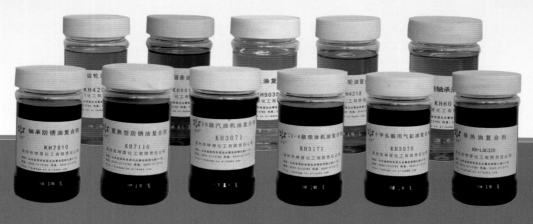

地址：山东省滨州市滨北办事处梧桐七路 511 号　电话：0543-2113780　传真：0543-2113770
网址：http://www.bzkunhou.com

上海吉油环保科技有限公司
Shanghai Jilin Environmental Protection Technology Co.,Ltd.

上海吉油环保科技有限公司由原厦门万德富环保科技有限公司法人兼技术团队负责人共同以股份制创建。公司注册资金1000万元。公司座落在上海湾区科创中心上海国际化工生产性服务业功能区山阳镇海利路900弄12号。公司创建后"腾杰油"牌纳米油产品的加剂量在原基础上再次升级为1:12000,如此微量的添加量在市场罕见。

上海吉油环保科技有限公司"腾杰油"牌燃油添加剂,车、船应用省油有据!里程延伸尾气克星!动力养护直减用费!**油品伴侣、一用见利**!

荣获第十届全国生产力理论与实践科技创新成果一等奖

产品作用功能:微量添加油品好、提高动力、节省燃油、清除积碳、净化尾气、控车辆爆震与抖动、降噪音;对环保焦点氮氧化物具有独特治理功效;产品安全性高,不属易燃品,不腐蚀,对人、畜皮肤不伤害。与金属不产生反应;1:12000微量添加市场罕见。

使用方法:先加产品再加油,每瓶6毫升可配70升燃油。应用无碍!

地址:上海国际化工生产性服务业功能区山阳镇海利路900弄12号　电话:4008202507 021-67291669
网址:www.cnshgxjy.com　www.shshgxjy.com　http://www.cnshgxjy.com/

山东源根石油化工有限公司
Shandong Yuangen Petrochemical Co. Ltd.

山东源根石油化工有限公司位于山东省济宁市，是国内拥有较大规模和影响的大型润滑油生产型企业，是国家高新技术企业、国家火炬计划重点高新技术企业、全国润滑油行业质量领军企业、全国润滑油行业质量领先品牌、国家知识产权优势企业、山东省科技创新型企业、山东省知识产权示范企业、全国工商联石油业商会副会长单位，是中国工程机械工业协会、东风汽车公司等单位指定润滑油生产基地。

公司致力于润滑油行业，汇集了100多名多年从事润滑油、脂研发的高级工程技术人员以及大批管理人才，具有雄厚的技术力量和先进的管理机制，从研发到生产、销售、物流、售后等拥有完整的管理体系。检测仪器先进齐全，涵盖了润滑油出厂检验全部项目，拥有通过CNAS认可的国家级实验室。公司总占地270亩，基础油储存能力4.5万吨以上，产成品油储存能力2.5万多吨。拥有国内先进的自动生产流水线50余条，调和油设备全部自动化，具备年产各类润滑油、脂等产品35万吨的能力，可实现年销售收入40亿元。据行业协会统计，公司生产的工程机械用油，产量和销量连续12年为国内第一名，源根润滑油已成为中国润滑油行业知名品牌。

公司现已通过ISO9001、ISO14001、ISO/TS16949、OHSAS18001、HSE、德国奔驰公司、德国大众公司、德国曼公司、美国康明斯公司、沃尔沃公司、德国采埃孚公司以及全球权威的美国石油学会API等认证；公司主持制定行业标准2项，参与制定国家标准7项、行业标准5项，主持制定山东省地方标准2项。公司现已在全国30多个省、市、自治区建立1000多家代理，经销商4000余家，深受用户的好评。用户遍及汽车制造、工程机械制造、钢铁、煤矿综采设备、火力发电设备、冶金工程机械、船舶动力设备、纺织机械设备等各个行业，产品覆盖工程机械用油、载重车辆用油、高级轿车用油、工业用油、润滑脂、防冻液等众多石油化工领域。

● 源根石化鸟瞰图

● 主要产品

国家工信部重点推荐节能润滑油产品
中国润滑油行业国家标准起草单位

源根车用油超凡保护 动力强劲

工程机械专用油耐腐系列

推土机专用油

挖掘机专用油

装载机专用油

燃气发动机油

富钨王柴油机油

劲耐力柴油机油

小松纯正油系列

工业油   润滑脂

防冻液

● 厂容厂貌

办公大楼

花园式工厂

基础油添加剂储存区

全自动脉冲调和系统

全自动生产流水线

研发中心

山东源根石油化工有限公司

地址：山东省济宁国家高新技术产业开发区开源路 12 号　　服务电话：400-618-3567

电话：0537-2337517　　0537-2613088　　网址：http://www.yuangensh.com

Richful
Lube Additive

　　新乡市瑞丰新材料股份有限公司（以下简称瑞丰新材）创建于 1996 年，是集科研、生产、销售为一体的高新技术企业，产品范围包括特种造纸化学品及润滑油添加剂。下设沈阳豪润达添加剂有限公司、沧州润孚添加剂有限公司、萱润（上海）化工科技有限公司，主营业务为无碳纸显色剂、润滑油添加剂等。

　　为客户创造价值，满足客户的个性化需求是我们一直追求的目标，通过二十年坚持不懈的努力，我们已经在特种造纸化学品领域创造了骄人的成绩，成为多家企业的战略供应商。2002 年，瑞丰新材进入润滑油添加剂行业，产品涵盖清净剂、分散剂、ZDDP、高温抗氧剂、汽机油复合剂、柴机油复合剂、船用油复合剂、工业油复合剂及燃料油清净剂等四十多个种类，一百多个产品，总产能超过 10 万吨。Richful 品牌添加剂产品已销往美国、欧洲、东南亚、中东等国家和地区，出口占比达 45%。

　　创新是企业发展的不竭动力，瑞丰新材先后成立了省级企业技术中心、润滑油添加剂研究院、压敏纸显色材料工程技术中心等多个研发机构和通过 CNAS 认证的分析检测中心，建立了润滑油工程实验室、发动机台架试验中心、清净剂、分散剂、ZDDP、抗氧剂等多个添加剂单剂实验室和润滑油行车试验组，拥有百余人的研发团队，获得数十项中国发明专利及 PCT 国际专利，同时，瑞丰新材注重产学研结合，与中石化北京石油化工科学研究院等科研院所建立了广泛的技术合作，为企业创新持续注入活力。

　　不忘初心，砥砺前行，瑞丰人坚守"创新、责任、服务、价值"的企业文化，勇担责任与使命，坚定地行走在可持续发展的道路上。致力于成为精细化学品领域全球领先的优秀供应商，提供更环保更节能更高效的产品与服务，与每一位客户携手并进合作共赢。

公司简介

主要产品

产品	供应	型号		
润滑油添加剂单剂	清净剂	RF1104 低碱值合成磺酸钙	RF1105 中碱值合成磺酸钙	RF1106 高碱值合成磺酸钙
		RF1106B 高碱值合成磺酸钙	RF1106D 超高碱值合成磺酸钙	RF1106D−500 超高碱值合成磺酸钙
		RF1106E 润滑脂专用 超高碱值合成磺酸钙	RF1107 超高碱值合成磺酸镁	RF1121 中碱值硫化烷基酚钙
		RF1122 高碱值硫化烷基酚钙	RF1123 超高碱值硫化烷基酚钙	RF1109B 中碱值烷基水杨酸钙
		RF1109C 高碱值烷基水杨酸钙	RF1109D 高碱值烷基水杨酸钙	
	分散剂	PIBSA−1000 聚异丁烯丁二酸酐	RF1151 单烯基丁二酰亚胺	RF1154 聚异丁烯丁二酰亚胺
		RF1154B 硼化聚异丁烯丁二酰亚胺	RF1161 高分子量聚异丁烯丁二酰亚胺	RF1146 新型聚异丁烯丁二酰亚胺
	ZDDP	RF2202 抗氧抗腐剂	RF2203 抗氧抗腐剂	RF2204 抗氧抗腐剂
		RF2204B 抗氧抗腐剂	RF2205 抗氧抗腐剂	
	高温抗氧剂	RF3323 无灰抗氧剂	RF5057 丁、辛基二苯胺	RF5067 壬基二苯胺
		RF1135 酚酯型抗氧剂	RF1035 硫醚型抗氧剂	
润滑油添加剂复合剂	RF6033 CD 级 柴油机油复合剂	RF6042 CF−4 级 柴油机油复合剂	RF6061 CH−4 级 柴油机油复合剂	RF6062 CH−4/CI−4 级 柴油机油复合剂
	RF6066 CH−4/CI−4 级 柴油机油复合剂	RF6071 CI−4 级 柴油机油复合剂	RF6072 CI−4+ 级 柴油机油复合剂	RF6133 SE/SF 级 汽油机油复合剂
	RF6141 SG 级 汽油机油复合剂	RF6152 SJ 级 汽油机油复合剂	RF6162 SL 级 汽油机油复合剂	RF6170 SM 级 汽油机油复合剂
	RF6173 SN 级 汽油机油复合剂	RF6175 SM/SN 级 汽油机油复合剂	RF6050 通用 柴机油复合剂	RF6153 通用 汽机油复合剂
	RF6400 通用型 内燃机油复合剂	RF6204 天然气（CNG） 发动机油复合剂	RF6163 二冲程摩托车油复合剂	RF6164 四冲程摩托车油复合剂
	RF6302 船用系统油复合剂	RF6312 船用汽缸油复合剂	RF6323、RF6324 中速 筒状活塞发动机复合剂	RF6325 船用 4030 中速 筒状活塞发动机油复合剂
	RF4201 车辆齿轮油复合剂	RF5012 抗磨液压油复合剂		
汽油清净剂	RF1202 汽油清净剂主剂	RF1205 汽油清净剂主剂	RF1206 汽油清净剂主剂	RF1200 汽油清净剂主剂

新乡市瑞丰新材料股份有限公司

地址：河南省新乡市新乡县大召营工业区新获路北

电话：+86-0373-5466555

传真：+86-0373-5466321

网址 www.sinoruifeng.com

邮箱：sale2@sinoruifeng.com

沈阳豪润达添加剂有限公司

地址：沈阳市浑南区三义街瑞宝东方大厦

联系人：王经理

电话：+86-024-31215756

传真：+86-024-31215756

网址：www.hrdtjj.com

邮箱：hrd@sinoruifeng.com

萱润（上海）化工科技有限公司

地址：上海市浦东新区中石化大厦1525 号西楼 1902 室

联系人：刘经理

电话：+86-021-58999571

传真：+86-021-58999085

网址：www.sinoxuan.com

邮箱：lcy0714@sinoruifeng.com

我们 致力于 取得突破

激情

解决方案
客户化和高效性

化学
专业和创新

人才
灵感和激情

雅富顿知道取得突破并不容易。雅富顿研发生产燃料和润滑油的专用化学品已有近百年经验，我们知道突破源于合作，源于创新思维和下一代技术，源于全球性覆盖和知识本地化。这些都是雅富顿所拥有，还有更重要的——激情创造 解决之道。

Afton Chemical knows that breakthroughs don't come easily. With nearly 100 years of experience developing and manufacturing specialty chemicals for fuels and lubricants, we know that breakthroughs come from collaboration. They come from innovative thinking and next-generation technology. They come from a global reach, strengthened by localized knowledge. These are all things Afton has, along with something more—a Passion for Solutions.

雅富顿添加剂（北京）有限公司
地址：中国北京市建国门外大街1号国贸大厦一座707室　邮编：100004
电话：+86 10 6535 0000

AftonChemical.com

Afton
CHEMICAL
Passion for Solutions®

© 2018. Afton Chemical Corporation 是 NewMarket Corporation (NYSE:NEU) 的全资子公司。

HiTEC® 12200 系列
对现实世界的理解　创造真实的优势

　　寻求在一流实验室内研发技术先进的重型发动机润滑油添加剂前，我们先行走出去亲身体验重型柴机油用户所面对的一些最严苛、最简陋的工作环境。正是采取了这种方式，我们获得了许多有价值的信息，最终研发出 HiTEC® 12200 系列。

　　无论在常规车辆驾驶性能方面还是非公路设备性能方面，我们已经与石油公司建立起长达90多年的合作伙伴关系。

www.aftonchemical.com/advantages

* 雅富顿中国重型柴油使用与倾向研究 2014 – 在中国平均换油期是 16,000 公里

斯派超科技公司总部位于美国波士顿,创建于上世纪 80 年代初,专业从事设备状态监测的分析仪器和软件开发,是一家全球范围内最大的工业和军队油液分析仪器供应商之一,是全球在用油分析领域的领导者和推动者。客户涉及:军事、石化、矿山、船舶、电力以及商业实验室等诸多领域。产品包括用于磨损金属分析的光谱仪、油液老化和污染分析仪、颗粒计数器分析仪和成套的实验室油液分析系统,所有这些设备都可通过 TruVu 360™ 油液智能监测平台进行管理。

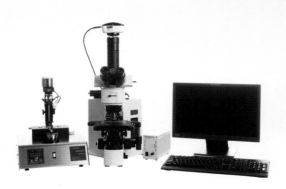

铁谱仪

全自动智能油液监测系统

油料光谱仪

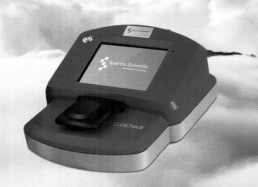

防冻液 &DEF 溶液检测仪

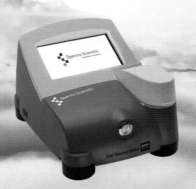

燃油嗅探仪

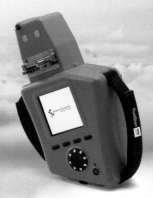

便携式油液状态分析仪

全球在用油分析领域的领导者和推动者

多功能磨粒分析仪

便携式黏度计

现场综合油液监测系统

便携式铁量仪

便携式油液监测实验室

地址：北京市经济技术开发区宏达利德工业园 1 幢 211 室　电话：010-67857242　400-666-2805
邮编：100176　网址：www.spectrosci.com.cn

MJ
The Additive Company

抚顺美精石化添加剂有限公司

公司简介

抚顺——中国石油炼制的摇篮，近一个世纪的石油炼制基础，蕴含了丰富的石油炼制底蕴！

成立于 1999 年的抚顺美精石化添加剂有限公司，是中国石油天然气股份有限公司抚顺石化公司创立的专业添加剂合资公司，集炼油工艺化学品与油品添加剂的生产、研发与销售于一体，在业内具有丰富的生产服务经验并为客户提供全方位的解决方案。

2014 年公司改制为民营企业，在国家级大连西中岛石化产业园区建设的新厂已经投入运营，将是北方最大且专业的石化添加剂公司。

抚顺美精将一如既往秉承"诚中成"企业理念，践行"客户的需要就是我们的努力方向"企业宗旨。

炼油工艺化学品

ASL-1210 阻垢剂系列

ASL-1215 加氢催化剂表面积碳冲洗剂

AD-5948 沥青烯分散剂

油品添加剂

Gascom-400 汽油清净剂

Discom-400 柴油清净剂

GSL-2525 汽油润滑性改进剂

DSL-2323 柴油润滑性改进剂

D-8090 十六烷值改进剂

AGC-2021 醇汽油抗腐蚀剂

润滑油添加剂

MJ-T371 极压抗磨剂

MJ-4204 通用齿轮油复合剂

资质证书

地址：辽宁省抚顺市新抚区浑河南路万达广场 14#2 单元 4 层　　电话：024-52353995　13504136086

厂址：大连长兴岛经济区西中岛石化园区北二路 2 号　　网址：www.fsmeijing.com

范德比尔特（北京）贸易有限公司，负责范德比尔特化学有限责任公司在华的科研开发、技术支持和业务推广等活动。范德比尔特控股有限公司旗下的范德比尔特化学有限责任公司已有百年历史。润滑油添加剂是范德比尔特化学有限责任公司主要的产品类别之一。范德比尔特化学有限责任公司是多项润滑油添加剂，如有机钼、硼、钨类摩擦改进剂、硫代氨基甲酸类抗氧剂、巯基噻二唑类极压抗磨剂等原创专利的拥有者，是世界知名润滑油、复合添加剂企业的主要供应商。范德比尔特润滑添加剂主要有抗氧剂、极压抗磨剂、摩擦改进剂、金属钝化剂和防锈剂，被广泛应用于发动机油、齿轮油、工业润滑油、润滑脂和金属加工液。

范德比尔特润滑添加剂
使您的油品脱颖而出、成就非凡性能！

抗氧剂：

Vanlube® BHC 含酯基酚类抗氧剂

Vanlube 961 辛基丁基二苯胺

Vanlube 81 高纯度二辛基二苯胺

Vanlube 1202 烷基化 N—苯基—a—萘胺

Vanlube 887 无灰抗氧协合剂

Vanlube AZ 二戊基二硫代氨基甲酸锌

Vanlube 7723 亚甲基双二丁基二硫代氨基甲酸

Vanlube 996E 改性硫代氨基甲酸酯衍生物

极压抗磨剂：

Vanlube® 7611M 无灰二烷基二硫代磷酸酯

Vanlube 672/692 磷酸酯胺盐

Vanlube 829 DMTD 二聚物

Vanlube 972M DMTD 多聚体液体衍生物

Vanlube 73SP 硫代氨基甲酸锑／锌双金属盐

有机钼摩擦改进剂：

Molyvan® L 二烷基二硫代磷酸钼

Molyvan 822 二硫代氨基甲酸钼

Molyvan 3000 高硫高钼含量液体 MoDTC

Molyvan A 二丁基二硫代氨基甲酸钼

Molyvan 855 非硫磷型有机钼化合物

有机减摩／抗磨剂：

Vanlube® 289 有机硼酸酯

Vanlube 871 DMTD 单体衍生物

金属钝化剂、防锈剂：

Cuvan® 303 甲基苯三唑衍生物

Cuvan 826 二巯基噻二唑衍生物

Vanlube Rl—A 十二烯基琥珀酸衍生物

Vanlube Rl—G 咪唑啉脂肪酸衍生物

Vanlube Rl—BSN 中性二壬基萘磺酸钡

Vanlube Rl—CSN 中性二壬基萘磺酸钙

Vanlube Rl—ZSN 中性二壬基萘磺酸锌

深圳市鸿庆泰石油添加剂有限公司
Shenzhen HQT Petroleum & Additive CO.LTD

公司简介

　　深圳市鸿庆泰石油添加剂有限公司是集研发、生产、销售为一体的综合性企业，是我国华南地区最具规模和实力的石油添加剂、合成基础油、合成润滑油产品生产商和经销商。我公司拥有中石油锦州石化分公司等著名企业的添加剂产品经销权，主营产品：润滑油、各种添加剂单剂、发动机油复合剂、液压油复合剂、齿轮油复合剂、空压机油复合剂、导热油复合剂、导轨油复合剂等，及各种合成基础油。

　　本公司成立二十余年来，自有品牌HQT所属的一百多种产品均采用国际先进的生产工艺、科学配方精制而成，远销海外市场。本公司拥有先进的自动灌装设备，可承接各种代加工业务。在研发领域，我司自主研发的，以HQT8619A为代表的系列优质黏度指数改进剂，不但稠化能力强，同时还具有优良的低温流动性、很好的高温抗剪切稳定性；3#大分子重烷合成油，同时具有PAO和酯类油的优点；以上两种产品已被广泛使用在各种高级润滑油中，并帮助客户取得了很明显的经济效益。

　　"为客户持续提供优质的产品和服务"是我们贯彻始终的宗旨。"做润滑油行业新材料的开拓者"是我们的企业目标。

资质证书

主要产品

SN 0W40
全合成汽油机油

HQT9912
CH-4/SG柴油机油复合剂

CI-4/SL 15W40
长寿命合成柴油机油

HQT8619A
高抗剪切黏度指数改进剂(SSI:<10)

3#大分子
重烷合成油

HQT5023A 合成导热油

深圳市鸿庆泰石油添加剂有限公司　　联系人：胡波 13902961183

电话：+86-755-88850883　　　　邮箱：hqthubo@163.com

传真：+86-755-84071978　　　　网址：http://www.shenzhenhqt.com

High Quality from Technology
equals to

精联 JINEX

诚挚地欢迎使用精联 PIB

追求更高质量、更好的服务是我们永远的目标

锦州精联润滑油添加剂有限公司是中国石油天然气股份有限公司与润英联控股有限公司 (INFINEUM HOLDINGS B.V.) 的中荷合资公司。公司成立于 1995 年 10 月，目前投资总额达四千三百多万美元，注册资本一千九百万美元。主要产品为低活性低分子聚异丁烯系列产品，以满足国际和国内市场对中高档润滑油产品及添加剂／乳化剂生产原料、胶黏剂和密封剂、电绝缘用油、橡胶和塑料改性、盾尾密封油脂、防水材料等行业日益增长的需求。目前聚异丁烯生产装置的生产能力为 3 万吨／年，在国内同类装置中生产能力最大。

公司位于辽宁省锦州市古塔区重庆路 2 号，现有员工 91 人，是国内第一家润滑油添加剂合资企业。1995 年顺利通过 ISO9002 质量体系认证，2006 年通过 ISO14001 环境管理体系认证，成为国内同行业首家获得此认证的企业。目前公司的产品除中国大陆外已远销印度尼西亚、韩国、新加坡、澳大利亚、印度、菲律宾、泰国、越南等国家。公司的出口量近年来在锦州市一直名列前茅。公司的聚异丁烯产品多次在国际著名公司参与的国际招标中胜出。

公司充分利用双方母公司的资源优势、先进技术及管理模式，以"精益求精、联合发展"为质量方针，提供铁路、海运、公路运输方式，散装及桶装等包装方式满足客户需求，为顾客提供优质的产品和服务。

选择精联 PIB、您同时选择了无限的商机、与您联合发展

产品特性

1. 无毒、无味、无色透明的黏稠液体
2. 具有纯净性、相溶性、高温分解无残留性
3. 抗剪切稳定性、增黏性、降凝剂感受性好、较好的氧化安定性、理想的润滑性
4. 具有不透气憎水性、兼溶性及流动性、密封性、耐氧化性
5. 较低的分子量分布、具有优异的电绝缘性
6. 具有双键化学性质稳定烯烃，一定条件下可以发生化学反应
7. 不含硫、氮、氧等元素的碳氢聚合物

产品应用

润滑油、润滑脂；润滑油添加剂；乳化炸药乳化剂；金属加工用油；电绝缘油及绝缘材料；密封剂及胶粘剂；可塑剂及软化剂（橡胶及蜡改性）；防水、沥青改性、涂料等。

地址：辽宁省锦州市古塔区士英街 101-65 号　　邮编：121001

传真：0416-4154182　　　　　　　电话：0416-4981015/4981016/4159047/4153969/ 4157547（出口）/4265779

网址：www.jinex.com.cn　　　　　　邮箱：lfj@jinex.com.cn　　zy@jinex.com.cn

江苏剑峤化工有限公司

地址：江苏省淮安市洪泽县盐化工开发区李湾路16号　　电话：0517-87618288　联系人：张小刚　电话：13685233524

高分子乳化剂 T-152

高分子乳化剂 T-154

高分子乳化剂 T-155

乳化剂 Span 80

乳化复合油相

PIBSA

江苏剑峤化工有限公司系安徽江南化工股份有限公司（股票代码：002226）控股子公司，坐落于江苏省淮安市盐化新材料产业园区内。西邻中国四大淡水湖之一的洪泽湖，东接白马湖，北靠苏北灌溉总渠，环境优雅，气候宜人。地理位置优越，交通便利，紧邻长深（宁连）高速、205国道、淮安机场及京杭大运河，2小时可到达南京机场。

江苏剑峤化工有限公司是一家从事民爆物品关键原材料和润滑油添加剂及树脂改性剂的专业生产厂家，从业至今已有20余年，产品深受国内外客户的青睐。

公司占地33800平方米，新建标准化厂房清洁明亮，建有分散剂（T-152、T-154、T-155），高分子乳化剂、乳化剂Span80、复合油相等车间，拥有全新的设备、先进的生产工艺、西门子DCS自动控制系统、国内领先的分析仪器，为优质产品的生产提供了技术保障。ISO9001国际质量认证及完善的组织为产品质量提供了管理保证。公司与相关高等院校及专业研究机构密切合作，保证产品的先进性和研发的前瞻性。

江苏剑峤化工有限公司以"行业第一"为战略目标，以技品领先为法则，为客户提供优质的产品和服务，全力打造行业一流的企业。

锦州安泰化工材料有限公司

公司简介

　　锦州安泰化工材料有限公司始建于2004年，是专业从事润滑油添加剂产品经营、开发和生产的企业。公司具有强大的产品研发能力，产品销售遍布全国，产品质量和服务在业内受到一致好评。公司与国内外诸多润滑油添加剂生产企业和科研机构有着密切合作关系，为产品的开发与生产提供了有力的技术保障。公司现有无灰分散剂、磺酸盐清净剂、ZDDP、极压抗磨剂、酚盐和内燃机油复合剂、齿轮油复合剂、液压油复合剂、金属加工油复合剂等两大类九个系列40多个品种，并可对不同客户的个性需求提供专门的技术指导与服务，满足客户的特殊要求。

　　锦州安泰化工材料有限公司地处渤海之滨辽宁锦州，是我国润滑油添加剂生产基地，具有独特的区位产业优势。公司一直奉行"质量、信誉、服务"的"三一"经营理念，视产品质量为公司的生命，始终如一地为客户提供满意的服务。同时，公司一直致力于我国润滑油添加剂赶超世界先进水平的基础工作。欢迎业内有识之士来公司洽谈业务，合作共赢。

产品示例

地址：辽宁省锦州市凌河区厚生街东湖国际2-17号

电话：0416-2881138　13904165551　传真：0416-2888918

电子邮箱：antaimeng@163.com　　网址：jzathg.cn.alibaba.com

邯郸市宁龙润滑油添加剂有限公司
Handan Ninglong Lubricant Additives Co. Ltd.

邯郸市宁龙润滑油添加剂有限公司成立于 2006 年 12 月，位于河北省邯郸市成安经济开发区，占地 35 亩。年产 5000 余吨润滑油添加剂（清净分散剂），主要生产润滑油、脂添加剂等系列产品。

多年以来，与中外多家研究院、国家重点院校的专家教授共同研制开发了 T104 低碱值合成磺酸钙、T105 中碱值合成磺酸钙、T106 高碱值合成磺酸钙、T106D 超高碱值合成磺酸钙以及复合磺酸钙基脂专用剂 FT-1、FT-2、FT-3、FT-4 等系列产品，其中 FT-1、FT-2 已在国内外博得诸多润滑脂厂商的一致好评，最新研发的 FT-3、FT-4 产品也进行了批量生产，且得到了广大用户的认可，经评定应用与国外同类产品基本相当，且性价比较高。目前，我公司已通过 GB/T 19001-2016/ISO 9001：2015 质量管理体系认证、GB/T28001-2011/OHSAS18001：2007 职业健康安全管理体系认证、GB/T 24001-2016/ISO 14001：2015 环境管理体系认证，同时被评定为河北省高科技企业。公司利用先进的生产工艺，生产的产品以其颜色浅、油溶性好、产品独特、转化快、质量稳定等特点，深受广大用户好评。

我们愿以品质、诚信、服务、合作双赢的理念与行业内广大朋友共创美好未来！

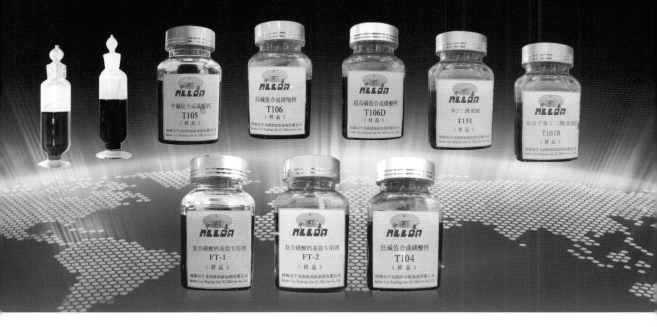

产品名称	产品代号	产品系列	包装规格
低碱值合成磺酸钙	T104	清净剂	180kg/桶
中碱值合成磺酸钙	T105	清净剂	200kg/桶
高碱值合成磺酸钙	T106	清净剂	200kg/桶
超高碱值合成磺酸钙	T106D	清净剂	200kg/桶
复合磺酸钙基脂专用剂	FT-1	专用剂	200kg/桶
复合磺酸钙基脂专用剂	FT-2	专用剂	200kg/桶
复合磺酸钙基脂专用剂	FT-3	专用剂	200kg/桶
复合磺酸钙基脂专用剂	FT-4	专用剂	200kg/桶
单丁二酰亚胺	T151	分散剂	170kg/桶
高分子量丁二酰亚胺	T161B	分散剂	170kg/桶

地址：河北省邯郸市成安县工业区聚良大道 13 号东院　邮编：056700　电话：0310-7216989
传真：0310-7210115　联系人：宁亚东 15831018911　李兴隆 13603308318　王文天 13931012240

JIAJIN 济南佳进新材料有限公司

佳　　　进　JINAN JIAJIN TECHNOLOGY DEVOLOPMENT CO.,LTD

实验室　　　　生产设备

公司简介

　　济南佳进新材料有限公司位于济南市天桥区济南新材料产业园安康路347号1号楼B栋，地理位置优越，园区规范有序。

　　公司专业从事润滑油复合剂的研发与产品销售。产品系列化、专业化，有车用、船用内燃机油复合添加剂、抗磨液压油复合添加剂等。公司对于产品的研发，坚持高效、环保、节能的理念，致力于润滑油行业的可持续发展，始终关注并承担起相应的社会责任。

　　公司有专业的技术服务团队，团队由相关专业的研究生、本科生组成，具有丰富的实践经验和产品服务经验。公司的实验室，具有比较完善的仪器，服务于产品研发以及客户的实际需要。同时公司还与相关科研机构、大学进行合作，在有关专家指导下，实时了解市场动态，关注市场产品的发展，也推动公司产品的升级换代。"质量第一、信誉至上、服务入微"是公司一直秉承的企业经营准则。"诚实是做人之本、守信是立业之根"，始终贯穿于公司的工作、管理、服务之中。在市场竞争日趋激烈的情况下，公司依靠科研技术求发展，开拓适合市场需要的产品。

　　在以后的发展中，公司将继续加大科研投入，提高产品研发能力；提高工艺技术装备和产品水平，加强管理。

　　我们竭诚欢迎各位光临惠顾指导！希望与业内朋友精诚合作，共创美好未来！

主要产品

T612 黏度指数改进剂

T613 黏度指数改进剂

T614 黏度指数改进剂

T615 黏度指数改进剂

T619 黏度指数改进剂

T637 黏度指数改进剂

T661 黏度指数改进剂

JT3164 柴油机油复合剂

JT3140 柴油机油复合剂

JT3060 SJ 级汽油机油复合剂

JT3080 汽油机油复合剂

JT3280 内燃机油复合剂

JT3274 内燃机油复合剂

JT3188 内燃机油复合剂

T4208 通用齿轮油复合剂

JT9022C 含锌抗磨液压油复合剂

通讯地址：济南市工业南路 102 号东领尚座商务大厦 402 室　　　客户服务：(0531) 88796769　传真：(0531) 88925246

邮编：250014　　　　　　　　　　　　　　　　　　　　　　　网址：http://www.jiajin.com.cn

电话（总机）：(0531) 62330526 62330286　　　　　　　　　E-mail：jinanjiajin@163.com

联诺科技 LANDNOK TECHNOLOGY
--下一代高效环保切削液、磨削液生产商

| 公司简介 |

广州市联诺化工科技有限公司，成立于2003年，坐落在广州市国家级经济开发区南沙新区东涌镇内，生产基地占地1.4万平方米。经过10余年的市场磨砺与洗礼，联诺迅速发展成为一家集研发、生产、营销于一体，专注于金属加工液产品的现代化高新技术企业。自公司成立以来，在国家政策的鼓励和扶持下，通过自身不懈的努力，先后获得"广东省高新技术企业"、"广州市科技小巨人企业"、"广州市著名商标"、"企业信用评价AAA级信用企业"、"广州市民营科技型企业"等荣誉称号。

 联诺公司　 联诺办工室　 联诺实验室

 花园式办公楼　联诺展会　 联诺生产车间

目前，联诺化工已获得国家授权的发明专利9项，已受理的国家发明专利3项，公司设有独立的技术研发中心，拥有专业的检测分析设备，公司先后通过ISO9001质量认证和ISO14001环保认证，产品符合SGS检测标准、ROHS环保标准认证，所有产品都建立了MSDS安全数据报告。

联诺-个性化金属加工油液及复合包定制商

/专注切削液行业20年，拥有大量切削液大数据
/拥有300多个个性配方及客户案例
/拥有标准化，模块化产品研发平台
/切削液零排放产品及设备系统解决商

切削液合作，找联诺！全国合作加盟热线：
4008-874-874

联诺工业 4.0 时代切削液　全新

主打优势产品系列

产品系列	相关型号
SCC系列全合环保成切削液	SCC730全合成通用型切削液，SCC750全合成低泡磨削液，SCC760全合成极压润滑切削液，SCC790硬质合金切削液，SCC790A水性玻璃切削液
SCC系列乳液/半合成环保切削液	SCC101长效防锈乳化油，SCC102有色金属加工专用微乳液，SCC618黑色金属加工用半合成长寿命环保切削液，SCC638有色金属加工用半合成长寿命环保切削液
RP系列防锈油	RP013长效防锈油、RP014高盐雾薄层防锈油、RP015强效脱水防锈油、RP016户外硬膜防锈油、RP018环保防锈液及防锈复合包
NC系列金属加工用油	NC多功能切削油，BT多材质冲压拉伸油，MPS高效冷墩强缩油，APS挥发性冲剪油，RH微量雾状润滑油，CCT高性能拉丝油，设备用油

广州市联诺化工科技有限公司
Landnok Chemical (Guangzhou) Co., Ltd

沈阳帕卡濑精有限总公司
SHENYANG PARKERIZING CO.,LTD.

沈阳帕卡濑精有限总公司是由沈阳浩博实业有限公司、日本帕卡濑精（株）、蝶理（株）两国三方根据平等互利的原则，共同出资兴建的沈阳市第一家中日合资企业，于1985年9月成立，1986年5月正式投产。主要生产和销售金属表面处理剂、车用密封胶、轧制油、防锈油（蜡）、水处理剂、金属加工用剂等400余种系列产品。工厂占地面积32000m²，注册资本3440万元，生产产能2万余吨，主要服务于钢铁、汽车、家电、塑性加工、机械加工等行业。同时根据用户需求，承揽各种金属零部件的防腐、耐磨、染黑等防锈加工及二硫化钼润滑处理业务。

公司以"致力于金属资源保护，实现所有金属免于腐蚀之忧"为目标，始终坚持"引进、改良、创新"相结合的研发理念，建有省级技术中心，拥有一支有理想、高素质的专业化研发团队，同时购进了具有世界先进水平的分析仪器和检测设备，为自主创新提供了坚实的保障。在自主创新的前提下，充分利用自身优势，与高校、科研院所联合开发，探索国际化、高水平的金属表面处理技术，公司拥有自主知识产权的产品比重逐年增加，走出了一条合资企业拥有自己自主知识产权的新路，成为了国家级高新技术企业。

为了满足国内、外广大客户的要求，提升公司的产品质量和管理水平，公司于1997年通过ISO 9002质量体系认证；于2007年通过ISO/TS 16949质量体系认证；于2010年通过ISO 14001环境管理体系认证；于2012年通过了危化企业安全标准化认证；于2015年通过清洁生产审核。

公司愿以先进的管理理念，现代化的经营模式，致力于产业报国，为实现所有金属免于腐蚀之忧和绿色、环保、节能的社会责任而贡献应有的力量，做有责任、受尊重的国际一流企业。

机械加工行业

沈阳帕卡濑精有限总公司长期致力于机械加工领域的服务，公司具有一整套适用于机械加工行业的化学品。主要产品包括清洗剂、防锈剂、切削液等，并提供全面技术服务解决方案，产品在发动机、压缩机、汽车零部件加工、液压件等行业广泛应用。

产品介绍（切削液）

类别	品名	类型	标准处理条件 浓度/%	标准处理条件 pH	产品特点
切削液	SCF-2000	乳油型	5-8	9.5±0.5	润滑性高，适合黑色金属，如铰孔、镗孔、深度攻丝
	SCF-2100	半合成	5-8	9.2±0.5	主要适用于铝制品的加工，如铰削、镗削、铣削、攻丝及深度钻孔
	SCF-2101	半合成	5-8	9.2±0.5	主要适用于铝制品的加工，高耐菌性
	SCF-2117	半合成	5-8	9.2±0.5	主要适用于铝制品和钛合金的加工，如铰削、镗削、铣削、攻丝及深度钻孔，低气味
	SCF-2400	半合成	2-8	10.1±0.5	适用于各种水质下铸铁、碳钢加工。适用于各种磨削，切削及加工中心
	SCF-3000	全合成	2-8	8.0±0.5	水性产品，不含有害物质，可用于磨削和切削液产品
	SCF-3100	全合成	2-8	9.2±0.5	水性产品，不含有害物质，可用于钢件的磨削和切削加工
	SCF-3200	全合成	2-8	9.5±0.5	水性产品，不含有害物质，可用于钢件的切削加工

产品介绍（清洗剂）

类别	品名	标准处理条件 方法	温度/℃	浓度/%	产品特点
清洗剂	PK-4910N	喷淋	20-70	0.5-5	洗净效果好，可短期防锈
	PK-7160	喷淋	20-70	0.5-2	洗净效果好，可短期防锈
	PK-BC30	喷淋、浸渍	20-70	0.5-3	洗净效果好，可防锈3-6天
	SP-300	喷淋、浸渍	40-70	0.5-3	洗净效果好，可防锈3-6天
	SP-300Y	喷淋、浸渍	40-70	0.5-3	洗净效果好，可防锈15天
	SP-308	浸渍、擦拭	常温	原液	不易燃，可替代汽油、柴油
	SP-3318	喷淋	常温	0.5-3	常温型，清洗效果好，防锈期
	SP-3328	喷淋	常温	0.5-3	常温型，清洗效果好，适合铝件清洗
	SP-340	浸渍	40-70	5-10	酸性清洗剂，可有效去除表面氧化物
	SP-350	浸渍	常温	原液	去除模具上残留的金属铝

产品介绍（防锈剂）

类别	品名	标准处理条件 方法	温度/℃	浓度/%	产品特点
防锈剂	PK-6000	喷淋、浸渍	20-70	1-5	清洗后残留物少，可防锈2-5天
	SP-410	浸渍	80-90	10-15	不锈钢盘条应用，可防锈半年
	SP-420	喷淋、浸渍	20-70	1-5	液体防锈剂，可防锈5~7天
	SP-421	喷淋、浸渍	20-70	1-10	液体防锈剂，可防锈半年
	SP-422	喷淋、浸渍	20-70	1-5	清洗后残留物少，可防锈2-5天
	SP-401	浸渍	常温	0.2-0.5	酸性防锈剂，用于第一道水洗
	SP-402	浸渍	常温	0.2-0.5	酸性防锈剂，用于第二道水洗

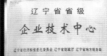

沈阳帕卡濑精有限总公司　公司地址：沈阳市大东区小什字街21号
邮编：110042　电话：024—84314016、18624098136　邮箱：xiamingju@syparker.com

瑞宝 RUIBAO

中国工业清洗剂领导品牌

江西瑞思博化工有限公司始建于1998年，是国内规模化、专业化生产工业清洗剂的骨干企业，国家级高新技术企业，集研发、生产、销售、服务于一体。公司现有一批具有丰富实践经验的精细化工专家和数千平方米的国家级精细化工重点实验基地，是目前中国最具实力的清洗材料研发基地之一，现已获得数十项国家发明专利。汇聚着一流的设备和一流的人才，凭借雄厚的技术力量和完善的质量服务保障体系，依靠持续的科技创新和严格的科学管理，相继推出了工业精密清洗、轨道交通清洗、维护保养清洗三大类上百品种的清洗剂，广泛应用于五金加工、机械制造、铁路、电力、军工、汽车制造等诸多清洗领域。公司于2013年被列入国家重大产业振兴项目单位，2016年成立了中国轨道交通清洗剂检验、检测公共服务平台，承担着国家高端工业清洗剂材料的研究及开发任务。

产品展示 PRODUCT DISPLAY

RS-901防锈油复合剂

高档防锈油、超长期防锈油的高效复合剂。具有膜薄、超强的防锈性能。高效防锈油复合剂为棕色液体，添加多种高效缓蚀剂、强力防锈剂、钝化剂、特种添加剂等多种添加剂，经精湛工艺配制而成。

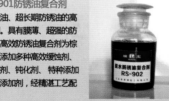

RS-902脱水防锈油复合剂

置换型防锈油、脱水型防锈油高效复合剂。具有脱水、脱废液、防锈三重功效。

本品为棕色液体，添加多种高效缓蚀剂、强力脱水剂、防锈剂、钝化剂等多种添加剂，经精湛工艺配制而成。

RS-903 有机高聚羧酸胺盐

一般最适合钢铁、有优异的防腐蚀力，也能用于铝、铜、锌等金属。其突出防锈特点是以极低的浓度(0.2%～0.25%)的工作液即具有比亚硝酸盐体系更好的工序防锈性能，且膜层为无色，对于抛光钢铁材料的防锈喷涂透明光油可显现出良好镜面质感而无杂色。

RS-904有机硼酸酯胺盐

一般对钢铁、铸铁有优异的防腐蚀力，是亚硝酸盐的替代品，在铝及合金、锌及合金叶可应用。

RSB-102精密金属清洗剂

采用多种进口优质表面活性剂、强力乳化剂、渗透剂，并配有公司自主研发的专利技术螯合剂及金属表面保护剂和去离子水配制而成，其特有的超洁精密洗净效果优于传统清洗产品，能适应不同类型精密零件的精密洗净而达到洁净、光亮无痕的效果。

RSB-103低泡防锈金属清洗剂

本品是国内唯——款专为喷淋清洗研发的低泡防锈清洗产品，使钢铁零部件清洗、防锈同时完成，成功克服了先清洗再防锈的复杂清洗工艺弱点；为用户简化了清洗工艺流程，降低了生产成本，并且环保易排放。本品为国家发明专利产品，适合高端精密制造客户使用。

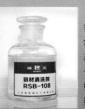

RSB-108铝材清洗剂

由优质表面活性剂、复合渗透剂、分散剂、螯合剂、特种有色金属材料保护剂、清洗助剂、去离子水等。产品高效优良，能满足铝、锌及各种不同铝合金的清洗要求。

RSB-606水性防锈剂

由优质有机防锈剂、成膜剂、润湿铺展剂、分散保湿剂、pH调节剂、去离子水等配制而成，是一种高效水性防锈剂。用于铸铁、碳钢、合金钢、模具钢等材质工序间的防锈保护及其零部件的短期防腐防锈，防锈期随防锈剂使用浓度不同可达几天至3个月。

RSB-608乳化防锈油

由优质复合乳化表面活性剂、增溶助剂、复合有机防锈添加剂、优质矿物油等组成。用于铸铁、碳钢、合金钢、模具钢等材质工序间的防锈保护及其零部件的短期防腐防锈，防锈期随防锈剂使用浓度不同可达几天至半年，且产品对轻度的油污有清洗作用。

江西瑞思博化工有限公司

地址：宜春市环城南路585号

网址：www.jxruisibo.com

电话：18679500922（雷先生）
　　　18770550068（付女士）

营口星火化工有限公司
YINGKOU STARFIRECHEMICALCO.LTD

营口星火化工有限公司始建于一九九三年，是一家从事科学研究、开发、生产和销售于一体的精细化工企业。经过多年不断地创新研发，产品形成五个系列，五十余种产品。

公司主要产品
合成酯类润滑油基础油
聚酯
偏苯三酸酯
季戊四醇酯
三羟甲基丙烷酯
双酯
内燃机油专用基础油
冷冻机油专用基础油
压缩机油专用基础油
齿轮油专用基础油
高温链条油专用基础油
航空发动机油专用基础油

发动机冷却液缓蚀复合剂
聚羧酸缓蚀剂 191
有机（半有机）型冷却液缓蚀复合剂

合成酯类润滑油基础油：

以低凝点、高闪点、高黏度指数的双酯、单酯、多元醇酯、多元酸酯、复合酯等酯类基础油为主导。

汽车发动机冷却液缓蚀复合剂：

以有机（半有机）型冷却液缓蚀复合剂及聚羧酸缓蚀剂为主导。

公司的核心产品合成酯类润滑油基础油的年生产能力在 8000 吨以上，其中聚酯产品生产能力 2000 吨并填补国内空白，发动机冷却液缓蚀复合剂在 1500 吨以上。产品性能和质量可与禾大、美孚等世界著名品牌的产品相媲美。产品已被中石化、山推、柳工、哈飞、一汽等大型企业所配套使用，并远销海外，在欧盟等国家和地区有固定的客户，长期合作，并以高品质获得了海内外客户的认可。同时，我公司生产的发动机冷却液缓蚀复合剂系列产品经中国人民解放军油料及油料装备检测试验中心检测，其技术指标达到部颁标准和国家标准。

我公司具有完善的企业管理体系和高素质的员工队伍，技术力量雄厚，生产工艺设备先进，质检手段完备。并长期与高等院校、科研院所建立合作关系。引进国内外先进技术，坚持可持续发展，确保产品的优势地位。并具有严格的质量保证体系和营销服务体系。真诚欢迎与广大客户相互交流、合作、实现共赢！

营口星火化工有限公司　地址：辽宁省营口市老边区路南镇前塘村　电话：0417-3800938　手机：18341762856

诺泰生物科技（合肥）有限公司
NEUFECH(HEFEI)CO LTD

诺泰生物科技（合肥）有限公司是一家国家级高新技术企业，致力于特种油添加剂的研发与生产，公司集研发、生产、销售、服务为一体。依托雄厚的技术优势、现代化的生产设备、完善的实验设施与强大的服务力量，走出了一条跨越式发展的品牌之路。公司拥有防锈剂、杀菌剂、润滑剂和复合剂四大产品体系。各类产品的质量和技术含量均已达到世界先进水平，同时借助自身技术优势为金属加工液等特油生产企业提供配方研发、技术交流、人才培训等服务。

诺泰科技与中国科学技术大学、武汉大学等国内一流院校有着长期的研发合作关系。2008年通过了产品质量体系认证；2014年与合肥工业大学建立合肥工业大学诺泰工程技术中心；2015年获评安徽省创新型企业、合肥市知识产权示范企业、合肥市工程技术中心；2016年获评合肥市高新技术企业，合肥市知识产权贯标企业，2017年获评国家高新技术企业。诺泰科技总部位于安徽合肥，在重庆、广州、大连等多地设办事处和仓库，市场覆盖全国各地，并有部分出口欧洲、韩国、我国台湾等国家和地区。

产品系列及序号		产品描述	特点及应用
防锈缓蚀剂	NEUF 985	四元酸防锈剂	具有二元酸、三元酸同样的防锈性能，抗硬水好，泡沫低，不易腐败，成膜均匀。
	NEUF 485/485H/486	三元酸防锈剂	用于清洗剂、轧制液、切削液等表面处理液中，起缓蚀防锈作用。
	NEUF 585	有机酰基氨基酸防锈剂	用于各种水性、乳化性金属加工液、平整液、防冻液、轧制液等产品中，对聚醚具有耦合功能。
	NEUF 728	多元复合型防锈剂	不含亚硝酸盐，水溶性好，抗硬水好，易清洗、防锈性好。
	NEUF 726	氨基酸酯防锈剂	防锈性好，抗硬水好，泡沫低，具有很好的抑菌性。
	NEUF Y-80S	无灰防锈添加剂	气相防锈剂，水溶性好，对铜缓蚀剂有相互增效作用。
	NEUF 487	防锈水复合剂	可用于机械加工件工序间短期防锈，亦可用于金属设备、材料等运输中短期防锈。
	NEUF 187	妥尔油酰胺	可用于半、全合成金属加工液，作为润滑及乳化剂，乳化速度快、泡沫低、抗硬水好。
	NEUF 316/326/336	硼酸酯	具有很好的防锈性及抑菌性，与其他羧酸类防锈配合使用效果更佳。
	NEUF M914	偏硼酸酯	防锈缓蚀性能高、泡沫低、润滑性好。
	NEUF 815	硅氧烷酮铝缓蚀剂	广泛用于防冻液、液压支架液、水－乙二醇液压液、金属加工液中，用于铝缓蚀，对不同系列铝均有很好的缓蚀性能。
	NEUF 714	苯三唑衍生物	良好的防锈性防止钻溢出，对铜、铸铁、钢件、铝材等多金属均有很好的缓蚀性能。
	NEUF 715	铝铜缓蚀剂	非磷非硅缓蚀剂，对铝、铜等有色金属均具有较好的缓蚀性，多用于半合成和乳化油配方中。
润滑极压剂	NEUF 192	聚酯乳化剂	乳化能力强、抗硬水好、润滑性好，可用于半合成、乳化油等产品中。
	LY-3587	有机酸极压酯	具有极佳的金属润湿、润滑和极压性能，低泡、不易腐败，对有色金属具有缓蚀功能。
	LY-3582	自乳化抗磨酯	不含硫、氯、磷，是无灰型润滑剂，具有优异的润滑性，可用于全合成、半合成切削液配方中。
	LY-3586	自乳化润滑聚酯	润滑性好、泡沫低、抗硬水优异，推荐用于全合成和半合成铝加工。
	LYCO-S264	聚乙烯醇双酯	水溶性好、兑水外观溢清透明，抗硬水。
	LYCO-S364	八聚酸酯	较好的润滑性、生物稳定型，同时具有良好的铝缓蚀性能，多用于全合成铝加工切消液。
	LYCO-P08	水溶性磷酸酯	用于乳化、微乳化、全合成切消液、铝轧制液等加工，水溶性好，泡沫低，良好的铝缓蚀性。
	LYCO-P16	油性磷酸酯	油溶性好，气味低，稳定性好，极压性强，可用在全合成、半合成、乳化油及金属加工油中。
其他辅剂	N 8500	防锈油复合剂	采用优质防锈剂、抗氧剂、分散剂和铜缓蚀剂，可直接根据封存时间选择添加量，加入基础油即可使用。
	N 9612	乳化油复合剂	油溶性好、防锈优异、具有较好的润滑性和极压抗磨性，腐蚀性低，使用寿命长。
	N 9620	复合润滑剂	主要用于微乳切削液中，具有较好的润滑性，可满足黑色金属加工，磨削等工艺。
	NEUF 3033	精制妥尔油	多用于金属加工油乳化剂，润滑剂和防锈剂，具有较好的抗硬水性能。
	LYCO-R24	抗盐雾增强剂	能明显提高防锈油抗盐雾能力，也可以用于冲压、轧制、扩径等加工工艺。

诺泰生物科技（合肥）有限公司　地址：合肥市经济技术开发区青鸾路 28 号　网址：www.neuftech.cn

电话：0551-63857428　传真：0551-63436466　东北、西北、华北：吴　旭　13956026389　13956964845

华南：黄仕雄　15875307886　华东、华中、华南：都宜海　13856969945　13856945128

C 企业文化
CORPORATE CULTURE

承载着权威和信任
　　满足广大客户要求

Carries the authority and trust　Meet the requirements of our customers

公司产品

抗氧抗腐剂	T202	T203
极压抗磨剂	T305	T307
油　性　剂	T405	T406
降　凝　剂	T168	T602
防　锈　剂	T701	T702	T704	T705	T706	T746	T746A	T747

汽机油复合剂　TB2188　SJ/SM　　TB3060 SJ

柴机油复合剂　TB3158　CF–4　　TB3232 SF/CD　　TB–CH

液压油复合剂　TB3116　　　　TB8200

齿轮油复合剂　TB3118　　　　TB4028

导热油复合剂　TB–LQ

中速筒状油复合剂　TB3158

船舶系统油复合剂　TB3129

船用气缸油复合剂　TB3130

C 公司简介
COMPANY PROFILE

丹阳市博尔石油添加剂有限公司创建于 1998 年，位于沿海经济发达的长江三角洲江苏省镇江丹阳市皇塘镇工业集中区，紧邻南京、常州、无锡、苏州、上海，紧邻沪宁高速、沪宁、京沪高铁。距常州国际机场 20 公里，集南京禄口国际机场 60 公里，交通十分方便。

公司集科技发展及研发、生产、销售于一体，不断引进科学技术人员，使企业不断发展，并成立专业售后团队，配备产品的检测仪器。

公司承诺坚持以质量求生存，以优质的服务满足广大客户。

2008 年新建生产基地：新乡市金湖化工有限公司。

江苏·丹阳
0511-86622022
WWW.DYBOER.COM

丹阳市博尔石油添加剂有限公司

山东瑞兴阻燃科技有限公司
SHAN DONG RUI XING ZU RAN KE JI YOU XIAN GONG SI

山东瑞兴阻燃科技有限公司成立于 2013 年，立足山东省枣庄市峄城区峨山工业园，毗邻京沪高速、京台高速、京杭运河等，交通便利，物流便捷。

公司主营产品：①磷酸酯阻燃剂：磷酸三甲苯酯 TCP、磷酸三（二甲苯）酯 TXP、异丙基化磷酸三苯酯 IPPP、磷酸甲苯二苯酯 CDP；②润滑油添加剂：极压抗磨剂 T-304、T-306、T-307、T-323、T-399。产品通过 ISO9001、IOS14001、OHSAS18001、REACH、ROHS、信用等级等相关产品技术认证。

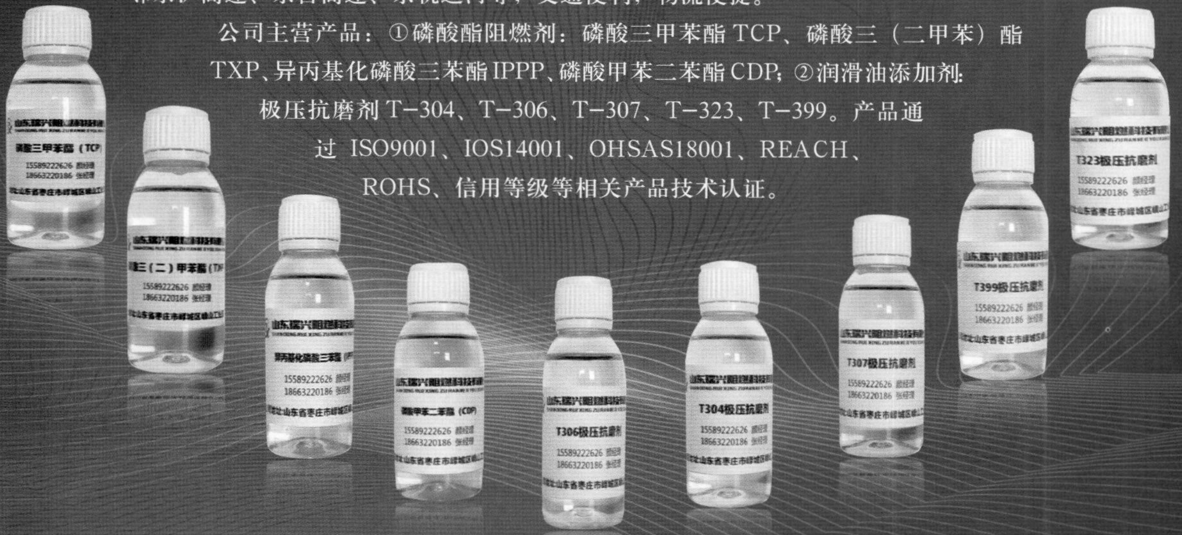

山东瑞兴阻燃科技有限公司是一家专业从事润滑油抗磨剂、磷酸酯系列阻燃剂、聚氨酯阻燃剂的生产销售公司。产品广泛适用于润滑油脂、添加剂、电子、电气、塑料、橡胶、合成材料、涂料、聚氨酯、树脂等工业领域。自公司成立以来，一直专注于新型润滑材料的研究与开发，致力于新产品、新领域的推广和应用。

公司占地 4 万平方米，拥有 6000 平方米生产车间，配备酯化、蒸馏、过滤灌装等自动化生产设备，公司以安全生产为第一要务，以产品质量为企业命脉，严格落实安全生产责任制度，遵守各岗位操作规程，从个人到班组每日总结已成为瑞兴对生产安全和产品质量的基本责任。

五年的发展历程，公司始终坚持"创新、品质、服务、节约、敬业、感恩"的十二字理念。严把质量关，提供全方位的服务跟踪，坚持做出高品质产品。我们以质量为生命、时间为信誉、价格为竞争力的经营信念，立足于神州大地。

山东瑞兴阻燃科技有限公司

地址：山东省枣庄市峄城区峨山镇（峨山工业园）

电话：0632-7785666

手机：18663220186

证书

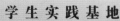

鸟瞰图

滨州仁泰化工有限公司
BINZHOU RENTAI CHEMICAL CO.,LTD.

   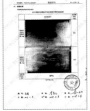

滨州仁泰化工有限公司坐落于孝子董永的故里——博兴县，公司于2014年7月1日正式注册成立，是一家集研发、生产、销售于一体的新型高科技企业，拥有多项国际领先技术和科研成果。公司积极响应国家"蓝天白云计划"，致力于研发符合国家节能减排政策的产品，此产品可节省燃油12.5%以上，减少PM$_{2.5}$排放。公司一贯坚持"仁义创企，诺重泰山"的宗旨，凭借着高质量的产品，良好的信誉，优质的服务，产品畅销全国近三十多个省、市、自治区，竭诚与国内外商家双赢合作，共同发展，共创辉煌！

地址：山东省滨州市博兴县经济开发区滨州仁泰化工有限公司　电话：18854326029 400-0177-665

SOFRON® 索孚润
青岛索孚润化工科技有限公司

青岛索孚润化工科技有限公司坐落于青岛市崂山区,是一家专业研发生产硼化稀土系列润滑油添加剂的高新技术企业。本公司引进加拿大团队的先进核心科技,共同自主研发生产各种润滑油添加剂的单剂以及复合剂。公司以产品质量为基础、以研发生产为依托,进行全球销售。所生产的润滑油添加剂具有综合增值能力和复合竞争能力。

"追求卓越,永不止步,环能未来,传递价值"是青岛索孚润化工科技有限公司的企业理念。国内外两个独立的研发中心,配套完整的仪器设备以及实验条件,专注于润滑油添加剂的技术研发。环能科技的应用,使得全系产品达到了真正的低碳、环保、节能、减排。

厚重的企业文化底蕴、健全的企业管理机制、卓越的研发队伍、质量第一的采购宗旨、先进的生产技术设备、完善的物流保障系统、专业的售后服务体系将为所有客户提供全面配套的产品以及服务。

地址:山东省青岛市崂山区王哥庄街道桑园工业园　　电话/传真:18505322255/0532-87848606

Web:www.pengsuanyan.com　www.suofurun.com　www.索孚润.com　E-mail:suofurun@VIP.126.com

大连宏辰化工有限公司

　　大连宏辰化工有限公司，坐落于全国著名的军港——旅顺口。这里距大连50公里，距周水子国际机场30公里，交通便利。

　　我公司主要生产经营T-746、T-747、T-748等防锈添加剂，该系列产品获得国家专利（专利号：93111054.8），同时生产经营T-701、T-702、T-704、非离子表面活性剂等产品。广泛用于防锈油、防锈酯、金属加工液、石油及清洗等领域。

　　公司生产工艺先进，绿色环保；生产技术力量雄厚，设备齐全，检测仪器完备。企业通过了ISO9001-2000质量体系认证。

　　公司产品远销全国二十多个省、市、自治区及中石油、中石化、中海油等所属企业。

　　我公司以追求卓越，创新进取为企业精神，以优质可靠、价格合理、用户满意为服务宗旨，愿同广大客户一道共同发展，开创宏业。

地址：大连市旅顺口区启新街1-1号　电话：0411-86370050　86370786　传真：0411-86370968　QQ:2872019340

原丹阳市天宇石油添加剂厂变更为

江苏恒州化工有限公司

原丹阳市天宇石油添加剂厂搬迁至淮安盐化新材料产业园，新工厂变更为江苏恒州化工有限公司，于2016年底竣工、投产。注册资金4000万，总投资1.82亿元人民币，占地约65亩，公司主要致力于精细化工产品和石油添加剂系列产品的开发、生产和销售。工厂通过了ISO9001质量管理体系认证。工厂还配备精湛的技术队伍，不断从事新产品的开发，在引进国外优质产品和改进服务质量等方面都作出了不懈的努力，以满足客户的不同需求而服务。由于产品质量硬、技术研发先进，一直受到稳定客户的青睐，使企业的发展越发壮大。

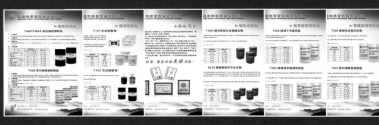

Principal Product

主要产品

防锈剂系列（石油磺酸钡T701、石油磺酸钠T702、十二烯基丁二酸T746、二壬基萘磺酸钡T705、防锈油复合剂）

抗氧抗腐剂（T202、T203）　　　油性剂（T405、T406）

金属减活剂（T551）　　　　　　增黏剂（T612、T613、614）

破乳剂（T1001、DL-32）　　　极压抗磨剂系列（T305、T306、T307）

各种内燃机油复合剂、抗磨液压复合剂、齿轮油复合剂等系列产品

质量—永无止境
顾客—真正的评判员
为客户提供满意的服务

石锁柱13606103513
陆定标13906184403
石洪良13606105816

GIMIR

广州米奇化工有限公司
Guangzhou MiQi Chemical Co.,Ltd.

本公司是一家技术创新型企业，一直专注于化学助剂及金属加工液添加剂的研发、生产、销售和服务，致力于为客户提供高性价比的产品和技术解决方案。我们在广州科学城拥有设备齐全的中心实验室，有多年丰富经验的技术团队20余人，使得我们在添加剂合成、金属加工液配方研究及现场应用上积累颇丰。

多功能挤压润滑剂	产品名称	化学名称	黏度@40℃	酸值	推荐应用		
					全合成	可溶性油	纯油型
	EXTRIMIR 150A	水溶性聚合物	80	64	✓	✓	
	EXTRIMIR 150C	聚醚酯	95	80	✓		
	EXTRIMIR 165	聚合酯	3400	20		✓	✓
	EXTRIMIR 168	聚合酯	2900	38		✓	✓
	EXTRIMIR 170	聚合酯	6500	<5		✓	✓
	EXTRIMIR 175	聚合酯	2500	24		✓	✓
	EXTRIMIR 176	聚合酯	45000	<1		✓	✓

植物油改性润滑剂	产品名称	化学名称	黏度@40℃	酸值	推荐应用		
					全合成	可溶性油	纯油型
	VEGIMIR 180	自乳化酯	490	51		✓	✓
	VEGIMIR 182	自乳化酯	340	32		✓	✓
	VEGIMIR 182D	自乳化酯	330	15		✓	✓
	VEGIMIR 182P	自乳化酯	530	35		✓	✓
	VEGIMIR 185B	自乳化酯	460	55		✓	✓
	VEGIMIR 190	合成酯	11000	25		✓	✓

极压抗磨剂	产品名称	化学名称	磷/%	其它	推荐应用		
					金属加工	润滑脂	工业油
	ANTEXT C400A	高碱值磺酸钙	钙/%：15.2	总碱值：405		✓	✓
	ANTEXT C400B	高碱值磺酸钙	钙/%：15.0	总碱值：405	✓		✓
	ANTEXT C400C	高碱值磺酸钙	钙/%：14.5	总碱值：395	✓		✓
	ANTEXT PY418	油溶性磷酸酯	7.3	氮/%：1.6		✓	✓
	ANTEXT PY428	油溶性磷酸酯	9.0	氮/%：3.8		✓	✓
	ANTEXT PY438	油溶性磷酸酯	9.6	氮/%：4.5		✓	✓
	ANTEXT PY448	硫代磷酸三苯酯	≥9.3	硫/%：≥8.9		✓	✓
	ANTEXT PY458	二硫代磷酸锌	6.5-8.8	硫/%：12~18		✓	✓
	ANTEXT PY468	水溶性磷酸酯	5.0	酸值：160			
	ANTEXT PY478	水溶性润滑剂	2.0	酸值：140			

缓蚀剂	产品名称	化学名称	pH（1%）	磷/%	推荐应用		
					全合成	半合成	乳化液
	COINFAL A127	无磷无硅型	7.9	-	✓	✓	
	COINFAL PE412	磷酸酯	2.2	5.0	✓	✓	
	COINFAL PEC-AL	磷酸酯	6.8	1.4	✓	✓	✓
	COINFAL PEC-MG	氨基酸无磷型	6.8		✓	✓	✓

低泡表面活性剂	产品名称	化学名称	类型	HLB	推荐应用		
					切削液	轧制液	清洗剂
	POLYEM 350	脂肪醇聚氧乙烯醚	非离子	～8.5	✓		✓
	POLYEM 360	脂肪醇聚氧乙烯醚	非离子	～5	✓		✓
	POLYEM 364	聚合乳化剂	聚合	～10.5	✓	✓	✓
	POLYEM 365	聚合乳化剂	聚合	～12.5	✓	✓	

酰胺类多功能添加剂	产品名称	化学名称	酸值	碱值	推荐应用		
					全合成	可溶性油	纯油型
	AMIDEMA 311	脂肪酸酰胺	15	140	✓	✓	
	AMIDEMA 312	脂肪酸酰胺	26	180		✓	
	AMIDEMA 320	妥尔油酸酰胺	16	65		✓	
	AMIDEMA 321	脂肪酸酰胺	15	38		✓	
	AMIDEMA 322	妥尔油酸酰胺	7	16		✓	
	AMIDEMA 324	混合酸酰胺	18	184	✓	✓	
	AMIDEMA 370	PIBSA 衍生物	－	20			✓
	AMIDEMA 380	PIBSA 衍生物	－	38			✓

水性防锈剂	产品名称	化学名称	胺类型	硼/%	推荐应用		
					切削液	清洗剂	防锈水
	ANTA-CAR 210XR	二元酸胺盐防锈剂	TEA	－	✓	✓	✓
	ANTA-CAR 214	混合酸防锈剂	TEA	－	✓	✓	✓
	ANTA-BOR 230MD	硼酸酰胺	MEA/DEA	6.0	✓		✓
	ANTA-BOR 230MDB	硼酸酰胺	DEA	3.7	✓		✓
	ANTA-BOR 230MA	硼酸酰胺	MEA	6.7	✓		✓
	ANTA-BOR 230D	硼酸酰胺	DEA	5.5	✓		✓
	ANTA-BOR 230DA	硼酸酰胺	DEA	4.4	✓		✓
	ANTA-BOR 230ME	硼酸酰胺	MEA/TEA		✓		✓
	ANTA-BOR 230DG	硼酸酰胺	DEA	4.4	✓		✓

功能助剂	产品名称	功能类型	推荐应用
	FUNTAG CU250	水溶性铜腐蚀抑制剂	水性切削液
	FUNTAG CU280	油溶性铜腐蚀抑制剂	工业润滑油
	FUNTAG DF902	有机硅消泡剂	水性切削液
	FUNTAG DF910	非离子型消泡剂	全合成聚醚体系
	FUNTAG CJ118	聚季铵盐类沉降剂	全合成体系
	FUNTAG MQ100	铝轧油添加剂	铝轧油、铝冲压油
	FUNTAG MQ101	冲压油润滑剂	铝冲压油、黑金属冲压油、气雾润滑油
	FUNTAG MQ124	挥发性润滑剂	铝冲压油、黑金属冲压油、气雾润滑油

联系地址：广州市萝岗区科丰路 13 号华南新材料科技园 G2 栋 613 室　　传真：020-82481285、020-62824833

工厂地址：广州市黄埔区大沙地大沙工业区 A2　　　　　　　　　　　　　联系人：李先生 13602708986

电话：020-32399711、020-82481118、020-82550330　　　　　　　　　孙先生 13828423925

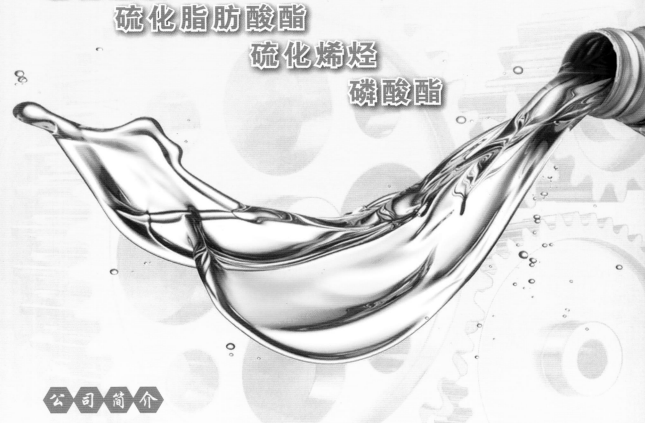

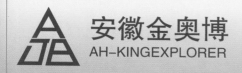
安徽金奥博
AH-KINGEXPLORER

公司介绍

　　安徽金奥博化工科技有限公司为 A 股上市公司深圳市金奥博科技股份有限公司下属全资子公司。公司秉持"安全、绿色、智慧"的制造理念，坚持创新发展，致力于为全球客户提供可靠、高效和不断优化的化学品解决方案，努力实现与合作伙伴共同进步。同时，公司提供开放、协作、关注、诚信与尊重的工作氛围，注重人才培养和企业可持续发展。

　　公司主要产品有特种蜡、乳化剂、分散剂、一体化复合油相材料等，致力于成为国内一流的精细化学品及化工新材料的研发及生产基地。

项目介绍

　　项目拟投资 2.3 亿元，建设地点位于安徽省马鞍山市雨山经济开发区马钢污水处理厂以东。建设规模为：年产 4.5 万吨一体化复合油相材料、1.3 万吨的 SPAN-80 乳化剂、2.8 万吨专用蜡以及 2 万吨新型 PIBSA 乳化剂。项目认真贯彻国家智能制造 2025 及大力推动长江经济带健康发展理念，按照国内一流智能工厂、绿色工厂的标准建设，在设计及建设过程中，通过采用智能控制手段及创新生产工艺，注重节能减排及环境保护。

实验室及研发中心介绍

　　公司实验室配备了气相色谱仪等先进的检验检测设备，从原料到成品，实行全流程的品质控制。目前实验室配备有经验的研究生、本科生多名，分别承担研发及产品日常检验任务。

主要产品

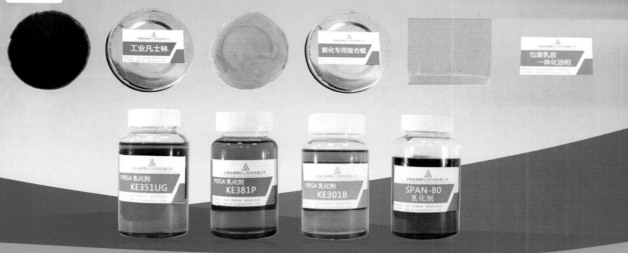

总公司荣誉证书

安徽金奥博荣誉证书

安徽金奥博化工科技有限公司　地址：安徽省马鞍山市雨山经济开发区马钢污水处理厂以东　联系人：高月萍
Anhui King Explorer Chemical Science & Technology Co. Ltd.　电话：18355532655、0555-3888868　邮箱：gaoyueping@kingexplorer.com

青岛德联石油化学有限公司
QINGDAO D&G PETROCHEMICALS CO.,LTD

基本介绍

青岛德联石油化学有限公司，是中国90年代首批进入润滑油行业的企业，自创建以来已有20余年的发展历史，是国内车用油及工业用油、防冻液研制开发、生产、销售为一体的知名综合型企业。公司坚持"品质第一、市场第一、服务第一"的原则，在市场竞争中不断地发展壮大。

公司规模

公司位于青岛汽车工业园区，2015年利用青岛一汽工业园建设的契机，扩大生产规模。通过专家团队的精心规划和设计，一个崭新的新工厂拔地而起。目前，占地50余亩总投资约6000万元的年产15万吨的润滑油生产基地已形成规模。

新工厂有生产车间8500m²、物料库6300m²；有基础油灌26台储存能力达1万吨；有添加剂储罐21台，储存能力达1200吨；另有成品油储罐48台、防冻液储存罐11台、工业用油储罐20台，总储存能力超过13000吨。新工厂采用全自动化调和设备，有调合罐18台套，自动化生产灌装线10条，产能可达每天500吨。

品牌实力

汽车工业的发展，对润滑油的要求越来越高。为了充分满足客户需求，公司注重对新产品的研发，不断推出各种高级别润滑油产品。目前，酯类自动变速箱油和酯类全合成汽油机机油产品处于行业领先水平。公司拥一支由行业专家组成的研发队伍，并与国际知名添加剂厂商合作。

公司通过了ISO9001质量管理体系认证、IATF16949汽车质量管理体系认证、ISO14001环境认证和OHSAS18001职业健康管理体系认证；公司产品先后获得了API、ACEA、ILSAC GF-5、Cummins、VOLVO、VM、DEXRON-VI认证，公司去年取得了"高新技术企业"资质。

公司还拥有先进的检测手段，配有数十台润滑油、脂、液的分析仪器，能极大地满足生产需要。在企业运营中运用ERP大型生产管理软件，不断适应市场需求。总之，凭借先进的生产技术、高效的管理机制，通过不断创新提高市场占有率，提升企业在行业中的知名度。

品涵盖产品

公司润滑油产品涵盖汽油机油、柴油机油、齿轮油、自动变速箱油、摩托车机油和各种工业用油，共六大类几百个品种。产品体系较为全面，产品质量稳定可靠。

公司致力于专业的OEM品牌加工业务，形成一套成熟的品牌产品的生产体系，对OEM客户公平、公正、公开，努力实现共赢。目前，公司的OEM代工客户有冠军、奇瑞等十余个品牌，客户对产品质量、售后服务等均十分满意有较高评价，建立了优良的好口碑。欢迎到我公司洽谈。

您诚心！我真心！您放心！我用心！
青岛德联石油化学有限公司期待与您的合作！

青岛德联石油化学有限公司
厂址：山东省青岛市即墨汽车产业新城石泉二路6号
邮编：266206

郑建强　总经理
电话：+86-139-0642-2499

顾冰　采购经理
电话：+86-133-8639-7155
邮箱：875556595@qq.com

吕维奇　技术经理
电话：+86-139-6961-2016
邮箱：2033604951@qq.com

保持您的发动机冷却系统在较佳平衡状态

傲而特（Arteco）开发并制造高质量的汽车和工业应用的防冻冷却液和热传导液，我们为客户的冷却系统提供具有高效热传导及防腐蚀性能的创新型冷却液，使之能提高成本效益及运作效率（长效）。

傲而特（Arteco）与主机厂共同开发验证符合其严苛的企业技术标准的冷却液产品，这些产品（包括初装和售后）得到大量的主机厂厂家的信赖和认证。傲而特既生产供应成品，同时也向冷却液调配厂提供复合添加剂包用于生产全系列的冷却液产品。

傲而特（Arteco）由雪佛龙（美国）和道达尔（法国）共同投资成立，两家母公司均为主要的国际油公司。我们已成为欧洲汽车冷却液行业的市场领导者。傲而特的经营区域已经涵盖亚太（包括中国）、中东和非洲等地区，并分别设立了各地区的运营机构。

产品名称	产品简介
Corrosion Inhibitor ELB	乙二醇基超级浓缩液，基于专利的纯有机添加剂技术，OEM级产品，对环境保护有利。
Freecor® FGB	水溶性超级浓缩液，纯有机添加剂技术，不含亚硝酸盐、胺和磷酸盐，对环境保护有利。
Freecor® HCB	水溶性超级浓缩液，以有机型为主的混合型添加剂技术，适用于重负荷车辆冷却液。
Freecor® JNB	结合磷酸盐的有机型技术，性能超越了 JIS K2234 II 的要求，适用于日系、韩系车辆。
Freecor® SHB	水溶性超级浓缩液，不含亚硝酸盐、胺和磷酸盐，能够提供足够的防冻防腐蚀保护。

以上产品均符合国家标准 GB 29743—2013

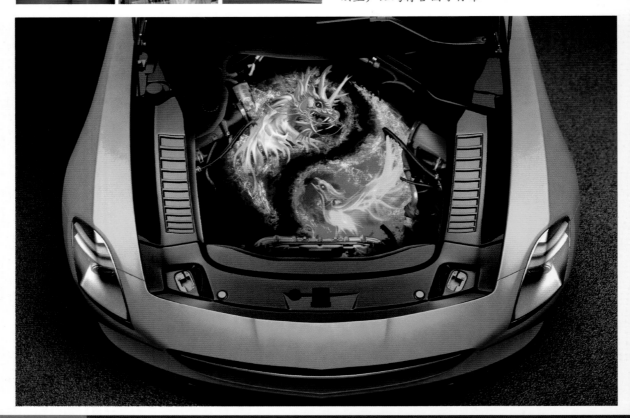

地址：上海市黄浦区福州路 666 号华鑫海欣大厦 7 楼 F3 室　　电话：+86 21 6391 6093
网址：www.arteco-coolants.com　　邮箱：info@arteco-coolants.com